Losbichler/Eisl/Engelbrechtsmüller (Hrsg)

Handbuch der betriebswirtschaftlichen Kennzahlen

Handbuch der betriebswirtschaftlichen Kennzahlen

Key Performance Indicators für die erfolgreiche Steuerung von Unternehmen

herausgegeben von

FH-Prof. Dr. Heimo Losbichler

FH Oberösterreich, Fakultät für Management, Steyr

FH-Prof. Dr. Christoph Eisl

FH Oberösterreich, Fakultät für Management, Steyr

Mag. Christian Engelbrechtsmüller

KPMG Advisory Austria

Zitiervorschlag: *Losbichler/Eisl/Engelbrechtsmüller* (Hrsg), Handbuch der betriebswirtschaftlichen Kennzahlen (2015) Seite

Bibliografische Information der Deutschen Nationalbibliothek

Die Deutsche Nationalbibliothek verzeichnet diese Publikation in der Deutschen Nationalbibliografie; detaillierte bibliografische Daten sind im Internet über http://dnb.d-nb.de abrufbar.

Hinweis: Aus Gründen der leichteren Lesbarkeit wird auf eine geschlechtsspezifische Differenzierung verzichtet. Entsprechende Begriffe gelten im Sinne der Gleichbehandlung für beide Geschlechter.

Es wird darauf verwiesen, dass alle Angaben in diesem Fachbuch trotz sorgfältiger Bearbeitung ohne Gewähr erfolgen und eine Haftung der Autoren oder des Verlages ausgeschlossen ist.

ISBN 978-3-7143-0184-7 (Print)
ISBN 978-3-7094-0491-1 (E-Book-PDF)
ISBN 978-3-7094-0717-2 (E-Book-ePub)

© Linde Verlag Ges.m.b.H., Wien 2015
1210 Wien, Scheydgasse 24, Tel.: 01/24 630
www.lindeverlag.at

Druck: Hans Jentzsch & Co GmbH
1210 Wien, Scheydgasse 31
Dieses Buch wurde in Österreich hergestellt.

PEFC zertifiziert
Dieses Produkt stammt aus nachhaltig bewirtschafteten Wäldern und kontrollierten Quellen
www.pefc.at

Gedruckt nach der Richtlinie „Druckerzeugnisse" des Österreichischen Umweltzeichens, Druckerei Hans Jentzsch & Co GmbH, UW Nr. 790

Vorwort

„Jede Initiative braucht eine konkrete Zahl als Vorgabe."
(Jeffrey R. Immelt, CEO von General Electric (GE)
im Interview mit der HBR/HBM, Juni 2006)

Kennzahlen haben die Aufgabe, aus der Flut der betrieblichen Informationen das Wesentliche herauszufiltern. Das Management oder Investoren benötigen für Entscheidungen ein Instrumentarium, das übersichtlich und in konzentrierter Form entscheidungsrelevante Informationen über die wichtigsten betrieblichen Sachverhalte liefert. Neben der Entscheidungsunterstützung helfen Kennzahlen auch bei anderen betriebswirtschaftlichen Aufgaben wie der Planung, Kontrolle, Koordination oder Motivation und Verhaltenssteuerung.

In Abhängigkeit von Branche, Geschäftsmodell oder unternehmensindividuellen Verhältnissen unterscheiden sich die Kennzahlen, auf die das Management zugreift. Bei kapitalmarktorientierten Unternehmen werden die relevanten Kennzahlen auch von Investoren beeinflusst, wobei für Eigenkapitalgeber und Fremdkapitalgeber teilweise unterschiedliche Kennzahlen im Fokus stehen.

Während für den Fremdkapitalgeber die Bedienung und Rückzahlung der Finanzschulden im Vordergrund stehen, konzentriert sich der Eigenkapitalinvestor auf den Shareholder Value. Das Management muss auf operative Kennzahlen in den jeweiligen Funktionsbereichen wie bspw Produktion, Beschaffung, Logistik, Marketing und Vertrieb, Verwaltung oder Forschung und Entwicklung achten.

Vor dem Hintergrund unterschiedlicher Zwecke, Rollen und Branchen ist die Idee für dieses Kennzahlenbuch entstanden. Im ersten Themenblock erläutern die Autoren zunächst die Grundlagen der Unternehmenssteuerung mit Kennzahlen. Der zweite Themenblock betrachtet Kennzahlen aus dem traditionellen Blickwinkel der Jahresabschlussanalyse und des Controllings. Der dritte Themenblock beschäftigt sich mit betriebswirtschaftlichen Kennzahlen aus der Sicht der Kapitalgeber. Der vierte Themenblock behandelt Kennzahlen entlang der Wertschöpfungskette und betrieblicher Funktionen. Der fünfte und letzte Themenblock beinhaltet Beiträge aus der Unternehmenspraxis, wobei unternehmensindividuelle Kennzahlen unterschiedlicher Branchen beleuchtet werden. Während die ersten vier Themenblöcke das Thema Kennzahlensteuerung aus allgemeiner Sicht beleuchten, zeigen die Beiträge im letzten Themenblock konkrete Anwendungsfälle in Unternehmen. Die Praxisbeiträge teilen sich in zwei Kategorien: Einerseits branchenorientierte Beiträge, welche einen Gesamtüberblick über die verwendeten Kennzahlen eines Unternehmens und die Unterschiede zwischen Branchen (Serienproduktion, IT, Dienstleistung etc) zeigen. Andererseits Beiträge, welche die konkrete Umsetzung spezieller Bereiche der Kennzahlensteuerung (Balanced Scorecard, Rating etc) vermitteln. Ziel dieses Themenblocks ist es, einen Überblick über mögliche Umsetzungsvarianten und unterschiedliche Praxislösungen zu geben. Die damit verbundenen Unterschiede in der Definition von Kennzahlen stellen eine wertvolle Basis für die Leser dar, die „richtige" Definition für den eigenen Anwendungszweck zu finden bzw die eigene Definition zu hinterfragen.

Zielgruppe des Buchs sind all jene, die mit Kennzahlen arbeiten oder arbeiten werden. Dies reicht vom CEO und CFO über externe Analysten bis hin zu Bereichsverantwortlichen in Unternehmen oder Studierende. Es ist ein Anliegen dieses Buches, Kennzahlen im jeweiligen Kontext und Aufgabengebiet verstehbar zu machen.

Unser Dank gilt in erster Linie den Autorinnen und Autoren der Beiträge, die ihre fachliche Kompetenz und ihre Berufserfahrung in dieses Buch einbrachten.

Steyr/Linz im September 2015

Heimo Losbichler
Christoph Eisl
Christian Engelbrechtsmüller

Autorenverzeichnis

WP/StB Mag. Josef Arminger ist Professor für Internationale Rechnungslegung an der FH Oberösterreich in Steyr, allgemein beeideter und gerichtlich zertifizierter Sachverständiger, Wirtschaftsprüfer und Steuerberater, CPA (US) sowie Mitglied der Arbeitsgruppe International Financial Reporting Standards des Austrian Financial Reporting and Auditing Committees (AFRAC).

Bernhard Brunner, BA MA ist als wissenschaftlicher Mitarbeiter am Logistikum der FH Oberösterreich in Steyr primär mit angewandten Forschungsprojekten der Intralogistik in österreichischen Leitbetrieben betraut.

Mag. Johann Chalupar ist Leiter Controlling der SmurfitKappa Nettingsdorfer Papierfabrik und setzt seit mittlerweile 15 Jahren sehr erfolgreich die Balanced Scorecard zur Unternehmenssteuerung ein.

FH-Prof. Dr. Christoph Eisl ist Professor für Controlling und Koordinator des Masterstudiums Controlling, Rechnungswesen und Finanzmanagement (CRF) an der Fakultät für Management der FH Oberösterreich in Steyr. Seine Lehr- und Forschungsschwerpunkte sind Controlling, Performance Measurement, Reporting Design und Multimediale Finanzdidaktik.

WP/StB Mag. Christian Engelbrechtsmüller ist Partner der KPMG Advisory GmbH und Leiter der Service Line Accounting Advisory Services in Österreich. Weiters führt er das Financial Risk Management Team am Standort Linz. Er berät schwerpunktmäßig bei der Anwendung von IFRS, der Einführung von integrierten Planungs-, Reporting- und Konsolidierungsprozessen sowie im Zusammenhang mit Finanzinstrumenten und Treasury.

Lisa Falschlunger, MA, ist wissenschaftliche Mitarbeiterin im Forschungsbereich Reporting Design an der FH Oberösterreich in Steyr und Expertin für Eye-Tracking-Analysen zur Optimierung der unternehmensinternen und externen Berichterstattung.

Dr. Andreas Feichter ist Manager bei Contrast Management-Consulting im Bereich Corporations & Family Business sowie Trainer des Controller Instituts.

Mag. Erich Fercher arbeitet in der Abteilung Budget und Controlling im Bundesministerium für Inneres.

Dipl.-Ing. (FH) Peter Fleischer ist Leiter der Abteilung Investor Relations der voestalpine AG sowie nebenberuflich Lektor am Studiengang Controlling, Rechnungswesen und Finanzmanagement (CRF) an der Fakultät für Management der FH Oberösterreich in Steyr sowie am Universitätslehrgang Finanzmanagement an der Johannes Kepler Universität Linz.

Dipl.-Ing. Werner Freilinger, geboren 1954, nach Abschluss der HTL Steyr Studium Wirtschaftsingenieurwesen-Maschinenbau an der TU Graz, über 20 Jahre in Führungsfunktionen bei BMW Motoren, 5 Jahre Vorstandsmitglied der MIBA Sintermetall AG, seit Ende 2007 Personalleiter der SKF Österreich AG. Langjährige Mitarbeit in Wirtschaftskammer und Industriellenvereinigung sowie Organisationen aus den Themenbereichen Bildung, Technologie und Führung.

Mag.(FH) Johann Friembichler ist Leiter des Gruppencontrolling und Konzernrechnungswesens der SWARCO Gruppe aus Wattens, Österreich. Darüber hinaus verantwortet er die Themen M&A, Risk Management und Steuern im Konzern und widmet sich der Weiterentwicklung der Konzernsteuerung, des Berichtswesens und der Optimierung der ERP-Landschaft. Im Zuge einer Studie hat er außerdem die Planungspraxis im österreichischen Mittelstand im Kontext moderner Budgetierungskonzepte eingehend untersucht.

FH-Prof. Dr. Kurt Gaubinger leitet den Masterstudiengang Mechatronik/Wirtschaft an der Fakultät für Technik und Umweltwissenschaften der FH Oberösterreich und ist Vizedekan dieser Fakultät. Seine Arbeitsschwerpunkte in Lehre, Forschung und Beratung sind die frühen Innovationsphasen sowie prozessorientiertes Innovations- und Produktmanagement in Industriegüterbranchen.

Prof. Dr. Ronald Gleich ist Vorsitzender der Institutsleitung des Strascheg Institute for Innovation and Entrepreneurship (SIIE) der EBS-Universität für Wirtschaft und Recht in Oestrich-Winkel und geschäftsführender Gesellschafter der Horváth Akademie in Stuttgart.

Axel Goedecke, BBA ist Senior Project Manager bei Horvath & Partners und berät seit sieben Jahren nationale und internationale Klienten im Bereich Treasury. Schwerpunktthemen waren die Optimierung der Cash- und Liquiditätsplanung und die Verknüpfung zum Working Capital.

Mag. (FH) Andreas Greiner ist Unternehmer in der Digitalwirtschaft mit Spezialisierung auf die FinTech-Branche. Zusätzlich ist er nebenberuflich Lehrender zu den Themen E-Marketing und technologiegetriebene Geschäftsmodelle an der FH Oberösterreich in Steyr.

Mag. Christa Hangl ist Professorin für Externe Rechnungslegung am Studiengang Controlling, Rechnungswesen und Finanzmanagement (CRF) an der Fakultät für Management der FH Oberösterreich in Steyr.

Mag. Robert Hartl-Clodi, M.Sc., ist Leiter Konzern-Treasury der Energie AG Oberösterreich und Geschäftsführer der Finanzierungsgesellschaft Energie AG Group Treasury GmbH. Er hat sein Wirtschaftsstudium an der Wirtschaftsuniversität Wien und an der University of British Columbia (Vancouver, Kanada) absolviert.

Dr. Armin Havlik, Senior Manager, ist seit September 2007 bei KPMG im Bereich Corporate Finance beschäftigt. Seine Tätigkeitsschwerpunkte liegen in den Bereichen M&A, Finanzierung und Restrukturierung, mit besonderem Fokus auf Financial Restructuring. Vor seinem Eintritt in die KPMG war er bei einer österreichischen Bank drei Jahre im Bereich Treasury und Controlling tätig.

FH-Prof. Mag. DI Peter Hofer ist Professor für Controlling und Business Intelligence an der Fachhochschule Oberösterreich, Fakultät für Management in Steyr.

Benjamin Holinski, M.Sc., ist Managing Consultant bei der internationalen Management Beratung Horváth & Partners Management Consultants am Standort Berlin. Seine Beratungsschwerpunkte liegen im Bereich Planung, Reporting und Konsolidierung und speziell in den Feldern KPI und Management Reporting.

Theresa Hörhan, MA, ist Absolventin des Masterstudiengangs Controlling, Rechnungswesen und Finanzmanagement der FH Oberösterreich in Steyr und beschäftigte sich im Rahmen ihrer Masterarbeit mit der Eignung des EFQM-Modells für die Unternehmenssteuerung in volatilen Zeiten. Sie arbeitet bei der Niederösterreichischen Kulturwirtschaft GmbH St. Pölten im Controlling.

Dr. Johannes Isensee ist Senior Project Manager bei der internationalen Managementberatung Horváth & Partners Management Consultants am Standort Hamburg. Seine Beratungsschwerpunkte liegen im Bereich Planung, Reporting & Konsolidierung und speziell in den Feldern KPI und Management Reporting.

Günter Kirsch ist Sprecher der Geschäftsführung der voestalpine group-IT GmbH. Davor war er in unterschiedlichen leitenden Positionen bei Siemens-Business-Services tätig.

Prof. Dr. Heinz-Jürgen Klepzig (Dipl.-Ing. Dipl.-Wirtsch.-Ing.), Hochschule Augsburg, war als Berater und Geschäftsführer in der Kienbaum-Unternehmensgruppe mit den Arbeitsschwerpunkten Effizienzverbesserung und Krisenmanagement betraut. Er untersucht und gestaltet seit vielen Jahren in Theorie und Praxis das Zusammenwirken von Prozess- und Finanzmanagement mit den Schwerpunkten Supply Chain Management und Working Capital Controlling. Er ist langjähriges Mitglied im Internationalen Controller Verein (ICV).

Achim Kreuzer, M.Sc., ist Managing Consultant bei Horvath & Partners und seit fünf Jahren in der Treasury Beratung tätig – bei diversen Industrieunternehmen in der DACH-Region führte er unter anderem Projekte mit dem Schwerpunkt Liquiditätssteuerung und Risikomanagement durch.

FH-Prof. Dr. Othmar M Lehner, Professor für Finanz- und Risikomanagement, FH Oberösterreich, Fakultät für Management, Studiengang Controlling, Rechnungswesen und Finanzmanagement.

FH-Prof. Dr. Heimo Losbichler ist Leiter des Studiengangs Controlling, Rechnungswesen und Finanzmanagement (CRF) an der Fakultät für Management der FH Oberösterreich in Steyr und Professor an der Clarkson University, NY. Er ist Stv Vorstandsvorsitzender des Internationalen Controller Vereins (ICV) und Vorsitzender der International Group of Controlling (IGC).

FH-Prof. Mag. Dr. Albert Mayr ist Professor für Controlling im Studiengang Controlling, Rechnungswesen und Finanzmanagement (CRF) an der Fachhochschule Oberösterreich, Fakultät für Management in Steyr und Lektor an der Johannes Kepler Universität Linz. Schwerpunkte seiner Lehr- und Forschungstätigkeit sind die Bereiche Kostenrechnung/Kostenmanagement, Controlling und Krisenfrüherkennung. Er ist Regionalleiter des Internationalen Controller Vereins (ICV) für Österreich. Berufliche Stationen: Vertriebscontroller BMW Austria, Assistenzprofessor an der JKU Linz.

Mag. Dr. Michael Nemetz ist IT-Controller in der voestalpine group-IT GmbH. Davor war er als IT-Produktmanager und Controller in der Siemens VAI Metals Technologies GmbH und als Wissenschaftlicher Mitarbeiter mit Diplom am Institut für Management Accounting an der Johannes Kepler Universität Linz tätig.

Erika Ortlieb, MBA, ist Leiterin der Abteilung Controlling und Mitglied der Kollegialen Führung des aö Bezirkskrankenhauses Kufstein; Lehrauftrag am MCI Innsbruck, Mitglied der Internationalen Controller Verein ICV und Mitglied der Steuerungsgruppe im AK Gesundheitswesen Österreich des ICV.

Mag. Thomas Pellegrini ist Mitarbeiter im Controlling der voestalpine Stahl GmbH.

Mag. Rudolf Peterbauer, MBA, ist bei Banner GmbH verantwortlich für Controlling, Strategie- und Organisationsentwicklung. Er ist nebenberuflich Lektor für finanzwirtschaftliche Fachgebiete an der Fakultät für Management der FH Oberösterreich.

FH-Prof. Mag. Dr. Gerald Petz ist Leiter des Studiengangs Marketing und Electronic Business an der FH Oberösterreich in Steyr. Seine Forschungsschwerpunkte liegen in den Bereichen Web Mining, Opinion Mining, Social Media und Online Marketing.

Mag. Hubert Preisinger ist seit 2014 selbständiger Unternehmensberater für die Schwerpunkte Innovation, Marketing und Vertrieb. Nach dem Studium der Wirtschaftsinformatik an der Johannes Kepler Universität Linz sammelte er Erfahrungen in diesen Bereichen, sowohl in nationalen als auch internationalen Unternehmen. Heute arbeitet er in virtuellen Unternehmen mit anderen Experten für Unternehmen, lehrt an der FH Oberösterreich, der Johannes Kepler Universität Linz und der LIMAK Austrian Business School und ist in der internationalen Start-up-Szene tätig.

Dr. Victor Purtscher, StB, ist Partner bei KPMG im Bereich Deal Advisory mit Schwerpunkt Unternehmensbewertung. Er hat zahlreiche Transaktionen großer Kreditinstitute begleitet (UniCredit-BACA, Raiffeisenbank International, ÖVAG) und besitzt umfangreiche Erfahrung auf dem Gebiet der Bankbewertung und -analyse.

Dr. Anna Quitt ist Managerin im Bereich Finance and Regulation bei der PricewaterhouseCoopers AG WPG (PwC) in München. Ihr fachlicher Schwerpunkt liegt in der Beratung von Energieversorgungsunternehmen und Energienetzbetreibern zu den Themen kaufmännische Steuerung mit Fokus Netzcontrolling, Umsetzung der Anreizregulierungsverordnung sowie Begleitung von strategischen Transformationsprojekten.

FH-Prof. Dr. Michael Rabl leitet den Studiengang Innovation und Produktmanagement an der Fakultät für Technik und Umweltwissenschaften der FH Oberösterreich. Seine Arbeitsschwerpunkte in Lehre, Forschung und Beratung sind Entrepreneurship & Innovation sowie prozessorientiertes Produktmanagement in Industriegüterbranchen.

Mag. Dr. Martin Reich ist Leiter der Abteilung Controlling der Direktion der Teilunternehmung Allgemeines Krankenhaus der Stadt Wien – Medizinischer Universitätscampus; Lehraufträge an der FH Oberösterreich – Campus Steyr und Linz, Gründer AK Gesundheitswesen Österreich im Internationalen Controller Verein ICV & Forum Gesundheitswesen Östereich.

Dipl. Kauffrau Astrid Messmer Rodriguez koordiniert als verantwortliche Referentin innerhalb der Konzernstrategie der Lufthansa Group die Strategien der Geschäftsfelder. Darüber hinaus koordiniert und verantwortet sie die Weiterentwicklung und Beurteilung der Nachhaltigkeitsthemen für die LH Group.

Ing. Christian Rohrhofer, BA MA ist wissenschaftlicher Mitarbeiter am Logistikum der FH-Oberösterreich in Steyr und beschäftigt sich im Rahmen von Forschungs- und angewandten Industrieprojekten mit allen Bereichen der Intralogistik. Er ist Geschäftsführer eines international tätigen Unternehmens in der Lebensmittelbranche.

Dr. Peter Schentler ist Senior Project Manager im Competence Center Controlling und Finanzen bei Horváth & Partners Management Consultants in Wien. Seine Beratungsschwerpunkte liegen in den Themenfeldern Controlling (insbesondere Planung, Budgetierung, Forecasting, Kostenrechnung) und Einkauf (insbesondere Einkaufscontrolling).

Klaus Sperrer, MA, MBA, BA, ist Leiter des Vorstandsbüros der VIVATIS Holding AG und seit 2013 im Unternehmen. Klaus Sperrer zeichnet als Prokurist für die Bereiche Konzernstrategie, Business-Development, Revision und Risikomanagement verantwortlich. Davor war Klaus Sperrer bei der Raiffeisenlandesbank OÖ im Beteiligungsmanagement als Projekt Manager beschäftigt.

Dipl. Oekonom Karl-Heinz Steinke ist seit 2012 Mitglied des Vorstandes im Internationalen Controller Verein eV (ICV). Vor Beendigung seiner aktiven beruflichen Laufbahn in 2013 war Herr Steinke langjähriger Leiter des Konzerncontrollings der Deutschen Lufthansa AG.

Mag. Maria Viktoria Tahedl ist Leiterin der Abteilung Controlling an der FH Oberösterreich. Sie studierte Wirtschaftswissenschaften in Linz und Rom mit den Schwerpunkten Unternehmensgründung und -entwicklung und betriebliche Finanzwirtschaft. Während Ihrer beruflichen Laufbahn an der FH Oberösterreich erwarb sie das Controller's Certificate und das Controller's Diplom an der Controller Akademie in Deutschland. Seit 2009 ist sie auch Vorstandsmitglied des Alumni Club FH Oberösterreich.

FH-Prof. Dr. Martin Tschandl ist Professor für Betriebswirtschaftslehre und Controlling und Leiter des Instituts Industrial Management Industriewirtschaft (IWI) mit vier Wirtschaftsingenieurstudiengängen sowie einem Transferzentrum an der FH Joanneum in Kapfenberg. Er ist Leiter des Arbeitskreises Österreich II des Internationalen Controllervereins und Vorstand im Verein Netzwerk Logistik. Seine Lehr- und Forschungsschwerpunkte sind Controlling, strategische Unternehmensentwicklung und Logistik (speziell Beschaffungscontrolling).

Dr. Hendrik Vater ist CFO für die südeuropäischen Aktivitäten von DHL Supply Chain sowie CFO Life Science and Healthcare Logistics von DHL Supply Chain in Europe, Middle East and Africa. Darüber hinaus ist er Mitglied des Kuratoriums des Internationalen Controller Vereins (ICV) und Mitglied des Vorstands der Deutsch-Italienischen Handelskammer.

Dipl.-Ing. Alexander Vocelka ist Partner und Leiter der Business Unit Treasury & Risk Management bei Horvath & Partners. Zudem verantwortet er das Steering Lab, das sich mit Data Analytics auseinandersetzt. Seit über 15 Jahren befasst er sich in der Beratung mit Themen im Finanzmanagement – aktuell verknüpft er das Thema Big Data mit den Herausforderungen des Treasurers im 21. Jahrhundert.

Mag. Hannes Wambach ist Head of Sales bei dem Governance, Risk & Compliance Anbieter avedos business solutions GmbH (Wien) und war in unterschiedlichen Managementpositionen bei internationalen Softwareunternehmen, unter anderen pmOne AG, tätig.

Mag. Mirko Waniczek ist Partner bei Contrast Management-Consulting und verantwortlich für den Bereich Corporations & Family Business. Er ist fachlicher Leiter des Österreichischen Controllertages, des Certified Controller Programms und des Controlling Panels des Controller Instituts.

StB Mag. Reinhard Wilflingseder, MBA, ist Geschäftsführer der KPMG Services GmbH Linz und Leiter Rechnungswesen und Controlling. Neben dem Schwerpunkt Rechnungswesen und Controlling ist er insbesondere für KPMG-interne IT-Systeme und Human Resources verantwortlich.

Inhaltsverzeichnis

Abkürzungsverzeichnis

Abb	Abbildung
Abs	Absatz
abzgl	abzüglich
AFRAC	Austrian Financial Reporting and Auditing Committee
AG	Aktiengesellschaft(en)
Art	Artikel
BCF	Brutto-Cashflow
BIB	Brutto-Investitionsbasis
BilMoG	Bilanzrechtsmodernisierungsgesetz
BWG	Bankwesengesetz
BWL	Betriebswirtschaftslehre
bspw	beispielsweise
bzgl	bezüglich
bzw	beziehungsweise
CFROI	Cashflow Return on Investment
CFO	Chief Financial Officer(s)
CVA	Cash Value Added
d h	das heißt
EBIT	Earnings Before Interest and Taxes
EBITA	Earnings Before Interest, Taxes and Amortization
EBITDA	Earnings Before Interest, Taxes, Depreciation and Amortization
EGT	Ergebnis der gewöhnlichen Geschäftstätigkeit
EK	Eigenkapital
ERP	Enterprise Resource Planning
EVA	Economic Value Added
etc	et cetera
EU	Europäische Union
EUR	Euro
exkl	exklusive
f	folgende
ff	folgende(n)
FIFO	First-in-first-out
FK	Fremdkapital

FMA	Finanzmarktaufsicht
ggf	gegebenenfalls
GK	Gesamtkapital
GmbH	Gesellschaft(en) mit beschränkter Haftung
grds	grundsätzlich(e/er/en)
GuV	Gewinn- und Verlustrechnung(en)
GWG	Geringwertige(s) Wirtschaftsgüter (-gut)
HGB	Handelsgesetzbuch (Deutschland)
Hrsg	Herausgeber
IAS	International Accounting Standards
IASB	International Accounting Standards Board
idR	in der Regel
iVm	in Verbindung mit
IFRS	International Financial Reporting Standard(s)
inkl	inklusive
ISO	International Organization for Standardization
Kap	Kapitel
KMU	kleine(s) und mittelgroße(s) Unternehmen
KWT	Kammer der Wirtschaftstreuhänder
LIFO	Last-in-first-out
NOPaT	Net Operating Profit after Taxes
rd	rund
RoCE	Return on Capital Employed
RoE	Return on Equity
RoI	Return on Investment
sog	sogenannt(e/er/en)
SWOT	Strenghts, Weaknesses, Opportunities, Threats
TSR	Total Shareholder Return
ua	unter anderem
UGB	Unternehmensgesetzbuch (Österreich)
URG	Unternehmensreorganisationsgesetz
US-GAAP	United States Generally Accepted Accounting Principles
VaR	Value at Risk
WACC	Weighted Average Cost of Capital
zB	zum Beispiel
zzgl	zuzüglich

Themenblock A:
Grundlagen der Unternehmens-
steuerung mit Kennzahlen

1. Grundlagen der Unternehmenssteuerung mit Kennzahlen

Heimo Losbichler

Inhaltsverzeichnis

> Ob EBIT-Marge, ROCE, Marktanteile, Kundenzufriedenheit, Lagerreichweite oder Maschinenauslastung, Kennzahlen sind seit jeher Schlüsselinformationen in der Steuerung von Unternehmen. Der nachfolgende Beitrag zeigt einleitend die wesentlichen Aufgaben von Kennzahlen bzw Kennzahlensystemen und Anforderungen an diese.

1.1. Aufgaben und Funktionen von Kennzahlen

Kennzahlen sind heute DER Beurteilungsmaßstab in der Planung und Steuerung von Unternehmen und das zentrale Controlling-Instrument. Kennzahlen, auch Metrics, Ratios oder Key Performance Indicators genannt, spiegeln verdichtete, quantitative Informationen wider und reduzieren damit die Komplexität endloser Zahlenkolonnen. Kennzahlen werden heute in der Unternehmenssteuerung eingesetzt, weil sie

- komplizierte Sachverhalte, Strukturen und Prozesse auf relativ einfache Weise darstellen,
- einen umfassenden und schnellen Überblick geben,
- als Instrument zur betriebswirtschaftlichen Analyse dienen,
- die Führungskräfte in der laufenden Planung, Durchsetzung und Kontrolle durch Ausschalten irrelevanter Daten unterstützen und deren Information-Overload verhindern.[1]

Kennzahlen begleiten den gesamten Führungsprozess und erfüllen dabei, wie in Abb 1 ersichtlich, fünf zentrale Funktionen.[2] In der Zielfindung und Planung dienen sie der Präzisierung und Operationalisierung von Zielen. In der Umsetzung dienen

---

1   Vgl *Gladen* (2011) 11.
2   Vgl *Weber* (1995) 188; vgl *Gladen* (2011) 15; *Reichmann* (2011) 24 f.

sie der Standortbestimmung in Form von Istwerten bzw deren Abweichungen zum Soll. Beim Forecast helfen sie, erwartete Ergebnisse rasch und einfach einzuschätzen.

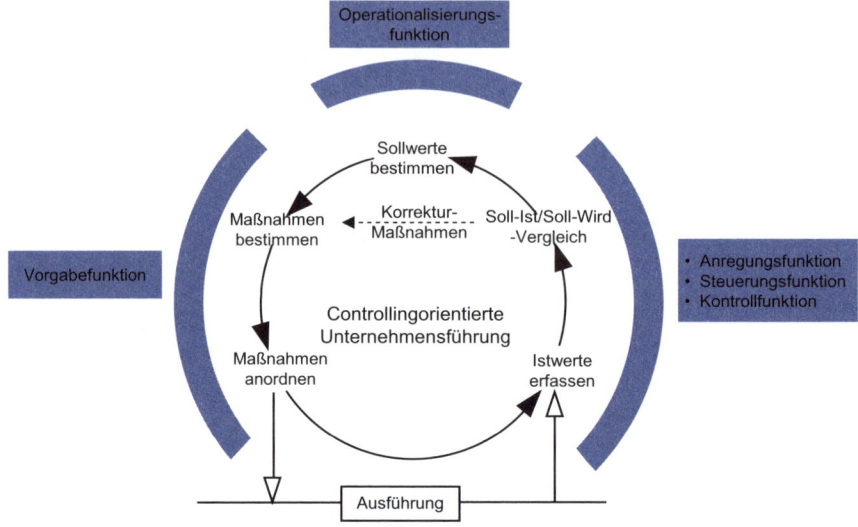

Funktion	Beschreibung
Operationalisierung	Die Operationalisierungsfunktion beschreibt die Fähigkeit von Kennzahlen, Ziele und deren Zielerreichung konkret messbar zu machen. Sie stellt die Basis für die Erfolgsbewertung und alle weiteren Funktionen dar.
Vorgabe	Die Vorgabefunktion dient zur Festlegung spezifischer Zielwerte. Beim Erreichen oder Überschreiten dieser Werte können entsprechende Entscheidungen abgeleitet werden.
Anregung	Durch die laufende Erfassung von Kennzahlen können im zeitlichen Ablauf Fehlentwicklungen frühzeitig erkannt und entsprechende Maßnahmen zur Gegensteuerung eingeleitet werden.
Steuerung	Kennzahlen stellen verdichtete „Informationskonzentrate" betriebswirtschaftlicher Sachverhalte dar. Sie helfen, Sachverhalte einfacher darzustellen, Komplexität zu reduzieren, um die Entscheidungsträger zu unterstützen.
Kontrolle	Die Kontrollfunktion resultiert aus der Überwachung der Kennzahlenwerte. Erst durch die Ermittlung von Soll-Ist- und Soll-Wird-Abweichungen können Korrekturmaßnahmen abgeleitet werden.

Abb 1: Funktionen von Kennzahlen im Rahmen der Unternehmenssteuerung

1.2. Anforderungen an Kennzahlen

Damit Kennzahlen die oben angeführten Funktionen erfüllen können, müssen sie zumindest folgenden Anforderungen entsprechen[3]:

---

3   Vgl *Syska* (1990) 44 ff; vgl *Tavasli* (2007) 171 f.

- Validität: Kennzahlen müssen genau und verlässlich die darzustellenden Sachverhalte erfassen und bewerten.
- Aktualität: Kennzahlen müssen zeitnah erhoben werden können, um rasche Entscheidungen treffen zu können.
- Verständlichkeit und Einfachheit: Sinn und Aussage müssen klar und verständlich sein.
- Auf bestehenden Datenmaterial basieren: Grundsätzlich sollen Kennzahlen auf vorhandenen Daten aufbauen.
- Benchmarkingfähigkeit: Diese Eigenschaft ist relevant, um sich mit Wettbewerbern oder Konzerneinheiten zu vergleichen und etwaige Optimierungspotenziale zu lokalisieren.

So verständlich diese Anforderungen wirken, so schwierig sind diese in der Praxis kumulativ umzusetzen. Abbildung 2 zeigt am Beispiel der Gesamtkapitalrendite beispielsweise das Spannungsverhältnis zwischen Validität, Verständlichkeit und Benchmarkingfähigkeit. Aus Sicht der Validität sind Unternehmen bestrebt, ihre Ziele bzw ihre Performance so exakt wie möglich zu messen. Diese führt zu unterschiedlichen Berechnungsformen der Unternehmen und Schwierigkeiten im Wettbewerbsvergleich. Abbildung 2 zeigt zwei unterschiedliche Berechnungsmöglichkeiten des Return on Capital Employed (ROCE). Die Berechnungen unterscheiden sich sowohl im Zähler als auch im Nenner. Im Zähler wird einmal der Gewinn vor Steuern und Zinsen (EBIT) und einmal der Net Operating Profit after Taxes (NOPAT), dh der Gewinn nach Steuern aber vor Zinsen, verwendet. Im Nenner wird das Gesamtkapital sowohl aktivseitig als auch passivseitig berechnet. Neben unterschiedlichen Berechnungsmethoden für die „gleiche" Kennzahl erschwert eine Flut an Kennzahlenbegriffen bzw ein Begriffswirrwarr die Verständlichkeit und Benchmarkingfähigkeit. Einerseits werden unterschiedliche Begriffe für den gleichen Sachverhalt bzw die gleiche Berechnungsmethodik verwendet. Häufig sind die Begriffe ROCE, ROIC, ROI und ROA austauschbar. Andererseits verstecken sich hinter gleichen Begriffen unterschiedliche Berechnungsformen (siehe die angeführten Unterschiede in der ROCE-Berechnung).

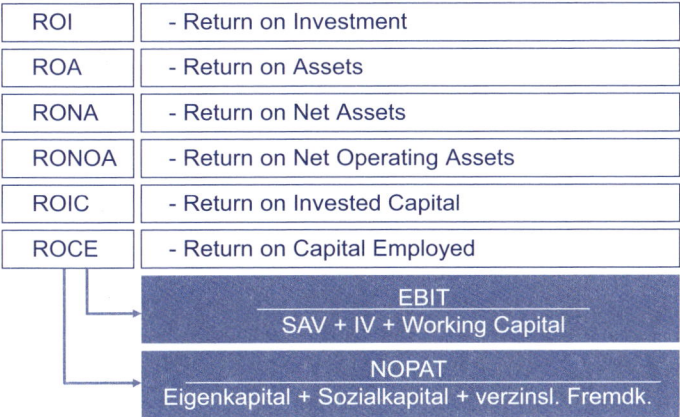

Abb 2: Das Spannungsfeld von Verständlichkeit, Validität und Benchmarkingfähigkeit von Kennzahlen

1.3. Kennzahlensysteme

Durch die Verdichtung von Informationen mithilfe von Kennzahlen können komplexe Sachverhalte relativ einfach gemessen und exakt dargestellt werden. Dies stellt insbesondere für höhere Führungsebenen einen entscheidenden Vorteil dar. Die Stärke der Komplexitätsreduktion und Exaktheit ist zugleich auch die größte Schwäche von Kennzahlen. Einerseits lassen sich qualitative Zusammenhänge und unstrukturierte Daten mit Kennzahlen nur schwer messen, anderseits hat die isolierte Betrachtung von Kennzahlen durch den damit verbundenen Informationsverlust eine beschränkte Aussagekraft. Der mit der Informationsentlastung einhergehende Nachteil hochverdichteter Kennzahlen lässt sich am Beispiel der EBIT-Marge verdeutlichen. Eine positive oder negative Entwicklung ist zwar leicht erkennbar, deren Ursache (Verkaufspreise, Absatzmenge, Kostenerhöhungen, Qualitätsprobleme, Konkurrenzangebote etc) und entsprechende Gegenmaßnahmen lassen sich jedoch nicht direkt ableiten. Infolgedessen werden heute in den Unternehmen mehr oder weniger strukturierte Kennzahlen- bzw Performance-Measurement-Systeme, wie zB Werttreiber-Bäume oder die Balanced Scorecard, eingesetzt und in IT-Systemen häufig in Form von Management-Cockpits oder Dashboards umgesetzt, da diese einen Drill Down (=Herunterbrechen) und damit eine entsprechende Ursachenanalyse ermöglichen.

Dabei ist zu beachten, dass eine reine Auflistung von Kennzahlen keinen Mehrwert schafft. Im Gegenteil, eine Unmenge an Kennzahlen, welche nicht in einer Kennzahlenarchitektur adäquat verbunden sind, erhöht die Komplexität und verdeckt die Sicht auf das Wesentliche (siehe dazu auch Kap A.3.3.2.). Durch die Kennzahlenarchitektur werden subjektiv beliebige Interpretationen und die Möglichkeit widersprüchlicher Aussagen eingeschränkt. *Reichmann* definiert Kennzahlensysteme daher als Zusammenstellung quantitativer Kennzahlen, die in einer sachlogischen, sinnvollen Beziehung zueinander stehen, einander ergänzen oder erklären und auf ein übergeordnetes Ziel ausgerichtet sind.[4]

Grundsätzlich werden Kennzahlensysteme in Rechen- und Ordnungssysteme eingeteilt. Bei Rechensystemen werden die Kennzahlen hierarchisch gegliedert und mathematisch verbunden, sodass es messbare Ursache-Wirkungs-Beziehungen entlang der Kennzahlen-Hierarchie gibt. Das wahrscheinlich bekannteste Beispiel ist das DuPont-Kennzahlensystem, bei dem der Return on Investment (ROI) stufenweise in seine Bestandteile zerlegt wird. Der wesentliche Vorteil derartiger Systeme ist, dass die Auswirkung einzelner Größen auf die Spitzenkennzahl quantifiziert und einfach nachvollzogen werden kann. Rechensysteme stoßen jedoch an ihre Grenzen, sobald auch qualitative Kennzahlen Verwendung finden.[5]

---

4   *Reichmann* (2001) 23.
5   Vgl *Groll* (2004) 14 ff.

Art des Kennzahlensystems	Bekannte Beispiele
Rechensysteme	
Eindimensional	DuPont-System of Financial Controls (ROI-Baum)
	Werttreiberbäume zB für das EVA- oder CVA-Konzept
Multidimensional	RAVE™ (Real Asset Value Enhancer)
Ordnungssysteme	
Scorecardartige Ansätze	Balanced Scorecard
Qualitätsmanagement-Ansätze	EFQM-Modell
Prozessorientierte Ansätze	SCOR-Modell

Abb 3: Klassifizierung der Kennzahlen- bzw Performance Measurement-Systeme[6]

In Ordnungssystemen gibt es zwischen den Kennzahlen sachlogische Verbindungen anstatt mathematischer Beziehungen. Damit können auch Kennzahlen integriert werden, die keine mathematische Verknüpfung zulassen bzw Kennzahlen, die sich gegenseitig beeinflussen. Als Konsequenz können quantitative Zusammenhänge nicht oder nicht mehr vollständig nachvollzogen werden. Typische Beispiele sind Kennzahlensysteme in Produktion oder Vertrieb, die monetäre und nicht-monetäre Kennzahlen wie Arbeitsunfälle, Kundenzufriedenheit oder Markenbekanntheit umfassen.

Eine Sonderform des Ordnungssystems stellt das Zielsystem dar. Ähnlich wie Rechensysteme ist dieses hierarchisch aufgebaut, wobei an der Spitze ein Oberziel steht, welches danach in betriebliche Teilziele zerlegt wird. Den definierten Zielen werden danach entsprechende Kennzahlen zugeordnet, welche nicht notwendigerweise quantifizierbar sein müssen. Die Hierarchisierung der Ziele mit den definierten Messzahlen ermöglicht das Erkennen von systematischen Ansatzpunkten für die Zielbeeinflussung.[7] Die Balanced Scorecard ist dafür ein typisches Beispiel.

Bei Ordnungssystemen ist bei der Auswahl der Kennzahlen eine gewisse Subjektivität unvermeidbar.[8] Um aus der Fülle möglicher bzw vorhandener Kennzahlen die geeignete Selektion zu treffen, ist es zweckmäßig, die Determinanten des Kennzahleneinsatzes (vgl Abb 4) zu analysieren und gegebenenfalls gegeneinander abzuwägen. Grundsätzlich wird eine Kennzahl (zB EBIT-Marge) über einen Sachverhalt (zB Gesamtunternehmen) zu einem Zeitpunkt für einen Zeitraum (zB Q1/2015) in einer Frequenz (zB quartalsweise) aus Grunddaten (zB G+V-Positionen) mit einem Er-

---

6   In Anlehnung an *Horváth/Seiter* (2009).
7   Vgl *Becker/Winkelmann* (2006) 71.
8   Vgl *Gladen* (2011) 97 f.

stellungsaufwand (zB 3 Personentage) in einer Darstellungsform (zB Tabelle) auf einem Medium (zB pdf auf Tablet) einem Empfänger (zB Vorstand) für einen Zweck (zB Erfolgskontrolle mittels Soll-Ist-Vergleich) von einem Ersteller (zB Controller) zur Verfügung gestellt.

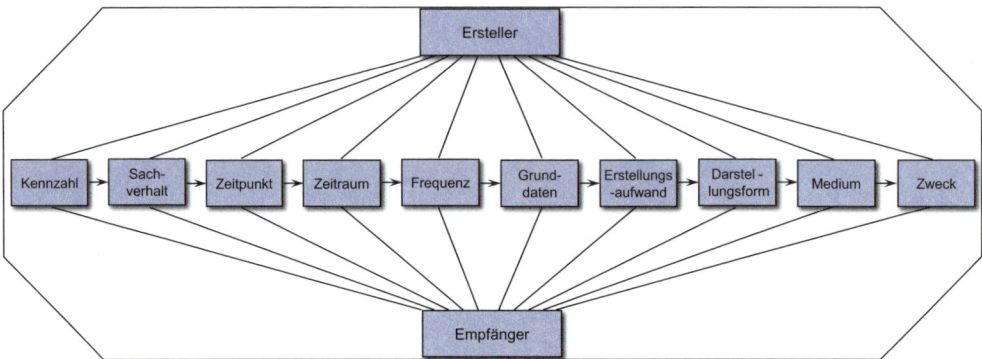

Abb 4: Determinanten des Kennzahleneinsatzes

Die kritische Auseinandersetzung mit den Determinanten kann helfen, Kennzahlensysteme überschaubar und handhabbar zu halten und gleichzeitig sachlogisch zu strukturieren:

- Für welchen Zweck wird die Kennzahl vorgesehen? Ist sie für diesen Zweck grundsätzlich geeignet bzw gibt es dazu bereits Kennzahlen ähnlicher Aussagekraft?
- Benötigt der Empfänger angesichts des Zwecks diese Kennzahl überhaupt bzw in diesem Detail bzw in dieser Frequenz?
- Ist die Kennzahl wirtschaftlich zu ermitteln bzw sind die Grunddaten in ausreichender Qualität vorhanden?
- Machen Kennzahlen in einer Darstellungsform Sinn oder ev andere Kennzahlen überflüssig (zB monatliche Zeitreihe von Auftragseingang und Umsatz vs Auftragsstand)?

1.4. Fazit

Zusammenfassend kann festgehalten werden, dass Kennzahlen und Kennzahlensysteme heute das zentrale Element in der Unternehmenssteuerung darstellen. Sie unterstützen Führungskräfte wie Controller in der Planung, Durchsetzung und Kontrolle von Zielen, indem sie Komplexität reduzieren, Sachverhalte exakt und einfach darstellen und damit einen umfassenden und schnellen Überblick geben. Dabei gilt es, im Hinblick auf den Informationsumfang, eine Balance zwischen dem Komfort des schnellen Überblicks (wenige hochverdichtete Spitzenkennzahlen) und der Möglichkeit einer profunden Ursachenanalyse (umfassendes Kennzahlen- bzw Performance-Measurementsystem) zu finden.

Literatur

Becker, J., Winkelmann, A. (2006): Handelscontrolling. Optimale Informationsversorgung mit Kennzahlen, Berlin, New York

Gladen, W. (2011): Performance Measurement. Controlling mit Kennzahlen, Wiesbaden

Groll, K. H. (2004): Das Kennzahlensystem zur Bilanzanalyse. Ergebniskennzahlen – Aktienkennzahlen – Risikokennzahlen, München

Horváth, P., Seiter, M. (2009): Performance Measurement, In: Die Betriebswirtschaft DBW, 69/2009, S. 393–413

Reichmann, T. (2001): Controlling mit Kennzahlen und Managementberichten. Grundlagen einer systemgestützten Controlling-Konzeption, München

Reichmann, T. (2011): Controlling mit Kennzahlen. Die systemgestützte Controlling-Konzeption mit Analyse- und Reportinginstrumenten, 8. Auflage, München

Syska, A. (1990): Kennzahlen für die Logistik. Berlin, New York

Tavasli, S. (2007): Six Sigma Performance Measurement System. Prozesscontrolling als Instrumentarium der modernen Unternehmensführung, Wiesbaden

Weber, J. (1995): Logistik-Controlling. Leistungen – Prozesskosten – Kennzahlen, Stuttgart

2. Aufbau eines modernen Performance-Measurement-Systems

Ronald Gleich/Anna Quitt

Inhaltsverzeichnis

In der Literatur und Praxis existiert eine Vielzahl an Performance-Measurement-Systemen. Die unterschiedlichen Ansätze wenden verschiedene Systematiken an, um die Zielsysteme von Unternehmen abzubilden und die zugrunde liegenden Steuerungsgrößen für die Entscheidungsträger sachlogisch miteinander zu verknüpfen. Der vorliegende Beitrag gibt einen Überblick über die verschiedenen Performance-Measurement-Systeme und identifiziert deren grundlegende Bestandteile. Darauf aufbauend findet eine Beurteilung der unterschiedlichen Ansätze anhand relevanter Erfolgskriterien statt. Zum Abschluss erfolgt eine Einordnung der Balanced Scorecard in das moderne Performance-Measurement-Verständnis.

2.1. Grundlagen des Performance Measurements

2.1.1. „Performance Measurement" als Begriff[9]

Für den konzeptionellen Neuanfang und Einsatz neuer Konzepte und Kennzahlen zur Unternehmenssteuerung existiert in der englischsprachigen Controlling- und Management-Accounting-Literatur seit Ende der Achtzigerjahre der Terminus „Performance Measurement"[10]. Auch in der themenbezogenen deutschsprachigen Literatur hat sich der englische Terminus als maßgebliches Schlagwort für die neue Konzeption der Leistungsmessung und -steuerung durchgesetzt, wenngleich hier aufgrund der ebenfalls stattfindenden Verwendung desselben Begriffs in betriebswirtschaftlichen Nachbardisziplinen noch keine abschließende Definition lexikali-

---

9   Dieser Beitrag besteht aus Abschnitten von *Gleich* (2011) sowie dem ebenfalls aus diesen Abschnitten bestehenden und leicht modifizierten sowie ergänzten Beitrag *Gleich/Quitt* (2012).
10   Vgl die Übersicht bei *Gleich* (1998) 6.

scher Natur festgesetzt werden konnte.[11] Im Rahmen dieses Beitrags wird unter dem Begriff „Performance Measurement" der Aufbau und Einsatz meist mehrerer Kennzahlen verschiedener Dimensionen (zB Kosten, Zeit, Qualität, Innovationsfähigkeit, Kundenzufriedenheit) verstanden, die zur Messung und Bewertung von Effektivität und Effizienz der Leistung und Leistungspotenziale unterschiedlicher Objekte im Unternehmen, sogenannter Leistungsebenen (zB Organisationseinheiten unterschiedlichster Größe, Mitarbeiter, Prozesse), herangezogen werden.[12]

Abbildung 5 veranschaulicht Beispiele für unterschiedliche Leistungsebenen in einem Unternehmen und zeigt Ansatzpunkte zur Untersuchung leistungsebenenübergreifender sowie leistungsebeneninterner (horizontaler/vertikaler) Zusammenhänge von Kennzahlen auf.

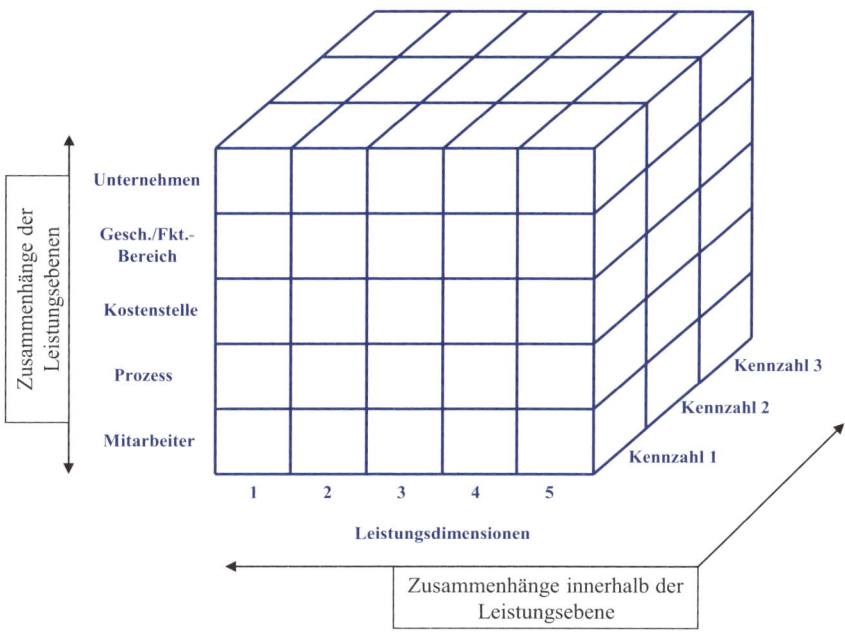

Abb 5: Leistungsebenen, Leistungsdimensionen und Kennzahlen [Quelle: *Gleich* 2011]

Effizienz und Effektivität sind Wirtschaftlichkeitsmaßgrößen, die sich hinsichtlich ihrer Kennzahlendefinition und Kennzahlenbotschaft grundsätzlich unterscheiden. Gefolgt wird hier der Auffassung von *Budäus/Dobler* (1977),

- wonach sich Effizienz auf die Relation zwischen wertmäßigem Output und wertmäßigem Input bezieht und demnach der Erfassung von Input-Output-Relationen dient (Kennzahlenbotschaft: „doing the things right"),
- während sich Effektivitätsgrößen an einer konkreten Zielsetzung und dem jeweiligen Output orientieren und die Erreichung langfristiger Ziele einer Organisation kennzeichnen (Kennzahlenbotschaft: „doing the right things").

---

11   Vgl *Horváth/Seiter* (2009) 394.
12   Vgl ua *Gleich* (2011) sowie *Horváth* (2009).

Die durch die Definition von Leistungskennzahlen angestrebte Leistungstransparenz im Performance Measurement soll zur Leistungsverbesserung auf allen Leistungsebenen mittels effektiverer Planungs- und Steuerungsabläufe beitragen. Zusätzlich sollen mit einem Performance Measurement mehr leistungsebenenbezogene und -übergreifende Kommunikationsprozesse[13] und eine erhöhte Mitarbeitermotivation angeregt, sowie zusätzliche Lerneffekte erzeugt werden.[14] Performance Measurement stellt demnach eine Erweiterung der vorwiegend bereichsbezogenen Sach- und Formalzielplanung dar. Es unterstützt eine anspruchsgruppen- und leistungsebenengerechte Zielformulierung sowie eine bessere Strategie-Operationalisierung und -quantifizierung.

Vor allem *Horváth* und *Seiter* haben sich 2009 mit der Differenzierung von Controlling und Performance Measurement im Detail auseinandergesetzt, um somit den Begriff „Performance Measurement" näher zu spezifizieren. Dabei kamen sie zu dem Schluss, dass Performance Measurement ein Sub-System bzw einen elementaren Bestandteil eines Controllingsystems darstellt. Ein Controllingsystem setzt sich mit der Koordination des Steuerungssystems eines Unternehmens mit dem Fokus auf die gesamthafte Steuerung des Unternehmens auseinander. Ein Performance-Measurement-System hingegen hat den Schwerpunkt auf dem Erfassen und Messen von Leistung innerhalb des Unternehmens.[15]

2.1.2. Bestandteile eines modernen Performance-Measurement-Systems

Die Entwicklung und Integration des Performance Measurements gehört zu den wichtigsten Zukunftsaufgaben im Controlling und stellt einen Themenschwerpunkt von Veröffentlichungen in den Bereichen Rechnungswesen und Controlling dar.[16] Darüber hinaus wird den Performance-Measurement-Systemen der Unternehmen eine wichtige Rolle bei der Entwicklung strategischer Pläne, der Bewertung der organisationsbezogenen Zielerreichungen sowie der Managerentlohnung beigemessen.[17]

Ein ganzheitliches Performance-Measurement-System umfasst nach *Gleich* (2011) vier Subsysteme (vgl Abb 6):

- Strategische Planung & Steuerung: Definition von Ziel- und Aktionsräumen zur Sicherung sowie Erschließung von Erfolgspotenzialen.
- Operative Planung und Steuerung: Konkretisierung der Planung der hierarchisch übergeordneten generellen Zielplanung sowie der strategischen Planung mithilfe von operativen Zielsetzungen, Kennzahlen und Steuerungsaktivitäten.
- Leistungsanreize/-vorgaben/-messung: Entwicklung eines Konzepts für das leistungsfördernde Verhalten von Managern und Mitarbeitern zur Erreichung der Leistungsziele.

---

13   Vgl *Dhavale* (1996) 52.
14   Vgl *Hiromoto* (1988) 22 ff.
15   Vgl *Horváth/Seiter* (2009) 394.
16   Vgl *Evans* et al (1996) 21 sowie *Sandt* (2005) 429.
17   Vgl *Ittner/Larcker* (1998) 205.

- Kennzahlenaufbau und -pflege: Definition von Anforderungen an die relevanten Kennzahlen, Aufbau eines adäquaten Kennzahlensets sowie Implementierung eines kontinuierlichen Prozesses zur potenziell notwendigen „Nachrüstung" des Kennzahlensets.

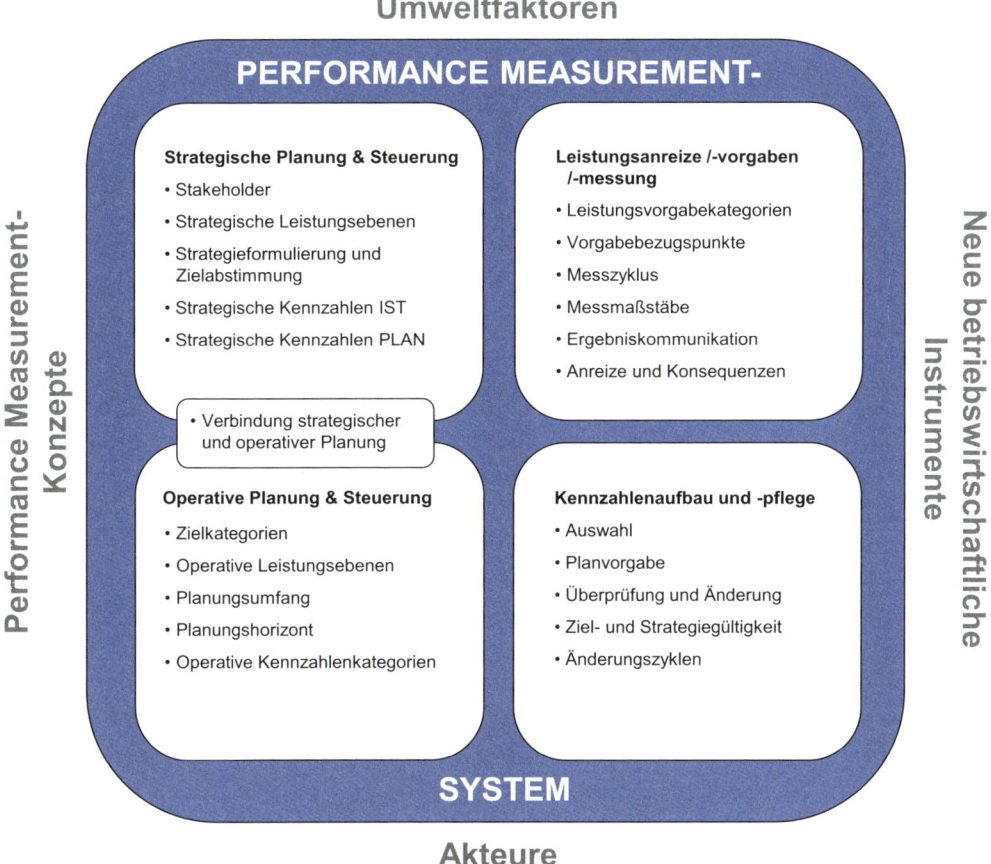

Abb 6: Aufbau eines modernen Performance-Measurement-Systems nach *Gleich* (2011, 260)

Das Performance-Measurement-System ist mit seinen Subsystemen in das Unternehmensumfeld eingebettet, das neben diversen Performance-Measurement-Konzepten und betriebswirtschaftlichen Instrumenten vor allem auch die jeweils für das Unternehmen vorherrschenden Umweltfaktoren sowie die Anforderungen der relevanten Akteure im Fokus hat. Das heißt, dass es für die Entwicklung und Implementierung keine standardisierte, allgemeingültige Lösung gibt, sondern jedes Unternehmen den für sich geeigneten Performance-Measurement-Ansatz individuell definieren sollte.

Aufgrund dieser notwendigen Individualität hat sich in den letzten 15 Jahren eine Vielzahl von unterschiedlichen Performance-Measurement-Konzepten herauskristallisiert, die ein Indiz für die Wichtigkeit und Notwendigkeit der kontinuierlichen Neugestaltung der Unternehmenssteuerungskonzepte ist.[18] Dennoch hat sich vor allem ein Konzept besonders etabliert: die Balanced Scorecard.[19] Von *Kaplan* und *Norton* in den frühen Neunzigern erstmals im Gesamtunternehmenskontext *eingeführt*, sind mittlerweile zahlreiche Adaptionen für zB das Beschaffungs-, Innovations- oder Nachhaltigkeitsmanagement entwickelt und implementiert worden.

2.2. Ausprägung diverser Performance-Measurement-Konzepte

Um das Konzept und die Ausprägungen der Balanced Scorecard in einem kritischen Gesamtkontext betrachten zu können, ist zuerst ein kurzer Überblick über die anderen etablierten Performance-Measurement-Konzepte notwendig.

In den letzten Jahren wurden, vorwiegend im angloamerikanischen Sprachraum, Ansätze und Ideen zum Aufbau und der Anwendung eines Performance Measurements aufgezeigt, sodass mittlerweile mehr als ein Dutzend ausschließlich zu Performance-Measurement-Zwecken entwickelte Konzepte existieren.

Federführend entwickelt wurden die Konzepte von drei unterschiedlichen Interessensgruppen: Wissenschaftler, Berater sowie Unternehmen. Als Ergebnis dieser Entwicklungsarbeiten entstand eine große Bandbreite von Konzepten, die von einfachen, nur Kosten-, Zeit- und Qualitätskennzahlen unstrukturiert verbindenden Konzepten bis hin zu softwaregestützten mathematisch hochkomplexen Modellen reicht.

Dabei kann zwischen folgenden Entwicklergruppen differenziert werden:

- Konzeptionelle Vorschläge zum Performance Measurement aus der Beratungspraxis und Wissenschaft; diese wurden auf Basis von Forschungsarbeiten an Universitäten oder hochschulnahen Institutionen entwickelt, häufig zusätzlich im Praxisumfeld umfangreich getestet und durch Praxisanwendungen verbessert. Deshalb sind diese Ansätze konzeptionell wissenschaftlich geprägt.
- Performance-Measurement-Konzepte aus der Unternehmenspraxis, dh Konzepte, die durch Veröffentlichungen einzelner Unternehmen bekannt wurden.

2.2.1. Etablierte Performance-Measurement-Konzepte im Überblick

In Abb 7 sind die wichtigsten Performance-Measurement-Konzepte im Überblick dargestellt.[20] Bezüglich der federführend von Beratungsgesellschaften entwickelten Konzepte erfolgte eine Beschränkung auf vier Ansätze, da sich die verschiedenen Lösungen dieser Entwicklungsgruppe oft nur wenig voneinander unterscheiden.

---

18   Vgl *Ittner/Larcker* (1998) 205.
19   Vgl ua *Kaplan/Norton* (1997).
20   Vgl *Gleich* (2011) für weiterführende Informationen zu den einzelnen Konzepten.

Entwick-lungs-umfeld	Entwicklungsziel	Konzepte
Wissenschaft und Beratungspraxis	Konzeptionell wissen-schaftlich geprägte, umfeldflexible Perfor-mance-Measurement-Konzepte zur Lösung von Leistungsmessungs- und Leistungsmanage-mentproblemen in ver-schiedenen Anwen-dungsfeldern	• Data Envelopment Analysis (vgl *Charnes/Cooper/Rhodes* 1978) • Performance Measurement in Service Businesses (vgl *Fitzgerald* et al 1991 und 1996) • Balanced Scorecard (vgl *Kaplan/Norton* 1992a sowie 1997a/b) • Tableau de Bord (vgl *Lebas* 1994) • Productivity Measurement and Enhance-ment System (ProMES) (vgl *Kleingeld* 1994) • Performance Measurement Model (vgl *Rose* 1995) • Performance Pyramid (vgl *Lynch/Cross* 1993) • Quantum Performance Measurement-Konzept (vgl *Hronec* 1993 und 1996) • Ernst&Young-Konzept (vgl *Taylor/Convey* 1993) • Business Management Window (vgl *Bull* 1993) • SCOR-Modell (vgl SCOR 2008) • Prozessorientiertes Performance Measurement (vgl *Gleich* et al 2008) • Innovation Performance Measurement (vgl *Möller/Janssen* 2009)
Unternehmenspraxis	Umfeldgerechte Perfor-mance-Measurement-Konzepte zur Lösung von vorwiegend unter-nehmensspezifischen Leistungsmessungs- und Leistungsmanagement-problemen	• J.I. Case-Konzept (vgl *Sellenheim* 1991) • Caterpillar-Konzept (vgl *Hendricks* et al 1996) • Hewlett-Packard-Konzept des internen Marktes (vgl *Holzmüller* 1996, *Gleich* 1997) • Konzept der Dallas Area Rapid Transit (DART) (vgl *Raake* et al 2008) • Innovation Scorecard bei FESTO (vgl *Nestle* 2008a/b) • Skandia Navigator-Konzept (vgl SKANDIA 1994 und *Edvinsson* 1997)

Abb 7: Überblick über Performance-Measurement-Konzepte (zu den Literaturangaben vgl *Gleich* [2011])

2.2.2. Performance-Measurement-Konzepte im direkten Vergleich

Um die einzelnen Konzepte besser einordnen zu können, wurden acht Konzepte mithilfe von elf Kriterien, die auf den Anforderungen des oben dargestellten Performance-Measurement-Systems basieren, verglichen (vgl Abb 8):

1. Visions- und Strategieanbindung des Konzepts sowie Regelungen zur Planzielvorgabe
2. Einsatz einer stakeholderbezogenen Zieldifferenzierung
3. Berücksichtigung mehrerer Leistungsebenen
4. Beschreibung der Regelungen zum Kennzahlenmanagement
5. Mess-Modalitäten hinsichtlich ua Messzyklen und Messpunkte
6. Vorgehensweise bei der Leistungsbeurteilung und Abweichungsanalyse
7. Berücksichtigung von Anreiz- und Belohnungsaspekten
8. Integration eines Reportingkonzeptes
9. Institutioneller Rahmen bzgl Messprozess und organisatorische Verankerung
10. Einsatz von Instrumenten im Performance Measurement
11. Verbindung zu einem Performance Management

KRITERIUM \ KONZEPT	Data Envelop. Analysis	PM in Service Businesses	Balanced Scorecard	Tableau de Bord	Performance Pyramid	Quantum PM-Konzept	SCOR-Modell	Hewlett-Packard-Konzept	DART	FESTO ISC	Skandia Navigator
Visions- und Strategieanbindung											
Stakeholderbezogene Zieldifferenzierung											
Berücksichtigung mehrerer Leistungsebenen											
Kennzahlenmanagement											
Messung der Modalitäten											
Leistungsbeurteilung und Abweichungsanalyse											
Berücksichtigung Anreizaspekte											
Konzept-Reporting											
Institutioneller Rahmen											
Einsatz von Instrumenten im Performance Measurement											
Integration eines Performance Management											

Abb 8: Vergleich der einzelnen Performance-Measurement-Konzepte
[Quelle: *Gleich* (2011)]

Die Darstellung in Abb 8 unterscheidet dabei zwischen „Kriterium konzeptionell sehr umfassend berücksichtigt" (ausgefüllter Kreis) bis hin zu „Kriterium nicht bewertbar" (leerer Kreis).

Bei der vergleichenden Gegenüberstellung ragen besonders Quantum Performance Measurement, die Performance Pyramid, das Konzept von Hewlett-Packard sowie die Balanced Scorecard heraus:

- Das Quantum-Performance-Measurement-Konzept besticht durch seine Durchgängigkeit und Breite, allerdings bestehen Zweifel in der schnellen und wirtschaftlichen Umsetzbarkeit. Schwachpunkte liegen besonders in der Operationalisierung des Kennzahlenmanagements, der Leistungsbeurteilung sowie der Durchführung einer Abweichungsanalyse.
- Das Konzept von Hewlett-Packard überzeugt zwar auf Abteilungsebene, die nicht eindeutig beschriebene Einsatzmöglichkeit auf der Unternehmens- oder Geschäftsfeldebene ist jedoch eindeutig nachteilig zu werten.
- Als eindeutige Defizite der Performance Pyramid sowie auch des Konzeptes von Hewlett-Packard sind insbesondere die kaum integrierten Anreiz- und Belohnungsaspekte zu nennen.
- Die Balanced Scorecard berücksichtigt als einziges System umfassend: die Anbindung an Vision und Strategie, Anreizaspekte sowie das Reporting. Das Konzept hat lediglich Schwachpunkte in der Leistungsebenendifferenzierung. Weitere Schwachpunkte liegen im Bereich „Kennzahlenaufbau und -pflege" sowie in der Darstellung der Messmodalitäten. Dennoch zeigt dieses Konzept das höchste Potenzial im Vergleich zu den anderen untersuchten Konzepten, die Anforderungen eines ganzheitlichen Performance-Measurement-Systems an ein unterstützendes Performance-Measurement-Konzept zu erfüllen.

Nachfolgend soll die Balanced Scorecard als in der Praxis am meisten etabliertes Konzept nochmals kurz in seiner Entwicklung skizziert und umfassend bzgl des skizzierten Performance-Measurement-Rahmens eingeordnet und beurteilt werden.

2.3. Balanced Scorecard als in der Praxis etabliertes Konzept und dessen Einordnung in das moderne Performance-Measurement-Verständnis

2.3.1. Die Entwicklung der Balanced Scorecard

Entstanden ist die Balanced Scorecard infolge von Projekten mit einer „Corporate Scorecard" beim amerikanischen Halbleiterhersteller Analog Devices. Diese „Corporate Scorecard" beinhaltete neben finanziellen Kennzahlen nichtfinanzielle Maßgrößen zum Kundenverhalten, zu unternehmensinternen Abläufen und zur Produktentwicklung. Der Harvard-Professor *Robert S. Kaplan* und der Unternehmensberater *David P. Norton* entwickelten in einem langjährigen Forschungsprojekt aus dem Anfangskonzept in Kooperation mit insgesamt zwölf Praxispartnern aus unterschiedlichen Branchen die Balanced Scorecard. Im Harvard Business Review January-February 1992 wurde erstmals von den Ergebnissen der gemeinsamen Arbeit berichtet.[21]

Mit der Balanced Scorecard sollen die jeweiligen Anwender (in der Regel das Geschäftsbereichs- oder Unternehmensmanagement) schnelle sowie ziel- und strategieadäquate Entscheidungen treffen können. Kernidee dieses Konzeptes ist die Berücksichtigung unterschiedlicher Sichten bei der Leistungsbeurteilung als Grundlage zu deren Planung und Steuerung, unter Beachtung der sichtenübergreifenden Zusammenhänge und unter Hinzuziehung von sichtenspezifischen Maßgrößenbündeln.[22] Hierbei wird, wie oben bereits ausgeführt, ein Hauptaugenmerk auf die „Vorsteuergrößen" gelegt, dh, nicht nur die Vergangenheit reflektierende finanzielle Kennzahlen werden zur Unternehmensbeurteilung und -steuerung eingesetzt, sondern auch zukunftsorientierte Maßgrößen zur Abschätzung der jeweiligen Wachstumsmöglichkeiten.

Eine gute Balanced Scorecard basiert daher auf strategischen Überlegungen, dh, die Kennzahlen und Kennzahlenplanvorgaben der Balanced Scorecard spiegeln die strategische Ausrichtung wider bzw sollen dabei helfen, die Realisierung der strategischen Vorgaben sicher zu stellen.

Zur Umsetzung dieser Ansprüche entwickelten *Kaplan* und *Norton* die vier miteinander verketteten Perspektiven der Balanced Scorecard:

- Finanzperspektive – für die Beurteilung der gegenwärtigen Unternehmensposition
- Kundenperspektive – für die Beurteilung der vom Kunden gewünschten Leistungen
- Prozessperspektive – für die Beurteilung der internen Geschäftsprozesse
- Lern- und Entwicklungsperspektive – für die Beurteilung der existierenden Fähigkeiten der Mitarbeiter, Systeme und Abläufe

Seit den ersten Veröffentlichungen zur Balanced Scorecard gab es zahlreiche Weiterentwicklungsaktivitäten (vgl Abb 9), insbesondere im Zusammenhang mit dem Ausbau der Balanced Scorecard zu einem Managementinstrument. Firmen setzen ihre Balanced Scorecard dazu ein, ihre strategischen Ziele in operative Maßgrößen umzusetzen, dabei gelang bei einigen Unternehmen auch die Verknüpfung des strategischen Planungsprozesses mit dem operativen Budgetierungsablauf. Horváth & Partners (2009) haben in diesem Zusammenhang einen Fünf-Schritte-Plan für die Implementierung und Verknüpfung der Balanced Scorecard mit dem Unternehmensplanungsprozess etabliert: Nach der Schaffung des organisatorischen Rahmens erfolgt die Klärung der strategischen Grundlagen. Die Entwicklung der BSC kommt im nächsten Schritt. Die strategieorientierte Ausrichtung der Organisation sowie die Sicherstellung des kontinuierlichen BSC-Einsatzes runden den Implementierungs-

---

21   Vgl *Kaplan/Norton* (1992) 71 ff.
22   Vgl *Kaplan/Norton* (1992) 71 ff.

prozess ab.[23] Ein weiteres Anwendungsgebiet der Balanced Scorecard liegt in der Unterstützung bei der Auswahl und Priorisierung von bereichs- und unternehmensbezogenen Restrukturierungsprojekten, indem die Aufmerksamkeit auf die strategisch relevanten Leistungsebenen gelenkt wird.

Die BSC als Performance-Measurement-System hat aufgrund ihres ganzheitlichen Ansatzes und Verständnisses von Leistung und Erfolg neue Maßstäbe im Instrumentarium der Unternehmensführung gesetzt. Dabei denkt man häufig, wenn man heute von der Balanced Scorecard spricht, lediglich an das 4-dimensionale Cockpit, das lediglich die 1. Generation der BSC darstellt. Allerdings hat sich das ursprüngliche Balanced-Scorecard-Konzept seit seiner Einführung als Folge von Herausforderungen bei der Implementierung essenziell weiterentwickelt. Abbildung 9 zeigt den dreistufigen Entwicklungsprozess der Balanced Scorecard.[24]

Fast 20 Jahre nach ihrer Einführung ist in der Literatur zu beobachten, dass die Balanced Scorecard nach wie vor ein anerkanntes und vielimplementiertes Konzept ist. Der Anwendungsfokus liegt nicht mehr nur primär auf Gesamtunternehmensebene, sondern wurde vielmehr auf Projekt- und Funktionsebene ausgeweitet. So soll der Forschungs- und Entwicklungsprozess in Unternehmen mithilfe einer Innovation Balanced Scorecard effizienter gestaltet werden.[25] Die Beschaffung soll durch eine Supply Balanced Scorecard nachhaltigere Kostenoptimierungen erzielen.[26] Auch für Nachhaltigkeitsthemen wurde eigens eine Sustainability Scorecard entworfen.[27] Selbst in Not-for-profit-Organisationen gewinnt die Einführung der Balanced Scorecard immer mehr an Bedeutung.[28] Auch im Rahmen des Herausgeberwerkes von *Gleich* (vgl *Gleich* 2012) werden zahlreiche Anwendungsbeispiele sowie Weiterentwicklungen und Spezifizierungen der Balanced Scorecard in der Praxis aufgeführt.

BSC-Entwicklung: 1. Generation		
Definitorische Merkmale	**Verbesserungspotenzial**	**Bestandteile**
• Mix aus finanziellen und nichtfinanziellen Kennzahlen • Begrenzte Anzahl an zielabgeleiteten Kennzahlen • Kennzahlenclusterung in 4 Perspektiven: Finanzen, Kunden, interne Prozesse und Lernen & Entwicklung → Verbessertes Performance Measurement-System	• Keine Anleitung zu Design und Implementierung in der Praxis • Keine Konkretisierung der Methoden zur Kennzahlenauswahl und -clusterung • Mangelnde Ausprägung der Kausalitäten zwischen den einzelnen Zielen und Kennzahlen → Design Defizite	• Balanced Scorecard

---

23 Vgl *Horváth & Partners* (2007) 74.
24 Vgl hierzu ua *Kaplan/Norton* (2000); *Lawrie/Cobbold* (2004).
25 Vgl zB *Eager* (2010).
26 Vgl zB *Entchelmeier* (2008).
27 Vgl *Schaltegger* (2010).
28 Vgl zB *Friedag/Schmidt* (2007) sowie das Interview mit der Welthungerhilfe in diesem Herausgeberband.

BSC-Entwicklung: 2. Generation		
Definitorische Merkmale	**Verbesserungspotenzial**	**Bestandteile**
Verbesserte Funktionalität der 1. Generation durch: Konkrete Anweisung zur Kennzahlenauswahl: Identifikation von 20–25 strategischen Zielen, die mit mind einer Kennzahl in Verbindung stehen und je einer der vier Perspektiven zugeordnet sind • Anhang der sog „Strategy Map", zur Darstellung der primären Kausalitäten zwischen den strategischen Zielen → Performance-Management-System	• Defizite in der Anleitung, wie Kennzahlen gruppiert werden • Standard-Clusterkausalität von „Lernen & Entwicklung", über „interne Prozesse" und „Kunden" zu „Finanzen" nicht immer anwendbar und sinnvoll • Oftmals zusätzliche/andere Perspektiven notwendig → Definitorische Defizite	• Balanced Scorecard • Strategy Map

BSC-Entwicklung: 3. Generation		
Definitorische Merkmale	**Verbesserungspotenzial**	**Bestandteile**
Verbesserte Funktionalität der 2. Generation durch: • Vereinfachte Strategy Map: Statt vier, nur noch zwei Perspektiven: Outcome (für „Finanzen" und „Kunden") und Activity (für „Lernen & Entwicklung" und „interne Prozesse") • Anhang des sog „Destination Statement": Beschreibung der mittel- bis langfristigen Unternehmensziele (inkl quantitativer Details und in BSC-abgestimmten Kategorien) als Referenzpunkt für den BSC-Zielsetzungsprozess → Optimiertes Performance-Management-System		• Balanced Scorecard • Vereinfachte Strategy Map • Destination Statement

Abb 9: Überblick über die drei Generationen der BSC

2.3.2. Beurteilung der Balanced Scorecard im Performance-Measurement-Kontext

Um die Aussagen über die Eignung der Balanced Scorecard im modernen Performance-Measurement-Verständnis treffen zu können, wird diese nun entlang der in Kapitel 2.2.2. definierten Kriterien analysiert:

- Visions- und Strategieanbindung: Die Balanced Scorecard wird häufig als Strategieimplementierungsinstrument bezeichnet, nachdem eine definierte Strategie die Grundvoraussetzung für die Definition von Zielen und Kennzahlen im Rahmen der Operationalisierung durch die BSC darstellt → 100 % Erfüllungsgrad

- Einsatz einer stakeholderbezogenen Zieldifferenzierung: Die BSC ist gekennzeichnet durch ihr multi-dimensionales Verständnis von Leistung. Eine Dimension des Leistungsverständnisses spiegelt die Kundenperspektive wider. Eine weitere Ziel-Kaskadierung entlang der einzelnen Stakeholdergruppen erfolgt nicht → 50 % Erfüllungsgrad

- Berücksichtigung mehrerer Leistungsebenen: Die Balanced Scorecard lässt sich gesondert auf diversen Leistungsebenen konzipieren und implementieren, allerdings wird die Verknüpfung der einzelnen Leistungsebenen darin kaum berücksichtigt → 50 % Erfüllungsgrad

- Beschreibung der Regelungen zum Kennzahlenmanagement: Die Implementierungslogik der Balanced Scorecard gibt vor, dass die definierten Ziele pro Leistungsdimension mithilfe von Kennzahlen zu Steuerungszwecken operationalisiert werden. Konkrete Anleitung zum weiteren Verfahren mit den Kennzahlen wird dabei nur implizit in Form des Gedankens zur kontinuierlichen Verbesserung gegeben → 50 % Erfüllungsgrad

- Modalitäten-Messung: Messzyklen und Messpunkte sind im BSC-Konzept nicht konkret definiert, sondern als notwendiger Bestandteil eines Performance-Measurement-Konzepts aufgeführt. Die Ausprägung bzw Messfrequenz ist dem Anwender je nach Unternehmensumfeld selbst überlassen → 50 % Erfüllungsgrad

- Vorgehensweise bei der Leistungsbeurteilung und Abweichungsanalyse: Eine nachhaltige BSC-Implementierung hat transparente Feedback-Schleifen und Soll-Ist-Analysen im Rahmen des Reportings zur Folge → 75 % Erfüllungsgrad

- Berücksichtigung von Anreiz- und Belohnungsaspekten: Der mehrdimensionale Leistungsansatz der Balanced Scorecard in Form diverser Kennzahlen ermöglicht zT tagesaktuelle Leistungsüberprüfungen und schafft somit eine solide Basis für variable Vergütungsmodelle → 100 % Erfüllungsgrad

- Integration eines Reportingkonzeptes: Aufgrund der möglichen Integration einer Berichts-Scorecard neben der Führungs-Scorecard kann mithilfe der BSC die Strategie nicht nur umgesetzt, sondern deren Realisierunsgrad auch präzise berichtet werden → 100 % Erfüllungsgrad

- Institutioneller Rahmen: Der Prozess einer BSC-Implementierung schafft einen generischen institutionellen Rahmen, der als solches allerdings nicht direkt manifestiert ist → 75 % Erfüllungsgrad

- Einsatz von Instrumenten: Der Einsatz von klassischen Kostenrechnungsinstrumenten ist für die exakte Bestimmung der einzelnen BSC-Kennzahlen essenziell → 75 % Erfüllungsgrad

- Verbindung zu einem Performance-Management: Das BSC-Konzept hat als Konsequenz ihrer mehrstufigen Implementierung nicht nur die ausgewogene Leistungsmessung, sondern auch das Leistungsmanagement mit seinen Kontextfaktoren im Fokus → 75 % Erfüllungsgrad

Zusammenfassend ist anzumerken, dass die Balanced Scorecard im Vergleich mit anderen Konzepten insgesamt am überzeugendsten die notwendigen Kriterien für ein modernes Performance-Measurement-System (vgl Abb 8) erfüllt.

Auch die Unternehmenspraxis hat das überzeugende sowie flexible Konzeptdesign und die Durchgängigkeit durch eine große Nachfrage nach diesem Konzept honoriert. Viele Veröffentlichungen zu Implementierungen in der Unternehmenspraxis belegen die hohe Akzeptanz dieses Konzeptes in der Praxis (vgl als aktuelles, sehr praxisbezogenes Werk zB *Friedag/Schmidt* 2014). Allerdings ist diese Konzepteuphorie auch durchaus kritisch zu beurteilen, da sich die Balanced Scorecard langfristig im Wettbewerb mit anderen betriebswirtschaftlichen Konzepten nach wie vor durchsetzen muss. Dies wird nur durch den Nachweis von wertschaffenden Erfolgen (zB nachhaltige Steigerung des Unternehmenswertes durch den Einsatz einer Balanced Scorecard) sowie durch die kontinuierliche Weiterentwicklung und Anpassung an neue Anforderungen aus der praktischen Anwendung wirklich gelingen können.

Auch beim Konzept selbst sind gewisse Kritikpunkte evident: So werden hinsichtlich der konzeptionellen Lösung ua auch die Schwächen bezüglich der Verbindung von Strategie und Kennzahlen, die durch die Ganzheitlichkeit des Konzepts möglicherweise fehlende Fokussierung auf den finanziellen Erfolg, die Vernachlässigung einer strategischen Priorisierung aufgrund des starren Festhaltens an den vier Perspektiven sowie die ausschließliche Konzentration auf das Top-Management kritisiert.[29] Kritisch sind auch die von den Autoren gepflegten Kausalketten zu sehen,[30] deren Wahrheitsgehalt aufgrund der unzähligen Interdependenzen zwischen den vier Leistungsebenen und den strategischen Zielen mehr als fragwürdig ist.[31]

2.4. Ausblick

Trotz der angeführten Schwächen und Verbesserungspotenziale wurde mit der Balanced Scorecard ein verständliches, flexibles und in der Unternehmenspraxis mittlerweile akzeptiertes Performance-Measurement-Konzept geschaffen, welches noch nicht am Ende seiner Entwicklung zu stehen scheint. Vor allem in seiner Anwendung bedarf es noch einiger konkreter Erfahrungsberichte.

Auch wenn die BSC ein etabliertes Performance-Measurement-Konzept darstellt, so ist vor diesem Hintergrund vor einer vorbehaltlosen und nur oberflächlichen Einführung des Konzeptes zu warnen (wenngleich die Balanced Scorecard sicherlich im praktischen Umfeld in der Regel eine gute Basis für eine spätere umfassende Performance-Measurement-Anwendung über alle relevanten Leistungsebenen darstellen kann), da hierbei eindeutig der Schwerpunkt in einem ersten Schritt auf einem strategischen Performance Measurement liegt und viele oben genannte (mehr operativ

---

29   Vgl *Mountfield/Schalch* (1998) 318.
30   Vgl *Kaplan/Norton* (1996) 83.
31   Vgl *Gleich* (1997) 435 sowie *Weber/Schäffer* (1998) 349 ff.

geprägte) aber notwendige Komponenten nicht per se Berücksichtigung finden. Stattdessen sollte ein für das praktische Anwendungsumfeld maßgeschneidertes strategisches und operatives Performance-Measurement-System mit den oben ausgeführten und erläuterten Inhaltsausprägungen angestrebt werden. Die Balanced Scorecard kann dabei als ein operatives Konzept in der Umsetzung des Performance Measurements Anwendung finden.

Nur dann kann bis in die letzte Leistungsebene auch operativ das getan werden, was für das Unternehmen (bzw das Anwendungsumfeld) und dessen Zukunftssicherung als strategisch notwendig und richtig angesehen wurde.

Literatur

Budäus, D., Dobler, C. (1977), Theoretische Konzepte und Kriterien zur Beurteilung der Effektivität von Organisationen, in: Management International Review 17 (1977), S. 61–75

Dhavale, D.G. (1996): Problems with Exisiting Manufacturing Performance Measures, In: Journal of Cost Management 9, S. 50–55

Eager, A. (2010): Designing a Best-in-Class Innovation Scorecard, In: Research-Technology Management 53, S. 11–13

Entchelmeier, A. (2008): Supply Performance Measurement, Wiesbaden

Evans, H., Ashworth, G., Gooch, J., Davies, R. (1996): Who need´s performance management, In: Management Accounting (UK), S. 20–25

Friedag, H., Schmidt, W. (2007): Balanced Scorecard, 3. Auflage, Planegg

Friedag, H., Schmidt, W. (2014): Balanced Scorecard – einfach konsequent: Erfolgreiche Umsetzung im Unternehmen, Freiburg u.a.

Gleich, R. (1997): Stichwort Balanced Scorecard, In: DBW 57, S. 432–435

Gleich, R. (1998): Das System des Performance Measurement – theoretisches Grundkonzept, Entwicklungs- und Anwendungsstand, Forschungsbericht Nr. 53, Betriebswirtschaftliches Institut, Lehrstuhl Controlling der Universität Stuttgart, Stuttgart

Gleich, R. (2011): Performance Measurement: Konzepte, Fallstudien und Grundschema für die Praxis, München

Gleich, R. (Hrsg, 2012): Balanced Scorecard – Best Practice-Lösungen für die strategische Unternehmenssteuerung, Freiburg u.a.

Gleich, R., Quitt, A. (2012): Balanced Scorecard im Kontext des modernen Performance Measurement, In: Gleich, R. (Hrsg, 2012), Balanced Scorecard – Best Practice-Lösungen für die strategische Unternehmenssteuerung, Freiburg u.a., S. 45–64

Hiromoto, T. (1988): Another hidden edge: Japanese management accounting, In: Harvard Business Review July–Aug., S. 22 ff.

Horváth, P. (2009): Controlling, 11. Auflage, München

Horváth, P., Seiter, M. (2009): Performance Measurement, In: DBW 69, S. 393–413

Horváth & Partners (Hrsg, 2007): Balanced Scorecard umsetzen, 4. überarbeitete Auflage, Stuttgart

Ittner, C.D., Larcker, D.F. (1998): Innovations in Performance Measurement: Trends and Research Implications, In: Journal of Management Accounting Reasearch, 10, S. 205–238

Kaplan, R.S., Norton, D.P. (1992): The Balanced Scorecard – measures that drive performance, In: Harvard Business Review 70 , S. 71–79

Kaplan, R.S., Norton, D.P. (1996): Using the Balanced Scorecard as a Strategic Managment System, In: Harvard Business Review 74, S. 76–85

Kaplan, R.S., Norton, D.P. (1997): Balanced Scorecard – Strategien erfolgreich umsetzen, Stuttgart

Kaplan, R.S., Norton, D.P. (2000): Having Trouble with your Strategy? Then Map It, In: Harvard Business Review 9/19, S. 167–176

Lawrie, G., Cobbold, I. (2004): Third-generation balanced scorecard: evolution of an effective strategic control tool, In: International Journal of Productivity and Performance Management 53, S. 611–623

Mountfield, A., Schalch, O. (1998): Konzeption von Balanced Scorecard und Umsetzung in ein Management-Informationssystem mit dem SAP Business Information Warehouse, In: Controlling 10, S. 316–322

Sandt, J. (2005): Performance Measurement: Übersicht über Forschungsentwicklung und –stand, In: ZfCM – Zeitschrift für Controlling & Management 6, S. 429–447

Schaltegger, S. (2010): Nachhaltigkeit als Treiber des Unternehmenserfolgs Folgerungen für die Entwicklung eines Nachhaltigkeitscontrollings, In: Controlling 4–5, S. 238–243

Weber, J., Schäffer, U. (1998): Balanced Scorecard – Gedanken zur Einordnung des Konzepts in das Controlling-Instrumentarium, In: Zeitschrift für Planung 9, S. 341–365

3. Status quo des Einsatzes von Kennzahlen in der Praxis

Johannes Isensee/Benjamin Holinski

Inhaltsverzeichnis

„What gets measured gets done"! – Doch wird tatsächlich das erhoben und gesteuert, was für den operativen und langfristigen Erfolg entscheidend ist? Hierzu sind die richtigen KPIs (Key-Performance-Indikatoren) zu messen, zu berichten und in der Steuerung zu verankern. Wie die KPI-basierte Steuerung heute in den Unternehmen erfolgt und ob wirklich die richtigen Größen eingesetzt werden, war Kerninhalt der „KPI-Studie 2013" von Horváth & Partners. Die Aussagen der über 140 befragten CFOs, Controller und Manager zeigen eine klare Unzufriedenheit mit den heute eingesetzten KPIs auf. Die Folge daraus: Steuerungsaufgaben können nicht zielführend wahrgenommen werden und Berichte sind vielfach überladen von zu vielen Größen, im Umfang zu lang und für Entscheidungsfindung wenig aussagekräftig. Der Beitrag zeigt ausgewählte Ergebnisse der KPI-Studie zur Gestaltung von KPIs und KPI-Systemen und deren Wirkung auf Planung und Reporting auf.

3.1. Bedeutung von Kennzahlensystemen und KPIs

„Der Erfolgreichste im Leben ist der, der am besten informiert wird." So dachte der englische Premierminister *Benjamin Disraeli* bereits vor etwa 150 Jahren. Auch heute würde ihm kaum jemand widersprechen wollen. Doch was heißt „am besten informiert"? Fakt ist, Manager benötigen Informationen, um Abweichungen und Veränderungen frühzeitig zu erkennen und daraus Steuerungsimpulse ableiten zu können. Das Medium zur Übermittlung dieser Informationen ist das Management Reporting. Es hat somit die Aufgabe, die für die Steuerung wesentlichen Informationen leicht verständlich, fokussiert und unternehmensweit einheitlich in prägnante Botschaften zu überführen.

Doch wie kommen Unternehmen zu den für ihr Geschäftsmodell wirklich relevanten Informationen? Wie treffen Manager ihre Entscheidungen und wie können folglich weniger wichtige von den wirklich relevanten KPIs, die im Reporting nicht fehlen dürfen, unterschieden werden?

Es erfordert Klarheit darüber, wie ein Unternehmen eigentlich gesteuert werden soll. Konkret ist dafür zu klären: Wer muss welche Kennzahlen verantworten und im Blick halten, damit „der Kurs" des Unternehmens jederzeit erkannt und ggf durch entsprechende Korrekturen gegengesteuert werden kann. Im Hinblick auf eine permanente und schnelle Erfassung des Kurses und der Kursentwicklung steht das Controlling vor einer beträchtlichen Herausforderung: Aus der Menge aller verfügbaren und erdenklichen Informationen muss ein Set an Schlüsselindikatoren, respektive KPIs identifiziert und im Reporting anschaulich und aussagekräftig berichtet werden (siehe auch Abb 4).

In der Theorie ist das Zielbild folglich schnell formuliert: Ein wirksames Management Reporting operiert mit einem ausgewogenen Set von Informationen, welches neben finanziellen Kennzahlen auch Informationen zu geschäftsspezifischen Erfolgsfaktoren umfasst, welche zukunftsgerichtet die Umsetzung der Strategie, wesentliche Investitionen und Projekte, Chancen und Risiken sowie Markt und Wettbewerb betreffen.

Dabei zeichnen sich Berichte über alle Ebenen durch Stringenz, Standardisierung und eine hohe Datenqualität aus. Nur wie kommen wir zu diesem Set von KPIs? Welche Schlüsselgrößen und Erfolgsfaktoren sind im Einzelfall relevant? Für ein zielgerichtetes Reporting ist es wichtig, dass Controller das individuelle Profil ihres Unternehmens kennen. Man könnte auch sagen: Steuerung und Reporting müssen die DNA des Unternehmens abbilden.

DNA – Don't know anything?

Das Bild ist so einfach wie passend: Wie die DNA bei Lebewesen der Träger aller Erbinformation ist, so hat auch ein Unternehmen einen genetischen Code: das Geschäftsmodell, die Strategie und die Unternehmenskultur. Diese DNA des Unternehmens muss sich auch im Reporting widerspiegeln. Das Problem dabei ist, dass Controller häufig nicht wissen, wofür sie welche Informationen benötigen, weil ihnen die DNA des Unternehmens nicht vollständig klar ist. Die Folge: Controller sammeln oft sehr viele Informationen, die das Unternehmen nicht passend widerspiegeln. Die DNA des Unternehmens ist daher der Filter, der es ermöglicht, aus der Vielzahl der Informationen die Richtigen auszuwählen.

Diese Herausforderungen gaben den Anstoß für die Durchführung der „KPI-Studie 2013" von Horváth & Partners.[32] Die Studie hatte das Ziel aufzuzeigen, wie und mit welchen KPIs und Kennzahlensystemen die Unternehmenssteuerung erfolgt und wie diese in Führung und Management Reporting verankert sind.

---

32   Vgl Horváth & Partners (2014).

Im folgenden Kapitel 3.2. werden zum einen die Zielsetzung und zum anderen der Aufbau der Horváth & Partners KPI-Studie 2013 dargelegt. Darauf aufbauend werden in Kapitel 3.3. ausgehend von einer diagnostizierten Unzufriedenheit mit der heutigen KPI-Steuerung und dem darauf basierenden Management Reporting Studienergebnisse zu ausgewählten Ursachen und Stellschrauben zur Verbesserung der KPI-basierten Steuerungslogik beschrieben. Diese umfassen die Art bzw die Struktur der eingesetzten Kennzahlensysteme, die Art und Anzahl der einzelnen KPIs, die Abbildung des Geschäftsmodells sowie die übergreifende KPI-Governance. In Kapitel 3.4. wird exemplarisch auf die Verankerung der KPIs in Planung und Reporting eingegangen, bevor in Kapitel 3.5. ein kurzes Fazit inkl Ausblick gezogen wird.

3.2. Die KPI-Studie von Horváth & Partners

Ziel der „KPI-Studie 2013" war eine Bestandsaufnahme zum Einsatz von KPIs in Steuerung und Reporting zu erheben sowie die damit verbundenen Herausforderungen abzuleiten. Die Befragung richtete sich an Manager und Controller aus Unternehmen aller Branchen und Größenklassen in Deutschland, Österreich und der Schweiz.

Die Erhebung der Daten hat von April bis Juni 2013 in Form einer Online-Befragung stattgefunden. Angeschrieben wurden hierbei etwa 1.200 Unternehmen. Die ausgewerteten 142 Antworten entsprechen einer um nicht vollständige Antworten korrigierten Rücklaufquote von ca 12 %. Die teilgenommenen Unternehmen verteilen sich auf alle Branchen und Größenklassen. Die Zusammensetzung der Stichprobe ist in Abb 10 dargestellt.[33] Die Unternehmen stammen zu 78 % aus Deutschland, zu 13 % aus der Schweiz und zu 7 % aus Österreich. Die Antworten stammen zu 69 % aus dem Bereich Controlling & Finanzen, zu 21 % aus dem Top- bzw mittleren Management und zu 10 % aus sonstigen Bereichen.

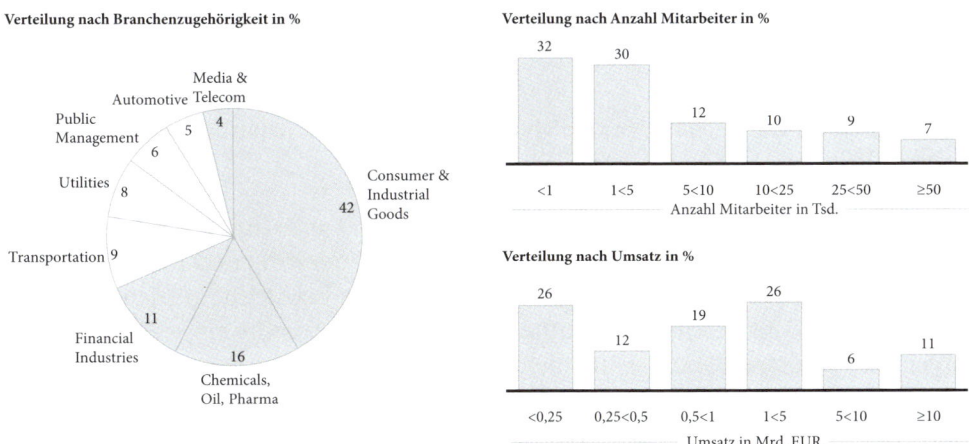

Abb 10: Zusammensetzung der Studienstichprobe (Häufigkeit der Nennungen in %, n=142)

---

33   Vgl Horváth & Partners (2014) 17.

3.3. KPIs und Kennzahlensysteme in der Praxis

3.3.1. Unzufriedenheit mit Steuerung und Reporting

Die Antworten der 142 befragten CFOs und Controller zeigen eine deutliche Unzufriedenheit mit der heutigen KPI-basierten Steuerung und dem drauf aufbauenden Reporting auf. So gibt jeder zweite Befragte an, mit dem heute verfügbaren Management Reporting nicht zufrieden zu sein. Entsprechend der Komplexität des Reportings sind auch die Gründe hierfür vielschichtig: Neben funktionalen, technischen bzw prozessualen Gründen, welche die Gestaltung des Reportings als solche betreffen, lassen inhaltliche Gründe, wie fehlende Steuerungsrelevanz, mangelnder Zukunftsbezug und unzureichende Vollständigkeit, auf Defizite in der dem Reporting zugrundeliegenden Steuerungslogik schließen (vgl Abb 11).

Abb 11: Grad der Zufriedenheit mit dem heutigen Management Reporting (Durchschnittswerte, n=142)

Eine detailliertere Analyse der Zufriedenheit der CFOs und Controller mit der KPI-basierten Steuerung zeigt auf, dass die heute eingesetzten KPIs und Kennzahlensysteme grundlegende Steuerungsaufgaben nur teilweise bzw nicht zufriedenstellend erfüllen. So beklagt bereits jedes fünfte Unternehmen, dass die eingesetzten Kennzahlen keine ausreichende Hilfe beim Erkennen von Handlungsbedarf liefern (20 %). Mehr als ein Drittel der Unternehmen sieht die Kennzahlen als nicht ausreichend für die Gestaltung von Anreizsystemen geeignet (36 %), fast vier von zehn Unternehmen klagen über eine mangelnde Eignung für Benchmarks (38 %) und mehr als jedes zweite Unternehmen moniert unzureichende Früherkennungsmöglichkeiten (57 %). Abbildung 12 zeigt diese Ergebnisse in einer Übersicht.

Abb 12: Ausmaß der Zufriedenheit mit der heutigen Steuerung (Häufigkeit der Nennungen in %, Ausprägung „sehr gut/gut", n=141)

3.3.2. Aufbau und Art von Kennzahlensystemen

Eine erfolgreiche, über alle Ebenen konsistente Unternehmenssteuerung erfordert ein durchgehendes und in sich geschlossenes Kennzahlensystem. Kernmerkmale eines solchen Kennzahlensystems sind:

- Ausrichtung an der/den (finanziellen) Spitzenkennzahl(en)
- Fokussierung auf die wesentlichen Größen und Abbildung der Treiber
- Darstellung wesentlicher Zusammenhänge (rechnerisch und/oder kausal)
- Integration finanzieller und nicht finanzieller Größen sowie Abbildung externer Indikatoren für eine verbesserte Früherkennung

Wie in Kapiteln A.2. und A.3. bereits erwähnt, können zur Realisierung dieser Anforderungen entlang eines Treiberbaums abgeleitete KPI-Systeme eingesetzt werden. Die Treibermodelle bilden alle steuerungsrelevanten KPIs top-down hergeleitet in einem zusammenhängenden System ab und unterstützen damit sowohl die rückblickende Analyse von Abweichungen sowie auch die vorausschauende Simulation und Prognose.[34] Die Bestandsaufnahme der KPI-Studie in Abb 13 zeigt jedoch, dass in mehr als der Hälfte aller Unternehmen (58 %) die Kennzahlensysteme aus einer Auswahl von nicht miteinander in Verbindung stehenden Einzelkennzahlen bestehen. Diese Einzelkennzahlensysteme können zwar eine ganzheitliche Steuerung der Bereiche ermöglichen, weisen jedoch erhebliche Defizite für die eingangs erläuterte durchgehende und auf Zusammenhängen basierende Steuerung auf. Kennzahlensysteme, die auf top-down hergeleiteten Zusammenhängen basieren (Treibermodelle), werden bislang nur in knapp jedem vierten Unternehmen eingesetzt (24 %). Daneben bestehen KPI-Systeme, die zwar wesentliche Zusammenhänge abbilden, die jedoch bottom-up hergeleitet und damit nicht zwangsläufig stringent auf die Spitzenkennzahlen einzahlen und alle relevanten Treiber abbilden.

---

34   Siehe auch Kapitel A.1.1.

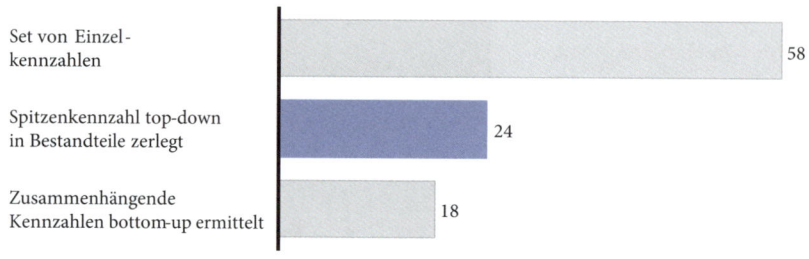

Horváth & Partners-Best-Practice-Empfehlung

Abb 13: Art der eingesetzten Kennzahlensysteme (Häufigkeit der Nennung in %, n=142)

3.3.3. Anzahl und Art der eingesetzten KPIs

KPIs sollen den Blick auf das Wesentliche fördern und eine jederzeitige Standortbestimmung ermöglichen. Dies erfordert ein fokussiertes Kennzahlensystem mit einer nach oben begrenzten Anzahl von KPIs. Gemäß der Faustregel der Balanced Scorecard zur Beschränkung der Anzahl der zu messenden strategischen Ziele „twenty is plenty", ist auch für die KPIs zur Steuerung des Unternehmens eine Beschränkung der Anzahl der Steuerungsgrößen zwingend erforderlich. Die Anzahl der in den Unternehmen auf oberster Ebene eingesetzten KPIs variiert zwischen eins und 84 (Median = 10). Während jedes vierte Unternehmen sich in einem Zielbereich von zehn bis zwölf KPIs (auf oberster Ebene!) bewegt, setzt gut ein Drittel tendenziell zu viele KPIs ein; gut 40 % setzen für eine ganzheitliche, finanziell und nicht finanziell ausgerichtete Steuerung jedoch zu wenige KPIs ein (linker Teil in Abb 14). In beiden Fällen besteht Handlungsbedarf für ein Re-Design der KPIs mit dem Ziel der Ermöglichung einer effektiven Steuerung. Hierfür sind ein klares KPI-Verständnis und geeignete Kriterien zur Abgrenzung der Key Performance Indicators von weiteren ergänzenden und erklärenden Kennzahlen und Indikatoren (Performance Indicators) erforderlich.

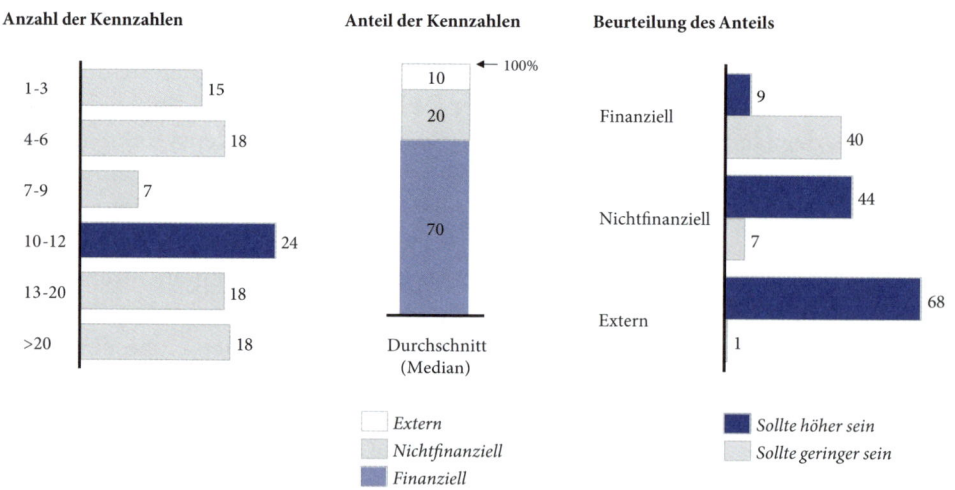

Abb 14: Anzahl und Art der eingesetzten KPIs in % (Häufigkeit der Nennungen in %, n=140)

Abb 14 (rechter Teil) zeigt weiterhin, dass nicht nur absolut zu viele bzw zu wenige KPIs eingesetzt werden, sondern die Steuerung auch noch immer bzw zu stark finanziell ausgerichtet ist (70 % der Kennzahlen). Eine effektive Steuerung, die interne und externe Veränderungen frühzeitig erkennen lässt und hinreichende Details für sowohl rückblickende Abweichungsanalyen als auch vorausschauende Prognosen ermöglicht, erfordert einen ausreichenden Anteil an nicht finanziellen KPIs (20 %) und externen Indikatoren (10 %). Diese müssen die finanziellen Ergebnisgrößen ergänzen und als vorlaufende Größen steuerbar machen. Für Analyse- und Prognosezwecke sollten sie in direkter (rechnerischer oder logischer) Beziehung zu den finanziellen Größen stehen (der Treiberbaumlogik folgend). Entsprechend sieht etwa jedes vierte Unternehmen einen Bedarf zum Ausbau der nicht finanziellen KPIs und fast jedes siebte von zehn Unternehmen (68 %) wünscht sich mehr externe Indikatoren als Teil der Steuerungslogik.

3.3.4. Geschäftsmodellspezifische KPIs

Wie bereits erwähnt, kann das Geschäftsmodell eines Unternehmens mit der DNA eines Lebewesens gleichgesetzt werden und stellt damit den „genetischen Code" eines Unternehmens dar. Ziel der KPI-basierten Steuerung muss es daher sein, diesen Code in den relevanten Abschnitten auch durch geeignete KPIs zu messen und steuerbar zu machen. Geschäftsmodelle umfassen folglich die Kerncharakteristika des Unternehmens in verschiedenen Bereichen. Gemäß des Konzeptes der „Business Model Canvas"[35] setzen sich Geschäftsmodelle aus den in Abb 15 dargestellten Komponenten zusammen. Entsprechend der bereits diskutierten Dominanz der finanziellen KPIs zeigen sich in der Praxis weitere Defizite in der Abbildung der spezifischen Besonderheiten der Geschäftsmodelle durch die eingesetzten KPIs. Besonders auffällig erscheint hier die Vernachlässigung von KPIs zur Messung der Performance von Schlüsselprozessen (prozessuale KPIs), des Erfolgs von Kundensegmenten und Verkaufskanälen (Markt- und Vertriebssteuerung) sowie der internen und durch Kooperationen eingebrachten Ressourcen.

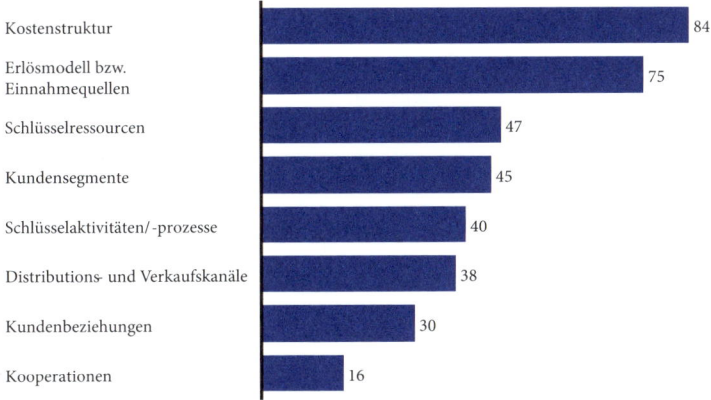

Abb 15: Ausmaß der Abbildung der Facetten des Geschäftsmodells durch KPIs (Häufigkeit der Nennungen in %, Ausprägung „sehr gut/gut", n=140)

---

35   Vgl *Osterwalder/Pigneur* (2011).

3.3.5. Governance von KPIs und Kennzahlensystemen

Damit KPI-Systeme langfristig effektiv zur Steuerung eingesetzt werden können, bedarf es einer entsprechenden unternehmensweiten Governance von Kennzahlen. Diese Governance beginnt mit der initialen Definition der Kennzahlen und umfasst den weiteren Lebenszyklus des Kennzahlensystems inkl im Zeitablauf erforderlicher Änderungen und ggf der Löschung von Kennzahlen. Zentrale Ziele der KPI-Governance sind die Harmonisierung bzw Standardisierung der KPIs und die Begrenzung der Anzahl von KPIs durch kritisches Hinterfragen und Vermeiden von ergänzenden und alternativen KPIs. Zu den Aufgaben der KPI-Governance gehört auch die Zuordnung von Verantwortlichkeiten für die KPIs sowie die eindeutige und einheitliche Definition der KPIs, zB in Form von KPI-Steckbriefen. Die Studienergebnisse in Abb 16 zeigen, dass die Governance für KPIs in mehr als der Hälfte der Unternehmen prozessuale, organisatorische und instrumentelle Defizite aufzeigt, die als wesentliche Ursachen für ein „Auswuchern" der Anzahl und Definitionen von Kennzahlen zu betrachten sind.

Es gibt einen definierten Prozess zur Anlage und Änderung von Kennzahlen		

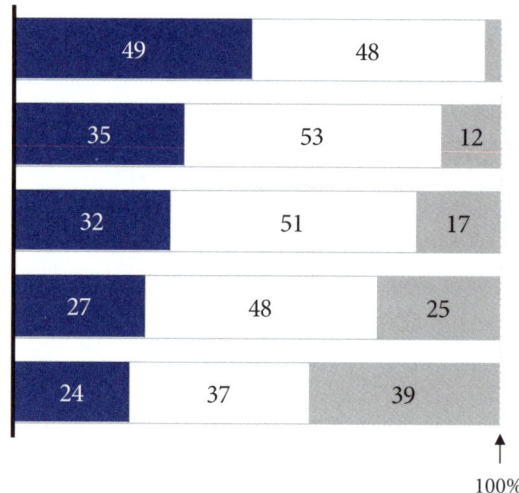

Es gibt einen definierten Prozess zur Anlage und Änderung von Kennzahlen — 49 | 48

Es gibt eine Verantwortungsmatrix, wer für welche Kennzahlen verantwortlich ist — 35 | 53 | 12

Die Kennzahlen sind standardisiert dokumentiert — 32 | 51 | 17

Es gibt eine zentrale Verantwortung für die Governance von Kennzahlen — 27 | 48 | 25

Gleiche Kennzahlen sind unternehmensweit einheitlich definiert — 24 | 37 | 39

100%

■ *Voll und ganz* □ *Eher/Teilweise* ■ *Eher nicht/Überhaupt nicht*

Abb 16: Verbreitung einer unternehmensweiten KPI-Governance (Häufigkeit der Nennungen in %, n=141)

3.4. Verankerung der KPIs in Reporting und Planung

Ein fokussiertes und konsistentes KPI-Modell ist die Grundlage für eine effektive und effiziente Unternehmenssteuerung. Nach der Definition und organisatorischen Verankerung des KPI-Systems in der Organisation (Zuordnung von Verantwortlichkeiten, Kaskadierung innerhalb der Organisation, Aufbau übergreifender Governance) besteht die Herausforderung darin, die KPIs in den relevanten Führungs- und Controllingprozessen umzusetzen.

Im Management Reporting führt ein treiberbasiertes KPI-System dazu, dass Berichte für das Management inhaltlich an Steuerungsrelevanz gewinnen und gleichzeitig durch die Fokussierung auf die wesentlichen Steuerungsgrößen in Bezug auf Umfang und Seitenzahl optimiert werden können (siehe auch Kapitel B.5.). Die Studienergebnisse zeigen hier erhebliche Potenziale auf, da die Berichte zum einen entsprechend der Steuerung noch immer zu stark auf finanzielle Größen ausgerichtet sind und zum anderen mit monatlichen Umfängen von bis zu 120 Seiten oft zu viele nicht entscheidungsrelevante Informationen umfassen.[36] Nicht standardisierte bzw. harmonisierte KPI-Definitionen erschweren hier zudem die Vergleichbarkeit von Berichten unterschiedlicher Unternehmensteile und erhöhen den Aufwand in der Berichtserstellung und Kommentierung. Insbesondere durch die zunehmende Verbreitung innovativer Reporting-Lösungen, wie zB Self-BI und Mobile Reporting, müssen die KPIs im Vorfeld durch das Controlling eindeutig definiert und aufbereitet werden.[37]

Darüber hinaus sind KPI-Modelle die Basis für effiziente Planungsprozesse. Die im Rahmen der KPI-Definition erarbeiteten Treibermodelle können als Grundlage für eine treiberbasierte Planung und Forecasting genutzt werden.[38] Anstelle einer bottom-up basierten Ausplanung aller Details können die Treibergrößen als Stellhebel für schnelle und flexible Planungsprozesse eingesetzt werden. Mit der zunehmenden Verbreitung dieser Planungsansätze, bspw „Frontloading", nehmen auch die Anforderungen an geeignete KPI-Systeme mit den eingangs beschriebenen Merkmalen zu.[39]

3.5. Zusammenfassung und Ausblick

Die in der „KPI-Studie 2013" von Horváth und Partners identifizierte Unzufriedenheit der Topentscheider verdeutlicht den Handlungsbedarf der Unternehmen. Kritisiert wird im Management Reporting insbesondere die fehlende Fokussierung auf wesentliche Schlüsselkennzahlen, welche die steuerungsrelevanten Faktoren des Geschäftsmodells abbilden. Somit ist ein gut ausgebautes Kennzahlensystem die Voraussetzung für ein effektives Berichtswesen. Moderne Kennzahlensysteme tragen dazu bei, das Reporting auf die wesentlichen Inhalte zu reduzieren, erlauben eine schnelle durchgängige Analyse von Abweichungen und ermöglichen den Einsatz effizienter Planungs- und Forecasting-Ansätze.

Wie die Studie zeigt, bleiben die Potenziale einer effektiven KPI-Steuerung noch ungenutzt. Treiber und Lösungsansätze werden abschließend prägnant zusammengefasst:

- Kennzahlensteuerung nicht fokussiert! – Es werden zu viele KPIs eingesetzt. Klar definierte Hierarchien und Entscheidungskriterien zur Abgrenzung von KPIs und „normalen" Kennzahlen schaffen hier Abhilfe.

---

36   Horváth & Partners (2014) 3.
37   Horváth & Partners (2014) 3.
38   *Kappes/Schentler* (2012).
39   *Kappes/Schentler* (2012).

- Kennzahlensysteme weisen wenige Zusammenhänge zwischen den Kennzahlen auf! – Kennzahlensysteme sind durch Einzelkennzahlen geprägt. Über den Einsatz von Treiberbäumen lassen sich die finanziellen Steuerungsgrößen bis in ihre operativen Treiber-KPIs herunterbrechen.

- Kennzahlensysteme bilden das Geschäftsmodell – die DNA – des Unternehmens nicht ab! Die Ableitung der KPIs entlang der wesentlichen Facetten des Geschäftsmodells sichert die Vollständigkeit von KPIs und Auswertungsdimensionen für eine passgenaue Steuerung.

- Bestehende Kennzahlensysteme erschweren noch immer den Blick nach vorne! – Die finanzielle Dominanz der Kennzahlen sollte durch eine stärkere Integration von nicht finanziellen und externen Informationen aufgebrochen werden, um den „Blick nach vorn" zu fördern.

Literatur

Horváth & Partners (2014): KPI-Studie 2013. Mehr DNA in Steuerung und Reporting. Effektiver Einsatz von Kennzahlen im Management Reporting, Stuttgart

Kappes, M., Schentler, P. (2012): Frontloading in der Unternehmensplanung, In: CFO aktuell 6, S. 105–108

Osterwalder, A., Pigneur, Y. (2011): Business Model Generation. Ein Handbuch für Visionäre, Spielveränderer und Herausforderer, Frankfurt am Main

www.horvath-partners.com/studien

Themenblock B: Bilanzanalyse und Controlling mit Kennzahlen

1. Einführung in die kennzahlenbasierte Jahresabschlussanalyse mit Fallstudie

Christoph Eisl/Christa Hangl

Inhaltsverzeichnis

Finanzkennzahlen haben für die Messung und Steuerung der Unternehmensperformance herausragende Bedeutung. Der vorliegende Beitrag zeigt, wie die zentralen Bestandteile eines Jahresabschlusses – Bilanz, Gewinn- und Verlustrechnung und Kapitalflussrechnung (Cashflow Statement) – mithilfe finanzieller Key Performance Indicators (KPI) einer fundierten Analyse unterzogen werden können. Anhand des fiktiven Beispielunternehmens Fenster GmbH werden in der Praxis gängige Finanzkennzahlen berechnet und deren Aussagekraft erläutert.

1.1. Ziele der Jahresabschlussanalyse

Jahresabschlussanalyse bedeutet, dass die Zahlen der Bilanzen, der Gewinn- und Verlustrechnungen (GuV) und der Kapitalflussrechnungen einer oder mehrerer Bilanzstichtage oder Perioden statistisch aufbereitet, dh gruppiert, zusammengefasst, umgebildet und zueinander in Beziehung gesetzt werden, um eine kritische Durchleuchtung von Unternehmen und Konzernen zu ermöglichen.

Die Beurteilung von Unternehmen kann in der Weise erfolgen, dass die Vielzahl der Daten zu kompakten Größen verdichtet werden, die in komprimierter Form über die Entwicklung des Unternehmens in der (den) abgelaufenen Periode(n) informieren. Als Resultat dieser Informationsverdichtung können einzelne Kennzahlen (zB Cashflow, EBIT-Marge, Eigenkapitalrentabilität) oder ein ganzes Kennzahlensystem (zB ROCE-Baum) ermittelt werden.

Die kennzahlenbasierte Analyse von Jahresabschlüssen ermöglicht es, unternehmensexternen Interessenten wie Aktionären, Gläubigern (insbesondere Kreditinstitute und Lieferanten) oder Kunden die finanzielle Performance des Unternehmens in einer abgelaufenen Periode (idR das Geschäftsjahr bzw bei börsennotierten Unternehmen auch das Quartal) zu beurteilen.

Analysen, die im Unternehmen selbst durchgeführt werden, verfolgen das Ziel, die Basis für eine interne Steuerung zu schaffen. Es können Zeitvergleiche, Soll-Ist-Vergleiche oder Betriebsvergleiche (sogenanntes Benchmarking) durchgeführt werden. Im Rahmen eines Benchmarkings werden die Daten mehrerer Unternehmen analysiert, wobei die Kennzahl des besten Unternehmens den Benchmark (auch best practice genannt) darstellt, an welchem sich andere Unternehmen orientieren können. Auch zur Vorbereitung auf eine Unternehmensbewertung ist die Jahresabschlussanalyse geeignet.

1.2. Bestandteile eines Jahresabschlusses

1.2.1. Rechtslage in Deutschland

Der Jahresabschluss hat die Aufgabe, ein möglichst wahrheitsgetreues Bild über die Vermögens-, Finanz- und Ertragslage eines Unternehmens zu vermitteln („true and fair view"). Bei Einzelunternehmen und Personengesellschaften mit mindestens einer natürlichen Person als Vollhafter umfasst der Jahresabschluss Bilanz und Gewinn- und Verlustrechnung (GuV). Die weiteren Bestandteile hängen von der Rechtsform und der Kapitalmarktorientierung des Unternehmens ab. Das HGB enthält für Kapitalgesellschaften (§ 264 Abs 1) größenabhängige Vorschriften, wobei als Kriterien die Bilanzsumme, die Umsatzerlöse und die Zahl der Arbeitnehmer dienen. Diese Größenkriterien können sich auf verschiedene Bereiche auswirken, so zB auf die mindestens vorzunehmende Gliederungstiefe von Bilanz und Gewinn- und Verlustrechnung, auf die Angabe- und Erläuterungsverpflichtungen im Anhang, sowie auf Prüfungs- und Offenlegungspflichten.

Kapitalgesellschaften (AG, KGaA, GmbH) müssen den Jahresabschluss um einen Anhang gem §§ 284–288 HGB erweitern (sogenannter erweiterter Jahresabschluss). Zusätzlich müssen mittelgroße, große sowie börsennotierte Gesellschaften einen Lagebericht aufstellen. Dieser ist kein Bestandteil des Jahresabschlusses, sondern stellt ein eigenes Instrument der Berichterstattung dar.

Kapitalmarktorientierte Kapitalgesellschaften, die nicht zur Aufstellung eines Konzernabschlusses verpflichtet sind, müssen den Jahresabschluss darüber hinaus um eine Kapitalflussrechnung sowie einen Eigenkapitalspiegel erweitern (§ 264 Abs 1 Satz 2 HGB); darüber hinaus können sie den Jahresabschluss um eine Segmentberichterstattung erweitern (Wahlrecht).

Die Schwellenwerte für den Einzelabschluss wurden auf die EU-weit höchstzulässige Größe angehoben. Die erhöhten Werte durften für das Geschäftsjahr 2014 erstmalig angewendet werden, die Anwendung muss spätestens für das nach dem 31.12.2015 beginnende Geschäftsjahr erfolgen. Für die Einstufung in eine Größenklasse sind die Summen von zwei aufeinanderfolgenden Geschäftsjahren entscheidend, wobei zwei der drei Merkmale erfüllt sein müssen (§ 267 Abs 4 HGB).

	Bilanzsumme MEUR	Umsatzerlöse MEUR	Anzahl der Mitarbeiter
Kleinstkapitalgesellschaften	≤ 0,35	≤ 0,70	≤ 10
Kleine Kapitalgesellschaft	≤ 6,00	≤ 12,00	≤ 50
Mittelgroße Kapitalgesellschaft	≤ 20,00	≤ 40,00	≤ 250
Große Kapitalgesellschaft	> 20,00	> 40,00	> 250

Abb 1: Größenklassen von Kapitalgesellschaften (Bundesrepublik Deutschland)

1.2.2. Rechtslage in Österreich

Ähnlich stellt sich die Situation in Österreich dar. Nachfolgende Abbildung zeigt die Pflichtbestandteile eines Jahresabschlusses nach UGB abhängig von in der Folge dargestellten Größenmerkmalen:

Bilanz	Gewinn- und Verlust- rechnung	Anhang	Lagebericht	Corporate- Governance- Bericht
Börsennotierte Unternehmen				
Mittelgroße und große Kapitalgesellschaften				
Kleine Kapitalgesellschaften				
Kleinstkapitalgesellschaften, Einzelunternehmen und Personengesellschaften				

Abb 2: Bestandteile eines Jahresabschlusses nach UGB

Bestimmte Gesellschaften haben darüber hinaus einen *Bericht über Zahlungen an staatliche Stellen* aufzustellen.

Eine *Kapitalflussrechnung sowie eine Darstellung der Komponenten des Eigenkapitals und deren Entwicklung* sind ergänzend bei Erstellung eines Konzernabschlusses verpflichtend.

	Bilanzsumme MEUR	Umsatzerlöse[1] MEUR	Anzahl der Mitarbeiter[2]
Kleinstkapitalgesellschaften[3]	≤ 0,35	≤ 0,70	≤ 10
Kleine Kapitalgesellschaft[4]	< 5,00	< 10,00	< 50
Mittelgroße Kapitalgesellschaft[5]	< 20,00	< 40,00	< 250
Große Kapitalgesellschaft[6]	> 20,00	> 40,00	> 250

Abb 3: Größenklassen von Kapitalgesellschaften (Republik Österreich)

1.3. Vorgehensweise bei der Analyse von Jahresabschlüssen

1.3.1. Verfügbarkeit der Daten

Möchte ein externer Interessent eine Analyse über die finanzielle Situation eines Unternehmens durchführen, stellt sich die Frage nach der Verfügbarkeit der Daten. Kapitalgesellschaften, darunter fallen GmbH, GmbH & Co KG, AG und SE, sind verpflichtet, die Jahresabschlüsse bei Gericht offenzulegen. Der Jahresabschluss samt Lagebericht und gegebenenfalls Corporate-Governance-Bericht ist von sämtlichen gesetzlichen Vertretern (zB Geschäftsführern bzw vom Vorstand) zu unterzeichnen und nach Behandlung in der Hauptversammlung (Generalversammlung), jedoch spätestens neun Monate nach dem Bilanzstichtag, beim Firmenbuchgericht online einzureichen. Sie werden in die Urkundensammlung aufgenommen und sind beim Firmenbuchgericht oder über die Datenbank des Firmenbuchs online einsehbar. Börsennotierte Unternehmen geben auf ihrer Homepage unter „Investor Relations" Informationen zum Geschäftsverlauf des Unternehmens. Geschäfts- und Finanzberichte der letzten Jahre ebenso wie Aktienkurse können daraus entnommen werden. Zudem haben sich Internetplattformen etabliert, die Investoren vielfältige Informationen zu börsennotierten Unternehmen zur Verfügung stellen – darunter auch Jahresabschlussdaten und Kennzahlen.

---

1   Betrifft den Umsatz in den zwölf Monaten vor dem Bilanzstichtag.
2   Im Jahresdurchschnitt.
3   Wenn mindestens zwei der drei Kriterien nicht überschritten werden.
4   Wenn mindestens zwei der drei Kriterien von Kleinstkapitalgesellschaften überschritten und mindestens zwei der drei Kriterien von mittelgroßen Kapitalgesellschaften nicht überschritten werden.
5   Wenn mindestens zwei der drei Kriterien von kleinen Kapitalgesellschaften überschritten und mindestens zwei der drei Kriterien von großen Kapitalgesellschaften nicht überschritten werden.
6   Wenn mindestens zwei der drei Größenmerkmale überschritten werden.

1.3.2. Aufbereitung des Jahresabschlusses

Für die Analyse des Jahresabschlusses werden die Daten aus Bilanz, GuV und Kapitalflussrechnung zunächst in die gewünschte Struktur gebracht und entsprechend aufbereitet. Mögliche Aufbereitungsmaßnahmen bestehen aus:

- Umgliederungen: Dh Bilanzposten werden zu anderen Posten gegliedert bzw mit anderen Posten verrechnet. So wird beispielsweise der Posten „Aktive Rechnungsabgrenzung" unter das Umlaufvermögen subsumiert. Für die Berechnung der Liquiditätskennzahlen und der Effektivverschuldung werden bestimmte Posten zum monetären Umlaufvermögen zusammengefasst.
- Umbewertungen: Einzelne Bilanzposten werden – wenn der Bilanzleser Kenntnis darüber hat – anders bewertet, wodurch es zu Bilanzsummenänderungen kommt (zB durch die Aufdeckung von stillen Reserven).
- Abgrenzung der Schulden: Für die Berechnung einiger Kennzahlen ist die Kenntnis von „Fristigkeiten" relevant. Verbindlichkeiten mit einer Laufzeit von weniger als einem Jahr werden als „kurzfristige" Schulden klassifiziert; Verbindlichkeiten mit einer Laufzeit zwischen einem und fünf Jahren werden als „mittelfristige" Schulden und Verbindlichkeiten mit einer Restlaufzeit von mehr als fünf Jahren werden als „langfristige" Schulden angesehen. Die Summe ergibt die Gesamtschulden. Häufig erfolgt nur die Trennung in kurzfristig und langfristig, wobei dann die mittelfristigen Schulden in den Posten langfristig einfließen.
- Für externe Analysten ist eine Aufteilung des Fremdkapitals in kurz-, mittel- und langfristig vor allem bei den Rückstellungen nur näherungsweise möglich. Grundsätzlich behilft man sich damit, dass Abfertigungs- und Pensionsrückstellungen als langfristig, alle anderen Rückstellungen dagegen als kurzfristig angesehen werden. Die exakte Einordnung der Rückstellungen und des Fremdkapitals als lang-, mittel- oder kurzfristig hängt wesentlich vom Erläuterungsumfang im Anhang gem § 237 UGB ab.
- Die Fristengliederung der Assets und Liabilities in einem IFRS- Abschluss beruht auf der Trennung von current und non-current liabilities. Als entscheidendes Kriterium für eine Klassifizierung als kurzfristig gilt ebenfalls eine Restlaufzeit von einem Jahr. Latente Steuerverbindlichkeiten werden aufgrund der Bestimmungen von IFRS zu den langfristigen Fremdmitteln gerechnet.

Eine Reihe von für die Aufbereitung des Jahresabschlusses relevanten Informationen können dem Anhang entnommen werden, da in diesem weiterführende Informationen zu den einzelnen Posten der Bilanz und der GuV gemacht werden. Wendet ein Unternehmen bei der Erstellung der GuV das Umsatzkostenverfahren an, müssen im Anhang beispielsweise Informationen über den Materialaufwand, den Aufwand für bezogene Leistungen, Abschreibungen sowie den Personalaufwand bereitgestellt werden. Dies gilt auch für einen IFRS-Abschluss.

1.3.3. Arten von Kennzahlen

Kennzahlen umschreiben einen quantitativ erfassbaren Sachverhalt. Sie verdichten vorhandene Informationen, um einen schnellen und umfassenden Einblick in die Lage des Unternehmens zu bekommen. Kennzahlen können hinsichtlich ihrer inhaltlichen Schwerpunkte folgendermaßen gegliedert werden:

- Erfolgsanalyse
  1. Kennzahlen zur Ertragslage
  2. Rentabilitätskennzahlen
  3. Marktwertkennzahlen
- Vermögens- und Finanzanalyse
  4. Liquiditätskennzahlen
  5. Kennzahlen zur Kapitalstruktur und Schuldentragfähigkeit
  6. Kennzahlen zur Vermögenslage und Investitionstätigkeit

Entsprechend dieser Einteilung wird das Beispielunternehmen Fenster GmbH analysiert.

Hinsichtlich der Einteilung der Kennzahlen nach der mathematischen Ermittlung kann zwischen absoluten und relativen Kennzahlen unterschieden werden. Absolute Kennzahlen können zum Teil direkt aus dem Jahresabschluss entnommen werden wie zB der Jahresüberschuss oder die Umsatzerlöse, zum Teil setzen sie sich aus verschiedenen Einzelgrößen zusammen wie zB der Cashflow. Ihre Aussagekraft ist begrenzt, da sie wenig über die Zusammensetzung der Gesamtheit aussagen und ihre Stellung zu über-, unter- oder gleichgeordneten Größen nicht unmittelbar erkennbar ist. Ohne weiterführende Informationen sind diese Kennzahlen nur von sehr eingeschränkter Aussagefähigkeit. Absolute Größen werden häufig als Ausgangsgrößen zur Ermittlung von relativen Kennzahlen (Verhältniszahlen) verwendet. Diese können in Gliederungs-, Beziehungs- und Indexzahlen unterschieden werden. *Gliederungszahlen* sind Zahlen, bei denen einzelne Größen zur Gesamtheit, der sie angehören, ins Verhältnis gesetzt werden. Sie werden dann herangezogen, wenn es darum geht, die Struktur einer Gesamtheit aufzuzeigen, wie beispielsweise die Vermögensstruktur (zB Umlaufvermögen zum Gesamtvermögen), die Kapitalstruktur (zB Eigenkapital zu Gesamtkapital) oder die Struktur der Aufwendungen (zB Abschreibungen zum Gesamtaufwand oder Materialaufwand zum Gesamtaufwand).

Beziehungszahlen entstehen, wenn voneinander verschiedene Größen, die einen inneren Zusammenhang aufweisen, zueinander in Beziehung gesetzt werden. Als Beispiele lassen sich Rentabilitätskennzahlen anführen, die eine Erfolgsgröße zu einem bestimmten Kapitaleinsatz (Eigenkapital oder Gesamtkapital) als verursachende Größe in Beziehung setzen. Eigenkapitalrentabilität, Gesamtkapitalrentabilität und die Umsatzrentabilität sind Beispiele für Beziehungszahlen, bei denen jeweils eine Erfolgsgröße (zB Jahresüberschuss bzw Betriebserfolg) zu einer Bezugsgröße (Eigenkapital, Gesamtkapital oder Umsatz) in Beziehung gesetzt wird.

Indexzahlen werden errechnet, indem gleichartige Zahlen verschiedener Zeitpunkte bzw Zeiträume zueinander in Beziehung gesetzt werden, wobei eine Größe als Basis verwendet wird. Mit Indexzahlen lässt sich die zeitliche Entwicklung der Ausgangsgröße veranschaulichen, des Weiteren können Trendberechnungen durchgeführt werden.

1.3.4. Einsatz von Kennzahlensystemen

Ein Kennzahlensystem (synonym Performance Measurement System) beinhaltet ein Set an betriebswirtschaftlichen Kennzahlen, die zueinander in Beziehung stehen und die Leistungsfähigkeit eines Unternehmens bzw eines Unternehmensbereichs mess- und steuerbar machen. Im Controlling werden „Rechensysteme" und „Ordnungssysteme" unterschieden. Rechensysteme charakterisieren sich durch mathematische Verknüpfungen zwischen den einzelnen Kennzahlen. Im Gegensatz dazu weisen Ordnungssysteme (zB die Balanced Scorecard) „nur" einen sachlogischen Zusammenhang zwischen den Kennzahlen auf. Dies ermöglicht auch die Integration von nicht-finanziellen Kennzahlen (zB Kundenzufriedenheit, Durchlaufzeit) ermöglicht.

Als prominentestes Beispiel eines Rechensystems kann der ROCE-Kennzahlenbaum (ROCE = Return on capital employed) angeführt werden (Details dazu siehe Kapitel C.3.). Die Rentabilität des eingesetzten Kapitals und ihre Einflussgrößen werden in einem rechnerisch verknüpften Zusammenhang dargestellt, wobei Veränderungen des ROCE direkt aus den Veränderungen einzelner Größen errechnet werden können. Da sich so gut wie alle lang-, mittel- und kurzfristigen unternehmerischen Entscheidungen in einer oder mehreren Komponenten des ROCE-Kennzahlenbaums niederschlagen, werden deren Auswirkungen auf die Kapitalrentabilität erkennbar. Mit dieser Kennzahl kann gemessen werden, wie effizient und gewinnbringend ein Unternehmen mit seinem eingesetzten Kapital umgeht.

1.4. Analyse der Jahresabschlüsse der Fenster GmbH

Bei der Fenster GmbH handelt es sich um ein fiktives österreichisches Unternehmen, welches im aktuellen Jahr mit 750 Mitarbeitern (Vollzeitäquivalente) 300.000 Einheiten produzierte (Vorjahr: 700 Mitarbeiter und 290.000 Einheiten). Der Jahresabschluss der Fenster GmbH entspricht den Vorschriften des österreichischen UGB. Nachfolgend sind die Bilanzen sowie die Gewinn- und Verlustrechnungen, das Cashflow-Statement und eine Aufstellung über die Laufzeit des Fremdkapitals über einen Zeitraum von zwei Jahren dargestellt.

Bilanz der Fenster GmbH

Aktiva in TEUR	Vorjahr	%	Aktuelles Jahr	%	Δ in %
Anlagevermögen	**33.000**	**63,2**	**38.900**	**66,7**	**17,9**
Immaterielle Vermögensgegenstände	500	1,0	500	0,9	0,0
Sachanlagen	29.500	56,5	35.400	60,7	20,0
Finanzanlagen	3.000	5,7	3.000	5,1	0,0
Umlaufvermögen	**19.200**	**36,8**	**19.400**	**33,3**	**1,0**
Vorräte	9.300	17,8	10.200	17,5	9,7
Forderungen aus Lieferungen & Leistungen	9.800	18,8	9.100	15,6	−7,1
Kassenbestand, Guthaben bei Kreditinstituten	100	0,2	100	0,2	0,0
Bilanzsumme	**52.200**	**100,0**	**58.300**	**100,0**	**11,7**

Passiva in TEUR	Vorjahr	%	Aktuelles Jahr	%	Δ in %
Eigenkapital	**25.300**	**48,5**	**29.900**	**51,3**	**18,2**
Stammkapital	200	0,4	200	0,3	0,0
Kapitalrücklagen	9.100	17,4	9.100	15,6	0,0
Gewinnrücklagen	2.500	4,8	5.500	9,4	120,0
Bilanzgewinn	13.500	25,9	15.100	25,9	11,9
davon Gewinnvortrag	10.900	20,9	11.000	18,9	0,9
Rückstellungen	**7.300**	**14,0**	**8.000**	**13,7**	**9,6**
Rückstellungen für Abfertigungen	3.300	6,3	3.500	6,0	6,1
Rückstellungen für Pensionen	300	0,6	300	0,5	0,0
Steuerrückstellungen	200	0,4	200	0,3	0,0
Sonstige Rückstellungen	3.500	6,7	4.000	6,9	14,3
Verbindlichkeiten	**19.600**	**37,5**	**20.400**	**35,0**	**4,1**
Verbindlichkeiten ggü Kreditinstituten	12.500	23,9	11.100	19,0	−11,2
Verbindlichkeiten aus Lieferungen und Leistungen	5.700	10,9	7.800	13,4	36,8
Sonstige Verbindlichkeiten	1.400	2,7	1.500	2,6	7,1
Bilanzsumme	**52.200**	**100,0**	**58.300**	**100,0**	**11,7**

Abb 4: Bilanz der Fenster GmbH

Gewinn- und Verlustrechnung der Fenster GmbH

	Vorjahr		Aktuelles Jahr	%	Δ
	in TEUR	%	in TEUR		in %
Umsatzerlöse	120.500	98,0	120.900	96,4	0,3
Veränderungen des Bestandes an fertigen und unfertigen Erzeugnissen	400	0,3	2.500	2,0	525,0
Sonstige betriebliche Erträge	2.000	1,6	2.000	1,6	0,0
Gesamtleistung	**122.900**	**100,0**	**125.400**	**100,0**	**2,0**
Aufwendungen für Material und sonstige bezogene Herstellungsleistungen	−51.500	41,9	−50.100	40,0	−2,7
Personalaufwand	−30.500	24,8	−32.100	25,6	5,2
Abschreibungen	−4.000	3,3	−4.500	3,6	12,5
Sonstige betriebliche Aufwendungen	−30.300	24,7	−28.800	23,0	−5,0
Betriebsergebnis (EBIT)	**6.600**	**5,4**	**9.900**	**7,9**	**50,0**
Erträge aus anderen Wertpapieren des Finanzanlagevermögens	100	0,1	100	0,1	0,0
Zinsen und ähnliche Aufwendungen	−600	0,5	−500	0,4	−16,7
Zwischensumme aus Z 11 bis Z 12 (Finanzergebnis)	**−500**	**0,4**	**−400**	**0,3**	**−20,0**
Ergebnis vor Steuern	**6.100**	**5,0**	**9.500**	**7,6**	**55,7**
Steuern vom Einkommen und Ertrag	−1.500	1,2	−2.400	1,9	60,0
Jahresüberschuss	**4.600**	**3,7**	**7.100**	**5,7**	**54,3**
Zuweisung zu Gewinnrücklagen	−2.000	1,6	−3.000	2,4	50,0
Gewinnvortrag aus dem Vorjahr	10.900	8,9	11.000	8,8	0,9
Bilanzgewinn	**13.500**	**11,0**	**15.100**	**12,0**	**11,9**

Abb 5: Gewinn- und Verlustrechnung der Fenster GmbH

Kapitalflussrechnung der Fenster GmbH

	Aktuelles Jahr
	in TEUR
Jahresüberschuss	7.100
Abschreibungen	4.500
Veränderung langfristige Rückstellungen	200
Cashflow aus dem Ergebnis	**11.800**
Veränderung Vorräte	−900
Veränderung Forderungen	700
Veränderung Verbindlichkeiten aus Lieferungen und Leistungen	2.100
Veränderung Sonstige Verbindlichkeiten	100
Veränderung Kurzfristige Rückstellungen	500
Cashflow aus der operativen Geschäftstätigkeit	**14.300**
Investitionen	−10.400
Free Cashflow	**3.900**
Veränderung Verbindlichkeiten gegenüber Kreditinstituten	−1.400
Gewinnausschüttung	−2.500
Veränderung Liquide Mittel	**0**
Anfangsbestand Liquide Mittel	100
Endbestand Liquide Mittel	100

Abb 6: Kapitalflussrechnung der Fenster GmbH

Aufteilung des Fremdkapitals in kurz- und langfristig

	Vorjahr	Aktuelles Jahr	Δ
	in TEUR	in TEUR	in %
Steuerrückstellungen	200	200	0,0
Sonstige Rückstellungen	3.500	4.000	14,3
Verbindlichkeiten gegenüber Kreditinstituten	7.500	5.500	−26,7
Verbindlichkeiten aus Lieferungen und Leistungen	5.700	7.800	36,8
Sonstige Verbindlichkeiten	1.400	1.500	7,1
Summe kurzfristiges Fremdkapital	**18.300**	**19.000**	**3,8**
Rückstellungen für Abfertigungen	3.300	3.500	6,1
Rückstellungen für Pensionen	300	300	0,0
Verbindlichkeiten gegenüber Kreditinstituten	5.000	5.600	12,0
Summe langfristiges Fremdkapital	**8.600**	**9.400**	**9,3**

Abb 7: Fristen des Fremdkapitals

Anmerkung

Für die Berechnung der nachfolgenden Kennzahlen wird aus Vereinfachungsgründen lediglich zwischen kurz- (Laufzeit bis zu einem Jahr) und langfristigem Fremdkapital (Laufzeit über einem Jahr) unterschieden.

Anhand der Analyse der Jahresabschlüsse zweier aufeinanderfolgender Geschäftsjahre der Fenster GmbH erfolgt die Berechnung und Erläuterung der Kennzahlen.

Die historischen Anschaffungskosten des Sachanlagevermögens zum Bilanzstichtag des aktuellen Jahres betragen 87,4 Mio €, die kumulierten Abschreibungen 52 Mio €.

1.4.1. Kennzahlen zur Ertragslage

Viele Kennzahlen zur Ertragslage können unmittelbar aus der Gewinn- und Verlustrechnung abgelesen werden. So ist zunächst ein Blick auf die Entwicklung der Umsatzerlöse und der Gesamtleistung interessant. Die Gesamtleistung zeigt die Höhe der im Unternehmen insgesamt im operativen Geschäft erbrachten Leistungen. Neben den Umsatzerlösen als wichtigste Leistung umfasst dieser Posten die Nebenleistungen Lagerproduktion (bei Anwendung des Gesamtkostenverfahrens) sowie die Herstellung eigener Anlagegüter (aktivierte Eigenleistungen). Die Umsatzerlöse repräsentieren den mit Verkaufspreisen bewerteten Absatz, wohingegen die Lagerbestandsveränderungen sowie die aktivierten Eigenleistungen zu Herstellungskosten bewertet werden.

Die Fenster GmbH erzielte im aktuellen Jahr Umsatzerlöse von 120,9 Mio € (Vorjahr 120,5 Mio) und eine Gesamtleistung von 125,4 Mio € (Vorjahr 122,9 Mio). Umsatz (+0,3 %) und Gesamtleistung (+2,0 %) konnten geringfügig gesteigert werden.

$$\text{Umsatzsteigerung (in \%)} = \frac{(\text{Umsatz akt. Jahr} - \text{Umsatz VJ}) \times 100}{\text{Umsatz VJ}}$$

In der Gewinn- und Verlustrechnung wird bei der Analyse neben der Spalte mit den Absolutwerten eine Prozentspalte (in % vom Umsatz bzw in % der Gesamtleistung) eingefügt. Damit wird sofort ersichtlich, wie hoch beispielsweise der Materialaufwand in % der Gesamtleistung war, und ob dieser Anteil gegenüber dem Vorjahr gestiegen oder gesunken ist. Bei dieser Ertragsstrukturanalyse ist zu entscheiden, ob man die Gesamtleistung oder den Umsatz als 100 % ansetzt. Alternativ könnte auch noch eine zusätzliche Zwischensumme Betriebsleistung (ohne sonstige betriebliche Erträge) als Basis verwendet werden. Diese Auswahlmöglichkeiten bestehen naturgemäß nur in einer Gewinn- und Verlustrechnung nach dem Gesamtkostenverfahren. Bei Anwendung des Umsatzkostenverfahrens können nur die Umsatzerlöse als 100-%-Basis verwendet werden.

Entsprechend dieser Überlegungen können auch die weiter unten dargestellten Gewinngrößen (zB EBIT-Marge) entweder in % des Umsatzes oder in % der Gesamtleistung berechnet werden. Ein einheitliches Vorgehen hat sich in der Praxis dazu nicht etabliert. Daher ist bei Kennzahlenvergleichen mit einem anderen Unternehmen immer auf die Berechnungsformel der Kennzahlen Bedacht zu nehmen.

Umsatz je Einheit (Durchschnittspreis) in EUR

Mit dieser Kennzahl wird ermittelt, wie hoch der Umsatz in EUR je verkaufter Einheit ist.

$$\text{Umsatz je Einheit (Durchschnittspreis in EUR)} = \frac{\text{Umsatz}}{\text{Anzahl Einheiten (verkauft)}}$$

Bei der Fenster GmbH beträgt der Umsatz je verkauftem Fenster 403 € und liegt damit unter dem Wert des Vorjahres (416 €). Gründe dafür können in einem verstärkten Wettbewerbsdruck oder auch Sortimentsverschiebungen in Richtung günstigerer Fenstertypen liegen.

In der Gewinn- und Verlustrechnung werden grundsätzlich Netto-Umsatzerlöse ausgewiesen, dh Erlösminderungen bzw Rabatte sind bereits saldiert. Falls im Anhang auch die Erlöse vor Erlösminderungen gezeigt werden, kann eine durchschnittliche Rabattquote ermittelt werden.

Gesamtleistung (oder Umsatz) je Mitarbeiter (in TEUR)

Diese Kennzahl gibt darüber Auskunft, wie hoch die Gesamtleistung (oder der Umsatz) je Mitarbeiter in einem bestimmten Zeitraum ist. Sie kann als Indikator für die Mitarbeiterleistung angesehen werden.

$$\text{Gesamtleistung je Mitarbeiter (in TEUR)} = \frac{\text{Gesamtleistung}}{\text{Anzahl Mitarbeiter (Vollzeitäquivalente)}}$$

Bei der Fenster GmbH beträgt die Gesamtleistung eines Mitarbeiters im aktuellen Geschäftsjahr 167,2 TEUR (im Vorjahr 176).

Bei der Interpretation dieser mitarbeiterbezogenen Kennzahlen ist zu bedenken, dass in den Jahresabschlüssen nur die Anzahl der „eigenen" Mitarbeiter angezeigt wird. Wenn ein Unternehmen auch Leasingmitarbeiter beschäftigt, verzerrt das diese Kennzahl.

Personalaufwand je Mitarbeiter (in TEUR)

Die Kennzahl Personalaufwand je Mitarbeiter in TEUR gibt an, wie hoch die durchschnittlichen Personalkosten pro Mitarbeiter in TEUR sind.

$$\text{Personalaufwand je Mitarbeiter (in TEUR)} = \frac{\text{Personalaufwand}}{\text{Ø Anzahl Mitarbeiter (Vollzeitäquivalente)}}$$

Im aktuellen Geschäftsjahr liegt der Personalaufwand je Mitarbeiter bei der Fenster GmbH bei 42,8 TEUR und liegt somit um rund 0,8 TEUR unter dem Wert des Vorjahres.

EBIT (Earnings before interest and taxes – Ergebnis vor Zinsen und Steuern)

Die Kennzahl EBIT gibt über die Höhe des Betriebsergebnisses, unabhängig von der Besteuerung und der Finanzierungsform, Auskunft. Die Kennzahl kann direkt der Gewinn- und Verlustrechnung entnommen werden.

Im aktuellen Geschäftsjahr beträgt das EBIT der Fenster GmbH 9.900 und ist damit im Vergleich zum Vorjahr deutlich gestiegen (Vorjahr 6.600).

EBITDA (Ergebnis vor Zinsen, Steuern und Abschreibungen auf Sachanlagen und immaterielle Vermögensgegenstände)

Diese Kennzahl gibt Auskunft über die operative Leistungsfähigkeit vor Investitionsaufwand und eignet sich vor allem für den zwischenbetrieblichen Vergleich international tätiger Unternehmen, da durch die Nichtberücksichtigung von Steuern und Abschreibungen nationale Regelungen bzw auch bei Anwendung internationaler Rechnungslegungsvorschriften unterschiedliche Abschreibungsregelungen unberücksichtigt bleiben.

EBIT
+ Abschreibungen auf das Sachanlagevermögen und immaterielle Vermögensgegenstände
– Zuschreibungen auf das Sachanlagevermögen und immaterielle Vermögensgegenstände
EBITDA

Das EBITDA beträgt in der Fenster GmbH im aktuellen Geschäftsjahr 14.400 (Vorjahr 10.600).

EBIT-Marge (Operating Margin, Umsatzrentabilität)

Die Kennzahl EBIT-Marge bzw Operating Margin oder auch Umsatzrendite gibt an, wie hoch der Erfolg des Unternehmens prozentuell zum Umsatz (bzw der Gesamtleistung) ist (wie hoch ist der Gewinn von jedem Euro Umsatz bzw der Gesamtleistung).

$$\text{EBIT-Marge (in \%)} = \frac{\text{EBIT} \times 100}{\text{Gesamtleistung}}$$

Die Fenster GmbH hat im aktuellen Geschäftsjahr eine EBIT-Marge von 7,9 % (Vorjahr 5,4 %) erwirtschaftet. Dies bedeutet, dass pro 100 € Gesamtleistung ein operativer Gewinn von 7,90 € erwirtschaftet wurde. Sind die Verkaufspreise im Vergleich zum Vorjahr unverändert geblieben, deutet eine steigende Umsatzrentabilität auf eine erhöhte Produktivität im Unternehmen hin, umgekehrt weist eine sinkende Umsatzrentabilität auf eine niedrigere Produktivität und damit auf steigende Kosten hin. Die Umsatzrentabilität ist zudem ein Indikator für den Preis- bzw Kostenspielraum eines Unternehmens. Würde die Fenster GmbH bei konstantem Volumen und konstanter Kostenstruktur beispielsweise die Preise um 7,9 % senken, wäre das EBIT Null.

EBITDA-Marge

Diese Kennzahl drückt das EBITDA in % der Gesamtleistung (bzw des Umsatzes) aus und ist – ähnlich wie der noch zu beschreibende Cashflow – ein Indikator für die Innenfinanzierungskraft eines Unternehmens.

$$\text{EBITDA-Marge (in \%)} = \frac{\text{EBITDA} \times 100}{\text{Gesamtleistung}}$$

Die Fenster GmbH hat im aktuellen Geschäftsjahr eine EBITDA-Marge von 11,5 % (Vorjahr 8,6 %) erwirtschaftet.

Ausschüttungspolitik (Ausschüttungsquote bzw Payout Ratio)

Die Ausschüttungsquote zeigt den Anteil am Jahresüberschuss nach Steuern, der an die Anteilseigner ausgeschüttet wird. Die Kennzahl hat eine Signalwirkung hinsichtlich Ertragskraft und Liquiditätslage eines Unternehmens. Bei Aktiengesellschaften gibt die Kennzahl den prozentuellen Anteil des Jahresüberschusses, der in Form der Dividendenzahlung an die Aktionäre ausgeschüttet wird, an. Es kann zudem beurteilt werden, ob die ausbezahlte Dividende in einem wirtschaftlich gesunden Verhältnis zum erwirtschafteten Gewinn steht.

$$\text{Ausschüttungsquote (in \%)} = \frac{\text{Ausschüttung} \times 100}{\text{Jahresüberschuss}}$$

Bei der Fenster GmbH werden im aktuellen Geschäftsjahr 35,2 % des Jahresüberschusses an die Gesellschafter ausbezahlt, im Vorjahr betrug der Wert 43,5 %.

1.4.2. Rentabilitätskennzahlen

Die Kapitalrentabilität ist ein zentraler Erfolgsmaßstab eines Unternehmens, zeigt sie doch den Gewinn in Relation zum eingesetzten Kapital und damit die Kapital-verzinsung. Als Vergleichsmaßstab dienen alternative Veranlagungsmöglichkeiten mit ähnlicher Risikostruktur. Wenngleich es in der Praxis eine Vielzahl unterschied-licher Bezeichnungen (zB Return on Investment, Return on Assets, Return on Net Assets, Return on Invested Capital, Return on Capital Employed etc) und Berech-nungsweisen gibt, sollen an dieser Stelle „nur" die zwei klassischen Formen der Ge-samt- und Eigenkapitalrentabilität dargestellt werden. Unterschiedliche Berech-nungsformen sind vor allem in den Beiträgen von Teil C und E zu finden.

Für die Berechnung der Gesamt- bzw Eigenkapitalrentabilität wurde in nachfolgen-der Analyse bei den Bilanzpositionen vereinfachend der Stichtagswert zum Ende des Geschäftsjahres herangezogen. Genauer könnte man das durchschnittlich gebun-dene Eigen- bzw Gesamtkapital folgendermaßen ermitteln: [(Anfangsbestand + Endbestand an Eigen- bzw Gesamtkapital)/2]. Einige Analysten verwenden – eben-falls vereinfachend – den Anfangsbestand.

Gesamtkapitalrentabilität (Return on Investment)

Die Gesamtkapitalrentabilität gibt über die Verzinsung des gesamten im Unterneh-men eingesetzten Kapitals (Eigen- und Fremdkapital) Auskunft und zeigt somit, ob das Kapital insgesamt unabhängig von seiner Herkunft rentabel eingesetzt wird. Die Fremdkapitalzinsen werden zum Ergebnis vor Steuern addiert, da sie die Vergütung des Fremdkapitals ausdrücken, während der Gewinn die Vergütung des Eigenkapi-tals angibt. Aus der Kennzahl lässt sich ableiten, wie erfolgreich mit dem gesamten im Unternehmen eingesetzten Kapital gewirtschaftet wurde.

$$\text{Gesamtkapitalrentabilität (in \%)} = \frac{(\text{Ergebnis vor Steuern} + \text{Zinsaufwand}) \times 100}{\text{Gesamtkapital}}$$

Die Gesamtkapitalrentabilität der Fenster GmbH beträgt im aktuellen Geschäftsjahr 17,2 % (Vorjahr 12,8 %). Das bedeutet, pro 100 € eingesetztem Kapital werden 17,2 € Gewinn erwirtschaftet.

Eigenkapitalrentabilität (Return on Equity)

Die Kennzahl Eigenkapitalrentabilität drückt die Verzinsung des Eigenkapitals aus und gibt Auskunft über die Rentabilität für die Eigenkapitalgeber. Je höher der Wert ist, desto besser fällt die Beurteilung des Unternehmens aus. Anhand der Eigenkapi-talrentabilität lässt sich erkennen, ob eine Investition in das Unternehmen für die Eigentümer mehr oder weniger rentabel ist, als in eine andere Kapitalanlage.

$$\text{Eigenkapitalrentabilität (in \%)} = \frac{\text{Jahresüberschuss} \times 100}{\text{Eigenkapital}}$$

Die Eigenkapitalrentabilität sollte deutlich über den marktüblichen Zinsen für lang-fristige Anleihen liegen, da die Rentabilität eines Unternehmens im Gegensatz zu den als sicher geltenden Anleihen mit einem höheren Risiko behaftet ist (siehe dazu auch Kapitel „Kennzahlen des Wertsteigerungsmanagements"). Bei der Interpretation ist darauf zu achten, dass Unternehmen mit bereits sehr geringer Eigenkapitalbasis oftmals noch eine beträchtliche Eigenkapitalrendite aufweisen. Man spricht in diesem Zusammenhang vom Leverage-Effekt und sollte immer auch die Eigenkapitalquote betrachten. Die EK-Rentabilität beträgt 23,7 % (VJ 18,2 %).

1.4.3. Marktwertkennzahlen

Kurs-Gewinn-Verhältnis (KGV)

Bei börsennotierten Unternehmen weicht der Marktwert des Eigenkapitals (Börsenwert) oft deutlich vom bilanziellen Eigenkapital ab. Da das gebundene Kapital eines Aktionärs dem aktuellen Aktienkurs entspricht, ist für ihn primär der Gewinn in Relation zum Marktwert des Eigenkapitals interessant. In der Praxis hat sich jedoch die Umkehrfunktion KGV etabliert. Eine Eigenkapitalrendite auf Basis des Marktwerts des Eigenkapitals von 20 % entspricht einem KGV von 5. Letzteres bedeutet, dass man den 5-fachen Jahresüberschuss für eine Aktie bezahlt, oder anders formuliert, dass die Aktie an der Börse mit dem 5-fachen Jahresüberschuss bewertet ist.

$$\text{KGV} = \frac{\text{Jahresüberschuss}}{\text{Börsenwert}} \qquad \text{oder KGV} = \frac{\text{Kurs}}{\text{Gewinn je Aktie}}$$

Da die Fenster GmbH nicht an der Börse notiert ist, kann diese Kennzahl hier nicht berechnet werden. Der Gewinn je Aktie errechnet sich aus der Division Jahresüberschuss und Anzahl der ausgegebenen Aktien. Zusätzlich ist zu berücksichtigen, dass für einen sinnvollen Vergleich der Berechnungen wichtig ist anzugeben, welcher Aktienkurs bei der Berechnung verwendet wurde (Durchschnittskurs, Stichtagskurs zu Jahresende oder Jahresanfang).

1.4.4. Liquiditätskennzahlen

Liquiditätskennzahlen sollen über die Zahlungsfähigkeit von Unternehmen Auskunft geben.

Liquidität kann stichtagsbezogen (im Sinne eines Liquiditätsbestandes) und zeitraumbezogen (im Sinne eines Liquiditätszuflusses in einem bestimmten Zeitraum) betrachtet werden. Die detaillierte Behandlung der Liquiditätskennzahlen erfolgt in Kapitel B.3.

Liquidität 1.–3. Grades

Den Stand an Liquiden Mitteln zum Stichtag kann man direkt aus der Bilanz ablesen. In der Fenster GmbH betrugen die Liquiden Mittel am Bilanzstichtag 100.000 €. Diese Zahl ist für sich allein stehend nicht wirklich aussagekräftig. Setzt man sie in Verbindung mit dem kurzfristigen Fremdkapital, erhält man die sog Liquidität 1. Grades.

$$\text{Liquidität 1. Grades (in \%)} = \frac{\text{Liquide Mittel}}{\text{kurzfristiges Fremdkapital} * 100}$$

Die Liquidität 1. Grades sagt aus, wieviel Prozent des kurzfristigen Fremdkapitals unmittelbar mit den Liquiden Mitteln beglichen werden könnte. Sie beträgt in der Fenster GmbH im aktuellen Geschäftsjahr 0,5 % (Vorjahr: 0,5 %).

Nimmt man zum Posten der Liquiden Mittel noch die Forderungen hinzu, erhält man die Liquidität 2. Grades:

$$\text{Liquidität 2. Grades (in \%)} = \frac{(\text{Liquide Mittel} + \text{Forderungen})}{\text{kurzfristiges Fremdkapital} \times 100}$$

Im aktuellen Geschäftsjahr beträgt die Liquidität 2. Grades in der Fenster GmbH 48,4 % und liegt etwas unter dem Wert des Vorjahres (54,1 %).

Am aussagekräftigsten erscheint jedoch der Vergleich der gesamten kurzfristigen Vermögensgegenstände mit dem kurzfristigen Fremdkapital, der sog Liquidität 3. Grades (auch bezeichnet als Working Capital Ratio).

$$\text{Working Capital Ratio (in \%)} = \frac{\text{kurzfristiges Umlaufvermögen}}{\text{kurzfristiges Fremdkapital} \times 100}$$

Die Working Capital Ratio zeigt die prozentuelle Deckung des kurzfristigen Fremdkapitals durch das kurzfristige Umlaufvermögen. Die Kennzahl lässt am ehesten Rückschlüsse über die Aufrechterhaltung des kurzfristigen finanziellen Gleichgewichts zu. Ein Wert von 100 % oder größer bedeutet, dass das kurzfristige Fremdkapital durch die Veräußerung des gesamten kurzfristigen Umlaufvermögens beglichen werden kann. Bereits eingegangene zukünftige Zahlungsverpflichtungen und zu erwartende Zahlungseingänge werden jedoch nicht berücksichtigt, sodass die Aussagekraft des Working Capital Ratios als Maß für die Sicherung der Zahlungsfähigkeit trotz allem als begrenzt anzusehen ist. Zudem ist aus dem Jahresabschluss nicht ersichtlich, welche Kreditrahmenvereinbarungen mit der Bank bestehen.

Die Working Capital Ratio liegt bei der Fenster GmbH im aktuellen Geschäftsjahr bei 102,1 % (Vorjahr 104,9 %). Das kurzfristige Fremdkapital ist demnach zur Gänze durch kurzfristiges Umlaufvermögen gedeckt.

Dem Thema Working Capital Steuerung widmet sich im Detail Kapitel D.6.

Cashflow aus dem Ergebnis

Zentrales Maß der zeitraumbezogenen Liquiditätsbetrachtung ist der sog Cashflow. Cashflow bedeutet „Zahlungsmittelfluss". Er stellt den aus der Tätigkeit des Unternehmens am Markt erzielten Einnahmenüberschuss dar. Der Cashflow steht für Investitionen, Fremdkapitaltilgungen, Dividendenzahlungen (bei Einzelunternehmen und Personengesellschaften für Privatentnahmen) und Steuerzahlungen zur Verfügung. In dieser Definition wird unterstellt, dass keine zusätzliche Liquidität im Working Capital gebunden wird. In der Praxis finden sich unterschiedliche Cashflow-Definitionen und -berechnungen. Beim externen Bilanzvergleich ist somit zu hinterfragen, welcher Cashflow gemeint ist. Beim Cashflow aus dem Ergebnis (auch als Praktiker-Cashflow bezeichnet), werden zum Jahresüberschuss alle nicht auszahlungswirksamen Aufwendungen hinzugerechnet und alle nicht einzahlungswirksamen Erträge abgezogen.

Jahresüberschuss
+ Abschreibung
± Veränderung langfristiger Rückstellungen
= Cashflow aus dem Ergebnis

Die Fenster GmbH hat im abgelaufenen Geschäftsjahr aus der Umsatztätigkeit Finanzmittel in Höhe von 11.800 (im Vorjahr 8.800) erwirtschaftet.

Kundenzahlungsziel in Tagen (DSO – days sales outstanding)

Die Kennzahl gibt darüber Auskunft, nach wie vielen Tagen offene Forderungen durch die Kunden beglichen werden. Je niedriger der Wert ist, desto schneller wird gebundenes Vermögen wieder liquide. Eine Erhöhung dieser Kennzahl deutet auf ein verzögertes Zahlungsverhalten der Kunden hin. Für das Unternehmen bedeutet das, eine Überprüfung des Debitorenmanagements vorzunehmen bzw. die ordnungsgemäße Leistungserstellung zu überprüfen. Zu beachten ist weiters, dass sich wertberichtigte Forderungen und Forderungsausfälle vermindernd auf das Kundenzahlungsziel auswirken.

$$\text{Kundenzahlungsziel (in Tagen)} = \frac{\text{Lieferforderungen}}{\text{Tagesumsatz (Umsatz/365)}}$$

Bei der Fenster GmbH begleichen die Kunden nach 27,5 Tagen ihre offenen Forderungen (im Vorjahr nach 29,7 Tagen).

Lieferantenzahlungsziel in Tagen (DPO – days payables outstanding)

Mit dieser Kennzahl wird der Zeitraum ermittelt, der zwischen dem Eingang der Rechnung und deren Bezahlung liegt. Es gilt als vorteilhaft, wenn das Kundenzahlungsziel kürzer als das Lieferantenzahlungsziel ist. Ein langes Kreditorenzahlungsziel wirkt sich positiv auf die Liquidität eines Unternehmens aus und kann ein Hinweis auf seine Marktmacht sein. Andererseits kann ein zu langes Kreditorenzahlungsziel auch auf Liquiditätsprobleme hinweisen oder teuer sein, wenn Skonti nicht ausgenützt werden. Wie auch beim Kundenzahlungsziel, sind bei der Interpretation des Lieferantenzahlungsziels die Zahlungsusancen der jeweiligen Branche zu berücksichtigen. Ist die zu analysierende GuV nach dem Umsatzkostenverfahren erstellt, ist der Materialaufwand dem Anhang zu entnehmen.

$$\text{Lieferantenzahlungsziel (in Tagen)} = \frac{\text{Lieferverbindlichkeiten}}{\text{Materialaufwand pro Tag}}$$

Die Fenster GmbH begleicht ihre Rechnungen durchschnittlich nach 56,8 Tagen (im Vorjahr nach 40,4 Tagen).

1.4.5. Kennzahlen zur Kapitalstruktur und Schuldentragfähigkeit

Dieses Kennzahlenfeld bezieht sich auf die Passivseite (Mittelherkunftsseite) der Bilanz.

Eigenkapitalquote

In der Praxis finden sich verschiedene Finanzierungsregeln für das „optimale" Verhältnis von Eigen- und Fremdkapital, letztendlich ist für jedes Unternehmen individuell zu klären, wie sich der Finanzierungsmix zusammensetzen soll, wobei Aspekte wie Rentabilität, Risiko und Unabhängigkeit zu beachten sind.

$$\text{Eigenkapitalquote (in \%)} = \frac{\text{Eigenkapital} \times 100}{\text{Gesamtkapital}}$$

Die Eigenkapitalquote ist eine zentrale Kennzahl bei Ratingmodellen. Gute Unternehmen weisen in der Analysepraxis eine Eigenkapitalquote von > 20 % aus, ein Wert über 30 % wird als sehr gut beurteilt.

Bei der Fenster GmbH beträgt die Eigenkapitalquote im aktuellen Geschäftsjahr 51,3 % (Vorjahr 48,5 %) und liegt somit deutlich über dem Durchschnitt deutscher und österreichischer Unternehmen.

Verschuldungsgrad

Der Verschuldungsgrad gibt an, wie hoch der Anteil des Fremdkapitals am Gesamtkapital ist. Verschuldungsgrad und Eigenkapitalquote ergeben zusammen 100 %.

$$\text{Verschuldungsgrad (in \%)} = \frac{\text{Fremdkapital} \times 100}{\text{Gesamtkapital}}$$

Effektivverschuldung

Das Fremdkapital wird um die Liquiden Mittel bereinigt, die unmittelbar zu dessen Rückführung eingesetzt werden können. Damit wird nur die tatsächliche Nettoverschuldung dargestellt.

$$\text{Effektivverschuldung} = \text{Fremdkapital} - \text{verzinsliches Umlaufvermögen}[7]$$

Die Kennzahl Effektivverschuldung wird zur Berechnung der Schuldentilgungsdauer (dynamischer Verschuldungsgrad) herangezogen. Im aktuellen Geschäftsjahr betrug die Effektivverschuldung in der Fenster GmbH 28.300 (Vorjahr 26.800).

Schuldentilgungsdauer (in Jahren)

Mit dieser Kennzahl kann jene Anzahl von Jahren berechnet werden, die ein Unternehmen benötigt, um das gesamte Fremdkapital (Verbindlichkeiten und Rückstel-

---

7 Verzinsliches Umlaufvermögen beinhaltet im Wesentlichen Guthaben bei Bankinstituten.

lungen) mit selbst erwirtschafteten Mitteln zurückzubezahlen. Eine hohe Entschuldungsdauer weist auf eine hohe Abhängigkeit von Fremdkapitalgebern hin. Diese Kennzahl wird im Rahmen von Insolvenzprognosen sowie Bonitäts- und Ratingmodellen als zentrale Kennzahl gesehen, wobei eine Schuldentilgungsdauer von bis zu fünf Jahren als positiv beurteilt wird.

$$\text{Schuldentilgungsdauer (in Jahren)} = \frac{\text{Effektivverschuldung}}{\text{Cashflow aus dem Ergebnis}}$$

Die Fenster GmbH wäre bei gleichbleibendem Cashflow in der Lage, die Effektivverschuldung innerhalb von etwa 2,4 Jahren zurückzuzahlen (im Vorjahr 3 Jahre).

Kritisch zu hinterfragen ist die Tatsache, dass für die Berechnung der Kennzahl der operative Cashflow herangezogen wird, da dieser in den meisten Fällen nicht ausschließlich für die Rückzahlung des Fremdkapitals zur Verfügung steht, sondern auch für Investitionen, Dividendenzahlungen oder bei Einzelunternehmen und Personengesellschaften für Privatentnahmen. Wenn die Höhe des Cashflows im Zeitablauf Schwankungen unterliegt, verlieren die ermittelten Werte ihre Gültigkeit. Dieses Problem könnte dadurch gelöst werden, indem bei der Berechnung mittelfristig zu erwartende, nachhaltige Cashflows herangezogen werden.

Nettofinanzverschuldung

Die Nettofinanzverschuldung errechnet sich, indem von der Summe der zinstragenden Verbindlichkeiten das verzinsliche Vermögen abgezogen wird.

$$\text{Nettofinanzverschuldung} = \begin{array}{l}\text{Verzinsliche Verbindlichkeiten}\\ \text{– Verzinsliches Vermögen}\end{array}$$

Die verzinslichen Verbindlichkeiten und das verzinsliche Vermögen werden folgendermaßen berechnet:

    Anleihen
+ Bankverbindlichkeiten
+ Verbindlichkeiten aus Finanzierungsleasing
+ sonstige verzinsliche Verbindlichkeiten
= verzinsliche Verbindlichkeiten

– Liquide Mittel
– sonstige Wertpapiere und Anteile
– Wertpapiere für Sozialkapital
– sonstige verzinsliche Forderungen
= verzinsliches Vermögen

Die Fenster GmbH weist für das aktuelle Geschäftsjahr eine Nettofinanzverschuldung in Höhe von 8.000 auf, der Wert des Vorjahres betrug 9.400.

Gearing Ratio

Mit dieser Kennzahl wird die Finanzierungsstruktur als Verhältnis der Nettofinanzverschuldung in Relation zum Eigenkapital gemessen. Sie zeigt, welches Eigenkapital notwendig ist, um die finanziellen und strategischen Freiräume zu sichern. Eine Übereinstimmung der Fristen von Kapitalbindung und Kapitalüberlassung wird jedoch vernachlässigt.

$$\text{Gearing Ratio (in \%)} = \frac{\text{Nettofinanzverschuldung}}{\text{Eigenkapital} \times 100}$$

Eine Gearing Ratio von 26,8 % sagt aus, dass die Finanzverbindlichkeiten nach Abzug der Liquiden Mittel 26,8 % des Eigenkapitals betragen (im Vorjahr 37,2 %) und daher nur eine sehr geringe Abhängigkeit von Kreditinstituten besteht.

Net Debt/EBITDA Ratio

Das Net Debt/EBITDA Ratio erlaubt eine ähnliche Aussage wie die Schuldentilgungsdauer. Die Nettofinanzverschuldung des Unternehmens (Finanzverbindlichkeiten abzüglich des verzinslichen Vermögens) wird durch das EBITDA dividiert. Die Kennzahl gibt darüber Auskunft, wie lange es für ein Unternehmen bei konstantem EBITDA dauern würde, seine Finanzschulden zurückzubezahlen.

$$\text{Net Debt/EBITDA Ratio (in \%)} = \frac{\text{Nettofinanzverschuldung}}{\text{EBITDA}}$$

In der Fenster GmbH ist das EBITDA höher als die Nettofinanzverschuldung und daher liegt die Kennzahl für das aktuelle Geschäftsjahr bei einem äußerst niedrigen Wert von 0,6 (im Vorjahr 0,9). Diese Werte sind als sehr gut einzustufen, da in der Praxis ein Wert bis 1 als sehr gut beurteilt wird, wohingegen bei einem Wert zwischen 4 oder 5 die finanzielle Stabilität des Unternehmens als gefährdet anzusehen ist.

Anlagendeckungsgrad 2

Beim Anlagendeckungsgrad 2 werden das Eigenkapital und das langfristige Fremdkapital in Beziehung zum Anlagevermögen gesetzt. Diese Kennzahl wird auch als *„Goldene Finanzierungsregel"* bezeichnet. Sie zeigt auf, ob ein Unternehmen im Sinne der fristenkongruenten Finanzierung das langfristige Vermögen auch mit langfristig zur Verfügung stehendem Kapital finanziert hat. Das Ergebnis der Kennzahl sollte größer als 100 % sein.

$$\frac{\text{Anlagendeckungsgrad 2}}{\text{(in \%)}} = \frac{(\text{Eigenkapital} + \text{langfristiges Fremdkapital}) \times 100}{\text{Anlagevermögen}}$$

Während der Anlagendeckungsgrad 2 bei der Fenster GmbH im ersten Jahr des Analysezeitraumes bei 102,7 % lag, ist er im laufenden Geschäftsjahr auf 101 % leicht gesunken. Das Anlagevermögen, das dem Unternehmen langfristig zur Verfügung steht, ist ausreichend mit langfristigem Kapital finanziert.

Die Kennzahl Anlagendeckungsgrad 2 steht in direkter Verbindung zum Working Capital Ratio. Ist das Working Capital Ratio > 100 %, ist gleichzeitig auch der Anlagendeckungsgrad 2 > 100 %.

1.4.6. Kennzahlen zur Vermögenslage und Investitionstätigkeit

Dieses Kennzahlenfeld bezieht sich auf die Aktivseite (Mittelverwendungsseite) der Bilanz.

Sachanlagenintensität

Die Kennzahl Sachanlagenintensität setzt das Sachanlagevermögen in Beziehung zum Gesamtvermögen. Ein verhältnismäßig niedriges Sachanlagevermögen kann zB auf eine hohe Auslastung, hohe Zulieferleistungen, aber auch auf die Verwendung überalterter Anlagen oder übermäßig hohe Bestände an Umlaufvermögen hinweisen.

Niedriges Sachanlagevermögen bedeutet eine erhöhte Flexibilität im Unternehmen, kann aber auch auf eine Ausrichtung auf geringe Stückzahlen hinweisen.

Steigendes Sachanlagevermögen im Verhältnis zum Umlaufvermögen kann zB durch hohe Investitionen in der unmittelbaren Vergangenheit verursacht worden sein.

$$\text{Sachanlagenintensität (in \%)} = \frac{\text{Sachanlagevermögen} \times 100}{\text{Gesamtvermögen}}$$

Einen wesentlichen Einfluss auf die Höhe des Anlagevermögens hat die Branche, in der ein Unternehmen tätig ist. Produktionsbetriebe haben im Vergleich zu Handels- oder Dienstleistungsunternehmen eine höhere Sachanlagenintensität. Ist die Sachanlagenintensität sehr hoch, erhöht sich dadurch das Risiko der *Illiquidität,* denn bei kurzfristigen Finanzierungsengpässen kann Sachanlagevermögen nicht so rasch veräußert werden wie Umlaufvermögen. Auch die *Flexibilität* des Unternehmens hinsichtlich der Anpassung bei unterschiedlichen Beschäftigungsgraden ist bei hohem Sachanlagevermögen eingeschränkt, da die Belastung mit *Fixkosten* (darunter versteht man jene Kosten, die in einem Unternehmen zB auch bei einem Produktionsstillstand anfallen würden, wie zB Versicherungen, Zinsen für das Fremdkapital, Abschreibungen usw) bei anlageintensiven Unternehmen höher ist. Strukturelle Veränderungen auf den Absatzmärkten und technologischer Wandel können sich für anlageintensive Unternehmen ebenfalls nachteilig auswirken.

Wird zur Finanzierung des Sachanlagevermögens Fremdkapital benötigt, fallen dafür Kapitalkosten an. Ist das Sachanlagevermögen geleast, scheint es nicht in der Bilanz auf und die Sachanlagenintensität ist niedriger. Durch langfristige Leasingverträge kann die Flexibilität im Unternehmen eingeschränkt werden und das Risiko bei Marktveränderungen steigen.

Beim externen Bilanzvergleich ist zudem zu beachten, dass im österreichischen UGB die Bewertung des Anlagevermögens mit den fortgeführten Anschaffungskosten (darunter versteht man die Anschaffungskosten abzüglich der jährlichen Abschreibung) zu erfolgen hat, während die IFRS die Möglichkeit der Neubewertung von Anlagevermögen beinhalten (die Neubewertung führt zu einem höheren Ausweis an Anlagevermögen).

Aus der Berechnung der Kennzahl geht nicht hervor, welche Gründe zu einer Erhöhung/Reduktion der Sachanlagenintensität geführt haben. Investitionen ins Anlagevermögen als Resultat einer wachstumsorientierten Investitionspolitik führen, ebenso wie eine Reduktion der Vorratshaltung, zu einer Erhöhung der Sachanlagenintensität.

Die Kennzahl wird auch unter Verwendung des gesamten Anlagevermögens berechnet, wobei hier eine Beeinflussung durch den Firmenwert gegeben ist. Die Fenster GmbH weist für das aktuelle Jahr eine Sachanlagenintensität von 60,7 % auf (Vorjahr 56,5 %). Während des Untersuchungszeitraumes hat sich die Anlagenintensität nur geringfügig verändert.

Umlaufvermögensintensität

Analog zur Kennzahl Anlagenintensität kann auch die Umlaufvermögensintensität errechnet werden, indem das Umlaufvermögen in Beziehung zum Gesamtvermögen gesetzt wird.

$$\text{Umlaufvermögensintensität} = \frac{\text{Umlaufvermögen} \times 100}{\text{Gesamtvermögen}}$$

Anlagenabnutzungsgrad

Diese Kennzahl spiegelt das Verhältnis der gesamten Abschreibungen auf das Sachanlagevermögen zu den historischen Anschaffungskosten des Anlagevermögens wider. Ein hoher Wert gilt als Indikator für veraltete Produktionsanlagen, eventuell verbunden mit einer geringeren Produktivität und notwendigen Ersatzinvestitionen. Ein Wert von Null würde bedeuten, dass alle Anlagen neu sind. Die Bilanzierungspolitik eines Unternehmens kann das Ergebnis der Kennzahl beeinflussen, wenn zB aus steuerlichen Gründen Sonderabschreibungsmöglichkeiten genutzt werden.

Die Abschreibungen auf das Sachanlagevermögen und die historischen Anschaffungskosten des Sachanlagevermögens sind dem Anlagespiegel zu entnehmen.

$$\frac{\text{Anlagenabnutzungsgrad}}{\text{(in \%)}} = \frac{\text{kumulierte Abschreibungen auf das SAV} \times 100}{\text{historische Anschaffungskosten des SAV}}$$

Die Fenster GmbH hat im aktuellen Geschäftsjahr einen Anlagenabnutzungsgrad von 59,5 % (Vorjahr 61,7 %). Die Anlagen stehen also im Durchschnitt nach der Hälfte ihrer Nutzungsdauer.

Investitionen in % der Gesamtleistung

Diese Kennzahl, die auch als Investitionsquote bezeichnet wird, zeigt, wie hoch die Investitionen im Verhältnis zur Gesamtleistung (Umsatz) des Unternehmens sind. Bei der Fenster GmbH wurden im aktuellen Jahr 8,3 % der Gesamtleistung wieder in Sachanlagen investiert (im Vergleich zum Vorjahr lag das Ergebnis dieser Kennzahl bei 3,7 %).

$$\text{Investitionen in \% der Gesamtleistung} = \frac{\text{Investitionen in das SAV} \times 100}{\text{Gesamtleistung}}$$

Vermögensumschlag

Der Vermögensumschlag zeigt an, welcher Umsatz (bzw welche Gesamtleistung) mit einem Euro Vermögenseinsatz erwirtschaftet wird. Synonym wird auch die Bezeichnung Kapitalumschlag verwendet (da Gesamtvermögen = Gesamtkapital). Der Vermögensumschlag der Fenster GmbH betrug im aktuellen Jahr 2,2 (Vorjahr 2,4).

$$\text{Vermögensumschlag} = \frac{\text{Gesamtleistung}}{\text{Vermögen}}$$

In kapitalintensiven Branchen ist der Vermögensumschlag deutlich geringer als beispielsweise in Dienstleistungs- oder Großhandelsunternehmen. Interessant wird diese Kennzahl auch, wenn man sie mit Erfolg- und Rentabilitätskennzahlen in Verbindung bringt. So kann man den Return on Investment (= die Gesamtkapitalrentabilität) auch folgendermaßen ausdrücken:

$$\text{Return on Investment (in \%)} = \frac{\text{EBIT}}{\text{Gesamtkapital}}$$

$$\text{Return on Investment} = \frac{\text{EBIT}}{\text{Gesamtleistung}} \times \frac{\text{Gesamtleistung}}{\text{Gesamtkapital}}$$

bzw

$$\text{Return on Investment} = \text{EBIT-Marge} \times \text{Vermögensumschlag}$$

Bei dieser Betrachtungsweise erkennt man zum einen, ob eine hohe Rendite auf das Gesamtkapital primär aus einer hohen EBIT-Marge (dh dem operativen Betriebserfolg) oder einem sehr effizienten Vermögenseinsatz (wenig Kapitaleinsatz zur Erzielung hoher Umsatzerlöse) kommt.

Investitionsneigung

Diese Kennzahl soll darüber Auskunft geben, ob der Verschleiß der Anlagen durch regelmäßige Neuanschaffungen ersetzt wird, um einer Veralterung der Anlagen entgegenzuwirken. Beträgt das Ergebnis der Kennzahl 100 %, bedeutet das, dass die notwendigen Ersatzbeschaffungen durchgeführt wurden. Ein Wert deutlich über 100 % ist ein Indiz dafür, dass auch Erweiterungs- und/oder Rationalisierungsinvestitionen getätigt wurden. Liegen die Werte dagegen unter 100 %, wurden nicht einmal die Wertminderungen der Sachanlagen ersetzt. Zu berücksichtigen ist, dass auch bei der Berechnung dieser Kennzahl Leasing von Anlagegütern nicht berücksichtigt wird. Ebenso kann die Preisentwicklung von Anlagegütern das Ergebnis der Kennzahl beeinflussen.

$$\text{Investitionsneigung (in \%)} = \frac{\text{Investitionen in das SAV} \times 100}{\text{Abschreibungen auf das SAV}}$$

Bei der Fenster GmbH beträgt das Ergebnis dieser Kennzahl für das aktuelle Geschäftsjahr 231,1 % und liegt somit deutlich über dem Wert des Vorjahres (112,5 %). Die durchgeführten Investitionen decken nicht nur die laufenden Wertminderungen ab, es wurde in eine Erweiterung des Maschinenparks investiert.

Finanzierungsquote aus dem Cashflow

Diese Kennzahl zeigt, ob ein Unternehmen in der Lage ist, die Investitionen in das Sachanlagevermögen aus dem Cashflow zu finanzieren. Der Cashflow steht – unter Annahme eines konstanten Working Capitals – für Investitionen, Kredittilgungen, Steuerzahlungen und bei Einzelunternehmen und Personengesellschaften auch für Privatentnahmen zur Verfügung. Die Finanzierungsquote aus dem Cashflow beträgt bei der Fenster GmbH im aktuellen Geschäftsjahr 113,5 % (Vorjahr 195,6 %). Das Unternehmen könnte, sofern der gesamte Cashflow ausschließlich für Investitionen aufgewendet wurde, die gesamten Investitionen aus eigenen Mitteln finanzieren und wäre somit von Fremdkapitalgebern unabhängig.

$$\frac{\text{Finanzierungsquote aus dem Cashflow}}{\text{(in \%)}} = \frac{\text{Cashflow aus dem Ergebnis} \times 100}{\text{Investitionen in das SAV}}$$

1.5. Resümee zur Kennzahlenanalyse

Obwohl die Fenster GmbH marktseitig nur eine sehr geringe Verbesserung gegenüber dem Vorjahr erzielen konnte, sind die Kennzahlen zur Ertrags- und Finanzkraft durchaus zufriedenstellend. Das Unternehmen ist fristengerecht finanziert und weist zudem eine deutlich über dem Durchschnitt liegende Eigenkapitalquote auf. Verglichen mit alternativen Anlagemöglichkeiten sind die berechneten Rentabilitätskennzahlen sehr hoch und sind zudem zum Vergleichszeitraum des Vorjahres gestiegen.

Eine Jahresabschlussanalyse ist vor allem im Zeit- und Branchenvergleich interessant. Im konkreten Beispiel wurden aus Platzgründen nur zwei Jahre analysiert. In der Praxis sollte der Zeitraum auf zumindest drei bis fünf Jahre ausgedehnt werden. Zudem sollten die Kennzahlen mit Branchendurchschnittswerten oder den Kennzahlen von Wettbewerbern verglichen werden, um die effektive Performance beurteilen zu können. In Bezug auf derartige Vergleichswerte wird auf Teil E verwiesen.

Abschließend werden hier nochmals alle errechneten Kennzahlen im Überblick dargestellt:

Fenster GmbH				
Kennzahl		**Berechnung**	**Vorjahr**	**Aktuelles Jahr**
Ertragslage		EBIT * 100	6.600	9.900
	:	Gesamtleistung	122.900	125.400
	=	**EBIT-Marge (Operating Margin)**	**5,4 %**	**7,9 %**
		EBITDA * 100	10.600	14.400
	:	Gesamtleistung	122.900	125.400
	=	**EBITDA-Marge**	**8,6 %**	**11,5 %**
		Gesamtleistung	122.900	125.400
	:	Anzahl Mitarbeiter (Vollzeitäquivalente)	700	750
	=	**Gesamtleistung je Mitarbeiter (in TEUR)**	**175,6**	**167,2**
		Personalaufwand	30.500	32.100
	:	Anzahl Mitarbeiter (Vollzeitäquivalente)	700	750
	=	**Personalaufwand je Mitarbeiter (in TEUR)**	**43,6**	**42,8**
		Umsatz	120.500	120.900
	:	Anzahl Einheiten (verkauft)	290.000	300.000
	=	**Umsatz je Einheit (Durchschnittspreis in EUR)**	**415,52**	**403,00**
		Ausschüttung * 100	2.000	2.500
	:	Jahresüberschuss	4.600	7.100
	=	**Ausschüttungsquote (Payout Ratio)**	**43,5 %**	**35,2 %**
Rentabilität		(Ergebnis vor Steuern + Zinsaufwand) * 100	6.700	10.000
	:	Gesamtkapital	52.200	58.300
	=	**Gesamtkapitalrentabilität (Return on Investment)**	**12,8 %**	**17,2 %**
		Jahresüberschuss * 100	4.600	7.100
	:	Eigenkapital	25.300	29.900
	=	**Eigenkapitalrentabilität (Return on Equity)**	**18,2 %**	**23,7 %**

Fenster GmbH				
Kennzahl		**Berechnung**	**Vorjahr**	**Aktuelles Jahr**
Finanzlage und Liquidität		Jahresüberschuss	4.600	7.100
	+	Abschreibungen	4.000	4.500
	+/–	Veränderung langfristiger Rückstellungen	200	200
	=	**Cash Flow aus dem Ergebnis (in TEUR)**	**8.800**	**11.800**
		Liquide Mittel * 100	100	100
	:	kurzfristiges FK	18.300	19.000
	=	**Liquidität 1. Grades**	**0,5 %**	**0,5 %**
		(Liquide Mittel + Forderungen) * 100	9.900	9.200
	:	kurzfristiges FK	18.300	19.000
	=	**Liquidität 2. Grades**	**54,1 %**	**48,4 %**
		Umlaufvermögen * 100	19.200	19.400
	:	kurzfristiges FK	18.300	19.000
	=	**Working Capital Ratio**	**104,9 %**	**102,1 %**
		Lieferforderungen	9.800	9.100
	:	Tagesumsatz (Umsatz/365)	330	331
	=	**Kundenzahlungsziel (in Tagen)**	**29,7**	**27,5**
		Lieferverbindlichkeiten	5.700	7.800
	:	Materialaufwand pro Tag	141	137
	=	**Lieferantenzahlungsziel (in Tagen)**	**40,4**	**56,8**

Abb 8: Kennzahlenübersicht (1/2)

Fenster GmbH				
Kennzahl	Berechnung		Vorjahr	Aktuelles Jahr
Kapital-struktur und Schul-dentrag-fähigkeit		Eigenkapital * 100	25.300	29.900
	:	Gesamtkapital	52.200	58.300
	=	**Eigenkapitalquote**	**48,5 %**	**51,3 %**
		Fremdkapital	26.900	28.400
	-	verzinsliches Umlaufvermögen	100	100
	=	**Effektivverschuldung (in TEUR)**	**26.800**	**28.300**
		Effektivverschuldung	26.800	28.300
	:	Cashflow aus dem Ergebnis	8.800	11.800
	=	**Schuldentilgungsdauer (in Jahren)**	**3,0**	**2,4**
		Verzinsliche Verbindlichkeiten	12.500	11.100
	-	Verzinsliches Vermögen	3.100	3.100
	=	**Nettofinanzverschuldung (in TEUR)**	**9.400**	**8.000**
		Nettofinanzverschuldung * 100	9.400	8.000
	:	Eigenkapital	25.300	29.900
	=	**Gearing Ratio**	**37,2 %**	**26,8 %**
		Nettofinanzverschuldung	9.400	8.000
	:	EBITDA	10.600	14.400
	=	**Net debt/EBITDA Ratio**	**0,9**	**0,6**
		(Eigenkapital + langfristiges FK) * 100	33.900	39.300
	:	Anlagevermögen	33.000	38.900
	=	**Anlagendeckungsgrad 2**	**102,7 %**	**101,0 %**

Fenster GmbH				
Kennzahl		**Berechnung**	**Vorjahr**	**Aktuelles Jahr**
Vermögenslage und Investitionstätigkeit		Sachanlagevermögen * 100	29.500	35.400
	:	Gesamtvermögen	52.200	58.300
	=	**Sachanlagenintensität**	**56,5 %**	**60,7 %**
		Kumulierte Abschreibungen SAV * 100	47.500	52.000
	:	Historische Anschaffungskosten des SAV	77.000	87.400
	=	**Anlagenabnutzungsgrad**	**61,7 %**	**59,5 %**
		Investitionen ins SAV * 100	4.500	10.400
	:	Gesamtleistung	122.900	125.400
	=	**Investitionen in % der Gesamtleistung**	**3,7 %**	**8,3 %**
		Gesamtleistung	122.900	125.400
	:	Vermögen	52.200	58.300
	=	**Vermögensumschlag**	**2,4**	**2,2**
		Investitionen ins SAV * 100	4.500	10.400
	:	Abschreibungen auf SAV	4.000	4.500
	=	**Investitionsneigung**	**112,5 %**	**231,1 %**
		Cashflow aus dem Ergebnis * 100	8.800	11.800
	:	Investitionen ins SAV	4.500	10.400
	=	**Finanzierungsquote aus dem Cashflow**	**195,6 %**	**113,5 %**

Abb 9: Kennzahlenübersicht (2/2)

Literatur

Arminger, J., Hangl, C. (2014): Grundlagen der finanziellen Unternehmensführung, Band 1: Externe Rechnungslegung, 2. Auflage, Wien

Coenenberg, A. G., Haller, A., Schultze W. (2012): Jahresabschluss und Jahresabschlussanalyse, 22. Auflage, Stuttgart

Wagenhofer, A. (2013): Bilanzierung und Bilanzanalyse, 11. Auflage, Wien

http://www.controllingportal.de/

2. Fallstricke der Bilanzanalyse – Einfluss der Rechnungslegungsnormen und der Bilanzpolitik

Josef Arminger/Christian Engelbrechtsmüller

Inhaltsverzeichnis

Der Vergleich von Kennzahlen steht oftmals im Blickpunkt der Medienberichterstattung, ebenso wie die daraus abgeleiteten Schlussfolgerungen. Dabei wird häufig übersehen, dass unterschiedliche Rechnungslegungsnormen und auch innerhalb einer Rechnungslegungsnorm Wahlrechte und Ermessensspielräume einen nicht unerheblichen Einfluss auf die Zahlen des Abschlusses haben können, die in die Berechnung einfließen. Darüber hinaus führen bilanzpolitische Maßnahmen von Unternehmen zu nicht unerheblichen Auswirkungen auf das Zahlenmaterial des Jahresabschlusses/Konzernabschlusses. Der Einfluss der Rechnungslegungsnormen und der Bilanzpolitik soll in den folgenden Kapiteln – ohne Anspruch auf Vollständigkeit – behandelt und bei einer „seriösen" Bilanzanalyse berücksichtigt werden.

2.1. Gegenstand der Bilanzanalyse

Unter Bilanzanalyse versteht sich nicht nur die Analyse der Bilanz, sondern die Analyse des gesamten Abschlusses, bestehend aus Bilanz, Ergebnisrechnung, Geldflussrechnung, Eigenmittelüberleitung und Anhang (siehe auch Kapitel B.1.1.). Ausgangsbasis bildet regelmäßig das Zahlenwerk eines Unternehmens zu einem bestimmten Stichtag (zB Jahresabschluss-, Quartals- oder Halbjahresstichtag). Unternehmensexterne Adressaten sind dabei im Regelfall auf die frei zugänglichen Informationen angewiesen. Auf Österreich/Deutschland bezogen stehen damit die im Firmenbuch/im elektronischen Bundesanzeiger eingereichten Jahresabschlüsse und – falls gesetzlich verpflichtend – die Konzernabschlüsse für eine Analyse zur Verfügung. Daneben können sonstige Informationen auf der Homepage des Unternehmens bzw Pflichtveröffentlichungen bei der Notierung an einer Börse zusätzliche

Informationen liefern. Wichtige interne Detailinformationen über Maßnahmen um den Bilanzstichtag stehen im Regelfall nicht zur Verfügung.

2.2. Einfluss unterschiedlicher Rechnungslegungsnormen

Die Jahresabschlüsse sind in Österreich zwingend nach den Regelungen des Unternehmensgesetzbuches (UGB) aufzustellen. In Deutschland sind die Einzelabschlüsse ebenfalls zwingend nach den Regelungen des deutschen Handelsgesetzbuches (dHGB) aufzustellen. Die Konzernabschlüsse hingegen sind nach den Regelungen des UGB bzw dHGB oder wahlweise – für börsennotierte Unternehmen zwingend – nach den International Financial Reporting Standards (IFRS) zu erstellen. Ausländische Abschlüsse sind nach den jeweiligen landesspezifischen Normen zu erstellen. Da eines der Kernelemente der Bilanzanalyse der Vergleich ist, erfordert die Bilanzanalyse methodische Vergleichbarkeit der Abschlüsse, um zu aussagekräftigen Ergebnissen zu kommen. Fragen zur Vergleichbarkeit von Kennzahlen stellen sich bspw beim

- Soll-Ist-Vergleich,
- Zeitreihenvergleich oder
- Betriebsvergleich.

Beim **Soll-Ist-Vergleich** geht es um den Vergleich der geplanten Zahlen mit den Ist-Zahlen. Die geplanten Kennzahlen – sofern aus dem Zahlenwerk des Abschlusses ableitbar – sollten auf Grundlage identer Rechnungslegungskonventionen ermittelt/ abgeleitet werden, die auch für die Erstellung des Abschlusses zugrunde gelegt werden. Nicht selten ist zu beobachten, dass derartige Vorgaben (Planwerte) andere Vergleichsmaßstäbe (Rechnungslegungsnormen, unterschiedliche Definitionen und Strukturen, …) zugrunde legen und damit keine aussagekräftige Analyse durchführbar ist.[8] Neben der tatsächlichen sachverhaltsbezogenen Abweichung umfasst die Plan-/Ist-Differenz in diesen Fällen methodische Abweichungen, die eine Abweichungsanalyse erschweren. Dies ist bspw bei eigenständigen Tochterunternehmen mit dezentralen Planungsprozessen anzutreffen. Damit sprichwörtlich keine Äpfel mit Birnen verglichen werden, sind die Planungs- und Rechnungslegungsprozesse zu integrieren. Im Hinblick auf neu einzuführende Rechnungslegungsstandards ist zu beachten, dass diese Normen zunächst in den Planzahlen zu berücksichtigen sind, bevor sie sich in den Ist-Zahlen niederschlagen und erst dadurch einen sinnvollen Soll-Ist-Vergleich ermöglichen.

Im Rahmen von **Zeitreihenvergleichen** werden üblicherweise Zeiträume von drei bis fünf Jahren verglichen.[9] Innerhalb dieser Zeitspanne kann es zu Änderungen der Rechnungslegungsnormen kommen, die im UGB im Regelfall nur zu (prospektiven) Anpassungen im laufenden Geschäftsjahr führen. Die Vorjahreszahlen werden im

---

8   Vgl *Baumüller/Kreuzer* (2014) 99.
9   Vgl *Baumüller/Kreuzer* (2014) 100.

Normalfall nicht angepasst, Änderungen sollten jedoch zumindest im Anhang erläutert werden. Daraus kann bei längeren Zeitreihen oder mangelnden ergänzenden Informationen der Vorjahresvergleich bzw der Vergleich mit dem gleichen Zeitraum des Vorjahres („year on year" oder „YoY") leiden.[10]

Im Regelwerk der IFRS sind Änderungen der Bilanzierungs- und Bewertungsmethoden wesentlich häufiger als im UGB anzutreffen und beeinflussen daher ebenfalls die Vergleichbarkeit von Abschlussinformationen. IFRS sieht generell eine rückwirkende Anpassung des Vorjahresabschlusses (sowohl Bilanz als auch Gesamtergebnisrechnung) vor, die einen Vergleich mit dem identen Zeitraum des Vorjahres ermöglichen („like for like"). Allerdings fehlen bei längeren Zeitreihen damit oftmals aussagekräftige Vergleichswerte, da die Anpassungen über den Vergleichszeitraum des Vorjahres nicht hinausgehen. Als prominentes Beispiel sei auf die verpflichtende Umstellung im Konzernabschluss bei der Einbeziehung von Joint Ventures von der Quotenkonsolidierung auf die Equity-Methode hingewiesen, die bei einzelnen Konzernen zu einer massiven Verringerung der Umsatzerlöse und der Bilanzsumme geführt haben, welche bei der Zeitreihenanalyse zu berücksichtigen war.

Bei **Betriebsvergleichen** werden Abschlüsse und daraus abgeleitete Kennzahlen verschiedener Unternehmen mit gegebenenfalls unterschiedlichen Rechnungslegungsnormen einander gegenübergestellt und daraus Schlussfolgerungen abgeleitet.[11] Unabhängig, welche Rechnungslegungsnormen angewendet werden, ist vorweg darauf zu achten, dass nicht das Zahlenmaterial aus einem Einzelabschluss mit dem eines Konzernabschlusses verglichen wird. Im Gegensatz zum Konzernabschluss weist der Einzelabschluss den Beteiligungsbuchwert beherrschter Unternehmen in einer Zeile unter den Finanzanlagen aus, während der Konzernabschluss die Vermögenswerte und Schulden der Tochterunternehmen je Posten darstellt. Dieser Unterschied zeigt sich insbesondere beim Vergleich des Einzelabschlusses mit dem Konzernabschluss einer Beteiligungs- oder Holdinggesellschaft.

Bei der Analyse von Einzelabschlüssen ist darauf zu achten, dass diese denselben Rechnungslegungsnormen unterliegen. So ergeben sich bei einem Vergleich von Daten aus Einzelabschlüssen eines österreichischen Unternehmens mit einem identen Unternehmen in Deutschland seit Inkrafttreten des Bilanzrechtsmodernisierungsgesetzes 2009 (BilMoG) bereits wesentliche Unterschiede, wie bspw bei den Sozialkapitalrückstellungen oder latenten Steuern. Diese sollten durch die Änderungen des UGB ab dem Jahr 2016 jedoch erheblich reduziert werden.

Bei einem Vergleich von Kennzahlen aus Konzernabschlüssen kommt erschwerend hinzu, dass neben national unterschiedlichen Rechtsnormen auch die Anwendung von IFRS zwingend oder freiwillig möglich ist. Die Auswirkungen unterschiedlicher Rechnungslegungsnormen auf Kennzahlen wird exemplarisch anhand der Gegenüberstellung von UGB und IFRS in Kapitel 2.4. dargestellt.

---

10 Beispielsweise wird die Änderungen des UGB im Rahmen des Rechnungslegungs-Änderungsgesetzes 2014 zu nicht unwesentlichen Änderungen sowohl in der Bewertung als auch im Ausweis von Posten der Bilanz führen und damit einhergehend auch Auswirkungen auf die Ertragslage haben.

11 Vgl *Baumüller/Kreuzer* (2014) 103 ff.

Zusammenfassend lässt sich festhalten, dass sich vordringlich die Frage stellt, welche Rechnungslegungsnormen verglichen werden und wie die Datenbasis anzupassen ist, um dem Ziel von aussagekräftigen Vergleichen näher zu kommen.

2.3. Bilanzpolitik als Störfaktor der Bilanzanalyse

Neben unterschiedlichen Rechnungslegungsnormen bringen die Wahlrechte und Ermessensspielräume innerhalb einer Rechnungslegungsnorm eine zusätzliche Herausforderung für den Analysten mit sich. Nicht vernachlässigbar ist auch die individuelle Bilanzpolitik der einzelnen Unternehmen als zusätzlicher Störfaktor für einen aussagekräftigen Vergleich.

2.3.1. Definition, Objekte und Träger der Bilanzpolitik

Unter Bilanzpolitik wird eine bewusste im Hinblick auf die Ziele des Unternehmens zweckorientierte – im Rahmen der Bilanzierungsregeln zulässige – Beeinflussung der veröffentlichten Daten des Jahresabschlusses/Konzernabschlusses sowie Lageberichtes/Konzernlageberichtes verstanden.[12] Die Adressaten der Abschlussinformationen sollen damit entsprechend den Unternehmenszielen beeinflusst werden. Dabei erfolgt die Beeinflussung im Rahmen der gesetzlichen Normen.[13] Bei Überschreiten dieser Grenzen wird von Bilanzmanipulation oder auch Bilanzfälschung gesprochen.

Objekte der Bilanzpolitik sind dabei neben den Bestandteilen des Jahresabschlusses bzw Konzernabschlusses – entsprechend den verwendeten Bilanzierungsnormen – auch alle ergänzenden Veröffentlichungen wie bspw Aktionärsbriefe und Pressemitteilungen.

Als Träger der Bilanzpolitik wird jener Personenkreis bezeichnet, der bei der Erstellung und Feststellung des Jahres- bzw Konzernabschlusses mitwirkt sowie für die ergänzenden Veröffentlichungen verantwortlich ist.[14]

2.3.2. Ziele der Bilanzpolitik

Die Ziele der Bilanzpolitik orientieren sich an den wesentlichen Funktionen des Jahresabschlusses, namentlich der Zahlungsbemessungsfunktion (UGB/dHGB – Einzelabschluss) und der Informationsfunktion (Ziel des Konzernabschlusses).[15]

Andererseits können die Adressaten der Bilanzpolitik grundsätzlich in drei Gruppen eingeteilt werden:

- finanzwirtschaftliche Gruppe (Eigenkapitalgeber, Banken, Finanzbehörden),
- leistungsorientierte Gruppe (Kunden, Lieferanten, Dienstnehmer),
- Meinungsbildner (Analysten, Presse, Öffentlichkeit).[16]

---

12 Vgl *Küting/Weber* (2012) 33.
13 Vgl *Baumüller/Kreuzer* (2014) 135.
14 Vgl *Küting/Weber* (2012) 33.
15 Vgl *Küting/Weber* (2012) 33.
16 Vgl *Küting/Weber* (2012) 35.

Die Empfänger der Informationen haben bestimmte mit den Informationen verbundene Erwartungshaltungen, die unter anderem durch bilanzpolitische Maßnahmen erfüllt werden sollen. Da die Erwartungen der einzelnen Gruppen durchaus unterschiedlich sein werden, ist es Ziel der Bilanzpolitik, den optimalen Mix der Maßnahmen zu finden.

Bei der Bilanzpolitik kann in monetäre und nicht monetäre Ziele unterschieden werden. Zu den monetären Zielen werden insbesondere gezählt:

- Maximierung des ausgewiesenen Ergebnisses,
- Minimierung des ausgewiesenen Ergebnisses,
- Glättung des ausgewiesenen Ergebnisses,
- Erreichung von bestimmten Zielgrößen.[17]

Bei den nicht monetären Zielen ist zu erwähnen, dass insbesondere börsennotierte Unternehmen den Jahresabschluss/Konzernabschluss iVm dem Geschäftsbericht als „Visitenkarte" des Unternehmens sehen. Er dient damit auch der Selbstdarstellung des Unternehmens gegenüber der Öffentlichkeit.[18]

Zur Erreichung dieser Ziele steht dem verantwortlichen Personenkreis eine Vielzahl von Instrumentarien zur Verfügung. Die folgende Abbildung liefert einen Überblick zur möglichen Einteilung der Bilanzpolitik:

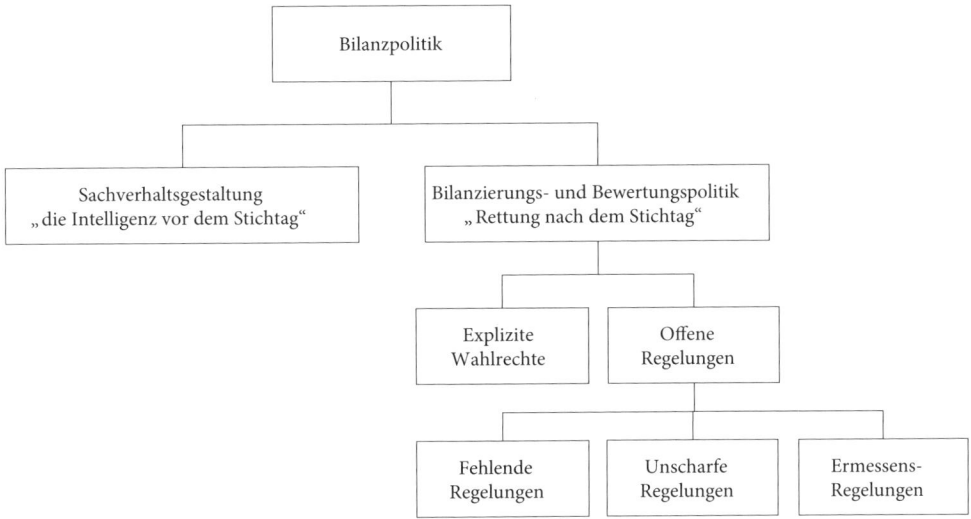

Abb 10: Instrumente der Bilanzpolitik[19]

Die Sachverhaltsgestaltung wird auch als reale Bilanzpolitik oder die „Intelligenz vor dem Bilanzstichtag" bezeichnet. Bei der Bilanzierungs- und Bewertungspolitik wird auch von buchmäßiger Bilanzpolitik oder der „Rettung nach dem Bilanzstichtag" gesprochen.[20]

---

17 Vgl *Baumüller/Kreuzer* (2014) 137 f.; *Wagenhofer* (2013) 217 f.
18 Vgl *Küting/Weber* (2012) 36. mit Verweis auf weitere Quellen.
19 Entnommen aus: *Tansky* (2006) 34 und 7.
20 Vgl *Wagenhofer* (2013) 215; *Tansky* (2006) 34 und 7.

Die **reale Bilanzpolitik** gestaltet bereits reale Geschäftsfälle vor dem Bilanzstichtag, um ein bestimmtes Ziel zu erreichen. Beispiele von kurzfristigen Maßnahmen sind ua

- die Reduzierung/Erhöhung von Auszahlungen,
- die Veräußerungen von Sachanlagen,
- die Beeinflussung des Lieferzeitpunktes oder
- hohe Warenlieferungen vor dem Bilanzstichtag („channel stuffing")[21].

Die Sachverhaltsgestaltung kann jedoch lange vor dem Bilanzstichtag beginnen. Langfristige Auswirkungen ergeben sich bspw durch folgende Maßnahmen:

- Verbesserung der Liquidität und des Bilanzbildes durch Sale and Operate Lease Back von langfristigen Vermögenswerten („off-balance sheet financing"),
- Working-Capital-Finanzierungen und Bilanzsummenverkürzung durch Forderungsverkauf, Factoring oder Asset-Backed-Securities-Programme mit bilanzbefreiender Wirkung,
- Working-Capital-Optimierung durch Verringerung der Vorratsbestände im Wege der Zurechnung der Bestände beim Lieferanten oder Kunden (zB Konsignationslager, „vendor managed inventory"),
- Einrichtung von Zweckgesellschaften („special purpose entities") zur Off-Balance-Sheet-Finanzierung von wesentlichen Investitionen (zB im Wege von Leasingobjektgesellschaften),
- Erhöhung des bilanziellen Eigenkapitals durch Emission einer Hybrid-Anleihe,
- steuersparende Gewinnverlagerungen und Umgründungen.[22]

Diese Gestaltungsmaßnahmen stellen in vielen Fällen die wirksamste Form der Bilanzpolitik dar und sind von einem externen Analysten nicht immer leicht zu erkennen.[23]

Im Rahmen der **Bilanzierungs- und Bewertungspolitik bzw der buchmäßigen Bilanzpolitik** werden basierend auf dem Mengengerüst an Vermögenswerten und Schulden am Bilanzstichtag gesetzlich zulässige Möglichkeiten der Rechnungslegung zur Erreichung der Ziele ausgeschöpft.

Explizite Wahlrechte sind ausdrücklich in den Normen genannt und lassen mehr als eine Option zu. Die Auswahl der jeweiligen Bilanzierungsoption obliegt dem bilanzierenden Unternehmen. Die Ausübung derartiger Wahlrechte ist regelmäßig im Jahresabschluss/Konzernabschluss zu erläutern. Sie sind dem Grunde nach daher relativ einfach zu erkennen, die Ermittlung der konkreten zahlenmäßigen Auswirkungen kann in Einzelfällen jedoch schwierig sein.

Neben den expliziten Wahlrechten existieren noch sogenannte „De-facto- oder Nachweiswahlrechte", deren Ausübung an bestimmte Voraussetzungen geknüpft

---

21 Vgl *Baumüller/Kreuzer* (2014) 139; *Wagenhofer* (2013) 215.
22 Vgl *Engelbrechtsmüller/Losbichler* (2010) 160.
23 Vgl *Baumüller/Kreuzer* (2014) 139.

ist. Zur Aktivierung von Entwicklungskosten nach IFRS bedarf es bspw einer verlässlichen Zuordnung der Kosten zum Entwicklungsprojekt. Ohne Kostenzuordnung ist eine Aktivierung nicht zulässig.[24]

Abgesehen von explizit genannten und De-facto-Wahlrechten existieren eine Vielzahl von Gestaltungsmöglichkeiten, die auf nicht ausdrücklich genannten Regelungen beruhen, sondern darauf, dass dem Unternehmen

- für bestimmte Sachverhalte keine Reglungen an die Hand gegeben werden (fehlende Regelungen),
- zwar Regelungen für Sachverhalte in den Standards vorgegeben werden, diese wegen einer notwendigen Allgemeingültigkeit jedoch so unscharf formuliert sind, dass letztendlich Spielräume verbleiben (unscharfe Begriffe), oder
- im Rahmen von Regelungen ein eigenes Ermessen verbleibt, welches auch bilanzpolitisch beeinflusst sein kann (Ermessensausübung).[25]

Das Management übt bspw seinen Ermessensspielraum bei der Anwendung einer Rechnungslegungsnorm aus, wenn es festlegt, ob alle mit dem rechtlichen Eigentum verbundenen Risiken und Chancen der finanziellen Vermögenswerte oder des Leasingvermögens auf andere Unternehmen übertragen werden.[26] Beim Ansatz kann bspw die Abgrenzung zwischen Erhaltungs- und Herstellungsaufwand, sowie der Eintritt oder Wegfall von Rückstellungsgründen genannt werden. Im Rahmen von Bewertungen fließen zukunftsbezogene Annahmen und Schätzungsunsicherheiten als besondere Form der Ermessensausübung in die Rechnungslegung ein.[27]

Die Ausübung von Wahlrechten und Ermessen sollte im Anhang in den Bilanzierungs- und Bewertungsmethoden beschrieben sein, um den Bilanzleser Einsicht in die Bilanzpolitik zu gewähren. Um diese Transparenz sicherzustellen, wurden bspw von den europäischen und auch österreichischen Enforcement-Stellen für zum 31.12.2013 oder später endende Geschäftsjahre die Angaben zu Bilanzierungsmethoden, Ermessen und Schätzungen als Prüfungsschwerpunkt festgelegt.[28]

2.3.3. Grenzen der Bilanzpolitik

An ihre Grenzen stößt die Bilanzpolitik immer dort, wo bewusste und unter Umständen strafbare Bilanzmanipulationen vorliegen. Diese Grenze ist nicht immer eindeutig und kann sich im Zeitverlauf durch Rechtsprechung und gängige Praxis ändern.[29] Zu beachten ist jedenfalls das im UGB/dHGB und auch in den IFRS verankerte Stetigkeitsgebot, das eine willkürliche Änderung von Bilanzierungs- und Bewertungsmethoden aber auch Änderungen der Darstellung verhindern soll.[30]

---

24   Vgl *Engelbrechtsmüller/Losbichler* (2010) 165.
25   Vgl *Tanski* (2006) 37.
26   Vgl IAS 1.123.
27   Vgl IAS 1.125.
28   Vgl FMA, Jährliche Prüfungsschwerpunkte 2013 gemäß § 1 Abs 2 RL-KG
29   Vgl *Baumüller/Kreuzer* (2014) 136.
30   Vgl *Eiselt/Müller* (2011) 37; *Baumüller/Kreuzer* (2014) 137.

2.4. Kennzahlen – Auswirkungen der Bilanzpolitik und unterschiedlicher Rechnungslegungsnormen

Bei der Interpretation der in Kapitel B.1. dargestellten Kennzahlen können Rechnungslegungsnormen einen Einfluss auf das Ergebnis haben. Dies ist insbesondere bei einem Betriebsvergleich von Bedeutung.

In der Folge soll insbesondere auf Unterschiede der Rechnungslegungsnormen UGB und IFRS eingegangen werden. Hierbei ist in Österreich zu beachten, dass es durch das Rechnungslegungs-Änderungsgesetz 2014 zu teilweise tiefgreifenden Änderungen bei den Bilanzierungs- und Bewertungsmethoden als auch bei den Ausweisvorschriften kommen wird, wie bspw die Abschaffung unversteuerter Rücklagen, Änderungen bei der Abschreibung von Firmenwerten, die Zuschreibungspflicht bei Finanzanlagevermögen, den zwingenden Ansatz von variablen und fixen Gemeinkosten bei Vorräten, die Erfassung von latenten Steuern nach dem „temporary concept" oder die Abzinsung langfristiger Rückstellungen. In Deutschland wurden diese Änderungen bereits überwiegend durch die Modernisierungen des dHGB im Zuge des BilMoG durchgeführt.

Mit der Verabschiedung des deutschen Bilanzrichtlinien-Umsetzungsgesetzes am 18. Juni 2015 kommt es zu einer weitgehenden Übereinstimmung der Rechnungslegungsnormen des UGB und dHGB.

Bei der Ermittlung von Kennzahlen ist in der Praxis generell festzustellen, dass für die Berechnung teilweise von den veröffentlichten Zahlen des Jahresabschlusses/ Konzernabschlusses abgewichen wird. Da es keine Legaldefinition vieler Kennzahlen gibt, ist dies durchaus zulässig, kann aber einen Vergleich zwischen Unternehmen erheblich erschweren. Oftmals verstecken sich derartige Anpassungen hinter Begriffen wie „normalisiert", „vor Sondereffekten", „bereinigt", „ordentlich" …

Diese Praxis resultiert teilweise auch daraus, dass die Rechnungslegung nach IFRS und UGB[31]/dHGB kein „außerordentliches Ergebnis" mehr vorsieht und derartige Posten im „normalen" Gliederungsschema Platz finden und dann im Anhang erläutert oder als gesonderter Posten dargestellt werden. In vielen Fällen behilft sich die bilanzierende Gesellschaft dann mit Zwischensummen oder Pro-Forma-Ergebnissen, die für die Berechnung von Kennzahlen herangezogen werden.

Die in der Folge dargestellten Unterschiede UGB zu IFRS treffen überwiegend auch auf Abschlüsse nach dHGB zu.

2.4.1. Kennzahlen der Ertragslage

Bei den **Kennzahlen zur Ertragslage** ergibt sich durch unterschiedliche Rechnungslegungsnormen eine Vielzahl von Effekten, wobei nachfolgend auf ausgewählte Auswirkungen auf die in der Praxis relevanten Kennzahlen EBIT und EBITDA eingegangen wird.[32]

---

31   Ab den Geschäftsjahren beginnend nach dem 31.12.2015.
32   Zur Erläuterung des EBIT und EBITDA siehe Kapitel B.1.

Gliederung der Gewinn- und Verlustrechnung

Bei der Darstellung der Gewinn-und Verlustrechnung im operativen Bereich besteht sowohl im UGB als auch nach den IFRS die Wahlmöglichkeit zwischen der Darstellung nach dem Gesamtkosten- bzw Umsatzkostenverfahren. Anzumerken ist, dass in Kontinentaleuropa primär das Gesamtkostenverfahren und in angelsächsischen Ländern das Umsatzkostenverfahren zur Anwendung kommt. Das Gesamtkostenverfahren nimmt eine Gliederung nach Kostenarten vor (zB Personalaufwand, Materialaufwand, Abschreibungen). Das Umsatzkostenverfahren zeigt die Funktionsbereiche bzw die Orte der Kostenentstehung (Herstellung, Verwaltung, Vertrieb). Während bspw das EBITDA direkt aus dem Gesamtkostenverfahren ableitbar ist, können beim Umsatzkostenverfahren die Abschreibungen oder andere Aufwandsarten nur aus den ergänzenden Informationen des Anhanges/der Notes abgeleitet werden. Das Umsatzkostenverfahren weist durch die Gegenüberstellung der Umsatzerlöse mit den Herstellungskosten der verkauften Produkte das Bruttoergebnis (Bruttomarge) als operative Ertragskennzahl direkt in der Gliederung aus. Die unterschiedliche Gliederung beschränkt sich ausschließlich auf den operativen Bereich. Das EBIT, die Darstellung des Finanzergebnisses und der Ertragsteuern sind beim Umsatzkostenverfahren und Gesamtkostenverfahren ident.

Definition der Umsatzerlöse

Durch die Änderung der Definition wird bei der Erfassung von Erträgen unter diesem Posten europaweit nicht mehr auf die „gewöhnliche Geschäftstätigkeit" abgestellt, sondern darunter sämtliche Beträge aus dem Verkauf von Produkten und der Erbringung von Dienstleistungen – nach Abzug von Erlösschmälerungen und der Umsatzsteuer sowie direkt mit dem Umsatz verbundenen Steuern – erfasst. Damit werden künftig auch Nebenerlöse (Kantinenerlöse, Mieterlöse …) darunter ausgewiesen. Demgegenüber beinhaltet die Definition von Umsatzerlösen im IFRS auch künftig die Einschränkung auf die ordentliche Geschäftstätigkeit. Ein weiterer – in manchen Branchen – bedeutender Unterschied resultiert aus der im Regelwerk der IFRS für Fertigungsaufträge anzuwendenden „Percentage-of-Completion-Methode" im Vergleich zum UGB – wo die „Completed-Contract-Methode" zur Anwendung gelangt. Die Umsatzerlöse laut IFRS umfassen damit bereits während des Fertigstellungsprozesses Erlöse (angefallene Aufwendungen und anteilige Gewinnaufschläge), während im UGB nur eine Neutralisierung der Aufwendungen erfolgt und diese bei Anwendung des Gesamtkostenverfahrens unter den Bestandsveränderungen ausgewiesen werden. EBIT und EBITDA eines IFRS-Anwenders sind daher zunächst höher im Vergleich zum UGB-Anwender, da die anteiligen Gewinne bereits während der Bauphase erfolgswirksam erfasst werden.

Abschreibungsmethoden

Abschreibungen orientieren sich im UGB in vielen Fällen an steuerlichen Vorgaben, während im IFRS die betriebsgewöhnliche Nutzungsdauer im Vordergrund steht und die im UGB häufig vorzufindende „Halbjahresregel" den IFRS fremd sind, hier wird im Regelfall die Abschreibung auf monatlicher Basis ermittelt. Firmenwerte unterliegen im UGB einer planmäßigen Abschreibung, während im IFRS diese Beträge nicht planmäßig abzuschreiben, jedoch jährlich auf eine mögliche Wertminderung zu untersuchen sind („impairment only approach"). Aufgrund der planmäßigen Abschreibung des Firmenwertes nach UGB ist das EBIT eines IFRS-Anwenders vergleichsweise höher. Das EBITDA bleibt von diesem Rechnungslegungsunterschied unberührt.

Umgekehrt ergibt sich nach IFRS eine Reduktion des EBIT aufgrund der Amortisation von aufgedeckten stillen Reserven und erstmalig angesetzten immateriellen Vermögenswerten in Folge einer Kaufpreisallokation iZm einem Unternehmenserwerb. Das EBITDA bleibt von den erhöhten planmäßigen Abschreibungen unberührt und bietet sich daher besser für einen Vergleich von organisch wachsenden Unternehmen mit im Wege von Unternehmensakquisitionen wachsenden Unternehmensgruppen an. Das EBITDA ist ähnlich wie der Praktiker-Cashflow robust gegenüber Änderungen der Abschreibungspolitik und erleichtert generell den Vergleich unterschiedlicher Rechnungslegungsstandards.

Personalaufwendungen

Abweichend zum UGB werden nach IFRS Sozialkapitalrückstellungen nach dem Anwartschaftsbarwertverfahren bzw der Projected-Unit-Credit-Methode berechnet. Im Vergleich zum UGB führt die Berechnung nach IFRS tendenziell zu höheren Rückstellungszuweisungen. Ein weiterer wesentlicher Unterschied der Rechnungslegungsnormen kann sich dadurch ergeben, dass der Aufwand/Ertrag aus der Veränderung der Abfertigungs-, Pensions- sowie Jubiläumsgeldrückstellung im UGB im Regelfall zur Gänze im Personalaufwand erfasst wird. Im IFRS wird dieser Aufwand/Ertrag in eine Dienstzeit- und eine Zinskomponente aufgeteilt. Während die Dienstzeitkomponente im Personalaufwand – und damit im EBIT bzw EBITDA – ausgewiesen wird, wählen viele Unternehmen für den Ausweis der Zinskomponente das Finanzergebnis.

Für die Berechnung des Personalaufwandes je Mitarbeiter ist darauf zu achten, dass unter dem Personalaufwand im UGB nur Aufwendungen für Mitarbeiter enthalten sind, die in einem Dienstverhältnis stehen. Der Aufwand für Leiharbeiter ist üblicherweise im Materialaufwand erfasst. Die Berechnung der Mitarbeiterzahl ist im UGB eindeutig definiert, im IFRS bzw bei ausländischen Abschlüssen erfolgt die Ermittlung der Anzahl bspw auf Basis des Standes am Bilanzstichtag.

Leasing- und Mietaufwendungen

Nach dem UGB werden Miet- und Leasingaufwendungen beim Leasingnehmer in der Regel unter den sonstigen betrieblichen Aufwendungen und damit im Betriebsergebnis (EBIT und EBITDA) erfasst. Nach IFRS sind tendenziell mehr Leasingverträge als Finanzierungsleasing einzustufen, wodurch anstelle des Mietaufwandes die Abschreibungen des aktivierten Leasinggegenstandes unter den Abschreibungen und die Verzinsung der passivierten Leasingverbindlichkeit unter den Zinsaufwendungen auszuweisen ist. Die Einstufung als Finanzierungsleasing und damit der Ausweis der Zinsaufwendungen im Finanzergebnis führen zu einer Erhöhung des EBIT und des EBITDA gegenüber der Darstellung als Operating Leasing.

Ertragsteuern

Für die Berechnung von Ertragsteuern wird auch im UGB ab 2016 auf das international übliche „temporary concept" umgestellt, sodass für die Ermittlung latenter Steuern grundsätzlich idente Regelungen im UGB und IFRS vorliegen. Jedoch sieht das UGB für die Erfassung von aktiven latenten Steuern sowie die Aktivierung von Verlustvorträgen Wahlrechte vor, die einer Vergleichbarkeit hinderlich sind. Nach IFRS sind aktive latente Steuern aus Verlustvorträgen bei Verwertbarkeit zwingend zu aktivieren. Das EBIT und das EBITDA sind beides Kennzahlen vor Zinsen und Steuern und damit unberührt von allfälligen Abweichungen bei den Ertragsteuern.

Sonstiges Ergebnis bzw „Other Comprehensive Income"

Während die Erfolgsrechnung nach dem UGB mit dem Jahresüberschuss bzw -fehlbetrag schließt (von der Ergebnisverwendungen bzw Rücklagenbewegung abgesehen), wird die Erfolgsrechnung nach IFRS um das „Other Comprehensive Income" erweitert. Nach IFRS spricht man daher von der Gesamtergebnisrechnung, die zum einen die mit dem UGB vergleichbare Gewinn- und Verlustrechnung und zum anderen das sonstige Ergebnis bzw „Other Comprehensive Income" umfasst. Das „Other Comprehensive Income" zeigt bspw unrealisierte Gewinne und Verluste iZm versicherungsmathematischen Ergebnissen aus Pensions- und Abfertigungsrückstellungen, der Zeitwertbewertung von Wertpapieren der Kategorie available-for-sale oder der Fremdwährungsumrechnung im Konzernabschluss.

2.4.2. Kennzahlen der Bilanz- und Kapitalstruktur

Auf die Ermittlung der Kennzahlen der Bilanz- und Kapitalstruktur wirken bspw folgende Unterschiede bzw Wahlrechte der unterschiedlichen Rechnungslegungsnormen ein, die bei Vergleichen beachtet werden sollten:

Gliederungsschema der Bilanz

Die Gliederung im UGB folgt einem gesetzlich vorgeschriebenen Ausweisschema. Die Gliederungsvorschriften unterscheiden auf der Aktivseite das Anlagevermögen vom Umlaufvermögen. Auf der Passivseite erfolgt die Unterteilung in Eigenkapital, Rückstellungen und Verbindlichkeiten. In wenigen Fällen sind auch Sonderposten zulässig (zB Mezzaninfinanzierungen). IFRS fordert eine Gliederung nach Fristigkeit oder Liquidität, wobei in Europa die Gliederung nach Fristigkeit vorherrscht. Die Aktivseite unterscheidet sich demnach in langfristiges und kurzfristiges Vermögen. Die Passivseite wird unterteilt in Eigenkapital sowie langfristige und kurzfristige Schulden. Durch die Gegenüberstellung der kurzfristigen Schulden und des kurzfristigen Vermögens lässt sich die Working Capital Ratio direkt aus der IFRS-Bilanz ableiten.

Immaterielle Vermögenwerte

Bei den immateriellen Vermögensgegenständen/Vermögenswerten ist darauf zu achten, dass IFRS unter bestimmten Voraussetzungen eine verpflichtende Aktivierung von selbsterstellten immateriellen Vermögenswerten vorsieht, während im UGB ein Aktivierungsverbot besteht. Dies ist insbesondere bei forschungsintensiven Branchen oder größeren Softwareprojekten zu beachten.

Nach IFRS führt die Aktivierung der Aufwendungen (zB Personalaufwand) iZm selbsterstellten immateriellen Vermögenswerten zunächst zu einer Verbesserung des EBIT und EBITDA. Gleichzeitig kommt es zu einem Absinken der Gesamtkapitalrentabilität (siehe Kapitel C.3.3.2.). Die planmäßige Abschreibung der aktivierten Vermögenswerte vermindert in Folge das EBIT über die Nutzungsdauer. Das EBITDA bleibt von den Abschreibungen unberührt.

Sachanlagen

Bei den Sachanlagen können mehrere Bewertungsunterschiede zwischen den Regelwerken einen Vergleich erschweren:

- Liegenschaften, die zur Vermietung an Dritte dienen, aber auch nicht genutzte Liegenschaften können nach IFRS im Gegensatz zum UGB mit dem Verkehrswert bewertet werden, in diesem Fall werden die Aufwertungsbeträge im Ergebnis erfasst.
- IFRS sieht im Gegensatz zum UGB unter gewissen Voraussetzungen eine Möglichkeit der Neubewertung (über die historischen Anschaffungs-/Herstellungskosten) einzelner Gruppen von Sachanlagen vor. Diese Aufwertungsbeträge werden ergebnisneutral im Eigenkapital gesondert erfasst. Dieses Wahlrecht kommt jedoch in Europa selten zur Anwendung und hat nur eine geringe praktische Bedeutung.
- Für umfangreichere Investitionen sieht IFRS eine verpflichtende Aktivierung von Fremdkapitalkosten (Bauzinsen) vor, während das UGB nur eine Wahlmöglichkeit einräumt.
- Für Sachanlagen, die nach Beendigung der Nutzung rückgebaut bzw beseitigt werden müssen, sieht IFRS vor, dass diese – geschätzten – Kosten einen Teil der Herstellungskosten bilden, damit die Abschreibungsbasis und die jährlichen Abschreibungen erhöhen. Im UGB werden derartige Vorsorgen im Rahmen von Rückstellungen erfasst.
- Bei Abschluss von Leasingverträgen, sieht IFRS wesentlich restriktivere Regelungen für die Erfassung von derartigen Gegenständen beim Leasingnehmer im Vergleich zum UGB vor.[33]

Vorräte

Bei den Vorräten kommt es durch die Änderungen des Rechnungslegungs-Änderungsgesetzes zu einer weitestgehenden Angleichung der Definitionen der Anschaffungs- bzw Herstellungskosten. Ein verbleibender wesentlicher Unterschied kann

---

[33] Der voraussichtliche neue Leasing-Standard der IFRS sieht – mit wenigen Ausnahmen – eine generelle Aktivierung von Leasinggegenständen beim Leasingnehmer vor.

sich bei der Bewertung der Roh-, Hilfs- und Betriebsstoffe ergeben. Während das UGB zwingend eine Bewertung mit den niedrigeren Wiederbeschaffungskosten vorschreibt, ist für die Bewertung nach IFRS letztendlich entscheidend, ob mit der Veräußerung des Produktes ein positives Ergebnis – im Rahmen der absatzseitigen Betrachtung – erzielt werden kann. Eine Zuschreibung ist in beiden Regelwerken zwingend erforderlich, wobei die historischen Anschaffungs- oder Herstellungskosten die Obergrenze bilden.

Finanzanlagen

Anleihen und andere börsennotierte Fremdkapitaltitel werden nach IFRS entweder zu fortgeführten Anschaffungskosten (held-to-maturity) oder zum Zeitwert (available-ble-for-sale) bewertet. Unternehmensanteile bis zu 20 % Anteilsbesitz sind nach IFRS mit dem Zeitwert zu bewerten. Nach UGB darf der Anschaffungskostendeckel in keinem Fall durchbrochen werden, wodurch stille Reserve in den Finanzanlagen vergleichsweise schwerer zu erkennen sind.

Derivate

Derivative Finanzinstrumente sind nach IFRS zwingend mit dem Zeitwert anzusetzen. Nach UGB ist für derivative Finanzinstrumente mit negativem Zeitwert eine Drohverlustrückstellung zu bilden, sofern sie nicht Teil einer Bewertungseinheit sind. Positive Zeitwerte von derivativen Finanzinstrumenten dürfen im UGB nicht angesetzt werden.[34]

Mezzaninfinanzierungen

Hybride Finanzinstrumente sind nach IFRS entweder Eigenkapital oder Fremdkapital. Eine Mischform ist nach IFRS nicht zulässig, wodurch sich bei vom UGB abweichender Einstufung die Finanzverbindlichkeiten erhöhen können.

Sonstige Rückstellungen

Im Bereich der Rückstellungen sind in der Praxis insbesondere folgende wesentliche Unterschiede bei der Anwendung der Rechnungslegungsnorm UGB/IFRS anzutreffen:

- Während im UGB unter den sonstigen Rückstellungen de facto oftmals Abgrenzungen zu finden sind (zB Rückstellungen für ausstehende Eingangsrechnungen, Urlaube, Jahresboni, Überstunden …) werden diese „accruals" im IFRS oftmals bereits unter den jeweiligen Verbindlichkeiten ausgewiesen.
- Für Sachanlagen, die nach Beendigung der Nutzung rückgebaut bzw beseitigt werden müssen, sieht IFRS vor, dass diese – geschätzten – Kosten einerseits als Teil der Herstellungskosten dieser Anlagen erfasst werden, andererseits bereits im Zeitpunkt der Herstellung die Rückstellung in vollem Umfang erfasst wird.[35]

---

34   Ausgenommen sind Finanzinstrumente im Handelsbuch bei Kreditinstituten.
35   Die Rückstellung ist mit dem Barwert der erwarteten künftigen Verpflichtung, die jährlich zu überprüfen und gegebenenfalls anzupassen ist, auszuweisen.

Im UGB ist der Aufbau der Rückstellung über den Zeitraum der Nutzung der Sachanlage vorgesehen.

Latente Steuern

Sowohl das UGB (ab 2016) als auch die Regelungen des IFRS sehen die Bildung von aktiven als auch passiven latenten Steuern nach dem international üblichen „temporary concept" vor. Im Einzelabschluss nach UGB besteht jedoch das Wahlrecht latente Steuern auf Verlustvorträge als Aktivposten anzusetzen.

2.5. Fazit

Zusammenfassend lässt sich festhalten, dass der Einfluss der Rechnungslegungsnormen und der Bilanzpolitik das Leben der Bilanzanalysten erschweren. Vor diesem Hintergrund ist es verständlich, dass Standardsetter und Regulatoren (IASB, EU, Enforcement-Stellen, ESMA, FMA, …) an der Vereinheitlichung und der einheitlichen Anwendung der Normen arbeiten. Mit dem Rechnungslegungs-Änderungsgesetz 2014 und der Einrichtung der Enforcement-Stellen werden nächste Schritte in der Angleichung der Normen und deren einheitlicher Anwendung in Österreich gesetzt. Dennoch verbleiben wesentliche Unterschiede zwischen UGB, dHGB, IFRS, US-GAAP oder den Rechnungslegungsnormen anderer Länder, deren Unternehmen für Vergleiche in Frage kommen. Da eine vollständige Angleichung der Normen in nächster Zeit nicht zu erwarten ist, bleibt den Bilanzanalysten nichts anderes übrig, als die Abschlüsse der zu analysierenden Unternehmen unter Kosten-/Nutzenüberlegungen vergleichbar zu machen. Das Ausweichen auf Kennzahlen wie EBITDA oder Cashflow, die robust gegen unterschiedliche Abschreibungsmethoden sind, ist eine Möglichkeit, um sich das Analystenleben ein wenig zu erleichtern. Aber auch bei der vermeintlich von den Rechnungslegungsmethoden weitgehend unbeeinflussten Geldflussrechnung ist bei der Vergleichsanalyse Vorsicht geboten, wie nicht zuletzt der aktuelle Prüfungsschwerpunkt der Enforcement-Stellen in Europa zeigt.

Literatur

Baumüller, J., Kreuzer, C. (2014): Bilanzanalyse. Weniger rechnen, mehr verstehen!, Steuer- und Wirtschaftskartei : SWK-Spezial, Wien

Eiselt, A., Müller, S. (2011): IFRS: Gestaltung und Analyse von Jahresabschlüssen, Berlin

Engelbrechtsmüller, C., Losbichler, H. (Hrsg, 2010): CFO-Schlüssel-Know-how unter IFRS, Wien

Küting, K., Weber, C-P. (2012): Die Bilanzanalyse (10. Auflage). Beurteilung von Abschlüssen nach HGB und IFRS, Stuttgart

Tansky, J. (2006): Bilanzpolitik und Bilanzanalyse nach IFRS, München

Wagenhofer, A. (2013): Bilanzierung und Bilanzanalyse (11. Auflage). Eine Einführung, Wien

3. Liquiditätssteuerung mit Kennzahlen

Alexander Vocelka/Achim Kreuzer/Axel Goedecke

Inhaltsverzeichnis

Die Sicherstellung von ausreichender Liquidität stellt eines der zentralen Unternehmensziele dar und ist eng mit dem betrieblichen Erfolg verknüpft. Eine Fokussierung auf den Cashflow als Steuerungsgröße erlaubt eine direkte und zeitnahe Steuerung. Er bildet (im Gegensatz zu gewinnorientierten Größen) die Liquidität realitätsgetreu ab. Die für die Steuerung eingesetzten Liquiditätskennzahlen beziehen sich hauptsächlich auf die Bereiche Disposition, Finanzplanung, Working Capital und finanzielles Risiko-Controlling. Wesentliche Erfolgsfaktoren der Liquiditätssteuerung sind eine unternehmensweite Verankerung sowie die Schaffung klarer Verantwortlichkeiten.

3.1. Die Bedeutung von Liquidität im Rahmen der Unternehmenssteuerung

Im Mittelpunkt des Planungs- und Kontrollsystems eines Betriebes stehen in der Regel, unabhängig von der Betriebsgröße, die zentralen Ziele Gewinn und Liquidität. Die beiden Ziele sind eng miteinander verwoben und weisen starke Interdependenzen auf. Liquidität ist eine Grundvoraussetzung für betrieblichen Erfolg, da die für die Leistungserstellung benötigten Einsatzfaktoren bezahlt werden müssen, und hierfür Liquidität von Nöten ist. Erfolg wiederum kann als Vorsteuergröße der Liquidität betrachtet werden, da die Wertentstehung in vielen Fällen dem daraus resultierenden Liquiditätsfluss vorausgeht.[36]

Es kann aber auch zu Konflikten zwischen den Gewinn- und Liquiditätszielen kommen. Die sogenannte Überliquidität bezieht sich in erster Linie auf die zu haltenden Liquiditätsreserven, welche Kosten verursachen, aber gleichzeitig Sicherheit im Hinblick auf

---

36   Vgl *Lachnit/Müller* (2006)197.

die Zahlungsfähigkeit geben. Ein höherer Bestand an liquiden Mitteln als nötig, sichert zwar einerseits die Aufrechterhaltung der Liquidität, verursacht aber höheren Zinsaufwand oder entgangene Erträge (Opportunitätskosten) und steht somit dem Gewinnziel konträr entgegen.[37] Finanz- und Erfolgslenkung sollten daher nicht isoliert betrachtet werden, sondern ein einheitliches, umfassendes Steuerungskonzept bilden.[38]

Grundlage der Liquiditätsplanung ist die Finanzplanung. Diese stellt sicher, dass ein Unternehmen zu jedem Zeitpunkt über ausreichende finanzielle Mittel verfügt und dient als Instrument zur frühzeitigen Erkennung finanzieller Überschüsse oder Defizite zur Investition, Anlage oder Finanzierung. Eine weitere äußerst wichtige Funktion ist die Identifizierung möglicher freier Liquidität, welche dann nach Freisetzung genutzt werden kann. Diese Punkte stellen zentrale Unterziele der Unternehmung dar, welche zum Erreichen der den Leistungsprozess determinierenden Ergebnis- oder Hauptziele, zB Gewinn, Rendite, Wertsteigerung und Kostendeckung erreicht werden müssen.

Wesentliche Elemente der Finanzplanung sind die Kapitalbedarfsplanung, die Finanzplanung im engeren Sinne sowie die tägliche Finanzdisposition. Der Prozess der Finanzplanung im engeren Sinne ist wiederum in die Phasen der Zielbildung, der Finanzprognose und Planerstellung, des Planausgleichs, der Budgetierung und Ausführung sowie der Kontrolle und Anpassung an Abweichungen unterteilt.

Der eigentliche Zweck der Finanzplanung liegt in der Prognose und der Steuerung finanzieller Größen und Mittel um deren Beitrag zur Realisierung der leistungswirtschaftlichen Ziele sicherzustellen. Daraus folgernd werden in der Finanzplanung alle leistungswirtschaftlichen Aktivitäten und Konsequenzen aus bereits getroffenen Finanzierungsentscheidungen hinsichtlich ihrer Auswirkungen auf die Liquidität analysiert.[39] Die einzelnen Phasen und Schritte der Finanzplanung werden im weiteren Verlauf des Artikels detaillierter dargestellt und erläutert.

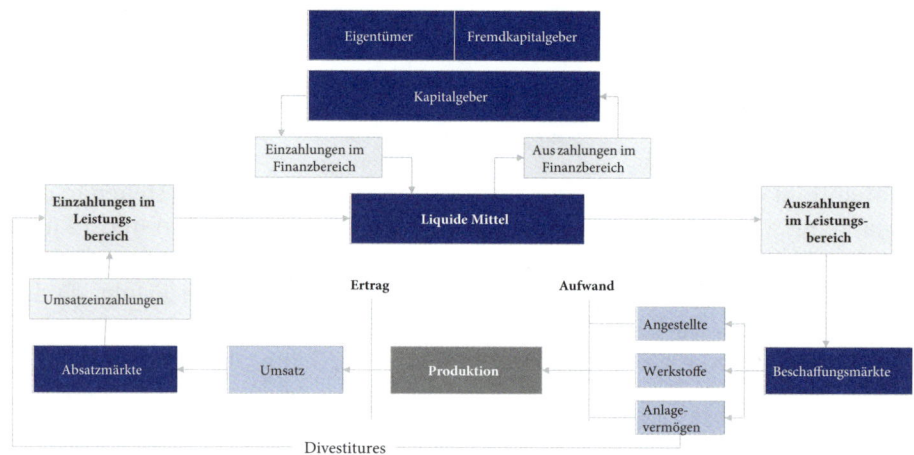

Abb 11: Zahlungsströme als Folge leistungs- und finanzwirtschaftlicher Aktivitäten[40]

---

37   Vgl *Mensch* (2008) 175.
38   Vgl *Lachnit/Müller* (2006) 197.
39   Vgl *Franz/Hochstein* (2010) 144 f.
40   In Anlehnung an *Franz/Hochstein*, in *Gleich/Horváth/Michel* (2011) 144.

3.1.1. Cashflow als zweite Primärsteuerungsgröße

Bei der Frage nach den verfügbaren Mitteln eines Unternehmens wird häufig irrtümlicherweise der Fokus allein auf gewinnorientierte Größen gelegt. Hieraus werden Rückschlüsse auf liquide Mittel gezogen, die für Investitionen oder auch Ausschüttungen an die Aktionäre oder andere Gesellschafter zur Verfügung stehen. Hierbei bleibt jedoch außer Acht, dass gewinnorientierten Größen nicht zwangsläufig liquide Mittel in gleicher Höhe gegenüberstehen, welche dem Unternehmen als Bargeld („Cash") zur Verfügung stehen. Cash stellt hingegen die zentrale Größe in der Finanzplanung dar.[41]

Daraus ergibt sich für einige Unternehmen die Notwendigkeit, Modifizierungen an den Werten der Jahresplanung vorzunehmen. Aufgrund der Konzentration auf Zahlungsströme ist die Finanzplanung um solche Posten zu bereinigen, welche auf den Gewinn bzw das Ergebnis, nicht jedoch auf den Cashflow Einfluss haben. Die Bereinigung betrifft sowohl die Einzahlungs- als auch die Auszahlungsperspektive. Die Umsätze und Aufwendungen gemäß Jahresplanung werden hinsichtlich ihrer Cash-Wirksamkeit geprüft und gegebenenfalls angepasst bzw eliminiert. Beispiele für entsprechende Anpassungen sind ua:

- Abschreibungen: Abschreibungen stellen Aufwendungen dar und sind gewinnmindernd, besitzen jedoch zum Zeitpunkt der Entstehung keine Zahlungswirksamkeit. In der Finanzplanung sind die tatsächlich erfolgten Zahlungsmittelabflüsse bereits zum Zeitpunkt der Investition in voller Höhe berücksichtigt worden. Deshalb dürfen sie nicht in Form von Abschreibungen in die Finanzplanung einfließen.
- Rückstellungen: Auch die Bildung von Rückstellungen gilt als Aufwand und mindert somit den Gewinn. Der Betrag der Rückstellung verbleibt aber zunächst im Unternehmen, es kommt zu diesem Zeitpunkt zu keinem Geldfluss. Während der Aufwand in der aktuellen Periode anfällt, erfolgt die tatsächliche Zahlung idR aber erst später. Somit sind in der Finanzplanung nicht die Rückstellungen, sondern der Betrag und die Valuta des erwarteten Cashflows zu berücksichtigen.
- Investitionen: Die für erfolgte bzw geplante Investitionen erforderlichen Mittel stellen reale Geldströme („Outflows") dar. Während sie in der Ergebnisrechnung nicht direkt erscheinen, müssen sie in der Finanzplanung entsprechend als Outflows berücksichtigt werden um den Finanzierungsbedarf zu ermitteln.
- Kreditaufnahme oder -tilgung: Die Aufnahme oder Tilgung von finanziellen Verpflichtungen muss entsprechend dem Zeitpunkt der Kapitalflüsse berücksichtigt werden. Bei der Kapitalaufnahme durch Fremdfinanzierung müssen die aufgenommenen Mittel addiert, bei Tilgung von Verbindlichkeiten die entsprechenden Beträge subtrahiert werden, während beide Vorfälle in der Ergebnisrechnung nicht erscheinen. Etwaige Transaktionskosten sind in der Finanzplanung sofort bei Anfall zu erfassen, während sie in der Gewinnrechnung über die gesamte Laufzeit ergebniswirksam amortisiert werden.

---

41   Vgl *Haunerdinger/Probst* (2006) 104.

- Sonstige Positionen: Verkäufe von Anlagevermögen, Maschinen, Grundstücken etc werden entsprechend des zu erwartenden Cashflows in die Finanzplanung aufgenommen, Buchgewinne/-verluste bleiben unberücksichtigt.
- Zu berücksichtigen sind auch solche Zahlungen, die zwar im alten Jahr entstanden sind, aber erst im folgenden Jahr wirksam werden.[42]

Die genannten Vorfälle sind keineswegs vollständig und stellen lediglich eine exemplarische Aufzählung dar. So existiert eine Vielzahl weiterer Konstellationen, bei denen sich Cash- und Ergebniswirkung in Höhe und zeitlichem Anfall unterscheiden, wie beispielsweise Kapitalerhöhungen oder die Zahlung von Dividenden.[43]

3.1.2. Die Realtime-Steuerung des Unternehmens

Ein zentraler Vorteil der liquiditäts- gegenüber der ergebnisorientierten Unternehmenssteuerung liegt in der fließenden Einordnung im Zeitverlauf. Dies ist vor allem durch die unabdingbare Notwendigkeit der jederzeitigen Zahlungsfähigkeit des Unternehmens von enormer Bedeutung. Die aktuelle Zahlungsfähigkeit kann nur durch die Steuerung der realen Geldmittelzuflüsse und -abflüsse kontrolliert werden. Unternehmensintern stellt eine detaillierte und sorgfältige Finanz- und Liquiditätsplanung sicher, dass die Zahlungsfähigkeit und damit die Solvenz der Unternehmung tagesgenau gewährleistet werden kann.[44]

Gewinn hingegen wird nur über bestimmte Zeiträume hinweg ermittelt und beinhaltet buchhalterisch bedingte Glättungs- und Verschiebungseffekte, wodurch es automatisch und strukturell zu sogenannten „Time-Lags", also zeitlichen Verzögerungen, kommt. Aufgrund der Reduzierung der Time-Lags auf ein Minimum oder im Bestfall auf null ermöglicht eine ausgereifte, auf Cashflows basierende Finanzplanung und -steuerung eine Liquiditätssteuerung in Echtzeit. Zusammenfassend kann nur die cashfloworientierte Steuerung aufgrund der strukturellen Ermittlungsmethodik den Ansprüchen einer Echtzeit-Steuerung gerecht werden und die tagesgenaue Liquidität und damit schlussendlich die Fortführung der Unternehmung wirklich sicherstellen.

3.2. Liquiditätsorientierte Kennzahlen

3.2.1. Einführung und häufig verwendete Kennzahlen

Der Begriff Kennzahl kann definiert werden als „eine quantitative Größe, die einen bestimmten Aussagegehalt bzgl. der jeweiligen Fragestellung (Betrachtungsgegenstand) hat".[45] Finanzkennzahlen sind definiert als *„Kennzahlen zur Darstellung und Analyse der gegenwärtigen oder zukünftigen Finanzsituation eines Unternehmens auf Basis von Jahresabschluss-Größen."*[46]

---

42 Vgl *Haunerdinger/Probst* (2006) 104 f.
43 Vgl *Krey/Lorson* (2009), S.196
44 Vgl *Krause/Arora* (2010) 59.
45 *Mensch* (2008) 175.
46 *Mensch* (2008) 175.

Finanzkennzahlen stellen allgemein eine Ergänzung zum Finanzplan und der Kapitalflussrechnung dar. Ihre Vorteile liegen vor allem im geringen Aufwand für die Ermittlung sowie der einfachen Verständlichkeit. Finanzkennzahlen können zur Validierung der Werte der Planbilanz, Plan-GuV und Plan-Cashflow-Rechnung verwendet werden und können auch Zielaspekte abdecken. Weitere Gründe für die Erstellung und Verwendung von Finanzkennzahlen liegen in der externen Verwendung. So wird ein Unternehmen zB von Banken, Aktionären oder Analysten häufig auf Grundlage von Finanzkennzahlen beurteilt. Des Weiteren kann die Einhaltung bestimmter Normen wie beispielsweise Covenants anhand von Finanzkennzahlen überprüft und sichergestellt werden. Dies ist eine besonders wichtige Funktion von Finanzkennzahlen, da die Verletzung der entsprechenden Konventionen die Bonität und/oder Kreditfähigkeit und damit die Liquidität des Unternehmens gefährden kann.

Abschließend soll noch eine weitere, grundlegende Funktion von Finanzkennzahlen erörtert werden. Finanzkennzahlen erlauben einen direkten Vergleich mehrerer Unternehmungen oder eines Unternehmens zu einem Vergleichswert. Es können sowohl absolute als auch relative Kennzahlen verwendet werden. Kennzahlen dienen generell zur Beurteilung, aber erst durch die Gegenüberstellung mit normativen oder empirischen Vergleichswerten erlangen Kennzahlen einen wirklichen Aussagewert. Zu den Vergleichsformen zählen insbesondere der Zeitvergleich, der Betriebs- bzw Objektvergleich und der Plan/Ist- bzw Plan/Plan-Vergleich.[47]

Wichtige Liquiditätskennzahlen stellen die sogenannten Liquiditätsgrade dar, die in Kap B.1.4.4. bereits kurz skizziert wurden. Die Abstufung der verschiedenen Liquiditätsgrade erfolgt weder in der Literatur noch in der unternehmerischen Praxis einheitlich. Generell wird der Liquiditätsgrad in drei Stufen unterteilt. Eine gröbere oder feinere Abstufung kann aber ebenso erfolgen. Im folgenden Abschnitt wird eine Unterteilung in drei Graden vorgenommen.

Cash Ratio/Liquidität 1. Grades (Barliquidität)

$$\frac{Zahlungsmittel}{Kurzfristige\ Verbindlichkeiten} \times 100\,\%$$

Die Liquidität 1. Grades oder auch Barliquidität ist ein kurzfristiger Deckungsgrad und entstammt der bestandsorientierten Liquiditätsanalyse. Die Erfassung erfolgt stichtagsbezogen (meist auf Grundlage des Bilanzstichtags) und stellt flüssige Mittel und kurzfristige Zahlungsverpflichtungen gegenüber. Die Aussagekraft wird durch die Stichtagbezogenheit geschmälert, da dieser unter Umständen bereits weiter zurückliegt. Die Problematik betrifft vor allem Unternehmensexterne, die ihre Analyse auf Basis von zurückliegenden Jahresabschlüssen durchführen, da sich in der Zwischenzeit Kapital- und Vermögensposition deutlich verändert haben können.

---

47   Vgl *Mensch* (2008) 175.

Als Faustformel kann konstatiert werden, dass die Liquidität 1. Grades 100 % übersteigen sollte. Diese Schwelle besitzt jedoch keine Allgemeingültigkeit, da beispielsweise kurzfristig auch auf weitere Kredite zurückgegriffen werden kann.[48] Allgemein gilt, dass eine hohe Liquidität 1. Grades zwar grundsätzlich auf eine bessere Liquiditätssituation hindeutet, wirklich sinnvoll interpretierbar ist die Kennzahl aber erst in Verbindung mit der Liquidität 2. und 3. Grades, welche im folgenden Abschnitt erläutert werden.

Quick Ratio/Liquidität 2. Grades

$$\frac{\text{Monetäres Umlaufvermögen}}{\text{Kurzfristige Verbindlichkeiten}} \times 100\,\%$$

Als Synonyme tauchen auch häufig die folgenden Bezeichnung auf: Kassa- oder Bar-Liquidität 2. Grades; Quick ratio, Acid test ratio. Letzter Begriff stammt aus den Zeiten der Goldschürfer, als Gold in einem Säurebad auf seine Echtheit überprüft wurde. Dieser Vergleich soll analog im betriebswirtschaftlichen Sinne für die Liquidität 2. Grades gelten. Die Kennzahl soll bei einem hohen Wert aufzeigen, dass in einem Unternehmen *„keine unsauberen Tricks verborgen sind und das Unternehmen Gold wert ist."*[49] Je höher der prozentuale Wert der Ratio, desto stabiler erscheint die Liquidität gesichert. Generell wird auch hier ein Wert von etwa 100 % gefordert (die sogenannte 1:1-Ratio im Acid test).

Auch diese Kennzahl zählt zu den kurzfristigen Deckungsgraden und stammt wie die Liquidität 1. Grades aus der bestandsorientierten Liquiditätsanalyse. Sie ist stichtagsbezogen und teilt auch die entsprechenden Nachteile hierzu mit der Cash Ratio.

Auch bei dieser Kennzahl ist eine Interpretation erst mit Hinzuziehen der Kennzahl Liquidität 3. Grades sinnvoll.

Current Ratio/Liquidität 3. Grades

$$\frac{\text{Kurzfristiges Umlaufvermögen}}{\text{Kurzfristige Verbindlichkeiten}} \times 100\,\%$$

Die Liquidität 3. Grades verfügt über dieselben Grundeigenschaften wie die vorherigen Grade. Sie ist eine, im Sinne der Fristenkongruenz, stichtagsbezogene Gegenüberstellung des kurzfristigen Umlaufvermögens und der kurzfristigen Zahlungsverpflichtungen. Ähnlich wie bei den anderen Graden der Liquidität gilt ein hoher Prozentsatz als Indikator für eine stabile Sicherung der Liquidität. Im Allgemeinen wird für die Liquidität 3. Grades ein Wert von ungefähr 200 % gefordert (eine 2:1-Relation für die sog „Current Ratio" oder „Banker's Rule"). Daraus lässt sich ableiten, dass das das kurzfristige Umlaufvermögen zu 50 % mit langfristigem Vermögen finanziert werden sollte.[50]

---

48   Vgl *Krause/Arora* (2010) 58 f.
49   Vgl *Krause/Arora* (2010) 60.
50   Vgl *Krause/Arora* (2010) 61 f.

Cash-burn Rate

$$\frac{\text{Liquide Mittel (+ liquiditätsnahe Titel)}}{\text{Negativer Cashflow (pro Periode)}} \times 100\ \%$$

Auch die Cash-burn Rate ist den Liquiditätsanalysekennzahlen zuzuordnen. Der Grundgedanke hinter der Rate ist die Einschätzung darüber, wann in einem Unternehmen bei negativem Cashflow mit dem Aufbrauchen der Liquidität zu rechnen ist. Es handelt sich also um einen Indikator zur Insolvenzprognose. Gerade für junge, stark wachsende Unternehmen und Start-ups ist dies von Bedeutung, denn die Rate zeigt die Zeitspanne, in der ein Unternehmen sein Startkapital verbraucht, bevor es in der Lage ist, eigene positive Cashflows aus seinen Geschäftsaktivitäten zu erzielen. Für die Berechnung der Cash-burn Rate gelten allerdings sehr restriktive Annahmen, wie die Übertragbarkeit bzw Extrapolation vergangener Entwicklungen auf die Zukunft und auch die Möglichkeit späterer Mittelbeschaffung. Viele entscheidende, qualitative Faktoren sind durch die Beschränkung auf die Positionen der Bilanz und GuV nicht abbildbar. Je kürzer die Zeitspanne (dh je niedriger die Cash-burn Rate), desto existenzgefährdeter ist das betrachtete Unternehmen oder das einzelne Projekt eines größeren Unternehmens.[51]

Cashflow aus der laufenden Geschäftstätigkeit

Der Cashflow aus der laufenden Geschäftstätigkeit ist im Gegensatz zu den bilanzbasierten Kennzahlen eine absolute Kennzahl. Er weist den Einzahlungs- (positiver Cashflow) oder auch Auszahlungsüberschuss (negativer Cashflow) aus der laufenden Geschäftstätigkeit (Cashflow), also primär aus dem Umsatzprozess und nicht aus der Außenfinanzierung oder Investition aus. Er gibt somit über die Innenfinanzierungskraft der jeweiligen Periode Auskunft. Die Kennzahl kann direkt aus den laufenden operativen Zahlungen (direkte Ermittlung) oder auf Grundlage der auf Zahlungswirksamkeit hin korrigierten Jahresüberschuss-Positionen (indirekte Ermittlung) berechnet werden. Der Cashflow aus der laufenden Geschäftstätigkeit kann auch als Grundlage für weitere Kennzahlen Verwendung finden. Beispiele hierfür sind:

Innenfinanzierungsdeckung der Investitionen

$$\frac{\text{Cashflow aus laufender Geschäftstätigkeit}}{\text{Investitionen}}$$

Schuldentilgungsfähigkeit

$$\frac{\text{Cashflow aus laufender Geschäftstätigkeit}}{\text{Schulden}}$$

Als direkter Vergleich zwischen Unternehmungen ist der Cashflow aus der laufenden Geschäftstätigkeit als absolute Größe allerdings wenig geeignet, da sich die

---

51   Vgl *Krause/Arora* (2010) 64 f.

Cashflows verschiedener Unternehmen aufgrund von substanziellen Unterschieden, wie zB Größe oder Branche, nur schwer vergleichen lassen.[52]

Abschließend soll kurz auf die tatsächliche Bedeutung und Verwendung von Liquiditätskennzahlen in Unternehmen eingegangen werden. Obwohl die Liquiditätsgrade durchaus von vielen Unternehmen verwendet werden, zeigt Abb 12 doch deutlich, dass vor allem Cashflow-Kennzahlen klar dominante Stellungen unter den verwendeten Kennzahlen einnehmen. Cashflow-Kennzahlen als Steuerungselement scheinen sich einer enormen Beliebtheit zu erfreuen.

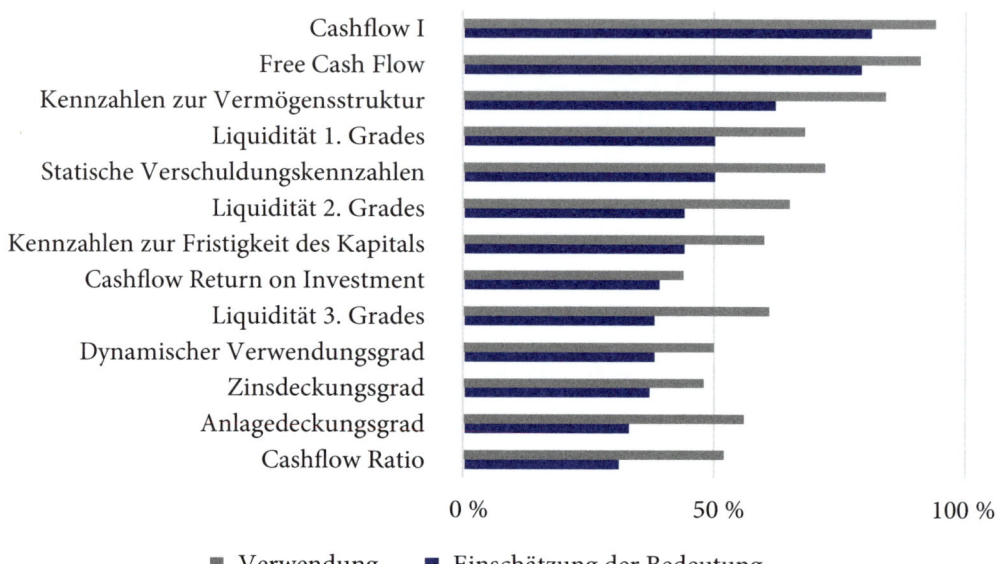

Abb 12: Bedeutung und Verwendung von liquiditätsorientierten Kennzahlen[53]

3.2.2. Disposition und Dispositionskontrolle

Eine zentrale Aufgabe des Cash Managements ist die Disposition der liquiden Mittel. Dies umfasst in erster Linie Maßnahmen zur kurzfristigen Deckung von Liquiditätsdefiziten und zur Anlage von Liquiditätsüberschüssen. Die Finanzdisposition setzt an der antizipierten kurzfristigen Liquiditätsentwicklung an. Diese setzt sich aus der Ist-Liquidität gemäß der Kontoauszugsverarbeitung sowie antizipierten kurzfristigen Cashflows zusammen.[54] Hierauf aufbauend, besteht die Aufgabe darin, mithilfe von Kontenüberträgen sowie im Anschluss daran durch kurzfristige Geldaufnahmen bzw -anlagen eine ausreichende kurzfristige Liquiditätsausstattung unter Optimierung von Zinslast bzw -ertrag sicherzustellen.

Obwohl die tägliche Finanzdisposition als Bestandteil des Cash Managements durchaus einen deutlich ausführenderen als planenden Charakter aufweist, ist sie dennoch

52   Vgl *Mensch* (2008) 183 f.
53   Vgl *Müller/Schentler/Koch* (2011) 86 f.
54   Vgl *Heesen* (2011) 28.

dem System der Finanzplanung zuzuordnen. Die tägliche Finanzdisposition greift die Finanzplanung im engeren Sinne auf, um sie unter Verwendung aktueller Informationen entsprechend zu modifizieren und zu spezifizieren, und sie somit in eine tagesgenaue Planung zu überführen. Erst dies stellt die tagesgenaue Zahlungsfähigkeit sicher.[55] Da die absolute Liquiditätswahrung das Hauptziel der täglichen Finanzdisposition darstellt, liegt ein sehr geringer Entscheidungsspielraum vor.[56] Weitere Funktionen der Disposition sind neben dem Abruf des dispositiven Liquiditätsstatus außerdem die Darstellung der aktuellen Übersicht über alle Kontensalden, Umsatzinformationen der jeweiligen Konten sowie eine sachgerechte Darstellung der Fälligkeitstermine von Zahlungseingängen und -ausgängen.[57]

Der Prozess der Disposition wird maßgeblich vereinfacht, wenn eine zentralisierte und unternehmensweite Zahlungsverkehrsabwicklung implementiert ist. Auch das Vorhandensein von Cash Pooling und Netting wirken sich positiv aus. Beim Cash Pooling werden Salden von mehreren Konten des Unternehmens (idealerweise automatisch) gegen ein Zielkonto konsolidiert. Netting beschreibt das Aufrechnen von konzerninternen Forderungen und Verbindlichkeiten und die damit verbundene Reduzierung der effektiven Zahlungsströme.[58] Eine wichtige Voraussetzung ist außerdem die Gewährleistung von sicheren und genauen Daten für den sehr kurzfristigen Prognosehorizont.[59]

Der Disposition schließt sich die Dispositionskontrolle an, welche es ermöglicht, tatsächliche Abweichungen der Kontensalden zu ermitteln und zu analysieren und dadurch die Transparenz und den Grad der Professionalisierung im Cash Management zu erhöhen. Als Abweichungen sind alle Kontensalden definiert, welche nicht den geplanten Kontostand erreicht haben, unabhängig davon, ob diese positiv oder negativ sind. Als Kennzahl für die Qualität der Disposition bietet sich daher der auf Gesamtunternehmensebene ermittelte, durchschnittliche Dispositionsfehler (Betrag) an.

Durchschnittlicher Dispositionsfehler (Betrag)

$$\sum \frac{\left|\text{Kontensaldo}_i\right|}{\text{Anzahl der Konten}}$$

Je größer die Kennzahl, desto geringer die Qualität der Disposition. Die Analyse kann im Folgenden weiter spezifiziert werden. So kann die Kennzahl verwendet werden, um Vergleiche zwischen Regionen oder Währungen durchzuführen. Des Weiteren besteht die Möglichkeit, Schwächen in der Dispositionsqualität auf ihre Ursache hin zu untersuchen. Als Ursache kommen Mängel in der Planung bzw Prognose künftiger Cashflows in Betracht sowie Mängel in der operativen Durchführung der Disposition (Kontenüberträge, Geldaufnahmen bzw -anlagen). Die Qualität der Planung bzw Prognose hängt in hohem Maße davon ab, in welchem Umfang erwartete Cashflows in automatisierter Weise auf einzelne Konten projiziert werden

---

55   Vgl *Franz/Hochstein* (2011) 150 f.
56   Vgl *Mensch* (2008) 34.
57   Vgl *Perridon/Steiner* (1999) 152.
58   Vgl *Müller/Schentler/Koch* (2011) 184.
59   Vgl *Mensch* (2008) 34.

können. Während dies für anstehende Auszahlungen bereits eine Herausforderung darstellen kann (bspw im Falle erteilter Einzugsermächtigungen), sind anstehende Einzahlungen in der Regel noch mit weitaus größeren Schwierigkeiten behaftet. Der Umsetzungsgrad der Allokation erwarteter Cashflows auf Konten kann anhand des Cashflow-Allokationsgrads überwacht werden.

Cashflow-Allokationsgrad

$$\frac{\sum \left(\text{Cashflow, die zuvor auf Konten allokiert werden konnten}\right)}{\sum \left|\text{tatsächliche Cashflows}\right|}$$

Inflows sowie Outflows werden hierbei durch die Betragsfunktion gleichermaßen berücksichtigt. Mit dem Wert der Kennzahl steigt in der Regel auch die der Disposition zugrunde liegende kurzfristige Planungsgenauigkeit und reduziert sich somit der durchschnittliche Dispositionsfehler. Erwartete Cashflows, die nicht auf Konten allokiert werden können, dh die nicht wie erwartet auf den Konten eingegangen sind, erschweren die Disposition und können das Vorhalten eines Liquiditätspuffers erfordern.

Empfohlen wird, die Dispositionskontrolle im regelmäßigen Turnus durchzuführen. Insbesondere im Falle einer ausreichenden IT-Unterstützung bietet sich hierfür ein wöchentlicher oder gar täglicher Rhythmus an.

3.2.3. Finanzplanung

3.2.3.1. Allgemeiner Überblick

Die Finanzplanung beschreibt die systematische Schätzung, Berechnung und Steuerung aller eingehenden und ausgehenden Zahlungsströme, die aufgrund der geplanten Aktivitäten eines Produktionshaushaltes in einem definierten Zeitraum zustande kommen. *Perridon* und *Steiner* (1999) bezeichnen sie als *„zweifelsohne das Kernstück des Finanzmanagements."*[60] Grundsätzlich steht die Finanzplanung (sowohl kurzfristig als auch langfristig) am Ende eines umfangreichen Planungsprozesses. In diesem werden die leistungswirtschaftlichen Vorpläne, wie zB Absatz-, Produktions-, Beschaffungs-, Investitions- oder Personalplan mit zusätzlichen Teilplanungen, zB zur Entwicklung von Eigen- und Fremdkapital oder Finanzvermögen und Finanzergebnis, zusammengeführt.[61]

Der Prozess der Finanzplanung und -steuerung wird grob in die folgenden sechs Phasen unterteilt:

Phase 1: Zielfestlegungsphase

Phase 2: Planerstellungsphase (Informationsbeschaffung und -verarbeitung)

Phase 3: Planausgleichsphase (Gestaltungsphase)

Phase 4: Budgetierungs- und Ausführungsphase

---

60   Vgl *Perridon/Steiner* (1999) 593.
61   Vgl *Lachnit/Müller* (2006) 177 f.

Phase 5: Kontroll- und Anpassungsphase, welche eine Gegenüberstellung von Plan und Ist sowie die Ermittlung von eventuellen Abweichungen enthält

Phase 6: Abschließende Analyse der Abweichungen mit dem Ziel, Ursachen festzustellen, und um unter Umständen Anpassungsentscheidungen zu treffen oder die Planung auf Grundlage der neuen Erkenntnislage anzupassen[62]

Ein unternehmensinternes, ausgebautes Planungs- und Kontrollsystem ermöglicht die Erstellung detaillierter Vorpläne sowie zusammengefasste Plan-Jahresabschlüsse in Form von Planbilanzen und Plan-GuVs.[63]

Die Ableitung der Finanzströme zur Finanzplanung kann auf originäre (direkte) oder derivative (indirekte) Weise geschehen. Bei der originär erstellten Finanzplanung geschieht die Ableitung direkt aus den operativen Teilplänen, also aus den periodisierten Ein- und Auszahlungen sowie den Einnahmen und Ausgaben. Diese Methodik erfordert möglichst zahlungsrelevante Informationen in den Teilplänen, um eine genaue Planung zu ermöglichen. Ein Vorteil besteht in der Möglichkeit, eine nach Zahlungsarten gegliederte und weitgehend betrags- und termingenaue Übersicht aufzubauen. Allerdings ist die Erstellung auf originäre Weise sehr aufwendig und stößt mit zunehmender Planungsreichweite auf Datenbeschaffungsprobleme in Hinblick auf die erforderliche Genauigkeit. Eine weitere, systemimmanente Schwierigkeit birgt die mangelnde logische Verknüpfung der Planung mit den Werten aus Bilanz und GuV.

Die umgekehrte Vorgehensweise liegt der derivativen Finanzplanung zugrunde. Hier werden die Zahlungsströme indirekt aus der Bilanz sowie der GuV abgeleitet. Die Cashflows werden aus Jahresabschlussangaben ermittelt, indem Bilanzbestandsänderungen sowie Erträge und Aufwendungen als Finanzströme interpretiert werden. Da die derivative Finanzplanung nur Bestandsänderungen der Bilanz verwendet, entsteht eine Plan-Bewegungsbilanz. Die systematische Kombination von Bewegungsbilanz und GuV sowie nachgelagerte Korrekturen erlaubt die Erstellung der Kapitalflussrechnung.[64]

In der Praxis lässt sich eine in etwa gleichmäßige Verteilung der Anwendung der beiden Methoden beobachten. So wird die Finanzplanung von 63 % der von *Müller*, *Schentler* und *Koch* befragten Unternehmen indirekt aus der Planbilanz und Plan-GuV abgeleitet, während demgegenüber 55 % der Unternehmen diese direkt auf Basis der operativen Teilpläne erstellen. Die unterschiedlichen Ansätze werden teilweise auch parallel angewendet.[65]

Die Finanzplanung lässt sich generell in die kurzfristige, unterjährige und langfristige Finanzplanung unterteilen, wobei hier die unterjährige Finanzplanung als Teil der kurzfristigen Finanzplanung angesehen wird. Die generelle Unterscheidung erfolgt primär aufgrund unterschiedlicher Planungszeiträume und -einheiten.

---

62   Vgl *Franz/Hochstein* (2011) 151 ff.
63   Vgl *Lachnit/Müller* (2006) 177 f.
64   Vgl *Lachnit/Müller* (2006) 177 f.
65   Vgl *Müller/Schentler/Koch* (2011) 87 f.

3.2.3.2. Kurzfristige Finanzplanung

Die kurzfristige Finanzplanung ist eine kurzfristige Übersicht von Ein- und Auszahlungen sowie Liquiditätsbeständen. Sie gibt einen Überblick über den aktuellen Liquiditätsstatus und ermöglicht eine tagesgenaue Liquiditätsplanung. Der Zweck der kurzfristigen Finanzplanung liegt in der Gelddisposition, im Cash-Management und der aktuellen Liquiditätsoptimierung.[66] Die kurzfristige Finanzplanung hat einen Planungszeitraum von einem Tag bis maximal einem Monat, als Planungseinheit finden daher in der Regel Tage oder Wochen Anwendung. Die grundlegende Herausforderung liegt darin, dass mit zunehmendem Planungshorizont die Genauigkeit der Kenntnisse über Zahlungsströme und -bestände abnimmt. Die Liquidität kann dann nur noch global im Durchschnitt der Beträge und Perioden evaluiert werden.[67]

Die unterjährige Finanzplanung ist eine Unterform bzw Erweiterung der kurzfristigen Finanzplanung. Sie dient als Instrument der Liquiditätssicherung und zur Optimierung der Finanzvorgänge in Hinblick auf den operativen Zeithorizont. Der Planungszeitraum erstreckt sich von einem bis zu zwölf Monaten. Konsequenterweise kommen als Planungseinheiten hier Wochen Monate und Quartale zum Einsatz. Im Gegensatz zur kurzfristigen Finanzplanung bedürfen die Angaben ab einem mehrmonatigen Planungshorizont fundierten Prognosen. Dadurch gewinnt neben der zweckmäßigen Tiefengliederung ebenso die Auswahl und Anwendung der verwendeten Prognoseverfahren und -methoden an enormer Bedeutung. Generell handelt es sich bei der unterjährigen Finanzplanung um Ein- und Auszahlungsübersichten für Perioden unterhalb des Jahreszeitraumes. Deren Termin- und Artenstruktur ist aber deutlich stärker aggregiert als bei der kurzfristigen im Allgemeinen und vor allem der tagesgenauen Darstellung im Speziellen. Diese Berechnungen dienen der operativen und planerischen Liquiditätssicherung, der Klärung der Arten- und Höhenzusammensetzung der voraussichtlichen Finanzbewegungen und der Entscheidung über Anpassungsmaßnahmen.[68]

Die Qualität der kurzfristigen bzw unterjährigen Planung kann anhand von Kennzahlen ermittelt werden. Die prozentuale Plan/Plan-Abweichung ermöglicht Rückschlüsse auf Ausmaß und Qualität der unterjährigen Plan-Anpassungen. Die Kennzahl kann wie folgt ermittelt werden:

Prozentuale Plan/Plan-Abweichung

$$\frac{\text{geplanter Cashflow}_{t-1} - \text{geplanter Cashflow}_t}{\text{geplanter Cashflow}_t}$$

Der Plan/Plan-Vergleich basiert darauf, dass die für einen bestimmten Zeitpunkt in der Zukunft durchgeführte Cashflow-Planung regelmäßig aktualisiert und mit vorherigen Planungen verglichen wird. Die Abweichungsanalyse kann grundsätzlich

---

66 Vgl *Lachnit/Müller* (2006) 179.
67 Vgl *Lachnit/Müller* (2006) 178 f.
68 Vgl *Lachnit/Müller* (2006) 179.

auf Basis von Netto- und Brutto-Cashflows erfolgen. Letzteres erlaubt eine detaillierte Analyse, da Ergebnis-verzerrende Kompensationen aus positiven und negativen Planungsfehlern vermieden werden.

Die Lücke zur Gegenwart schließt die prozentuale Plan/Ist-Abweichungsanalyse.

Prozentuale Plan/Ist-Abweichung

$$\frac{\text{geplanter Cashflow}_t - \text{tatsächlicher Cashflow}}{\text{tatsächlicher Cashflow}}$$

Die Kennzahl stellt die geplanten Cashflows den tatsächlichen gegenüber und spiegelt somit den tatsächlichen Planungsfehler wider. Analog zur Plan/Plan-Abweichung liefert eine Brutto-Cashflow-Betrachtung bessere Informationen hinsichtlich Planungsgenauigkeit und mögliche Planungsschwächen.

3.2.3.3. Langfristige Finanzplanung

Im Gegensatz zur kurzfristigen weist die langfristige Finanzplanung einen Zeithorizont von mehr als einem Jahr auf. Er beträgt in der Regel zwischen drei und fünf Jahren, ist jedoch unternehmens- oder branchenspezifisch entsprechend länger oder kürzer ausgeprägt.[69] Die Planungseinheit ist idR das Kalenderjahr.[70] Die langfristige Finanzplanung widmet sich der Ermittlung des zukünftigen Kapitalbedarfs sowie der zukünftigen Kapitaldeckung. Sie bildet eine Entscheidungsgrundlage hinsichtlich der finanziellen Realisierbarkeit zukünftiger Investitionen und zeigt Handlungsbedarfe auf. Im Mittelpunkt der Betrachtungen stehen nicht die Ein- und Auszahlungen, sondern die Bestandsveränderungen bzgl Vermögen und Kapital. Die langfristige Finanzplanung ergibt sich folglich aus der Aneinanderreihung der prospektiv ausgerichteten Kapitalflussrechnungen, welche auf Basis von Bewegungsbilanzen erstellt werden.

Die Planung kann simultan oder sukzessiv erfolgen. Bei der simultanen Planung erfolgen die Entscheidungen über die entsprechende Kapitalverwendung im leistungswirtschaftlichen Bereich gleichzeitig mit der Kapitalaufbringung. Hierdurch werden Investition und Finanzierung simultan geplant und vollständig aufeinander abgestimmt. Damit ist klar erkennbar, welche Investitionen unter Beachtung von Finanzierungskosten, Verfügbarkeit und Fristigkeit durchgeführt werden.

Die sukzessive Planung hingegen folgt einer zweistufigen Planungsmethodik. Es wird im ersten Schritt die Investitionsentscheidung getroffen, um dann im zweiten Schritt die hierfür nötige Kapitalaufbringung zu planen. Hierbei wird empfohlen, die Investitions- und Finanzpläne aufeinander abzustimmen und bereits bei der Suche nach Investitionsentscheidungen die Cash-Wirksamkeit der Investitionen zu berücksichtigen.[71]

---

69   Vgl *Müller/Schentler/Koch* (2011) 88 f.
70   Vgl *Lachnit/Müller* (2006) 180 f.
71   Vgl *Müller/Schentler/Koch* (2011) 89.

Kennzahlen zur Sicherstellung der langfristigen Liquidität basieren auf der Bilanzstruktur. Sie haben vier unterschiedliche Ausrichtungen[72]:

- **Vermögensstruktur** (Investitionsanalyse); häufig verwendete Kennzahlen sind unter anderem:
  i) Anlagevermögensintensität

  $$\frac{\text{Anlagevermögen}}{\text{Gesamtvermögen}} \times 100$$

  ii) Vorratsquote

  $$\frac{\text{Vorräte}}{\text{Gesamtvermögen}} \times 100$$

- **Kapitalstruktur** (Finanzierungsanalyse); häufig verwendete Kennzahlen sind unter anderem:
  i) Verschuldungsgrad

  $$\frac{\text{Fremdkapital}}{\text{Gesamtkapital}} \times 100$$

  ii) Grad der finanziellen Unabhängigkeit (Eigenkapitalquote)

  $$\frac{\text{Eigenkapital}}{\text{Gesamtkapital}} \times 100$$

- **Liquiditätsstruktur** (horizontale Kennzahlen bzgl. Finanzierung und Investition); häufig verwendete Kennzahlen sind unter anderem:
  i) Goldene Bilanzregel

  $$\frac{\text{Eigenkapital}}{\text{Anlagevermögen}} \times 100$$

  ii) Goldene Finanzierungsregel

  $$\frac{\text{langfristiges Kapital}}{\text{langfristiges Vermögen}} \times 100$$

- **Ergebnisstruktur;** häufig verwendete Kennzahlen sind unter anderem:
  i) Umschlagshäufigkeit des Eigenkapitals

  $$\frac{\text{Umsatzerlöse}}{\text{Eigenkapital}} \times 100$$

  ii) Kapitalkostenanteil

  $$\frac{\text{Kapitalkosten}}{\text{Gesamtkosten}} \times 100$$

---

72   Vgl *Becker* (2013) 33.

Für jede der vier Ausrichtungen existiert eine Vielzahl weiterer Kennzahlen. Die Vorteilhaftigkeit einzelner Kennzahlen ist jeweils vor dem Hintergrund des Analysezwecks sowie der Rahmenbedingungen (Branche, Kapitalintensität etc) zu erörtern.

3.2.4. Working-Capital-Controlling

Das Netto-Umlaufvermögen, oder auch Working Capital genannt, ist den bestandsorientierten horizontalen Liquiditätskennzahlen zuzuordnen. Es wird ermittelt als Differenz zwischen dem unverzinslichen Umlaufvermögen und dem kurzfristigen (je nach Definition zumeist unverzinslichen) Fremdkapital. Es zeigt den Teil des Umlaufvermögens auf, welcher langfristig finanziert werden muss. Allgemeingültige Richtwerte existieren nicht: Während die Literatur einerseits eine Begrenzung des Anteils kurzfristiger Verbindlichkeiten am Umlaufvermögen auf ein Maximum von 75 % als adäquat erachtet, dient die gegensätzliche Ausrichtung, ein negatives Working Capital, der Reduktion der Kapitalkosten. Letzteres kann unter anderem dadurch erreicht werden, dass Lieferanten sich bereit erklären, die Umsätze des betrachteten Unternehmens vorzufinanzieren.[73]

Eine Übersicht über die gängigsten Working-Capital-Kennzahlen liefert Abb 13 und wird in Kapitel D.6. detailliert behandelt. Mehrere der Working-Capital-Kennzahlen weisen starke Interdependenzen auf und sollten stets zusammen und nicht isoliert betrachtet werden.

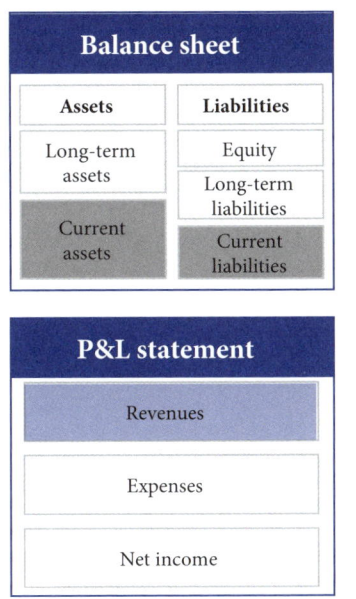

Abb 13: Übersicht über die wichtigsten Working-Capital-KPI[74]

---

73 Vgl *Krause/Arora* (2010) 63.
74 Eigene Darstellung.

Besondere Bedeutung kommt dem Liquiditätskreislauf, auch Days Working Capital (DWC) oder Cash-to-Cash-Cycle (C2C) genannt, zu. Grundsätzlich gilt, dass hinsichtlich der Kennzahl eine geringere Anzahl an Tagen mit einer geringeren Dauer der Kapitalbindung einhergeht. Eine Interpretation der Kennzahl ist jedoch nicht ohne Berücksichtigung der gesamtökonomischen und branchenspezifischen Besonderheiten möglich. Allgemein ist der Liquiditätskreislauf der stromgrößenorientierten Liquiditätsanalyse zuzuordnen, weshalb er nicht den Nachteilen der Kennzahlen unterliegt, die auf Grundlage bilanzieller Stichtagsgrößen ermittelt werden.[75]

Laut Ergebnissen der Horváth-&-Partners-Kapitaleffizienzstudie sind in der Praxis die gängigen Working-Capital-Kennzahlen vorherrschend, dh absolutes Working Capital, DSO, DPO, DIO. Weitere Working-Capital-bezogene Kennzahlen werden nur von einer Minderheit der befragten Unternehmen eingesetzt. Insgesamt wird dem Working-Capital-Management eine große Bedeutung zugemessen, mit steigender Tendenz.[76]

3.2.5. Finanzielles Risiko-Controlling

Finanzielles Risiko-Controlling befasst sich mit der Überwachung, der Identifikation, der Messung, der Aufbereitung und dem Reporting finanzieller Risiken. Zu den finanziellen Risiken eines Unternehmens werden das Liquiditätsrisiko, das Kreditrisiko sowie das Marktrisiko (auch Marktpreisrisiko genannt) gezählt. Letzteres ist definiert als das Risiko von Verlusten, welche auf die Änderung von Marktpreisen zurückzuführen sind. Aus der Sicht von Unternehmen aus dem Nichtbankenbereich lässt sich das Marktpreisrisiko wiederum im Wesentlichen auf die Änderung von Zinsen, Währungskursen und Rohstoffpreisen beschränken.

Den größten Einfluss auf die Liquidität eines Unternehmens hat, nach dem eigentlichen Liquiditätsrisiko, das Währungsrisiko. Wechselkursschwankungen können dazu führen, dass die Liquiditätssituation sowohl in kurzfristiger als auch in langfristiger Hinsicht gefährdet ist. Mit Hilfe von geeigneten Sicherungsinstrumenten, insbesondere Derivaten, kann das Währungsrisiko reduziert werden. Die Messung der prozentualen Absicherung erfolgt anhand der Hedge Ratio (am Beispiel eines Devisentermingeschäfts).

Hedge Ratio

$$\sum \frac{\text{Volumen des Sicherungsgeschäfts in Fremdwährung}}{\text{Volumen des Grundgeschäfts in Fremdwährung}}$$

Ein Wert von 100 % besagt, dass das aus zukünftigen Cashflows resultierende Währungsrisiko vollständig abgesichert ist. Abweichungen davon bedeuten eine Unter- (< 100 %) bzw Übersicherung (> 100 %).

---

75 Vgl *Krause/Arora* (2010) 104 f.
76 Vgl *Million* (2015).

Mit zunehmender Internationalität des Geschäftsmodells steigt in der Regel auch die Anzahl der Währungen an, in denen Cashflows anfallen. Im Währungsrisikomanagement führt dies zu einem Anstieg von Komplexität sowie Kosten. Korrelationen zwischen einzelnen Währungen können dazu genutzt werden, die Anzahl der notwendigen Absicherungen (und damit Kosten) zu reduzieren und die Transparenz zu erhöhen. Industrieunternehmen greifen hierbei vielfach auf die Kennzahl Cashflow-at-Risk (CFaR) zurück, die neben Währungsrisiken auch Zinsrisiken sowie Volatilitäten der operativen Cashflows abdeckt und in einer Zahl vereint. Die Kennzahl gibt die maximale Abnahme des Cashflows an, die mit einer vorgegebenen Wahrscheinlichkeit nicht überschritten wird. Der CFaR kann schließlich als wichtige Komponente in die Liquiditätssteuerung integriert werden.

3.3. Kritische Erfolgsfaktoren einer erfolgreichen Umsetzung

3.3.1. Verankerung in der Organisation

Die Sicherstellung der Liquidität gehört zu den wichtigsten strategischen Zielen eines Unternehmens, was sich häufig durch ihre zentrale Rolle in der Strategy Map bemerkbar macht. Die Strategy Map stellt eines der möglichen Instrumente dar, um die strategischen Ziele des Unternehmens zu visualisieren, zu ordnen und in einen logischen Zusammenhang zu bringen. Zur Implementierung und Durchsetzung der Zielsetzung im Gesamtunternehmen ist ein Herunterbrechen auf Funktionsebene („Kaskadierung") notwendig. Hierbei wird das abstrakte Unternehmensziel konkretisiert, indem es auf mehrere nachgelagerte Ziele heruntergebrochen und mit klaren Verantwortlichkeiten versehen wird. Für das Ziel der Sicherstellung der Liquidität obliegen Verantwortlichkeiten in der Regel neben dem Treasury auch dem Controlling sowie der Unternehmensplanung – sie alle tragen somit direkt zur Umsetzung der Unternehmensstrategie bei. Die Erreichung der strategischen Ziele, wie beispielsweise des Liquiditätsziels, wird mittels geeigneter Kennzahlen (in der Regel als Key Performance Indicators [KPI] bezeichnet) gemessen. Um die Interessen der mit der Liquiditätssteuerung betrauten Personen mit den Unternehmenszielen zu harmonisieren, sollten diese Kennzahlen nicht auf Planungsgrößen aufbauen, sondern auf der Planungsgenauigkeit. Hierfür bieten sich insbesondere Kennzahlen an, die auf einem, idealerweise rollierenden, Plan/Ist-Abgleich basieren, welcher um unvorhersehbare Ereignisse bereinigt wird.

3.3.2. Anpassungen von Prozessen und Datenmodellen

Für eine vollintegrierte Liquiditätssteuerung im Unternehmen ist es wichtig, die vorhandenen Prozesse und Datenmodelle den (neuen) Anforderungen anzupassen. Von elementarer Bedeutung ist die Sicherstellung der Datenverfügbarkeit. Voraussetzung hierfür ist, dass die für die Liquiditätssteuerung bzw die Kennzahlen notwendigen Rohdaten exakt spezifiziert sind. Eine hohe Bedeutung kommt dann der

Datenqualität zu: So muss gewährleistet sein, dass die Daten zu jedem erforderlichen Zeitpunkt in adäquater Qualität vorliegen. Je nachdem, ob die Daten manuell oder automatisch generiert werden, kann dies Unternehmen vor große Herausforderungen stellen. So sind im Fall von manuellen Datenquellen klar definierte Prozesse und Verantwortlichkeiten unentbehrlich. Des Weiteren sind alle (Zwischen-)Schritte der Datenverarbeitung und Berechnung eindeutig zu spezifizieren.

3.3.3. Notwendige IT-Unterstützung

Der Einsatz von IT-Systemen kann eine Vereinfachung der organisatorischen Abläufe sowie eine grundlegende Effizienzsteigerung herbeiführen. Besondere Bedeutung kommt hierbei einer einheitlichen Systemarchitektur der eingesetzten IT-Systeme zu. Gerade der Einsatz einer zentralen IT-Infrastruktur mit einer einheitlichen Datenbasis für die Unternehmensbereiche Controlling und Treasury, ggf auch für dezentrale Einheiten, birgt Vorteile.[77]

Generell ist die Effizienz der Liquiditätsplanung abhängig vom Automatisierungsgrad der Informationsbereitstellung. Zu verschiedenen Zeitpunkten werden Informationen über erwartete Cashflows mittels unterschiedlicher Systeme aus diversen Fachbereichen zugeliefert. So liefert der Vertrieb Cashflow-Informationen aus Rechnungen, Aufträgen, Absatzplänen und Zahlungsprofilen zu, die Beschaffung aus Rechnungen, Bestellungen und Lastenplänen. Weitere Fachbereiche liefern Informationen bzgl Sach- und Personalkosten, Investitionen, Steuern und Finanztransaktionen zu. Je geringer die Anzahl der Medienbrüche, desto geringer sind Prozessaufwand und Fehlerquote und desto höher ist die Datenqualität.

Ausgereifte Business-Intelligence-Systeme bilden das technologische Fundament für anspruchsvolle Liquiditätsplanungssysteme. Diese Systeme sollten eine ausreichende Flexibilität in Hinblick auf Funktionalitäten und Strukturen aufweisen oder aber spezialisierte Planungssysteme sein, welche schon über die notwendigen Basisfunktionalitäten verfügen.[78]

Im Rahmen der Cash Disposition können IT-Systeme die Analyse der Kontenbewegungen in wesentlich höherer Qualität und kürzerer Zeit gewährleisten, als dies mittels manuellem Prozess möglich ist. Eine darüber hinausgehende Weiterentwicklung stellt das Thema Adaptive Analytics dar. Es unterstützt Unternehmen dabei, komplexe wirtschaftliche Zusammenhänge einfacher vorherzusagen und dadurch fundierte, zielgerichtete Entscheidungen zu treffen. Die Methodik bedient sich dabei einer Vielzahl statistischer Verfahren, um Datenmuster zu erkennen und daraus Rückschlüsse auf die Zukunft zu ziehen. Das sich kontinuierlich verbessernde Angebot an IT-Systemen bietet auch für die Liquiditätssteuerung bereits heute passende Lösungen.

---

77   Vgl *Müller/Schentler/Koch* (2011) 195.
78   Vgl *Denkinger/Oetiker/Boppart/Linsner/Sodies* (2011) 187.

Neben der Verarbeitung und Auswertung von Daten kommen IT-Systeme insbesondere im Rahmen des Reportings und der Visualisierung zum Einsatz. Flexible Lösungen gewährleisten, dass Kennzahlen und Reports empfängerorientiert aufbereitet und möglichst zeitnah berichtet werden.

Literatur

Becker, H. (2013): Investition und Finanzierung, 6. Auflage, Springer Verlag

Denkinger, M., Oetiker, L., Boppart, A., Linsner, R., Sodies, J. (2011): Einführung der Liquiditätsplanung ein einem internationalen Konzern, In: Gleich, R., Horváth, P., Michel, U.: Finanz-Controlling – Strategische und operative Steuerung der Liquidität, 1. Auflage, Haufe-Lexware GmbH & Co. KG, Freiburg

Franz, K.P., Hochstein, D. (2011): Systeme und Prozesse der Finanzplanung, In: Gleich, R., Horváth, P., Michel, U.: Finanz-Controlling – Strategische und operative Steuerung der Liquidität, 1. Auflage, Haufe-Lexware GmbH & Co. KG, Freiburg

Freidank, C.C., Müller, S., Wulf, I. (2008): Controlling und Rechnungslegung, 1. Auflage, Betriebswirtschaftlicher Verlag Dr. Th. Gabler. GWV Fachverlage, Wiesbaden

Haunerdinger, M., Probst, H.J. (2006): Finanz- und Liquiditätsplanung in kleinen und mittleren Unternehmen, 1. Auflage, Rudolf Haufe Verlag, München

Heesen, B. (2011): Cash- und Liquiditätsmanagement, 1. Auflage, Gabler Verlag, Wiesbaden

Krause, H.U., Arora, D. (2010): Controlling Kennzahlen – Key Performance Indicators, 2. Auflage, Oldenbourg Verlag, München

Krey, A., Lorson, P. (2009): Buchhaltung als Basis für das KMU-Controlling – Ansatzpunkte zur Ausgestaltung vor dem Hintergrund des BilMoG, In: Müller, D., Controlling für kleine und mittlere Unternehmen, 1. Auflage, Oldenbourg Verlag, München

Lachnit, L., Müller, S. (2006): Unternehmenscontrolling – Managementunterstützung bei Erfolgs-, Finanz-, Risiko- und Erfolgspotenzialsteuerung, 1. Auflage, Gabler, Wiesbaden

Mensch, G. (2008): Finanz-Controlling – Finanzplanung und -kontrolle, Controlling zur finanziellen Unternehmensführung, 2. Auflage, Oldenbourg Wissenschaftsverlag, München

Million, C. (2015): Horváth & Partners Kapitaleffizienzstudie, Stuttgart

Müller, M., Schentler, P., Koch, I. (2011): Finanz-Controlling in der Praxis: Studie über Status quo und Handlungsbedarf, In: Gleich, R., Horváth, P., Michel, U.: Finanz-Controlling – Strategische und operative Steuerung der Liquidität, 1. Auflage, Haufe-Lexware GmbH & Co. KG, Freiburg

Perridon, L., Steiner, M. (1999): Finanzwirtschaft der Unternehmung, 10. Auflage, Verlag Vahlen, München

4. Branchen- und größenspezifische Unternehmenskennzahlen

Albert Mayr / Peter Hofer

Inhaltsverzeichnis

Abhängig von der Unternehmensgröße, der Branche, aber auch der Region, weisen Unternehmen sehr unterschiedliche Kennzahlenwerte aus. Leider wird durch eine unterschiedliche Berechnungsweise ein übergreifender Kennzahlenvergleich oftmals sehr erschwert. Im nachfolgenden Beitrag soll dargelegt werden, wo man konkrete Unternehmenskennzahlen findet und worauf beim Vergleich zu achten ist. Vor allem werden aber viele konkrete Kennzahlen von deutschen und österreichischen Unternehmen im Zeitablauf dargestellt. Ziel ist es, dem Leser ein Gefühl für konkrete Größenordnungen verschiedenster Kennzahlen zu vermitteln. Durch den Zeitreihenvergleich kann auch die Entwicklung der verschiedenen Unternehmen sehr gut nachvollzogen werden.

4.1. Betrachtete Unternehmenskategorien

Der folgende Beitrag beinhaltet Kennzahlen auf Unternehmensebene für Österreich und Deutschland. Für Europa werden Durchschnittswerte von europäischen Regionen gezeigt.

4.1.1. Börsennotierte Unternehmen in Österreich und Deutschland

Für den Beitrag werden wesentliche Kennzahlen von österreichischen und deutschen börsennotierten Unternehmen dargestellt. Die betrachteten Unternehmen sind Aktiengesellschaften und abhängig von der Umsatzentwicklung der gehandelten Aktien im sogenannten ATX (Austrian Traded Index) oder DAX (Deutscher Aktienindex) gelistet. Ergänzend wurden auch wesentliche andere börsennotierte österreichische Aktiengesellschaften betrachtet (Nicht-ATX-Unternehmen). Ausgeklammert wurden Banken, Versicherungen und Immobiliengesellschaften, da sie sich von den Unternehmen der übrigen Branchen ua hinsichtlich Bilanzstruktur bzw Vermögens- und Kapitalstruktur, Geschäftsmodell und gesamtwirtschaftlicher Funktion unterscheiden, und ein sinnvoller Vergleich somit nicht möglich ist.

4.1.2. Klein- und Mittelunternehmen (KMU) in Österreich

Im Gegensatz zu den börsennotierten Unternehmen, die durchwegs Großunternehmen darstellen, sind KMU nach der Definition der Europäischen Kommission jene Unternehmen, die zwei der folgenden Kriterien erfüllen (Zahl der Mitarbeiter und entweder Umsatz oder Bilanzsumme):

	Beschäftigte	Umsatz in MEUR	oder	Bilanzsumme in MEUR
Kleinstunternehmen	< 10	≤ 2		≤ 2
Kleinunternehmen	< 50	≤ 10		≤ 10
Mittlere Unternehmen	< 250	≤ 50		≤ 43

Abb 14: KMU-Kategorisierung in Österreich

In der österreichischen Wirtschaft haben KMU eine besonders große Bedeutung. 99,7 % aller Unternehmen fallen in diese Kategorie. Zwei Drittel aller Beschäftigten sind in KMU tätig, diese erwirtschaften beinahe 60 % der Bruttowertschöpfung.

In der Gruppe der KMU sind die Klein- und Kleinstunternehmen eine wesentliche Unterkategorie, sie werden als KKU bezeichnet.

Größengruppe (Beschäftigte)	Unternehmen		Beschäftigte		Bruttowertschöpfung	
	Anzahl	in %	Anzahl	in %	in MEUR	in %
0–9	276.800	87,1 %	684.700	24,3 %	32.800	17,6 %
10–49	34.400	10,8 %	656.100	23,3 %	35.300	19,0 %
KKU	311.200	98,0 %	1.340.800	47,6 %	68.100	36,6 %
50–249	5.400	1,7 %	537.100	19,1 %	41.300	22,2 %
KMU	316.600	99,7 %	1.877.900	66,6 %	109.400	58,8 %
250 und mehr	1.100	0,3 %	940.100	33,4 %	76.800	41,2 %
Großunternehmen	1.100	0,3 %	940.100	33,4 %	76.800	41,2 %
Alle Unternehmen	317.700	100,0 %	2.818.000	100,0 %	186.200	100,0 %

Abb 15: KMU in Österreich[79]

4.1.3. Klein- und Mittelunternehmen (KMU) in Deutschland

In Deutschland werden Unternehmen abweichend zur KMU-Definition der Europäischen Union als KMU bezeichnet, wenn sie weniger als 500 Mitarbeiter beschäftigen und einen Umsatz unter 50 Mio € aufweisen. Kleinunternehmen beschäftigen bis zu 9 Mitarbeiter und haben einen Umsatz von bis unter 1 Mio €.

Laut Information des Institutes für Mittelstandsforschung in Bonn zählen in Deutschland per 2013 3,7 Millionen Unternehmen zu den KMU, das sind 99,6 % aller Unternehmen. Diese Unternehmen stellen 59,4 % aller sozialversicherungspflichtig Beschäftigten.[80]

4.1.4. Mittelständische und große Unternehmen in Europa (ausgenommen Österreich)

Für die Ermittlung der Kennzahlen von europäischen Unternehmen gibt es die Amadeus-Datenbank, eine Unternehmensdatenbank mit Fokus auf Firmeninformationen. Herangezogen wurden Mittel- und Großunternehmen, die im Betrachtungszeitraum (2003–2011) durchgängig valide Jahresabschlussdaten meldeten.

---

79   Vgl Bundesministerium für Wissenschaft, Forschung und Wirtschaft (2014) 47; aufgrund einer gewissen zeitlichen Verzögerung, mit der amtliche Statistiken erscheinen, wurden in der Tabelle die geschätzten Daten von 2013 ausgewiesen.

80   IfM Bonn [Online].

4.2. Datenquellen für die Kennzahlen

4.2.1. Geschäftsberichte

Börsennotierte Kapitalgesellschaften wie zB Aktiengesellschaften unterliegen einer strengen Publizitätspflicht. Im § 221 des österreichischen UGB iVm § 277 ff UGB wird geregelt, wer veröffentlichen und was genau enthalten sein muss. Ein wesentliches Element ist die Veröffentlichung des Jahresabschlusses oder bei Vorliegen eines Konzerns der Konzernabschluss. Ergänzend wird im § 236 ff des österreichischen UGB geregelt, welche Angaben zusätzlich getätigt werden müssen. So sind ua im sogenannten Lagebericht der Geschäftsverlauf, das Geschäftsergebnis und die Lage des Unternehmens so darzustellen, dass ein möglichst getreues Bild der Vermögens-, Finanz- und Ertragslage vermittelt wird. Ua regelt der § 243 Abs 2 UGB, dass auf die wichtigsten finanziellen Leistungsindikatoren einzugehen ist. In Deutschland wird im § 325 HGB für Kapitalgesellschaften die Publizitätspflicht geregelt (siehe dazu Kapitel B.1.).

4.2.2. Daten der KMU Forschung Austria

Die KMU Forschung Austria wurde 1954 gegründet und ist ein unabhängiger, privater, gemeinnütziger Verein. Sie erstellt vor allem im Auftrag von bzw für Regierungsstellen und Wirtschaftsvereinigungen Forschungsarbeiten. Diese Arbeiten werden sowohl auf regionaler, nationaler aber auch internationaler Ebene erbracht. Ein wesentliches Aufgabengebiet ist die Erhebung von Bilanzdaten über die österreichische Wirtschaft. In dieser Datenbank wurden im letzten verfügbaren Auswertungsjahr 2012/13 rund 91.000 anonymisierte Jahresabschlüsse im Sinne der doppelten Buchhaltung, sowie 37.000 Einnahmen-Ausgaben-Rechnungen erfasst.

Diese Bilanzdatenbank macht einen zwischenbetrieblichen Vergleich mithilfe von betriebswirtschaftlichen Kennzahlen, der Vermögens- und Kapitalstruktur bzw Kosten- und Leistungsstruktur auf Ebene von Branchen, Branchengruppen, Wirtschaftssektoren, Regionen oder Bundesländern möglich.[81]

Die Branchenzuordnung erfolgt sowohl nach der Fachgruppensystematik der Wirtschaftskammer Österreich als auch nach der ÖNACE[82] 2008[83].

---

81 Vgl KMU Forschung Austria (25.6.2015) [Online].
82 NACE (französisch: Nomenclature statistique des activités économiques dans la Communauté européenne; deutsch: Statistische Systematik der Wirtschaftszweige in der Europäischen Gemeinschaft) ist eine innerhalb der EU vereinheitlichte Systematik zur Klassifikation der wirtschaftlichen Aktivität (zB Tiefbau) von Unternehmen bzw Betrieben. Als hierarchische Klassifikation ist diese gegliedert in die Abschnitte A–U, die wiederum, je nach Detaillierungsgrad, in 2-, 3- und 4-Steller aufgeteilt werden können (zB Der Zweisteller F42 Tiefbau ist Teil des Abschnittes F Bau)
83 Genaue Informationen zur ÖNACE 2008 – Struktur finden sich unter: http://www.statistik.at/KDBWeb//pages/Kdb_versionDetail.jsp?#3532002.

Aus der Bilanzdatenbank können folgende Kennzahlen ermittelt werden:[84]

Kennzahlen in Prozent des Gesamtkapitals	Anlagevermögen	Sachanlagenintensität
	Umlaufvermögen	Umlaufvermögensintensität
	Eigenkapital	Eigenkapitalquote
	Sozialkapital	Sozialkapitalquote
	Fremdkapital	Fremdkapitalquote
Kennzahlen in Prozent der Betriebsleistung	Materialkosten inkl Fremdleistungen	Materialaufwand in % der Betriebsleistung
	Rohertrag (Betriebsleistung – HW-Einsatz inkl Fremdleistungen)	Handelsspanne
	Personalkosten	Personalkosten in % der Betriebsleistung
	Sonstige Kosten	Sonstige Kosten in % der Betriebsleistung
	Finanzergebnis	
	EGT	Umsatzrentabilität
	Cashflow	Cashflow-Quote
	Vorräte	Vorratsintensität
	Forderungen	Forderungsintensität
Weitere Kennzahlen	$\dfrac{\text{Betriebsleistung}}{\text{Gesamtkapital}} \times 100$	Kapitalumschlag
	$\dfrac{\text{EGT}}{\text{Gesamtkapital}} \times 100$	Gesamtkapitalrentabilität (ROI)
	$\dfrac{\text{EK + Sozialkapital + langfr FK}}{\text{Anlagevermögen}} \times 100$	Anlagendeckung
	$\dfrac{\text{Fremdkapital – liquide Mittel}}{\text{korr Cash flow}}$	Schuldentilgungsdauer
	$\dfrac{\text{Rohertrag}}{\text{Personalkosten}}$	Nettoproduktivität
	$\dfrac{\text{Betriebsleistung}}{\text{Personalkosten}}$	Bruttoproduktivität

Abb 16: Kennzahlen der Bilanzdatenbank der KMU Forschung Austria

---

84 Vgl KMU Forschung Austria (25.6.2015) [Online].

Von 550 Branchen werden dabei die wichtigsten 20 Kennzahlen sowohl als Median und zusätzlich das oberste Quartil der Betriebe ermittelt. Eine Musterdemodatei mit allen Branchen und allen Kennzahlen (nur aus dem Jahr 2009/10) ist unter folgendem Link zu finden:

http://www.kmuforschung.ac.at/images/stories/datenbanken/Branchenkennzahlen_Muster.zip.

Eine aktuelle Version kann zum Preis von 800 € erworben werden.

4.2.3. Österreich – Mittelstandsbericht 2014

Einen sehr guten Überblick über die wirtschaftliche Situation der KMU der gewerblichen Wirtschaft erhält man aus dem Mittelstandsbericht des österreichischen Bundesministeriums für Wissenschaft, Forschung und Wirtschaft (bmwfw).[85] Dieser wird alljährlich aktualisiert und stellt wesentliche Kennzahlen sowohl für Branchen als auch für verschiedene Unternehmensgrößen dar. Die Zahlen werden in Kooperation mit der KMU Forschung Austria erstellt und basieren auf derselben Datenbank wie im vorher dargestellten Kapitel.

4.2.4. Deutschland – KfW-Mittelstandspanel[86]

Für das KfW-Mittelstandspanel werden seit 2003 im Rahmen einer jährlichen Wiederholungsbefragung wesentliche Kennzahlen von KMU in Deutschland bis zu einem Umsatz von 500 Mio. EUR erhoben. Das Sample beträgt zwischen 9.000 bis 15.000 Unternehmen.[87] Eine Vergleichbarkeit mit den KMU in Österreich ist nur begrenzt möglich, da in Deutschland die KMU-Definition wesentlich weiter gefasst ist.[88]

4.2.5. Amadeus-Datenbank[89]

In der Amadeus-Datenbank sind umfassende Informationen zu europäischen Unternehmen enthalten. Der Fokus liegt auf Personengesellschaften. Erfasst sind 14 Millionen Unternehmen quer durch Europa. In der Datenbank werden von jedem Unternehmen 26 Bilanzpositionen und 26 Positionen der GuV-Rechnung erfasst. Aus diesen Informationen werden 32 Standardkennzahlen ermittelt. Die Informationen der Jahresabschlüsse und der dazugehörigen Kennzahlen liegen bis zu zehn Jahre vor.

Die Datenbank kann nach verschiedensten Kriterien durchsucht werden und es können mittels einfacher Abfragen flexible Reports mit verschiedensten Kennzahlen erstellt werden. Die Vergleichsgruppen können individuell gewählt werden.

---

85 Vgl Bundesministerium für Wissenschaft, Forschung und Wirtschaft (2014).
86 KfW ist die Abkürzung für „Kreditanstalt für Wiederaufbau".
87 KfW [Online].
88 Vgl Kapitel 4.1.3.
89 Vgl Bureau van Dijk Electronic Publishing GmbH [Online].

4.2.6. Sonstige Quellen

Sehr gute Informationen über Kennzahlen von Unternehmen sind auch aus Datenbanken von Bloomberg[90] oder Reuters[91] erhältlich. Brancheninformationen über KMU sind häufig über Industrie- und Handelskammern sowie Handwerkskammern erhältlich. Generell gilt, dass diverse Branchen- und Berufsverbände sehr viel interessantes Zahlenmaterial haben. Aber auch Banken oder große Wirtschaftsprüfungsgesellschaften besitzen aufgrund ihrer großen Anzahl an Firmenkunden meistens gute Branchenkennzahlen.

4.3. Betrachtete Unternehmenskennzahlen

Aus Platzgründen kann in diesem Beitrag nur auf einige wenige Kennzahlen eingegangen werden. Für die börsennotierten Unternehmen wurden die in den Geschäftsberichten am häufigsten dargestellten Kennzahlen ausgewählt.[92] Bei den KMU wurde auf einige wenige wesentliche Ergebnis- und Finanzkennzahlen zurückgegriffen.

4.3.1. Ertrags- bzw Rentabilitätskennzahlen

Die im nachfolgenden dargestellten Ergebnis- bzw Rentabilitätskennzahlen sind:

4.3.1.1. Umsatzrentabilität, EBIT-Marge

Die Umsatzrentabilität ist ein Indikator für die Ertragskraft von Unternehmen. Sie errechnet sich üblicherweise als:

Umsatzrentabilität (%) (EBIT-Marge)
$\dfrac{\text{Ergebnis vor Zinsen und Ertragsteuern (EBIT)}}{\text{Umsatz}} \times 100$

Sie wird dann auch als EBIT-Marge bezeichnet. Vereinzelt lautet die Bezeichnung dann auch Brutto-Umsatzrentabilität. Sie wird häufig auch als Preisspielraum bezeichnet, da sie ausdrückt, wie viel % die Preise sinken können, damit bei gleichbleibender Absatzmenge gerade noch ein ausgeglichenes Ergebnis erzielt werden kann.

Die KMU Forschung Austria errechnet in ihrer Bilanzdatenbank die Umsatzrentabilität als:

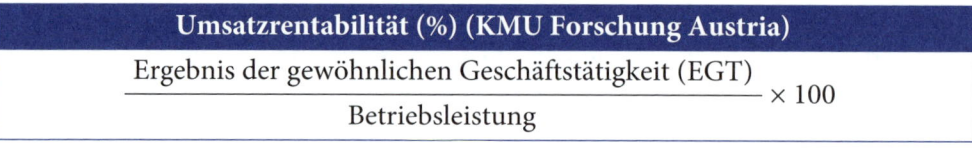

Umsatzrentabilität (%) (KMU Forschung Austria)
$\dfrac{\text{Ergebnis der gewöhnlichen Geschäftstätigkeit (EGT)}}{\text{Betriebsleistung}} \times 100$

---

90 Bloomberg (01.07.2015) [Online]
91 Thomson Reuters (26.06.2015) [Online]
92 Zur Kennzahlenermittlung liefern Coenenberg u.a. (2014) einen sehr fundierten Überblick

Bei dieser Form der Berechnung ist das Finanzergebnis in der Ergebnisgröße inkludiert. In der Regel ergeben sich dadurch niedrigere Werte bei der Umsatzrentabilität. Die Werte für KMU sind daher nicht vergleichbar mit der EBIT-Marge von börsennotierten Unternehmen.

4.3.1.2. Cashflow-Quote, EBITDA-Marge

Die Cashflow-Quote ist ein Indikator für die Fähigkeit von Unternehmen, aus den Umsatzerlösen Investitionen zu finanzieren, Schulden zu tilgen oder Gewinne auszuschütten. Sie errechnet sich wie folgt:

Cashflow-Quote (%)
$\dfrac{\text{Cashflow}}{\text{Umsatz}} \times 100$

Zu beachten ist bei der Interpretation der Kennzahl, wie der Cashflow errechnet wird. Die KMU Forschung Austria errechnet den Cashflow wie folgt:[93]

$$\begin{array}{ll} & \text{Ergebnis der gewöhnlichen Geschäftstätigkeit}[94] \\ + & \text{Kalkulatorische Eigenkapitalzinsen} \\ + & \text{Abschreibungen} \\ \hline & \text{Cashflow} \end{array}$$

Auf den Abzug von Ertragssteuern wird verzichtet, um einen Vergleich zwischen verschiedenen Rechtsformen zu ermöglichen. Ergänzend wird auch ein korrigierter Cashflow ermittelt, bei dem ein kalkulatorisches Unternehmerentgelt addiert wird, um einen Vergleich zwischen Einzelunternehmen bzw Personengesellschaften und Kapitalgesellschaften zu ermöglichen.

Bei berichtspflichtigen Aktiengesellschaften wird in den Geschäftsberichten sehr häufig das EBITDA (earnings before interest, taxes, depreciation and amortization)[95] ausgewiesen. Das ist das Ergebnis vor Zinsen, Steuern und Abschreibungen auf Sachanlagen und immaterielle Vermögensgegenstände. Durch die Bereinigung um Steuern, Zinsen und Abschreibungen ist ein internationaler Vergleich mit unterschiedlichen Steuersätzen und Abschreibungsregelungen leichter möglich. Vereinfacht gesprochen könnte man das EBITDA als eine besonders operative Form des Cashflows interpretieren. Folglich entspricht die EBITDA-Marge, die sich wie folgt errechnet, in etwa der Cashflow-Quote.

EBITDA-Marge (%)
$\dfrac{\text{EBITDA}}{\text{Umsatz}} \times 100$

---

93 Vgl *Voithofer* et al (2012) 51.
94 Die KMU Forschung Austria ermittelt das EGT anders als es im österreichischen UGB geregelt wird. So werden ua auch kalkulatorische Eigenkapitalkosten abgezogen.
95 Vgl hierzu auch Kapitel B.1. von *Hangl/Eisl*.

4.3.1.3. Return on Capital Employed (ROCE)[96], Gesamtkapital-rentabilität, Return on Investment (ROI)

Mit dieser Kennzahl wird gemessen, wie effektiv und profitabel ein Unternehmen mit seinem gebundenen Kapital umgeht. Die Berechnung erfolgt leider oftmals recht unterschiedlich, daher ist bei Vergleichen Vorsicht geboten. Unterschiede ergeben sich entweder beim Ansatz der Ergebnisgröße aber auch beim „Capital Employed". So errechnet bspw die VOESTALPINE AG den ROCE, indem sie als Ergebnisgröße das EBIT heranzieht, während die OMVAG und die RHI AG vom EBIT noch die Steuern abziehen und damit zum sogenannten „Net Operating Profit After Taxes" (NOPAT) kommen.

Return on Capital Employed – ROCE (%)
$$\frac{\text{EBIT}}{\text{Durchschnittliches Capital Employed}} \times 100$$
oder auch
$$\frac{\text{Net Operating Profit after Taxes (NOPAT)}}{\text{Durchschnittliches Capital Employed}} \times 100$$

Grundsätzlich misst die Kennzahl ROCE wie der „Return on Investment" ROI die Gesamtkapitalrentabilität eines Unternehmens. Der Unterschied ergibt sich im Nenner. Beim ROI wird im Nenner das Gesamtkapital angegeben, während beim ROCE nur das *„zum Betrieb erforderliche und verzinslich zu finanzierende Kapital"* verwendet wird. Dieses ist niedriger als das Gesamtkapital, da das zinsfrei zur Verfügung stehende Fremdkapital (zB Lieferantenverbindlichkeiten) und die liquiden Mittel nicht in die Berechnung des Capital Employed einfließen.

In den Geschäftsberichten von Aktiengesellschaften wird heute durchwegs der ROCE dargestellt, während die KMU Forschung Austria in ihrer Bilanzdatenbank die Gesamtkapitalrentabilität wie folgt darstellt:[97]

Gesamtkapitalrentabilität bzw Return on Investment (%) **KMU Forschung Austria**
$$\frac{\text{EBIT}}{\text{Gesamtkapital}} \times 100$$

4.3.1.4. Eigenkapitalrentabilität bzw Return on Equity (ROE)

Die Eigenkapitalrentabilität drückt die Verzinsung des eingesetzten Eigenkapitals aus. Sie ist vor allem für Anleger interessant, da sie aufzeigt, ob sich die Veranlagung lohnt. Zu beachten ist, dass die Höhe wesentlich von der Gesamtkapitalrentabilität,

---

96   Vgl hierzu auch Kapitel C.3. von *Losbichler*.
97   Vgl *Voithofer* et al (2012) 31 f.

von der Zinsbelastung des Fremdkapitals und vom Verschuldungsgrad abhängt (Leverage-Effekt).

Eigenkapitalrentabilität, Return on Equity (ROE)
$$\frac{\text{Ergebnis nach Steuern}}{\text{Durchschnittliches Eigenkapital}} \times 100$$

4.3.2. Kennzahlen zur Kapitalstruktur und Schuldentragfähigkeit

Mittels der Finanzierungskennzahlen sollen Erkenntnisse über die Kapitalverwendung, die Kapitalaufbringung und über die Beziehung zwischen Kapitalverwendung und -aufbringen gewonnen werden. Sie dienen dazu, die finanzielle Stabilität eines Unternehmens beurteilen zu können.

4.3.2.1. Eigenkapitalquote

Die Eigenkapitalquote drückt den Anteil des Eigenkapitals am Gesamtkapital aus. Das Eigenkapital (EK) kann ua als eine Art Gewinnspeicher betrachtet werden, aus dem mögliche (künftige) Verluste abgedeckt werden können. Je höher die Eigenkapitalquote, umso geringer ist daher ein mögliches Insolvenzrisiko.

Sehr vorsichtig agierende Unternehmen tätigen nur so viel an Investitionen, wie sie mittels Eigenkapital finanzieren können. Dadurch ist aber oftmals die Gefahr gegeben, dass sich auf Dauer die Wettbewerbsfähigkeit reduziert.

4.3.2.2. Verschuldungsgrad, Gearing ratio

Der Verschuldungsgrad gibt Auskunft über das Verhältnis der Schulden zum Eigenkapital. Da wie bei der Eigenkapitalquote die gleichen Kennzahlen verwendet, jedoch nur anders kombiniert werden, ist der Erkenntniswert ähnlich. Durch diese Kennzahl wird die Finanzierungsstruktur eines Unternehmens ausgedrückt.

Verschuldungsgrad KMU Forschung Austria
$$\frac{\text{Fremdkapital}}{\text{Eigenkapital}} \times 100$$

Börsennotierte Unternehmen verwenden statt des gesamten Fremdkapitals nur die Nettofinanzverschuldung im Zähler.

Gearing Ratio (börsennotierte Unternehmen)
$$\frac{\text{Nettofinanzverschuldung}}{\text{Eigenkapital}} \times 100$$

Die Nettofinanzverschuldung errechnet sich aus der Summe der verzinslichen Verbindlichkeiten abzüglich des verzinslichen Vermögens (zB Barreserven).

Nachfolgend ein sehr anschauliches Beispiel für die Entwicklung der Nettofinanzverschuldung und deren Ursachen der BAYER AG.[98]

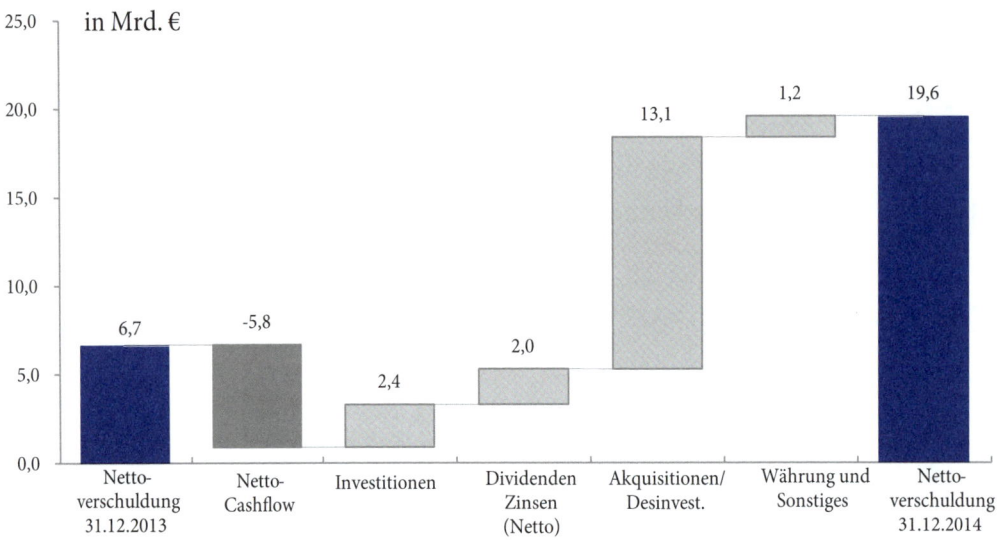

Abb 17: BAYER AG – Entwicklung der Nettofinanzverschuldung 2014

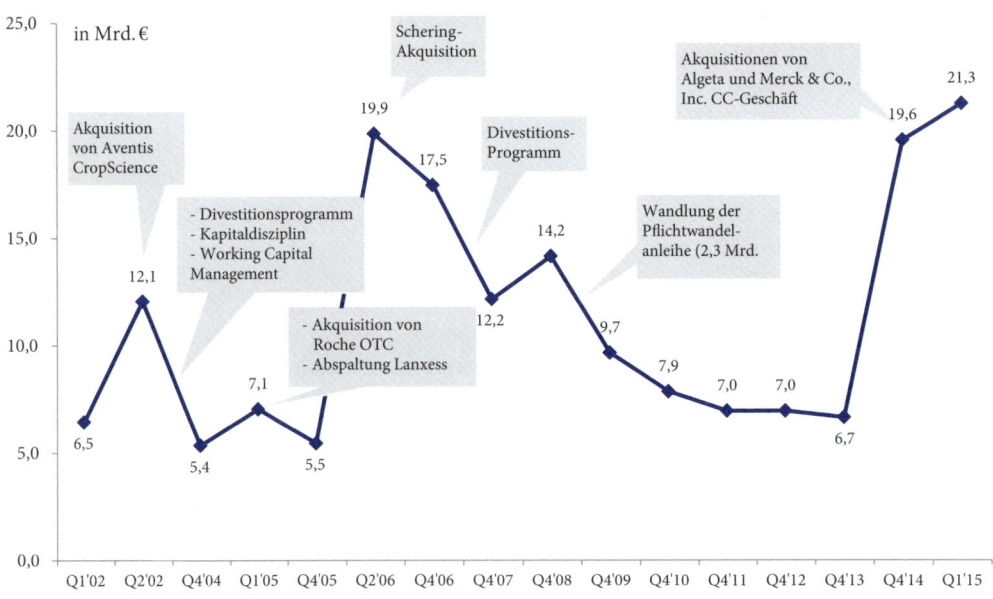

Abb 18: BAYER AG – Langfristige Entwicklung der Nettofinanzverschuldung (Mrd €)

98   BAYER AG [Online].

	2002	2003	2004	2005	2006	2007	2008	2009	2010	2011	2012	2013	2014
Nettofinanz-Verschuldung (Mrd EUR)	8,90	6,00	5,40	5,50	17,50	12,20	14,15	9,69	7,92	7,03	7,01	6,73	19,61
Eigenkapital (Mrd EUR)	15,34	12,21	10,94	11,16	12,85	16,82	16,34	18,95	18,90	19,27	18,55	20,80	20,22
Gearing Ratio (%)	58 %	49 %	49 %	49 %	136 %	73 %	87 %	51 %	42 %	36 %	38 %	32 %	97 %

Abb 19: BAYER AG – Langfristige Entwicklung der Gearing Ratio

4.3.2.3. Schuldentilgungsdauer

Die Schuldentilgungsdauer gibt den Zeitraum an, in dem das Unternehmen in der Lage ist, seine Schulden zu tilgen.

Schuldentilgungsdauer (in Jahren) KMU Forschung Austria
$$\frac{\text{Effektivverschuldung}}{\text{Cashflow aus dem Ergebnis}} \times 100$$

4.3.3. Kennzahlen zur Investitionstätigkeit (Investitionsquote)

Die Investitionsquote gibt den prozentuellen Anteil der Investitionen im Verhältnis zum Umsatz wieder. Die Größe Umsatz kann aber auch durch das Anlagevermögen ersetzt werden. Die Kennzahl drückt die Investitionsfreudigkeit eines Unternehmens aus.

Investitionsquote (%)
$$\frac{\text{Investitionen in Sachanlagen und immaterielles Vermögen}}{\text{Umsatz}} \times 100$$

4.4. Konkrete Unternehmenskennzahlen

4.4.1. Kennzahlen der börsennotierten Unternehmen in Österreich

Die im Folgenden dargestellten Unternehmenskennzahlen basieren auf Auswertungen aus den veröffentlichten Geschäftsberichten. Die Kennzahlenwerte wurden erstmals 2007 erfasst, und reichen bis zum aktuellen Bilanzierungsjahr 2014. Von fünf Unternehmen existieren 2014 noch keine Unternehmenskennzahlen, da die Geschäftsberichte noch nicht verfügbar sind. Wenn Unternehmen bestimmte Kennzahlen nicht veröffentlicht haben, befinden sich in den Tabellen Leerzellen.

Mit dem 1.1.2014 traten erhebliche Änderungen bei den Bilanzierungs- und Bewertungsmethoden nach IFRS in Kraft. Dies hatte zur Folge, dass für 2013 rückwirkend Anpassungen in der Konzernbilanz, der Konzern-Gewinn- und Verlustrechnung bzw Konzern-Kapitalflussrechnung vorzunehmen waren.[99] Da nur ein Viertel aller betrachteten Unternehmen davon betroffen waren bzw dies auch in der Zeitreihendarstellung ersichtlich gemacht haben, wurden für 2013 diese rückwirkenden Änderungen nicht dargestellt. Die Werte für 2013 basieren daher noch auf den alten IFRS-Standards.

Bei der Kennzahlendarstellung wurden zwei große Blöcke gebildet, zum einen Unternehmen, die im Austrian Traded Index (ATX) gelistet sind, zum anderen eine große Anzahl kleinerer börsennotierter Unternehmen, im Folgenden als „Nicht-ATX-Unternehmen" bezeichnet. Bei den ATX-Unternehmen wurden Banken, Versicherungen und Immobilienunternehmen ausgeklammert.

Für die beiden Kategorien „ATX" und „Nicht-ATX" wurden ungewichtete Durchschnittswerte errechnet. Auf Unternehmensebene wurde ebenfalls ein ungewichteter Durchschnitt der Kennzahlen von 2007–2014 ermittelt.

Wesentliche Erkenntnisse aus den Kennzahlen

- Bezogen auf die Mitarbeiterzahl sind die STRABAG und die voestalpine die größten österreichischen Unternehmen. Beim Umsatz hingegen liegt die OMV an erster Stelle. Bemerkenswert ist, dass die Umsatzzahlen im Durchschnitt von 2007–2014 um ca 25 % gestiegen sind, die durchschnittlichen Mitarbeiterzahlen beinahe unverändert geblieben sind. Dies ist auch in der Entwicklung der Kennzahl „Umsatz je Mitarbeiter" ersichtlich.
- Deutliche Spuren hinterließ die Wirtschaftskrise 2008/09, in diesen Jahren kam es zu deutlichen Umsatzeinbrüchen und einer wenn auch nicht so starken Reduktion der Mitarbeiterzahlen.
- Seit dem Krisenjahr 2009 stiegen bei den ATX-Unternehmen die Umsätze bis 2014 im Durchschnitt um 52 %. Besonders markante Umsatzzuwächse gab es bei der OMV, Schoeller Bleckmann und Andritz. Diese Unternehmen konnten bis 2014 die Umsätze beinahe verdoppeln. Bei den Nicht-ATX Unternehmen war die Situation sehr unterschiedlich. Die Hälfte aller Unternehmen schafften bis 2014 Steigerungsraten von mehr als 50 %. Der Rest blieb deutlich darunter. Die durchschnittliche Umsatzsteigerung war im Nicht-ATX-Segment bis 2014 nur 16 %. Dieser Wert ist allerdings stark beeinflusst von der STRABAG, da diese beinahe die Hälfte des Umsatzes vom Gesamtsegment ausmacht und die STRABAG den Umsatz seit 2009 nicht steigern konnte.
- Die Investitionsquote erreichte 2008, also vor der Krise, ihren Höhepunkt, ist in den Jahren darauf ständig gefallen und erst seit 2012 im Steigen begriffen. Im

---

99   Vgl hierzu Kapitel B.2.

Schnitt investieren die ATX-Unternehmen deutlich mehr als die Nicht-ATX-Unternehmen.

- Bei der EBIT-Marge zeichnet sich ein ähnliches Bild ab. Auch hier gab es während der Krise deutliche Rückgänge. Ab 2010 kam es aber schon wieder zu einer Erholung. Seit 2013 gehen in Österreich aber die EBIT-Margen wieder massiv zurück. Auch hier zeigt sich, dass die ATX-Unternehmen höhere Werte aufweisen als die Nicht-ATX-Unternehmen und damit deutlich profitabler sind.

- Beim ROCE zeigen die Zeitreihen ein ähnliches Bild wie bei der EBIT-Marge. Die Werte schwanken je nach Unternehmen zwischen 3 und 24 %.

- Die Höhe der Eigenkapitalrentabilität hängt neben dem Ergebnis vor Steuern sehr stark von der Höhe des Eigenkapitals ab. Eigenkapitalschwache Unternehmen haben hier deutliche bessere Werte.

- Auf erfreulich hohem Niveau bewegen sich die Eigenkapitalquoten. Im Durchschnitt betragen die Werte mehr als 40 %. Die höchste EK-Quote hat der Holzverarbeitungskonzern Mayr Melnhof mit durchschnittlich 65 %. Sehr niedrige bzw sogar negative Werte weisen der Anlagenbauer Andritz, die Telekom Austria und der Büromöbelhersteller Bene auf.

- Der Verschuldungsgrad (Gearing ratio) als Pendant zur Eigenkapitalquote hat sich in den letzten Jahren bei den ATX-Unternehmen deutlich verbessert. Allerdings gibt es hier einige negative Ausreißer wie zB die Telekom Austria und die Bene.

Mitarbeiteranzahl									
Unternehmen	2007	2008	2009	2010	2011	2012	2013	2014	Durch-schnitt
voestalpine	46.170	44.004	42.021	45.260	46.473	46.351	48.113	47.418	45.726
OMV	33.665	41.282	34.676	31.398	29.800	28.658	26.863	25.501	31.480
Post	25.764	27.002	25.921	24.042	23.369	23.181	24.211	23.912	24.675
Andritz	12.016	13.707	13.049	14.655	16.750	17.865	23.713	24.853	17.076
Telekom	17.628	16.954	16.573	16.501	17.217	16.446	16.045	16.240	16.700
Wienerberger	14.785	15.162	12.676	11.848	11.893	13.060	13.787	14.836	13.506
Mayr Melnhof	8.657	8.240	8.112	8.679	8.882	8.836	9.477	9.399	8.785
RHI	7.305	7.766	6.963	7.266	7.925	7.917	8.121	8.016	7.660
Zumtobel	7.908	7.165	7.329	7.814	7.456	7.162	7.291	7.234	7.420
Lenzing	6.043	5.945	6.021	6.530	6.593	7.033	6.675	6.356	6.400
Verbund	2.441	2.541	2.820	3.015	3.045	3.100	3.256	3.245	2.933
Schoeller Bleckmann	1.222	1.394	1.056	1.275	1.459	1.591	1.564	1.701	1.408
ATX-Durchschnitt	**15.300**	**15.930**	**14.768**	**14.857**	**15.072**	**15.100**	**15.760**	**15.726**	**15.314**
Strabag	61.125	73.008	75.548	73.600	76.866	74.010	73.100	72.906	72.520
Porr	11.555	12.116	11.880	11.654	10.618	10.696	11.594		11.445
EVN	9.535	9.342	8.937	8.536	8.250	7.594	7.497	7.314	8.376
Agrana	8.140	8.244	7.927	8.243	7.982	8.449	8.778	8.708	8.309
Semperit	7.118	7.064	6.490	7.019	8.025	9.577	10.276	6.888	7.807
AT&S	6.417	5.610	5.875	7.486	7.478	7.011	7.129	8.120	6.891
Palfinger	3.925	4.664	4.517	4.671	5.600	6.175	6.573	8.030	5.519
Polytec	6.432	8.095	5.525	5.881	4.663	3.563	3.516	3.581	5.157
DO&CO	3.774	3.835	3.542	3.794	4.166	5.642	7.323	8.667	5.093
ATB Austria	5.398	6.397	4.179	4.066	3.554	3.509	3.542	3.708	4.294
MIBA	2.706	2.855	2.613	3.064	3.730	4.119	4.294	4.753	3.517
BWT	2.354	2.389	2.701	2.820	2.689	2.726	2.643	2.587	2.614
Rosenbauer	1.651	1.795	1.895	2.014	2.092	2.328	2.551	2.800	2.141
Kapsch	824	946	1.023	2.167	2.705	3.013	3.308		1.998
KTM	1.778	2.148	1.738	1.588	1.755	1.702	1.849	2.143	1.838
Wolford	1.706	1.541	1.462	1.649	1.665	1.606	1.562		1.599
AMAG			1.188	1.175	1.422	1.490	1.564	1.638	1.413
Bene	1.430	1.086	863	1.271	1.329	1.387	1.079		1.206
Pankl Racing Systems	859	977	836	809	985	1.142	1.230	1.287	1.016
Manner	826	761	725	685	689	670	665	676	712
Ottakringer	217	204	363	830	820	848	827	856	621
Rath AG	642	644	551	549	575	614	611	549	592
Schlumberger	219	236	221	210	214	223	219		220
Nicht-ATX-Durchschnitt	**6.301**	**6.998**	**6.548**	**6.686**	**6.864**	**6.874**	**7.032**	**8.067**	**6.892**
Gesamtdurchschnitt	**9.478**	**10.151**	**9.366**	**9.488**	**9.678**	**9.694**	**10.024**	**11.131**	**9.854**

Abb 20: Mitarbeiteranzahl (börsennotierte Unternehmen Österreich)

Umsatz (Mio €)									
Unternehmen	2007	2008	2009	2010	2011	2012	2013	2014	Durch-schnitt
OMV	20.042	25.543	17.917	23.323	34.053	42.649	42.415	35.913	30.232
voestalpine	10.481	11.725	8.550	10.953	12.058	11.524	11.228	11.190	10.964
Telekom	4.919	5.170	4.802	4.651	4.455	4.330	4.184	4.018	4.566
Andritz	3.283	3.610	3.198	3.554	4.596	5.177	5.711	5.859	4.373
Verbund	3.038	3.745	3.483	3.308	3.028	3.174	3.270	2.835	3.235
Post	2.316	2.441	2.357	2.253	2.349	2.366	2.367	2.371	2.352
Wienerberger	2.477	2.431	1.817	1.745	1.915	2.356	2.663	2.835	2.280
Mayr Melnhof	1.737	1.731	1.602	1.779	1.960	1.952	1.999	2.087	1.856
Lenzing	1.261	1.329	1.218	1.766	2.140	2.090	1.909	1.864	1.697
RHI	1.468	1.597	1.237	1.523	1.759	1.836	1.755	1.721	1.612
Zumtobel	1.283	1.169	1.115	1.228	1.280	1.244	1.247	1.313	1.235
Schoeller Bleckmann	317	389	252	308	409	512	459	489	392
ATX-Durchschnitt	**4.385**	**5.073**	**3.962**	**4.699**	**5.834**	**6.601**	**6.601**	**6.041**	**5.400**
Strabag	9.879	12.228	12.552	12.382	13.714	12.983	12.394	12.476	12.326
EVN	2.233	2.397	2.727	2.752	2.729	2.847	2.755	1.975	2.552
Agrana	1.892	2.026	1.989	2.166	2.578	3.066	3.043	2.494	2.407
Porr	2.214	2.657	2.456	2.218	2.213	2.315	2.694		2.395
Palfinger	696	795	505	652	846	935	981	1.063	809
Semperit	608	655	588	689	820	829	906	930	753
AMAG		517	728	813	814	786	823		747
Polytec	665	768	607	770	657	482	477	491	615
KTM	566	606	455	460	527	612	716	865	601
Rosenbauer	426	500	542	596	542	645	738	785	597
AT&S	486	450	372	488	514	542	590	667	514
DO&CO	355	388	353	426	466	576	636	796	499
MIBA	388	375	312	437	596	607	610	669	499
BWT	398	410	401	461	479	502	508	505	458
Kapsch	186	200	216	389	550	489	487		359
ATB Austria	366	392	307	308	337	336	340	336	340
Schlumberger	189	209	214	219	219	210	228		213
Bene	253	186	121	171	194	214	163		186
Manner	151	168	155	159	170	176	190	176	168
Ottakringer	75	79	100	165	218	223	222	225	163
Wolford	158	147	144	152	154	156	156		153
Pankl Racing Systems	100	106	89	88	105	128	140	165	115
Rath AG	84	89	78	75	82	87	79	77	81
Nicht-ATX-Durchschnitt	**1.017**	**1.174**	**1.122**	**1.172**	**1.284**	**1.295**	**1.297**	**1.418**	**1.198**
Gesamtdurchschnitt	**2.206**	**2.550**	**2.096**	**2.381**	**2.844**	**3.114**	**3.116**	**3.267**	**2.638**

Abb 21: Umsatz in Mrd € (börsennotierte Unternehmen Österreich)

Umsatz in % (Basis Krisenjahr 2009)						
Unternehmen	2009	2009–2010	2009–2011	2009–2012	2009–2013	2009–2014
OMV	100 %	130 %	190 %	238 %	237 %	200 %
Schoeller Bleckmann	100 %	122 %	162 %	203 %	182 %	194 %
Andritz	100 %	111 %	144 %	162 %	179 %	183 %
Wienerberger	100 %	96 %	105 %	130 %	147 %	156 %
Lenzing	100 %	145 %	176 %	172 %	157 %	153 %
RHI	100 %	123 %	142 %	148 %	142 %	139 %
voestalpine	100 %	128 %	141 %	135 %	131 %	131 %
Mayr Melnhof	100 %	111 %	122 %	122 %	125 %	130 %
Zumtobel	100 %	110 %	115 %	112 %	112 %	118 %
Post	100 %	96 %	100 %	100 %	100 %	101 %
Telekom	100 %	97 %	93 %	90 %	87 %	84 %
Verbund	100 %	95 %	87 %	91 %	94 %	81 %
ATX-Durchschnitt	**100 %**	**119 %**	**147 %**	**167 %**	**167 %**	**152 %**
Kapsch	100 %	180 %	255 %	226 %	225 %	
Ottakringer	100 %	165 %	218 %	223 %	222 %	225 %
MIBA	100 %	140 %	191 %	195 %	196 %	214 %
Palfinger	100 %	129 %	168 %	185 %	194 %	210 %
DO&CO	100 %	121 %	132 %	163 %	180 %	225 %
AT&S	100 %	131 %	138 %	146 %	159 %	179 %
KTM	100 %	101 %	116 %	135 %	157 %	190 %
Pankl Racing Systems	100 %	99 %	118 %	144 %	157 %	185 %
Semperit	100 %	117 %	139 %	141 %	154 %	158 %
Agrana	100 %	109 %	130 %	154 %	153 %	125 %
AMAG	100 %	141 %	157 %	157 %	152 %	159 %
Rosenbauer	100 %	110 %	100 %	119 %	136 %	145 %
Bene	100 %	141 %	160 %	177 %	135 %	
BWT	100 %	115 %	119 %	125 %	127 %	126 %
Manner	100 %	103 %	110 %	114 %	123 %	114 %
ATB Austria	100 %	100 %	110 %	109 %	111 %	109 %
Porr	100 %	90 %	90 %	94 %	110 %	
Wolford	100 %	106 %	107 %	108 %	108 %	
Schlumberger	100 %	102 %	102 %	98 %	107 %	
EVN	100 %	101 %	100 %	104 %	101 %	72 %
Rath AG	100 %	96 %	105 %	112 %	101 %	99 %
Strabag	100 %	99 %	109 %	103 %	99 %	99 %
Polytec	100 %	127 %	108 %	79 %	79 %	81 %
Nicht-ATX-Durchschnitt	**100 %**	**104 %**	**114 %**	**115 %**	**116 %**	
Gesamtdurchschnitt	**100 %**	**114 %**	**136 %**	**149 %**	**149 %**	

Abb 22: Umsatz in % (Basis Krisenjahr 2009)

Umsatz je Mitarbeiter (TEUR)									
Unternehmen	2007	2008	2009	2010	2011	2012	2013	2014	Durch-schnitt
Verbund	1.245	1.474	1.235	1.097	994	1.024	1.004	874	1.118
OMV	595	619	517	743	1.143	1.488	1.579	1.408	1.011
Schoeller Bleckmann	260	279	238	241	280	322	293	287	275
Telekom	279	305	290	282	259	263	261	247	273
Lenzing	209	224	202	270	325	297	286	293	263
Andritz	273	263	245	242	274	290	241	236	258
voestalpine	227	266	203	242	259	249	233	236	240
Mayr Melnhof	201	210	197	205	221	221	211	222	211
RHI	201	206	178	210	222	232	216	215	210
Wienerberger	168	160	143	147	161	180	193	191	168
Zumtobel	162	163	152	157	172	174	171	181	167
Post	90	90	91	90	101	98	98	99	95
ATX-Durchschnitt	**326**	**355**	**308**	**327**	**368**	**403**	**399**	**374**	**357**
Schlumberger	865	885	968	1.042	1.022	941	1.042		967
AMAG			436	620	572	546	503	502	530
KTM	318	282	262	290	300	360	387	403	325
Agrana	232	246	251	263	323	363	347	286	289
EVN	234	257	305	322	331	375	367	82	284
Ottakringer	344	385	276	199	265	263	269	262	283
Rosenbauer	258	279	286	296	259	277	289	280	278
Manner	183	221	214	231	247	263	286	261	238
Porr	192	219	207	190	208	216	232		209
Kapsch	225	212	211	179	203	162	147		191
BWT	169	172	148	163	178	184	192	195	175
Strabag	162	167	166	168	178	175	171	171	170
Bene	177	171	140	134	146	154	151		153
Palfinger	177	170	112	140	151	151	149	132	148
MIBA	143	131	119	143	160	147	142	141	141
Rath AG	130	139	141	136	142	141	130	141	138
Polytec	103	95	110	131	141	135	136	137	124
Pankl Racing Systems	116	108	106	108	107	112	114	128	113
DO&CO	94	101	100	112	112	102	87	92	100
Semperit	85	93	91	98	102	87	88	135	97
Wolford	92	96	99	92	95	97	100		96
ATB Austria	68	61	73	76	95	96	96	91	82
AT&S	76	80	63	65	69	77	83	82	74
Nicht-ATX-Durchschnitt	**202**	**208**	**212**	**226**	**235**	**236**	**239**	**196**	**220**
Gesamtdurchschnitt	**246**	**260**	**245**	**261**	**280**	**293**	**294**	**267**	**268**

Abb 23: Umsatz je Mitarbeiter in TEUR (börsennotierte Unternehmen Österreich)

Investitionsquote (%) = (Investitionen in Sachanlagen und immaterielles Vermögen/Umsatz) × 100									
Unternehmen	2007	2008	2009	2010	2011	2012	2013	2014	Durch-schnitt
Telekom	17,3 %	15,6 %	14,8 %	16,4 %	16,6 %	16,8 %	42,5 %	18,9 %	19,9 %
Verbund	8,0 %	11,3 %	13,2 %	20,5 %	18,7 %	20,8 %	17,1 %	16,2 %	15,7 %
Schoeller Bleckmann	20,8 %	11,8 %	13,0 %	8,2 %	9,1 %	10,4 %	13,7 %	9,2 %	12,0 %
Lenzing	10,8 %	11,9 %	12,3 %	13,0 %	9,0 %	15,2 %	12,9 %	2,9 %	11,0 %
OMV	11,6 %	12,6 %	12,3 %	9,0 %	7,2 %	5,8 %	11,2 %	10,7 %	10,1 %
Wienerberger	12,9 %	16,1 %	7,1 %	5,7 %	6,0 %	5,2 %	4,0 %	4,5 %	7,7 %
voestalpine	8,3 %	8,4 %	7,2 %	4,3 %	4,6 %	6,4 %	7,9 %	9,5 %	7,1 %
Mayr Melnhof	5,5 %	5,6 %	3,8 %	4,9 %	6,4 %	5,3 %	5,8 %	6,0 %	5,4 %
RHI	5,4 %	4,8 %	3,4 %	3,8 %	4,9 %	9,1 %	5,1 %	4,4 %	5,1 %
Zumtobel	5,1 %	5,5 %	4,4 %	4,7 %	4,5 %	4,8 %	5,3 %	5,8 %	5,0 %
Post	4,5 %	4,4 %	2,9 %	2,4 %	3,6 %	2,2 %	4,5 %	3,9 %	3,5 %
Andritz	1,7 %	1,9 %	2,2 %	1,9 %	1,7 %	2,1 %	2,0 %	1,8 %	1,9 %
ATX-Durchschnitt	**9,3 %**	**9,2 %**	**8,1 %**	**7,9 %**	**7,7 %**	**8,7 %**	**11,0 %**	**7,8 %**	**8,7 %**
AT&S	21,2 %	13,1 %	5,2 %	23,6 %	22,0 %	7,5 %	15,3 %	24,7 %	16,6 %
EVN	12,4 %	17,3 %	15,2 %	14,3 %	15,2 %	10,8 %	11,9 %	19,6 %	14,6 %
Ottakringer	9,2 %	6,6 %	9,3 %	9,0 %	8,2 %	8,3 %	10,9 %	23,7 %	10,7 %
Pankl Racing Systems	8,7 %	14,0 %	6,4 %	5,0 %	6,1 %	20,3 %	13,6 %	10,1 %	10,5 %
AMAG			5,7 %	6,0 %	5,5 %	9,7 %	16,2 %	14,6 %	9,6 %
MIBA	9,3 %	11,5 %	6,3 %	7,9 %	7,9 %	8,4 %	10,1 %	7,7 %	8,6 %
KTM	8,5 %	13,3 %	7,9 %	7,6 %	7,2 %	9,2 %	8,1 %	6,2 %	8,5 %
DO&CO	2,5 %	6,9 %	3,8 %	3,6 %	4,7 %	6,1 %	6,8 %	22,5 %	7,1 %
Bene	6,9 %	11,3 %	11,8 %	3,6 %	4,5 %	4,1 %	1,8 %		6,3 %
Wolford	5,0 %	10,0 %	5,8 %	4,0 %	5,4 %	3,7 %	4,8 %		5,5 %
Semperit	4,1 %	4,2 %	3,9 %	7,6 %	5,5 %	5,0 %	5,5 %	8,0 %	5,5 %
Rath AG	10,8 %	8,3 %	3,3 %	3,5 %	7,1 %	3,4 %	3,2 %	3,7 %	5,4 %
ATB Austria	4,3 %	5,0 %	6,4 %	3,1 %	2,9 %	4,7 %	5,8 %	6,4 %	4,8 %
Palfinger	9,1 %	6,1 %	2,7 %	2,9 %	2,9 %	4,3 %	3,9 %	5,7 %	4,7 %
BWT	3,5 %	4,0 %	2,4 %	3,2 %	4,5 %	7,2 %	6,8 %	5,0 %	4,6 %
Agrana	11,0 %	3,6 %	2,4 %	2,6 %	3,8 %	4,9 %	4,5 %	3,7 %	4,6 %
Manner	2,8 %	2,7 %	3,2 %	2,3 %	6,2 %	2,4 %	3,9 %	12,6 %	4,5 %
Strabag	5,5 %	7,2 %	4,1 %	4,5 %	3,5 %	3,5 %	3,1 %	2,8 %	4,3 %
Porr	2,1 %	3,4 %	3,8 %	5,4 %	5,9 %	5,2 %	2,2 %		4,0 %
Kapsch	2,2 %	11,1 %	2,2 %	2,1 %	2,4 %	4,1 %	3,2 %		3,9 %
Polytec	3,9 %	5,1 %	3,4 %	2,2 %	2,7 %	3,3 %	3,6 %	6,1 %	3,8 %
Schlumberger	2,5 %	3,2 %	12,8 %	1,6 %	0,7 %	1,3 %	1,0 %		3,3 %
Rosenbauer	1,7 %	2,4 %	2,9 %	1,5 %	2,0 %	2,1 %	3,3 %	6,4 %	2,8 %
Nicht-ATX-Durchschnitt	**6,7 %**	**7,7 %**	**5,7 %**	**5,5 %**	**5,9 %**	**6,1 %**	**6,5 %**	**10,5 %**	**6,7 %**
Gesamtdurchschnitt	**7,6 %**	**8,2 %**	**6,5 %**	**6,3 %**	**6,5 %**	**7,0 %**	**8,0 %**	**9,4 %**	**7,4 %**

Abb 24: Investitionsquote in % (börsennotierte Unternehmen Österreich)

EBIT-Marge (%) = (EBIT/Umsatz) × 100									
Unternehmen	2007	2008	2009	2010	2011	2012	2013	2014	Durch-schnitt
Verbund	30,2 %	30,4 %	29,9 %	25,0 %	34,0 %	28,4 %	4,5 %	13,6 %	24,5 %
Schoeller Bleckmann	24,0 %	22,6 %	11,2 %	16,1 %	22,1 %	23,7 %	19,7 %	13,8 %	19,1 %
Lenzing	12,9 %	9,8 %	9,4 %	13,1 %	17,0 %	11,1 %	4,5 %	1,2 %	9,9 %
Mayr Melnhof	9,8 %	7,9 %	9,4 %	9,1 %	8,7 %	8,5 %	8,3 %	8,6 %	8,8 %
RHI	11,3 %	9,3 %	4,4 %	8,3 %	8,6 %	9,1 %	6,3 %	6,4 %	8,0 %
OMV	10,9 %	9,2 %	7,9 %	10,0 %	7,3 %	7,3 %	6,4 %	2,9 %	7,7 %
voestalpine	11,0 %	8,4 %	4,1 %	9,0 %	5,8 %	7,3 %	7,1 %	7,9 %	7,6 %
Post	7,0 %	6,9 %	6,3 %	7,0 %	7,1 %	7,7 %	7,9 %	8,3 %	7,3 %
Telekom	15,5 %	2,3 %	7,2 %	9,4 %	-0,2 %	10,6 %	9,0 %	-0,1 %	6,7 %
Andritz	6,1 %	6,1 %	4,6 %	6,9 %	6,8 %	6,5 %	1,6 %	5,0 %	5,4 %
Zumtobel	9,6 %	6,7 %	4,6 %	6,4 %	2,7 %	1,7 %	1,0 %	3,1 %	4,5 %
Wienerberger	14,3 %	6,5 %	-14,2 %	0,6 %	2,0 %	-0,9 %	2,4 %	-3,8 %	0,9 %
ATX-Durchschnitt	**13,5 %**	**10,5 %**	**7,1 %**	**10,1 %**	**10,2 %**	**10,1 %**	**6,6 %**	**5,6 %**	**9,2 %**
AMAG			11,6 %	12,9 %	12,7 %	10,2 %	9,2 %	7,2 %	10,6 %
Kapsch	18,8 %	14,5 %	11,3 %	12,6 %	7,7 %	3,4 %	4,2 %		10,3 %
Semperit	10,5 %	9,0 %	11,8 %	11,9 %	9,8 %	8,7 %	9,7 %	9,5 %	10,1 %
MIBA	7,1 %	9,2 %	5,3 %	12,5 %	11,2 %	11,5 %	11,5 %	12,2 %	10,1 %
AT&S	8,7 %	-0,2 %	6,9 %	9,5 %	8,2 %	5,8 %	9,1 %	13,5 %	7,7 %
Palfinger	15,2 %	9,3 %	-0,6 %	5,7 %	8,0 %	7,3 %	7,6 %	6,3 %	7,3 %
Rosenbauer	6,0 %	6,5 %	5,4 %	8,3 %	7,7 %	6,0 %	5,7 %	6,2 %	6,5 %
Pankl Racing Systems	10,1 %	8,3 %	2,1 %	4,2 %	6,7 %	8,1 %	4,4 %	7,2 %	6,4 %
BWT	9,1 %	7,1 %	6,7 %	6,8 %	4,5 %	4,4 %	4,5 %	5,1 %	6,0 %
Ottakringer	5,9 %	6,5 %	6,1 %	8,8 %	6,5 %	5,2 %	4,7 %	4,0 %	6,0 %
DO&CO	4,1 %	2,2 %	5,3 %	6,6 %	6,9 %	7,2 %	7,3 %	6,7 %	5,8 %
Agrana	5,4 %	1,7 %	4,4 %	5,9 %	9,0 %	7,1 %	5,8 %	4,9 %	5,5 %
KTM	7,0 %	3,3 %	-7,0 %	4,9 %	5,9 %	6,0 %	7,7 %	8,7 %	4,6 %
EVN	8,8 %	7,0 %	6,4 %	6,8 %	8,1 %	7,8 %	7,9 %	-17,3 %	4,5 %
Polytec	6,2 %	1,8 %	-5,0 %	3,5 %	6,5 %	5,8 %	4,5 %	4,2 %	3,4 %
Rath AG	4,6 %	2,4 %	1,2 %	3,6 %	4,9 %	2,6 %	1,7 %	6,0 %	3,4 %
Wolford	7,2 %	1,5 %	3,1 %	4,8 %	4,5 %	-0,6 %	-3,0 %		2,5 %
Manner	0,7 %	2,7 %	4,6 %	2,6 %	2,0 %	2,4 %	3,5 %	0,8 %	2,4 %
Strabag	3,2 %	2,2 %	2,3 %	2,4 %	2,4 %	1,6 %	2,1 %	2,3 %	2,3 %
Porr	3,1 %	2,7 %	2,6 %	2,2 %	-1,8 %	2,3 %	3,3 %		2,0 %
Schlumberger	2,2 %	1,0 %	1,4 %	2,1 %	2,0 %	0,7 %	2,3 %		1,7 %
ATB Austria	-6,0 %	-0,7 %	0,2 %	-28,7 %	12,4 %	4,9 %	7,4 %	2,8 %	-1,0 %
Bene	6,0 %	-2,3 %	-10,5 %	-4,8 %	0,9 %	-8,1 %	-14,8 %		-4,8 %
Nicht-ATX Durchschnitt	**6,5 %**	**4,3 %**	**3,3 %**	**4,6 %**	**6,4 %**	**4,8 %**	**4,6 %**	**5,0 %**	**4,9 %**
Gesamtdurchschnitt	**9,0 %**	**6,5 %**	**4,6 %**	**6,5 %**	**7,7 %**	**6,6 %**	**5,3 %**	**5,2 %**	**6,4 %**

Abb 25: EBIT-Marge in % (börsennotierte Unternehmen Österreich)

EBITDA-Marge (%) = (EBITDA/Umsatz) × 100								
Unternehmen	2007	2008	2009	2010	2011	2012	2013	2014	Durch-schnitt
Verbund	36,2 %	35,3 %	35,9 %	32,0 %	35,3 %	38,9 %	39,6 %	28,5 %	35,2 %
Telekom	37,7 %	37,0 %	37,7 %	35,4 %	34,3 %	33,6 %	30,8 %	32,0 %	34,8 %
Schoeller Bleckmann	29,3 %	29,4 %	24,4 %	27,7 %	30,6 %	31,4 %	29,8 %	30,6 %	29,1 %
Lenzing	18,2 %	15,1 %	15,4 %	18,7 %	22,4 %	16,9 %	11,8 %	12,9 %	16,4 %
Wienerberger	22,3 %	16,3 %	8,7 %	12,1 %	28,2 %	10,4 %	10,4 %	11,2 %	14,9 %
OMV	15,8 %	14,2 %	15,3 %	16,7 %	12,1 %	12,0 %	11,5 %	11,4 %	13,6 %
voestalpine	17,5 %	14,6 %	11,7 %	14,7 %	10,8 %	12,4 %	12,3 %	13,7 %	13,5 %
Mayr Melnhof	14,7 %	12,5 %	14,3 %	13,3 %	12,9 %	12,8 %	12,6 %	12,9 %	13,3 %
RHI	14,8 %	13,5 %	9,2 %	11,3 %	11,6 %	12,5 %	14,9 %	11,6 %	12,4 %
Post	12,6 %	13,2 %	11,4 %	11,6 %	12,0 %	11,5 %	12,9 %	14,1 %	12,4 %
Zumtobel	12,6 %	10,4 %	8,6 %	10,4 %	6,9 %	6,4 %	6,4 %	7,6 %	8,7 %
Andritz	7,6 %	7,7 %	6,8 %	8,6 %	8,4 %	8,1 %	4,5 %	8,1 %	7,5 %
ATX-Durchschnitt	**19,9 %**	**18,3 %**	**16,6 %**	**17,7 %**	**18,8 %**	**17,2 %**	**16,5 %**	**17,0 %**	**17,8 %**
AT&S	16,4 %	11,6 %	9,3 %	19,7 %	20,1 %	18,8 %	22,1 %	25,1 %	17,9 %
AMAG			20,3 %	19,1 %	18,4 %	16,4 %	15,6 %	13,9 %	17,3 %
MIBA	14,1 %	16,9 %	14,6 %	19,4 %	17,1 %	17,7 %	17,8 %	18,5 %	17,0 %
EVN	15,7 %	15,1 %	13,7 %	15,1 %	17,4 %	16,7 %	16,6 %	9,3 %	15,0 %
Semperit	15,7 %	13,4 %	17,5 %	16,3 %	13,4 %	13,1 %	14,6 %	14,6 %	14,8 %
Pankl Racing Systems	17,2 %	15,9 %	12,0 %	13,7 %	14,4 %	15,7 %	12,5 %	14,7 %	14,5 %
Kapsch	21,0 %	17,5 %	14,8 %	16,1 %	11,0 %	7,0 %	7,6 %		13,6 %
Ottakringer	13,4 %	13,6 %	13,7 %	16,3 %	13,9 %	12,0 %	12,3 %	11,7 %	13,4 %
KTM	11,5 %	8,3 %	8,7 %	11,9 %	12,2 %	11,1 %	12,2 %	13,0 %	11,1 %
Palfinger	17,4 %	12,9 %	3,7 %	9,2 %	11,4 %	10,5 %	10,8 %	9,8 %	10,7 %
DO&CO	8,5 %	7,4 %	10,2 %	10,8 %	11,0 %	10,1 %	10,4 %	10,2 %	9,8 %
BWT	11,4 %	9,8 %	11,4 %	10,2 %	8,2 %	8,1 %	8,1 %	9,0 %	9,5 %
Agrana	9,8 %	5,9 %	8,9 %	9,6 %	12,0 %	10,4 %	8,5 %	7,3 %	9,0 %
Rath AG							6,5 %	11,0 %	8,7 %
Wolford	11,5 %	6,5 %	8,7 %	10,3 %	9,9 %	5,0 %	2,2 %		7,7 %
Rosenbauer						7,4 %	7,1 %	7,8 %	7,4 %
Polytec	9,6 %	6,5 %	1,7 %	7,1 %	9,3 %	8,6 %	7,6 %	7,4 %	7,2 %
Manner	6,5 %	8,0 %	9,8 %	7,3 %	5,9 %	6,5 %	7,4 %	4,9 %	7,1 %
Strabag	6,0 %	5,3 %	5,5 %	5,9 %	5,4 %	4,7 %	5,6 %	5,8 %	5,5 %
ATB Austria	0,0 %	0,7 %	5,5 %	4,3 %	6,3 %	8,0 %	8,6 %	6,0 %	4,9 %
Porr	5,4 %	4,8 %	4,8 %	4,6 %	0,5 %	4,5 %	5,7 %		4,3 %
Schlumberger	2,2 %								2,2 %
Bene	8,6 %	10,2 %	-4,3 %	0,3 %	5,2 %	-3,8 %	-7,7 %		1,2 %
Nicht–ATX-Durchschnitt	**11,1 %**	**10,0 %**	**9,5 %**	**11,4 %**	**11,2 %**	**9,9 %**	**9,6 %**	**11,1 %**	**10,5 %**
Gesamtdurchschnitt	**14,4 %**	**13,2 %**	**12,2 %**	**13,7 %**	**14,0 %**	**12,6 %**	**12,0 %**	**13,2 %**	**13,2 %**

Abb 26: EBITDA-Marge in % (börsennotierte Unternehmen Österreich)

ROCE (%) – (Bei Leerzellen leider keine Werte verfügbar!)									
Unternehmen	2007	2008	2009	2010	2011	2012	2013	2014	Durch-schnitt
Schoeller Bleckmann	35,1 %	32,2 %	9,8 %	16,7 %	26,8 %	32,1 %	22,7 %	15,2 %	23,8 %
Post	16,9 %	17,4 %	16,5 %	19,3 %	22,7 %	25,6 %	25,3 %	26,4 %	21,3 %
Mayr Melnhof	20,4 %	16,1 %	16,9 %	18,9 %	18,6 %	17,5 %	15,4 %	15,5 %	17,4 %
Lenzing	17,5 %	10,0 %	8,6 %	18,4 %	23,3 %	13,7 %	3,7 %	-0,1 %	11,9 %
RHI	18,3 %	15,4 %	6,0 %	14,5 %	14,5 %	11,6 %	7,3 %	6,5 %	11,8 %
OMV	16,0 %	12,0 %	6,0 %	10,0 %	11,0 %	11,0 %	11,0 %	4,0 %	10,1 %
voestalpine	13,4 %	11,8 %	4,4 %	12,4 %	8,6 %	10,4 %	9,6 %	10,0 %	10,1 %
Verbund	15,9 %	16,7 %	12,9 %	8,2 %	6,9 %	6,3 %	4,8 %	3,2 %	9,4 %
Telekom	8,6 %	1,2 %	4,8 %	6,2 %	-0,1 %	3,8 %			4,1 %
Wienerberger	10,1 %	6,2 %	0,2 %	0,2 %	0,9 %	0,4 %	1,3 %	2,6 %	2,7 %
Zumtobel									
Andritz									
ATX-Durchschnitt	**17,2 %**	**13,9 %**	**8,6 %**	**12,5 %**	**13,3 %**	**13,2 %**	**11,2 %**	**9,3 %**	**12,5 %**
Rosenbauer	24,1 %	28,7 %	18,4 %	27,6 %	19,6 %	14,5 %	14,8 %	14,2 %	20,2 %
DO&CO	9,1 %	5,8 %	15,5 %	33,3 %					15,9 %
Polytec	23,9 %	4,6 %	-9,0 %	19,9 %	29,6 %	22,8 %	15,3 %	13,7 %	15,1 %
Semperit		12,0 %	13,6 %	14,2 %	13,8 %				13,4 %
AMAG			10,8 %	16,9 %	17,5 %	13,4 %	10,1 %	9,4 %	13,0 %
BWT	18,6 %	14,0 %	12,2 %	13,4 %	8,5 %	8,3 %	7,0 %	7,3 %	11,2 %
Palfinger	25,7 %	13,1 %	0,0 %	7,1 %	11,1 %	10,2 %	9,8 %	7,4 %	10,6 %
Agrana	8,2 %	2,8 %	6,9 %	9,3 %	14,4 %	13,4 %	10,4 %	6,7 %	9,0 %
Pankl Racing Systems	12,0 %	9,0 %	3,0 %	5,0 %	6,0 %	6,0 %	3,0 %	6,0 %	6,3 %
Porr	10,0 %	9,6 %	8,2 %	6,6 %	-5,1 %				5,9 %
AT&S	10,4 %	-1,7 %	-7,5 %	9,8 %	7,7 %	5,5 %	10,2 %	12,0 %	5,8 %
Strabag	8,5 %	5,3 %	5,7 %	5,4 %	6,3 %	4,0 %	4,6 %	4,3 %	5,5 %
EVN	7,1 %	6,3 %	5,4 %	5,6 %	5,7 %	5,8 %	4,3 %	2,9 %	5,4 %
Rath AG	4,3 %	2,0 %	2,4 %	7,4 %	8,4 %	4,1 %	2,0 %	11,0 %	5,2 %
Manner	1,1%	4,8 %	7,8 %	4,7 %	3,4 %	4,3 %	6,3 %	1,2 %	4,2 %
Wolford	7,2 %	1,3 %	3,0 %						3,8 %
Schlumberger									
KTM									
ATB Austria									
Kapsch									
Bene									
Ottakringer									
MIBA									
Nicht-ATX-Durchschnitt	**12,2 %**	**7,8 %**	**6,0 %**	**12,4 %**	**10,5 %**	**9,4 %**	**8,2 %**	**8,0 %**	**9,3 %**
Gesamtdurchschnitt	**14,3 %**	**10,3 %**	**7,0 %**	**12,4 %**	**11,7 %**	**11,1 %**	**9,5 %**	**8,5 %**	**10,6 %**

Abb 27: ROCE in % (börsennotierte Unternehmen Österreich)

Eigenkapitalrentabilität, Return on Equity: ROE (%) (Ergebnis nach Steuern/Durchschnittliches Eigenkapital) × 100									
Unternehmen	2007	2008	2009	2010	2011	2012	2013	2014	Durch-schnitt
RHI		87,0 %	11,7 %	39,7 %	31,8 %	24,6 %	13,0 %	10,7 %	31,2 %
Andritz	28,6 %	26,4 %	15,6 %	24,6 %	26,6 %	24,7 %	6,8 %	21,7 %	21,9 %
Post	16,3 %	16,8 %	13,9 %	20,7 %	21,3 %	21,0 %	17,6 %	20,9 %	18,6 %
Schoeller Bleckmann		28,0 %	6,7 %	11,0 %	18,4 %	22,5 %	16,4 %	12,9 %	16,6 %
Verbund	26,8 %	27,3 %	22,4 %	12,9 %	10,0 %	10,0 %	12,2 %	3,3 %	15,6 %
Lenzing	20,8 %	13,2 %	11,0 %	24,9 %	29,6 %	16,8 %	4,5 %	-1,3 %	14,9 %
OMV	19,0 %	16,0 %	7,0 %	11,0 %	13,0 %	12,8 %	11,9 %	4,2 %	11,9 %
Mayr Melnhof	13,1 %	10,5 %	10,4 %	11,3 %	11,9 %	11,7 %	11,3 %	11,9 %	11,5 %
voestalpine		14,3 %	4,4 %	13,3 %	8,7 %	10,5 %	10,1 %	11,5 %	10,4 %
Telekom	18,3 %	-2,1 %	5,0 %	12,6 %	-21,4 %	12,2 %	9,4 %	-10,1 %	3,0 %
Zumtobel		2,9 %	-17,8 %	14,3 %	4,1 %	1,7 %	-1,4 %	3,7 %	1,1 %
Wienerberger	11,1 %	4,1 %	-10,2 %	-1,4%	0,4 %	-0,4 %	-0,3 %	-7,9 %	-0,6 %
ATX-Durchschnitt	**19,2 %**	**20,4 %**	**6,7 %**	**16,2 %**	**12,9 %**	**14,0 %**	**9,3 %**	**7,1 %**	**13,0 %**
Rosenbauer		30,5 %	18,4 %	34,9 %	23,4 %	20,4 %	17,3 %	19,0 %	23,4 %
Bene		6,8 %	-28,8 %	-27,4 %	-6,5 %	-152,4 %	305,9 %		16,3 %
Kapsch	35,8 %	12,3 %	24,1 %	15,8 %	12,3 %	6,8 %	1,3 %		15,5 %
MIBA		11,1 %	6,1 %	18,5 %	17,2 %	16,1 %	15,1 %	15,7 %	14,3 %
Palfinger	29,1 %	15,9 %	-2,4 %	8,9 %	14,1 %	12,7 %	13,0 %	10,4 %	12,7 %
Semperit		11,0 %	11,7 %	13,7 %	14,2 %	11,8 %	13,4 %	11,5 %	12,5 %
AMAG			9,1 %	14,9 %	16,7 %	13,1 %	9,9 %	9,8 %	12,3 %
DO&CO	8,5 %	2,6 %	11,1 %	12,6 %	12,0 %	12,5 %	17,4 %	20,5 %	12,2 %
BWT	20,2 %	15,4 %	15,9 %	14,4 %	8,4 %	8,7 %	6,3 %	6,1 %	11,9 %
Agrana		-1,8 %	8,4 %	9,4 %	15,3 %	13,7 %	9,1 %	7,2 %	8,8 %
Ottakringer	6,9 %	6,0 %	5,9 %	10,9 %	11,1 %	10,8 %	8,7 %	6,6 %	8,4 %
Manner		6,1 %	12,7 %	6,9 %	5,5 %	7,1 %	11,0 %	2,0 %	7,3 %
Pankl Racing Systems		10,4 %	1,8 %	5,2 %	6,9 %	8,8 %	3,6 %	9,5 %	6,6 %
Strabag		5,5 %	6,1 %	6,0 %	7,5 %	3,5 %	4,9 %	4,6 %	5,4 %
AT&S		-2,4 %	-16,3 %	16,0 %	10,3 %	5,0 %	11,0 %	13,9 %	5,4 %
EVN	9,0 %	7,4 %	6,3 %	7,4 %	7,6 %	7,6 %	5,2 %	-9,5 %	5,1 %
Porr	8,7 %	10,4 %	7,3 %	3,5 %	-18,0 %	5,8 %	15,7 %		4,8 %
Polytec		1,9 %	-83,2 %	34,4%	34,0 %	17,7 %	11,1 %	10,1 %	3,7 %
KTM		3,0 %	-49,1 %	7,3 %	10,6 %	10,7 %	13,6 %	18,7 %	2,1 %
Wolford	9,1 %	-1,5 %	3,3 %	6,8 %	1,5 %	-3,4 %	-3,7 %		1,7 %
Rath AG		-4,1 %	-1,5 %	0,6 %	6,8 %	1,6 %	-0,4 %	8,2 %	1,6 %
Schlumberger	15,9 %	7,5 %	10,0%	10,0 %	7,5 %	-64,9 %	12,6 %		-0,2 %
ATB Austria		-89,0 %	-44,4 %	-235,4 %	56,3 %	21,0 %	25,5 %	9,6 %	-36,6 %
Nicht-ATX-Durchschn	**15,9 %**	**2,9 %**	**-2,9 %**	**-0,2 %**	**11,9 %**	**-0,2 %**	**22,9 %**	**9,7 %**	**6,7 %**
Gesamtdurchschnitt	**17,5 %**	**9,1 %**	**0,4 %**	**5,4 %**	**12,3 %**	**4,6 %**	**18,3 %**	**8,5 5%**	**9,0 %**

Abb 28: ROE in % (börsennotierte Unternehmen Österreich)

Eigenkapitalquote (%) = (Eigenkapital/Gesamtkapital) × 100								
Unternehmen	2007	2008	2009	2010	2011	2012	2013	2014	Durch-schnitt
Mayr Melnhof	61 %	64 %	69 %	65 %	64 %	67 %	65 %	62 %	65 %
Wienerberger	62 %	57 %	62 %	62 %	61 %	57 %	54 %	52 %	58 %
Schoeller Bleckmann	54 %	51 %	54 %	48 %	51 %	52 %	54 %	57 %	53 %
OMV	49 %	44 %	47 %	43 %	47 %	48 %	46 %	43 %	46 %
Lenzing	45 %	43 %	42 %	39 %	45 %	43 %	45 %	44 %	43 %
Post	42 %	40 %	38 %	40 %	42 %	42 %	43 %	42 %	41 %
Verbund	36 %	38 %	33 %	39 %	41 %	41 %	43 %	43 %	39 %
Zumtobel	45 %	41 %	35 %	37 %	36 %	36 %	33 %	30 %	36 %
voestalpine	34 %	33 %	35 %	36 %	38 %	39 %	42 %	38 %	37 %
RHI	6 %	12 %	16 %	22 %	26 %	26 %	28 %	27 %	20 %
Telekom	28 %	24 %	19 %	20 %	12 %	11 %	19 %	27 %	20 %
Andritz	19 %	19 %	20 %	20 %	21 %	20 %	17 %	17 %	19 %
ATX-Durchschnitt	**40 %**	**39 %**	**39 %**	**39 %**	**40 %**	**40 %**	**41 %**	**40 %**	**40 %**
AMAG			60 %	62 %	62 %	62 %	63 %	57 %	61 %
Semperit	70 %	72 %	58 %	59 %	62 %	49 %	48 %	54 %	59 %
Ottakringer	75 %	77 %	61 %	52 %	54 %	51 %	52 %	49 %	59 %
MIBA	54 %	58 %	60 %	55 %	55 %	53 %	55 %	57 %	56 %
Wolford	51 %	50 %	55 %	58 %	58 %	55 %	54 %		54 %
Pankl Racing Systems	51 %	47 %	51 %	54 %	54 %	46 %	40 %	42 %	48 %
DO&CO	40 %	45 %	50 %	57 %	56 %	55 %	40 %	42 %	48 %
BWT	45 %	49 %	49 %	51 %	49 %	48 %	48 %	42 %	48 %
Palfinger	55 %	48 %	50 %	47 %	48 %	45 %	45 %	41 %	47 %
Agrana	42 %	41 %	48 %	48 %	45 %	47 %	49 %	50 %	46 %
EVN	48 %	48 %	47 %	45 %	46 %	44 %	43 %	38 %	45 %
Kapsch	45 %	41 %	57 %	43 %	46 %	42 %	38 %		44 %
AT&S	46 %	47 %	43 %	40 %	41 %	42 %	43 %	50 %	44 %
Rath AG	45 %	41 %	42 %	44 %	43 %	43 %	43 %	47 %	43 %
KTM	41 %	35 %	28 %	36 %	45 %	49 %	49 %	47 %	41 %
Manner	31 %	35 %	41 %	43 %	40 %	41 %	41 %	38 %	39 %
Rosenbauer	32 %	37 %	33 %	43 %	41 %	39 %	45 %	34 %	38 %
Polytec	36 %	15 %	19 %	28 %	46 %	51 %	50 %	34 %	35 %
Schlumberger	40 %	39 %	34 %	34 %	37 %	22 %	23 %		33 %
Strabag	40 %	31 %	32 %	31 %	30 %	31 %	31 %	31 %	32 %
Bene	49 %	47 %	32 %	26 %	25 %	2 %	-23 %		23 %
ATB Austria	9 %	14 %	15 %	16 %	26 %	31 %	35 %	34 %	23 %
Porr	20 %	19 %	24 %	22 %	14 %	16 %	15 %		19 %
Nicht–ATX-Durchschnitt	**44 %**	**43 %**	**43 %**	**43 %**	**44 %**	**42 %**	**40 %**	**44 %**	**43 %**
Gesamtdurchschnitt	**42 %**	**41 %**	**42 %**	**42 %**	**43 %**	**41 %**	**40 %**	**42 %**	**42 %**

Abb 29: Eigenkapitalquote in % (börsennotierte Unternehmen Österreich)

Verschuldungsgrad, Gearing Ratio (%) = (Nettofinanzverschuldung/Eigenkapital) × 100								
Unternehmen	2007	2008	2009	2010	2011	2012	2013	2014	Durch-schnitt
Telekom	172 %	185 %	224 %	224 %	383 %	397 %	244 %	121 %	244 %
RHI	570 %	248 %	124 %	106 %	82 %	87 %	87 %	95 %	175 %
Verbund	79 %	88 %	140 %	97 %	82 %	65 %	66 %	77 %	87 %
voestalpine	83 %	88 %	72 %	58 %	53 %	45 %	46 %	58 %	63 %
Lenzing	39 %	60 %	52 %	41 %	15 %	31 %	46 %	43 %	41 %
Zumtobel	26 %	40 %	39 %	37 %	38 %	32 %	39 %	46 %	37 %
OMV	24 %	37 %	33 %	46 %	34 %	26 %	30 %	34 %	33 %
Wienerberger	21 %	36 %	16 %	15 %	15 %	25 %	24 %	30 %	23 %
Post	20 %	36 %	34 %	18 %	9 %	10 %	16 %	14 %	20 %
Schoeller Bleckmann	27 %	33 %	20 %	18 %	14 %	9 %	4 %	8 %	17 %
Mayr Melnhof									
Andritz	-20 %	-42 %	-76 %	-125 %	-128 %	-103 %	-63 %	-65 %	-78 %
ATX-Durchschnitt	**95 %**	**74 %**	**62 %**	**49 %**	**54 %**	**57 %**	**49 %**	**42 %**	**60 %**
Bene	-9 %	12 %	25 %	19 %	43 %	1722 %	-295 %		217 %
ATB Austria	597 %	296 %	287 %	147 %	65 %	57 %	54 %	64 %	196 %
Porr	135 %	146 %	100 %	92 %	210 %	182 %	103 %		138 %
KTM	78 %	101 %	181 %	92 %	57 %	39 %	29 %	27 %	76 %
AT&S	62 %	69 %	71 %	84 %	86 %	71 %	28 %	22 %	62 %
Pankl Racing Systems	22 %	47 %	57 %	40 %	50 %	67 %	100 %	92 %	59 %
Palfinger	27 %	54 %	52 %	50 %	47 %	60 %	56 %	77 %	53 %
Polytec	18 %	224 %	114 %	31 %	15 %	11 %	-8 %	8 %	51 %
EVN	27 %	35 %	44 %	48 %	50 %	57 %	51 %	62 %	47 %
Manner	107 %	76 %	25 %	16 %	44 %	27 %	16 %	44 %	44 %
Agrana	62 %	57 %	42 %	40 %	44 %	40 %	34 %	28 %	43 %
Rosenbauer	42 %	34 %	42 %	20 %	42 %	56 %	26 %	78 %	42 %
Wolford	29 %	44 %	25 %	15 %	17 %	20 %	23 %		25 %
BWT	20 %	19 %	12 %	6 %	11 %	14 %	16 %	9 %	13 %
Kapsch	-21 %	-4 %	-21 %	25 %	29 %	17 %	44 %		10 %
MIBA	11 %	10 %	-4 %	-6 %	5 %	2 %	1 %	-2 %	2 %
AMAG			-9 %	-1 %	3 %	-5 %	9 %	15 %	2 %
Ottakringer									
Rath AG									
Schlumberger									
Semperit					-27 %	-3 %	-11 %	5 %	-9 %
Strabag	-30 %	-4 %	-19 %	-21 %	-9 %	5 %	-2 %	-8 %	-11 %
DO&CO	-7 %	0 %	-31 %	-72 %	-50 %	-29 %	-14 %	40 %	-20 %
Nicht-ATX-Durchschnitt	**65 %**	**68 %**	**52 %**	**33 %**	**37 %**	**120 %**	**13 %**	**35 %**	**53 %**
Gesamtdurchschnitt	**76 %**	**70 %**	**56 %**	**39 %**	**43 %**	**98 %**	**26 %**	**38 %**	**56 %**

Abb 30: Gearing Ratio in % (börsennotierte Unternehmen Österreich)

4.4.2. Kennzahlen der DAX30-Unternehmen in Deutschland

Die im Folgenden dargestellten Unternehmenskennzahlen basieren auf Informationen aus den veröffentlichten Geschäftsberichten der DAX30-Unternehmen in Deutschland. Erhoben wurden: Mitarbeiteranzahl, Umsatz, EBIT-Marge und die Eigenkapitalquote. Der Betrachtungszeitraum reicht von 2008–2014. Nicht enthalten sind Banken, Versicherungen und Immobilienunternehmen.

Wesentliche Erkenntnisse sind:

- Bei der Mitarbeiteranzahl wurde 2014 erstmalig das Vorkrisenniveau wieder erreicht bzw sogar überschritten. Einige Unternehmen wie zB Volkswagen weisen hohe Mitarbeiterzuwächse auf. Im Gegensatz dazu hat Siemens massiv Mitarbeiter abgebaut.
- Die Umsätze sind stärker gewachsen als die Mitarbeiterzahlen. So sind die durchschnittlichen Umsätze gegenüber dem Vorkrisenniveau um 20 % gestiegen. Volkswagen konnte von 2008 auf 2014 den Umsatz sogar um 78 % steigern, die Mitarbeiteranzahl stieg um „nur 60 %".
- Der Umsatz/Mitarbeiter ist absolut gesehen bei der EON am höchsten (2014 1,9 Mio €/Mitarbeiter). Die Zuwächse dieser Kennzahl von 2008 auf 2014 waren ebenfalls bei der EON am höchsten (+103 %). Bei den Automobilherstellern hat BMW die größte Steigerung aufzuweisen (+30 %). VW hat hingegen den Umsatz je Mitarbeiter nur um 10 % gesteigert.
- Die EBIT-Margen sind je nach Branche sehr unterschiedlich. Spitzenreiter ist SAP mit einer durchschnittlichen (2008–2014) EBIT-Marge von 26 %. Die geringste durchschnittliche Umsatzrendite weist THYSSEN-KRUPP auf (–0,6 %), allerdings mit steigernder Tendenz. Die Krise hat 2009 eine Verringerung der EBIT-Marge um ein Drittel bewirkt. 2010 konnte allerdings bereits wiederum das Vorkrisenniveau erreicht werden.
- Die durchschnittlichen Eigenkapitalquoten bewegen sich seit Jahren auf einem Niveau von 35 %. Wenn man die Eigenkapitalquote mit dem Eigenkapital gewichtet, ergibt sich ein Durchschnittsniveau von 31 %. Die größten österreichischen Unternehmen (ATX20) weisen hier durchschnittliche Werte von 40 % aus, liegen also deutlich höher.

Mitarbeiteranzahl								
Unternehmen	2008	2009	2010	2011	2012	2013	2014	Durch-schnitt
Deutsche Post	512.536	477.280	467.088	471.654	473.626	479.690	488.824	481.528
Volkswagen	369.928	368.500	399.381	501.956	549.763	572.800	592.586	479.273
Siemens	480.800	413.650	402.700	350.500	366.700	348.000	343.000	386.479
Daimler	274.330	258.630	258.120	267.270	274.610	275.384	279.857	269.743
Deutsche Telekom	235.000	258.000	252.000	240.000	232.000	230.000	228.000	239.286
Thyssen-Krupp	199.374	187.495	177.346	180.050	167.961	156.856	160.745	175.690
Continental	139.155	134.434	148.228	163.788	169.639	177.762	189.168	160.311
Fresenius SE	122.217	130.510	137.552	149.351	169.324	178.337	216.275	157.652
Lufthansa	108.123	112.320	117.066	119.084	118.368	117.414	118.973	115.907
Bayer	108.600	111.000	111.400	111.800	110.500	112.400	118.900	112.086
BASF	96.924	104.779	109.140	111.141	113.262	112.206	113.292	108.678
BMW	100.041	96.230	95.453	100.306	105.876	110.351	116.324	103.512
EON	90.428	85.108	85.105	78.889	72.083	61.327	58.503	75.920
RWE	65.908	70.726	70.856	72.068	70.208	64.896	59.784	67.778
SAP	51.544	47.584	53.513	55.765	64.422	66.572	74.406	59.115
Linde	51.908	47.731	48.430	50.417	61.965	63.487	65.591	55.647
Heidelberg Cement	60.841	53.302	53.437	52.526	51.966	45.169	44.909	51.736
Henkel	55.142	49.262	47.854	47.265	46.610	46.850	49.750	48.962
Adidas	38.982	39.596	42.541	46.824	46.306	49.808	53.731	45.398
Merck KG aA	32.800	33.062	40.562	40.676	38.847	38.154	39.639	37.677
Infinion		26.464	26.654	25.720	26.658	26.725	29.807	27.005
Beiersdorf	21.766	20.346	19.128	17.666	16.605	16.708	17.398	18.517
K+S	12.368	15.208	14.186	14.338	14.362	14.421	14.295	14.168
DAX30-Durchschnitt	**146.760**	**136.575**	**138.163**	**142.133**	**146.159**	**146.318**	**151.033**	**143.859**

Abb 31: Mitarbeiteranzahl (DAX30)

Umsatz (Mio €)								
Unternehmen	2008	2009	2010	2011	2012	2013	2014	Durch-schnitt
Volkswagen	113.808	105.187	126.875	159.337	192.676	197.007	202.458	156.764
Daimler	98.469	78.924	97.761	106.540	114.297	117.982	129.872	106.264
EON	84.973	79.974	92.863	112.954	132.093	119.688	111.556	104.872
Siemens	77.327	76.651	75.978	73.275	78.296	75.882	71.920	75.618
BASF	62.304	50.693	63.873	73.497	78.729	73.973	74.326	68.199
BMW	53.197	50.681	60.477	68.821	76.848	76.059	80.401	66.641
Deutsche Telekom	61.700	64.600	62.400	58.700	58.200	60.100	62.700	61.200
Deutsche Post	54.474	46.201	51.388	52.829	55.512	54.912	56.630	53.135
RWE	48.950	47.741	53.320	51.686	53.227	52.425	48.468	50.831
Thyssen-Krupp	53.426	40.563	42.621	49.092	47.045	39.782	41.304	44.833
Bayer	32.918	31.168	35.088	36.528	39.760	40.157	42.239	36.837
Continental	24.239	20.096	26.047	30.505	32.736	33.331	34.506	28.780

Umsatz (Mio €)								
Unternehmen	2008	2009	2010	2011	2012	2013	2014	Durch-schnitt
Lufthansa	24.842	22.283	26.459	28.734	30.135	30.028	30.011	27.499
Fresenius SE	12.336	14.164	15.972	16.361	19.290	20.331	23.231	17.384
Henkel	14.131	13.573	15.092	15.605	16.510	16.355	16.428	15.385
SAP	11.575	10.672	12.464	14.233	16.223	16.815	17.560	14.220
Linde	12.663	11.211	12.868	13.787	15.280	16.655	17.047	14.216
Adidas	10.799	10.381	11.990	13.322	14.883	14.203	14.534	12.873
Heidelberg Cement	14.187	11.117	11.762	12.902	14.020	12.128	12.614	12.676
Merck KG aA	7.202	7.378	8.929	9.906	10.741	11.095	11.292	9.506
Beiersdorf	5.971	5.748	5.571	5.633	6.040	6.141	6.285	5.913
K+S	4.794	3.574	4.633	3.997	3.935	3.950	3.822	4.101
Infinion		2.184	3.295	3.997	3.904	3.843	4.320	3.591
DAX30-Durchschnitt	**40.195**	**34.990**	**39.901**	**44.010**	**48.277**	**47.515**	**48.414**	**43.349**

Abb 32: Umsatz in Mio € (DAX30)

Umsatz in % (Basis Krisenjahr 2009)						
Unternehmen	2009	2009–2010	2009–2011	2009–2012	2009–2013	2009–2014
Infinion	100 %	151 %	183 %	179 %	176 %	198 %
Volkswagen	100 %	121 %	151 %	183 %	187 %	192 %
Continental	100 %	130 %	152 %	163 %	166 %	172 %
Daimler	100 %	124 %	135 %	145 %	149 %	165 %
SAP	100 %	117 %	133 %	152 %	158 %	165 %
Fresenius SE	100 %	113 %	116 %	136 %	144 %	164 %
BMW	100 %	119 %	136 %	152 %	150 %	159 %
Merck KG aA	100 %	121 %	134 %	146 %	150 %	153 %
Linde	100 %	115 %	123 %	136 %	149 %	152 %
BASF	100 %	126 %	145 %	155 %	146 %	147 %
Adidas	100 %	115 %	128 %	143 %	137 %	140 %
EON	100 %	116 %	141 %	165 %	150 %	139 %
Bayer	100 %	113 %	117 %	128 %	129 %	136 %
Lufthansa	100 %	119 %	129 %	135 %	135 %	135 %
Deutsche Post	100 %	111 %	114 %	120 %	119 %	123 %
Henkel	100 %	111 %	115 %	122 %	120 %	121 %
Heidelberg Cement	100 %	106 %	116 %	126 %	109 %	113 %
Beiersdorf	100 %	97 %	98 %	105 %	107 %	109 %
K+S	100 %	130 %	112 %	110 %	111 %	107 %
RWE	100 %	112 %	108 %	111 %	110 %	102 %
Thyssen-Krupp	100 %	105 %	121 %	116 %	98 %	102 %
Deutsche Telekom	100 %	97 %	91 %	90 %	93 %	97 %
Siemens	100 %	99 %	96 %	102 %	99 %	94 %
DAX30-Durchschnitt	**100 %**	**114 %**	**126 %**	**138 %**	**136 %**	**138 %**

Abb 33: Relative Umsatzentwicklung (DAX30) Basisjahr 2009

Umsatz je Mitarbeiter (Tsd €)									
Unternehmen	2008	2009	2010	2011	2012	2013	2014	Durch-schnitt	Veränderung 2008–2014 (%)
EON	940	940	1.091	1.432	1.833	1.952	1.907	1.442	103 %
Infinion		83	124	155	146	144	145	133	76 %
Beiersdorf	274	283	291	319	364	368	361	323	32 %
BMW	532	527	634	686	726	689	691	641	30 %
Merck KG aA	220	223	220	244	276	291	285	251	30 %
Siemens	161	185	189	209	214	218	210	198	30 %
Daimler	359	305	379	399	416	428	464	393	29 %
Henkel	256	276	315	330	354	349	330	316	29 %
Heidelberg Cement	233	209	220	246	270	269	281	247	20 %
Bayer	303	281	315	327	360	357	355	328	17 %
Volkswagen	308	285	318	317	350	344	342	323	11 %
Lufthansa	230	198	226	241	255	256	252	237	10 %
RWE	743	675	753	717	758	808	811	752	9 %
Deutsche Post	106	97	110	112	117	114	116	110	9 %
Linde	244	235	266	273	247	262	260	255	7 %
Fresenius SE	101	109	116	110	114	114	107	110	6 %
Deutsche Telekom	263	250	248	245	251	261	275	256	5 %
SAP	225	224	233	255	252	253	236	240	5 %
Continental	174	149	176	186	193	188	182	178	5 %
BASF	643	484	585	661	695	659	656	626	2 %
Adidas	277	262	282	285	321	285	270	283	-2 %
Thyssen-Krupp	268	216	240	273	280	254	257	255	-4 %
K+S	388	235	327	279	274	274	267	292	-31 %
DAX30-Durchschnitt	**329**	**293**	**333**	**361**	**394**	**397**	**394**	**357**	**20 %**

Abb 34: Umsatz je Mitarbeiter in Tsd € (DAX30)

EBIT-Marge (%) = (EBIT/Umsatz) × 100								
Unternehmen	2008	2009	2010	2011	2012	2013	2014	Durch-schnitt
SAP	23,3 %	24,3 %	20,8 %	34,3 %	25,1 %	26,6 %	24,7 %	25,6 %
K+S	28,0 %	6,7 %	15,4 %	22,7 %	20,4 %	16,6 %	16,8 %	18,1 %
Fresenius SE	14,0 %	14,5 %	15,1 %	15,7 %	15,9 %	15,0 %	13,6 %	14,8 %
Heidelberg Cement	15,1 %	11,8 %	12,2 %	11,4 %	11,4 %	13,2 %	12,0 %	12,5 %
Linde	11,0 %	10,4 %	13,0 %	13,9 %	13,0 %	13,0 %	11,1 %	12,2 %
RWE	13,9 %	14,9 %	14,4 %	11,2 %	12,1 %	10,2 %	8,3 %	12,1 %
Merck KG aA	10,1 %	8,4 %	12,5 %	11,4 %	9,0 %	14,5 %	15,6 %	11,7 %
Beiersdorf	13,3 %	10,2 %	10,5 %	7,7 %	11,6 %	13,4 %	12,7 %	11,3 %
Henkel	5,5 %	8,0 %	11,4 %	11,3 %	13,3 %	14,0 %	13,7 %	11,0 %
Bayer	10,8 %	9,6 %	7,8 %	11,4 %	10,0 %	12,3 %	13,0 %	10,7 %
BASF	10,4 %	7,3 %	12,2 %	11,7 %	11,4 %	9,7 %	10,3 %	10,4 %

EBIT-Marge (%) = (EBIT/Umsatz) × 100							
Unternehmen	2008	2009	2010	2011	2012	2013	2014	Durch-schnitt
Infinion		-8,4 %	10,6 %	18,4 %	11,7 %	8,5 %	12,2 %	8,8 %
Siemens	8,6 %	5,0 %	7,1 %	11,1 %	8,7 %	7,7 %	10,2 %	8,3 %
BMW	1,7 %	0,6 %	8,5 %	11,7 %	10,8 %	10,5 %	11,3 %	7,9 %
Deutsche Telekom	11,3 %	9,3 %	8,8 %	9,5 %	-6,9 %	8,2 %	11,5 %	7,4 %
Adidas	9,9 %	4,9 %	7,5 %	7,2 %	6,2 %	8,3 %	6,1 %	7,1 %
Daimler	2,8 %	-1,9 %	7,4 %	8,2 %	7,5 %	9,2 %	8,3 %	5,9 %
Continental	-1,2 %	-5,2 %	7,4 %	8,5 %	9,4 %	9,8 %	9,7 %	5,5 %
Volkswagen	5,6 %	1,8 %	5,6 %	7,1 %	6,0 %	5,9 %	6,3 %	5,5 %
EON	5,8 %	17,8 %	7,7 %	-0,7 %	3,6 %	4,3 %	-0,5 %	5,4 %
Lufthansa	5,3 %	1,2 %	5,2 %	2,6 %	5,5 %	3,0 %	1,5 %	3,5 %
Deutsche Post	-1,8 %	0,5 %	3,6 %	4,6 %	4,8 %	5,2 %	5,2 %	3,2 %
Thyssen-Krupp	6,7 %	-4,1 %	3,2 %	-2,0 %	-9,3 %	-1,4 %	2,8 %	-0,6 %
DAX30-Durchschnitt	**9,6 %**	**6,4 %**	**9,9 %**	**10,8 %**	**9,2 %**	**10,3 %**	**10,3 %**	**9,5 %**

Abb 35: EBIT-Marge in % (DAX30)

Eigenkapitalquote (%) = (Eigenkapital/Gesamtkapital) × 100							
Unternehmen	2008	2009	2010	2011	2012	2013	2014	Durch-schnitt
Infinion		47,9 %	52,6 %	57,1 %	60,6 %	63,9 %	64,6 %	57,8 %
Beiersdorf	55,1 %	57,4 %	57,3 %	57,2 %	59,0 %	58,7 %	57,5 %	57,4 %
SAP	51,6 %	63,5 %	47,1 %	54,7 %	52,8 %	59,2 %	50,9 %	54,3 %
Merck KG aA	61,1 %	56,9 %	46,3 %	47,4 %	48,1 %	53,2 %	45,4 %	51,2 %
K+S	49,5 %	40,2 %	47,6 %	50,9 %	51,4 %	45,3 %	50,6 %	47,9 %
Henkel	40,4 %	41,4 %	45,4 %	46,9 %	48,7 %	52,5 %	55,6 %	47,3 %
Heidelberg Cement	31,4 %	43,1 %	47,1 %	46,8 %	49,0 %	47,6 %	50,6 %	45,1 %
Adidas	35,7 %	42,5 %	43,5 %	45,6 %	45,4 %	47,3 %	45,2 %	43,6 %
Linde	34,6 %	37,7 %	42,3 %	42,0 %	40,8 %	41,5 %	41,4 %	40,0 %
BASF	36,8 %	36,3 %	38,1 %	41,5 %	40,1 %	43,1 %	39,5 %	39,4 %
Fresenius SE	33,8 %	35,9 %	37,5 %	40,2 %	41,6 %	40,5 %	38,8 %	38,3 %
Bayer	31,1 %	37,1 %	36,7 %	36,5 %	36,2 %	40,5 %	28,8 %	35,3 %
Deutsche Telekom	35,0 %	32,8 %	33,6 %	32,6 %	28,3 %	27,2 %	26,4 %	30,8 %
Siemens	29,0 %	28,7 %	28,3 %	30,8 %	28,9 %	28,1 %	30,0 %	29,1 %
Continental	22,4 %	17,6 %	25,4 %	29,0 %	29,7 %	34,8 %	36,5 %	27,9 %
EON	24,5 %	28,8 %	29,8 %	25,9 %	27,6 %	27,7 %	21,3 %	26,5 %
Daimler	24,8 %	24,7 %	27,9 %	27,9 %	27,9 %	25,7 %	23,5 %	26,1 %
Deutsche Post	3,7 %	23,8 %	28,3 %	29,2 %	35,6 %	28,3 %	25,9 %	25,0 %
Volkswagen	22,3 %	21,1 %	24,4 %	25,0 %	26,4 %	27,8 %	25,7 %	24,7 %
Lufthansa	29,4 %	23,5 %	28,4 %	28,6 %	16,9 %	21,0 %	13,2 %	23,0 %
BMW	20,1 %	19,5 %	21,7 %	22,0 %	23,1 %	25,7 %	24,2 %	22,3 %
Thyssen-Krupp	27,6 %	23,4 %	23,8 %	23,8 %	11,8 %	7,1 %	8,9 %	18,1 %
RWE	14,1 %	14,7 %	18,7 %	18,4 %	18,6 %	14,9 %	13,6 %	16,2 %
DAX30-Durchschnitt	**32,4 %**	**34,7 %**	**36,2 %**	**37,4 %**	**36,9 %**	**37,5 %**	**35,6 %**	**35,8 %**

Abb 36: Eigenkapitalquote in % (DAX 30)

123

4.4.3. Vergleich der DAX30-Unternehmen mit börsennotierten Unternehmen in Österreich

Für den Vergleich wurden die Durchschnittswerte der EBIT-Marge und der Eigenkapitalquote der DAX30 bzw der ATX20 und der Nicht-ATX-Unternehmen herangezogen. Die Durchschnittswerte wurden sowohl ungewichtet ,als auch gewichtet (für die EBIT-Marge mit dem Umsatz und für die EK-Quote mit dem Eigenkapital) errechnet.

Im Vergleich zeigt sich, dass bei der EBIT-Marge 2008–2010 die ATX20-Unternehmen noch deutlich bessere Werte aufwiesen. Seit 2010 hat sich die Situation für die österreichischen ATX-Unternehmen jedoch kontinuierlich verschlechtert. Die gewichteten Durchschnitts-EBIT-Margen sind 2014 bei den DAX-Unternehmen beinahe doppelt so hoch.

EBIT-Marge = EBIT/Umsatz (%)								
Unternehmen	2008	2009	2010	2011	2012	2013	2014	Durchschnitt
DAX30	9,6 %	6,4 %	9,9 %	10,8 %	9,2 %	10,3 %	10,3 %	9,5 %
ATX20	10,5 %	7,1 %	10,1 %	10,2 %	10,1 %	6,6 %	5,6 %	8,6 %
Nicht-ATX	4,3 %	3,3 %	4,6 %	6,4 %	4,8 %	4,6 %		
DAX30-gewichtet	7,0 %	5,8 %	8,3 %	8,0 %	6,8 %	8,1 %	8,0 %	7,3 %
ATX20-gewichtet	9,4 %	7,5 %	10,0 %	7,9 %	8,2 %	6,1 %[100]	4,3 %	7,6 %
Nicht ATX-gewichtet	3,3 %	3,2 %	4,2 %	4,8 %	4,2 %	4,5 %		

Abb 37: Vergleich EBIT-Marge der DAX 30 mit österreichischen Unternehmen

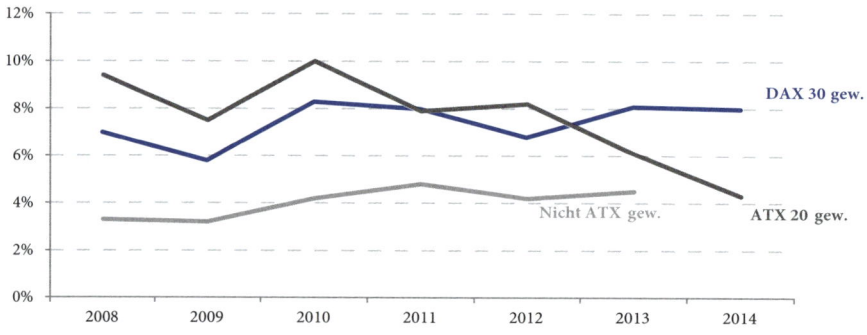

Abb 38: Mehrjahresvergleich der gewichteten EBIT-Marge DAX30 mit ATX20 und Nicht-ATX-Unternehmen

Die gewichteten durchschnittlichen Eigenkapitalquoten der DAX30-Unternehmen sind gegenüber den ATX-Unternehmen deutlich geringer. Der Unterschied beträgt mehr als 8 %. Grund hierfür könnte eine stärkere Investitionsneigung der DAX-Unternehmen sein, die zu einer größeren Verschuldung führt, aber auch höhere Dividendenausschüttungen.

---

100   Eine Nicht-Berücksichtigung der Sonderabschreibungen bei der VERBUND AG würde 2013 die EBIT-Marge von 4,5 auf 28 % erhöhen. Dadurch würde die durchschnittliche gewichtet EBIT-Marge der ATX20 von 6,1 auf 7,1 % ansteigen.

Eigenkapitalquote: EK/Gesamtkapital (%)								
Unternehmen	2008	2009	2010	2011	2012	2013	2014	Durch-schnitt
DAX30	32,4 %	34,7 %	36,2 %	37,4 %	36,9 %	37,5 %	35,6 %	35,8 %
ATX20	38,7 %	39,2 %	39,1 %	40,3 %	40,1 %	40,6 %	40,1 %	39,7 %
Nicht-ATX	42,5 %	42,9 %	43,3 %	44,4 %	41,9 %	40,3 %		
DAX30-gewichtet	28,9 %	30,6 %	31,7 %	32,2 %	32,1 %	33,1 %	31,3 %	31,1 %
ATX20-gewichtet	37,6 %	39,1 %	38,5 %	41,4 %	41,6 %	41,1 %	39,2 %	39,8 %
Nicht ATX-gewichtet	41,1 %	42,2 %	41,4 %	42,1 %	41,4 %	41,3 %		

Abb 39: Vergleich EK-Quote der DAX30 mit österreichischen Unternehmen

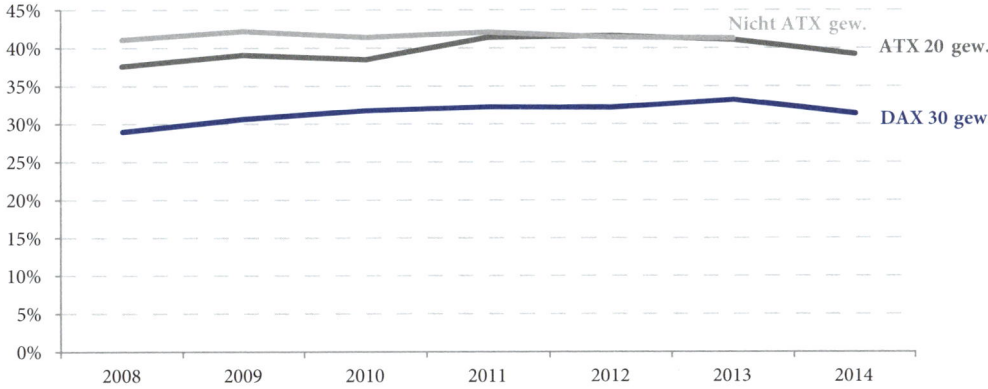

Abb 40: Mehrjahresvergleich der gewichteten EK-Quote DAX30 mit ATX20 und Nicht-ATX-Unternehmen

4.4.4. Kennzahlen der KMU in Österreich

4.4.4.1. Ertrags- und Rentabilitätskennzahlen

Die nachfolgende Abb zeigt ausgewählte Kennzahlen für KMU des Bilanzjahres 2012/13 (Bilanzstichtage zwischen 1.7.2012 und 30.6.2013). Im Verhältnis zu den Großunternehmen sind die KMU weniger profitabel. Im Schnitt ist die EBIT-Marge um fast ein Drittel niedriger (4,1 % gegenüber 6,1 %).

Unterteilung nach Unternehmensgröße (2012/13)					
	Umsatzrentabilität (%) auf Basis EGT	EBIT-Marge	Cashflow in %	Kapital-umschlag (x-mal)	Gesamtkapital-rentabilität
Kleinstunternehmen	3,5 %	5,1 %	7,4 %	1,5	7,7 %
Kleine Unternehmen	3,1 %	4,5 %	6,7 %	1,5	6,7 %
Mittlere Unternehmen	2,7 %	4,0 %	6,3 %	1,4	5,6 %
KMU gesamt	**3,0 %**	**4,1 %**	**6,6 %**	**1,5**	**6,2 %**
Große Unternehmen	4,3 %	6,1 %	8,3 %	1,2	7,3 %

Unterteilung nach ausgewählten Sektoren (2012/13)					
	Umsatzrentabilität (%) auf Basis EGT	EBIT-Marge	Cashflow in %	Kapital-umschlag (x-mal)	Gesamtkapital-rentabilität
Herstellung von Waren	2,7 %	4,1 %	6,3 %	1,4	5,7 %
Bau	3,0 %	3,9 %	5,5 %	1,6	6,2 %
Handel	2,1 %	2,9 %	3,7 %	2,3	6,6 %
Verkehr	2,0 %	3,6 %	9,3 %	1,2	4,3 %
Beherbergung/Gastronomie	2,0 %	6,2 %	12,2 %	0,6	3,7 %
Information/Kommunikation	6,9 %	8,0 %	10,7 %	1,5	12,0 %
Freiberufliche Dienstleister	9,7 %	10,7 %	13,0 %	1,3	13,9 %
KMU gesamt	**3,0 %**	**4,1 %**	**6,6 %**	**1,5**	**6,2 %**

Umsatzrentabilität = Ergebnis der gewöhnlichen Geschäftstätigkeit (EGT) in % der Betriebsleistung
EBIT-Marge = Betriebserfolg in % der Betriebsleistung
Cashflow-(%) = (EGT + Abschreibungen + kalk Eigenkapitalzinsen) in % der Betriebsleistung
Kapitalumschlag = Betriebsleistung/Gesamtkapital
Gesamtkapitalrentabilität = Betriebserfolg (EGT vor Finanzierungskosten) in % des Gesamtkapital

Abb 41: Ausgewählte Ertrags- und Rentabilitätskennzahlen der marktorientierten Wirtschaft Österreichs nach Betriebsgrößenklassen und Sektoren 2012/13[101]

4.4.4.2. Finanzierungs- und Liquiditätskennzahlen

Die nachfolgenden Kennzahlen zur Finanzierung und Liquidität österreichischer KMU zeigen, dass sie gegenüber großen Unternehmen eine deutlich angespanntere Finanzierungssituation aufweisen als die Großunternehmen. Die Eigenkapitalquote ist speziell bei den Kleinstunternehmen sehr niedrig. Besonders dramatisch stellt sich die Situation in der Beherbergungs- und Gastronomiebranche dar.

Unterteilung nach Unternehmensgröße (2012/13)				
	Eigenkapital-quote (%)	Anlagen-deckung (%)	Bankverschuldung (%)	Schuldentilgungs-dauer in Jahren
Kleinstunternehmen	20,9 %	120,7 %	42,6 %	6,2
Kleine Unternehmen	27,0 %	123,5 %	33,7 %	6,1
Mittlere Unternehmen	31,8 %	118,3 %	24,4 %	6,3
KMU gesamt	**28,7 %**	**120,4 %**	**29,9 %**	**6,2**
Große Unternehmen	35,8 %	102,4 %	11,3 %	5,1

Unterteilung nach ausgewählten Sektoren (2012/13)				
	Eigenkapital-quote (%)	Anlagen-deckung (%)	Bankverschuldung (%)	Schuldentilgungs-dauer in Jahren
Herstellung von Waren	32,5 %	136,4 %	25,7 %	6,1
Bau	24,6 %	162,1 %	23,2 %	7,4
Handel	29,8 %	164,3 %	25,1 %	7,1
Verkehr	30,1 %	89,0 %	35,6 %	5,6

---

101   Quelle (ergänzt): Bundesministerium für Wissenschaft, Forschung und Wirtschaft (2014) 49 f.

Unterteilung nach ausgewählten Sektoren (2012/13)				
	Eigenkapital-quote (%)	Anlagen-deckung (%)	Bankverschuldung (%)	Schuldentilgungs-dauer in Jahren
Beherbergung/Gastronomie	15,3 %	85,0 %	62,4 %	10,3
Information/Kommunikation	32,5 %	159,0 %	12,4 %	2,6
Freiberufliche Dienstleister	30,4 %	167,6 %	16,0 %	3,0
KMU gesamt	**28,7 %**	**120,4 %**	**29,9 %**	**6,2**

Eigenkapitalquote = (buchmäßiges) Eigenkapital/Gesamtkapital × 100
Anlagendeckung = (EK + Sozialkapital + langfristiges Fremdkapital)/Anlagevermögen × 100
Bankverschuldung = Summe Bankverbindlichkeiten/Gesamtkapital × 100
Schuldentilgungsdauer = (Fremdkapital – Liquide Mittel)/Cashflow

Abb 42: Ausgewählte Finanzierungs- und Liquiditätskennzahlen der marktorientierten Wirtschaft Österreichs nach Betriebsgrößenklassen und Sektoren 2012/13[102]

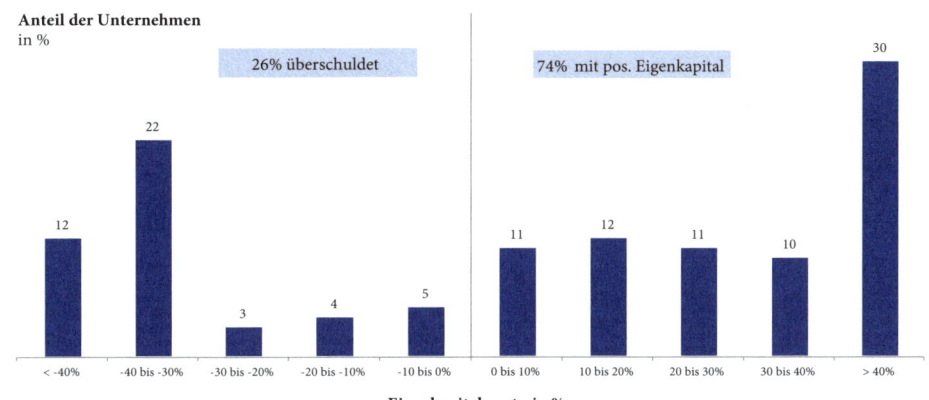

Abb 43: Verteilung der österreichischen KMU nach Eigenkapitalquote (%) 2012/13[103]

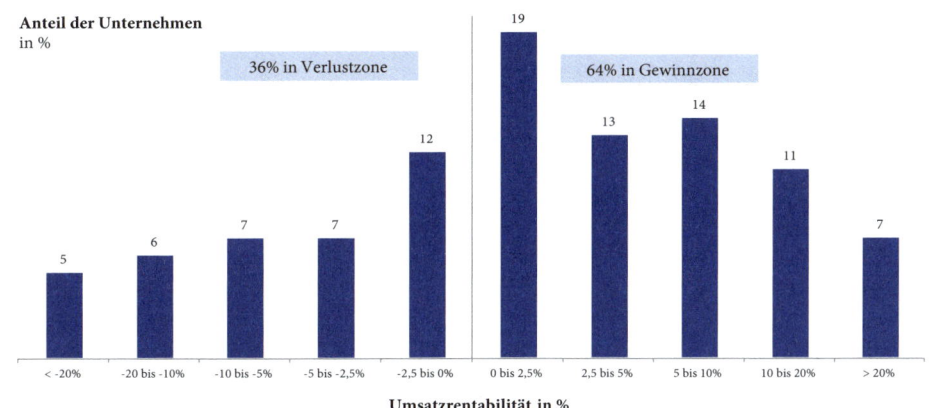

Abb 44: Verteilung der österreichischen KMU nach Umsatzrentabilität (%) 2012/13[104]

---

102   Quelle: Bundesministerium für Wissenschaft, Forschung und Wirtschaft (2014) 52 f.
103   Ebenda, 54.
104   Ebenda, 51.

4.4.5. Kennzahlen der KMU in Deutschland

Insgesamt betrachtet entwickeln sich die Umsatzrenditen im deutschen Mittelstand erfreulich positiv. Seit 2006 sind die Werte von 4,4 auf 6,7 % im Jahr 2013 gestiegen. Besonders markant ist der Anstieg bei den Kleinstunternehmen (< 10 Beschäftigte) von 6,8 auf 13,3 %.

Die positive Entwicklung der Umsatzrenditen hat sich auch auf die Eigenkapital-quote ausgewirkt. Im Jahr 2006 war die durchschnittliche Eigenkapitalquote im Mit-telstand 23,9 %. Dieser Wert hat sich sieben Jahre später auf 28,6 % verbessert. Eine nicht ganz nachvollziehbare Entwicklung ergibt sich bei der Eigenkapitalquote der Kleinstunternehmen (< 10 Beschäftigte). Das KFW-Mittelstandspanel[105] weist für 2011 eine Eigenkapitalquote von 26,6 % aus, die sich 2012 markant auf 18,5 % redu-ziert hat und 2013 wieder auf 22,8 % gestiegen ist. Angesichts der guten Ertragslage sind diese Werte kritisch zu hinterfragen. Eine mögliche Erklärung könnte eine ver-mehrte Gewinnentnahme sein.

Durchschnittliche Umsatzrenditen im deutschen Mittelstand (%)								
	2006	2007	2008	2009	2010	2011	2012	2013
FTE-Beschäftigte								
< 10	6,8	9,7	9,4	9,8	10,6	11,4	10,3	13,3
10–49	2,9	3,9	4,0	3,5	4,5	4,3	4,7	4,9
> 50	3,6	3,9	4,1	3,1	4,0	3,7	4,4	4,2
Branchen								
FuE-intensives Verarbeitendes Gewerbe	4,7	5,2	5,5	4,4	5,7	5,7	5,0	6,1
Sonstiges verarbeitendes Gewerbe	4,0	4,7	4,9	3,4	4,7	4,6	4,5	4,7
Bau	5,8	6,2	6,2	6,7	7,0	6,6	7,0	6,7
Wissensintensive Dienstleistungen	6,7	8,9	8,4	8,9	9,6	10,1	10,2	12,8
Sonstige Dienstleistungen	3,2	4,6	4,4	3,9	4,2	4,0	4,8	4,8
Gesamter Mittelstand	4,4	5,6	5,6	5,1	5,6	5,7	6,0	6,7

Die Umsatzrendite ist definiert als Quotient aus Vorsteuerertrag und Umsatz in %. Ausgewiesen werden jeweils mit dem Umsatz gewichtete Mittelwerte der Umsatzrendite.

Abb 45: Umsatzrenditen im deutschen Mittelstand[106]

---

105   Vgl. KfW [Online]
106   Quelle: KfW [Online].

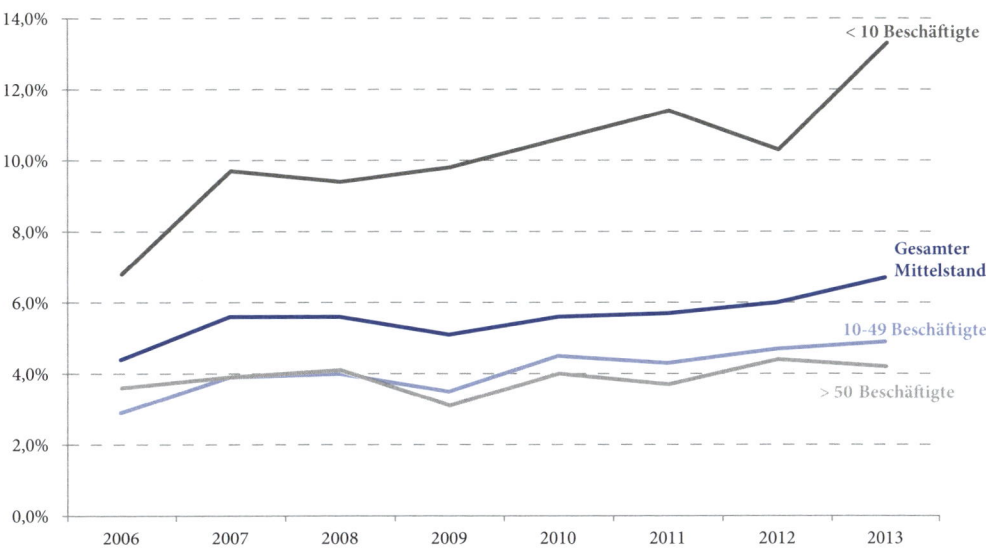

Abb 46: Entwicklung der Umsatzrenditen (%) im deutschen Mittelstand

Durchschnittliche Eigenkapitalquoten im deutschen Mittelstand (%)								
	2006	**2007**	**2008**	**2009**	**2010**	**2011**	**2012**	**2013**
FTE-Beschäftigte								
< 10	18,2	17,9	19,8	20,6	21,6	23,5	18,5	22,8
10–49	20,3	22,5	23,9	24,8	25,5	26,6	27,9	28,9
> 50	27,5	28,1	29,0	29,4	28,6	28,1	30,4	31,6
Branchen								
FuE-intensives Verarbeitendes Gewerbe	23,3	27,4	28,1	29,0	28,9	29,5	30,8	34,3
Sonstiges verarbeitendes Gewerbe	26,3	29,0	32,7	32,9	33,5	35,9	33,7	36,6
Bau	19,3	19,7	17,3	18,8	20,0	19,4	18,2	20,8
Wissensintensive Dienstleistungen	26,4	25,4	25,1	24,9	24,1	23,5	24,9	26,1
Sonstige Dienstleistungen	20,6	21,4	23,3	24,4	25,8	24,7	26,5	28,6
Gesamter Mittelstand	**23,9**	**24,6**	**25,4**	**26,3**	**26,6**	**26,9**	**27,4**	**28,6**

Die Eigenkapitalquote ist definiert als Quotient aus Eigenkapital und Bilanzsumme. Ausgewiesen werden jeweils mit der Bilanzsumme gewichtete Mittelwerte der Eigenkapitalquote. Zur Berechnungen werden nur bilanzierungspflichtige Unternehmen herangezogen.

Abb 47: Eigenkapitalquoten im deutschen Mittelstand (%)[107]

---

107   Quelle: KfW [Online].

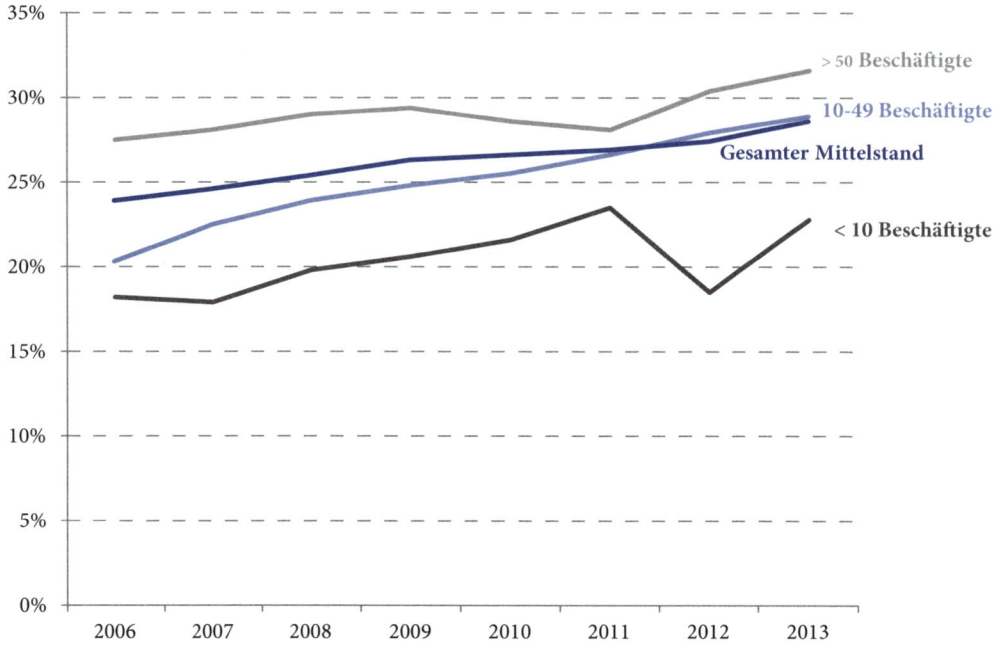

Abb 48: Entwicklung der Eigenkapitalquoten im deutschen Mittelstand (%)

4.4.6. Kennzahlen mittlerer und großer Unternehmen in Europa

Die in diesem Kapitel dargestellten Kennzahlen sollen die Wertsteigerung europäischer Unternehmen im Zeitraum 2003–2011 darlegen, welche anhand der Kennzahlen Return on Capital Employed (ROCE) bzw Return on Sales (ROS) dargestellt werden.

Return on Sales (%) = Operating profit margin
$$\frac{\text{Operating profit (EBIT)}}{\text{Revenues (Umsatz)}} \times 100$$

Die Unternehmensdaten aus der Amadeus-Datenbank wurden in Großunternehmen (Umsatz > 50 Mio €) und Mittelunternehmen (10 Mio € < Umsatz < 50 Mio €) geclustert. Abbildung 49 zeigt, dass der ROCE-Median für Großunternehmen sich im Betrachtungszeitraum zwischen 10–13 %, für Mittelunternehmen zwischen 9–12 % bewegt. Nach der Wirtschaftskrise in 2009, welche mit einer deutlichen Reduktion des ROCE für beide Gruppen verbunden war, hat sich die Performance der Großunternehmen besser entwickelt. Unterschiede in der Kapitalrentabilität von ca 3,5 % sind ab dem Jahr 2010 erkennbar.

Return on Capital Employed (ROCE) median nach Größenklasse geclustert										
Revenue	N	2003	2004	2005	2006	2007	2008	2009	2010	2011
Middle	12.690	9,9 %	10,6 %	10,4 %	11,0 %	11,8 %	9,6 %	7,5 %	8,9 %	8,8 %
Large	7.636	10,3 %	11,7 %	11,5 %	12,2 %	13,3 %	10,7 %	8,5 %	11,4 %	11,2%
Total	20.332	10,0 %	11,0 %	10,8 %	11,4 %	12,3 %	10,0 %	7,9 %	9,8 %	9,7 %

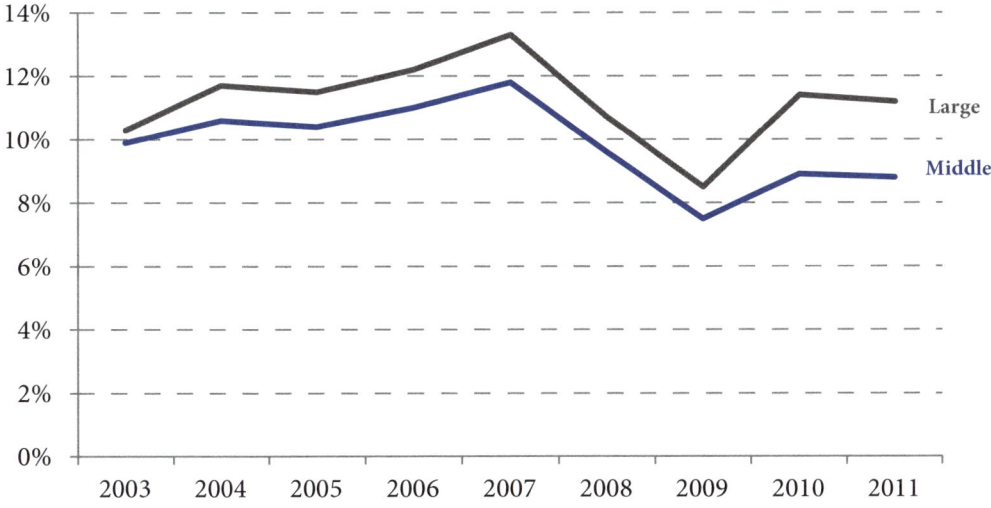

Abb 49: ROCE (%) 2003–2011 nach Unternehmensgröße geclustert

Zusätzlich wurde der ROCE der verschiedenen europäischen Regionen miteinander verglichen (Süd-, West-, Nord-, Ost- und Zentraleuropa). Abbildung 50 zeigt, dass in diesem Benchmark im Zeitraum von 2003–2011 die osteuropäischen Unternehmen durchgängig die beste, die südeuropäischen Unternehmen die im Vergleich schlechteste Performance aufwiesen.

Return on Capital Employed (ROCE) median										
European region	N	2003	2004	2005	2006	2007	2008	2009	2010	2011
Southern Europe	8.219	8,4 %	9,0 %	8,5 %	9,1 %	9,9 %	7,8 %	5,8 %	6,8 %	6,9 %
Western Europe	6.106	10,8 %	11,8 %	11,5 %	11,6 %	13,1 %	10,9 %	8,9 %	12,2 %	11,3 %
Eastern Europe	2.244	14,0 %	15,3 %	15,9 %	16,9 %	17,5 %	17,1 %	14,9 %	14,8 %	14,8 %
Central Europe	1.923	12,1 %	13,0 %	12,4 %	13,5 %	13,8 %	11,5 %	13,8 %	11,9 %	12,8 %
Northern Europe	1.840	12,1 %	13,7 %	15,5 %	16,7 %	17,4 %	13,7 %	9,7 %	13,7 %	13,3 %
Europe	20.332	10,0 %	11,0 %	10,8 %	11,4 %	12,3 %	10,0 %	7,9 %	9,8 %	9,7 %

Abb 50: ROCE Median

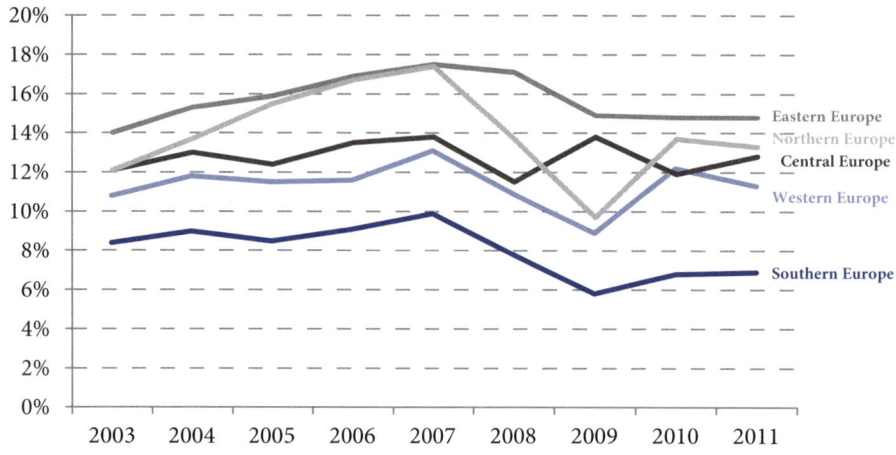

Abb 51: ROCE 2003-2011 clustered by European Regions

Auch bei der Kennzahl Return on Sales (ROS) ergibt sich im Regionsvergleich ein ähnliches Bild, wobei hier neben den südeuropäischen auch die westeuropäischen Länder eine unterdurchschnittliche Umsatzrendite auf Median-Level erzielten.

Return on Sales (ROS) median = (Operating profit/Revenues) × 100										
European region	N	2003	2004	2005	2006	2007	2008	2009	2010	2011
Southern Europe	8.219	4,1 %	4,3 %	4,1 %	4,3 %	4,6 %	4,0 %	3,3 %	3,6 %	3,5 %
Western Europe	6.106	3,9 %	4,1 %	4,0 %	4,1 %	4,5 %	3,8 %	3,2 %	4,1 %	3,8 %
Eastern Europe	2.244	5,0 %	5,1 %	5,7 %	6,0 %	6,3 %	5,9 %	5,9 %	5,8 %	5,2 %
Central Europe	1.923	4,9 %	5,3 %	5,3 %	5,4 %	5,7 %	4,9 %	4,6 %	5,0 %	5,0 %
Northern Europe	1.840	4,8 %	5,2 %	5,6 %	6,1 %	6,3 %	4,9 %	3,7 %	4,9 %	4,9 %
Europe	20.332	4,2 %	4,5 %	4,4 %	4,6 %	4,9 %	4,3 %	3,6 %	4,2 %	4,0 %

Abb 52: ROS Medran

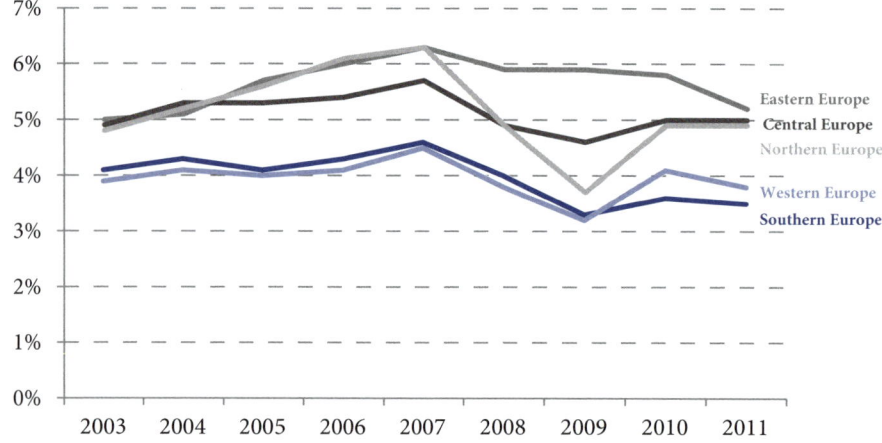

Abb 53: ROS 2003–2011 clustered by European Regions

4.5. Zusammenfassung

Für die Beurteilung der Performance eines Unternehmens sind Kennzahlen unerlässlich. Leider fehlt es hierfür sehr oft an Vergleichsgrößen, sowohl von anderen Unternehmen als auch im Zeitablauf. Ein weiteres Problem ist die Art der Kennzahlenberechnung, hierzu existieren in der Praxis aber auch in der Fachliteratur höchst unterschiedliche Auffassungen. Für einen Kennzahlenvergleich ist daher die Berechnungsweise immer genau zu hinterfragen. Der Beitrag liefert auf genau diese Fragen Antworten. Einerseits wurden mögliche Informationsquellen für Kennzahlenvergleiche beschrieben, zum anderen wurden für viele verschiedene Unternehmen aber auch Branchen und Länder konkrete Unternehmenskennzahlen präsentiert. Um den Aussagewert zu erhöhen, wurde ein Mehrjahresvergleich durchgeführt. Den Lesern soll dadurch ein Gefühl für die Größenordnungen und die Unterschiede vermittelt werden. Das Problem der unterschiedlichen Berechnungsweise speziell zwischen KMU und Großunternehmen konnte auch dieser Beitrag nicht lösen, die Unterschiede wurden jedoch explizit thematisiert.

Literatur

BAYER AG (2015): Nettofinanzverschuldung – Bayer Investor Relations, URL: http://www.investor.bayer.com/de/anleihen/finanzstrategie/nettofinanzverschuldung/, Stand: 28.6.2015.

Bloomberg (2015): Investor Relations Solutions, URL: http://www.bloomberg.com/professional/investor-relations/, Stand: 6.7.2015.

Bundesministerium für Wissenschaft, Forschung und Wirtschaft (2014): Mittelstandsbericht 2014. Bericht über die Situation der kleinen und mittleren Unternehmen der gewerblichen Wirtschaft

Bureau van Dijk Electronic Publishing GmbH (2015): Amadeus, URL: http://www.bvdinfo.com/de-de/our-products/company-information/international-products/amadeus, Stand: 10.6.2015.

Coenenberg, A. G., Haller, A., Schultze, W. (2014): Jahresabschluss und Jahresabschlussanalyse. Betriebswirtschaftliche, handelsrechtliche, steuerrechtliche und internationale Grundlagen – HGB, IAS/IFRS, US-GAAP, DRS, 23. Aufl., Stuttgart

IfM Bonn (2015): Unternehmensbestand, URL: http://www.ifm-bonn.org/index.php?id=74#accordion=0&tab=0, Stand: 28.6.2015.

KfW (2015): KfW-Mittelstandspanel 2014, URL: https://www.kfw.de/KfW-Konzern/KfW-Research/KfW-Mittelstandspanel.html.

KMU Forschung Austria (2015): Bilanzdatenbank, URL: http://kmuforschung.ac.at/index.php/de/bilanzdatenbank, Stand: 10.6.2015.

Thomson Reuters (2015): Company Data, URL: http://thomsonreuters.com/en/products-services/financial/company-data.html, Stand: 6.7.2015

Voithofer, P., Hölzl, K., Eidenberger, J. (2012): KMU Forschung Austria – Bilanzkennzahlen Praxishandbuch, URL: https://www.wko.at/Content.Node/Gewerbe-Finanzcheck/Kennzahlen_fuer_.pdf

5. Kennzahlen in Berichten richtig darstellen

Christoph Eisl/Lisa Falschlunger/Heimo Losbichler

Inhaltsverzeichnis

Wirtschaftliche Entscheidungen werden heute primär auf Basis von Kennzahlen getroffen. Die Entscheidungsqualität wird dabei nicht nur maßgeblich von den zur Verfügung stehenden Informationen beeinflusst, sondern insbesondere auch von der Aufnahmefähigkeit der Entscheidungträger. Damit Informationen von Menschen effizient und effektiv wahrgenommen werden können, spielt die visuelle Aufbereitung eine bedeutende Rolle. Der Beitrag „Kennzahlen in Berichten richtig darstellen" stützt sich auf umfangreiche Eye-Tracking-Studien des Forschungsschwerpunkts Controlling, Rechnungswesen und Finanzmanagement der FH OÖ in Steyr und zeigt, wie man Kennzahlen in Diagrammen und Tabellen wahrnehmungsoptimiert gestaltet. Mit der Umsetzung der Empfehlungen können Wahrnehmungsverzerrungen und die Wahrnehmungsdauer bei der Analyse von Kennzahlen signifikant reduziert werden und die Führungskräfte können sich auf den wichtigen Prozess der Entscheidungsfindung konzentrieren.

5.1. Informationen als Grundlage unternehmerischer Entscheidungen

Wir leben in einer datengeprägten Welt, in der die optimale visuelle Aufbereitung von Informationen wichtiger ist denn je.[108] Dies gilt für alle Lebensbereiche, insbesondere jedoch für den Bereich der Wirtschaft. Führungskräfte und Kapitalgeber erhalten Informationen zur wirtschaftlichen Lage des Unternehmens primär in Form von Kennzahlen in Managementberichten und Information-Dashboards. Angesichts der Tragweite und Nachhaltigkeit der auf dieser Basis getroffenen Entscheidungen ist das wirtschaftliche Potenzial richtig visualisierter Informationen fundamental.[109]

Die Qualität der Entscheidungen von Führungskräften und Investoren hängt direkt mit den ihnen zur Verfügung stehenden Informationen zusammen, da Informationen die Grundlage menschlicher Entscheidungs- und Willensbildung sind: Infor-

---

108   Vgl *Speier* (2006) 1115 ff.
109   Vgl *Tortaso-Edo* et al (2014) 1019 ff.

134

mation steuert Reaktion.[110] Die folgende Abbildung veranschaulicht den Zusammenhang zwischen Information, Wahrnehmung und Entscheidungsfindung.

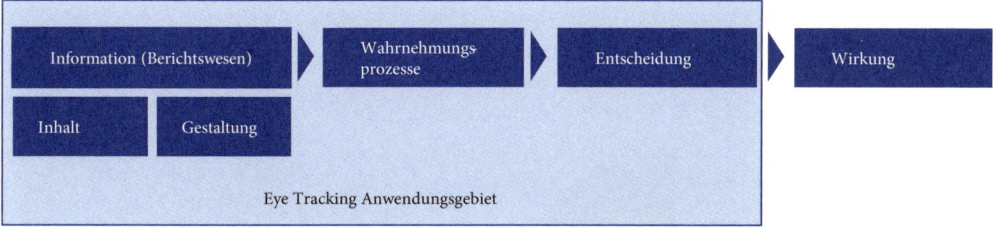

Abb 54: Informationsgestaltung und -wahrnehmung als Grundlage von Entscheidungen[111]

Neben inhaltlichen Aspekten spielt die Informationsaufbereitung der Berichte eine zentrale Rolle. Insgesamt 70 % unserer Sinnesrezeptoren sind für die visuelle Wahrnehmung vorgesehen.[112] Infolgedessen beeinflusst die visuelle Wahrnehmung wesentlich unser Denken und Entscheiden. Geeignete Visualisierung erleichtert die Informationswahrnehmung, beschleunigt den Wahrnehmungsprozess und entlastet Berichtsempfänger kognitiv.

Während der Frage der richtigen Kennzahlen in den Wirtschaftswissenschaften in der Vergangenheit großer Raum gegeben wurde (vgl dazu die Diskussionen zu Balanced Scorecard, Wertsteigerungskennzahlen etc), fehlten bislang für die optimale Visualisierung quantitativer Informationen wissenschaftlich fundierte, empirisch abgesicherte Gestaltungsgrundlagen und akzeptierte Standards. Infolge dessen werden in der Unternehmenspraxis Tabellen und Diagramme individuell und inkonsistent aufbereitet, wodurch viele Kennzahlenberichte schwer lesbar sind und zu Fehlentscheidungen hohen Ausmaßes führen können.[113]

5.2. Wahrnehmungsoptimiertes Reporting Design

Das Reporting Design als junge Forschungsdisziplin zielt auf die empfängerorientierte Visualisierung primär quantitativer Informationen in internen und externen Unternehmensberichten ab. Tabellen, Diagramme und Texte sollen derart gestaltet werden, dass die Informationen von den Berichtslesern möglichst effizient und effektiv aufgenommen werden. Effizienz und Effektivität im Reporting Design lassen sich über die Geschwindigkeit der Informationsaufnahme und dabei auftretende Wahrnehmungsprobleme messen.[114]

Mangelhaftes Reporting Design fördert Wahrnehmungsprobleme wie die selektive oder verzerrte Wahrnehmung von Informationen, optische Täuschungen und Information Overload.[115]

---

110 Vgl *Eisl* et al (2014) 191.
111 Quelle: *Eisl* et al (2014) 191.
112 Vgl *Few* (2006) 79.
113 Vgl *Eisl* et al (2013) 5 ff.
114 Vgl *Falschlunger* et al (2015) 137 ff.
115 Vgl *Yigitbasioglu/Velcu* (2012) 41 ff.

Nachstehende Abbildung gibt stellvertretend ein Beispiel für eine ungeeignete Visualisierung im Geschäftsbericht eines führenden börsennotierten Unternehmens. In diesem Beispiel wird ein negatives Segment (Segment 5) in einem Kreisdiagramm dargestellt und bleibt damit für viele Berichtsleser „verborgen".

Anteil der Segmente am EBITDA

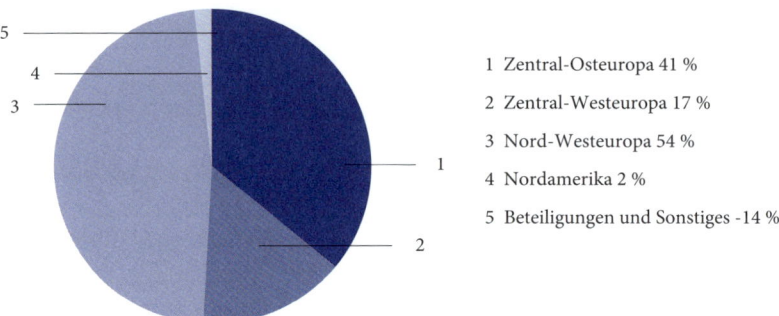

1 Zentral-Osteuropa 41 %

2 Zentral-Westeuropa 17 %

3 Nord-Westeuropa 54 %

4 Nordamerika 2 %

5 Beteiligungen und Sonstiges -14 %

Abb 55: Negativbeispiel eines Diagramms[116]

Eine optimale Visualisierung von Kennzahlen muss folgenden, zentralen Bewertungskriterien genügen:

- Effektivität: Kann ich die richtigen Schlüsse aus der Darstellung ziehen?
- Effizienz: Wie lange benötige ich dazu?
- Attraktivität: Gefällt mir die Darstellung?

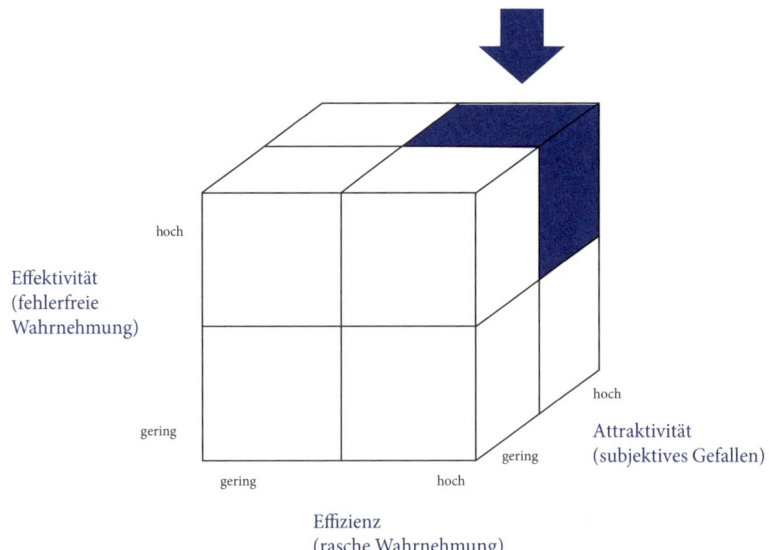

Abb 56: Bewertungskriterien für ein wahrnehmungsoptimiertes Reporting Design[117]

---

116   Institut der Wirtschaftsprüfer (o.J.) 4 f.
117   Quelle: *Eisl* et al in *Engelbrechsmüller/Kerschbaumer* (2013) 192.

Während es sich bei der Attraktivität um eine subjektive Einschätzung des Berichtsempfängers handelt, können die Kriterien Effektivität und Effizienz mit Hilfe der Eye-Tracking-Technologie objektiv gemessen werden. Dabei werden die Blickverläufe von Berichtsempfängern aufgezeichnet und analysiert. Abbildung 57 zeigt den Blickverlauf eines Probanden, der gezielt nach einer Information sucht. Die grauen Kreise liefern durch ihre Größe eine Aussage über die Dauer der Fixation (der Verweildauer des Auges auf einem bestimmten Punkt). Sie sind entsprechend dem Blickverlauf durchgehend nummeriert. Blickwechsel (Sakkaden) werden mittels Linien dargestellt. Informationen können nur während einer Fixation aufgenommen werden, in Sakkaden ist man „blind".[118]

Mithilfe der Eye-Tracking-Analyse kann gezeigt werden, welchen Einfluss eine optimale Informationsaufbereitung liefern kann. Der Vergleich in Abbildung 57 liefert deutliche Hinweise auf die Eignung bzw auf die falsche Verwendung von Grafiken für eine bestimmte Aufgabe. Um die gestellte Frage beantworten zu können benötigt man mit den Kreisdiagrammen deutlich mehr Blicke und Blickwechsel als in der Gestaltung mit Balkendiagrammen.

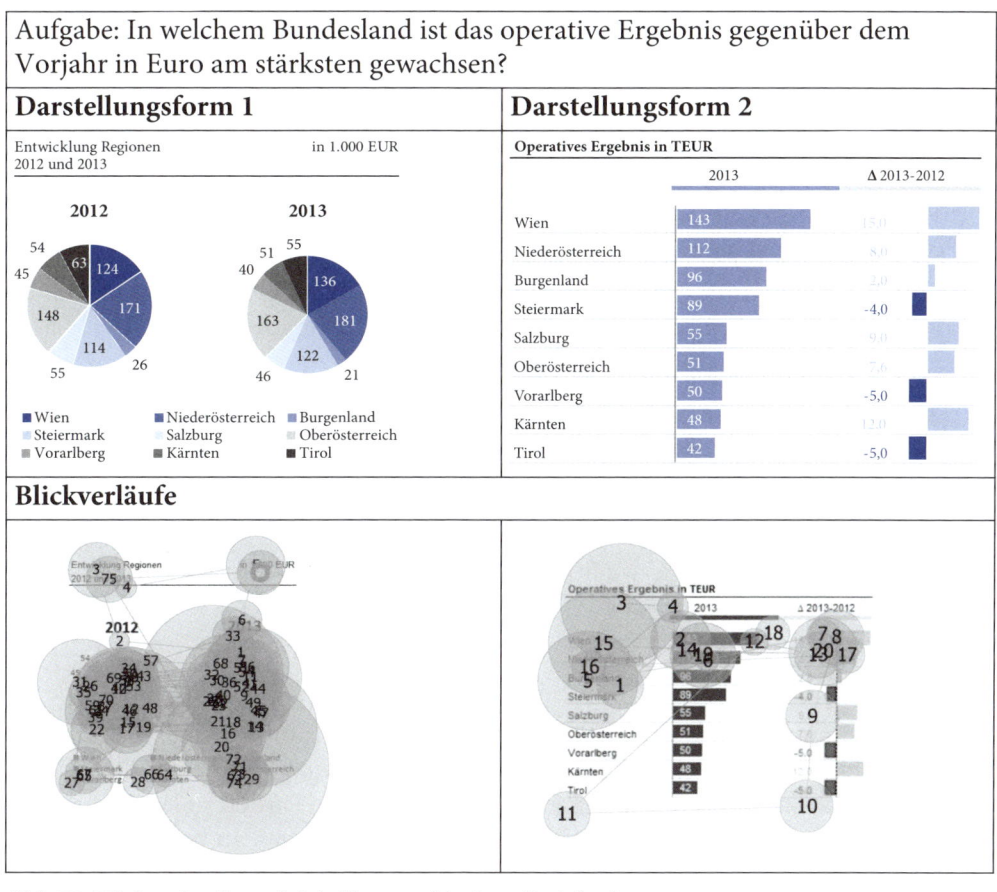

Abb 57: Blickverlaufsvergleich (Scanpath) eines Berichtslesers

---

118 Vgl *Goldberg/Helfman* (2014) 337 ff.

Mithilfe von einfachen Gestaltungsregeln kann die Antwortzeit von 29,4 auf 6,3 Sekunden reduziert werden. Die im folgenden Kapitel vorgestellten Empfehlungen für die Visualisierung von Kennzahlen basieren auf umfangreichen Eye-Tracking-Studien des Forschungsschwerpunkts Controlling, Rechnungswesen und Finanzmanagement (CRF) der FH Oberösterreich (Fakultät für Management in Steyr) und sind damit empirisch abgesichert.

5.3. Empfehlungen zur Visualisierung von Kennzahlen

5.3.1. Allgemeine Gestaltungsempfehlungen

Einigkeit herrscht in der Theorie über die übergeordneten Grundsätze für wahrnehmungsoptimiertes Reporting Design. Zum einen sollen die eingesetzten Darstellungsformen **einfach** sein, um die Konzentration des Berichtslesers auf das Wesentliche zu fokussieren. Außerdem ist **Klarheit** wichtig. Durch die Verwendung von präzisen, eindeutigen Bezeichnungen, Abkürzungen und Strukturen von klaren Aussagen, Kommentaren und Sprache sowie kompakten Darstellungen können Unsicherheiten, Missverständnisse und Wahrnehmungsanomalien vermieden werden. Der dritte wichtige Punkt bei der Gestaltung von Berichten ist eine gewisse **Standardisierung**. Wenn eine einheitliche, durchgängige, regelbasierte sowie dokumentierte Vorgehensweise (zB in einer Reporting-Guideline festgelegt) eingehalten wird, fördert man zum einen Lerneffekte und baut zum anderen Vertrauen in das Reporting auf.

Die Standardisierung betrifft insbesondere die einheitliche Verwendung von Diagrammtypen für bestimmte Sachverhalte sowie die einheitliche Gestaltung von Diagrammen und Tabellen in allen Reports. Dazu gehören vor allem:

- ein einheitliches, klares und intuitives Farbkonzept
- die einheitliche Verwendung geeigneter Schriftarten und -größen, Bezeichnungen, Abkürzungen, Zahlenformate etc
- sowie eine einheitliche Gestaltung von Überschriften (Berichts-, Tabelle-, und Diagrammtitel)

Im Folgenden werden einige wichtige übergeordnete Gestaltungsrichtlinien näher vorgestellt:

5.3.1.1. Farbeinsatz

Der gezielte Einsatz von Farben kann das Erkennen bestimmter Muster erleichtern. Zu viele Farben wirken allerdings diesem Zweck entgegen. Farben sollten daher sparsam eingesetzt und einheitlich verwendet werden. Die Farben sollen sich außerdem deutlich voneinander unterscheiden, um Verwechslungen zu vermeiden.

Werden für bestimmte Datenarten (aktuelle Daten, Vorschauwerte, Budget …) oder Bereiche Farben definiert, können zusätzliche Erläuterungen ausbleiben und es entsteht ein intuitives Verständnis für die dargestellten Dimensionen. Das bedeutet beispielsweise, dass die immer wiederkehrende Verwendung der Farbe Blau für die geplanten Werte eine erhöhte Geschwindigkeit in der Informationsaufnahme bei den Berichtslesern bewirkt. Zudem könnte bei einheitlicher Verwendung eine Legendenbeschriftung ausbleiben, weil der Leser automatisch weiß, dass blaue Werte Planwerte darstellen.

Wenn man Farben verwendet, die mit einer bestimmten Bedeutung assoziiert werden, muss auch sichergestellt werden, dass diese Farben relevanten Werten der Datenbasis zugeordnet werden. Beispielsweise wird die Farbe Grün in vielen Kulturen mit etwas Positivem verbunden, während die Farbe Rot eine negative Bedeutung hat. Der Vorteil bei der richtigen Verwendung dieser Farben liegt darin, dass sie intuitiv verstanden werden und dadurch auf eine Legende verzichtet werden kann.

Ein Farbschema könnte beispielhaft wie folgt aussehen:

Farbe	RGB-Werte	Anwendungsbereich
Rot	255-000-000	Neg. Abw. (ergebnismindernd)
Grün	000-176-080	Pos. Abw. (ergebniserhöhend)
Grau	166-166-166	Ist-Zahlen (inkl. Abstufungen)
Hellblau	000-176-240	Budgetzahlen
Lila	112-048-160	Vorschauzahlen

Abb 58: Beispiel für ein Farbkonzept

Ist es notwendig, mehrere Datenreihen im Ist zu zeigen (gestapelte Diagrammform, Liniendiagramme oder als Kreisdiagramme), sollte mit Farbabstufungen und nicht mit unterschiedlichen Farben zur Unterscheidung der Kategorien bzw Datenreihen gearbeitet werden.

5.3.1.2. Schriftart, -größe und Zahlenformatierungen

Eine einheitliche Typografie erleichtert die Lesbarkeit und steigert den Wiedererkennungswert. Besonders gut geeignet ist die Schriftart Arial, da diese von Berichtsempfängern als am besten lesbar eingestuft wird. Weitere gut lesbare Schriftarten (Fonts) sind Verdana und Tahoma. Zu beachten ist, dass für alle Zahlen, Beschriftungen, Titel eine für diesen Typ definierte Schriftart beibehalten wird.

Für gedruckte Berichte sollte eine Schriftgröße von 8 pt als Mindestgröße herangezogen werden. Eine Untersuchung hat ergeben, dass die Schriftgröße 8 pt als noch lesbar eingeschätzt werden kann. Zudem sollte bei der Wahl der Schriftgröße auf das Ausgabemedium geachtet werden. Ein Bericht in Printform kann bei der Verwendung kleinerer Schriftgrößen noch lesbar sein, während ein Bericht in Präsentationsformat (Powerpoint-Präsentation) dies nicht mehr ist. Wichtig ist, auf eine einheitliche Wahl der Schriftgrößen im gesamten Bericht zu achten.

Gleichartige Zahlen sollten durch eine gleiche Formatierung gekennzeichnet und Abkürzungen für Einheiten immer gleich gewählt werden. Folgende Abbbildung gibt einen beispielhaften Überblick über die mögliche Verwendung von Abkürzungen:

Einheit / Bezeichnung	Abkürzung
Euro	EUR
Tausend Euro	TEUR
Million Euro	MEUR
Kilogramm	kg
Euro pro Kilogramm	EUR/kg
Kumuliert	kum.
Abweichung	Abw.
Vorschau	VS
Budget	BUD

Abb 59: Beispiel für ein Abkürzungsverzeichnis

Die Monate sollten immer mit drei Buchstaben angezeigt und folgende Abkürzungen sollten dafür verwendet werden: Jan, Feb, Mär, Apr, Mai, Jun, Jul, Aug, Sep, Okt, Nov und Dez. Die Abkürzungen werden besser ohne Punkt dargestellt, um Platz in der Beschriftung zu sparen.

Bei Werten über Tausend sollte ein Tausenderpunkt verwendet und nicht mehr als eine Nachkommastelle dargestellt werden. In Tabellen sollten die Zahlen am rechten Spaltenrand und in Diagrammen zentriert über oder innerhalb (je nach verfügbarem Platz) der Balken bzw Säulen ausgerichtet werden.

Negative Werte (Aufwendungen sowie negative Abweichungen) sollten am besten durch ein Minus gekennzeichnet werden. Positive Werte werden ohne Vorzeichen geführt. Damit ist eine eindeutige Unterscheidung automatisch und schnell möglich.

5.3.1.3. Überschriften und Titel

Jedes Diagramm und jede Tabelle sollte mit einem Titel versehen werden. Da Sachangabe und Organisationseinheit im Titelbereich der Folie angebracht werden sollten, ist es empfehlenswert, im Diagramm- bzw Tabellentitel die Detailangaben zu ergänzen sowie eine Einheitsangabe anzuführen.

5.3.1.4. Richtiges Darstellungsformat: Tabelle, Diagramm oder Text?

Je nach Art der Daten (Struktur, Menge) und Zweck des Berichtes (Was soll vermittelt werden?) sind Texte, Tabellen oder Diagramme besser geeignet, Informationen effektiv und effizient zu übermitteln.

- Stärken von Tabellen
  - Exakte Zahlen/Werte schnell auffindbar
  - Viele Informationen auf geringem Platz darstellbar (kompakte Darstellung möglich)
  - Schnelle Erstellung
- Stärken von Diagrammen
  - Zusammenhänge besser erkennbar
  - Aufmerksamkeit besser lenkbar
  - Höhere Einprägsamkeit der Information
  - Besserer Überblick
  - Richtig gemacht auch hohe Informationsdichte möglich
- Stärken von Texten
  - Gewährleistung einer einheitlichen Interpretation
  - Übermittlung von Gedankengängen

Wichtige zentrale Botschaften sollten unabhängig von der gewählten Darstellungsform in hervorgehobenen Kommentaren angeführt werden. Aber Achtung: Sie lenken das Interesse! Kommentare sind also nützlich, sollten aber sparsam und sinnvoll eingesetzt werden.

Insgesamt ist eine geeignete Mischung zwischen Text als Erläuterung und Hinführung in Kombination mit Diagrammen oder Tabellen zur Aufmerksamkeitssteuerung und Erhöhung der Merkfähigkeit zielführend.

5.3.2. Empfehlungen für Diagramme

Zu den am häufigsten vorkommenden Diagrammtypen zählen die Säulen-, Linien-, Balken- und Kreisdiagramme. Für diese vier Grunddiagrammtypen werden in weiterer Folge Gestaltungsempfehlungen vorgestellt. Vorab ist jedoch die Frage nach der generellen Eignung eines Diagrammtyps zu klären. Abbildung 60 zeigt für den jeweils ausgewählten Informationszweck den/die passenden Diagrammtyp(en) und Abb 61 verdeutlicht, dass bei der konkreten Auswahl die zu vermittelnde Kernbotschaft zu berücksichtigen ist.

Informationszweck	Geeigneter Diagrammtyp
Zeitvergleich	Säulendiagramm, Liniendiagramm
Strukturvergleich (inkl Häufigkeitsvergleich, Rangordnungen etc)	Balkendiagramm, Kreisdiagramm
Kombinierter Zeit- und Strukturvergleich	Gestapeltes Säulendiagramm, Mehrfachdiagramm, Liniendiagramm
Abweichungsanalyse	Inbar-Chart, Kombiniertes Säulen- und Liniendiagramm

Abb 60: Auswahl geeigneter Diagrammtypen

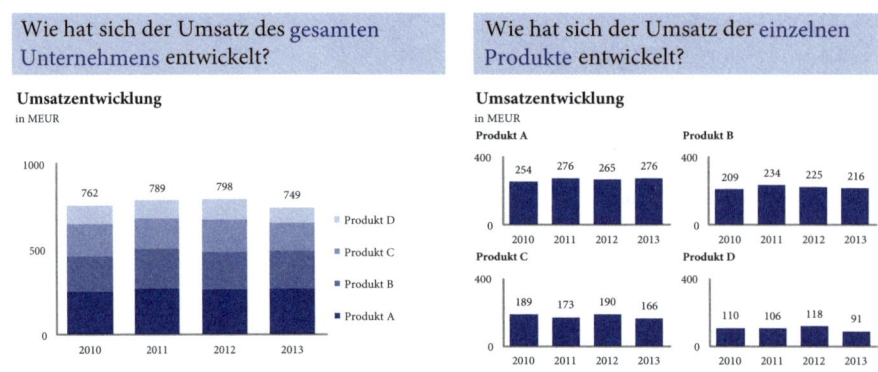

Abb 61: Unterschiedliche Kernbotschaften verlangen unterschiedliche Aufbereitung

5.3.2.1. Säulendiagramm

Das Säulendiagramm ist eines der am häufigsten vorkommenden Diagrammtypen, da mit ihm sehr schnell Trends über eine Zeitreihe und Extrema (Hoch- und Tiefpunkte) erkennbar werden.

Nachfolgende Abbildung gibt Empfehlungen am rechten, linken und unteren Rand, welche die aus Eye-Tracking gewonnenen Erkenntnisse zur Gestaltung von Säulendiagrammen in komprimierter Form widerspiegeln. So ist zB erwiesen, dass eine direkte Zahlenbeschriftung hohe Vorteile in der Effizienz liefert sowie dass diese sowohl in horizontaler als auch in vertikaler Ausrichtung dargestellt werden kann. Weiters sollte ein aussagekräftiger Titel verwendet werden, um eine einheitliche Interpretation durch möglichst alle Berichtsempfänger gewährleisten zu können.

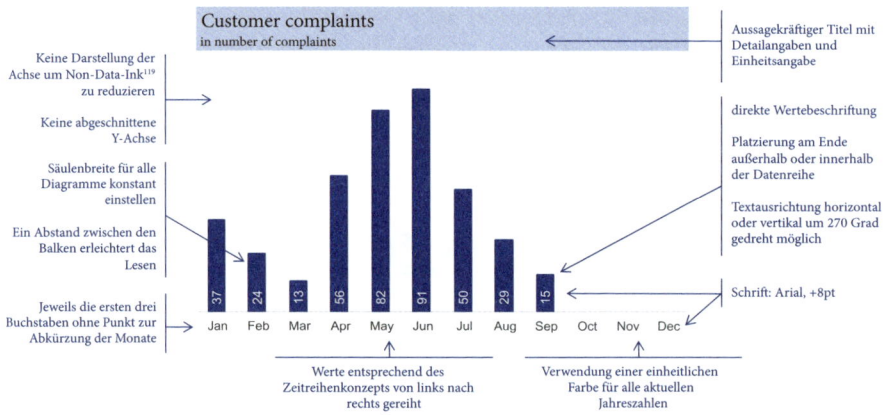

Abb 62: Gestaltungsempfehlungen für Säulendiagramme

---

119 Grundsätzlich sollte „Ink" bzw Farbe/Tinte nur verwendet werden, um Informationen darzustellen. Alles was nicht direkt der Informationsübermittlung dient bezeichnet man als „Non-Data-Ink" (zB Dekoration, Hintergrundmuster, Schatten etc) und sollte vermieden werden.

Es empfiehlt sich, für unterschiedliche Einheiten unterschiedliche Säulenstärken festzulegen.

Das gestapelte Säulendiagramm ist gleich aufgebaut wie ein einfaches Säulendiagramm mit dem Unterschied, dass sich die Daten in Unterkategorien einteilen lassen. Zusätzlich zur Entwicklung der Summe dieser Kategorien – die bei einfachen Säulendiagrammen sichtbar wäre – können also zusätzliche Aussagen getätigt werden.

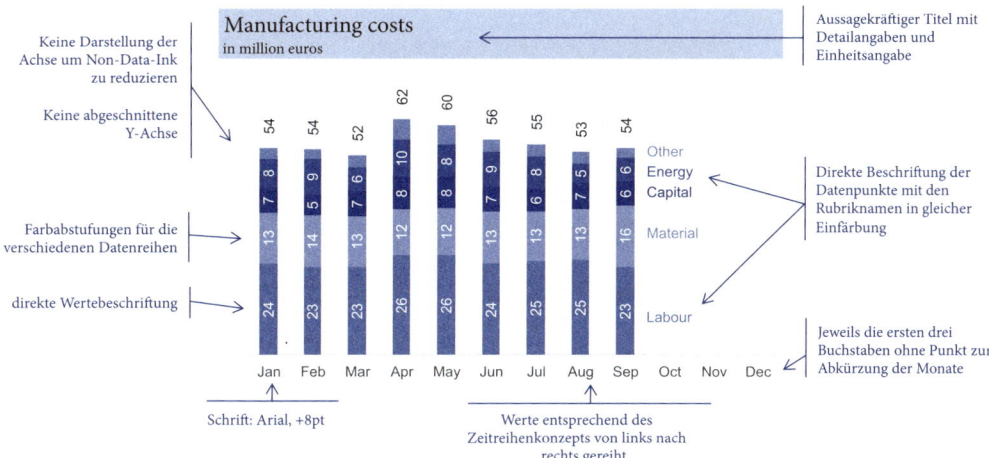

Abb 63: Gestaltungsempfehlungen für gestapelte Säulendiagramme

Säulendiagramme und Balkendiagramme können auch als sog Inbar-Charts ausgestaltet werden. Ihr primäres Einsatzgebiet liegt in der Visualisierung von Abweichungen oder Veränderungen (zB Plan/Ist-Vergleich), wobei diese zumeist in den Signalfarben rot und grün hervorgehoben werden (aufgrund des Zweifarbendrucks in diesem Buch hellblau und dunkelblau).

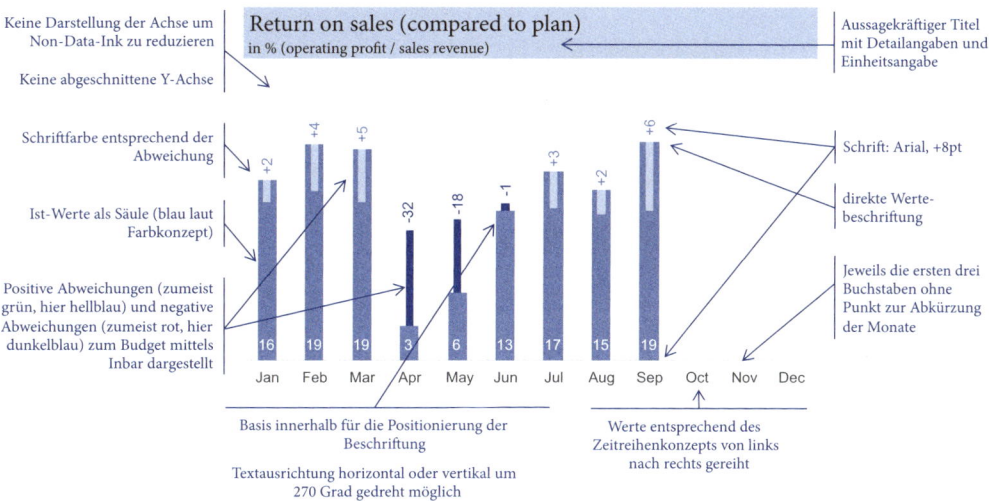

Abb 64: Gestaltungsempfehlungen für Inbar-Charts

5.3.2.2. Balkendiagramm

Vergleichbar mit den Säulendiagrammen finden auch Balkendiagramme sehr häufig Anwendung und haben ihre Stärken im Strukturvergleich von Daten und in der Erkennung von Minimal- und Maximalwerten.

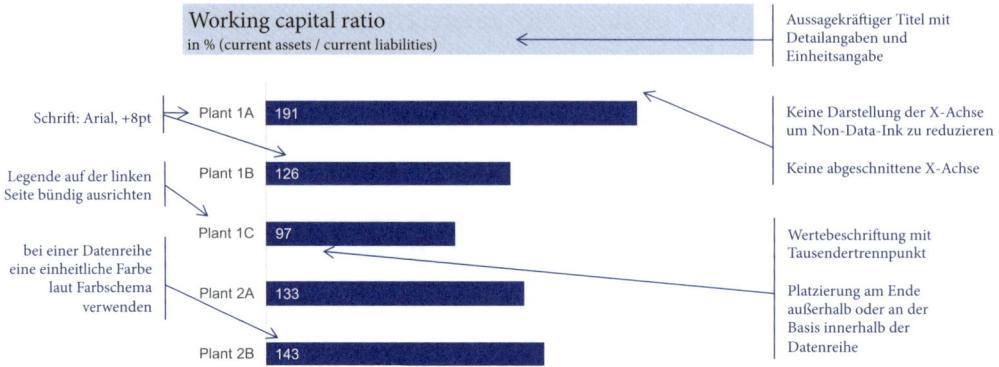

Abb 65: Gestaltungsempfehlungen für Balkendiagramme

Grundsätzlich empfiehlt sich eine wertmäßig absteigende Sortierung, es sei denn, eine andere Sortierung ist systematisch logischer (zB bei immer gleicher Abfolge von Produktgruppen oder Märkten).

Die Verwendung von gestapelten Balkendiagrammen erlaubt tiefere Analysen zusammengehöriger Informationen.

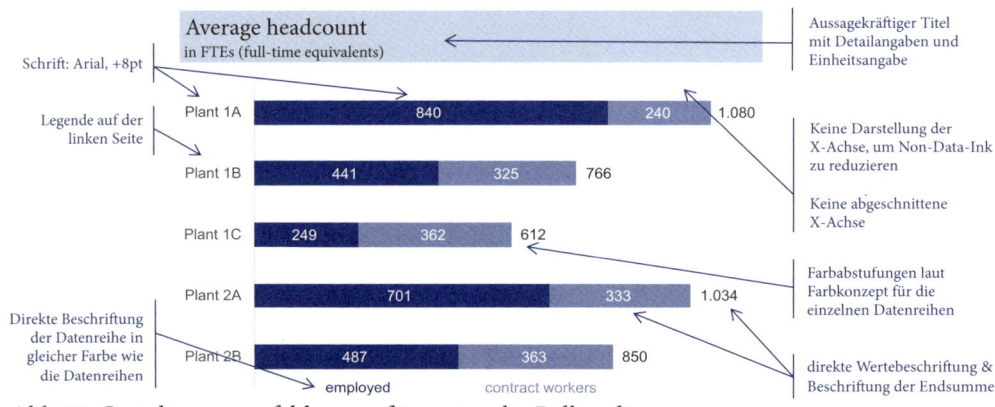

Abb 66: Gestaltungsempfehlungen für gestapelte Balkendiagramme

5.3.2.3. Liniendiagramm

Das Liniendiagramm ist eines der beliebtesten Diagrammtypen, da es eine einfache Möglichkeit darstellt, eine Abfolge von Werten zu visualisieren. Ihre primäre Verwendung findet es in der Anzeige von Trends über einen Zeitverlauf. Sie eignen sich insbesondere, wenn eine große Anzahl von Daten vorliegt (zB Tagesproduktion oder OEE).

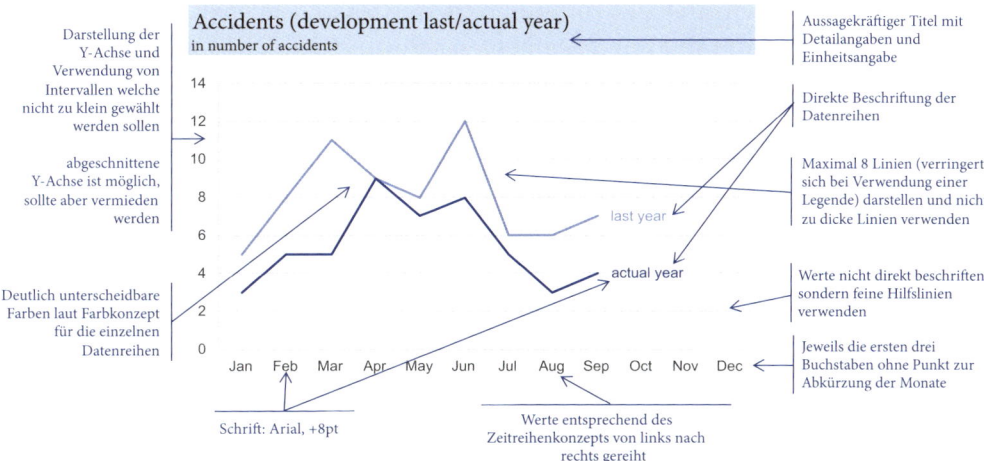

Abb 67: Gestaltungsempfehlungen für Liniendiagramme

Liniendiagramme eignen sich besonders gut, um mit anderen Diagrammtypen wie beispielsweise Säulen- oder Balkendiagrammen kombiniert zu werden. Dadurch kann bewusst eine Unterscheidung von zwei verschiedenen Datentypen (zB geplante oder aktuelle Werte) geschaffen werden.

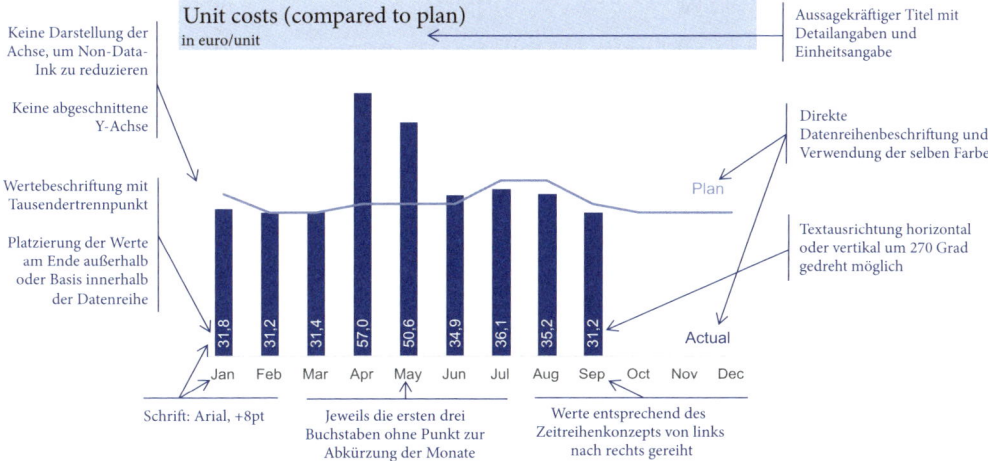

Abb 68: Gestaltungsempfehlungen für die Kombination von Säulen und Liniendiagramm

5.3.2.4. Tortendiagramm

Torten- oder Kreisdiagramme sollen verwendet werden, um relative Verhältnisse zu veranschaulichen (zB prozentuelle Anteile). Häufig werden sie allerdings auch für andere Zwecke verwendet, weshalb sie von allen Diagrammtypen am öftesten falsch angewendet werden. Die Anzahl von Kreissegmenten soll auf sechs beschränkt werden. Bei mehr als sechs Segmenten können diese idR nur mehr sehr

145

schwer sinnvoll beschriftet und interpretiert werden. Zusätzlich ist die Eignung eines Tortendiagramms mit nur 2 Segmenten aufgrund des geringen Informationsgehalts anzuzweifeln.

Besser geeignet wären Balkendiagramme, weil sie von der Anzahl der Elemente unabhängig eingesetzt werden können.

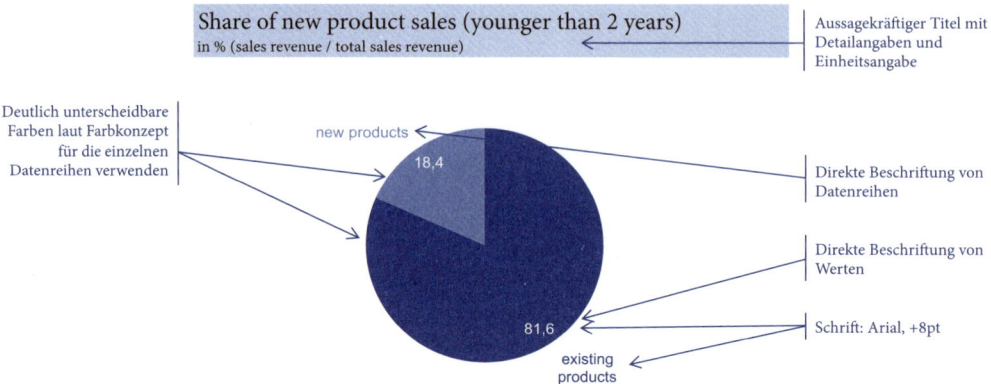

Abb 69: Gestaltungsempfehlungen für Tortendiagramme

5.3.3. Empfehlungen für Tabellen

Nicht alle Informationen können mithilfe von Diagrammen ideal visualisiert werden. Tabellen sollten dort genutzt werden, wo das Ablesen einer großen Anzahl an Werten bedeutend ist. Sog. grafische Tabellen kombinieren die Vorteile von Tabellen mit jenen von Diagrammen, indem grafische Elemente (zB Balken) in die Tabelle integriert werden.

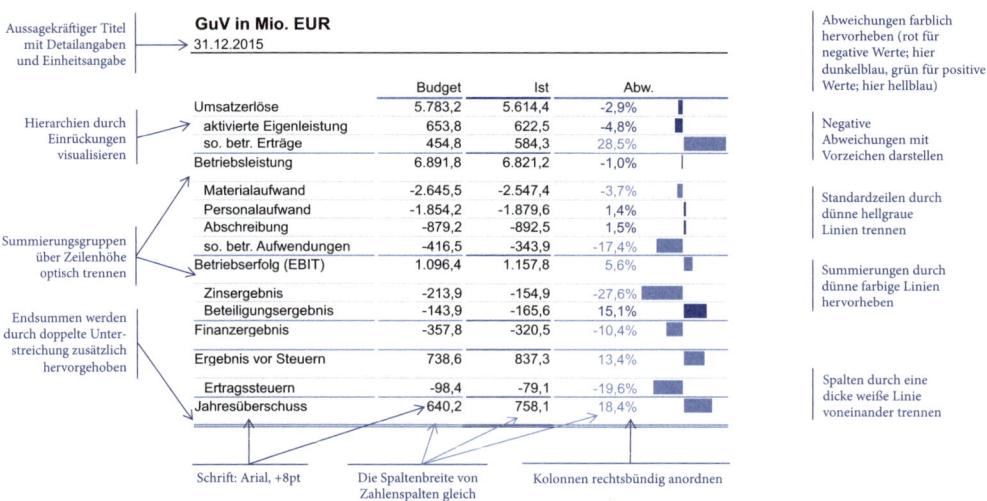

Abb 70: Gestaltungsempfehlungen für (grafische) Tabellen

146

5.3.4. Empfehlungen für Information Dashboards

Ein Information Dashboard liefert auf einer einzelnen Anzeigefläche (zB einem Computerbildschirm) eine Übersicht der für einen Entscheidungsträger wichtigsten Kennzahlen. Dashboards erhöhen die Wahrnehmungsgeschwindigkeit der Berichtsempfänger gegenüber Einzeldarstellungen signifikant, wobei sich dieser Effekt mit zunehmender Komplexität der Aufgabenstellung verstärkt. Bei Eye-Tracking-Tests mit ausgewählten Dashboards hat sich die Darstellung von sechs Elementen pro Seite als ideal herausgestellt, wobei nach Möglichkeit ähnliche Visualisierungstypen verwendet werden sollten.

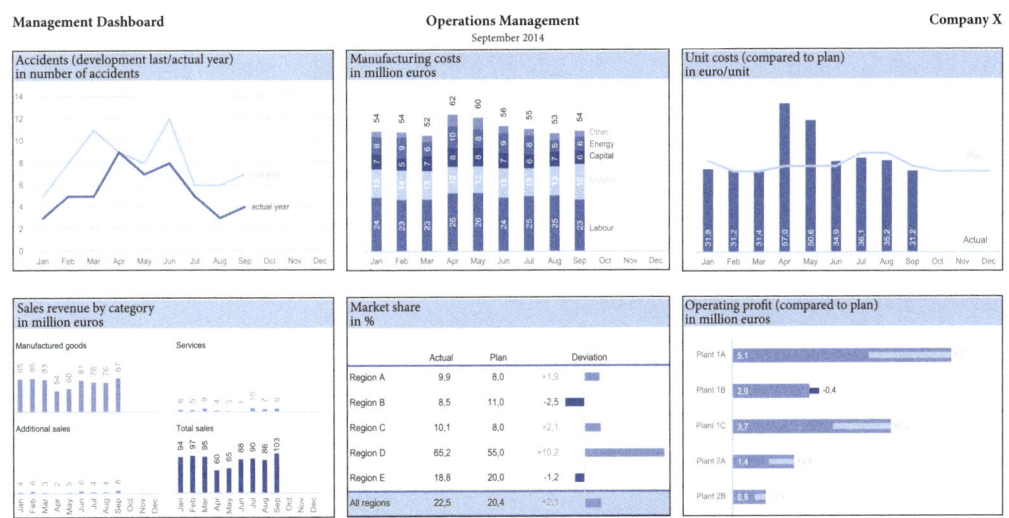

Abb 71: Darstellung eines wahrnehmungsoptimierten Dashboards

5.4. Unternehmensspezifische Umsetzung

Im vorliegenden Beitrag wurden eine Reihe von Gestaltungsempfehlungen für eine wahrnehmungsoptimierte Visualisierung von Kennzahlen vorgestellt. Diese basieren auf einem wissenschaftlich fundierten Vorgehensmodell unter Einsatz von Eye Tracking Analysen. Als objektive Prüfkriterien dienten die Messung der Effektivität (fehlerfreie Wahrnehmung) und Effizienz (rasche Wahrnehmung) der Informationsaufbereitung. Zudem wurde die Attraktivität (optisch ansprechend) in die Bewertung einbezogen.

Die vorgestellten Empfehlungen sollten eine solide Basis für die Optimierung von Managementreports und Information Dashboards bilden und den Berichtserstellern einige Gestaltungsexperimente nach dem Trial-and-Error-Prinzip ersparen. Es wird aber auch künftig keine „one-size-fits-all"-Lösung geben. Es bleibt die Notwendigkeit bestehen, bei der unternehmensspezifischen Umsetzung die jeweiligen Informationsbedarfe und Aufgabenstellungen wie auch die Kenntnisse, Fähigkeiten und den Erfahrungsschatz der Berichtsempfänger zu berücksichtigen. Die Eye-Tra-

147

cking-Technologie kann auch hier eingesetzt werden, um die aktuellen Reports zu evaluieren bzw den Auswahlprozess alternativer Visualisierungsoptionen zu objektivieren.

Monatliche EBIT-Entwicklung nach Geschäftsbereichen

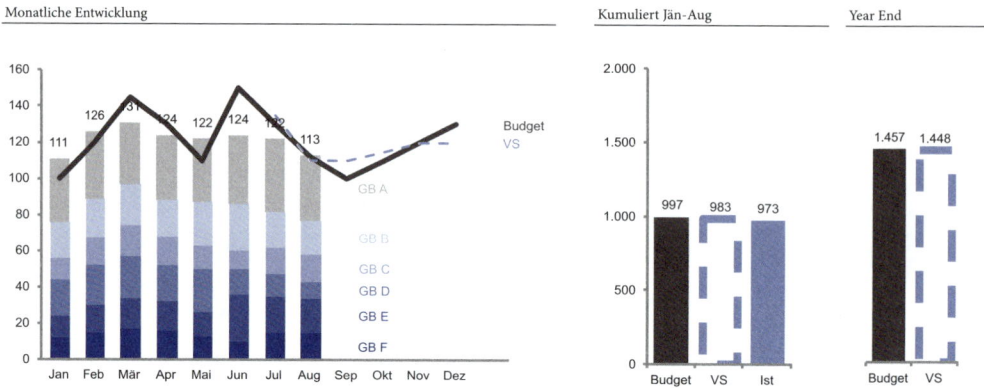

Abb 72: Beispiel einer unternehmensspezifischen Umsetzung

5.5. Fazit und Ausblick

Die optimale Visualisierung entscheidungsrelevanter Informationen, insbesondere Kennzahlen, leistet einen wichtigen Beitrag zur kognitiven Entlastung von Führungskräften und Vermeidung von Information-Overload.

Aktuelle Studien zeigen, dass Managementreports eine hohe Relevanz für betriebliche Entscheidungen beigemessen wird.[120] Aufgrund der knappen verfügbaren Zeit der Führungskräfte müssen sie aber schnell und fehlerfrei gelesen werden können. Beides ist in der Praxis derzeit vielfach noch nicht der Fall. Die durchgeführten Eye-Tracking-Experimente ergaben in Praxisprojekten teilweise enorm hohe Fehlerraten bei der Beantwortung aus Sicht der Berichtersteller zentraler Fragestellungen.

Eine Diagramm- und Tabellengestaltung, die die hier vorgestellten Empfehlungen berücksichtigt, kann Wahrnehmungsverzerrungen und Wahrnehmungszeiten signifikant reduzieren. Die Schaffung einer unternehmensweit einheitlichen Reporting-Design-Guideline erleichtert die Kommunikation zwischen den Entscheidungsträgern.

Derzeit nutzen bereits namhafte Unternehmen die Möglichkeit, ihre Managementberichte und Information-Dashboards auf dem Eye-Tracking-Prüfstand testen zu lassen.

Mit zunehmender Digitalisierung und Vernetzung im Unternehmen sowie über Unternehmensgrenzen hinweg und der damit einhergehenden Generierung riesiger Datenmengen (Big Data) wird die Bedeutung einer optimalen Informationsaufbe-

---

120   *Eisl* et al (2013) 25 ff.

reitung noch weiter zunehmen. Es werden neue Visualisierungsformen wie Tree-Maps oder Netzwerkanalysen entstehen – und im Eye-Tracking-Labor des Forschungsschwerpunkts CRF auf ihre Wahrnehmungswirkung getestet. Die neuesten Erkenntnisse und Templates zu den hier vorgestellten Visualisierungsempfehlungen werden laufend auf der Webpage www.top-reports.com veröffentlicht.

Literatur

Eisl, C., Losbichler, H., Falschlunger, L., Fischer, B., und Hofer, P. (2013): Reporting Design – Status-quo und neue Wege in der internen und externen Berichtsgestaltung

Eisl, C., Losbichler, H., Falschlunger, L. (2014): Grundsätze wahrnehmungsoptimierten Reporting Designs (GWORD): Finanzberichte auf dem Eye-Tracking-Prüfstand, In: Engelbrechtsmüller, C. und Kerschbaumer H. (2013): Financial Reporting 2. – Aktuelle Entwicklungen in der Finanzberichterstattung, Wien

Falschlunger, L., Treiblmaier, H., Lehner, O., Grabmann, E. (2015): Cognitive differences and their impact on information perception: an empirical study combining survey and eye tracking data, In: Lecture Notes in Information Systems and Organization, Vol. 10, pp. 137–144

Few, S. (2006): Information Dashboard Design: The effective visual communication of data, Oakland, 1st Edition

Goldberg, J., and Helfman, J. (2014): Eye Tracking on Visualization: Progressive Extraction of Scanning Strategies, In: Handbook of Human Centric Visualization, pp. 337–372

Speier, C. (2006): The influence of information presentation formats on complex task decision-making performance, In: International Journal of Human-Computer Studies, Vol. 64, No. 11, pp. 1115–1131

Tortosa-Edo, V., López-Navarro, M. A., Llorens-Monzonís, J., Rodríguez-Artola, R. M. (2014): The antecendent role of personal environment values in the relationships among trust in companies, information processing and risk perception, In: Journal of Risk Research, Vol. 17, No. 8, pp. 1019–1035

Yigitbasioglu, O.M. and Velcu, O. (2012), A review of dashboards in performance management. Implications for design and research, In: International Journal of Accounting Information Systems, Vol. 13 No. 1, pp. 41–59

Themenblock C: Finanzkennzahlen für unterschiedliche Adressaten und Anwendungszwecke

1. Ratingsysteme und Kennzahlen am Beispiel der Moody's Methodology

Christian Engelbrechtsmüller/Armin Havlik

Inhaltsverzeichnis

Ein Rating unterstützt Kreditgeber und Investoren bei der Einschätzung der finanziellen Stärke eines Unternehmens. Generell wird zwischen internen und externen Ratings unterschieden. Interne Ratings werden beispielweise von kreditgewährenden Banken oder garantierenden Kreditversicherungen erstellt. Während Banken oder Kreditversicherungen ein internes Rating zur Steuerung des eigenen Ausfallrisikos benötigen, dienen externe Ratings unabhängiger Ratingagenturen Dritter (zB den Zeichner einer Anleihe) als Anhaltspunkt für die Einschätzung der Bonität von Unternehmen (zB Emittent einer Benchmark Emission) oder einzelner Finanzinstrumente (zB Asset Backed Securities). Der Beitrag stellt den Ratingprozess im Überblick und typische Rating relevante Kennzahlen am Beispiel der Moody's Methodology für produzierende Unternehmen dar.

1.1. Grundlagen

Unter Rating wird im anglo-amerikanischen Raum allgemein „Einschätzung, Bewertung bzw Einstufung", im US-amerikanischen Sprachgebrauch speziell „Krediteinschätzung, Bonitätsbewertung" verstanden. Ein Ratingurteil versucht, alle aus der Bonitätsanalyse gewonnenen Erkenntnisse in einer einzigen Kennzahl, dem Ratingsymbol, zu verdichten und ermöglicht somit eine schnelle Ableitung des Schuldnerausfallrisikos. Die Ratingsymbole sind die Ergebnisse von Ratingprozessen und werden auch als Ratinggrades, Ratingcodes oder Ratingstufen bezeichnet. Sie werden in Form von Buchstaben, Ziffern oder alphanumerischen Zeichenfolgen ausgedrückt. Am weitesten verbreitet sind die Ratingskalen der drei größten internationalen Ratingagenturen Moody's, Standard & Poor's und Fitch. Ratingskalen sind Tabellen mit abgestuften Ausfallwahrscheinlichkeiten, die zwischen den Extremwerten „fast kein Risiko" und „Zahlungsausfall" liegen.

Moody's		S&P		Fitch		Englische Bezeichnung	Deutsche Beschreibung
Long Term	Short Term	Long Term	Short Term	Long Term	Short Term		
Aaa		AAA		AAA		Prime (Triple A)	Schuldner höchster Bonität, Ausfallrisiko auch längerfristig so gut wie vernachlässigbar
Aa1	P-1	AA+	A-1+	AA+	F1+	High grade	Sichere Anlage, Ausfallrisiko so gut wie vernachlässigbar, längerfristig aber etwas schwerer einzuschätzen
Aa2		AA		AA			
Aa3		AA-		AA-			
A1		A+	A-1	A+	F1	Upper Medium grade	Sichere Anlage, sofern keine unvorhergesehenen Ereignisse die Gesamtwirtschaft oder die Branche beeinträchtigen
A2		A		A			
A3	P-2	A-	A-2	A-	F2		
Baa1		BBB+		BBB+			
Baa2	P-3	BBB	A-3	BBB	F3	Lower Medium grade	Durchschnittlich gute Anlage. Bei Verschlechterung der Gesamtwirtschaft ist aber mit Problemen zu rechnen
Baa3		BBB-		BBB-			
Ba1		BB+		BB+		Non Investmentgrade speculative	Spekulative Anlage. Bei Verschlechterung der Lage ist mit Ausfällen zu rechnen
Ba2		BB	B	BB	B		
Ba3		BB-		BB-			
B1		B+		B+		Highly Speculative	Hochspekulative Anlage. Bei Verschlechterung der Lage sind Ausfälle wahrscheinlich
B2		B		B			
B3		B-		B-			
Caa1	Not Prime	CCC+		CCC		Substantial risks Extremely speculative	Nur bei günstiger Entwicklung sind keine Ausfälle zu erwarten
Caa2		CCC	C	CC	C		
Caa3		CCC-				In default with little prospect for recovery	Moody's: in Zahlungsverzug Standard & Poor's: hohe Wahrscheinlichkeit eines Zahlungsausfalls oder Insolvenzverfahren beantragt, aber noch nicht in Zahlungsverzug
Ca		CC		C			
		C					
C		SD	/	RD	/	In default	Zahlungsausfall
		D		D			

Abb 1: Ratingskalen

Bei Ratings wird zwischen Langfrist- (Long Term, > 360 Tage) und Kurzfrist-Ratings (Short Term, < 360 Tage) unterschieden.

Bei Long Term Ratings umfasst die Skala mindestens sieben Ratingstufen für nicht ausgefallene Schuldner und eine Stufe für ausgefallene Schuldner (zB nach S&P: AAA, AA, A, BBB, BB, B und CCC für die sieben Lebendklassen und D für Ausfälle). Innerhalb der Buchstabenkombinationen AA bis B wird eine weitere, verfeinerte Aufgliederung in oberes, mittleres und unteres Drittel vorgenommen („notches"). Je nach Ratingagentur werden unterschiedliche Buchstabenkombinationen oder Zeichen verwendet.

Je höher die Wahrscheinlichkeit, dass der Schuldner seinen Zahlungsverpflichtungen ganz oder teilweise nicht mehr nachkommen kann, desto schlechter fällt sein Rating aus. Eine „AAA" (Triple A) bewertete Anleihe wird von den Ratingagenturen als sehr sicher eingestuft, das Ausfallrisiko sollte daher gering sein. Das Ausfallrisiko von Anleihen, die mit „Ca" bzw „CC" bewertet wurden, wird als hoch eingestuft. Da Investoren für die Übernahme des Adressausfallrisikos einen Aufschlag verlangen, sind die Renditen von Anleihen hoher Bonität meist geringer als die von schlecht eingestuften Anleihen. Schuldner, die in Zahlungsverzug sind, werden von Moody's mit dem Rating „C" und von Standard & Poor's und Fitch mit dem Rating „D" bewertet. Solche spekulativen Anleihen sind eher für professionelle Investoren interessant, falls diese auf einen Turnaround oder eine unerwartet positive Entwicklung hoffen.

In der Finanzbranche werden die Ratings in die beiden Gruppen „Investment Grade" und „Sub- bzw Non-Investment Grade" oder „Speculative Grade" aufgeteilt. Anlagen unterhalb „Investment Grade" gelten als spekulative Anlage, bei denen bei einer Verschlechterung der wirtschaftlichen Lage mit Ausfällen zu rechnen ist. Diese Unterscheidung spielt insbesondere bei institutionellen Investoren wie beispielsweise Pensionskassen oder Versicherungen eine wichtige Rolle, da diese oftmals per Gesetz oder durch ihre eigenen Veranlagungsrichtlinien verpflichtet sind, nur Anleihen von Schuldnern zu kaufen, die ein bestimmtes Mindestrating aufweisen. Hierbei gelten die Ratings AAA bis BBB (inklusive Baa3 bzw BBB–) als „Investment Grade". Anleihen mit einem Rating von BB oder schlechter gelten als „Sub-Investment Grade" und werden auch „Junk Bonds" genannt.

Kern jedes Ratings ist die Einschätzung der Bonität eines Unternehmens und damit seines Insolvenzrisikos. In der Statistik spricht man von der Ausfallshäufigkeit oder der Ausfallswahrscheinlichkeit eines Finanzinstruments. Abbildung 2 zeigt die Ausfallswahrscheinlichkeiten von Schuldnern in Abhängigkeit vom Rating und der Laufzeit in Prozent.

Global Corporate Average Cumulative Default Rates (1981-2014) (%)															
	-- Time horizon (years) --														
	1	2	3	4	5	6	7	8	9	10	11	12	13	14	15
AAA	0.00	0.03	0.14	0.24	0.36	0.47	0.53	0.61	0.67	0.74	0.77	0.80	0.84	0.91	0.98
AA	0.02	0.07	0.13	0.24	0.35	0.46	0.56	0.65	0.73	0.82	0.90	0.97	1.05	1.12	1.19
A	0.07	0.16	0.27	0.41	0.57	0.75	0.95	1.13	1.32	1.51	1.69	1.84	2.00	2.15	2.32
BBB	0.20	0.57	0.96	1.46	1.95	2.43	2.84	3.26	3.66	4.06	4.49	4.84	5.17	5.50	5.84
BB	0.76	2.35	4.23	6.06	7.71	9.28	10.59	11.75	12.80	13.74	14.52	15.18	15.75	16.24	16.77
B	3.88	8.80	12.97	16.22	18.70	20.72	22.37	23.69	24.82	25.91	26.82	27.57	28.26	28.88	29.49
CCC/C	26.38	35.58	40.67	43.77	46.28	47.24	48.27	49.06	50.03	50.73	51.28	51.94	52.72	53.38	53.38
Investment grade	0.11	0.29	0.50	0.76	1.03	1.29	1.54	1.78	2.01	2.24	2.46	2.65	2.83	3.01	3.20
Speculative grade	3.87	7.58	10.79	13.39	15.49	17.23	18.69	19.90	20.98	21.97	22.79	23.49	24.13	24.68	25.22
All rated	1.50	2.95	4.23	5.31	6.20	6.97	7.62	8.18	8.68	9.15	9.56	9.90	10.21	10.49	10.78

Abb 2: Durchschnittliche kumulierte Ausfallsraten[1]

Vereinfacht lässt sich festhalten, je schlechter das Rating oder je länger die Fristigkeit, desto höher die Ausfallswahrscheinlichkeit.

1.1.1. Interne Ratings durch Banken

Banken erstellen das interne Rating eines Unternehmens in der Regel im Zusammenhang mit einem Kreditansuchen. Das Rating wird laufend beobachtet und gegebenenfalls angepasst, zB bei Vorlage aktueller Jahresabschlüsse oder Informationen zur unterjährigen Geschäftsentwicklung. Mittels internen Ratings untersucht die

---

1 Vgl Standard & Poor's Global Fixed Income Research and Standard & Poor's CreditPro®; 2014 Annual Global Corporate Default Study and Rating Transitions.

Bank, mit welcher Wahrscheinlichkeit ein Unternehmen in der Lage sein wird, seine derzeitigen und zukünftigen Zahlungsverpflichtungen vollständig und fristgerecht zu erfüllen. Die Bonitätseinschätzung bzw Kreditwürdigkeitsprüfung erfolgt auf Initiative der Bank vor Gewährung eines Kredits zur Festlegung der zu bestellenden Sicherheiten, der risikoadäquaten Verzinsung und der benötigten Eigenkapitalhinterlegung seitens der Bank.

Ein Rating setzt sich immer aus sogenannten quantitativen Faktoren (Hard Facts), die zum überwiegenden Teil aus den Jahresabschlüssen berechnet werden, und den qualitativen Faktoren (Soft Facts), die das Unternehmen hinsichtlich qualitativer Eigenschaften bewerten, zusammen.

Zu den **quantitativen Faktoren** zählen mitunter die veröffentlichten Geschäftszahlen und die daraus abgeleiteten Kennzahlen, wobei der letztgültige Jahresabschluss mit einer hohen Gewichtung in das Rating einfließt. Zusätzlich werden die Budgets und Planungsrechnungen der Unternehmen bei der Beurteilung berücksichtigt.

Zu den **qualitativen Faktoren** zählen beispielsweise die Qualität des Managements, die Unternehmensstrategie, die Aufbau- und Ablauforganisation, das Mitarbeiterpotenzial, die Qualität des Controllings und Risikomanagements sowie die Beziehung zu Geschäftspartnern.

Erfahrungsfaktoren wie die gesamte Historie, die eine Bank mit einem Kunden protokolliert hat, fließen ebenfalls in das Rating ein (zB die Einhaltung von Verträgen, termingerechte Bedienung der Kredite). Eine Überfälligkeit von 30 Tagen bzw einem Zahlungszyklus löst in der Regel eine wesentliche Verschlechterung der Bonität des Kreditnehmers aus. Ab einer Überfälligkeit von 90 Tagen gilt ein Obligo als ausgefallen.

Im Rahmen des Ratingprozesses fließen auch **Umweltfaktoren** zur Branche, dem Markt und der Wettbewerbsposition des Unternehmens ein.

Im Gegensatz zu externen Ratingagenturen werden Kreditnehmer normalerweise nicht mit den Kosten der Kreditwürdigkeitsprüfung belastet. Die Kreditnehmer erhalten in der Regel auch keine Einsicht in das Ergebnis des bankinternen Ratingprozesses.

1.1.2. Externe Ratings durch Ratingagenturen

Bei Finanzierungen über den Kapitalmarkt kommt einem externen Rating wesentliche Bedeutung zu. Externe Ratings werden von Ratingagenturen wie bspw Moody's, S&P und Fitch erstellt und bieten eine Bonitätseinschätzung der Emittenten von Wertpapieren, insbesondere von Schuldverschreibungen und das Rating dieser Wertpapiere an. Das Emittentenrating wird als Meinung über die Fähigkeit und den Willen des Emittenten definiert, seine finanziellen Verpflichtungen zeitgerecht zu erfüllen, und trifft damit eine Aussage über die grundsätzliche Kreditwürdigkeit des Emittenten. Das Rating eines Wertpapieres berücksichtigt insbesondere die Rückzahlungsaussichten der jeweiligen Schuldverschreibung bzw des Wertpapiers (zB Asset Backed Securities).

Ratingagenturen zählen zu den wichtigsten Informationsintermediären entwickelter Finanzmärkte. Die Einschätzungen der Ratingagenturen sind für Anleger am Primärmarkt[2] interessant und entfalten bei regelmäßiger Überprüfung einen dynamischen Informationswert für Anleger am Sekundärmarkt[3]. Ratingergebnisse haben einen wesentlichen Einfluss auf den Erfolg von zB Anleiheemissionen hinsichtlich der Höhe des platzierbaren Volumens und der Renditeerwartungen der Investoren. Veränderungen im Rating von Unternehmen führen am Kapitalmarkt kurzfristig zu Veränderungen der Renditeerwartung der Investoren und folglich zu einer Veränderung der Kapitalkosten des Unternehmens.

Wie im internen Bankenrating werden im Ratingergebnis neben den Unternehmenskennzahlen auch generelle Entwicklungen der Branche und des Marktumfelds berücksichtigt. Mit dem Rating wird nach finanzwissenschaftlicher Auffassung regelmäßig das relative Ausfallrisiko von Fremdkapital beurteilt, ohne auf die zu erwartende Performance einer Anleihe einzugehen, eine Verlustgarantie oder eine Verkaufs- bzw Kaufempfehlung abzugeben.

1.2. Rating gemäß Moody's[4]

Folgende Einflussfaktoren und Kennzahlen fließen typischerweise bei einem produzierenden Unternehmen in die Analysen ein:

- **Unternehmensgröße und Wachstum:** Entwicklung des Umsatzes bzw der Betriebsleistung über einen mehrjährigen Zeitraum
- **Diversifikation** nach
  - Produkten bzw Produktgruppen
  - Kunden
  - Regionen
  - Märkten
- **Operative Ergebnisse** bzw Cashflows des Unternehmens
  - Operativer Cashflow
  - EBITDA
- **Kennzahlen**
  - Sachanlagenintensität bzw Investitionsbedarf
  - Eigenkapitalquote
  - Net Debt/EBITDA
  - EBITDA/Zinsaufwand
- **Finanzpolitik**
  - Dividendenpolitik des Unternehmens

---

2   Am Primärmarkt erfolgt die erstmalige Ausgabe von Wertpapieren. Der Kapitalfluss erfolgt zwischen den Emittenten und den Investoren.

3   Am Sekundärmarkt werden die Wertpapiere zwischen den Investoren gehandelt. Vgl *Deipenbrock* (2003) 1949 ff.

4   Die Inhalte dieses Kapitels wurden weitestgehend aus dem Buch „CFO-Schlüssel-Know-how unter IFRS, Hrsg. Engelbrechtsmüller/Losbichler, 2010, Wien, übernommen.

Die untersuchten Kriterien und deren Gewichtung sind je nach Branche, Unternehmensgröße und ratender Agentur unterschiedlich. Moody's verwendet einen für jede Branche eigens adaptierten Kennzahlenbaum. In der Folge wird exemplarisch der Kennzahlenbaum von Moody's für die Branche „Global Manufacturing" dargestellt.[5]

Ausgangspunkt für das Moody's-Rating ist ein Modell, das sich aus fünf Hauptkriterien und insgesamt 15 Sub-Kriterien zusammensetzt, wovon neun quantitative Kennzahlen und sechs qualitative Faktoren sind.[6] Die quantitativen Kennzahlen werden mit 65 % und die qualitativen Faktoren mit 35 % gewichtet. Im Detail werden die Kennzahlen und Faktoren wie folgt gewichtet:

Rating Faktoren	Sub-Faktoren	Gewichtung	Kumulierte Sub-Faktoren Gewichtung
Unternehmensprofil	Produktdiversifikation	5,0%	25,0%
	Kundendiversifikation	5,0%	
	Regionale Diversifikation	5,0%	
	Marktposition	5,0%	
	Endmarkt-Diversifikation	5,0%	
Größe und Stabilität	Umsatz	5,0%	10,0%
	Stabilität des Umsatzwachstums	5,0%	
Kostensituation und Profitabilität	EBITA-Marge	5,0%	10,0%
	Return on Average Assets	5,0%	
Finanzpolitik	Debt/Book Capitalization	5,0%	25,0%
	Debt/EBITDA	10,0%	
	Liquidität	10,0%	
Finanzielle Stärke	EBITA/Interest Expense	10,0%	30,0%
	FFO/Debt	10,0%	
	FCF/Debt	10,0%	
	Total	100,0%	100,0%

Abb 3: Moody's Rating[7]

Basis für die Berechnung der Ratingkennzahlen können sowohl die Planungsrechnung als auch die historischen Zahlen sein. Ein Großteil der berechneten Kennzahlen lässt sich aus der GuV, der Bilanz und der Cashflow-Rechnung ableiten.

1.2.1. Rating-Faktor I: Unternehmensprofil

Der erste Rating-Faktor „Unternehmensprofil" betrachtet das Unternehmen unter zwei Gesichtspunkten – der Marktposition und dem Diversifikationsgrad. Die fünf dazugehörigen qualitativen Sub-Faktoren fließen in der definierten Branche Maschinenbau mit insgesamt 25 % in das Gesamtranking ein.

---

5   Vgl Moody's Rating Methodology: „Global Manufacturing Industry", Stand Dezember 2007, (im Juli 2014 wurde von Moody's eine aktualisierte Version veröffentlicht). Anmerkung: Der von Moody's veröffentlichte Kennzahlenbaum stellt nicht alle Aspekte des Ratings für Unternehmen dieser Branche dar, lässt aber eine verlässliche Abschätzung des Ratings zu.

6   Vgl Moody's Rating Methodology: „Global Manufacturing Industry", Stand Dezember 2007, Anmerkung: Im weiteren Verlauf des Ratingprozesses werden dann weitere mögliche Einflussfaktoren untersucht und gegebenenfalls bei der Ratingerteilung berücksichtigt.

7   Vgl Moody's Rating Methodology: „Global Manufacturing Industry", Stand Dezember 2007, 8.

Die Klassifizierung der Unternehmensprofilfaktoren wird bei Moody's für Unternehmen aus dem verarbeitenden Gewerbe im Detail wie folgt durchgeführt:

Mapping - Unternehmensprofil							
	Aaa	Aa	A	Baa	Ba	B	Caa
Produkt-diversifikation	>6 ausgewogene, profitable Haupt-segmente	>5 ausgewogene, profitable Haupt-segmente	>4 ausgewogene, profitable Haupt-segmente	>3 ausgewogene, profitable Haupt-segmente	2-3 Hauptsegmente mit unterschiedl. Größe und Profitabilität	>1 Hauptsegment, starke Abhängigkeit von einem Segment	1 Hauptsegment
Kunden-diversifikation	kein Kunde >5% der Umsätze und Top10-Kunden <10% der Umsätze	kein Kunde >5% der Umsätze und Top10-Kunden <15% der Umsätze	kein Kunde >10% der Umsätze und Top10-Kunden <20% der Umsätze	kein Kunde >10% der Umsätze und Top10-Kunden <30% der Umsätze	kein Kunde >10% der Umsätze und Top10-Kunden <40% der Umsätze	Top10-Kunden >50% der Umsätze	Top10-Kunden <50% der Umsätze
Regionale Diversifikation	Weltweit hohe Diversifikation: keine Region erreicht mehr als 30% des Umsatzes	Weltweit hohe Diversifikation: keine Region erreicht mehr als 40% des Umsatzes	Weltweit hohe Diversifikation: keine Region erreicht mehr als 50% des Umsatzes	Weltweite Konzentration: Hauptregion erreicht 50-60% des Umsatzes	Weltweite Konzentration: Hauptregion erreicht 60-70% des Umsatzes	Weltweite Konzentration: Hauptregion erreicht 70-80% des Umsatzes	Weltweite Konzentration: Hauptregion erreicht mehr als 80% des Umsatzes
Marktposition	Nr. 1 im Hauptmarkt-segment	Nr. 1 oder 2 im Hauptmarkt-segment	Nr. 1 oder 2 in den meisten Segmenten	unter Top 3 in Hauptmärkten	Nr. 3-5 in Teilmärkten	lokaler oder Nische-Player mit kleinem Marktanteil	lokaler oder Nische-Player mit SEHR kleinem Marktanteil
Endmarkt-diversifikation	Top 1 Endmarkt bis zu 10% des Umsatzes	Top 1 Endmarkt bis zu 20% des Umsatzes	Top 1 Endmarkt bis zu 30% des Umsatzes	Top 1 Endmarkt bis zu 40% des Umsatzes	Top 1 Endmarkt bis zu 50% des Umsatzes	Top 1 Endmarkt bis zu 70% des Umsatzes	Top 1 Endmarkt mehr als 70% des Umsatzes

Abb 4: Faktoren Mapping – Unternehmensprofil[8]

Produktdiversifikation: In der Regel wird hierbei die Anzahl an Haupt-Produktsegmenten eines Unternehmens betrachtet. Unternehmen mit einem vielfältigen Produktangebot sind bei Veränderungen in der Produktnachfrage wie zB bei Änderungen in der Preiselastizität oder bei den Kundenbedürfnissen in der Regel besser positioniert als Unternehmen, die sich auf ein eingeschränktes Produktangebot konzentrieren. Übertriebene Produktdiversifikation kann jedoch auch negative Effekte mit sich bringen (ua wenig Markterfahrung, zu wenig Skaleneffekte).

Kundendiversifikation: Hierzu wird die Kundenkonzentration, bemessen am Umsatzanteil des größten Kunden und der Top-10-Kunden, herangezogen. In Folge können auch Rückschlüsse auf zB die Pricing Power (Preiselastizität der Nachfrage) oder die Qualität der Forderungen aus Lieferung und Leistung gezogen werden.

Regionale Diversifikation: Steht für die Aufteilung des Absatzes auf die Regionen Nordamerika, Lateinamerika, Westeuropa, Osteuropa, Mittlerer Osten und Afrika und Asien/Australien. Ist ein Unternehmen regional diversifiziert aufgestellt, ist es nicht bzw nur in begrenztem Umfang von Absatzschwankungen, konjunkturellen Zyklen oder behördlichen Bestimmungen in einzelnen Regionen abhängig.

Marktposition: Beschreibt die jeweilige Position eines Unternehmens in seinem Hauptmarkt. Dabei ist es wichtig, die Definition des zugrundeliegenden Marktes nicht auf die Unternehmenstätigkeiten maßzuschneidern – denn fast jedes Unternehmen ist ein Marktführer, wenn die Marktbeschreibung exakt die Unternehmensaktivitäten beschreibt.

Endmarkt-Diversifikation: Hierbei wird im Unternehmen die Streuung in unterschiedliche Branchen- bzw Privatkundengruppen mit unterschiedlichen Nach-

---

8   Vgl Moody's Rating Methodology: „Global Manufacturing Industry", Stand Dezember 2007, 11.

frage-/Risikotreibern betrachtet. Eine umfangreiche Endmarkt-Diversifikation gleicht Schwankungen in Preis und Nachfrage aus und lindert Schwächen innerhalb einzelner Märkte.

1.2.2. Rating-Faktor II: Größe und Stabilität

Der zweite Rating-Faktor laut Moody's betrifft die Größe und Stabilität eines Unternehmens:

Mapping - Größe und Stabilität							
	Aaa	**Aa**	**A**	**Baa**	**Ba**	**B**	**Caa**
Umsätze (in Mrd. USD)	über 20	10 bis 20	5 bis 10	2 bis 5	1 bis 2	0,25 bis 1	unter 0,25
Stabilität des Umsatzwachstums	unter 1%	1% bis 2%	2% bis 4%	4% bis 8%	8% bis 12%	12% bis 16%	über 16%

Abb 5: Faktoren Mapping – Größe und Stabilität[9]

Größe (Umsatz): Die Größe der Hauptsegmente eines Unternehmens kann stellvertretend für die relative Marktstärke und operative Flexibilität stehen. Zur Betrachtung der Größe eines Unternehmens werden deshalb die aktuellen Umsatzwerte der letzten zwölf Monate herangezogen.

Stabilität: Die Bestimmung des Stabilitätsfaktors erfolgt durch die Berechnung der 5-Jahres-Volatilität des Umsatzwachstums bzw des Umsatzrückgangs (Standardabweichung der jährlichen Veränderung des Umsatzes). In einer Branche, in der zyklische Nachfrageschwankungen den Umsatz beeinflussen können, wird angenommen, dass Unternehmen mit einem diversifizierteren Produktangebot Schwankungen besser ausgleichen können und somit stabiler sind. Der Stabilitätsfaktor berücksichtigt nicht, ob das Unternehmen wächst bzw schrumpft.

1.2.3. Rating-Faktor III: Kostensituation und Profitabilität

Der dritte Rating-Faktor „Kostensituation und Profitabilität" betrachtet die EBITA-Marge und den Return on Average Assets eines Unternehmens:

Kostensituation und Profitabilität							
	Aaa	**Aa**	**A**	**Baa**	**Ba**	**B**	**Caa**
EBITA-Marge	über 27,5%	22,5% bis 27,5%	17,5% bis 22,5%	12,5% bis 17,5%	5% bis 12,5%	0% bis 5%	unter 0%
Return on Average Assets	über 25%	20% bis 25%	15% bis 20%	10% bis 15%	5% bis 10%	0% bis 5%	unter 0%

Abb 6: Faktoren Mapping – Kostensituation und Profitabilität[10]

---

9   Vgl Moody's Rating Methodology: „Global Manufacturing Industry", Stand Dezember 2007, 13.
10   Vgl Moody's Rating Methodology: „Global Manufacturing Industry", Stand Dezember 2007, 15.

EBITA Marge: Hierbei handelt es sich um ein wesentliches Instrument zur Analyse der zugrundeliegenden operativen Profitabilität eines fertigenden Unternehmens. Zur Berechnung dieses Wertes wird das jährliche EBITA durch die jährlichen Erlöse dividiert und der Durchschnitt der letzten drei Jahre errechnet.

Return on Average Assets (ROAA): Die ROAA-Kennzahl (EBITA/Average Assets) misst die Fähigkeit eines Unternehmens, ein konstantes operatives Ergebnis mit den vorhandenen Vermögensgegenständen zu erwirtschaften. Die „Average Assets" entsprechen der Bilanzsumme des Unternehmens, der Durchschnitt wird aus der Bilanzsumme der letzten Periode und der aktuellen Periode errechnet.

1.2.4. Rating-Faktor IV: Finanzpolitik

Der Rating-Faktor „Finanzpolitik" gewährt Einblicke in die Managementphilosophie eines Unternehmens betreffend Kapitalstruktur und eingegangener finanzieller Risiken und bestimmt im vorliegenden Beispiel ein Viertel des gesamten Unternehmensratings.

Liquidität							
	Aaa	**Aa**	**A**	**Baa**	**Ba**	**B**	**Caa**
Debt/Book CAP	unter 10%	10% bis 20%	20% bis 35%	35% bis 50%	50% bis 60%	60% bis 80%	über 80%
Debt/EBITDA	unter 0,5x	0,5x bis 1,0x	1,0x bis 2,0x	2,0x bis 3,0x	3,0x bis 4,5x	4,5x bis 6,0x	über 6,0x
Liquidität	Vergabe von numerischen Werten zwischen 1,5 (Aaa) bis 7 (Caa), abhängig von den Ergebnissen in den vier Parametern Cashflow/Interne Liquiditätsquellen, Verfügbarkeit von Liquidität/Externe Liquiditätsquellen, Covenants, alternative Finanzierungsquelle						

Abb 7: Faktoren Mapping – Liquidität

Unter „Debt" versteht Moody's im Zusammenhang mit der Analyse der Liquiditätsbetrachtung die Bruttoverschuldung des jeweiligen Unternehmens.

Debt/Book Capitalization: Auch wenn es sich dabei nicht um ein ideales Messinstrument handelt, ist es ein einfacher Weg, um die Kapitalstrukturen innerhalb einer Branche zu vergleichen. Ebenso gewährt diese Kennzahl einen gewissen Einblick in die Finanzpolitik eines Unternehmens, insbesondere im Hinblick auf Verschuldung. Für die Berechnung wird ein 3-Jahres-Durchschnitt herangezogen, hierbei wird auf die letzten drei verfügbaren Bilanzen abgestellt.

Debt/EBITDA: Zeigt die Möglichkeiten eines Unternehmens, angefallene Schulden zu begleichen. Für die Berechnung wird ein 3-Jahres-Durchschnitt herangezogen.

Liquidität: Hier spielen vier verschiedene Kriterien eine Rolle (normalerweise zu je 25 %) – Cashflow/Interne Liquiditätsquellen, Verfügbarkeit von Liquidität/Externe Liquiditätsquellen, Covenants, alternative Finanzierungsquellen.

1.2.5. Rating-Faktor V: Finanzielle Stärke

Als fünfter und letzter Rating-Faktor wird die finanzielle Stärke eines Unternehmens beurteilt. Mit insgesamt 30 % Anteil am Gesamtranking handelt es sich dabei um den wichtigsten Faktor. Die dafür gemessenen Kriterien sind folgende:

Finanzielle Stärke							
	Aaa	Aa	A	Baa	Ba	B	Caa
EBITA/Interest Expense	über 13x	10x bis 13x	7x bis 10x	4x bis 7x	2,5x bis 4x	1x bis 2,5x	unter 1x
FFO Debt	über 70%	55% bis 70%	40% bis 55%	25% bis 40%	15% bis 25%	5% bis 15%	unter 5%
FCF Debt	über 40%	30% bis 40%	20% bis 30%	10% bis 20%	5% bis 10%	-2% bis 5%	unter -2%

Abb 8: Faktoren Mapping – Finanzielle Stärke[11]

Moody's versteht unter Debt in der Betrachtung der finanziellen Stärke die gesamte Verschuldung (gesamte Finanzverbindlichkeiten inkl langfristiger Rückstellungen).

EBITA/Interest Expense: Gewinn vor Finanzergebnis, außerordentlichem Ergebnis, Steuern und Firmenwertabschreibungen, dividiert durch den Bruttozinsaufwand (3-Jahres-Durchschnitt).

FFO (Funds from operations)/Debt: Mittel aus laufender Geschäftstätigkeit (vor Änderungen im Working Capital) im Verhältnis zu Finanzverbindlichkeiten (3-Jahres-Durchschnitt).

FCF/Debt: Freier Cashflow im Verhältnis zu Finanzverbindlichkeiten (3-Jahres-Durchschnitt).

1.2.6. Moody's standardisierte Methoden zur Anpassung von IFRS-Abschlüssen

Damit die wirtschaftliche Situation von Unternehmen möglichst genau verglichen werden kann, vereinheitlicht Moody's die gemäß IFRS erstellten Abschlüsse durch standardisierte Bereinigungen. Dadurch können auch Auswirkungen von außergewöhnlichen bzw nicht wiederkehrenden Posten identifiziert und separat dargestellt werden und zusätzlich kann durch die Anwendung spezieller Schätzungen bzw Annahmen eine für analytische Zwecke möglichst realitätsnahe Unternehmenssituation dargestellt werden. Im Wesentlichen betreffen diese Anpassungen die Punkte Pensionsverpflichtungen, operative Leasingverhältnisse, aktivierte Zinsen, aktivierte Entwicklungskosten, Zinsaufwendungen aus der Diskontierung langfristiger Verbindlichkeiten (nicht Finanzschulden), hybride Finanzinstrumente, Verbriefungen, einheitliche Bewertung von „Funds From Operations (FFO)" und außergewöhnliche/nicht wiederkehrende Positionen.

---

11 Vgl Moody's Rating Methodology: „Global Manufacturing Industry", Stand Dezember 2007, 20.

Anpassung	Methodik		
	Bilanz	**GuV**	**Cashflow**
Pensionsverpflichtungen Eliminierung der Glättung von Pensionsaufwendungen Erfassung der unter- / nicht gedeckten Pensionsverpflichtung als „debtlike" (somit relevant für Kennzahlen) Simulation einer Vorfinanzierung und Aufteilung DBO bei nicht gedeckten Pensionsverpflichtungen	Pensionsverpflichtung entspricht dem nicht gedeckten / unterdeckten Betrag (DBO – PV Planvermögen) Unter bestimmten Voraussetzungen erfolgt eine Aufteilung der nicht gedeckten Pensionsverpflichtung in „debt" und Eigenkapital	Rückdrehung aktueller Pensionsaufwendungen Pensionsaufwand entspricht Dienstzeitaufwand + DBO Zinsaufwand +/- Verlust/Gewinn aus Planvermögen Dienstzeitlauf	Dienstzeitaufwendungen als Cashabfluss aus operativem CF Erfassung darüber hinausgehender Beiträge zum Planvermögen im CF aus Finanzierungstätigkeit Keine CF Anpassung, falls Beiträge < Dienstzeitaufwand
Operating Leasingverhältnisse Ansatz von Operating Leasingverhältnissen Erfassung einer Finanzierungsleasingverbindlich-keit	Ansatz von Verbindlichkeit und Vermögenswert Verbindlichkeit entspricht Leasingaufwand x Faktor 5, 6, 8 oder 10 (zB Faktor 8 impliziert 6 % Zinssatz und 15 Jahre Nutzungsdauer) Falls PV der Leasingverpflichtung > Multiplikatorrechnung, Ansatz von PV	Umgliederung 1/3 Leasingaufwand in Zinsaufwand Rest (2/3) wird als Abschreibung des aktivierten Operating Leasingverhältnisses angesehen Entsprechende Anpassungen in den operativen Aufwendungen	Umgliederung Leasingzahlungen von operativem CF zu CF aus Finanzierungstätigkeit Anpassung CapEx (CF aus Investitionstätigkeit) um den Zugang von Vermögenswerten aus Leasingverhältnissen; gleichzeitige Anpassung CF aus Finanzierungstätigkeit um Finanzierungsvorgang
Aktivierte Zinsen Erfassung der aktivierten Zinsen als Zinsaufwendungen	Reduzierung Anlagevermögen um aktivierte Fremdkapitalkosten Anpassung Latente Steuern Reduzierung Gewinnrücklagen	Erhöhung Zinsaufwendungen um aktivierte Fremdkapitalkosten Reduzierung Steueraufwendungen	Umgliederung von CapEx (CF aus Investitionstätigkeit) zu Zinsaufwendungen im operativem CF
Aktivierte Entwicklungskosten Erfassung der aktivierten Entwicklungskosten als Entwicklungsaufwendungen	Reduzierung immaterieller Vermögenswerte um kumulierte aktivierte Entwicklungskosten Anpassung Latente Steuern Reduzierung Gewinnrücklagen	Erhöhung betrieblicher Aufwendungen um aktivierte Entwicklungskosten Eliminierung planmäßiger und außerplanmäßiger Abschreibungen Anpassung Steueraufwendungen	Umgliederung der aktivierten Entwicklungskosten von CF aus Investitionstätigkeit zu operativem CF
Zinsaufwendungen aus der Diskontierung langfristiger Verbindlichkeiten (nicht Finanzschulden) Umgliederung Zinsaufwendungen (Zinseffekt aus Diskontierung) zu den betrieblichen Aufwendungen	Keine Anpassung	Erhöhung der betrieblichen Aufwendungen um den Zinseffekt aus Diskontierung Entsprechende Reduzierung der Zinsaufwendungen	Keine Anpassung (da nur operativer CF betroffen)

Anpassung	Methodik		
	Bilanz	**GuV**	**Cashflow**
Hybride Finanz-instrumente Klassifizierung von hybriden Finanzinstrumenten anhand Moody's Klassifikationstableau (Einteilung anhand einer Gewichtungsskala) Die entscheidungsrelevanten Merkmale des Hybrids betreffen: Laufzeit, Call Optionen, Wandlungs- und Abgrenzungskriterien, sowie die Rangfolge der Ansprüche im Liquidationsfall	Falls als Schuldtitel erfasst: Umgliederung zu Eigenkapital (zB Vorzugsaktien) gemäß Gewichtung Falls als Eigenkapital erfasst: Umgliederung zu Verbindlichkeiten (zB nachrangige Schuld) gemäß Gewichtung	Falls als Schuldtitel erfasst: Umgliederung Zinsaufwand zu (Vorzugs-) Dividenden gemäß Gewichtung Falls als Eigenkapital erfasst: Umgliederung der Dividenden zu Zinsaufwand gemäß Gewichtung	Falls als Schuldtitel erfasst: Umgliederung Abfluss operativer CF zu Abfluss aus Finanzierungstätigkeit Falls als Eigenkapital erfasst: Umgliederung Abfluss aus Finanzierungstätigkeit zu operativem CF
Verbriefungen Anpassung, falls Risiken nicht vollständig übertragen werden Erfassung als besicherte Darlehen	Erhöhung der Verbindlichkeit sowie entsprechender Vermögenswerte um den Saldo der transferierten Vermögenswerte zum Stichtag	Erfassung von Zinsaufwendungen (aufgrund der zusätzlichen Schuldtitel) Reduktion der sonstigen Aufwendungen	Je nach ursprünglicher Erfassung: Umgliederung der Cash Zuflüsse aus dem Abgang von Vermögenswerten in den CF aus Finanzierungstätigkeit Jährliche Anpassung der Umgliederung um weitere Cash Zu-/Abflüsse
Einheitliche Berechnung von „Funds From Operations (FFO)" (entspricht dem operativen CF vor Working Capital Veränderungen) Anpassung operativer Cashflow um Working Capital Unterschiede (zB Unterschied zw. gezahlten Steuern – Steueraufwand, gezahlten Zinsen – Zinsaufwand)	Keine Anpassung	Keine Anpassung	Falls die Ermittlung vom Ergebnis vor Steuern startet: Anpassung der Differenz zwischen Steueraufwand und gezahlten Steuern Falls die Ermittlung vom Betriebsergebnis startet: Anpassung der Differenzen zwischen Steueraufwand und gezahlten Steuern sowie zwischen Nettozinsaufwand und dem Saldo aus bezahlten Zinsen
Außergewöhnliche / nicht wiederkehrende Positionen Umgliederung in separate Kategorie Keine Berücksichtigung für Kennzahlen	Keine Anpassung von unwesentlichen Ereignissen	Umgliederung in spezielle Kategorie nach „Gewinn nach Steuern" Kategorie hat keine Relevanz für die Kennzahlenermittlung	Umgliederung spezieller Zu-/-abflüsse aus dem operativen CF in separate Kategorie des operativen Teils Kategorie hat keine Relevanz für die Kennzahlenermittlung

Abb 9: Methoden zur Anpassung von IFRS-Abschlüssen

1.3. Fazit

Die Kenntnis der relevanten Ratingkennzahlen und die Integration in die laufende Unternehmenssteuerung stellen sicher, dass die Anforderungen der Fremdkapitalgeber bei Managemententscheidungen stets mitbedacht werden. Neben der Analyse der ratingrelevanten Ist-Zahlen können Unternehmensplanungen in Hinblick auf die Ratingwirkungen evaluiert werden. Die Analyse einer Planungsrechnung mittels Ratingkennzahlen ist aus Sicht des Managements eine Entscheidungshilfe ua bei der Beurteilung von möglichen Investitionsvorhaben, Unternehmensakquisitionen, Dividendenzahlungen und Kapitalmaßnahmen. Geplante Großinvestitionen oder Unternehmensakquisitionen beeinflussen die Kennzahlen, was zu einer deutlichen Verschlechterung des Ratings führen kann. Durch die Simulation von Entscheidungsalternativen in einer Planungsrechnung einschließlich der Ableitung von Ratingkennzahlen werden Finanzierungsrisiken frühzeitig identifiziert, Überraschungen für Fremdkapitalgeber vermieden und Finanzierungkosten planbarer gemacht.

2. Finanzbezogene Kennzahlen im Risikomanagement als Führungsinstrumente

Othmar M. Lehner

Inhaltsverzeichnis

Das vorliegende Kapitel hat zum Ziel, ausgewählte finanzielle Risikokennzahlen zur Führungsunterstützung in Industrie und Handelsbetrieben vorzustellen, und ihre teils komplexe Ermittlung und Auswertung anhand von typischen Beispielen zu erläutern. Basierend auf den drei Perspektiven Marktrisiko, Liquiditätsrisiko und Kreditrisiko (Adressausfallsrisiko) werden ua wichtige Kennzahlen wie der Value at Risk (VaR), der Cash Flow at Risk (CfaR) sowie der Return on Risk Adjusted Capital (RORAC) auf einer aggregierten Managementebene vorgestellt. Des Weiteren erwartet den Leser eine Diskussion über die Spezifika von stochastischen (wahrscheinlichkeitsbezogenen) versus deterministischen Risikokennzahlen in der Führung. Eine fallbezogene Darstellung im analytischen Risikomanagement am Beispiel eines

Rohstoffportfolios macht zudem den komplexen und wiederkehrenden Prozess der Rohstoffportfolioabsicherung mittels Sensitivitätskennzahlen nachvollziehbar.

2.1. Einleitung

In der unternehmerischen Führung dominieren in der Praxis meist Gewinn-/Rentabilitätskennzahlen. Dabei ist Rendite ohne der Betrachtung des zur Erzielung eingegangenen Risikos nur die halbe Wahrheit. Risikokennzahlen stellen dabei eine hervorragende Möglichkeit der Quantifizierung von Chancen und Risiken in einem Unternehmen dar. Sie zählen zu den weitestverbreiteten Instrumenten im Rahmen des Risikomanagements, da sie einerseits als Entscheidungsgrundlage dienen können und andererseits im Nachhinein die Wirksamkeit von bestimmten gesetzten Maßnahmen anhand der Kennzahlen überprüft werden kann. Der Einsatz eines institutionalisierten Risikomanagements ist bei vielen Betrieben alleine schon aufgrund von Gesetzen und Regulationen erforderlich. Neben dem im Bankenbereich geltenden Basel III sind besonders die Richtlinie 2006/43/EG des Europäischen Parlaments und des Rates (umgangssprachlich Euro-SOX) sowie das weit über die nationalen Grenzen ausstrahlende Gesetz zur Kontrolle und Transparenz im Unternehmensbereich (KonTraG) in Deutschland, das deutsche Bilanzmodernisierungsgesetz (BilMoG) sowie das österreichische Unternehmensrechts-Änderungsgesetz (URÄG 2008) hervorzuheben, mit denen die Euro-SOX-Richtlinie in den nationalen Normen verankert wurde. Basierend auf diesen Normen ergibt sich quasi verpflichtend die Einführung von Risikokennzahlen, da die Quantifizierung und Überprüfbarkeit der Maßnahmen im Risikomanagement darin gefordert wird.[12]

Neben diesen gesetzlichen Anforderungen wird Risikomanagement zunehmend als Wettbewerbsvorteil angesehen, da durch das kontrollierte und gesteuerte Eingehen von Risiken die Wertsteigerung in den Unternehmen erhöht werden kann.[13] Um Risikokennzahlen zu verstehen, muss allerdings zunächst der Begriff des Risikos untersucht werden. Definitionen finden sich in der Literatur zuhauf, allgemein wird hier daher im vorliegenden Kapitel Risiko als *mögliche Abweichung von geplanten Unternehmenszielen* verstanden.[14] Dabei ist es ebenso wichtig, den Begriff Unsicherheit davon abzugrenzen. Während beim Vorhandensein von Risiko zumindest die Wahrscheinlichkeitsverteilung bekannt ist – und somit rationale Entscheidungen möglich sind –, sind diese Wahrscheinlichkeiten beim Vorliegen von Unsicherheit nicht bekannt und auch mit dem jeweiligen Kenntnisstand nicht ermittelbar. Gerade in den letzten Jahren wurde vielerorts beklagt, dass sich Risiko wieder in Unsicherheit gewandelt hätte. So war zB eine Wahrscheinlichkeitsverteilung für den EUR/USD-Kurs über lange Strecken in der Finanzkrise nicht berechenbar und die Entscheidungen mussten intuitiv getroffen werden. Man kann zwischen symmetrischem Risiko – dabei sind positive (Chance) und negative Abweichungen möglich,

---

12   Vgl *Cottin/Döhler* (2013).
13   Vgl *Gladen* (2012).
14   Vgl *Vanini* (2012).

sowie asymmetrischem Risiko – nur negative Abweichungen sind möglich – zu unterscheiden. Dies hat klarerweise eine Auswirkung auf die Steuerung der betreffenden Risiken und damit auf die dafür geeigneten Risikokennzahlen. Die oben angeführte, sehr allgemein gehaltene Definition von Risiko weist auf die Schwierigkeit einer Systematisierung von Risikokennzahlen in der Praxis hin, da Unternehmensziele auf sehr vielen Ebenen, in Abteilungen und mit unterschiedlichen Aggregationsgraden verfolgt werden. Aus diesem Grund sind viele Risikokennzahlen sehr fach- und teilweise unternehmensspezifisch, dienen oftmals nur der lokalen (silobasierten) Steuerung und lassen sich nur mit viel Mühe auf Unternehmensebene verdichten (im sog ERM, Enterprise Risiko Management). Die Bedeutung einer Verdichtung auf Unternehmensebene wurde aber gerade in den wirtschaftlich schwierigen Jahren 2007–2009 sehr deutlich aufgezeigt, da gravierende Probleme in den Unternehmen oftmals nicht auf ein Fehlen von Risikomanagement, sondern auf vernachlässigte Domino- und Verstärkereffekte der einzelnen Risiken zurückzuführen waren.

Aufgrund der beschriebenen und angedeuteten Vielfalt und Fachspezifität kann das vorliegende Kapitel nur eine Perspektive der möglichen Risikokennzahlen beleuchten und fokussiert daher auf ausgewählte finanzielle Risikokennzahlen zur Führungsunterstützung in Industrie und Handelsbetrieben, mit den Zielgruppen der kaufmännischen Leitung, Mitarbeitern im Treasury und Finanzcontrolling sowie Finanzvorständen. Somit werden auch die Auswahl der vorgestellten Konzepte und Risikokennzahlen und deren Aggregationsgrad von dieser Perspektive gesehen. Bewusst werden daher Bankenspezifika sowie Überlegungen zum klarerweise ebenso bedeutsamen Risikomanagement in beispielsweise der Produktion, Logistik, Mitarbeiterführung oder etwa der IT ausgeblendet und an dieser Stelle auf weiterführende Literatur verwiesen.[15] Dafür erwartet den Leser eine Diskussion über die Spezifika von stochastischen Kennzahlen in der Führung, eine Darstellung moderner risikoadjustierter Performance-Management-Kennzahlen, ein Überblick über Sensitivitätskennzahlen im analytischen Risikomanagement sowie eine Einführung in die wichtigen Konzepte des Value-at-Risks und Cashflow-at-Risks und den damit verbundene Kennzahlen.

2.2. Arten von Risiko

Grundsätzlich werden häufig folgende drei Risikoarten als jeweiliger Überbegriff für unterschiedliche, aber in ihrem Charakter oder der Entstehung nach gleichartigen Risiken verwendet.[16]

- Marktrisiko
- Kreditrisiko (Debitorenrisiko)
- Liquiditätsrisiko (bei der Finanzierung)

---

15 Vgl *Hull* (2014) sowie *Vanini* (2012).
16 Vgl *Kaiser* (2007).

Selbstverständlich gibt es weitere bedeutende Risikoarten wie zB strategische Risiken oder auch Reputationsrisiken, die aber im Risikomanagement aus operativ-finanzieller Steuerungssicht eine untergeordnete Bedeutung aufweisen und daher hier vernachlässigt werden.

2.2.1. Das Marktrisiko

Dieses bezeichnet das Risiko durch Schwankungen von Marktpreisen, zB bei Veranlagungen und Investitionen, Rohstoffen, aber auch bei Kreditportfolios (zB ausstehende Forderungen). Hedging, also die intelligente Absicherung unter Zulassung von Chancen, ist ein weitverbreitetes Thema in der Industrie. Die wichtigsten Kennzahlen hier sind die Sensitivitätsanalysen durch die „Griechen" (Kennzahlen: Delta, Gamma, Rho, Omega und Theta) sowie der Value at Risk.

2.2.2. Das Kreditrisiko

Das Kreditrisiko ist damit eng verbunden. Es wird oft als Adressenausfallsrisiko oder in der Industrie auch als Debitorenrisiko bezeichnet. Während das Marktrisiko die Schwankungen im Wert darstellt und somit meist auch symmetrisch (dh Verlust oder Gewinn möglich) gesteuert wird, so wird beim Kreditrisiko nur der asymmetrische Verlust durch den Ausfall von Debitoren betrachtet. Wichtige Kennzahlen hier sind die Probability of Default (PD) sowie ebenfalls der Value at Risk in Verbindung mit Copulas, zum Beispiel mit der Kennzahl WCDR (*Vasicek*-Formel).

2.2.3. Das Liquiditätsrisiko

Das Liquiditätsrisiko schließlich hat in der Praxis zwei Bedeutungen. Einerseits das Risiko der Liquidierbarkeit im Sinne der Handelbarkeit, das hier nicht näher beleuchtet wird, und andererseits das Risiko eines Liquiditätsengpasses, also eines Finanzierungsrisikos. Hier zählen zu den wichtigsten Kennzahlen auf Managementebene der Cashflow at Risk sowie die Borrowing Base Usage.

2.2.4. Risikomanagementstrategien

Obzwar nicht Bestandteil dieses Kapitels sei darauf hingewiesen, dass die Art des Risikos die möglichen RM-Strategien stark beeinflusst. So sollten symmetrische (zB Marktrisiken) so gesteuert werden, dass ein bestimmter Korridor zulässig ist – also Chancen genutzt und gleichzeitig Verluste begrenzt werden können. Bei asymmetrischen Risiken hingegen, wie dem Debitorenrisiko, wird wohl die effiziente Absicherung gegen Verluste im Vordergrund stehen. In der Praxis ist dieser Nexus aus Risikoart und RM-Steuerung oftmals verletzt. So wird der Autor derzeit in der eigenen Beraterpraxis häufig damit konfrontiert, dass Rohstoffpreise nur asymmetrisch abgesichert wurden (also gegen mögliche Verluste, zB mit Futures fixiert), die derzeitigen günstigeren Beschaffungspreise durch diese Art der Absicherung aber nicht genutzt werden können und anderen Unternehmen einen Wettbewerbsvorteil bieten. Hier bieten sich maßgeschneiderte Instrumente für Korridore an.

Diese drei Risikoarten werden in diesem Kapitel auch zur Kategorisierung der Kennzahlen verwendet. In Folge werden nun die Spezifika von deterministischen und stochastischen Kennzahlen im Risikomanagement anhand von Beispielen untersucht, Anknüpfungspunkte zu Bilanzkennzahlen aufgezeigt sowie die moderne Unternehmensführung mittels risikoadjustierten Ertrags- und Kapitalkennzahlen vorgestellt.

2.3. Spezifika von Kennzahlen im Risikomanagement im Liquiditätsrisiko

Die Verwendung von Kennzahlen im Risikomanagement (RM) als Entscheidungsgrundlage erfordert mehr als sonst ein ausgeprägtes Verständnis über deren Berechnung mit den oftmals impliziten Grundannahmen. Neben den klassischen, *deterministischen* Kennzahlen findet man insbesondere im RM speziell *stochastische* Kennzahlen, deren Aussagekraft häufig Potenzial zur Fehlinterpretation bietet. Im Folgenden wird dies durch Beispiele aus dem Bereich Liquiditäts(Finanzierungs-) Risiko untermauert:

2.3.1. Deterministische Kennzahlen

Deterministisches Beispiel: Werden klassische Bilanzkennzahlen herangezogen, zB die fiktive Schuldentilgungsdauer, so lassen sich daraus, unter der Annahme der Konstanz der Einflusswerte, klare Handlungsempfehlungen und Konsequenzen, zB für die Höhe der Zinsen bei Kreditneuverträgen, ableiten.

$$\text{fiktive Schuldentilgungsdauer} = \frac{\text{Fremdkapital}}{\text{Cashflow aus operativer Tätigkeit}}$$

Diese Kennzahlen sind also deterministisch, dh deren Ergebnis ist klar durch die Einflusswerte bestimmt. Solche aus der Bilanzanalyse bekannten Kennzahlen können häufig im Risikomanagement durch die Anwendung der Differentialrechnung zur Analyse von Sensitivitäten der Einflussfaktoren herangezogen werden, zB wie stark sich die fiktive Schuldentilgungsdauer verändert im Verhältnis zu Cashflow wirksamen Maßnahmen.

$$\text{Sensitivität fiktive Schuldentilgungsdauer} = \frac{\delta \text{ fiktive Schuldentilgungsdauer}}{\delta \text{ Cashflow operativ}}$$

Deterministische Kennzahlen werden daher oft als analytische Kennzahlen im RM bezeichnet. Als weiteres Beispiel einer deterministischen Kennzahl könnte hier die aus dem Treasury stammende Kennzahl Borrowing Base Usage (BBU) dienen. Dabei wird von einer (oftmals impliziten) Besicherung der kontokorrent ausstehenden kurzfristigen Bankverbindlichkeiten durch Forderungen und Vorräte (Base) mit einer bestimmten Belehnungsgrenze (meist zwischen 50 und 70 %) ausgegangen –

$$\begin{aligned}\text{Borrowing Base} = &(\text{Vorräte} + \text{Forderungen} \\ &- \text{Verbindlichkeiten aus Lieferungen und} \\ &\text{Leistungen}) \times \text{Belehnungsgrenze \%}\end{aligned}$$

$$BBU = \frac{\text{Borrowing Base kurzfristige Bankverbindlichkeiten}}{\text{Borrowing Base}}$$

Die tatsächliche Ausnutzung dieser Borrowing Base durch kurzfristige Bankverbindlichkeiten wird hier als Quotient ausgedrückt. Im Risikomanagement ist diese deterministische Kennzahl ein Indikator für das Liquiditätsrisiko. Wie häufig im RM anzutreffen, wird im Rahmen der Risikopolitik ein Korridor, meist 70–95 % für das Treasury vorgegeben. Eine zu hohe Ausnutzung (Usage) würde auf anstehende Liquiditätsengpässe hindeuten, eine zu niedrige Ausnutzung kann auf versteckte Opportunitätskosten (siehe Eigenkapitalkosten) hinweisen. Managemententscheidungen über die Veränderung der Vorräte oder Forderungen können somit in ihren Auswirkungen auf die offenen Kreditlinien untersucht werden.

Ein kurzes Beispiel zur Erläuterung: Im Rechnungswesen werden Vorräte iHv 240.000 € sowie Forderungen iHv 390.000 € ausgewiesen. An Verbindlichkeiten aus Lieferungen und Leistungen (LL) scheinen 80.000 € auf. Der Stand des Kontokorrentkredites beträgt 340.000 €. Vorräte und Forderungen werden im Rahmen des Borrowing-Base-Kredites von der Bank mit 70 % Belehnungsgrenze als Sicherheit akzeptiert.

$$\text{Borrowing Base} = (240.000 + 390.000 - 80.000) \times 70\,\% = 385.000$$

$$BBU = \frac{340.000}{385.000} = 88,3\,\%$$

Der Ausnutzungsgrad mit 88,3 % liegt im Normalfall im vorgegebenen Rahmen und erzeugt daher kein Signal eines Liquiditätsrisikos.

2.3.2. Stochastische Kennzahlen

Stochastisches Beispiel: Im Gegensatz dazu können stochastische, auf Wahrscheinlichkeiten beruhende Risiko-Kennzahlen – selbst bei Annahme der Konstanz der Einflusswerte – bloß Aussagen über eine Vielzahl von Fällen treffen. Eigentlich ist eine Entscheidung über den Einzelfall daher nicht zulässig, wird aber in der Praxis häufig dennoch getroffen. So sagt zum Beispiel eine beispielhaft angenommene PD (Probability of Default, dh die Wahrscheinlichkeit eines Ausfalls) eines Kunden iHv 15 % nur aus, dass aus einer unendlich großen Anzahl dieser Art von Kunden („Gesetz der großen Zahlen") im Schnitt 15 % ausfallen.

$$\text{PD Schätzer} = \frac{\text{Anzahl Ausfälle in diesem Segment}}{\text{Anzahl gleichartiger Kunden in diesem Segment}}$$

Der spezielle Kunde im Einzelnen kann dennoch morgen illiquid sein oder sich auch noch in vielen Jahren bester (finanzieller) Gesundheit erfreuen. Eine Entscheidung über die Belieferung dieses Kunden kann daher sinnvollerweise nur dann im Rahmen einer allgemeinen Regel getroffen werden, wenn genügend große Cluster (Zusammenfassungen) ähnlicher Kunden existieren. Zudem stellt sich gerade bei stochastischen

Kennzahlen die Frage der Berechnung. Stammt diese PD aus der relativen Ausfallshäufigkeit der eigenen Kunden in der Vergangenheit (siehe oben), so ist sie mit Sicherheit falsch, da sie nur der Stichprobe entstammt und daher nur in Zusammenhang mit einem sogenannten Standardfehler (quasi der Schwankung der relativen Häufigkeit um den tatsächlichen Mittelwert dieser Art von Firmen) verwendet werden dürfte.

$$\text{Standardfehler}\left(\text{SE}\right) = \frac{\sqrt{\text{Varianz PD Schätzer}}}{\sqrt{\text{Anzahl gleichartiger Kunden in diesem Segment}}}$$

PD Konfidenzintervall 95 % = < PD Schätzer – 2 × SE|PD Schätzer + 2 × > SE

Sei die Standardabweichung[17] als Wurzel der Varianz in diesem Beispiel 3,3 %-Punkte, die Anzahl der Kunden in diesem Segment 40, so ist der Standardfehler gemäß unten stehender Formel:

$$\frac{\sqrt{3,3}}{\sqrt{40}} = 0,52\left(\% - \text{Punkte}\right)$$

Das heißt, der tatsächliche durchschnittliche Ausfall in diesem Segment (PD95) liegt mit 95 % Wahrscheinlichkeit zwischen < 15 – 2 × 0,52 = 13,95 % > und < 15 + 2 × 0,52 = 16,05 % >.

Die Firmenpraxis sieht hier leider oftmals anders aus. Aufgrund einer stichprobenbasierten PD werden Entscheidungen im Treasury über Kreditlinien für Kunden im Einzelfall getroffen, ohne dass eine genügend große Anzahl gleichartiger Kunden vorhanden wäre, und oftmals ohne dass Überlegungen zu Korrelationen oder der Normalverteilung angestellt werden.[18] Solche Korrelationen können zB dadurch entstehen, dass bestimmte Marktveränderungen auf eine Vielzahl dieser Art von Kunden gleichzeitig einen negativen Einfluss ausüben. Dies bedeutet, dass beim Ausfall des einen Kunden die Wahrscheinlichkeit des Ausfalls der anderen, gleichartigen oft steigt – also dass eben keine Einzelfallbetrachtung möglich ist.

Das Risikomanagement bietet Konzepte und Lösungen für den Umgang und die Interpretation stochastischer Kennzahlen – die allerdings eine weit höhere Komplexität aufweisen, als dies bei klassischen, deterministischen Kennzahlen üblich ist. So wäre zum Beispiel im obigen Beispiel der PD die Schiefe und die exzessive Wölbung der zugrundeliegenden Normalverteilung der Ausfälle zu berechnen,[19] um festzustellen, ob die grundlegenden Bedingungen erfüllt sind.

Trotz dieser Komplexität und der immer notwendigen Prüfung der Grundannahmen sind in vielen Fällen stochastische Kennzahlen die einzige Möglichkeit, um Risiko zu beurteilen und um Entscheidungen zu treffen. Ohne diese allerdings laufend konzeptionell auf ihre Güte hin zu prüfen, ist die Steuerung mit diesen Kennzahlen aber abzulehnen und gefährlich.

---

17   Für weiterführende mathematische Ausführungen wird auf *Hull* (2014) verwiesen.
18   Vgl *Taleb* (2008) sowie *Conway* (2011).
19   Excel-Befehle: Schiefe() und Kurt(), sollten nahe an 0 liegen.

2.4. Kapitalorientierte Risikokennzahlen

2.4.1. Economic Capital

Bei klassischen Bilanzkennzahlen haben sich je nach Sichtweise die Bezugsgrößen Eigenkapital (EK) oder Gesamtkapital (GK) (in welcher Berechnungsform auch immer) als sinnvoll durchgesetzt. Dies geht von der Überlegung aus, dass Kennzahlen deterministisch sind und entweder für Shareholder oder Stakeholder aussagekräftig sein sollten. Im Risikomanagement verwendet man gerne den Begriff des ökonomischen Risikokapitals (Economic Capital, EC) als Bezugsgröße.[20] Das EC lässt sich als jenes betriebswirtschaftlich notwendige Kapital interpretieren, welches notwendig wäre, um das eingegangene Unternehmensrisiko (= potenzielle Verluste) abzudecken und dabei ein bestimmtes Solvenzniveau (zB langfristiges Kreditrating) beizubehalten. Insofern weist die Kennzahl EC ein hohes Aggregations- und Abstraktionsniveau auf und ermöglicht Entscheidungen auf Unternehmensebene zu treffen. Auf diese Weise wird quasi aus dem eingegangenen Risiko (und damit dem potenziellen Gewinn bei asymmetrischem Risiko) das dafür im Verlustfall notwendige Eigenkapital als ökonomisches Kapital (EC) abgeleitet, unabhängig vom tatsächlich vorhandenen EK. Wird dieses EC nun als Bezugsgröße für Rentabilitätsüberlegungen verwendet, so relativieren sich kurzfristig hohe Gewinnpotenziale, die zu Lasten der Inkaufnahme eines enormen Risikos realisiert werden sollen. Zudem muss dieses Risikokapital intern auch angemessen verzinst werden. Das EC berechnet sich konservativ wie folgt:

$$EC = \sum_{i=1}^{n} E_i$$

Demnach als Summe der Einzelrisiken E_i unter Berücksichtigung des Marktrisikos, Kreditrisikos sowie des operationellen Risikos. Allerdings ist diese Berechnung, obwohl bei Basel II und später Basel III im Bankenbereich vorgesehen, zu konservativ. Berechnet sie doch den maximal möglichen Verlust, ohne Berücksichtigung möglicher Korrelationen zwischen den Risiken. In der Industrie wird daher häufig das EC durch den Portfolio Value at Risk (VaR) als maximal auftretender Verlust zum einem bestimmten Wahrscheinlichkeitsniveau mittels Copulas[21] oder vereinfacht mit folgender Formel (Hybridansatz) berechnet:

$$EC = \sqrt{\sum_{i=1}^{n} \sum_{j=1}^{n} E_i E_j p_{ij}}$$

Dabei bezeichnet die Korrelation zwischen den Einzelrisiken E_i und E_j. Ein Schaubild zur Verdeutlichung des Economic Capitals (Abb 10) wurde an dieser Stelle eingefügt. Ein Beispiel mit Zahlen folgt etwas weiter unten im Text.

---

20   Vgl *Kaiser* (2007).
21   Vgl *Hull* (2014) 558 ff.

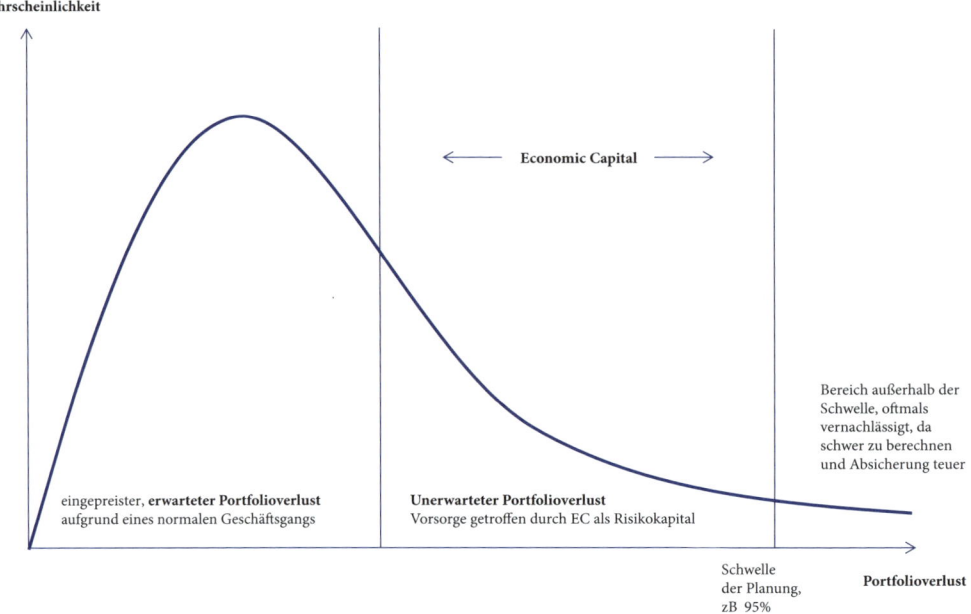

Abb 10: Economic Risk Capital[22]

2.4.2. Risikodeckungspotenzial

Eng mit diesen Überlegungen verbunden ist der Begriff und die Kennzahl Risiko-deckungspotenzial. Im Gegensatz und zum Vergleich zum fiktiven (dh nicht not-wendigerweise vorhandenen) Economic Capital (EC) stellt das Risikodeckungs-potential in den Stufen 1–3 die tatsächlich vorhandenen (und maximal zusätzlich verfügbaren) finanziellen Reserven eines Unternehmens dar. Eine Übersicht über die Einflussgrößen wird in Abb 11 dargestellt.

Stufe (Verwendung für)	Herkunft: Finanzierungssphäre	Herkunft: Bilanzsphäre
1. Klasse (operativ erwartet)	Liquiditätswirksamer Zufluss aus einkalkulierten Risikozuschlägen Überschüssiger (Free) Cashflow	Risikozuschläge in Absatzpreisen Gebildete Rückstellungen
2. Klasse (Stressszenario)	Offene Kreditlinien, neue Kredite Leicht liquidierbare Finanzanlagen und veräußerbare Forderungen	Stille Reserven
3. Klasse (Worst Case)	Abbau Working Capital Liquidierbare Anlagen	Offene Rücklagen Grund/Stammkapital

Abb 11: Risikodeckungspotenzial[23]

---

22   Vgl *Kaiser* (2007) 296 ff.
23   Vgl *Vanini* (2012) 117 ff.

2.4.3. Return on Risk Adjusted Capital (RORAC)

Basierend auf diesen Bezugsgrößen lässt sich nun eine Fülle von Kennzahlen entwerfen, die eine Form von Gewinn im Verhältnis zum eingegangenen Risiko in Form von fiktivem EC sehen. Eine der wichtigsten Kennzahlen ist der *Return on Risk Adjusted Capital* (RORAC), der sich wie folgt berechnet:

$$RORAC = \frac{\text{Net Income}}{\text{Economic Capital}}$$

Oftmals wird ein Mindest-RORAC als Hurdle Rate (im Vergleich zum WACC) vorgegeben, und auch die Kennzahl EVA (Economic Value Added) kann risikoadjustiert mittels dem RORAC (und später dem RAROC) berechnet werden.

$$EVA = (RORAC - WACC) \times EC$$

Ebenso ist eine leichte Überleitung zum Return on Equity (ROE vor Steuern) aus dem Du-Pont-Schema möglich, mittels

$$ROE = RORAC \times \frac{\text{Economic Capital (EC)}}{\text{Buchkapital}}$$

Je höher der RORAC eines Geschäftsbereichs ist, umso höher ist auch der Beitrag dieser Einheit zur Erzielung des von den Eigentümern geforderten Return on Equity (ROE).

Ein kurzes Beispiel zur Erläuterung: Ein Beteiligungsprojekt liefert ein Net-Income iHv 2 Mio €, das EC betrage 14,5 Mio €.[24] Der RORAC beträgt daher:

$$\frac{2}{14,5} = 13,79\,\%$$

Das Buchkapital für diese Beteiligung beträgt allerdings 10 Mio €. Der ROE ist daher

$$13,79\,\% \times \frac{14,5}{10} = 19,99\,\%$$

2.4.4. Risk Adjusted Return on Capital (RAROC) und RARORAC

Verwandt zum RORAC, aber in seiner Aussagekraft ungleich komplexer und vielseitiger, ist der Risk Adjusted Return on Capital (RAROC). Hierbei wird der Return durch die Reduktion des Nettoergebnisses durch Risikokosten bereinigt und ins Verhältnis zum Buchkapital gesetzt bzw beim RARORAC (Risk Adjusted Return on Risk Adjusted Capital) ins Verhältnis zum Economic Capital (EC).

---

24   Zur Berechnung dieses Economic Capitals siehe den Abschnitt zum Value at Risk etwas weiter im Text.

Mittels RAROC (und RARORAC) können die Erfolge unterschiedlich risikoreicher Geschäfte vergleichbar gemacht werden. Hier wird die Kennzahl mit einer grundlegenden Formel basierend auf einer Cashflow Betrachtung vorgestellt:

$$RAROC = \frac{\left\{\sum_{t=1}^{n} \frac{CF_t - \alpha\sigma}{(1+i)^t}\right\} - A_0}{K}$$

Hierbei wird von der Summe der diskontierten Cashflows das Produkt aus der allgemeinen Risikoaversion der Investoren α und dem Maß für das projektbezogene Risiko σ (Cashflow-Schwankungen zu den Planwerten) abgezogen, um den Return an das Risiko anzupassen.[25] Der RAROC kann auch interpretiert werden als der Überschuss des RORAC über eine (das Risiko repräsentierende) Hurdle-Rate. In manchen Fällen ist diese vielleicht eine Vorgabe der Eigentümer, zB in Form eines Return on Equity (ROE), oftmals erscheint diese aber in Form von zu erzielenden Kapitalkosten (WACC), um den Wert des Unternehmens zu steigern (sofern der RAROC auf der Ebene Geschäftsfeld berechnet wird). Drückt man den RAROC dann folgerichtig als RORAC – WACC aus, so lässt sich schließlich der Economic Value Added (EVA) darstellen als –

$$EVA = RAROC \times Economic\ Capital$$

Der RARORAC schließlich berücksichtig Risiko nicht nur im Return, sondern auch im dafür notwendigen (weil vorrätig zu haltenden) Risikokapital (EC). In obiger Formel wird daher für den RARORAC das K durch EC ersetzt. Diese Kennzahl wird vor allem im Bankenbereich zunehmend wichtiger, in der Industrie findet sie derzeit im Risikomanagement kaum Verwendung.

2.5. Sharpe Ratio und Risk-Adjusted Performance Measurement

Als letzte wichtige Kennzahl im Bereich des RAPM (Risk-Adjusted Performance Measurement) soll noch die Sharpe Ratio vorgestellt werden.

Hierbei wird in der einfachen Form die Überrendite, erzielt als Überschuss im Vergleich zu einer risikolosen Anlage, wie zB einem Bündel Staatsanleihen – ins Verhältnis zum eingegangenen Risiko, gemessen durch die durchschnittliche Schwankung (statistisch die Standardabweichung, in der Risikoterminologie Volatilität genannt) gesetzt.

$$Sharpe\ Ratio = \frac{Rendite - risikofreier\ Zinssatz}{Volatilität}$$

Als Alternative wird zunehmend eine modified Sharpe Ratio verwendet, die die Überrendite ins Verhältnis zu einer bestimmten Form von Value at Risk (VaR)[26]

---

25   Vgl *Kimmig* (2001) 215 ff.
26   Ausführliche Überlegungen zum VaR erfolgen etwas weiter unten im Text.

setzt. Der Value at Risk kann hier vereinfacht als derjenige, aufgrund des Risikos maximal auftretende Verlust verstanden werden, der mit einer hohen Wahrscheinlichkeit, meist 95 %, nicht überstiegen wird. Näheres zum VaR folgt etwas später in diesem Kapitel.

$$\text{modifizierte Sharpe Ratio} = \frac{\text{Rendite – risikofreier Zinssatz}}{\text{Value at Risk (VaR)}}$$

Somit lässt sich sehr gut für ein einzelnes Projekt oder Geschäft der erzielte Übergewinn im Verhältnis zum eingegangenen Risiko darstellen und verschiedene Projekte werden somit vergleichbar.

Zusammenfassend lassen sich Kennzahlen im Risk-Adjusted Performance Measurement als hervorragend geeignet für Aggregationen auf verschiedenen Ebenen darstellen. Durch die Nähe zur Terminologie aus Bilanzanalyse und zum Wertsteigerungsmanagement sowie den Berechnungsbasen EURO und %-Renditen sind die Kennzahlen ideal für die Steuerung auf einer höheren Managementebene zu verwenden.

Auch hier ein Beispiel: Ein Projekt A erzielt eine Rendite iHv 6 %. mit einer Schwankung von 2 %. Ein anderes Projekt B eine Rendite iHv 12 %, allerdings mit einer Schwankung von 8 %. Risikofrei könnte man in einen Staatsanleihenfonds mit 2 % veranlagen.

$$\text{Sharpe Projekt A} = \frac{6\,\% - 2\,\%}{2\,\%} = 2 \qquad \text{Sharpe Projekt B} = \frac{12\,\% - 2\,\%}{8\,\%} = 1{,}5$$

Obwohl Projekt B eine höhere Rendite aufweist, ist das Verhältnis von Rendite zu Risiko schlechter und, wenn man daher die Risikokosten berücksichtigt, wäre daher Projekt A vorzuziehen.

2.6. Analytische Risikokennzahlen und Sensitivitätsanalysen im Marktrisiko

Der Einsatz von analytischen Risikokennzahlen (deterministische Kennzahlen mit zugehörigen Sensitivitätsanalysen) wird in der Industrie für das Absichern (Hedging) von Portfolios, zB für Rohstoffe herangezogen. Durch das Zusammenspiel von linearen Absicherungsinstrumenten (zB ein Forward) und nicht-linearen (zB Optionsscheine) ist die Auswirkung von Rohstoffpreisschwankungen auf den Wert des Portfolios oftmals nicht einschätzbar. Risiken, die mit einem Instrument abgesichert werden, wie zB der Einkaufspreis, erzeugen gleichzeitig oftmals neue Risiken, wie zB Zinsrisiken. Durch die Vorstellung der „Griechen", Delta, Gamma, Rho, Omega und Theta, als bekannte Sensitivitätskennzahlen, soll hier exemplarisch dargestellt werden, wie modernes Hedging in großen Unternehmen geplant wird.

2.6.1. Die Griechen als Sensitivitätskennzahlen für abgesicherte Rohstoffportfolios

Die sogenannten Griechen (aufgrund der griechischen Buchstaben bei den Kennzahlen) sind im modernen Risikomanagement einer der Grundpfeiler zur Analyse und Steuerung von Portfolios. Als klassische analytische Kennzahlen ermöglichen sie den Einfluss der Veränderung eines Marktparameters, zB der Volatilität oder dem Zinsniveau, auf das gesamte nicht-lineare Portfolio zu ermitteln. So ein nicht-lineares Portfolio besteht beispielsweise aus Rohstoffen, Futures, Optionen und anderen Derivaten. Im Rahmen des RM wird eine bestimmte Zielsensitivität des Portfolios zu Marktpreisveränderungen vorgegeben, welche durch laufende Anpassung der Hedges durch den Treasurer angepasst und nachgeführt wird. Die Griechen werden oftmals auch in Zusammenhang mit dem bekannten Black-Scholes-Modell zur Bepreisung von Optionen dargestellt. Für nähere mathematische Ausführungen wird hier auf *Hull* 2014 verwiesen.

2.6.2. Die Kennzahl Delta

Die Kennzahl Delta misst die Veränderung des Portfoliowertes V in Bezug auf die Veränderung des zugrundeliegenden Spotpreises S. Im Idealfall ist ein Portfolio deltaneutral, in unserem Beispiel der Rohstoffe sollte die Änderung des aktuellen Marktpreises keine Auswirkung auf das Portfolio haben. Damit ist gewährleistet, dass Kalkulationen mit dem abgesicherten Preis valide bleiben und dass nicht laufende außerplanmäßige bilanzielle Abschreibungen/Zuschreibungen notwendig sind. Berechnung:

$$Delta = \frac{\delta V}{\delta S}$$

Negative Deltas können durch den Kauf von genauso viel Stück zugrundeliegenden Rohstoffen neutralisiert werden, positive Deltas durch den (Leer-)Verkauf derselben. In der Praxis lässt sich zB Gold auch von der Zentralbank oder Hedgefonds borgen und es gibt sogar eine eigene Gold-Lease-Rate dafür.[27]

Dieses Delta bleibt aufgrund anderer Einflussfaktoren allerdings oftmals nur kurzfristig neutral und muss daher immer wieder neu angepasst werden.

Ein kurzes Beispiel zur Erläuterung: Ein Portfolio bezüglich Silizium (Ferrosilicon) hat einen Wert von 117.000 USD. Bei einer kleinen Erhöhung des Preises/kg von 2,00 USD auf 2,10 USD verringert sich der Wert des Portfolios um 100 USD auf 116.900 USD. Durch Division erhält man ein:

$$Delta = \frac{-100}{0,1} = -1000$$

---

27 Vgl *Hull* (2014) 172 ff.

Dies bedeutet, dass das Portfolio je Steigerung von 1 USD/kg einen Wertverlust von 1.000 USD aufweist. Um dies abzusichern, müssen nunmehr 1.000 kg Silizium zum aktuellen Spotpreis gekauft werden. Damit würde der potenzielle Verlust von −1.000 USD durch die gleichlautende Wertsteigerung der 1.000 kg neutralisiert werden.

2.6.3. Die Kennzahl Gamma

Ein Maßstab, wie häufig diese Berechnung und Anpassung des Deltas erfolgen muss, ist das sogenannte Gamma, es ermittelt, wie stark die Nicht-Linearität ist (mathematisch die 2. Ableitung), und somit wie kurz eine Deltaneutralität bestehen bleibt. Ein höheres Gamma bedeutet, dass die Absicherung immer nur kurz gültig ist und das Delta laufend überwacht und die Deltaneutralität adjustiert werden muss.

$$\text{Gamma} = \frac{\delta^2 V}{\delta S^2}$$

2.6.4. Die Kennzahl Vega

Ändert sich die Volatilität σ (Sigma), also die Schwankung der zugrundeliegenden Rohstoffpreise, so hat dies natürlich auch eine Auswirkung auf die bereits gekauften Absicherungsinstrumente und somit auf den Wert des Portfolios. Die Kennzahl Vega misst diese Auswirkungen mit der Fragestellung, wie sensibel das Portfolio auf Schwankungen reagiert. Im Normalfall sollte es (je nach dem geplanten zeitlichen Einsatz der Rohstoffe) möglichst wenig auf Schwankungen reagieren.

$$\text{Vega} = \frac{\delta V}{\delta \sigma}$$

2.6.5. Die Kennzahl Theta

Neben der Volatilität hat natürlich auch die Restlaufzeit der Absicherungsinstrumente – zB haben Optionen einen bestimmten Verfallstag – eine Auswirkung. Die Sensitivität gegenüber diesem Zeitablauf T wird durch Theta gemessen mit der Fragestellung, um wieviel verändert sich der Wert des Portfolios mit dem Fortschreiten einer Zeiteinheit. Ist dieses Theta groß, so muss häufiger und öfter angepasst werden.

$$\text{Theta} = \frac{\delta V}{\delta T}$$

2.6.6. Die Kennzahl Rho

Schlussendlich hat je nach Portfolio auch der aktuelle Marktzinssatz eine Auswirkung auf den Portfoliowert. Dies ist leicht erklärbar, wenn im Portfolio beispielsweise Anleihen oder Zinsswaps vorhanden sind. Die Kennzahl Rho gibt die Sensitivität des Portfolios gegenüber der Änderung des Marktzinsniveaus an, meist einmal für den inländischen Zinssatz sowie den für die jeweiligen Fremdwährungen. Ein höheres Rho bedeutet bei der Absicherung der Rohstoffpreise den Zins- und Währungsschwankungen stark ausgesetzt zu sein.

$$Rho = \frac{\delta V}{\delta i}$$

2.6.7. Beispiel zu den Griechen im Rohstoffbereich

Hier noch ein ausführlicheres Beispiel mit Delta, Gamma und Vega in Anlehnung an *Hull*[28]:

Obiges Siliziumportfolio sei deltaneutral. Es weist allerdings ein Gamma iHv –5000 und ein Vega iHv –8000 auf. Das bedeutet, dass dieses Portfolio sehr anfällig für Änderungen der Volatilität (also Schwankungen, wenn Spekulationen am Markt passieren) ist und die Anpassung der Deltaneutralität recht häufig geschehen muss.

Das Portfolio soll hinsichtlich der Volatilität und dem bilanziellen Ansatz stabilisiert werden. Dazu werden zwei Optionsscheine gekauft, diese weisen aber wiederum eigene Deltas, Gammas und Vegas auf:

Option 1:	Delta 0,6	Gamma 0,5	Vega 2,0
Option 2:	Delta 0,5	Gamma 0,8	Vega 1,2

Man sieht, dass ein Optionsschein alleine nicht ausreichen wird, da Gamma und Vega nicht gleich lauten. Durch Lösung des multivarianten Gleichungssystems mit den zwei Optionsschienen

$$I. -5000 = 0{,}5 \times Option\ 1 + 0{,}8 \times Option\ 2$$

$$II. -8000 = 2{,}0 \times Option\ 1 + 1{,}2 \times Option\ 2$$

erhält man für Option 1:400 Stück und für Option 2: 6.000 Stück. Dadurch steigt aber das Delta wiederum an auf $400 \times 0{,}6 + 6.000 \times 0{,}5 = 3.240$. Um letztlich auch dieses Delta wieder zu neutralisieren müssen 3.240 kg Silizium (leer-)verkauft werden. Zusammenfassend lässt sich also das Siliziumportfolio durch Kauf von 400 Stück der Option 1, 6.000 Stück der Option 2 und dem (Leer-)Verkauf von 3.240 kg Silizium, Delta, Gamma und Vega neutral stellen und kann so längerfristig auch zu diesem Wert bilanziert werden.

2.7. Der Value at Risk im Markt- und Liquiditätsrisiko

Der bereits erwähnte Value at Risk (VaR) lässt sich als maximaler Verlust bei einer vorgegebenen Wahrscheinlichkeit und vorgegebenen Haltedauer interpretieren. Die

---

28   Vgl *Hull* (2015) 181 ff.

im Schaubild 1 eingezeichnete *Schwelle der Planung* würde so einen Wert wiederge-
ben, der mit 95 % Wahrscheinlichkeit zB innerhalb eines Jahres nicht überschritten
wird. Der große Vorteil dieser Risikokennzahl im Vergleich zB zu den Griechen ist,
dass der VaR in Geldeinheiten, also EUR oder USD gemessen wird, und somit sehr
leicht verständlich erscheint. Allerdings sei nochmals eine deutliche Warnung aus-
gesprochen. Sollten die zugrundeliegenden statistischen Annahmen nicht zutreffen,
so ist der VaR trügerisch. Zudem kann auch ein mit 95 % Wahrscheinlichkeit nicht
zu übersteigender Verlust immer noch in 5 % der Fälle darüber liegen.

Es gibt in der Praxis unterschiedliche Berechnungsarten des Value at Risk. Die be-
kanntesten sind das parametrische Verfahren für eine Normalverteilung N ~ (µ, σ)
mit Schätzern für den Erwartungswert und der Standardabweichung aus der Vergangenheit; und das Monte-Carlo-Verfahren, mit dem zukünftige Szenarien und
Expertenprognosen zur Schätzung der Parameter mit Hilfe von modernen Simulati-
onsmethoden herangezogen werden.[29] In der Industrie ist im Vergleich zu Banken
eine Vergangenheitsbetrachtung oftmals aufgrund von fehlenden Daten nicht möglich, die Simulation künftiger Entwicklungen mittels Monte Carlo allerdings mittlerweile Gold-Standard im modernen Risikomanagement.

Beim Vorhandensein einer Normalverteilung und den Parametern lässt sich die
Kennzahl für den n-perioden VaR eines Beteiligungsportfolios X zu einer bestimmten Wahrscheinlichkeit p wie folgt berechnen:

$$VAR_{p,n} = \mu(X) + \rho_p \times \sigma(X) \times \sqrt{n}$$

Dabei ist µ der Erwartungswert (als Mittelwert der Verteilung), σ die Schwankung
um diesen Mittelwert (als Standardabweichung der Verteilung) und ρ_p stammt aus
der z-Statistik als Parameter für das gewünschte Konfidenzniveau p (zB 95 %)[30].
Durch die bewusste Einschränkung der Berechnung und Planung auf ein bestimmtes Konfidenzniveau (zB 95 %) werden oftmals schwer greifbare Risiken administ-
rierbar, allerdings zum Preis der Vernachlässigung des Bereiches außerhalb der
Schwelle (die restlichen 5 %).

Zwei kurze, projektbezogene Beispiele in Anlehnung an *Hull*[31]:

2.7.1. Beispiel Beteiligungsportfolio

Ein Beteiligungsportfolio liefert im Mittelwert einen jährlichen (normalverteilten)
Gewinn iHv von 2 Mio €. Die Standardabweichung (Volatilität) ist allerdings be-
achtlich, es gab negative (vor allem in der Wirtschaftskrise) und überragend positive
Jahre, sodass die Volatilität bei 10 Mio € liegt.

---

29   Vgl *Vanini* (2012) 182 ff.
30   Excel: Der Parameter für die Wahrscheinlichkeit kann im Excel mit NORM.S.INV(5 %) für eine 95-%-Sicher-
      heit berechnet werden.
31   Vgl *Hull* (2014) 224 ff.

Für die Berechnung des ökonomischen Kapitals möchte die Firmenleitung nun den maximalen Verlust in einem Jahr bei 95 % Wahrscheinlichkeit wissen. Die z-Statistik aus der Gauß'schen Glockenkurve liefert für 95 % einen Parameter von –1,65. Eingesetzt in obige Formel:

$$\text{VaR}_{95\%,\,1\,\text{Jahr}} = 2 - 1,65 \times 10 \times \sqrt{1} = -14,5 \text{ Mio. EUR}$$

Das heißt das ökonomische Kapital sollte mit 14,5 Mio € angenommen werden, da der Verlust aus diesen Beteiligungen im Jahr mit 95 % Wahrscheinlichkeit nicht mehr als 14,5 Mio € ausmacht.

2.7.2. Beispiel Projektrisiko

Ein (nicht normalverteiltes) einjähriges Projekt führt mit 90 % Wahrscheinlichkeit zu einem Gewinn iHv 2 Mio €, mit 9 % zu einem Verlust von 0,5 Mio. EUR und mit 1 % zu einem Totalverlust iHv 6 Mio. EUR. Der Value at Risk für 98 % wäre hier (akkumulierte Prozente, 98 % liegt zwischen 90 % und 99 % …) 0,5 Mio €, und der VaR für 99 % wäre demnach 6 Mio €. Es wird an der Risikopolitik des Unternehmens liegen, für welchen VaR das ökonomische Kapital vorgehalten wird.

Durch Multiplikation der Einzelgeschäfte VaRs mit einer Varianz/Kovarianz-Matrix lässt sich ein Portfolio VaR aus den einzelnen Projekt-VaR unter Berücksichtigung von Korrelationen bilden. Wie schon beim ökonomischen Kapital (EC) erwähnt, gilt in der Praxis, dass das EC dem VaR des Gesamtunternehmens entsprechen soll. Somit ist gewährleistet, dass ausreichend EC vorhanden ist, um den für die vorgegebene Wahrscheinlichkeit maximalen Verlust aufzufangen. Sollten allerdings die Grundannahmen für die Berechnung des VaR nicht korrekt sein, so kann es passieren, dass anstelle der 5-%-Überschreitung des geplanten VAR in Wirklichkeit 25 % aller Fälle darüber liegen.[32]

2.7.3. Der Marginal-VaR und Component-VaR

Zusammenfassend bildet das Konzept und die Kennzahl VaR eine hervorragende Möglichkeit, auf aggregierter Managementebene eine Zusammenfassung des vom Unternehmen eingegangenen Risikos in € darzustellen. Durch die darauf basierenden Kennzahlen

$$\text{marginal VaR} = \frac{\delta \text{VaR}}{\delta x_i}$$

kann wie schon im vorigen Absatz besprochen die Sensitivität des Gesamt VaR gegenüber der Höhe des in ein bestimmtes Projekt investierten Betrages untersucht werden, und mittels

---

32   Vgl *Taleb* (2008).

$$\text{component VaR} = \text{marginal VaR} \times x_i$$

können Entscheidungen über die Aufnahme oder Begrenzung zusätzlicher Risiken auf Einzelprojektbasis getroffen werden, ohne die gesamte Unternehmenssicht dabei aus den Augen zu verlieren.

2.8. Cashflow at Risk im Liquiditätsrisiko

Eng verwandt mit dem Value at Risk ist die Kennzahl Cashflow at Risk. Die Berechnungen und statistischen Grundannahmen decken sich, die Aussagekraft ist allerdings eine andere. Ist der VaR typischerweise eine Kennzahl aus dem Marktrisiko, so ist der Cashflow at Risk (CFaR) eine Kennzahl aus dem Liquiditätsrisiko (Finanzierungsrisiko). Diese Kennzahl liefert den für eine bestimmte Wahrscheinlichkeit auftretenden niedrigsten Cashflow aus den Planungswerten eines Unternehmens oder Projekts. Dabei werden zunächst die wesentlichsten Risiken identifiziert, zB Rohstoffpreisentwicklung, Währungskurse oder Umsatzentwicklungen, diese dann Expertenszenarios evaluiert und schließlich in einer Monte-Carlo-Simulation des gesamten Unternehmens CF aggregiert. Diese MC-Simulation liefert schließlich die Parameter für den erwarteten CF sowie für die Schwankung; und somit kann wieder mittels z-Statistik der Wert bei einer bestimmten Wahrscheinlichkeit (in der Praxis oft 95 % aber auch 99 %) errechnet werden.

$$\text{CFaR}_p = \mu(\text{CF}) + \rho_p \times \sigma(\text{CF})$$

Ein Beispiel: Sei für ein Unternehmen der mittels Monte Carlo simulierte erwartete Cashflow 190.000 € und die erwartete Schwankung 40.000 €, so lässt sich der 95%ige $(z = -1{,}65)$[33] CFaR mit folgender Formel errechnen:

$$\text{CFaR}_p = \mu(\text{CF}) + \rho_p \times \sigma(\text{CF}) = 190.000 - 1{,}65 \times 40.000 = 124.000 \text{ EUR.}$$

Das heißt, mit 95 % Wahrscheinlichkeit stehen zumindest 124.000 € als CF zur Verfügung.

Eine strategische CFaR-Planung und laufende Simulation helfen so den Planungsprozess von oftmals zu großen Spreads zwischen den Best- und Worstcase-Szenarien des CF in einen besser handhabbaren 95-%-Bereich zu transformieren. Dieser Cashflow at Risk, also jener CF der mit 95 % Wahrscheinlichkeit nicht unterschritten wird, wird nun zB mit dem aus der CAPEX-Planung notwendigen CF verglichen. Steht das CFaR-Modell einmal, so lassen sich zudem Maßnahmen wie Absicherungsgeschäfte leicht einpflegen und deren Auswirkung kann durch erneute Simulation dargestellt werden. In der Praxis erfolgt dies mittels eigenen Softwarepaketen, die eine Schnittstelle zur Planung bieten.

33　Excel: Der Parameter für die Wahrscheinlichkeit kann im Excel mit NORM.S.INV(5 %) für eine 95%ige Sicherheit berechnet werden.

2.9. Ausblick: Entwicklungen in der Industrie

Aus der Beratungspraxis des Autors kann festgestellt werden, dass der Bereich der mittelständischen Industrie in Österreich und Deutschland in Bezug auf das Risikomanagement einen starken Wandel durchmacht. Aufgerüttelt durch die Finanz- und Wirtschaftskrise, negative Erfahrungen in Export- und Projektgeschäften, unkoordinierte und oftmals kontraproduktive Maßnahmen in Tochterfirmen sowie gezwungen durch immer stärkere gesetzliche Regelungen, ist das Thema Risikomanagement in den Führungsetagen omnipräsent. Folgende Leitthemen können derzeit in vielen mittelständischen Unternehmen identifiziert werden[34]:

- Das Risikomanagement funktioniert meist silobasiert in den einzelnen Bereichen. Eine Aggregation auf Managementebene und Translation in Kennzahlen mit Währungseinheiten auf Unternehmensebene findet oft nicht statt.
- Spezialisiertes Wissen ist notwendig, aber nicht vorhanden. Es wird vielfach überlegt, einen CRO, einen Chief Risk Officer, zu implementieren. Diese Person muss die notwendigen Kenntnisse aus dem quantitativen Finanzierungsbereich sowie aus dem rechtlichen Bereich mitbringen. Aufgrund der betriebswirtschaftlichen Ausrichtung des geplanten CROs im Hinblick auf Chancennutzung ist diese Person aber vom Compliance Officer abzugrenzen.
- Oftmals gewachsene (Tochter-)Strukturen und Beteiligungen sollen zumindest im Finanz- und Risikomanagement zentral in einer Holdingstruktur im Treasury verwaltet werden. Somit können Synergieeffekte gehoben werden (beispielsweise im Cash Pooling) und das Risikomanagement lässt sich effizient und effektiv durch gebündeltes Know-how und Skaleneffekte in der Holding implementieren.
- Risikosteuerung und Absicherung erfolgen häufig nicht korrekt. So werden symmetrische Risiken gleich wie asymmetrische behandelt, und die Kenntnis der möglichen Instrumente ist meist sehr eingeschränkt bzw wird von den jeweiligen Hausbanken vorgegeben. Beispielsweises sind Rohstoffpreise zwar abgesichert, allerdings können Vorteile bei niedrigeren Einkaufspreisen dann auch nicht mehr genutzt werden.
- Die Zunahme an betriebsbezogenen Daten aufgrund der Anbindung von Maschinen an die vorhandene IT-Infrastruktur würde zunehmend Auswertungen betreffend dem operationalen Risiko ermöglichen. Konzepte, Tools und Instrumente dafür sind aber nicht vorhanden. Ebenso gibt es kaum effiziente Darstellungen der hoch aggregierten Daten im Rahmen von effizienten Management-Cockpits. Investitionen in Know-how und Software sind hier oftmals für die nächsten Jahre budgetiert.
- Bei Unternehmen, die bereits erfolgreich Risikomanagement etabliert haben, setzt sich die Überzeugung durch, dass durch geeignete Steuerung und geplante Nutzung von symmetrischen Risiken ein Wettbewerbsvorteil durch höhere Effizienz erzielt werden kann.

---

34   Quellen sind die eigenen Beratungsprojekte sowie Studien und Masterarbeiten an der Fachhochschule OÖ im Rahmen des Studiengangs Controlling, Rechnungswesen und Finanzmanagement CRF.

Zusammenfassend lässt sich feststellen, dass die Unternehmensführung mit geeigneten Risikokennzahlen wie dem RORAC, dem VaR oder dem CFaR neue Effizienzpotenziale erschließt, da Risiken hinsichtlich der ihnen inneliegenden Chancen nunmehr gezielt genutzt werden können. Die korrekte Ermittlung und Darstellung dieser Kennzahlen ist aber oftmals ein komplexes Verfahren und benötigt gebündeltes Know-how in der Unternehmung.

Literatur

Conway, E. (2011): Kreditklemmen, In: 50 Schlüsselideen Wirtschaftswissenschaft, pp. 142–145, Springer Spektrum, Wiesbaden

Cottin, C., Döhler, S.(2013): Risikokennzahlen, In: Risikoanalyse, pp. 109–171, Springer Fachmedien, Wiesbaden

Gladen, W. (2011): Risiko-Kennzahlen, In: Performance Measurement, pp. 307–350, Gabler, Wiesbaden

Hull, J.C. (2014): Risikomanagement in Banken und Versicherungen, 3. Auflage, pp. 672, Pearson, Hallbergmoos

Kimming, J.M. (2001): Risiko-Controlling in der Unternehmung – Unsicherheit im Warentermingeschäft, pp. 288, Gabler, Wiesbaden

Luderer, B. (2013): Die Griechen und das Risiko. Über Risikokennzahlen für Aktienoptionen, in Mathe, Märkte und Millionen, pp. 121–124, Springer Fachmedien, Wiesbaden

Stephan, J. (2006): Risikokennzahlen, In: Finanzielle Kennzahlen für Industrie- und Handelsunternehmen: Eine wert- und risikoorientierte Perspektive, pp. 57–214, Gabler, Wiesbaden

Taleb, N.N. (2008): Der schwarze Schwan: die Macht höchst unwahrscheinlicher Ereignisse, Carl Hanser Verlag, München

Vanini, U. (2012): Risikomanagement – Grundlagen, Instrumente, Unternehmenspraxis, pp. 303, Schäffer-Poeschl, Stuttgart

Kaiser, T. (Hrsg, 2007): Wettbewerbsvorteil Risikomanagement, pp. 351, ESV, Berlin

3. Kennzahlen des Wertsteigerungsmanagements

Heimo Losbichler

Inhaltsverzeichnis

Ausgehend von der Arbeit Alfred Rappaports hat sich in Wissenschaft und Praxis eine Vielzahl an Wertsteigerungskonzepten mit dazugehörigen Performancegrößen entwickelt. Von diesen haben das DCF (Discounted Cashflow)-Verfahren von Rappaport selbst sowie die Residualgewinnverfahren Economic Value Added (EVA) und Cash Value Added (CVA) Geltung erlangt. So unterschiedlich die Konzepte auch sind, ist ihnen die Prämisse gemein, dass Unternehmen bzw Geschäftsbereiche nur dann Werte schaffen, wenn sie eine Rendite auf das eingesetzte Kapital erwirtschaften, die über den dafür zu bezahlenden Kapitalkosten (WACC) liegt. Der nachfolgende Beitrag beschreibt die Grundlagen der wertorientierten Unternehmensführung und erklärt die genannten Performancegrößen im Detail.

3.1. Grundlagen des Wertsteigerungsmanagements

Wertsteigerungsmanagement, auch wertorientierte Unternehmensführung, Value Based Management oder Shareholder Value Management genannt, ist eine Führungsphilosophie, in deren Zentrum die Steigerung des Unternehmenswerts steht. Sie berücksichtigt explizit, dass die Renditeerwartungen aller Kapitalgeber, dh auch jene der Eigentümer, zu erfüllen sind. Dies bedeutet, wertorientierte Performancegrößen in der Unternehmenssteuerung anzuwenden, die im Gegensatz zu den klassischen Gewinngrößen der externen Rechnungslegung auch die Kosten des Eigenkapitals berücksichtigen. Die Höhe der Eigenkapitalkosten resultiert aus dem klassischen Opportunitätskostendenken. Es ist jener Betrag, den Investoren aus der Investition in andere Unternehmen gleichen Risikos am Kapitalmarkt erwarten könnten, aber nicht bekommen, weil ihr Geld im betreffenden Unternehmen gebunden ist. Unternehmen müssen daher für das ihnen zur Verfügung gestellte Eigenkapital eine dem Risiko angemessene Verzinsung liefern, die zumindest gleich hoch ist wie jene vergleichbaren Anlagemöglichkeiten, die Investoren am Kapital-markt zur Verfügung stehen.

Zur Messung dieser geforderten Rendite für die Eigentümer würde sich vorder-gründig die Eigenkapitalrendite als traditionelles internes Performancemaß an-bieten. Wenn Investoren an der Börse in Unternehmen investieren, entspricht ihr Kapitaleinsatz jedoch in den seltensten Fällen dem buchmäßigen Eigenkapital. Gleichzeitig können Investoren nicht von Buchgewinnen, sondern nur von tatsäch-lichen Liquiditätszuflüssen in Form von Dividenden profitieren. Damit bilden in-terne Performancegrößen nicht die tatsächliche Rendite der Investoren ab, sondern nur die von Rechnungslegungsstandards beeinflusste Rendite auf das bilanzielle Eigenkapital.

Wertsteigerung bedeutet in letzter Konsequenz die bei den Aktionären „angekom-mene" Rendite in Form des *Total Shareholder Return – TSR*. Dieser entspricht dem internen Zinsfuß, der sich aus dem Kurs beim Kauf der Aktien, den erhaltenen Divi-denden und dem aktuellen Aktienkurs bzw Kurs zum Verkaufszeitpunkt ergibt. Für eine Periode ergibt sich der TSR daher wie folgt:

$$\text{Total Shareholder Return} - \text{TSR} = \frac{P_t - P_{t-1} + CF_t}{P_{t-1}}$$

P_t = Preis/Kurs der Aktie am Ende der Periode

P_{t-1} = Preis/Kurs der Aktie am Beginn der Periode

CF_t = Dem Investor in der Periode t zugeflossene Mittel (zB Dividenden)

Während Investoren primär an „ihrer" Wertsteigerung aus Dividenden und Kurs-steigerungen an der Börse interessiert sind, ist die Einflussmöglichkeit des Ma-nagements auf die Wertschaffung im Unternehmen, dh das Erwirtschaften von Gewinnen als Grundlage von Dividendenzahlungen und Kurssteigerungen be-schränkt. Eine Kernproblematik im Wertsteigerungsmanagement ist damit die *Unterscheidung zwischen den im Unternehmen geschaffenen Werten (interne Wertsteigerung) und der an der Börse resultierenden bzw vorherrschenden Bewer-tung (externe Wertsteigerung)*.

Gezieltes Wertsteigerungsmanagement setzt voraus, dass eine enge Beziehung zwi-schen der externen Unternehmensbewertung und einer internen, direkt vom Ma-nagement beeinflussbaren Wertsteigerungsgröße hergestellt werden kann. Führungs-kräfte benötigen interne Performancegrößen, welche eine hohe Korrelation mit der externen Wertsteigerung aufweisen. Im Idealfall deckt sich die unternehmensinterne Wertsteigerung mit der an den Börsen. Manager stehen dabei im Spannungsfeld, einerseits die kurzfristigen Kapitalmarktinteressen zu befriedigen und andererseits jene Maßnahmen einzuleiten, die die künftige Wettbewerbsfähigkeit und die langfris-tige Wertsteigerung eines Unternehmens sichern.

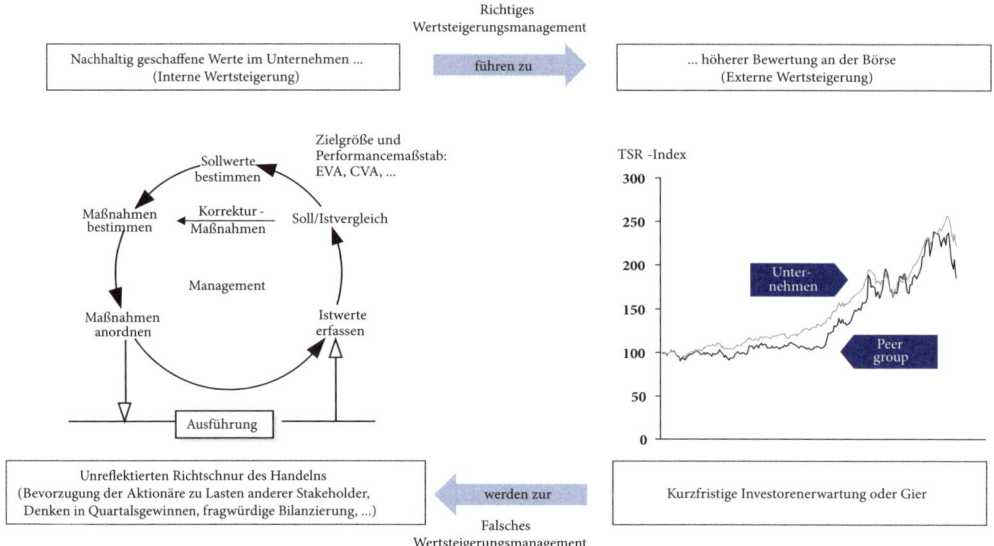

Abb 12: Interne und externe Wertsteigerung

In der Praxis geht die kurzfristige Ertragsmaximierung bzw das Bestreben, Investoren- und Analystenerwartungen nicht zu enttäuschen, vielfach zulasten des langfristigen Erfolgs bzw anderer Stakeholder. *Wirklich erfolgreiches Wertsteigerungsmanagement fokussiert auf das nachhaltige Schaffen von Werten im Unternehmen, anstatt der kurzfristigen Wertsteigerung an der Börse und versucht die Interessen der Stakeholder auszubalancieren.*

3.2. Die Kapitalkosten als Hurdle-Rate

Im Gegensatz zur klassischen gewinnorientierten Betrachtungsweise ist im Wertsteigerungsmanagement die buchmäßige „schwarze Null" nicht mehr genug. Unternehmen bzw Geschäftsbereiche schaffen erst dann Wert, wenn sie in der Lage sind, aus der Umsatztätigkeit sämtliche Kosten, dh neben den operativen Kosten der Geschäftstätigkeit Steuern und Fremdkapitalkosten, auch die Kosten für das Eigenkapital zu bedienen.

Die Kapitalkosten eines Unternehmens ergeben sich grundsätzlich aus der Höhe des benötigten Kapitals und den an die Kapitalgeber zu entrichtenden Zinssatz. Entsprechend der Unterscheidung in Eigen- und Fremdkapital ergeben sich die Kapitalkosten aus dem Verhältnis von Eigen- zu Fremdkapital und den Verzinsungsansprüchen der Eigen- und Fremdkapitalgeber. Die so ermittelten Kapitalkosten werden als durchschnittlich gewichtete Kapitalkosten bzw *WACC – Weighted Average Cost of Capital* bezeichnet. Sie sind jener Prozentsatz, der für das im Unternehmen benötigte bzw gebundene Kapital durchschnittlich zu entrichten ist.

$$WACC = w_e \times k_e + w_f \times k_f = \frac{EK}{EK + FK} \times k_e + \frac{FK}{EK + FK} \times k_f$$

EK = Eigenkapital (zu Marktwerten) in €

FK = Verzinsliches Fremdkapital in €

k_e = Eigenkapitalkostensatz = Renditeerwartung der Eigentümer in %

k_f = Fremdkapitalkostensatz = Durchschnittlicher Zinssatz für Fremdkapital in %

w_e = Anteil des Eigenkapitals in % des Gesamtkapitals

w_f = Anteil des Fremdkapitals in % des Gesamtkapitals

Für die Bestimmung des Eigen- und Fremdkapitalanteils sollte das Eigenkapital zu Marktwerten (Börsenkapitalisierung) und nicht zu Buchwerten angesetzt werden, weil dies dem tatsächlichen Kapitaleinsatz der Eigenkapitalgeber entspricht. Der Marktwert des Fremdkapitals entspricht üblicherweise dem in der Bilanz ausgewiesenen Fremdkapital.

Der WACC ist im Rahmen des Wertsteigerungsmanagements eine zentrale betriebswirtschaftliche Steuerungsgröße und wird auch als *„Hurdle Rate"* bezeichnet. Dies ist die Mindestrendite, die das Unternehmen erwirtschaften muss, um den Wert eines Unternehmens zu erhalten bzw den Mindestverzinsungsanspruch aller Kapitalgeber zu erfüllen.

Beispiel Kapitalkosten und Wertsteigerung

Ein Unternehmen hat 100.000 € in verschiedenen Vermögensgegenständen gebunden. Das Unternehmen ist jeweils zur Hälfte mit Eigenkapital und Fremdkapital in Form eines Kredits finanziert. Die Kreditzinsen für das Fremdkapital betragen 5 %. Die Eigenkapitalgeber erwarten sich angesichts des von ihnen getragenen Risikos und alternativen Anlagemöglichkeiten (zB Investition in Aktien anderer Unternehmen) einen Zinssatz von 15 %. Das Unternehmen erwirtschaftet mit dem eingesetzten Kapital ein EBIT von 6.000 €. Zur einfacheren Darstellung werden die Ertragsteuern vernachlässigt. Die Kapitalkosten betragen insgesamt 10.000 €. Davon sind 2.500 € Zinsen, die für das Fremdkapital zu entrichten sind, 7.500 € entfallen auf die Bedienung des Eigenkapitals. Durchschnittlich kostet das im Unternehmen gebundene Kapital (Capital Empoyed) 10 %. Der WACC von 10 % ist die *Hurdle*-Rate, dh die Mindestkapitalrendite, die das Unternehmen erreichen muss, um die Verzinsungsansprüche der Kapitalgeber zu befriedigen, ohne dies auf Kosten der Unternehmenssubstanz zu tun. Im konkreten Beispiel erzielt das Unternehmen einen Gewinn vor Zinsen und Steuern – EBIT von 6.000 €. Dieser Gewinn entspricht in Bezug auf das eingesetzte Kapital *(Capital Employed)* einer Kapitalrendite von 6 %. Die Rendite genügt jedoch nicht, die Kapitalkosten *(WACC)* von 10 % zu decken. Das Unternehmen kann zwar die Kreditzinsen bzw Fremdkapitalkosten zahlen. Dies spiegelt sich im buchhalterischen Jahresüberschuss von 3.500 € wider. Das Unternehmen ist jedoch nicht in der Lage, auch die Kosten für das bereitgestellte Eigenkapital zu bedienen ohne Eigenkapital in Höhe von –4.000 € zu verbrauchen bzw den Wert des Unternehmens um –4.000 € zu vermindern. Unter der Annahme, dass die Buchwerte den am Markt erzielbaren Werten entsprechen, würden die Eigentümer bei Liquidation des Unternehmens nur mehr 46.000 € und nicht mehr die ursprünglich investierten 50.000 € rückerstattet bekommen.

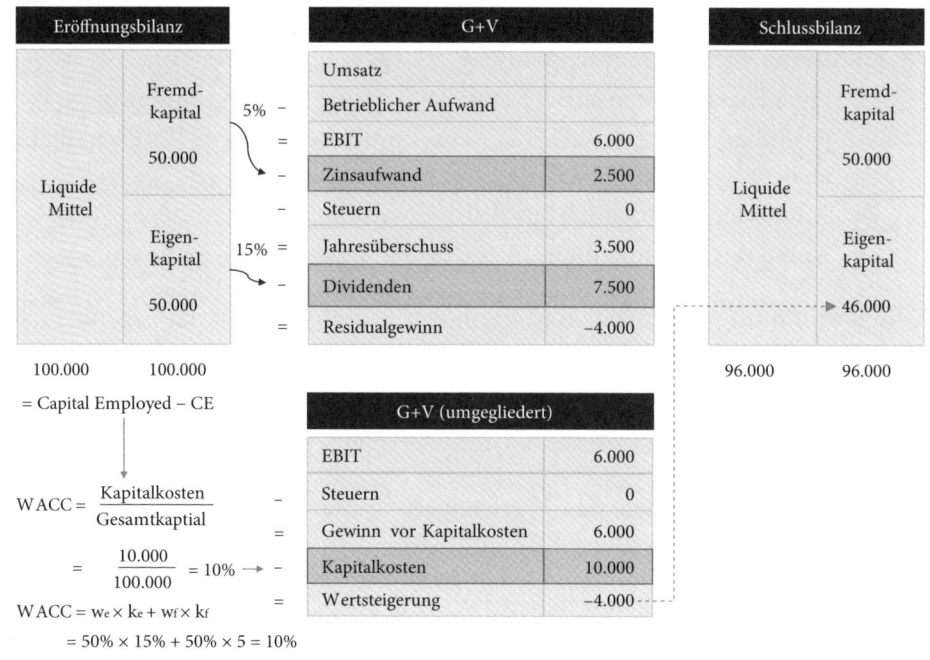

Abb 13: Der WACC als Mindestrendite der Wertsteigerung

Berechnung des Eigenkapitalkostensatzes mithilfe von CAPM

Zur Berechnung der Eigenkapitalkosten dominiert in der Praxis das *Capital Asset Pricing Model – CAPM*. Dieses geht davon aus, dass Investoren am Kapitalmarkt entscheiden können, in welche Unternehmen sie investieren. Unternehmen stehen damit nicht nur im direkten Wettbewerb um Kunden, sondern auch um (Eigen-) Kapital. Als Konsequenz müssen sie ihren Eigentümern eine vergleichbare Rendite erwirtschaften. Diese Rendite (zB durch Dividendenzahlungen) entspricht aus dem Blickwinkel des Unternehmens den Kosten des Eigenkapitals.

Im CAPM ergeben sich die Eigenkapitalkosten aus einem risikofreien Zinssatz Rf zuzüglich einer Risikoprämie. Die Risikoprämie ergibt sich wiederum aus einer allgemeinen Marktrisikoprämie und einem unternehmensindividuellen Auf- oder Abschlag entsprechend dem Risiko des Unternehmens relativ zum Gesamtmarkt in Form des β-Faktors.

$$k_e = Rf + \beta \times (k_M - Rf)$$

k_e	=	Eigenkapitalkosten des Unternehmens
Rf	=	Risikofreier Zinssatz
β	=	Beta-Faktor des Unternehmens
k_M	=	Rendite des Marktportfolios M
k_M – Rf	=	Marktrisikoprämie

Risikofreier Zinssatz

Der risikofreie Zinssatz ist jener Zinssatz, den Investoren bei der Veranlagung in risikofreie Anlageformen erhalten würden. In der Praxis wird zur Bestimmung des risikofreien Zinssatzes häufig der Zinssatz langjähriger heimischer Staatsanleihen als Näherung verwendet.

Marktrisikoprämie

Sofern Investoren in risikobehaftete Anlageformen wie Aktien investieren, erwarten sie sich für das zusätzliche Risiko eine entsprechende Zusatzverzinsung. Da Investoren ihr Risiko durch Diversifikation in ein entsprechend breites Portfolio reduzieren können, müssen sie zumindest für dieses Marktrisiko entschädigt werden. Die Marktrisikoprämie wird in der Praxis häufig aus der Rendite (TSR) des für das Unternehmen relevanten Aktienindexes (zB DAX oder ATX) abgeleitet.

Der β-Faktor

Der β-Faktor zeigt das Risiko, das ein Investor mit der Investition in ein Unternehmen eingeht, relativ zur Investition in den Gesamtmarkt. Ein β-Faktor größer 1,0 bedeutet, dass das Unternehmen risikoreicher als der Markt ist und damit eine höhere Rendite erwirtschaften muss, während ein β-Faktor kleiner 1,0 ein geringeres Risiko und damit eine geringere Mindestrendite bedeutet. Der β-Faktor entspricht der Steigung der Regressionsgeraden aus der Rendite des Gesamtmarkts (TSR des relevanten Aktienindex) und der Rendite (TSR) des Unternehmens über einen bestimmten Zeitraum.[35]

Fremdkapitalkostensatz

Der Fremdkapitalkostensatz eines Unternehmens lässt sich aus der Relation des Gesamtzinsaufwands zum verzinslichen Fremdkapital oder aus den vorhandenen vertraglichen Konditionen (zB EURIBOR + Aufschlag) näherungsweise relativ einfach bestimmen. Da die Wertsteigerung eines Unternehmens üblicherweise nach Steuern betrachtet wird und Fremdkapitalzinsen steuerlich abzugsfähig sind, ist der Fremdkapitalkostensatz um das *Tax-Shield* zu bereinigen.

FK-Kostensatz nach Steuern = FK-Kostensatz × (1 − Ertragsteuersatz)

Trotz der scheinbar einfachen Berechnung des WACC stehen viele Unternehmen vor der Herausforderung, wie sie das theoretische Konzept des WACC in der Praxis konkret umsetzen. Beispielsweise stellt sich bei der Ermittlung des β-Faktors die Frage des Aktienindex (ATX, DAX, Euro-Stoxx?), die Frage des Zeitraums, in dem der Beta-Faktor ermittelt wird (3-Monats-, 1-Jahres, 5-Jahres-Beta?), oder auch die Frage, welche Kurse in die Berechnung einbezogen werden (Tageskurse, Wochenkurse, Monatskurses?). Mit ähnlichen Fragestellungen sehen sich Unternehmen bei jedem einzelnen Parameter konfrontiert, die zu deutlichen Unterschieden in der

---

35   Zur genauen Berechnung des ß-Faktors siehe *Losbichler* (2012) 267 f.

Höhe des WACC und der damit ausgewiesenen Wertsteigerung führen können.[36] Die jährlich erscheinende KPMG-Kapitalkostenstudie gibt einen guten Überblick über die vorherrschende Praxis bei der Bestimmung der Parameter des WACC.[37]

3.3. Methoden und Kennzahlen zur Berechnung der Wertsteigerung

Die Vielzahl der Wertsteigerungskonzepte lässt sich in zwei wesentliche Gruppen unterteilen:

1. Discounted Cashflow (DCF) – orientierte Verfahren, bei denen der Wert eines Unternehmens durch die Diskontierung der zukünftigen Cashflows ermittelt wird. Die Wertsteigerung einer Periode wird dabei indirekt aus dem Vergleich des Unternehmenswerts am Anfang und am Ende der Periode ermittelt.
2. Residualgewinnverfahren, bei denen die Wertsteigerung der Periode ausgehend vom Periodengewinn direkt ermittelt wird.

Aus der Vielzahl an Konzepten haben das *DCF-Verfahren nach Rappaport* sowie die Residualgewinnverfahren *Economic Value Added* (EVA) und *Cash Value Added* (CVA) Bedeutung erlangt.[38]

3.3.1. Das Konzept von Rappaport

Grundidee

Alfred Rappaport wird allgemein als der Begründer des Wertsteigerungsmanagements angesehen. Er unterstellt, dass der Buchgewinn und somit alle daraus abgeleiteten Kennzahlen kein geeigneter Maßstab zur Erfolgsbeurteilung sind, da sie durch Bewertungen verzerrt werden, Risiken und zukünftige Investitionserfordernisse ignorieren und zur kurzfristigen Unternehmensführung verleiten.[39]

Berechnungslogik

Rappaports Konzept ist von der Grundlogik eine Discounted-Cashflow-Methode (siehe auch Kapitel C.4.). Dabei ergibt sich der den Eigentümern zurechenbare Wert des Unternehmens (Shareholder Value) gemäß Abb 14 aus

- dem Barwert, der mit dem WACC diskontierten zukünftigen Free Cashflows (die *Rappaport* als *Betrieblichen Cashflow* bezeichnet),
- abzüglich dem Marktwert des Fremdkapitals,
- zuzüglich dem Veräußerungserlös aus nicht betriebsnotwendigem Vermögen, das nicht zum Erwirtschaften der Betrieblichen Cashflows benötigt und daher veräußert werden kann (insbesondere börsenfähige Wertpapiere)

---

36   Vgl. *Losbichler* (2012) 344 f.
37   Vgl KPMG (2014).
38   Zur detaillierten Berechnung der Konzepte siehe *Losbichler* (2010).
39   Vgl. *Rappaport* (1995) 20 f.

	Barwert der Betrieblichen Cashflows der Prognoseperiode
+	Residualwert der Betrieblichen Cashflows nach der Prognoseperiode
+	Marktwert börsenfähiger Wertpapiere
–	Fremdkapital
=	Shareholder Value (SHV)

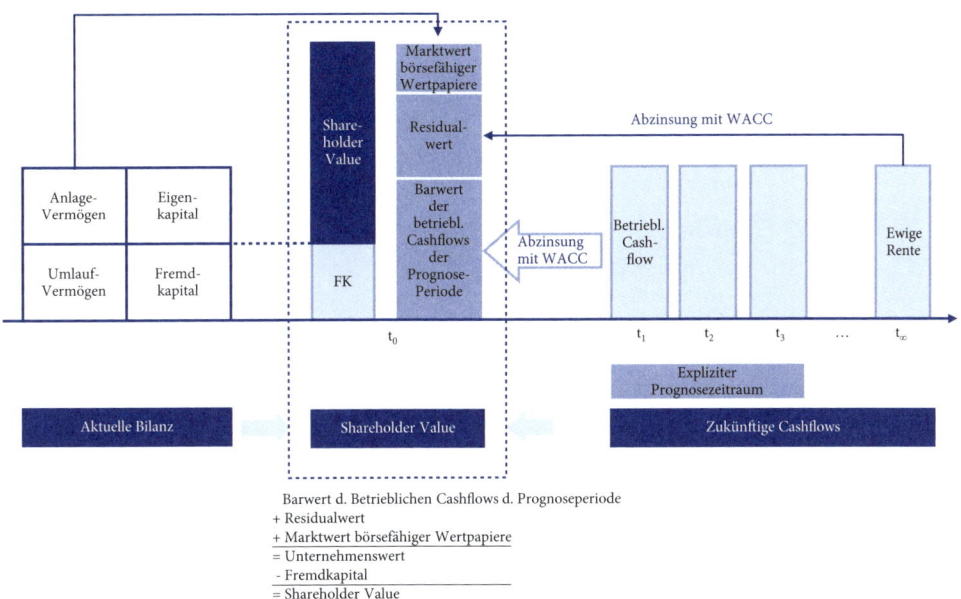

Abb 14: Berechnungslogik des Shareholder Value nach *Rappaport*

Der Marktwert börsenfähiger Wertpapiere steht für ein Synonym für alle nicht betriebsnotwendigen, veräußerbaren Vermögensgegenstände.

Zur Diskontierung der Betrieblichen Cashflows verwendet *Rappaport* den WACC, wobei er von einer Zielkapitalstruktur und zukünftigen Beta-Faktoren ausgeht.[40] Die Betrieblichen Cashflows sollen für den sinnvoll möglichen Prognosezeitraum periodengerecht ermittelt werden. Cashflows nach dem Prognosezeitraum werden in Form einer gleichmäßigen ewigen Rente berücksichtigt.

Die Betrieblichen Cashflows werden ausgehend vom aktuellen Umsatz sehr einfach über fünf prozentuelle Werttreiber entlang der Struktur von G+V und Cashflow-Statement bestimmt[41]

	Umsatz des Vorjahres × Gewinnmarge × (1 – Gewinnsteuersatz)
–	Zusatzinvestitionen in das Working Capital
–	Zusatzinvestitionen in das Anlagevermögen
=	Betrieblicher Cashflow

---

40   Vgl *Rappaport* (1995) 58–62.
41   Vgl. *Rappaport* (1995) 55.

G+V, Cashflow Statement	Werttreiber
Umsatz	Wachstumsrate des Umsatzes
– Betrieblicher Aufwand	
= **EBIT**	Betriebliche Gewinnmarge
– Ertragsteuern	Cash–Gewinnsteuersatz
= **NOPAT**	
+/– AfA und sonstige unbare Aufwände/ Erträge	
= **Cashflow aus dem Ergebnis**	
+/– Veränderung Working Capital	Zusatzinvestitionsrate ins Umlaufvermögen
= **Operativer Cashflow**	
+/– Cashflow aus der Investitionstätigkeit	Zusatzinvestitionsrate ins Anlagevermögen
= **Free Cashflow/Betrieblicher Cashflow**	

Abb 15: Einbettung der Werttreiber in G+V und Cashflow-Statement

Die Wachstumsrate des Umsatzes ist das prozentuelle Umsatzwachstum einer Periode. Die betriebliche Gewinnmarge entspricht der EBIT-Marge. Der Cash-Gewinnsteuersatz entspricht den zahlungswirksamen Steuern auf den Betriebsgewinn eines Jahres, dh ohne den Einfluss der Dotierung oder Auflösung von Steuerrückstellungen oder latenten Steuern.

Mithilfe der Zusatzinvestitionsrate in das Umlaufvermögen wird die durch die Umsatzsteigerung im Working Capital zusätzlich gebundene Liquidität bestimmt. Dies wäre in gleicher Weise über die Planung des Working Capital in % vom Umsatz möglich.

$$\frac{\text{Zusatzinvestitionsrate}}{\text{Working Capital}} = \frac{\text{Zusatzinvestitionen in das Working Capital}}{\text{Umsatzsteigerung}}$$

Zur einfachen Planung des Cashflows aus der Investitionstätigkeit verwendet *Rappaport* analog zum Working Capital die Zusatzinvestitionsrate ins Anlagevermögen in Prozent der geplanten Umsatzsteigerung.

$$\frac{\text{Zusatzinvestitionsrate}}{\text{Anlagevermögen}} = \frac{\text{Investitionen} - \text{Abschreibungen}}{\text{Umsatzsteigerung}}$$

Zusatzinvestitionen in das Anlagevermögen sind jene Beträge, um den die Investitionen den Abschreibungsaufwand übersteigen. Wird nur in Höhe der Abschreibung reinvestiert, ist die Zusatzinvestitionsrate null. Die Verwendung der Zusatzinvestitionsrate erspart die exakte Planung von Investitionen und Abschreibungen.

Wie bei allen DCF-Konzepten kann die Wertsteigerung der abgelaufenen Periode durch die Veränderung des Shareholder Values errechnet werden. *Rappaports* primärer Anwendungszweck richtet sich nicht auf die Ermittlung der Wertsteigerung einer Periode, sondern auf die Bewertung strategischer Optionen, dh auf die Beantwortung der Frage, ob Strategien und die durch sie bedingten Investitionen Wert schaffen:

Strategiebedingte Wertsteigerung =
SHV bei Durchführung der Strategie – Vor-Strategie SHV

Für die Berechnung des Vorstrategie-Shareholder-Value wird unterstellt, dass das Unternehmen zur Erhaltung von Umsatz und Gewinnmarge nur in Höhe der Abschreibung investieren muss. Unter dieser Prämisse kann der Vorstrategie-Shareholder-Value aus der unendlichen Rente des aktuellen Cashflows errechnet werden.

Cashflow = Umsatz × Gewinnmarge × (1 – Gewinnsteuersatz)

3.3.2. Das Konzept des Economic Value Added (EVA)

Das Konzept des Economic Value Added[42] ist wahrscheinlich das bekannteste und in vielen Abwandlungen am weitesten verbreitete Wertsteigerungskonzept. Das EVA-Konzept ist ein klassisches Residualgewinnverfahren, bei dem im Gegensatz zu traditionellen Gewinngrößen aus dem Rechnungswesen nicht nur die Fremdkapitalkosten, sondern auch die Eigenkapitalkosten abgezogen werden.

Der EVA ist allgemein als das operative Ergebnis nach Ertragsteuern (NOPAT – Net Operating Profit After Taxes) abzüglich der Kapitalkosten für das im Unternehmen gebundene, durch verzinsliches Kapital zu finanzierende Vermögen (CE -Capital Employed) definiert.

$$EVA = NOPAT – WACC \times CE$$

$$NOPAT = EBIT \times (1 – Gewinnsteuersatz)$$

Obige Formel, auch *Capital Charge Darstellung* genannt, lässt sich in eine, für die praktische Steuerung anschaulichere, *Spread-Darstellung* umformen. Die Spread-Darstellung zeigt augenscheinlich, dass ein Unternehmen nur dann Wert schafft, wenn es in der Lage ist, aus dem ihm zur Verfügung gestellten Kapital eine höhere Rendite zu erwirtschaften, als die damit verbundenen Kosten. Dazu muss die Gesamtkapitalrendite vor Zinsen nach Steuern (ROCE) höher sein als der Kapitalkostensatz (WACC) bzw muss der Spread positiv sein.

$$EVA = (ROCE – WACC) \times CE$$

$$Spread = ROCE – WACC$$

$$ROCE = \frac{NOPAT}{CE}$$

$$CE = Anlagevermögen + Working Capital$$

$$CE = Eigenkapital + Verzinsliches Fremdkapital$$

---

42   Vgl *Stewart* (1991).

Die Berechnung des Capital Employed ist sowohl aktiv- als auch passivseitig möglich. Aus Managementsicht empfiehlt es sich, das Capital Employed aktivseitig zu berechnen, weil es dadurch in die unmittelbar beeinflussbaren Bestandteile zerlegt werden kann. Aus Sicht des Kapitalmarkts ist hingegen die passivseitige Berechnung einfacher.

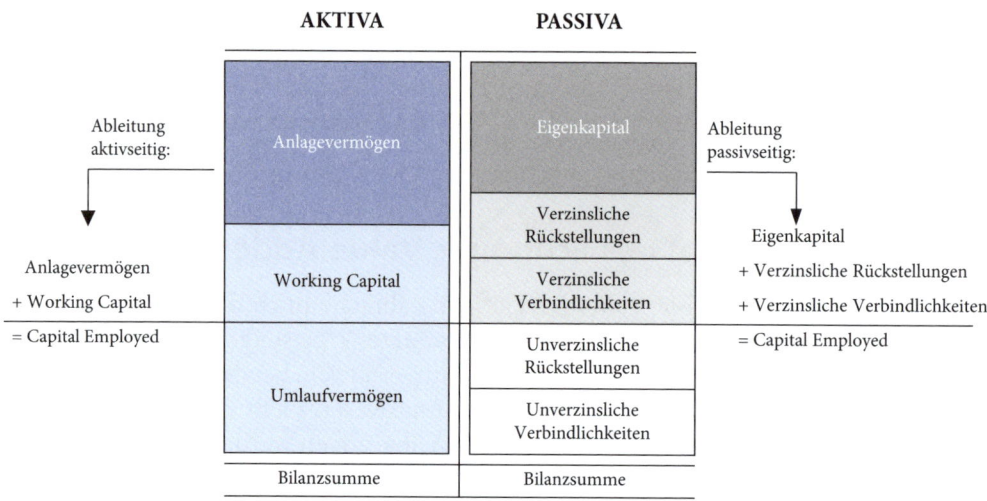

Abb 16: Aktiv- und passivseitige Berechnung des Capital Employed

Konkrete Berechnungsbeispiele für das CE und Working Capital finden sich zB in Kapitel D.6. „Kennzahlen des Working Capital Managements" als auch in mehreren Praxisbeiträgen wie zB jenem der voestalpine.

Das wesentliche konzeptionelle Merkmal des EVA besteht in den sogenannten *Conversions*. Die Berechnung des EVA setzt auf den Daten des externen Rechnungswesens auf und führt diese für die betriebswirtschaftlich „richtige" Darstellung durch Conversions vom *accounting model* in das *economic model* über. Stern Stewart & Co erwähnen nicht weniger als 164 Conversions.[43] *Hostettler* unterscheidet zwischen vier Kategorien von Conversions, die auf NOPAT und Capital Employed in konsistenter Weise anzuwenden sind.

Operating Conversions

Der Fokus des EVA-Konzepts liegt auf der Ermittlung der Wertsteigerung des operativen Kerngeschäfts.[44] Im Rahmen der Operating Conversions werden daher die buchhalterischen Gewinn- und Kapitalgrößen auf ihre betriebliche Zugehörigkeit geprüft und gegebenenfalls adjustiert, zB werden das Zins- und Beteiligungsergebnis eliminiert. Wesentlich ist dabei die konsistente Anpassung von NOPAT und Capital Employed. Bleibt das Zins- und Beteiligungsergebnis im NOPAT unberücksichtigt,

---

43   Vgl *Hostettler* (1997) 97.
44   Vgl *Hostettler* (1997) 39.

darf das Finanzvermögen konsequenterweise nicht im Capital Employed berücksichtigt werden.

Funding Conversions

Bei den Funding Conversions werden einerseits unverzinsliche Verbindlichkeiten vom Capital Employed abgezogen und andererseits Off-balance-sheet-Finanzierungen, wie zB Leasing, als wirtschaftliches Eigentum wieder zugerechnet. Aus der Offenlegung der Off-balance-sheet-Finanzierung soll das zur Erwirtschaftung der Gewinne notwendige Kapital betriebswirtschaftlich richtig dargestellt werden.

Shareholder Conversions

Im Rahmen der Shareholder Conversions werden vor allem Periodenaufwendungen mit Investitionscharakter wie Forschungs- oder Marketingaufwendungen korrigiert. Bei der Conversion wird der jeweilige Periodenaufwand aktiviert. Im NOPAT wird daher der Periodenaufwand durch die Abschreibung ersetzt, welche sich aus der Summe der in den Vorperioden aktivierten Forschungs- und Marketingaufwendungen ergibt. Gleichzeitig wird das Capital Employed um den aus den Aktivierungen resultierenden Nettovermögenswert erhöht.

Nutzungsdauer = 3 Jahre		Jahr 1	Jahr 2	Jahr 3	Jahr 4
Jährlicher Forschungsaufwand		**12.000**	**12.000**	**12.000**	**12.000**
Auswirkung auf den NOPAT					
	Amortisation des Forschungsaufwands von Jahr 1	–4.000	–4.000	–4.000	
+	Amortisation des Forschungsaufwands von Jahr 2		–4.000	–4.000	–4.000
+	Amortisation des Forschungsaufwands von Jahr 3			–4.000	–4.000
+	Amortisation des Forschungsaufwands von Jahr 4				–4.000
– =	Jährliche Amortisation des kum. Forschungsaufwands	–4.000	–8.000	–12.000	–12.000
+	Jährlicher Forschungsaufwand	12.000	12.000	12.000	12.000
=	Vor-Steuer Auswirkung auf NOPAT	8.000	4.000	0	0
–	Steuerauswirkung bei 25 % Effektiver Steuerquote	–2.000	–1.000	0	0
=	**Nach-Steuer Auswirkung auf NOPAT**	**6.000**	**3.000**	**0**	**0**
Auswirkungen auf das Capital Employed					
	Immaterielles Vermögen Anfang	0	8.000	12.000	12.000
+	Jährlicher Forschungsaufwand	12.000	12.000	12.000	12.000
–	Amortisation auf immaterielle Vermögen	–4.000	–8.000	–12.000	–12.000
=	**Immaterielles Vermögen Ende**	**8.000**	**12.000**	**12.000**	**12.000**
Auswirkungen auf den EVA					
Erhöhung NOPAT		6.000	3.000	0	0
Erhöhung Kapitalkosten (WACC = 10 %)		–800	–1.200	–1.200	–1.200
Einfluss der Conversion auf den EVA		**5.200**	**1.800**	**–1.200**	**–1.200**

Abb 17: Beispiel einer Conversion im Bereich Forschung

Tax Conversions

Bei den Tax Conversions werden schließlich die Ertragsteuern des Jahresabschlusses an die zuvor durchgeführten Conversions angepasst, dh es wird auf den ökonomischen Gewinn vor Steuern, die tatsächliche Steuerquote bzw der aus den Steuern resultierende Zahlungsfluss ohne latente Steuern angewendet.

Durch die Conversion sollten Ergebnisunterschiede zwischen UGB, BilMoG oder IFRS neutralisiert werden, dh es sollen sich unabhängig vom verwendeten Rechnungslegungsstandard gleiche ökonomische Werte ergeben. Abb 18 zeigt beispielhaft die Herleitung des NOPAT und des Capital Employed aus IFRS-Abschlüssen:[45]

	Jahresergebnis lt. IFRS- G+V			Vermögen lt. IFRS-Eröffnungsbilanz
+/–	Unregelmäßige Aufwendungen/Erträge gem. IAS 1.97			
+/–	Verlust/Gewinn aus zur Veräußerung stehenden Vermögen bzw. aufgegebenen Geschäftsbereichen gem. IFRS 5		–	Zur Veräußerung stehende Vermögenswerte bzw. aufgegebne Geschäftsbereiche gem. IFRS
+/–	Zinsaufwendungen/-erträge			
+/–	Aufwendungen/Erträge aus nicht betriebsnotwendigen Beteiligungen		–	Nicht betriebsnotwendige Beteiligungen
+/–	Aufwand/Ertrag aus zum fair value erfolgswirksam bewerteten Finanzinstrumenten	Operating Conversion	–	Zum fair value erfolgswirksam bewertete Finanzinstrumente
+	Zinsaufwand in der Zuführung zu den Pensionsrückstellung bzw. zu anderen abgezinsten Rückstellungen			
+	Abschreibungen der Periode auf nicht betriebsnotwendige Vermögenswerte		–	Sonstiges nicht betriebsnotwendiges Vermögen, z.B. Renditeimmobilien, gem. IAS 40
=	Ergebnis nach Operating Conversions		=	Vermögen nach Operating Conversions
+	Miet- und Leasingaufwendungen aus verdeckten Finanzierungen		+	Buchwert von verdeckt finanzierten Miet-/Leasingobjekten unter Berücksichtigung kumulierter Abschreibungen aus Funding Conversions früherer Perioden
+	Abschreibung der Periode auf verdeckt finanzierte Miet-/Leasingobjekte	Funding Conversions		
			–	Unverzinsliche Schulden (z.B. aus Lieferungen und Leistungen, erh. Anzahlungen, kurzfristige Rückstellungen)
=	Ergebnis nach Funding Conversions		=	Vermögen nach Funding Conversions
+	Aufwendungen der Periode mit Investitionscharakter (z.B. Marketing-, Forschungsaufwand)	Shareholder Conversions	+	Aktivierung von Aufwendungen früherer Perioden mit Investitionscharakter (z.B. Marketing-, Forschungsaufwand) unter Berücksichtigung kumulierter Abschreibungen

---

45   *Weissenberger* (2009) 10.

Jahresergebnis lt. IFRS- G+V		Vermögen lt. IFRS-Eröffnungsbilanz
– Abschreibungen der Periode auf in den Vorperioden im Rahmen der Shareholder Conversions aktivierte Aufendungen mit Investitionscharakter	**Shareholder Conversions**	
		+/– Nicht erfolgswirksam, sondern Other Comprehensive Income verrechnete Wertänderungen von Vermögen (z.B. Fehlerkorrekturen gem. IAS 8, revaluation gem. IAS 16/38 oder Währungsumrechnungsdifferenzen gem. IAS 21)
= Ergebnis nach Shareholder Conversions		= Vermögen nach Shareholder Conversions
–+ Eliminierung der Bildung aktiver bzw. passiver latenter Steuern der Periode	**Tax Conversions**	– Aktive latente Steuern
Steueraufwand bzw. Steuerertrag aus den bisher vorgenommenen Conversions		
= **NOPAT (Net Operating Profit After Taxes)**		= **CE (Capital Employed)**

Abb 18: IFRS-Conversion für NOPAT und Capital Employed

In der Praxis wird jedoch immer häufiger mit den Zahlen des IFRS-Abschlusses ohne Conversions gerechnet, da diese mit erheblichem Aufwand und ungleich höherem Erklärungsbedarf in der Kommunikation mit dem Kapitalmarkt verbunden sind. Empirische Studien hinterfragen die Sinnhaftigkeit umfangreicher Conversions und zeigen tlw geringe Unterschiede zwischen der Berechnung mit und ohne Conversions.[46] Es muss an dieser Stelle jedoch kritisch gefragt werden, was dann vom EVA-Konzept übrigbleibt, außer der Einsicht, dass auch die Kosten des Eigenkapitals zu berücksichtigen sind.

Market Value Added

Der EVA wird allgemein als Maßstab für den geschaffenen oder vernichteten Unternehmenswert bezeichnet. Es sei jedoch darauf hingewiesen, dass der EVA nur die Wertsteigerung einer Periode widerspiegelt und nicht die gesamte Wertsteigerung der in der Periode gesetzten Maßnahmen. Aus diesem Grund ist im EVA-Konzept auch der *Market Value Added (MVA)* verankert. *Der Market Value Added entspricht dabei dem Barwert aller zukünftigen EVAs.* Mithilfe des MVA lässt sich die Wertsteigerung, wie im Konzept *Rappaports*, langfristig darstellen.

$$\text{Market Value Added} = \sum_{t=0}^{\infty} \frac{\text{EVA}_t}{\left(1+\text{WACC}\right)^t}$$

---

46   Vgl *Anderson/Bey/Weaver* (2005) 15.

3.4. Das Konzept des Cash Value Added (CVA)

Der Cash Value Added (CVA) stellt eine auf Cashflows basierende Alternative zum EVA dar, die nicht dem *Buchwerteffekt* unterliegt.[47] Der EVA wird, wie die traditionellen Kenngrößen aus dem Rechnungswesen, durch das Alter der Anlagen beeinflusst: Die von Investitionen ausgelösten Abschreibungen und Kapitalkosten infolge des Anstiegs im Capital Employed haben am Anfang der Nutzungsdauer eine negative, am Ende der Nutzungsdauer positive Wirkung auf den EVA. Dies schmälert die periodenbezogene Aussagekraft des EVA. Um den Buchwerteffekt zu vermeiden, wird beim CVA das im Unternehmen gebundene Kapital in Anlehnung an die Kapitalwertmethode mit seinem Anschaffungswert, dh den Auszahlungsbeträgen, betrachtet.

Wie beim Konzept des EVA gibt es eine *Capital-Charge*-und *Spread*-Definition:

$$CVA = BCF - öAb - WACC \times BIB$$

$$CVA = (CFROI - WACC) \times BIB$$

In der Capital-Charge-Definition wird der CVA als der *Brutto-Cashflow (BCF) abzüglich der ökonomischen Abschreibung (öAb) und Kapitalkosten* definiert. Die Kapitalkosten werden von der inflationsbereinigten *Bruttoinvestitionsbasis (BIB)* berechnet. Durch Umformung der Capital-Charge-Form erhält man analog zum EVA-Konzept die *Spread*-Form. Der CFROI ergibt sich aus der Umformung wie folgt:

$$CFROI = \frac{BCF - öAb}{BIB}$$

Bruttoinvestitionsbasis (BIB)

Die Bruttoinvestitionsbasis entspricht dem inflationsbereinigten Anschaffungswert aller Vermögensgegenstände abzüglich des unverzinslichen Fremdkapitals. Sie umfasst das gesamte, in das Unternehmen investierte und zu verzinsende Kapital. Um diese in der Vergangenheit getätigten Investitionen mit dem aktuellen Cashflow zeitlich vergleichbar zu machen, werden sie, dem Alter der Anlagen entsprechend, inflationsangepasst. Die Bruttoinvestitionsbasis kann damit auch als jener Auszahlungsbetrag angesehen werden, der notwendig ist, um die Vermögensgegenstände heute neu anzuschaffen.

Die knappe Originaldarstellung der Boston Consulting Group[48] zur Berechnung der BIB lässt viel Fragen offen. Die konkrete Berechnung war lange Gegenstand des wissenschaftlichen Diskurses, ohne zu einer standardisierten Berechnungsweise in der Praxis zu führen. Das BIB wird nach folgendem Grundschema berechnet:

---

47   Vgl *Lewis* (1994)
48   *Lewis* (1994) 255.

Abschreibbares Anlagevermögen (SAV + IV) zu Buchwerten

+ Kumulierte Abschreibungen auf SAV + IV

= Anschaffungswert des abschreibbaren Anlagevermögens

× $(1 + \text{Inflationsrate})^{\text{Alter des Anlagevermögens}}$

= Inflationsangepasster Anschaffungswert des abschreibbaren Anlagevermögens

+ Nicht abnutzbares SAV (Grundstücke, …)

+ Kapitalisierte Miet- und Leasingaufwendungen

+ Working Capital

= Bruttoinvestitionsbasis (BIB)

Das Alter der Anlagen wird zur Inflationsanpassung pauschal ermittelt:

$$\text{Alter der Anlagen} = \frac{\text{Kumulierte Abschreibung}}{\text{Abschreibung der aktuellen Periode}}$$

Die oben angeführten Anpassungen weisen durchaus Parallelen zum EVA-Konzept auf. Es gibt aber keine umfangreichen Conversions, wie dies beim EVA der Fall ist.

Brutto-Cashflow (BCF)

Der Brutto-Cashflow ist als der Liquiditätszufluss aus der Geschäftstätigkeit vor Zinsen und vor Investitionen ins Anlage- und Umlaufvermögen[49] definiert. Er ist damit mit dem NOPAT + Abschreibungen bzw dem Cashflow aus dem Ergebnis vor Zinsen vergleichbar. Bei einer starken Veränderung des Working Capitals ist dies durchaus kritisch zu sehen.

Jahresüberschuss

+ Saldo außerordentliches Ergebnis

+ Abschreibung

+/– Finanzergebnis (inkl Miete/Leasing)

+ Miet- und Leasingaufwand

+ Anpassungen FIFO/LIFO

+ Inflationsgewinn/-verlust auf Nettoliquidität

= Brutto-Cashflow (BCF)

Für die FIFO/LIFO Anpassung wird argumentiert, dass die Bewertungsverfahren zu Unterschieden in den Vorräten und Herstellungskosten führen und damit bei hoher Inflation zu korrigieren sind. In der Praxis werden diese vernachlässigt. Rückstellungen, die als nicht-verzinsliches Fremdkapital betrachtet und damit vom Umlaufvermögen abgezogen werden, sind als cash-wirksam zu betrachten und werden bei der Ermittlung des Brutto-Cashflows nicht rückgerechnet. Die Dotierung/Auflösung verzinslicher Rückstellungen müssen hingegen korrigiert werden. Eine Anpassung

---

49   *Lewis* (1994) 248.

der Steuern auf die Korrekturen wie beim EVA ist beim CVA-Konzept nicht vorgesehen, wird in der Praxis aber durchaus gemacht. Ist der Saldo aus monetären Aktiva (Liquide Mittel, Wertpapiere des UV, Forderungen, FAV) abzüglich dem unverzinslichen Fremdkapital positiv, erleiden Unternehmen bei hoher Inflation einen zusätzlichen Wertverlust. Ist die Nettoliquidität negativ, ergibt sich ein Inflationsgewinn, da sich die Nettoschuld real entwertet. Beide Fälle werden konzeptionell in der Position Inflationsgewinn/-verlust auf Nettoliquidität im Falle hoher Inflation berücksichtigt, in der Praxis jedoch vernachlässigt.

Ökonomische Abschreibung (öAB)

Die ökonomische Abschreibung kann als jener Betrag betrachtet werden, der jede Periode „angespart" werden muss, um am Ende der Nutzungsdauer den abnutzbaren Teil der Bruttoinvestitionsbasis unter Berücksichtigung des Zeitwertes des Geldes wieder neu anschaffen zu können. Man kann sie auch als *Anspar-Annuität* bezeichnen. Die ökonomische Abschreibung wird über die Annuitätenformel mithilfe des Rückwärtsverteilungsfaktors aus dem abnutzbaren Teil der Bruttoinvestitionsbasis (AB), der Nutzungsdauer (n) und dem Kapitalkostensatz bestimmt.

$$\text{öAB} = \text{AB} * \frac{\text{WACC}}{(1 + \text{WACC})^n - 1}$$

Die Nutzungsdauer wird dabei wiederum pauschal berechnet:

$$\text{Nutzungsdauer n} = \frac{\text{AB zu historischen Anschaffungskosten}}{\text{jährliche Abschreibung}}$$

Entsprechend der Notwendigkeit, für den späteren Ersatz Geld ansparen zu müssen, steht den Kapitalgebern nur der um die ökonomische Abschreibung reduzierte Brutto-Cashflow zur Verfügung. Ist der aus der Bruttoinvestitionsbasis erwirtschaftet Brutto-Cashflow höher als die dafür anfallenden Kapitalkosten und die für den Erhalt des Bruttoinvestitionsbetrages notwendige ökonomische Abschreibung, ist der Cash Value Added positiv und es wird Wert geschaffen. Der CVA zeigt wie der EVA die Wertsteigerung einer Periode.

3.5. Steigerung des Unternehmenswerts mithilfe von Werttreibern

Erfolgreiches Wertsteigerungsmanagement benötigt ein wertorientiertes Controllingsystem, das jene Werttreiber identifiziert, die den größten Hebel zur Steigerung des Unternehmenswerts aufweisen. Dies geschieht in der Praxis primär über Werttreiberbäume. Bei diesen wird die Spitzenkennzahl (ROCE, EVA, CFROI, CVA, …) in ihre operativen Bestandteile aufgebrochen. Unabhängig des verwendeten Konzepts können Führungskräfte den Wert ihres Unternehmens über *vier wesentliche Werttreiber* steigern:

1. Umsatzsteigerung
2. Kostensenkung
3. Reduktion des gebundenen Kapitals
4. Senkung der Kapitalkosten

In der Praxis erweist es sich als vorteilhaft, das gebundene Kapital in Anlagevermögen und Working Capital zu unterteilen, weil dadurch die häufig abzuwägenden trade-offs zwischen höherer Anlagenauslastung und Produktion auf Lager vs Just-in-time-Produktion sauber dargestellt werden können.

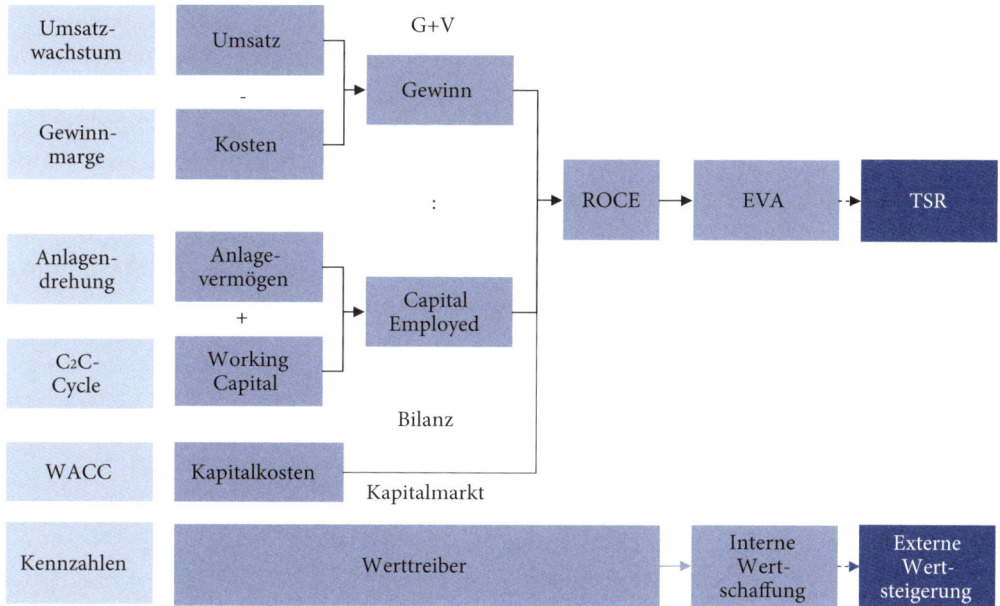

Abb 19: Werttreiber am Beispiel des EVA

Das wertorientierte Controllingsystem muss ein ganzheitliches und geschlossenes System sein, das über die rein finanzielle Darstellung der Hebelwirkung der Werttreiber hinausgeht. Es muss einerseits die Verbindung zur Strategie des Unternehmens und zu seinen Geschäftsprozessen schaffen und andererseits auch die Umsetzungschancen potenzieller Wertsteigerungsmaßnahmen berücksichtigen. Für die Identifikation und Selektion der erfolgversprechendsten Wertsteigerungsmaßnahmen empfiehlt sich ein 5-Stufenkonzept:

Abb 20: 5-Stufenkonzept zur Vorbereitung von Wertsteigerungsmaßnahmen

Schritt 1: Identifikation der Werthebel

Zu Beginn der Wertsteigerungsaktivitäten gilt es, die aktuelle Performance des Unternehmens und seiner Geschäftsbereiche im Vergleich zum Wettbewerb zu analysieren und daraus jene Werttreiber zu identifizieren, die den größten Wertsteigerungshebel bieten. Die Analyse besteht aus zwei Komponenten: der GAP-Analyse, dh dem Vergleich der Werttreiber mit der Peer-Group, und der Analyse des Hebels der Werttreiber. Um die Aufmerksamkeit des Managements in jene Bereiche zu lenken, die das größte Wertsteigerungspotenzial versprechen, gilt es, die Hebelwirkung der Werttreiber zu analysieren, dh zu errechnen, wie sich die Verbesserung der Werttreiber auf die verwendete Spitzenkennzahl (CVA, ROCE, EVA etc) auswirkt. Abb 21 zeigt die Auswirkung der vier Werttreiber auf den ROCE von Walmart. Die Linien zeigen den Einfluss auf den ROCE unter der Annahme, dass alle anderen Werttreiber unverändert bleiben. Im Falle von Walmart würde eine Kostensenkung um 5 % den ROCE um 14,9 % auf 32,5 % steigern, und sich damit nahezu verdoppeln.[50] Im Gegensatz dazu würde eine Reduzierung des C_2C-Cycles angesichts des bereits sehr niedrigen Working Capitals kaum eine Verbesserung bringen. Beim Werttreiber-Umsatzwachstum ist zwischen Mengenwachstum und Preiserhöhung zu unterscheiden. In Abb 21 ist das Mengenwachstum abgebildet.

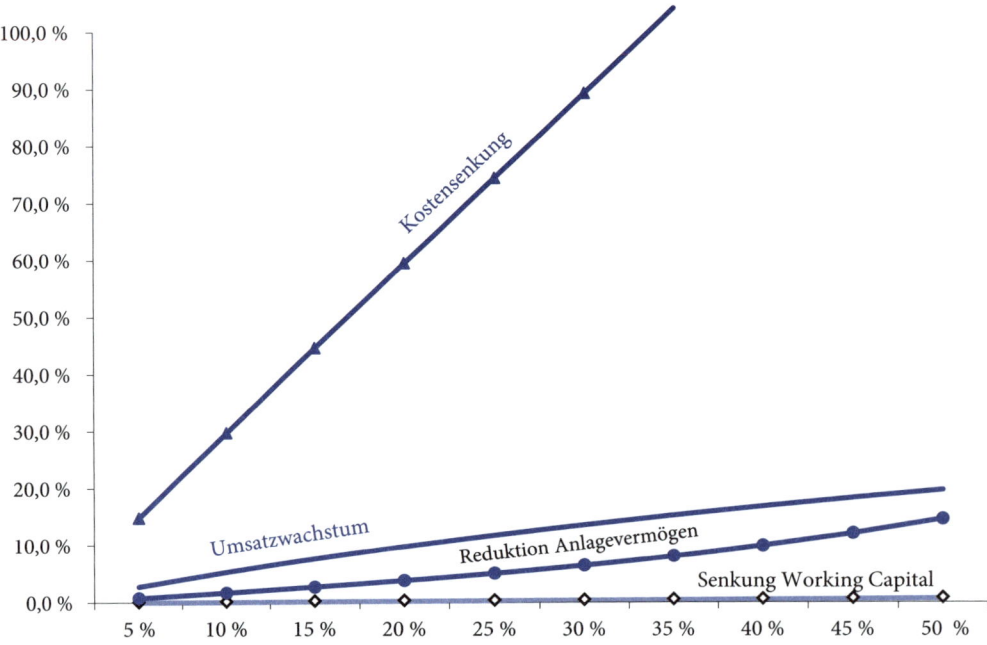

Abb 21: Hebelwirkung der Werttreiber am Beispiel von Walmart

---

50   Basis ist der Geschäftsbericht 2015 sowie die Annahme von 80 % variablen Kosten.

Schritt 2: Strategie und Prozessanalyse

Im zweiten Schritt gilt es, die festgestellten Lücken bzw die daraus abgeleiteten Wertsteigerungspotenziale aus Sicht der Strategie und der Geschäftsprozesse des Unternehmens kritisch zu hinterfragen. Ergibt zB die Analyse der Werttreiber ein großes Verbesserungspotenzial im Working Capital, ist zu hinterfragen, ob das im Vergleich zum Wettbewerb höhere Working Capital aus der strategischen Position des Unternehmens oder aus ineffizienten Geschäftsprozessen stammt. Ist die USP (Unique Selling Proposition) des Unternehmens beispielsweise eine extrem kurze Lieferzeit für ein sehr breites Produktsortiment, können höhere Vorratsbestände und damit ein höheres Working Capital bzw ein längerer C_2C-Cycle im Vergleich zur Peer-Group gerechtfertigt sein. Das unreflektierte Absenken der Vorräte würde sehr wahrscheinlich nur einen kurzfristigen Erfolg bringen und langfristig die Erosion des Differenzierungsmerkmals zur Folge haben. Umgekehrt darf die strategische Prüfung nicht zur Pauschalausrede für ineffiziente Prozesse und Änderungswiderstände werden. Schritt 2 soll das tiefere Verständnis für die Ursachen der aktuellen finanziellen Performance fördern und die Auswirkung der Unternehmensstrategie und der Struktur der wichtigsten Geschäftsprozesse auf die Werttreiber offenlegen.

Schritt 3: Maßnahmenidentifikation

Auf Basis dieser Erkenntnisse gilt es im dritten Schritt, jene Maßnahmen zu identifizieren und auszuwählen, die einen großen und nachhaltigen Hebel auf den Unternehmenswert haben und die identifizierten Wertlücken schließen. Dabei ist es wichtig, nicht nur das Wertsteigerungspotenzial, sondern auch die Erfolgswahrscheinlichkeit der Umsetzung bzw den mit der Umsetzung verbundenen Schwierigkeitsgrad zu analysieren. Typischerweise werden sämtliche Vorschläge in einer Matrix aus Wertsteigerungspotenzial und Umsetzungsschwierigkeit positioniert. In dieser Phase ist die exakte Quantifizierung noch nicht notwendig, da es lediglich darum geht, die identifizierten Maßnahmen zu kategorisieren und einzuschränken.

Schritt 4: Projektdefinition

In Schritt 4 gilt es, die zu implementierenden Maßnahmen auszuwählen und in eine professionelle Projektstruktur mit Zielen, Umsetzungszeiträumen, Budgets und Verantwortlichen zu bringen.

Schritt 5: Erstellung des Business Case

Im letzten Schritt sind die einzelnen Projekte in einem integrierten Business Case gesamthaft darzustellen. Dies ist insofern wichtig, da es bei der isolierten Bewertung der Einzelmaßnahmen sowohl zu Doppelzählungen von Effekten als auch dem Ignorieren von Synergien kommen kann. Als Endergebnis liegen die angestrebten Zielwerte für alle Werttreiber und die daraus resultierende Wertsteigerung vor, die auch die für die Umsetzung notwendigen Investitionen berücksichtigt.

3.6. Fazit

Wertsteigerungsmanagement bedeutet unabhängig des verwendeten Konzepts, dass ein Unternehmen in der Lage sein muss, aus der Umsatztätigkeit sämtliche Kosten, dh neben den operativen Kosten der Geschäftstätigkeit, Steuern und Fremdkapitalkosten, auch die Kosten für das Eigenkapital zu bedienen. Die im Unternehmen geschaffenen Werte, gemessen am Barwert der zukünftigen Cashflows, dem EVA oder dem CVA, sollten in effizienten Kapitalmärkten zur Wertsteigerung an der Börse, gemessen am TSR, führen.

Wertorientierten Performancegrößen waren lange Zeit eine „Spielwiese" von Wissenschaft und Beratung, die zu theoretisch ausgefeilten, in der Praxis aber schwer umsetzbaren Systemen geführt hat. In der Unternehmenspraxis dominiert heute bei der Definition der Kennzahlen ein gewisser Pragmatismus, der die Verständlichkeit über die theoretische Exaktheit stellt und damit eine gezielte Steuerung über Werttreiberbäume ermöglicht.

Literatur

Anderson, A. M., Bey, R. P., Weaver, S. C. (2005): Economic Value Added® Adjustments: Much to Do About Nothing?, Working Paper, 1995

Hostettler, S. (1997): Economic Value Added, Bern, 1997

KPMG (2014): KPMG-Kapitalkostenstudie, http://www.kpmg.com/de/de/bibliothek/2014/seiten/kapitalkostenstudie2014.aspx

Lewis, T. G. (1994): Steigerung des Unternehmenswerts, Landsberg/Lech

Losbichler, H. (2010): Wertsteigerungsmanagement, In: Engelbrechtsmüller C., Losbichler H., CFO-Schlüssel-Know-how unter IFRS, Wien

Losbichler, H. (2012): Cashflow, Investition, Finanzierung, In: Eisl, C., Losbichler H., Grundlagen der finanziellen Unternehmensführung, Wien

Rappaport, A. (1995): Shareholder Value, Stuttgart

Stewart, B.G. (1991): The Quest for Value, HarperCollins

Weißenberger, B. E. (2009): Shareholder Value und finanzielle Zielvorgaben im Unternehmen, Working Paper

4. Kennzahlen aus Sicht des Aktienanalysten

Peter Fleischer

Inhaltsverzeichnis

Der nachfolgende Beitrag beschreibt in Kürze die wesentlichen Spieler am Kapitalmarkt und im speziellen einige Methoden und Finanzkennzahlen von Aktienanalysten, deren Funktion darin besteht, Aktien zu bewerten und im Verhältnis zum aktuellen Börsenkurs zu einer Kauf- oder Verkaufsempfehlung zu gelangen. Die wesentlichen Instrumente dafür sind das DCF-Modell sowie Bewertungsmultiples. Die Inputfaktoren für die eigentliche Bewertungsrechnung beziehen sich praktisch immer auf die Zukunft, welche Analysten mithilfe von Zahlenmodellen der analysierten Unternehmen prognostizieren.

4.1. Überblick Kapitalmarkt

Der Kapitalmarkt ist ein geordneter Markt, auf dem Wertpapiere gehandelt werden. Er kann auf Basis der Eigenschaften der gehandelten Instrumente grob eingeteilt werden in Aktienmarkt, Kreditmarkt, Derivatemarkt und Geldmarkt.

Während am Geldmarkt sehr kurzfristige Finanzierungstitel (Commercial Papers) und kurzfristige Veranlagungen gehandelt werden, werden am Derivatemarkt Risiken gehandelt. Die dort weltweit am häufigsten gehandelten Instrumente zur Risikoabsicherung betreffen Zins- und Währungs-Swaps.

Am Kreditmarkt werden Schuldverschreibungen gehandelt, üblicherweise Anleihen. Die weitaus größten Anleiheemittenten sind Staaten, die damit ihre Budgets finanzieren, aber auch Unternehmen finanzieren sich über Unternehmensanleihen (Corporate Bonds) am Kreditmarkt. Der Unterschied zum Geldmarkt liegt in der Fristigkeit der Instrumente.

Am Aktienmarkt werden Anteile am Eigenkapital von Unternehmen, also Aktien, gehandelt. Obwohl dieser Markt vom gehandelten Geldvolumen her wesentlich kleiner als der Kredit- und der Derivatemarkt ist, ist er hinsichtlich Bewertung einer der interessantesten, weshalb sich die weiteren Ausführungen in diesem Abschnitt auf den Aktienmarkt und seine Spieler beziehen. Die wesentlichen Spieler am Aktienmarkt sind Emittenten, Broker und Analysten sowie Investoren.

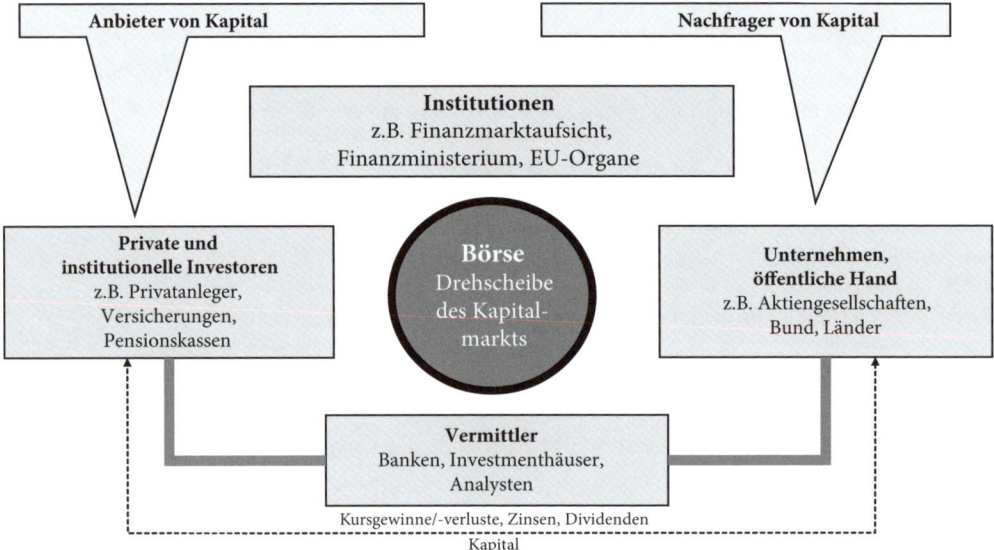

Abb 22: Überblick Kapitalmarkt[51]

4.1.1. Institutionelle Investoren

Zur Gruppe der institutionellen Investoren gehören unter anderem Versicherungen, Pensionskassen und -fonds, Kapitalanlagegesellschaften, offene und geschlossene Investmentfonds und auch Hedge Fonds oder Sovereign Wealth Fonds.

Diese Investoren verwalten Geld ihrer Kunden (im Fall von Versicherungen) oder ihrer Investoren (iFv Kapitalanlagegesellschaften) oder ihrer Bürger (iFv Sovereign Wealth Fond) und versuchen durch gewinnbringende Veranlagung am Kapitalmarkt dieses Geld zu vermehren.

Wesentlich ist das Verständnis, dass die Investoren, die über Aktien in ein Unternehmen investiert haben, deren Eigentümer sind.

---

51   Grafik in Anlehnung an Informationsbroschüre der Wiener Börse: Der Österreichische Kapitalmarkt, 2013

4.1.2. Broker und Analysten

Broker sind für die technische Abwicklung von Handelsaufträgen von Wertpapieren an den Börsen zuständig und nehmen eine Reihe von Funktionen und Aktivitäten am Kapitalmarkt wahr. Typische Broker an den internationalen Kapitalmärkten sind oftmals (Investment-)Banken wie beispielsweise JPMorgan, GoldmanSachs oÄ. Die im Zusammenhang mit dem Themenkomplex Finanzkennzahlen weitaus wichtigste Funktion ist, dass sie den institutionellen Investoren Unternehmensanalysen sogenannte Research-Reports zur Verfügung stellen. In diesen bewerten Analysten qualitative und quantitative (Ertrags-, Vermögens- und Finanzlage) Aspekte der Emittenten und kommen zu einer Einschätzung über den aktuell „fairen Wert" eines Unternehmens und damit in weiterer Folge zum „fairen Wert" der Aktie. Relativ zum aktuell an der Börse gehandelten Aktienkurs geben sie dann Empfehlungen ab, diese Aktie zu kaufen, zu halten oder zu verkaufen.

4.1.3. Emittenten

Fällt in einem Unternehmen der Entschluss, an die Börse zu gehen, spricht man vom IPO (Initial public offering), wobei es sich in den allermeisten Fällen um ein *secondary offering*[52] handelt. Das bedeutet, dass ein bereits bestehendes Unternehmen von seinen bisherigen Eigentümern (zur Gänze oder in Teilen) an institutionelle Investoren verkauft wird. Die Gründe für einen solchen Schritt können entweder in der Finanzierung zukünftigen Wachstums liegen, das die bisherigen Eigentümer nicht über Eigenkapitalzuführung ausreichend begleiten können, oder es hat strategische Gründe wie beispielsweise, wenn Länder bisherige Staatsbetriebe privatisieren. Letzteres führte in Europa zu einer starken Belebung der Aktienmärkte, als es in den 1980er Jahren ausgehend von England und in weiterer Folge auch in Kontinentaleuropa Mitte der 90er Jahre zu einer Privatisierungswelle großer staatlicher Unternehmen kam.

4.1.4. IPO – Der Börsengang

Beim Börsengang werden Anteile des Eigenkapitals von den bisherigen Eigentümern an institutionelle Investoren im Rahmen eines Bookbuilding prozesses „verkauft". Im Vorfeld versucht das Unternehmen mit Unterstützung ausgewählter Broker den Kapitalmarkt bzw die Investoren durch Marketingmaßnahmen über das Unternehmen, seine Strategie, Stärken und Schwächen und vor allem über seine finanzielle Performance sowie über die Preis-Range der anstehenden Transaktion zu informieren. Im anschließenden Bookbuildingverfahren wird der endgültige Preis der Aktien durch die Höhe der Nachfrage von Investorenseite festgelegt, die Aktien an die neuen Eigentümer übertragen und zum Handel an der Börse zugelassen. Dort handeln die Investoren die Aktien untereinander ohne unmittelbare Auswirkungen auf die Emittenten.

---

52   Vgl. Brealey et al: Principles of corporate finance, S. 375

Informationen, um eine Bewertung der Aktien vornehmen zu können, erhalten die Investoren einerseits direkt vom Unternehmen, geregelt durch die Regelpublizitätsvorschriften, und andererseits von den Analysten, die das Unternehmen „covern", dh regelmäßig Research Reports erstellen. Die Funktion aufseiten der Emittenten, welche Analysten und Investoren in einem kontinuierlichen Dialog über das Unternehmen informieren, heißt Investor Relations.

4.1.5. Aktienanalysten und Analysemodelle

Aktienanalysten sind Finanzexperten, deren Aufgabe die Beratung der Investoren – und nicht des Unternehmens (!) – ist. Üblicherweise sind die Analysten bestimmten Sektoren zugeordnet wie zB Metals and Mining, Capital Goods, Pharma etc und covern die in ihrem Sektor vertretenen börsennotierten Unternehmen. Durch ihre meist jahrelange Tätigkeit in einem Sektor erreichen diese Analysten einen Expertenstatus.

Um zu einer Einschätzung des Wertes eines Unternehmens und in weiterer Folge einer Aktie zu gelangen, bauen Analysten ein (Finanz-)Zahlenmodell des zu bewertenden Unternehmens, das üblicherweise einige Vergangenheits- sowie zukünftige Perioden umfasst. Kern ist die Bestimmung des aktuellen fairen Wertes des Unternehmens aus diesem Modell, was einerseits durch die DCF-Methode und andererseits durch Bewertungs-Multiples erfolgt.

In ihren Modellen verwenden Analysten Finanzkennzahlen, um einerseits die Performance des Unternehmens insgesamt bzw relativ zu den Mitbewerbern darzustellen und darüber hinaus um das eigenen Modell und die Annahmen in den Zukunftsprojektionen auf Plausibilität zu überprüfen.

4.2. Kennzahlen in Analysemodellen

In den Analysemodellen bilden die Aktienanalysten Bilanz, Gewinn- und Verlustrechnung sowie Cash Flow Statements in Vergleichsstrukturen nach und führen die meisten der gängigen Kennzahlen aus der Bilanzanalyse, wie in den Kapiteln B.1. und B.4. an, um die Stärken und Schwächen des Unternehmens zu beleuchten.

Für den Vergleich unterschiedlicher Unternehmen eines Sektors zueinander sind relative Kennzahlen wesentlich besser geeignet als die absoluten Umsatz- und Ergebnisgrößen. Dementsprechend sind die meistverwendeten Kennzahlen EBITDA-Marge bzw EBIT-Marge zur Messung der Profitabilität sowie Rentabilitätskennzahlen wie beispielsweise der ROCE.

Da die Berechnung des Unternehmenswertes im Wesentlichen auf der **zukünftigen** Gewinnentwicklung basiert, muss der Analyst in seinem Modell die zukünftige Entwicklung des Unternehmens einschätzen und modellieren. Um die dabei getroffenen Annahmen auf Plausibilität zu überprüfen, helfen ebenfalls Zeitreihen von Performance- und Rentabilitätskennzahlen.

4.2.1. Performance-Kennzahlen

Die am häufigsten verwendeten Performance-Kennzahlen sind Ergebnismargen. Sie beschreiben die Relation von Ergebnis zu Umsatz und wurden bereits in den Kapiteln B.1. und B.4. beleuchtet.

Neben der allgemeinen Aussage über die Ertragskraft des untersuchten Unternehmens verwenden Analysten diese Kennzahlen vor allem zur Plausibilisierung der Annahmen über die Zukunft in den aufgebauten Modellen. Wesentliche Änderungen der Margen in den Zukunftsprojektionen gegenüber dem Status Quo müssen mit plausiblen Begründungen hinterlegt sein. Ein Ausbruch aus den längerfristigen historischen Margen-Korridoren ist in den meisten Fällen nur durch eine Änderung des Geschäftsmodells möglich.

$$\text{EBITDA} - \text{Marge} = \frac{\text{EBITDA}}{\text{UMSATZ}} * 100\,\%$$

$$\text{EBIT} - \text{Marge} = \frac{\text{EBIT}}{\text{UMSATZ}} * 100\,\%$$

Darüber hinaus liefern diese Kennzahlen im Vergleich zur Peer-Group – den Vergleichsunternehmen im Sektor – eine Aussage über die Qualität der Ergebnisse, indem sie die Frage beantworten, wie effizient Unternehmen ihre spezifische strategische Positionierung (Marktführer, Kostenführer, Nischenplayer …) in Ergebnisse übersetzen.

4.2.2. Rentabilitätskennzahlen

Return on Capital Employed

Der Return on Capital Employed ist eine der wesentlichsten Kennziffern, da sie in der Ex-post-Betrachtung mehrere wichtige Fragen beantwortet und hervorragend zur Plausibilisierung zukünftiger Entwicklungsannahmen geeignet ist.

$$\text{Return on Capital Employed} = \frac{\text{EBIT}}{\text{Capital Employed}} * 100\,\%$$

Als Erstes kann durch Gegenüberstellung mit den Kapitalkosten (WACC) ermittelt werden, ob ein Unternehmen seine Kapitalkosten verdient. (In diesem Fall muss auf eine konsistente Berechnung von WACC und ROCE geachtet werden. Dies ist in der oben dargestellten Formel nicht der Fall, da der WACC üblicherweise nach Steuern berechnet wird.)

Darüber hinaus gibt diese Kennzahl einen guten Einblick über die Kapitalbindung. Während „asset-schwere" Industrien, wie die meisten güterproduzierenden Industrien, ROCE im Bereich von 10 % darstellen, können „asset-leichte" Industrien wie bspw im Dienstleistungssektor in der Lage sein, ROCE im hohen zweistelligen Bereich zu erwirtschaften. Darauf aufbauend kann der Analyst eine Einschätzung treffen, wie viel Investitionen in SAV (Instandhaltungsinvestitionen, Maintenance CAPEX) notwendig sind, um den Betrieb aufrecht zu erhalten, was einen wesentlichen Bestandteil der Free-Cashflow-Berechnung darstellt. Weiters bietet der ROCE eine gute Basis, um die Kapitalintensität einer Wachstumsstrategie einzuschätzen, womit der Analyst die von den Unternehmen kommunizierten Ergebnis- und Investitionsentwicklungen auf Plausibilität überprüfen kann.

Im Umkehrschluss kann der Analyst auch berechnen, wie hoch die Returns der Wachstumsinvestitionen (Growth-CAPEX) ausfallen müssen, um das bestehende Return-Profil nicht zu dilutieren bzw es zu verbessern.

Das Du-Pont-Schema, welches die ROCE-Berechnung strukturiert in Umsatzrentabilität und Kapitalumschlag zerlegt, lässt über Letzteres eine direkte Ableitung der erforderlichen Investitionen für das angestrebte Wachstumsszenario zu.

Gerade in Unternehmen, die mit ihrem aktuellen Geschäftsmodell die Kapitalkosten nicht verdienen (dh der ROCE ist kleiner als der WACC des Unternehmens) und damit per Definition Wert vernichten, werden von Analysten und Investoren äußerst kritisch auf Ihre Wachstumsstrategien analysiert und zukünftige ROCE-Projektionen hinterfragt.

4.2.3. Auf ein Stück Aktie normierte Kennzahlen und Dividendenkennzahlen

Über die klassische Bilanzanalyse hinausgehend sind Kennzahlen bezogen auf ein Stück Aktie für Investoren besonders interessant. Mit einigen wenigen Kennzahlen und sehr einfachen Verhältniszahlen, „Multiples" genannt, lässt sich durch diese Normierung von Werten auf eine Aktie mit sehr geringem Aufwand ein überblicksartiges Bild eines Unternehmens und ein erster Eindruck über seine aktuelle Bewertung am Kapitalmarkt erstellen. Während die Thematik der Multiples später im Kapitel diskutiert wird, sind hier die Kennzahlen bezogen auf die Dividenden erläutert:

Ergebnis je Aktie

Das Ergebnis je Aktie bezieht sich im Zähler auf das Ergebnis nach Steuern, zuzurechnen den Anteilseignern, dh üblicherweise exklusive Minderheiten:

$$\text{Ergebnis je Aktie} = \frac{\text{Ergebnis nach Steuern, zuzurechnen den Anteilseignern}}{\text{Anzahl Aktien}}$$

Anzahl Aktien: durchschnittliche Anzahl der ausstehenden Aktien, dh abzüglich der Aktien im Eigenbesitz.

Während das Ergebnis je Aktie über einen Zeitraum betrachtet eine Grundlage für die Einschätzung potenzieller Kursanstiege bietet, sagt diese Kennzahl für eine einzelne Periode betrachtet relativ wenig aus, bestenfalls noch, ob überhaupt ein Netto-Gewinn erzielt wurde, der an die Eigentümer ausgeschüttet werden kann. Durch das Faktum, dass der Zähler – die Anzahl Aktien –, eine beliebige Größe ist, stellt diese Kennzahl für sich auch eine beliebige Größe dar.

Eine gute Aussagefähigkeit ergibt sich jedoch durch die Herstellung der Relation zu weiteren Kennzahlen:

Dividende je Aktie

Die Dividende stellt die Ausschüttung des Gewinnanteils an die Eigentümer einer Gesellschaft dar.

Die Höhe der Gewinnausschüttung und damit der Dividende je Aktie wird vom Vorstand und Aufsichtsrat der Hauptversammlung vorgeschlagen und dort per Abstimmung durch die Aktionäre beschlossen.

Durch die Beliebigkeit der Aktienanzahl ergibt sich auch hier eine beliebige Größe der Kennzahl, wenngleich die Dividende einen direkten Mittelzufluss an den Investor bedeutet und dieser üblicherweise in Kenntnis seines Einstiegskurses Rückschlüsse auf die Performance seines Investments ziehen kann. Dies bedeutet aber, wie im Falle des Ergebnisses je Aktie, dass die Dividende je Aktie vor allem die Relation zu weiteren Kennzahlen an Aussagekraft gewinnt.

Ausschüttungsquote

Die Ausschüttungsquote stellt dar, welcher Anteil des Gewinns an die Eigentümer ausgeschüttet wird und errechnet sich auf eine Aktie normiert sehr einfach:

$$\text{Ausschüttungsquote} = \frac{\text{Dividende je Aktie}}{\text{Ergebnis je Aktie}} * 100\,\%$$

Die Frage der optimalen Ausschüttungsquote kann nicht pauschal beantwortet werden. Diese hängt von mehreren Aspekten ab.

Die Bilanzstruktur ist zweifelsfrei eine der entscheidenden Faktoren in der Diskussion der Höhe der Ausschüttung. Diese wird sich nach unterschiedlichen Aspekten wie Kapitalkosten des Eigenkapitals sowie des Fremdkapitals aber auch nach der Strategie des Unternehmens richten.

Steht das Unternehmen mit einer konservativen Bilanzstruktur und einem soliden Geschäftsmodell in einem stabilen Markt ohne größere Wachstumsfantasien, macht es für Unternehmen wie für Investoren Sinn, große Teile des Bilanzgewinns auszuschütten. Steht das Unternehmen hingegen am Beginn oder inmitten einer Wachstumsphase, kann es sinnvoll sein, die Bilanzgewinne zur Innenfinanzierung im Unternehmen zu belassen – das lohnt sich nicht nur für das Unternehmen, sondern auch für den Investor, solange das Management des Unternehmens in der Lage ist, mit seinen Investitionen mindestens die Kapitalkosten zu verdienen.

Verdienen die Wachstumsinvestitionen des Managements exakt die Kapitalkosten, dann bleibt der Wert des Unternehmens für den Investor gleich hoch, unabhängig, ob Anteile des Gewinns als Dividenden heute ausgeschüttet werden oder investiert und in Zukunft eine höhere Dividende von einem höheren Gewinn später ausgeschüttet wird. Die Risikokomponente sowie die Zeitkomponente des Mittelzuflusses für den Investor ist über das Capital Asset Pricing Model und davon abgeleitet im WACC – Weighted Average Cost of Capital – beschrieben, dem zentralen Ansatz zur Bewertung von Investments, auch in Aktien.

Dividendenrendite

Die Dividendenrendite stellt die Verzinsung des eingesetzten Kapitals des Investors durch die erhaltene Dividendenzahlung dar. Üblicherweise wird der Durchschnittskurs der Aktie in der Periode herangezogen, in der der Gewinn für die Dividendenausschüttung erwirtschaftet wurde. Individuell kann natürlich jeder Investor seinen persönlichen Einstiegskurs in die Formel einsetzen um zu sehen, wie seine individuelle Verzinsung aussieht.

$$\text{Dividendenrendite} = \frac{\text{Dividende je Aktie}}{\text{Kurs je Aktie}} * 100\,\%$$

In nachfolgender Tabelle sind zur Information zu Dividendenrenditen internationaler Aktienindizes über die Jahre von 2004–2014 dargestellt:

	ATX	DAX	Stoxx 600 Europe	Standard & Poors 500
	%	%	%	in %
2004	1,42	1,90	2,63	1,65
2005	1,22	2,14	2,61	1,80
2006	1,48	2,23	2,62	1,77
2007	1,87	2,43	2,99	1,93
2008	5,85	5,23	5,48	3,15
2009	3,10	3,50	3,24	2,12
2010	2,50	2,74	3,21	1,88
2011	4,08	4,11	4,19	2,12
2012	2,76	3,39	3,77	2,24
2013	2,77	2,83	3,29	1,89
2014	2,81	2,74	3,68	1,95

Abb 23: Dividendenrenditen[53]

---

53   Daten: Bloomberg.

4.3. Bewertung von Aktien: Berechnung des fairen Unternehmenswertes

Der aktuelle Wert jedes Finanzinstruments ergibt sich aus der Summe aller zukünftigen Zuflüsse an den Investor aus dem Finanzinstrument. Diese werden auf den Bewertungszeitpunkt abgezinst. Im Fall von Aktien sind dies alle zukünftigen Dividendenzuflüsse sowie die Kursveränderung beim Verkauf am Sekundärmarkt.

Die Summe aller Zuflüsse relativ zum Investment wird auch als Total Shareholder Return bezeichnet und von vielen Emittenten als Kennzahl bezogen auf den IPO angegeben. Dabei werden die bislang bezahlten Dividenden aufsummiert und der aktuelle Aktienkurs zum Ausgabekurs beim IPO in Beziehung gesetzt.

Ex post ist die Errechnung des Total Shareholder Returns also eine relativ einfach auszurechnende Größe, wesentlich anspruchsvoller ist es jedoch, zukünftige Dividenden und potenzielle Kurssteigerungen zu berechnen bzw abzuschätzen.

Neben der rein mathematischen Frage ergibt sich noch eine weitere ganz praktische Frage: Nämlich, wenn man die zukünftige Kurssteigerung berechnen kann, wie kann man dann verhindern, dass der Kurs bei Bekanntwerden augenblicklich auf genau dieses Kursniveau springt? Die Antwort auf diese Frage findet sich in der Theorie der effizienten Märkte, die besagt, dass alle aktuell zur Verfügung stehenden Informationen über die Zukunft in den aktuellen Aktienkursen eingepreist sind und daher keine Realisierung von Arbitrage-Gewinnen möglich ist.[54]

Mit anderen Worten bedeutet dies, dass der aktuelle Aktienkurs immer automatisch den fairen Wert eines Unternehmens widerspiegelt. Die Bewertung auf Basis von Multiples setzt unter anderem auf dieser Annahme auf.

Wenn aber die Märkte 100 % effizient sind und keine Arbitragegewinne möglich sind, kann eigentlich kein Investor durch seine individuelle Investmentstrategie den Gesamtmarkt outperformen. Interessanterweise wurde dieser Sachverhalt tatsächlich in zahlreichen Studien bestätigt[55].

Trotzdem beschäftigt sich eine ganze Industrie damit zu untersuchen, ob Aktien fair bewertet sind, welche Aktien unterbewertet und daher gekauft und welche überbewertet und daher verkauft werden sollen. Die Grundlage dafür liefert die Annahme, dass der Markt eben nicht 100 % effizient ist, was in diversen geplatzten Blasen (Dot-Com, Real-Estate …) auch offensichtlich scheint. Die Grundlage dafür liegt in dem Umstand, dass unterschiedliche Informationen bzw unterschiedliche Interpretationen von Informationen existieren und Menschen unterschiedlich schnell auf eine veränderte Informationslage reagieren. Darüber hinaus agieren Menschen nicht 100 % der Zeit zu 100 % rational, ein Umstand, der im Gebiet „Behavioral Finance" wissenschaftlich untersucht wird.

---

54   Vgl *Brealey* et al: Principles of corporate finance, S 321 ff.
55   Vgl *Brealey* et al: Principles of corporate finance, S 321 ff.

Das Werkzeug, um alle zukünftigen Mittelzuflüsse an einen Investor zu untersuchen, ist die Berechnung des Net Present Values durch Discounted Cash Flows.

4.3.1. Unternehmensbewertung mittels Discounted Cash Flows

Beim DCF-Verfahren werden die zukünftigen freien Cashflows eines Unternehmens auf den Bewertungszeitpunkt abgezinst. Üblicherweise leiten die Analysten die zukünftigen freien Cashflows aus ihren Unternehmensmodellen, die Zukunftsprojektionen für einige Jahre beinhalten, ab. Diese Periode ist in Abb 24 als Detailprognosezeitraum dargestellt. Für die Zeit danach wird ein Restwert oder Terminal Value in Form einer ewigen Rente berechnet und ebenfalls auf den Bewertungszeitpunkt abgezinst.

Die Summe der Barwerte der freien Cashflows wird um den Marktwert von Cash und Wertpapieren erhöht und um den Wert des Fremdkapitals vermindert, womit sich der faire Wert oder der Marktwert des Eigenkapitals ergibt. Dieser rechnerische Wert entspricht inhaltlich (nicht notwendigerweise wertmäßig) der Marktkapitalisierung des Unternehmens an der Börse.

Der Wert des Eigenkapitals dividiert durch die Anzahl der ausgegebenen Aktien ergibt den fairen Wert einer Aktie, den Analysten „Kurs-Target" nennen. Je nachdem, ob der tatsächliche Kurs der Aktie an der Börse niedriger oder höher als das Kurs-Target ist, kommt der Analyst in seinem Research-Report zu einer Kauf- oder Verkaufsempfehlung. Deckt sich der errechnete faire Wert mit dem Börsenkurs, so spricht er eine Empfehlung aus, die Aktie zu halten.

Die Systematik der DCF-Methode ist auch in Kapitel C.3., insbesondere im Konzept von *Alfred Rappaport*, beschrieben und sei an dieser Stelle nochmals grafisch veranschaulicht:

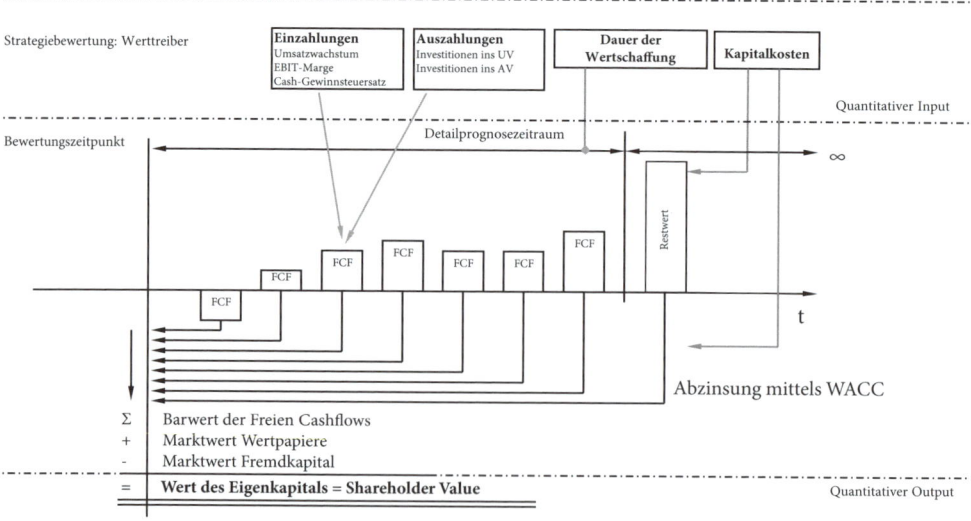

Abb 24: Systematik DCF-Modell

Die beiden wesentlichen Elemente sind der freie Cashflow einerseits sowie der WACC andererseits. Der freie Cashflow ist jener Cashflow, der nach Bedienung des operativen Geschäfts und Investitionserfordernissen den Kapitalgebern zur Verfügung steht; den Fremdkapitalgebern zur Bedienung von Zinsen sowie Rückzahlung von Schulden und den Eigenkapitalgebern in Form von Dividenden. Der WACC bildet die Kosten der Eigentümer sowie der Fremdkapitalgeber ab. Diese Methode wird als Gesamtkapitalansatz bezeichnet und ist de facto die von Analysten verwendete Methode.

4.3.2. Freier Cashflow

Obwohl der Cashflow ein zentrales Element in der Unternehmenssteuerung und Unternehmensbewertung darstellt, ist keine einheitliche Begrifflichkeit gegeben. Eine mögliche Berechnungsstruktur des freien Cashflows bietet *Copeland*[56], die aufgrund der Tatsache, dass die Rechnung beim EBIT beginnt, für Zukunftsprojektionen gut geeignet scheint:

	Operatives Ergebnis vor Steuern und Zinsen (EBIT)
–	Ertragsteuern
+/–	Veränderung Steuerrückstellungen
=	Operatives Ergebnis nach Steuern (NOPAT)
+	Abschreibungen
=	Brutto-Cashflow
+/–	Veränderung Working Capital
–	Investitionen in Sachanlagen
+/–	Veränderung sonstiger Vermögensgegenstände abzgl Verbindlichkeiten
=	Freier Cashflow vor Goodwill
+	Investitionen in Firmenwerte
=	Freier Cashflow

Abb 25: Cashflow-Rechensystematik

Entsprechend dem Diskontierungsfaktor WACC (Weighted Average Cost of Capital), der aus den Kosten des Eigen- und des Fremdkapitals besteht und so den Anforderungen beider Gruppen von Kapitalgebern Rechnung trägt, muss auch der Cashflow einen Gesamtkapitalansatz verfolgen, eine Fremdverschuldung außer Acht lassen und dementsprechend vor Zinsen definiert werden.

4.3.3. Weighted Average Cost of Capital – WACC

Der WACC dient als Diskontierungsfaktor, indem er die Kosten des Eigen- wie des Fremdkapitals, gewichtet mit der Finanzierungsstruktur, berücksichtigt.

Während die Bestandteile und Rechensystematik von WACC und CAPM in Kapitel C.3. im Detail dargestellt sind, soll hier vor allem der kapitalmarkttheoretische Hintergrund des Modells diskutiert werden.

---

56   Vgl Copeland et al: Unternehmenswert, S. 196

Die Kosten des Fremdkapitals können üblicherweise direkt aus der Bilanz entnommen werden, da sie im Normalfall die Marktkonditionen widerspiegeln. Aufgrund der Steuerwirksamkeit der Fremdkapitalzinsen wird in den Kapitalkosten ein sogenannter „Tax-Shield" berücksichtigt, der die Fremdkapitalkosten verringert. Die zu berücksichtigenden Steuern beziehen sich rein auf Ergebnissteuern, bspw der Körperschaftsteuer. Sämtliche weiteren Steuern und Abgaben (zB Kommunalsteuern, Lohnsteuern oder Sozialversicherungsbeiträge) werden im WACC nicht berücksichtigt; Sie finden Eingang in die Cashflow-Rechnung.

Zur Bestimmung der Eigenkapitalkosten ist die Ermittlung über das Capital Asset Pricing Model heute der Standard.

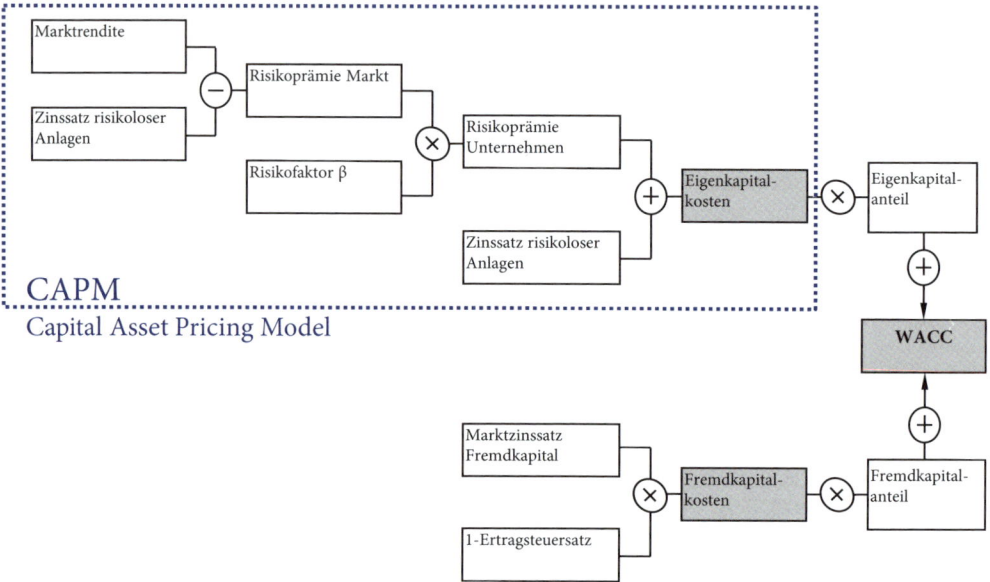

Abb 26: WACC mit CAPM

4.3.4. Capital Asset Pricing Model – CAPM

Der Ansatz, die Kosten des Eigenkapitals, also im Fall einer börsennotierten Gesellschaft die Kosten der Investoren, zu ermitteln, beruht auf dem Opportunitätsprinzip. Eine Investition muss mindestens jene Verzinsung erwirtschaften, die eine alternative Investition mit gleichem Risiko gebracht hätte. Der Dreh- und Angelpunkt ist demnach der Zusammenhang zwischen Risiko und Rendite.

Die Beschreibung dieser Risiko-Rendite-Relation wurde Mitte der 1960er Jahren in unabhängigen Arbeiten von *William Sharpe*, *John Lintner* und *Jack Treynor* formuliert. Dieses Modell ist heute unter dem Capital Asset Pricing Model bekannt und hat im Kern die Aussage, dass sich Risiko und Rendite in einem effizienten Kapitalmarkt linear zueinander verhalten.[57]

---

57   Vgl *Brealey* et al: Principles of corporate finance, S 198.

Während sich die Rendite entsprechend dem Total-Shareholder-Return-Ansatz aus allen Zuflüssen an den Investor definiert (im Fall von Aktien Kurssteigerung und Dividendenzahlungen), ist der Standard zur Beschreibung von Risiko im Investmentbereich der Beta-Faktor.

Ein risikoloses Investment hat einen Beta-Faktor von Null. Obwohl in der Realität keine völlig risikolosen Investments existieren, gibt es doch gute Näherungen, wie beispielsweise US-Treasury Bills im amerikanischen Raum odcr Staatsanleihen bester Bonität im europäischen Raum.

Ein Beta von Eins beschreibt das durchschnittliche Risiko aller alternativen Investitionsmöglichkeiten – also jenes des gesamten Aktienmarktes. In der Praxis wird für den Gesamtmarkt der Aktienmarkt eines Landes herangezogen, der üblicherweise in Aktienindizes zusammengefasst ist. Im US-amerikanischen Raum eignet sich beispielsweise der S&P 500, der die 500 größten US-amerikanischen Aktien zusammenfasst. Das Pedant in Europa ist der STOXX Europe 600, wobei in der Praxis sehr häufig länderspezifische Indizes wie etwa der DAX oder der ATX in den Berechnungen Verwendung finden.

Der Rendite-Unterschied zwischen risikoloser Veranlagung, also Beta = Null, und der Rendite des Marktes, also Beta = 1, heißt Marktrisiko-Premium oder Risikoaufschlag und beträgt seit dem Jahr 1900 im Schnitt (arithmetisches Mittel) 7,3 % pro Jahr[58] für US-amerikanische Aktien gegenüber US-Treasury Bills.

Entsprechend dem linearen Zusammenhang zwischen Risiko und Rendite können die Punkte Beta = Null und Beta = 1 mit einer Geraden verbunden werden, die Kapitalmarktlinie oder Security Market Line genannt wird. Auf dieser Linie liegen alle Aktien.

Der Zusammenhang zwischen Risiko und Rendite ist in unten stehender Grafik veranschaulicht.[59]

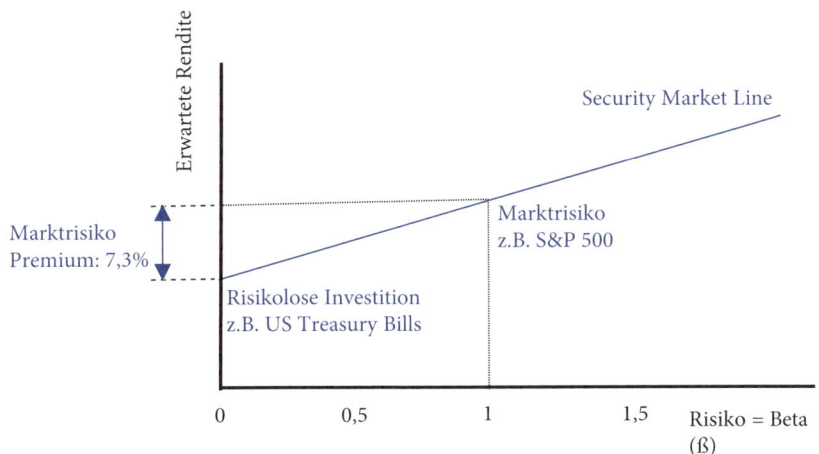

Abb 27: Risiko-Rendite-Relation

---

58   *Brealey et al*: Principles of corporate finance, S. 197
59   Grafik in Anlehnung an *Brealey et al*: Principles of corporate finance, S. 197

Das Risiko einer Einzelaktie leitet sich aus dem Unterschied der Kursschwankung relativ zur Schwankung des Gesamtmarktes, also dem jeweiligen Aktienindex, ab. Beta ist dementsprechend > 1 für Aktien, deren Kurse stärker als der Index schwanken, und < 1 für Aktien, deren Kurse geringeren Schwankungen unterworfen sind als der Index.

Die Beta-Faktoren für einzelne Unternehmen können entweder direkt aus der Marktdaten von Aktien und Index-Kursen errechnet werden oder einfacher direkt von kapitalmarktorientierten Datenprovidern wie etwa Bloomberg bezogen werden.

4.4. Bestimmung des Unternehmenswertes durch Multiples

Multiples sind Verhältniszahlen von Ergebniskennzahlen zu Marktbewertungen und stellen, wie der Name schon sagt, Ergebnismultiplikatoren dar. Die Interpretation erfolgt im Vergleich zu anderen Unternehmen oder im Zeitverlauf.

Einerseits werden Multiples errechnet, um die aktuelle Bewertung zu interpretieren, andererseits sind Peer-Group-Multiples im Umkehrschluss wichtige Kennzahlen zur Bewertung von Akquisitionstargets bei Übernahmen.

4.4.1. Kurs-Gewinn-Verhältnis oder Price/Earnings ratio

Während der Gewinn je Aktie für sich noch relativ wenig aussagt, gewinnt diese Kennzahl durch die Bildung einer Relation zum Aktienkurs eine der am häufigsten gebrauchten und am schnellsten errechneten Multiples: Das Kurs-Gewinn-Verhältnis, kurz KGV, das sich folgendermaßen errechnet:

$$KGV = \frac{Aktienkurs}{Ergebnis \ je \ Aktie}$$

Das KGV bezieht sich durch die verwendeten Faktoren im Zähler direkt auf den Wert einer Aktie und im Nenner direkt auf das Ergebnis, das den Anteilseignern zur Verfügung steht, wodurch keine komplexen Rückrechnungen mehr notwendig sind. Durch die öffentliche Zugänglichkeit beider Größen ist dieser Multiple besonders leicht errechnet.

Von der grundsätzlichen Aussage her ist diese Kennzahl ein Gewinnmultiplikator, sagt also aus, um welches Vielfache des Nettogewinns eine Aktie heute wert ist.

Im Zeitvergleich gibt sie Aussage über die aktuelle Einschätzung des Kapitalmarktes betreffend Konjunktur- bzw Ergebniszyklus, im Vergleich mit der Peer-Group ergeben sich erste Anhaltspunkte betreffend relativer Bewertung – also ob eine Aktie teurer oder billiger als Aktien vergleichbarer Unternehmen gehandelt werden.

Grundsätzlich bedeutet ein niedriges KGV eine tendenziell günstige Bewertung, ein hohes KGV eine tendenziell teurere Bewertung am Kapitalmarkt.

Untenstehende Tabelle gibt einen Überblick über die historischen KGV, zu denen Aktienindizes im Schnitt gehandelt wurden:

	ATX	DAX	Stoxx 600 Europe	Standard&Poors 500
2004	15,10	15,56	14,11	18,41
2005	14,89	14,60	15,69	16,90
2006	15,85	13,92	15,06	16,61
2007	12,72	13,78	13,22	17,36
2008	7,58	20,42	20,67	16,58
2009	21,67	21,03	20,04	19,27
2010	15,20	12,65	13,54	15,47
2011	11,48	10,93	13,80	12,91
2012	16,79	15,38	19,77	14,10
2013	24,71	18,24	19,42	17,22
2014	kA	16,48	21,44	18,26

Abb 28: Kurs-Gewinn-Verhältnisse[60]

Noch interessanter als die Ex-post-Betrachtung vergangener Perioden ist die Einschätzung der zukünftigen Entwicklung. In den Analysemodellen werden zukünftige Gewinnentwicklungen prognostiziert, auf Basis deren sich „forward-P/E – bezogen auf den aktuellen Aktienkurs – darstellen lassen, in denen der aktuelle Aktienkurs zu dem erwarteten Ergebnis je Aktie in Beziehung gesetzt wird.

Sinken die forwards im Vergleich zur aktuellen IST-Zahl, bedeutet dies, dass die Bewertung heute relativ zur zukünftigen Gewinnentwicklung tendenziell günstig ist, während steigende P/E-forwards eine aktuell tendenziell teure Bewertung andeuten.

Der reziproke Wert der KGV entspricht von der Aussage der Verzinsung auf das Kapital des Investors und damit praktisch einem Return on Equity aus Kapitalgebersicht.

$$\text{Gewinn} - \text{Kurs} - \text{Verhältnis} = \frac{\text{Ergebnis je Aktie}}{\text{Aktienkurs}}$$

Diese Kennzahl gibt an, wie sich das im Marktwert ausgedrückte Eigenkapital verzinst.

4.4.2. EBITDA- und EBIT-Multiple

Ebenso wie das KGV ist der EBITDA-Multiple eine Verhältniszahl vom Wert des Unternehmens (hier allerdings des gesamten Unternehmens, nicht nur des Eigenka-

---

60   Daten: Bloomberg

pitals) und dem EBIDTA, einer sehr operativen, nahezu cashähnlichen Ergebnisgröße und von der Aussage her ein operativer Ergebnismultiplikator.

Wie das KGV wird es verwendet, um den aktuellen Wert in Zeitreihen oder im Vergleich zur Peer-Group zu analysieren. Der Vorteil gegenüber dem KGV liegt in der Unabhängigkeit der Finanzierungsstruktur, welche sowohl im Nenner wie im Zähler keine Rolle spielt, womit ein Vergleich mit der Peer-Group besser als beim KGV möglich ist.

Der Nachteil zum KGV liegt in der etwas aufwendigeren Berechnung:

$$\text{EBITDA} - \text{Multiple} = \frac{\text{Enterprise Value}}{\text{EBITDA}}$$

Der Enterprise Value stellt den Gesamtwert des Unternehmens dar und errechnet sich aus der Marktkapitalisierung (Market Cap) zuzüglich der Nettofinanzverschuldung (Net Debt).

$$\text{Enterprise Value} = \text{Market Cap} + \text{Net Debt}$$

Die Marktkapitalisierung oder „Market Cap" entspricht dem Wert des Eigenkapitals an der Börse.

$$\text{Market Cap} = \text{Kurs je Aktie} \times \text{Anzahl Aktien}$$

Die Nettofinanzverschuldung oder „Net Debt" zeigt die Verschuldung des Unternehmens als würden alle zinstragenden Schulden durch Cash und kurzfristig veräußerbare Vermögensgegenstände, wie etwa Wertpapiere, getilgt.

	Anleihen
+	Bankverbindlichkeiten
+	Verbindlichkeiten aus Financial Leasing
+	Sonstige Finanzierungsverbindlichkeiten
=	Verzinsliche Verbindlichkeiten bzw Passiva
-	Finanzanlagen
-	Liquide Mittel
-	Sonstige Finanzierungsforderungen
=	Nettofinanzverschuldung bzw Net Debt

Abb 29: Net-Debt-Rechensystematik

Manche Analysten zählen auch Rückstellungen für Sozialkapital (zB Pensionsrückstellungen) zu den verzinslichen Verbindlichkeiten. Hier gehen die Ansichten jedoch auseinander und es gibt keine einheitliche Meinung.

Nachstehende Tabelle gibt einen Überblick über die historischen EBITDA-Multiples zu denen Aktienindizes im Schnitt von 2004–2014 gehandelt wurden:

	ATX	DAX	Stoxx 600 Europe	Standard&Poors 500
2004	9,18	6,29	10,06	12,34
2005	8,15	7,63	9,60	11,43
2006	7,85	8,64	9,86	11,07
2007	7,55	14,03	10,21	11,07
2008	4,43	6,28	7,65	8,16
2009	5,99	7,65	9,30	10,11
2010	6,73	6,71	7,94	9,71
2011	5,75	6,27	7,42	8,40
2012	6,16	6,62	7,79	9,00
2013	7,04	8,43	8,65	10,71
2014	7,03	7,65	9,19	11,56

Abb 30: EBITDA-Multiples[61]

Der reziproke Wert stellt eine Art Gesamtkapitalrentabilität, ähnlich dem ROI, jedoch bezogen auf den Marktwert des eingesetzten Kapitals, dar.

Neben dem EBITDA-Multiple, einer der am häufigsten verwendeten Multiples, ist der EBIT-Multiple, der von Rechensystematik ident und Aussage dem EBITDA-Multiple ähnlich ist:

$$\text{EBIT} - \text{Multiple} = \frac{\text{Enterprise Value}}{\text{EBIT}}$$

Durch die Verwendung des EBIT wird dem unterschiedlichen Abschreibungszuständen der verglichenen Unternehmen Rechnung getragen und wird oft in Kombination mit dem EBITDA-Multiple verwendet.

4.4.3. Marktwert zu Buchwert oder Price to Book ratio

Anders als die Multiplikatoren stellt die Kennzahl Marktwert/Buchwert auf die Frage ab, ob ein Unternehmen seine Kapitalkosten verdient und dementsprechend sein Wert an der Börse über dem buchhalterischen Eigenkapital liegt oder darunter. Die Berechnung ist denkbar einfach:

$$\text{Price to Book Ratio} = \frac{\text{Market Cap}}{\text{Buchwert Eigenkapital}}$$

---

61   Daten: Bloomberg

Die Aussage dieser Kennzahl leitet sich über das Capital Asset Pricing Model ab:

Der Marktwert des gesamten Unternehmens leitet sich aus dem Net Present Value der zukünftigen freien Cashflows ab bzw spiegelt diesen wider. Im Diskontierungsfaktor WACC sind die Kapitalkosten des Unternehmens enthalten.

Dieser Net Present Value, reduziert um die Schulden, ergibt den Marktwert des Eigenkapitals, was der Marktkapitalisierung an der Börse entspricht. Dieser Marktkapitalisierung steht auf der anderen Seite der Buchwert des Eigenkapitals als Residualgröße der Assets gegenüber, mit denen die Cashflows generiert werden und den Schulden, die ebenso wie auf der Marktseite in Abzug gebracht werden.

Ist in dieser Gegenüberstellung der Marktwert des Eigenkapitals größer als der Buchwert, bedeutet das nichts anderes, als dass durch das (buchhalterisch) eingesetzte Eigenkapital in Assets, Cashflows in einer Größenordnung generiert werden können, die die Abzinsung durch die Kapitalkosten (WACC) und Abzug der Schulden im Net Present Value tragen. Die nachfolgende Grafik verdeutlicht diesen Zusammenhang:

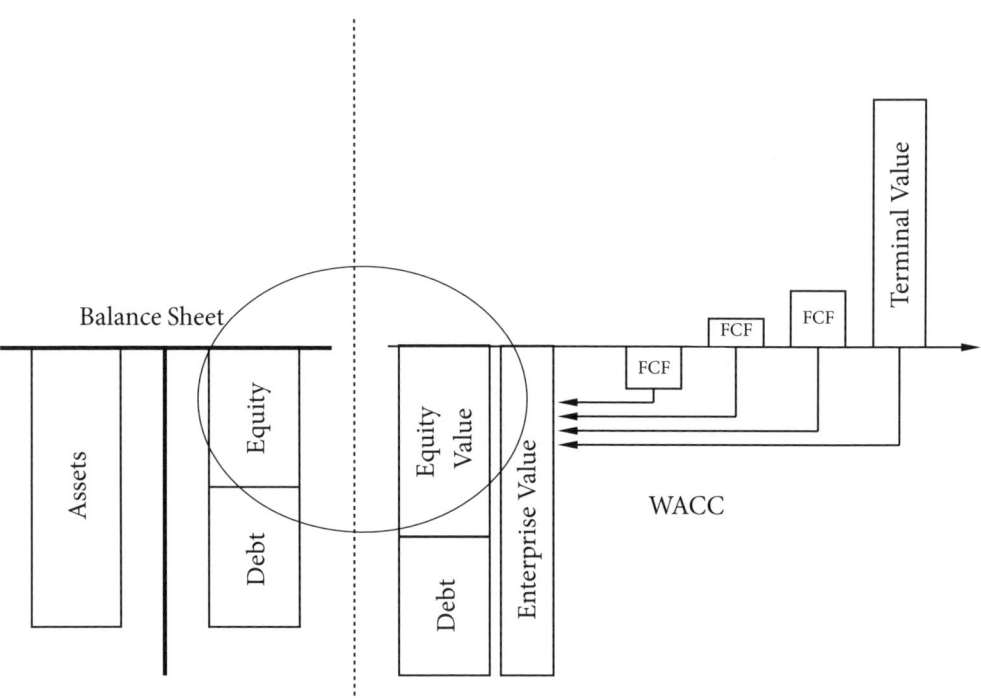

Abb 31: Systematik Price Book ratio

Nachstehende Tabelle gibt einen Überblick, in welchem Verhältnis Aktienindizes am Markt relativ zu ihren Buchwerten gehandelt wurden:

	ATX	DAX	Stoxx 600 Europe	Standard&Poors 500
2004	2,00	1,52	2,12	2,91
2005	2,63	1,66	2,24	2,73
2006	2,60	1,77	2,39	2,85
2007	2,25	1,98	2,21	2,77
2008	0,93	1,34	1,38	2,00
2009	1,20	1,53	1,67	2,15
2010	1,34	1,50	1,61	2,17
2011	0,78	1,19	1,39	2,06
2012	0,92	1,50	1,57	2,14
2013	1,03	1,78	1,89	2,58
2014	0,91	1,66	1,77	2,83

Abb 32: Price to Book ratio[62]

4.5. Fazit

Die Funktion von Aktienanalysten ist es, Einschätzungen zur Bewertung von Aktien zu treffen und für diese letztlich Kauf- oder Verkaufsempfehlungen auszusprechen. Dafür verwenden sie Modelle der analysierten Unternehmen, aus denen sie Finanzkennzahlen und letztlich den Unternehmenswert mittels DCF-Methode und/oder Bewertungsmultiples errechnen. Neben diesen Kennzahlen verwenden Analysten aber noch qualitative Aspekte sowie jede Menge Erfahrung, um zu einem Urteil zu gelangen.

Die Einschätzung, ob eine Aktie aktuell tendenziell günstig oder teuer ist, sollte daher nicht ausschließlich anhand von Kennzahlen getroffen werden, sondern nur auf Basis eines Gesamtbildes des Unternehmens, zu dem die hier vorgestellten Kennzahlen und Kennzahlensysteme einen Beitrag leisten.

Der Handel mit Wertpapieren unterliegt Risiken, die in einem Zitat des Börsengurus *André Kostolany* wunderbar zusammengefasst sind, indem er auf die Frage, wie man schnell reich wird, geantwortet hat: *„Ich kann Ihnen nicht sagen, wie Sie schnell reich werden, ich kann Ihnen nur sagen, wie Sie schnell arm werden –, nämlich indem Sie versuchen, schnell reich zu werden."*

Literatur

Brealey, R.A., Myers, S.C., Allen, F. (2014): Principles of Corporate Finance, Berkshire, McGraw-Hill Education

Copeland, T., Koller, T., Murrin, J. (1998): Unternehmenswert. Frankfurt/New York, Campus Verlag, 2. Auflage

---

62   Daten: Bloomberg.

Themenblock D: Performance Measurement entlang der Wertschöpfungskette

1. Kennzahlen zur Steuerung des Vertriebs- und Marketingerfolgs

Hubert Preisinger

Inhaltsverzeichnis

Letztendlich müssen Produkte und Dienstleistungen verkauft werden, damit ein Unternehmen lebensfähig bleibt. Die Verantwortung dafür liegt in den Funktionen Marketing und Vertrieb. Gleichzeitig verursachen diese Funktionen hohe Kosten. Deshalb ist eine Steuerung über Kennzahlen absolut notwendig und fokussiert auf den Zusammenhang zwischen Ressourceneinsatz und betrieblichem Erfolg. Beide Funktionen blicken in die Zukunft und prognostizieren den Erfolg. Wie wir wissen, sind Prognosen unscharf und häufig mit einem Verzögerungseffekt versehen, bilden aber die Grundlage für die Planung des gesamten Unternehmens. Ziel eines Kennzahlensystems ist, die daraus resultierende Unsicherheit zu reduzieren.

1.1. Performance von Marketing und Vertrieb

1.1.1. Abgrenzung Marketing und Vertrieb

Marketing und Vertrieb sind klar voneinander abzugrenzen, um Überschneidungen und damit Konfliktpotenziale zu regeln. Marketing ist für strategische Themen wie Marke, Image, Bekanntheit, Sortiment, Positionierung und Marktbearbeitung verantwortlich, während der Vertrieb viele Inputs aus dem Marketing verwendet und sowohl strategisch als auch operativ umsetzt. Beide Bereiche sind über die Kennzahlen eng miteinander verzahnt und das Kennzahlensystem liefert ein Sensorium über die Effektivität der Abgrenzung und Zusammenarbeit.

Die Abgrenzung kann definiert werden, indem Marketing für die grundsätzliche Generierung und Identifikation von Verkaufschancen (Leads) verantwortlich zeichnet und der Vertrieb für die konkrete Entwicklung von Verkaufschancen und deren Abschluss, wobei das Marketing aktive Verkaufsunterstützung bereitstellt.

1.1.2. Unterschiede b2b und b2c

Jedes Unternehmen ist tendenziell marketing- oder vertriebsdominiert. Dies ist an der Verankerung der jeweiligen Funktion in der Unternehmenshierarchie zu erkennen. b2b(business2business)-Unternehmen sind eher vertriebsorientiert, während bei b2c(business2consumer)-Unternehmen eher eine Marketingorientierung vorherrscht. Die Ursache liegt in der Bedeutung und Ausprägung des direkten Vertriebs.

In b2b-Unternehmen ist der direkte Vertrieb unternehmenskritisch und das Marketing dem Vertrieb als reine Supportfunktion zugeordnet. In b2c-Unternehmen ist ein direkter Vertrieb nur bedingt sinnvoll und daher oft nur ein verlängerter Arm des Marketings.

Beispiele:

- Maschinen- und Anlagenbau: Vertrieb betreut Kunden und/oder Vertriebspartner. Marketing übernimmt rein kommunikative und verkaufsunterstützende Aufgaben.
- Zulieferindustrie Serienteile: Vertrieb betreut Kunden in Form von Key-Accounting. Marketing übernimmt Leadgenerierung von Neukunden.
- Markenartikelhersteller: Marketing ist für Bekanntheit und Bewerbung der Produkte zuständig. Vertrieb übernimmt Händler- und Regalbetreuung.
- Lebensmitteleinzelhandel: Vertrieb ist ein reines Distributionsthema, während Marketing alle anderen Funktionen übernimmt.

In weiterer Folge werden der komplexere Fall des b2b-Vertriebs und b2c-Besonderheiten an den jeweiligen Stellen gesondert behandelt.

1.1.3. Bedeutung der Performance

Die Abgrenzung von Marketing und Vertrieb erfolgt an dem Punkt, wo eine Verkaufschance (Salescycle) vom Marketing generiert wurde und diese jetzt vom Vertrieb in Richtung Abschluss entwickelt wird.

Die klaren und einfach zu messenden Kennzahlen des Vertriebs sind Absatz, Umsatz und Nettoumsatz (Umsatz abzüglich aller Rabattierungen). Die Hauptaktivitäten von Marketing und Vertrieb liegen aber im Vorfeld, also bevor Absatz und Umsatz entstehen. Deshalb ist es entscheidend, Kennzahlen für die Performance im Vorfeld zu definieren, wo diese Ergebniskennzahlen noch schwach ausgeprägt oder gar nicht vorhanden sind.

Beispiele für Performancebereiche:

- Marketing-Performance (eingesetzte Kosten zu Wirkung)
  - Realisierbare Marktpotenziale und Marktanteile je Marktsegment und Zielgruppe
  - Bekanntheit und Umsetzung der gewünschten Positionierung in der Zielgruppe
  - Anzahl der erreichten Kontakte bezogen auf den vorhandenen Markt
  - Interesse und Informationsverhalten potenzieller Kunden
  - Kontaktaufnahme und Identifikation konkreter Kaufabsichten
  - Kundenzufriedenheit
- Vertriebs-Performance (Wirkungskette Verkaufschance, Auftragseingang und Umsatz)
  - Relation von Interessenten zu Angeboten zu Aufträgen
  - Entwicklungsgeschwindigkeit einer Verkaufschance bis zum Abschluss
  - Präsenz- und Intensitätsindikatoren im Vorfeld eines Abschlusses (Besuchsfrequenz, Anzahl der Tage beim Kunden pro Verkäufer)
  - Ressourceneffizienz im Vertrieb und Abschlussstärke
  - Umsatz, Absatz und Gewinn
  - Umsetzung und Reklamationshäufigkeit
  - Kundenbindung und Wechselbereitschaft

Um eine Steuerung der Vertriebs- und Marketingeinheiten umzusetzen, sind die relevanten Bereiche unternehmensspezifisch auszuwählen und zu priorisieren.

Die Kernfrage, die es mit der Steuerung durch Kennzahlen zu beantworten gilt, ist: *„An welchen Stellen müssen Maßnahmen definiert werden, um den Absatz und Umsatz mit der definierten Gewinnspanne zu realisieren?"*

1.2. Relevante Marktkennzahlen als Basis

Marketing und Vertrieb werden immer im Kontext des jeweiligen Marktes gemessen. Das bedeutet, dass Marktkennzahlen die notwendige Basis bilden. Dabei ist der Anteil des Marktpotenzials relevant, der durch das Unternehmen mit vernünftigem Ressourceneinsatz bearbeitet und realisiert werden kann.

Der Markt wird in homogene und voneinander abgrenzbare Marktsegmente gegliedert und das realisierbare Marktpotenzial in Absatz, Umsatz und Gewinn ermittelt. Als Zusatzinformationen sind das Marktwachstum, die Marktanteile und die Mitbewerbsintensität in diesen Segmenten von Bedeutung. Zu diesen Kennzahlen werden die Ressourcen ermittelt, die für eine erfolgreiche Bearbeitung nötig sind.

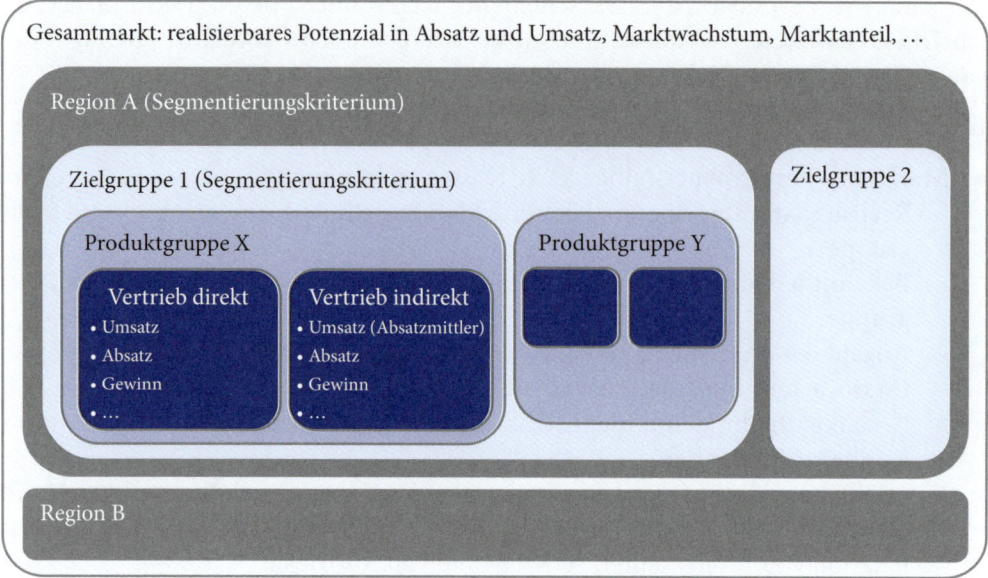

Abb 1: Beispiel Marktsegmentierung mit realisierbarem Potenzial

Im Rahmen eines Managementinformationssystems entsteht ein Datencube, der nach unterschiedlichen Perspektiven und Detailebenen ausgewertet wird und eine Entscheidungshilfe darstellt, welche Marktsegmente aktiv bearbeitet werden sollen.

Die Marktsegmente werden gezielt durch Marketing und Vertrieb bearbeitet. Auf strategischer Ebene sieht dieser Prozess so aus:

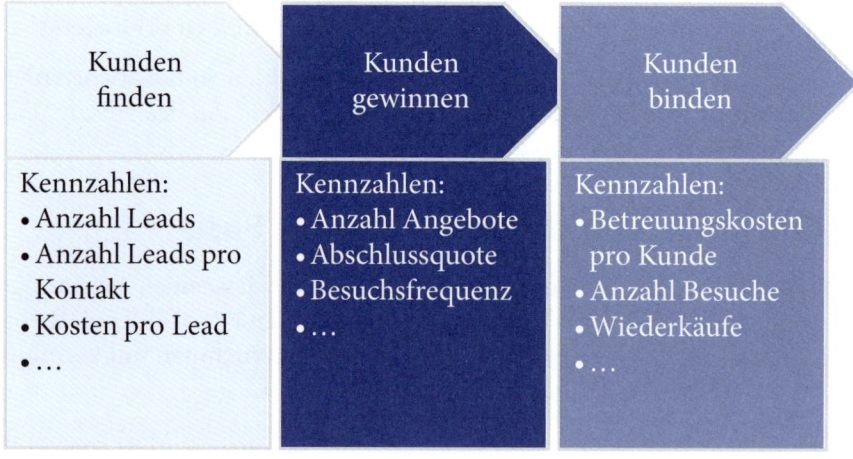

Abb 2: Marktbearbeitung aus strategischer Sicht

Kunden finden ist primär eine Aufgabe des Marketings, Kunden gewinnen die des Vertriebs. In b2c-Unternehmen ist der Kundengewinnungsprozess überwiegend an externe Distributionskanäle (Einzelhandel) ausgelagert.

1.3. Kennzahlen der Vertriebssteuerung

Der Kundengewinnungsprozess ist in b2b-Unternehmen in Phasen und Meilen-steine gegliedert. In den Phasen finden die Aktivitäten des direkten Vertriebs statt und eine Vorrückung in den Meilensteinen bedeutet, dass man dem Abschluss einen Schritt näher gekommen ist. Ausgangspunkt ist ein eher vages Kundeninter-esse (Verkaufschance Lead), das durch den Vertrieb weiter qualifiziert (konkretes Kundeninteresse), zu einer Angebotslegung entwickelt und in einen Abschluss überführt wird.

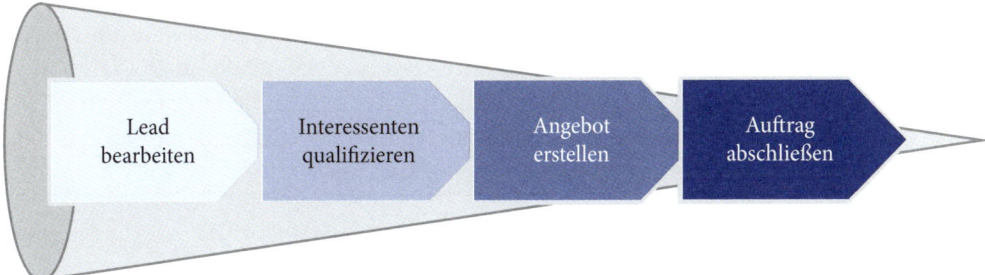

Abb 3: Verkaufsprozess – Salescycle

Entlang dieses Verkaufsprozesses sind eine Reihe von Kennzahlen zu entwickeln, die für die Vertriebssteuerung eine essenzielle Bedeutung haben, weil erst nach dem letzten Prozessschritt die Kennzahlen Absatz und Umsatz entstehen. In der folgen-den Tabelle ist eine Auswahl wichtiger Kennzahlen beschrieben und jeweils mit einer Beispielkennzahl hinterlegt:

Kennzahl	Formel und Kurzbeschreibung
Anzahl der Ver-kaufschancen und Abschlussquote	$$\text{Abschlussquote} = \frac{\text{Anzahl Aufträge}}{\text{Anzahl Leads}} \times 100$$
	Anzahl pro Prozessschritt und die Relation zueinander, kann auch mit Zielen und Erreichungsgrad hinterlegt werden. Es ergibt sich daraus auch die Anzahl der Angebote und Auf-tragseingänge.
Umsatzpotenzial der Verkaufs-chancen	Wie die Anzahl kann der Trichter volumenmäßig dargestellt werden. Heruntergebrochen auf einzelne Verkäufer und Produkte ergeben sich zahlreiche Auswertungsmöglich-keiten, um die Performance auf unterschiedlichen Ebenen zu messen.
	$$\text{Durchschnittliche Angebotssumme} = \frac{\sum \text{Umsatzpotenzial Angebote}}{\sum \text{Angebote}}$$

Kennzahl	Formel und Kurzbeschreibung
Gewichtetes Umsatzpotenzial der Verkaufschancen	Jede Verkaufschance wird mit einer Auftragswahrscheinlichkeit bewertet und damit ist das wahrscheinliche Umsatzpotenzial in Relation zum gesamten Umsatzpotenzial auswertbar.
	$$\text{Gewichtetes Angebotspotenzial}$$ $$\sum = \text{Umsatzpotenzial je Angebot}$$ $$\times \text{Wahrscheinlichkeit Auftragseingang}$$
Rabattquote der Verkaufschancen	Für den Verkäufer ist es von entscheidender Bedeutung, die Rabattquote (alle Rabatte) seiner Verkaufschancen (Salescycles) zu managen und entsprechende Zielvorgaben zu realisieren. Dies ist für alle Salescycles über alle Stufen des Verkaufsprozesses von Bedeutung.
	$$\frac{\text{Rabattquote}}{\text{Angebote}} = \frac{\sum \text{Rabatte Angebote}}{\text{Umsatzpotenzial}} \times 100$$ $$\frac{\text{Rabattquote}}{\text{Aufträge}} = \frac{\sum \text{Rabatte Aufträge}}{\text{Umsatz}} \times 100$$
Anzahl der Kundenbesuche	Für den direkten Vertrieb können die möglichen Präsenztage beim Kunden als Vorgabe definiert werden. Diese können dann mit den tatsächlich erfolgten Besuchen, zum Beispiel pro Marktsegment, in Beziehung gesetzt werden.
	$$\text{Besuchsfrequenz} = \frac{\text{Anzahl Besuche}}{\text{Anzahl Kunden}}$$
Zykluszeit und Vorrückungsgeschwindigkeit	Jede Verkaufschance (Salescycle) kann durch die Erreichung der Meilensteine zeitlich gemessen werden. Dadurch sind durchschnittliche, kurze und lange Zykluszeiten zu ermitteln und als Benchmark für die Performance des Verkäufers anzulegen.
	$$\frac{\text{Durchschnittliche}}{\text{Salescycledauer}} = \frac{\sum \text{Tage (Auftragsdatum – Start Verkaufschance)}}{\text{Anzahl Aufträge}}$$
Veränderung des Volumens und des Nettoumsatzes	Im Lauf des Verkaufsprozesses wird das Absatz- und Umsatzvolumen verändert, weil der potenzielle Kunde mehr oder weniger Stück kaufen möchte oder eine höhere Rabattierung gewährt wird.

Kennzahl	Formel und Kurzbeschreibung
	$$\text{Veränderung Umsatzpotenzial} = \frac{\sum \text{Umsatzpotenzial Auftrag}}{\sum \text{Umsatzpotenzial Lead}} \times 100$$
Vertriebskosten	Relation der Vertriebskosten zu Umsatz und Gewinn auf den unterschiedlichen Ebenen.
	$$\text{Vertriebs-kostenanteil} = \frac{\sum \text{Vertriebskosten pro Marktsegment}}{\sum \text{Umsatz pro Marktsegment}} \times 100$$
ABC-Kunden und Bearbeitungs-intensität	Die Kunden werden nach Umsatzpotenzial klassifiziert und entsprechend der Klassifikation wird eine Bearbeitungs-intensität vorgegeben (zB A-Kunden: 3 Besuche pro Jahr, B-Kunden: 1 Besuch und 2 Telefonate pro Jahr etc).
Kunden-zufriedenheit	Die Kundenzufriedenheit wird nach der Umsetzung des Projektes oder der Lieferung der Produkte erhoben und mittels eines Zufriedenheitsindex dargestellt, der den Vertriebsprozess und die Umsetzung darstellt.

Abb 4: Kennzahlen Verkaufssteuerung

1.3.1. Forecast-Kennzahlen

Ziel dieser Kennzahlen ist es, die Performance des gesamten Vertriebsapparates in Hinblick auf die künftige Umsatzentwicklung zu monitoren. Dazu sind viele unterschiedliche Kennzahlen nötig, da noch keine harten Kennzahlen wie Umsatz und Absatz vorliegen. Damit geht es primär darum, die Einschätzungen des Vertriebs zu prüfen und in einen Forecast zu überführen, der eine realistische Planung des Unternehmens sicherstellt.

Jede Verkaufschance ist mit einem geschätzten Auftragseingangsdatum und bei Bedarf mit einem Liefer- und Umsatzwirksamkeitsdatum bzw Zahlungseingangsdatum versehen. Damit kann ein Forecast auf Absatz-, Umsatz-, Gewinnmargen- und Liquiditätsebene auf unterschiedlichen Kumulationsebenen (Verkäufer, Region, Zielgruppe, Produkt, …) erstellt werden. Sinnvollerweise werden sowohl die absoluten als auch die gewichteten Umsatzpotenziale für den Forecast verwendet.

Abbildung 5 zeigt die Struktur eines solchen Forecasts. Entlang des Verkaufstrichters (Lead bis Auftrag) werden pro Monat die Summen der absoluten und gewichteten Umsätze sowie die Anzahl der Verkaufschancen (Salescycles), die hinter diesen Summen stehen, zusammengefasst. Je nachdem, ob das Datum der Auftragseingänge oder das des Umsatzes verwendet wird, ist ein Absatz- oder Umsatzforecast möglich.

Forecast	erstellt am:	Auftragseingang/Umsatz					
		Monat 1	Monat 2	Monat 3	...	Monat 12	Summe Jahr
Lead	gew. Umsatz						
	Umsatz						
	Anzahl Leads						
Interes-senten	gew. Umsatz						
	Umsatz						
	Anzahl Interessenten						
Angebot	gew. Umsatz						
	Umsatz						
	Anzahl Angebote						
Auftrag	gew. Umsatz[1]						
	Umsatz						
	Anzahl Aufträge						
Gesamt	gew. Umsatz						
	Umsatz						
	Anzahl Salescycles						

Abb 5: Forecast

Für den Vertriebsleiter sind die Kennzahlen ein direktes Steuerungsinstrument, das in drei Bereiche unterteilt werden kann:

- rechtzeitiges Erkennen von schwacher Performance bei einzelnen Verkäufern oder Vertriebspartnern zum gezielten persönlichen Eingreifen,
- rechtzeitiges Erkennen von sinkender Performance in Regionen, bei Zielgruppen und auf Produktebene zur Einleitung von Gegenmaßnahmen,
- Basis für die Erstellung des Forecasts für das Unternehmen und das Monitoring für die Strategie.

Damit ist der Vertriebsleiter in der Lage, seine eigene Ressource genau dort einzusetzen, wo es notwendig und sinnvoll ist und zwar bevor Absatz und Umsatz nach unten gehen. In Situationen wie bei Start-ups, der Erschließung neuer Märkte oder der Einführung neuer Produkte gibt es keine Erfahrungswerte, und hier bis zum Umsatz und Absatz zu warten, könnte schon das Aus bedeuten.

---

1   Im Rahmen des Forecasts macht es auch Sinn, Aufträge mit ihrer Erfolgschance zu gewichten.

Bei b2b-Unternehmen mit vorwiegend indirektem Vertrieb ist der Vertriebsprozess in die indirekte Vertriebskette (Vertriebspartner, ...) ausgelagert und deshalb ist die Performance viel schwerer messbar. Hier sind die Forecasts der Vertriebspartner von entscheidender Bedeutung. Andererseits verfolgen immer mehr Hersteller eine Multi-Channel-Strategie und setzen vermehrt auch direkte Kanäle wie Webshops ein oder verfolgen in bestimmten Regionen direkte Vertriebswege. Ziel dieser Maßnahmen ist es, den Kontakt zum Endkunden zu halten und aufgrund der eigenen Erfahrungen die Performance der Vertriebspartner besser einschätzen zu können.

Für b2c-Unternehmen gilt prinzipiell das Gleiche mit dem Unterschied, dass die Kommunikations- und Verkaufsförderungsmaßnahmen des Marketings der Hersteller sehr schnell auf Absatz und Umsatz wirken, diese Zahlen von Marktforschungsinstituten flächendeckend erfasst werden und den Herstellern vorliegen.

1.4. Kennzahlen zur Messung des Marketingbudgets

Der Einsatz des Marketingbudgets in Form von Kommunikationsmaßnahmen zielt auf drei wesentliche Bereiche ab:

- Bekanntheit und Imagebildung
- Leadgenerierung für den Vertrieb
- Unterstützung des Vertriebs im Verkaufsprozess durch Verkaufswerkzeuge

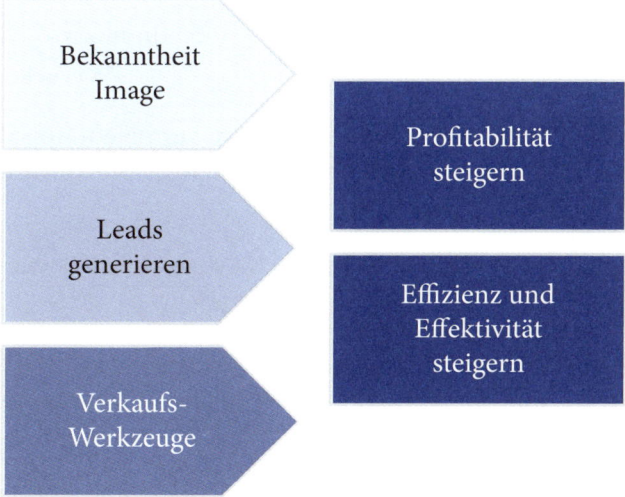

Abb 6: Wirkung von Kommunikationsmaßnahmen

Das Kommunikationsbudget kann in Unternehmen zu einem großen Kostenfaktor anwachsen. Deshalb ist es hier besonders entscheidend, die Wirkung des eingesetzten Geldes zu messen. Betrachtet man die drei Aktionsbereiche der Kommunikationsmaßnahmen und ordnet Wirkungen zu, dann bedeutet Performance sowohl die Profitabilität als auch die Effizienz und Effektivität des Vertriebs zu erhöhen.

Damit kann jede einzelne Maßnahme einem der beiden Wirkungsbereiche zugeordnet werden und über die veranschlagten Kosten eine Wirkung abgeleitet werden. Konkret formuliert man Annahmen, die zu messbaren Effekten führen. Das ist besonders wertvoll, wenn noch keine Erfahrungswerte vorhanden sind, welche Kommunikationsmaßnahmen für das eigene Unternehmen funktionieren oder neue Maßnahmen getestet werden sollen, weil durch die Wirkungsmessung ein Lerneffekt entsteht und damit der Maßnahmenmix optimiert werden kann. Legt man messbare Wirkungszusammenhänge zugrunde, dann ist ein Lerneffekt möglich.

Beispiele:

- Durch die Steigerung der Bekanntheit und Umsetzung der Positionierung wird ein Produkt als Premiumprodukt wahrgenommen und die Bedeutung des Preises rückt in den Hintergrund. Eine höhere Gewinnspanne kann aufgrund geringerer Rabattierung erzielt werden.
- Eine Direct-Marketing-Kampagne bringt eine konkrete Anzahl von Leads für den Vertrieb.
- Durch den Einsatz des Verkaufswerkzeugs Amortisationsrechnung wird der Meilenstein „Angebot erstellt" schneller erreicht.

Auf Marketingbudgetebene, also die Summe aller Maßnahmen, kann folgende Kennzahl ermittelt werden:

$$\text{Turnover on Marketing Investment (ToMI)} = \frac{\text{Nettoumsatz} - \text{Werbekosten}}{\text{Werbekosten}}$$

Diese Kennzahl stellt die Werbekosten in Relation zum Nettoumsatz. Die Relation zum Ergebnis vor Verwaltungskosten wird als Return on Marketing Investment (RoMI) geführt.

$$\text{RoMI} = \frac{\text{Nettoumsatz} - \text{Produktkosten} - \text{Werbekosten}}{\text{Werbekosten}}$$

Beide Kennzahlen können auf Maßnahmen-, Segmentierungs- und Unternehmensebene sowohl in der Budgetplanung als auch in der Wirkungsmessung ermittelt werden.

Weitere Kennzahlen legen die Kommunikationskosten auf den Vertriebsprozess, bezogen auf eine Periode (Jahr), um:

- Kommunikationskosten pro Lead
- Kommunikationskosten pro Auftrag
- Kommunikationskosten pro Kunde

Alle Kennzahlen führen periodenübergreifend zu einem Lerneffekt, der für das Unternehmen wertvoll ist und eine Optimierung des Maßnahmenmix ermöglicht.

1.5. Kennzahlen entlang des Marketingmix

Der Marketingmix besteht aus vier Elementen, den 4Ps:

- Product (produktbezogene Entscheidungen, Sortiment)
- Price (Preismanagement)
- Placement (Vertrieb und Distributionsentscheidungen)
- Promotion (Kommunikationsplanung und -umsetzung)

Zur Steuerung des Marketingmixes ist, unter vielen möglichen Modellen, hier das Lebenszyklusmodell als Denkansatz hilfreich. Über den Lebenszyklus eines Produktes sind sämtliche Produktentscheidungen zu treffen und in Zusammenhang damit, wie sich der Preis und das Vertriebsmodell verändern sollen. Sinnvollerweise werden die Kommunikationsmaßnahmen als viertes P definiert, um diese sehr gezielt einzusetzen.

Für jede Phase des Lebenszyklus kann der Marketingmix verändert werden. Deshalb ist es sinnvoll, folgende Kennzahlen zu definieren und über den Lebenszyklus zu messen. Die nachfolgende Tabelle soll im Sinne eines minimalistischen Ansatzes ein Set an Kennzahlen darstellen, das je nach Situation angepasst und erweitert werden kann.

Mix-Element	Kennzahl	Beschreibung
Product	Absatz	Absatz gegliedert nach Produkten, Produktgruppen und der Marktsegmente. Auswertung nach den volumenstärksten Produkten.
	Umsatz	Absatz gegliedert nach Produkten, Produktgruppen und der Marktsegmente. Auswertung nach den umsatzstärksten Produkten.
	Gewinnspanne	Gegliedert nach Produkten, Produktgruppen und der Marktsegmente. Auswertung nach den profitabelsten Produkten.
	Marktanteil	In Absatz und Umsatz gemessen am realisierbaren Gesamtmarkt. Marktanteilsveränderungen darstellen.
	Wachstum	Auf Produkte bezogenes Umsatz-, Absatz- und Gewinnwachstum. In Relation gestellt zum Marktwachstum und auf die Sortimentsbreite und -tiefe bezogen (bei umfangreichen Sortimenten), inkl Budget und Forecast-Vergleiche.
	Reklamationsrate	Anzahl der Reklamationen pro Produkt, Produktgruppe und Marktsegmenten als Input für Produktanpassungen oder Neuentwicklungen.

Mix-Element	Kennzahl	Beschreibung
Price	Realisierter Preis zu Listenpreis	Relation von Listenpreis zu realisierten Preisen am Markt. Monitoring der strategischen Preisposition und Erkennen von Erosionen. Analyse der Preisentwicklung im Zeitverlauf.
	Nettoumsatz	Umsätze abzüglich aller Rabattierungsarten. Auswertung nach Rabattierungsarten.
	Preisband	Realisierte Endkundenpreise über alle Vertriebskanäle. Darstellung des Preisbandes der eigenen Produkte.
Placement	Anzahl der Vertriebskanäle	Umlegen der Umsätze und Absätze auf die Anzahl der Vertriebskanäle und Zuordnung der Volumina in % je Vertriebskanal. Gruppieren zu direktem und indirektem Vertrieb.
	Gewinnspanne der Vertriebskanäle	Vergleich der Profitabilität der unterschiedlichen Vertriebskanäle für das eigene Unternehmen. Monitoring der Handelsspannen über die Vertriebskette bis hin zum Endkunden.
	Ressourceneinsatz pro Vertriebskanal	Zuordnung der Vertriebs- und Marketingressourcen pro Vertriebskanal und Gegenüberstellung mit den erzielten Nettoumsätzen.
	Performance	Siehe 1.3. Kennzahlen der Vertriebssteuerung
Promotion	ToMI, RoMI	Wirkungsgrad der Kommunikationsmaßnahmen auf den Nettoumsatz und Gewinn.
	Kommunikationskosten	Kommunikationskosten entlang des Verkaufsprozesses in der Wirkungskette pro Lead, Angebot, Auftrag und Kunde.
	Image und Marke	Messung der Positionierung in den Zielgruppen mittels Befragung und Darstellung der Überdeckung von Soll- und Ist-Image in Prozent. Relation des Überdeckungsgrades zur Profitabilität.
	Bekanntheit	Messung der Bekanntheit und Herstellen der Relation zu den erreichten Kontakten aus den Kommunikationsmaßnahmen. Dies kann gestützt und ungestützt mittels Befragung von Personen oder Unternehmen aus den Zielsegmenten erfolgen.

Abb 7: Kennzahlen entlang des Marketing-Mix

Ziel dieser Kennzahlen ist das rechtzeitige Erkennen von Änderungen im Markt, die optimierende Anpassung des Marketing-Mix an die Phasen des Lebenszyklus der Produkte in den jeweiligen Budgetperioden und die Messung der Wirkung der

Maßnahmen im Sinne des Erzielens eines Lerneffektes anhand von Zahlen, Daten und Fakten.

1.6. Anwendungsbeispiel

In diesem Anwendungsbeispiel liegt der Fokus auf den Zusammenhängen der Kennzahlen aus Marketing und Vertrieb. Beginnend mit dem Marktpotenzial über die Vertriebsplanung und -steuerung bis zur Evaluierung der Marketingaufwände werden auszugsweise Kennzahlen und Auswertungen dargestellt.

Im ersten Schritt wird das realisierbare Marktpotenzial auf die Zielregion, Zielgruppe und die Produktgruppe Bearbeitungsmaschinen erhoben. Im vorliegenden Fall sind in der Region Deutschland 500 Bearbeitungsmaschinen pro Jahr absetzbar mit einem Umsatzpotenzial von 350 Mio. Das realisierbare Marktpotenzial für das Zielverkaufsgebiet Bayern sind beispielsweise 120 Maschinen mit einem Umsatzvolumen von 84 Mio.

Markt			Absatzpotential Produkte in Mio.		Umsatzpotential Produkte in Mio.	
Zielgruppe	Automobilzuliefer-industrie > 20 Mio. Umsatz	Anzahl Kunden	Bearbeitungs-maschinen	Services After Sales	Bearbeitungs-maschinen	Services After Sales
Region	Deutschland	96	500	60	350	12
Verkaufsgebiet	Bayern	21	120	10	84	2
	Baden Württemberg	27	150	20	105	4
	Hessen	8	50	5	35	1
	Niedersachsen	9	50	5	35	1
	Nordrhein-Westfalen	24	80	18	56	3,6
	Andere	7	50	2	35	0,4

Abb 8: Marktpotenzial

In der nächsten Tabelle wird die Vertriebsplanung in Absatz, Umsatz und auf den direkten und indirekten Vertrieb aufgeteilt dargestellt:

Vertriebsplanung	Absatz (Anzahl)		Umsatz in Mio.	
	Bearbeitungs-maschinen	Services After Sales	Bearbeitungs-maschinen	Services After Sales
Bayern	20	5	14	1
davon direkter Vertrieb	15	5	12	1
Gewinn			4,2	0,5
Gewinnmarge in %			35 %	50 %
davon indirekter Vertrieb	5	0	2	0
Gewinn			0,36	0
Gewinnmarge in %			18 %	20 %

Abb 9: Vertriebsplanung

Der direkte Vertrieb soll 15 Maschinen in Bayern absetzen, der indirekte Vertrieb 5 Stück. Dies entspricht 16,7 % des Gesamtpotenzials von 120 in Bayern. Die Gewinnmarge ist ebenfalls ausgewiesen, um diese später zu kontrollieren, aber auch um das Entlohnungssystem für den direkten Vertrieb und das Bonussystem für den indirekten Vertrieb nach diesen Vorgaben zu gestalten.

In der Vertriebssteuerung wird die Entwicklung bis zum aktuellen Status des Verkaufstrichters dargestellt und mit dem Ziel-Verkaufstrichter abgeglichen. Im angeführten Beispiel fehlen vor allem in den ersten Phasen die Leads und die qualifizierten Verkaufschancen, was zu Marketingmaßnahmen mit dem Ziel, Leads zu generieren, führt.

Verkaufstrichter	Monat 1	Aktuell (Monat 2)	Ziel (Monat 2)	Abweichung
Lead	5	10	20	10
Qualifiziert	2	6	15	9
Angebot	1	2	7	5
Auftrag	0	1	3	2

Abb 10: Verkaufstrichter

Der Verkaufstrichter zeigt einen Status, deshalb wird im nächsten Schritt der Forecast mit der Zeitachse der Auftragseingänge dargestellt. Beide Auswertungen können automatisiert aus den Pipelines der Verkäufer generiert werden, die in Excel oder CRM-Systemen umgesetzt sind. Neben den Absatzzahlen sind immer auch der Umsatz und der gewichtete Umsatz ausgewiesen.

Auftragseingang (Anz. Aufträge)	Monat 1	Monat 2	Ist kumuliert	Forecast			
				Monat 3	Monat 4	Monat 5	Monat 6
Verkäufer 1	1	1	2	1	1	0	1
Verkäufer 2	0	1	1	0	0	0	1
Summe direkter V.	1	2	3	1	1	0	2
Vertriebspartner 1	0	1	1	0	0	1	0
…							
Summe ind. Vertrieb							
Gesamt							

Abb 11: Forecast Auftragseingang

Der Forecast wird mit den Zielwerten verglichen und daraus werden Maßnahmen abgeleitet, den Vertrieb gezielt zu forcieren, falls die Performance zur Erreichung der Jahresziele zu schwach ist.

Das Marketingbudget stellt die Maßnahmen mit Kosten hinterlegt in einer Zeitachse dar, und weist die Ziele in Bezug auf Leadgenerierung aus. Aus den Summen können die Kosten pro Lead berechnet werden. Über den Planungszeitraum kostet ein generierter Lead 140.

Maßnahmen (Kosten in EUR)	Monat 1	Monat 2	Monat 3	Monat 4	Monat 5	Monat 6	Summe
Aussendung			300		250		550
Veranstaltung				1.500		2.000	3.500
Schaltung Web	200	200	200	200		200	1.000
Gesamtkosten	200	200	500	1.700	250	2.200	5.050
Anzahl Leads	1	2	15	5	1	12	36
Kosten pro Lead	200	100	33	340	250	183	140

Abb 12: Marketingplan

Für Monat 3 und 4 ist jene Maßnahme gekennzeichnet, die aufgrund der fehlenden Leads kurzfristig umgesetzt werden soll. Damit können mit Kosten von 1.800 13 weitere Leads generiert werden (2 waren durch die bisherigen Maßnahmen ausgewiesen).

Zur Berechnung des ToMI und RoMI werden folgende Werte herangezogen:

Umsatz	86.000.000	RoMI	58,125
Nettoumsatz	77.400.000	ToMI	95,75
Werbekosten gesamt	800.000		
Produktkosten	30.100.000		

Abb 13: ToMI und RoMI

Die beiden Kennzahlen bedeuten, dass 1 eingesetzter Kommunikationseuro 95,75 Nettoumsatz und 58,12 Gewinn vor Abzug der Gemeinkosten erzielt. Diese Kennzahlen geben erst im Periodenvergleich Hinweise, in welchen Bereichen das Marketingbudget optimiert werden kann.

Literatur

Hofbauer, G., Hellwig, C. (2009): Professionelles Vertriebsmanagement, Erlangen

Homburg, C., Schäfer, H., Schneider, J. (2012): Sales Excellence, Wiesbaden

Kotler, P., Keller, K.L., Opresnik, M.O. (2015): Marketing Management, Hallbergmoos

2. Produktionscontrolling – Kennzahlen in der Produktion

Peter Hofer

Inhaltsverzeichnis

Das Produktionscontrolling als Unterstützungsfunktion des Produktionsmanagements hat in den letzten Jahrzehnten aufgrund einer verschärften Wettbewerbssituation, zunehmender Internationalisierung und einer stark kundenorientierten Produktion an Bedeutung gewonnen. Verkürzte Produktlebenszyklen, hohe Variantenvielfalt, flexible Produktionssysteme bei gleichzeitigem Anstieg der Automatisierung und die Forderung nach kurzen Lieferzeiten und hoher Qualität beeinflussen die Wettbewerbsfähigkeit von Produktionsunternehmen und machen eine Performancesteuerung mittels geeigneter Schlüsselkennzahlen unverzichtbar. Dieses Kapitel behandelt die wesentlichen produktionswirtschaftlichen Zielsetzungen und Kennzahlen auf Basis der kritischen Erfolgsfaktoren Prozesssicherheit, Prozesssynchronisation, Bestandssicherheit und Produkt- und Prozessqualität. Aus der Vielzahl von Produktionskennzahlen sollen neben finanziellen Kenngrößen vor allem jene Mengen- und Zeitgrößen vorgestellt werden, welche bei gemeinsamer Betrachtung wesentlich zur Maximierung des Unternehmensgewinns unter den Nebenbedingungen optimale Auslastung, kurze Durchlaufzeiten, niedrige Bestände und bestmögliche Qualität beitragen.

2.1. Grundlagen Produktionscontrolling

Produktionsunternehmen sind im momentan vorherrschenden dynamischen Markt- und Wettbewerbsumfeld einem steigenden Druck seitens ihrer Stakeholder ausgesetzt und unterliegen einem tief greifenden strukturellen Wandel. Wachsender Preisdruck am Absatz- und Einkaufsmarkt, gesteigerte Lieferfähigkeit und Liefertreue, optimale Qualität und hohe Variantenvielfalt sind nur einige Beispiele für zunehmende Marktanforderungen, während parallel Eigentümer maximale Renditen und einen kontinuierlichen Anstieg des Unternehmenswertes beanspruchen.

Die Planung und Steuerung eines Produktionsunternehmens und die Unterstützung des Produktionsmanagements in dieser Entscheidungsfindung durch ein effizientes Produktionscontrolling gewinnt daher immer mehr an Bedeutung. Abgeleitet vom allgemeinen Begriff des Controllings wird unter Produktionscontrolling ein funktionsbezogener Teil des gesamten Controllingsystems verstanden, der Produktionsplanung und Produktionssteuerung sowie Informationsversorgung systembildend und systemkoppelnd koordiniert und damit das Produktionsmanagement bei der Erreichung produktionswirtschaftlicher Zielsetzungen unterstützt.

Diese produktionswirtschaftlichen Zielsetzungen eines Produktionsbetriebs können einerseits in technische, ökonomische, soziale und ökologische Ziele unterteilt werden. Andererseits lassen sich aus den allgemeinen Unternehmenszielen folgende wesentliche Sachziele (Mengen- und Zeitgrößen) und Formalziele (Wertgrößen) ableiten, die in Abb 14 gegenübergestellt werden:

Sachziele	Formalziele
• Kurze Durchlaufzeiten • Niedrige Bestände • Hohe Kapazitätsauslastung • Hohe Qualität	• Niedrige Kosten • Hoher DB • Hoher Gewinn

Abb 14: Sach- und Formalziele in Produktionsunternehmen

2.2. Aufgabenbereiche/Kritische Erfolgsfaktoren des Produktionscontrollings

Zur Erfüllung der Formalziele in Form von optimalen Kostenstrukturen und den daraus resultierenden hohen Deckungsbeiträgen und Unternehmensgewinnen gilt es vorab, die skizzierten Sachziele in Form von Mengen- und Zeitgrößen zu planen und mittels Kennzahlen zu steuern. Das Produktionsmanagement ist durch die Zielsetzung von niedrigen Durchlaufzeiten und Beständen bei gleichzeitig hoher Kapazitätsauslastung und optimaler Qualität einem Zielkonflikt ausgesetzt. Im Gegensatz zu der bis zu den 80er-Jahren angestrebten maximalen Kapazitätsauslastung der Ressourcen hat sich der Fokus des Managements auf die Priorisierung von niedrigen Beständen und Durchlaufzeiten sowie hoher Termintreue und Qualität bei einer optimalen Auslastung verschoben.[2] Das Produktionscontrolling lässt sich auf dieser Grundlage in die vier Kernbereiche Kapazitätscontrolling, Durchlaufzeitcontrolling, Bestandscontrolling und Qualitätscontrolling unterteilen. Abbildung 15 zeigt diese Aufgabenbereiche, die auf den produktionskritischen Erfolgsfaktoren Prozesssicherheit, Prozesssynchronisation, Bestandssicherheit und Produkt- und Prozessqualität basieren:

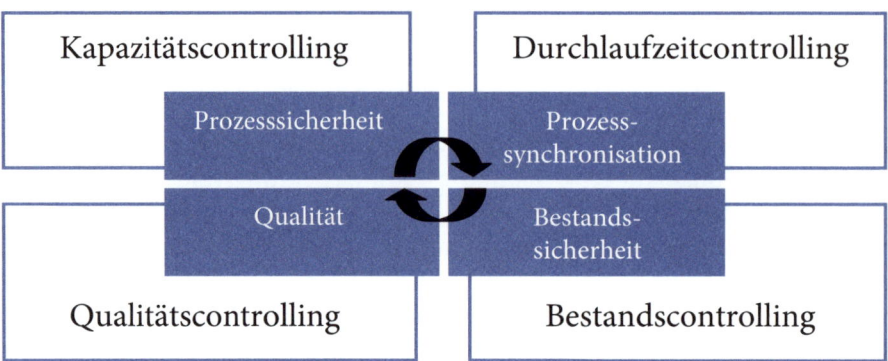

Abb 15: Kritische Erfolgsfaktoren des Produktionscontrollings[3]

2.3. Kapazitätscontrolling

Ein wesentlicher Erfolgsfaktor des Produktionscontrollings stellt die Planung und Steuerung der beiden wesentlichen produktionsrelevanten Ressourcen Betriebsmittel/Maschine sowie Arbeitskraft/Mensch dar.

2.3.1. Kapazitätsangebot/Kapazitätsnachfrage/ Auslastung

In diesem Zusammenhang versteht man unter *Kapazität* das maximale Leistungsvermögen einer Fertigungseinheit im Hinblick auf die Ressourcen Maschine oder Personal in einem definierten Zeitabschnitt, wobei man zwischen der zeitlichen Verfügbarkeit (Arbeitstage, Schichten) und der Leistungsfähigkeit (Leistungsgrad) der jeweiligen Ressource unterscheiden muss.

Die Ermittlung des *Kapazitätsangebots* einer einzelnen Ressource erfolgt daher unter Einbeziehung der Faktoren Arbeitsbeginn und -ende, Pausendauer, Schichtkalender sowie geplanten technischen und organisatorischen Störungen bzw Wartungsintervallen.

Die *Kapazitätsnachfrage* wird durch den tatsächlichen Arbeitsinhalt der Produktionsaufträge determiniert. Im Kapazitätsabgleich wird durch die Gegenüberstellung der Kapazitätsnachfrage und des Kapazitätsangebots versucht, diese Nachfrage an das vorhandene Angebot anzupassen.

---

2   Vgl *Wüst/Kuppinger* (2012) 90.
3   In Anlehnung an *Binner* (1993) 33.

Die *Auslastung* einer Anlage, berechnet als Quotient der genutzten und der verfügbaren Zeit, kann als Maß für die Nutzung der Maschine zur Fertigung von Produkten herangezogen werden. Basierend auf den Definitionen von Kapazitätsangebot und -nachfrage kann die Auslastung einer Maschine folgendermaßen berechnet werden[4]:

$$\text{Maschinenauslastung (\%)} = \frac{\sum_{i=1}^{k} t_{p,i} n_i + t_{R,i} n_{R,i}}{T - t_{S,P}}$$

$t_{p,i}$	Mittlere Bearbeitungszeit des i-ten Produktes	T	Geplante Verfügbarkeitszeit der Maschine
$t_{R,i}$	Mittlere Rüstzeit des i-ten Produktes	$t_{S,P}$	Geplante Stillstandszeit der Maschine
n_i	Anzahl der i-ten Produkte	k	Anzahl der gefertigten Produkte auf der Maschine
$n_{R,i}$	Anzahl der Fertigungslose des i-ten Produktes		

Die gefertigte Anzahl je Produkt (n_i) enthält fehlerfrei gefertigte Produktionsaufträge, die auf Kundenaufträgen bzw auf Lageraufträgen basieren. Zusätzlich sind in dieser Anzahl die gefertigten fehlerhaften Teile inkludiert, welche Nacharbeit und Ausschuss verursachen.

Die ungenutzte bzw freie Kapazität einer Anlage ergibt sich aus der Differenz der obig errechneten Auslastung zu 1 und wird durch fehlende Produktionsaufträge bzw ungeplante Maschinenstillstände verursacht.

Die Kennzahl „Produktionsleistung", die im Produktionsbereich häufig verwendet wird, zieht im Gegensatz zur Basis der Auslastung nur die Anzahl der Gutstücke einer Periode, sprich die ohne Fehler produzierte Ausbringungsmenge, heran. Neben der mengenmäßigen Darstellung lässt sich bei heterogener Produktstruktur diese Kennzahl auch wertmäßig darstellen:

$$\text{Produktionsleistung} = \sum \left(\text{Anzahl fehlerfreie Produktionsmenge} \times \text{HK / Stück} \right)_j$$

j = Produkt/Erzeugnis

2.3.2. Overall Equipment Effectiveness (OEE)/ Gesamtanlageneffektivität

Im Gegensatz zur Auslastung misst die Kennzahl Overall Equipment Effectiveness (OEE) die Produktivität einer Anlage, in dem das Verhältnis der genutzten Zeit für Gutausbringung, der Nettoproduktivzeit, im Vergleich zur Bruttobetriebszeit berechnet wird.[5] In der Bruttobetriebszeit sind geplante Stillstände nicht enthalten,

---

4 Vgl *Jodlbauer* (2008) 22 f.
5 Vgl *Reitz* (2008) 68 ff.

diese werden von der Kalenderzeit vorab abgezogen. Fehlerhaft gefertigte Teile reduzieren den OEE und sind in der Nettoproduktivzeit nicht berücksichtigt. Abbildung 16 veranschaulicht die Berechnung des OEE unter Berücksichtigung der verschiedenen Verlustzeiten und verdeutlicht, dass sich die Gesamtanlageneffektivität aus dem Produkt der drei Faktoren Verfügbarkeit, Leistungsgrad und Qualitätsrate darstellen lässt.

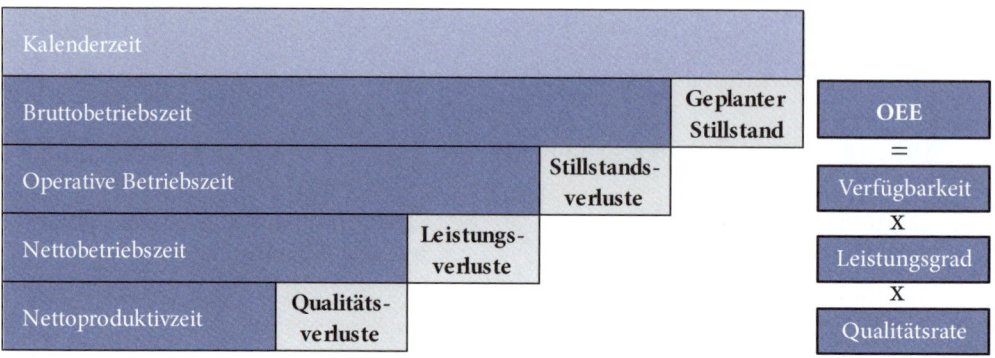

Abb 16: Berechnung Overall Equipment Effectiveness

Durch Minimierung dieser Verlustfaktoren zur geplanten Bruttobetriebszeit soll die Anlagenverfügbarkeit maximiert werden, jede Differenz zu 100 % stellt ein Verbesserungspotenzial dar.

Der Verfügbarkeitsfaktor wird durch folgende Faktoren negativ beeinflusst:

- ungeplante Stillstände wie kurzfristiges Fehlen von Material, Personal und Fertigungsaufträgen und technisches Gebrechen
- Umrüsten und Einstellen von Maschinen und Werkzeugwechsel
- An- und Abfahrverluste

$$\text{Verfügbarkeit (\%)} = \frac{\text{Bruttobetriebszeit} - \sum \text{Stillstandszeiten}}{\text{Bruttobetriebszeit}}$$

Der Leistungsgrad stellt ein Maß für die Leistungsverluste durch Taktzeitreduzierungen wie Kurzunterbrechungen, Maschinenleerläufe und Geschwindigkeitsverluste dar.

$$\text{Leistungsgrad (\%)} = \frac{\text{Soll-Zykluszeiten} \times \text{Gesamtstückzahl}}{\text{Operative Betriebszeit}}$$

Die Summe der Verluste aus Ausschuss und Nacharbeit reduziert die Qualitätsrate des OEE:

$$\text{Qualitätsrate (\%)} = \frac{\text{Gesamtstückzahl} - \text{Defektstückzahl}}{\text{Gesamtstückzahl}}$$

$$\text{OEE (\%)} = \text{Verfügbarkeit} \times \text{Leistungsgrad} \times \text{Qualitätsrate}$$

Die Kennzahl *Total Effective Equipment Productivity (TEEP)* misst, im Unterschied zum OEE, das Verhältnis der genutzten Zeit für Gutausbringung, der Nettoproduktivzeit, im Vergleich zur Kalenderzeit und nicht zur Bruttobetriebszeit. Sie ist daher für Benchmarking-Zwecke besser geeignet. Neben Verfügbarkeit, Leistungsgrad und Qualitätsrate geht der Belegungsgrad (Planbelegungszeit/Kalenderzeit) als weiterer zusätzlicher Faktor in die Berechnung des TEEP ein[6]:

$$\text{TEEP (\%)} = \text{Belegungsgrad} \times \text{Verfügbarkeit} \times \text{Leistungsgrad} \times \text{Qualitätsrate}$$

$$\text{Belegungsgrad} = \frac{\text{Bruttobetriebszeit}}{\text{Kalenderzeit}}$$

Zur Verbesserung der Anlagenperformance in Produktionsunternehmen ist aber nicht die Berechnungsmethode, sondern die Visualisierung des OEE bzw TEEP und deren Verlustfaktoren ausschlaggebend. Nur eine durchgängige Informationsgewinnung und -verfügbarkeit an der Maschine garantiert einen kontinuierlichen Verbesserungsprozess und eine Erhöhung der Anlagenverfügbarkeit.

Neben Auslastungsgrad und OEE lässt sich die Anlageneffizienz auch indirekt über die Maschinenstundensätze steuern. Durch Vergleiche mit anderen Perioden lassen sich Verschlechterungen in der Auslastung durch Stillstände oder fehlende Aufträge erkennen und Gegenmaßnahmen einleiten. Der Maschinenstundensatz lässt sich folgendermaßen berechnen:

$$\text{Maschinenstundensatz (€)} = \frac{\text{Variable + fixe Maschinenkosten (€)}}{\text{Maschinenstunden (h)}}$$

Wesentliche variable Maschinenkosten stellen die laufenden Kosten der Maschine dar (Betriebsstoffe, Strom, laufende Instandhaltung). Kalkulatorische Abschreibung, Zinsen oder Raumkosten sind Beispiele für typische fixe Maschinenkosten.

2.3.3. Produktivität

Die Produktivität stellt neben den KPIs Auslastung und OEE eine weitere wesentliche Kennzahl für die Effizienz in der Produktion dar. Generell misst die Produktivität das Verhältnis von Ausbringungs- zu Einsatzmenge, stellt also eine Input/Output-Relation von Produktionsprozessen dar. Diese Relation kann in verschiedenen Maßeinheiten, abhängig von den Inputfaktoren, ermittelt werden. Hierbei unterscheidet man folgende Teilproduktivitätsmaße für die Inputfaktoren Mensch, Maschine und Material[7]:

$$\text{Arbeitsproduktivität} = \frac{\text{Ausbringungsmenge (Gutstückzahl)}}{\text{Arbeitsstunden}}$$

---

6   Vgl *Jodlbauer* (2008) 25 ff.
7   Vgl *Schmitt* (2012) 128 f.

$$\text{Maschinenproduktivität} = \frac{\text{Ausbringungsmenge (Gutstückzahl)}}{\text{Maschinenstunden}}$$

$$\text{Materialproduktivität} = \frac{\text{Ausbringungsmenge (Gutstückzahl)}}{\text{Einsatzmenge eines Faktors}}$$

Der Zusammenhang zwischen diesen unterschiedlichen Teilproduktivitätsgrößen wird speziell bei Rationalisierungsmaßnahmen zur Ausschöpfung betrieblicher Produktivitätsreserven ersichtlich. So gibt es in vielen Produktionsunternehmen einen langfristigen Trend zur Erhöhung der Arbeitsproduktivität, welcher parallel zur Stagnation oder sogar zum Sinken der Maschinen- bzw. der Materialproduktivität führen kann.

Die Messung der Personalproduktivität wird in der automobilen Produktion zunehmend mit der zentralen Steuergröße Hours Per Vehicle (HPV) durchgeführt, welche die bezahlten Arbeitsstunden zu den im gleichen Zeitraum produzierten Stückzahlen ins Verhältnis setzt:

$$\text{Hours per Vehicle (HPV)} = \frac{\text{Bezahlte Anwesenheitsstunden einer Periode}}{\text{Produzierte Stückzahlen in einer Periode}}$$

In diese Kennzahl gehen nicht nur wertschöpfende Stunden der direkten Mitarbeiter, sondern auch indirekte Anwesenheitsstunden (Logistik, Instandhaltung etc) ein. Outgesourcte Umfänge werden exkludiert.[8]

Bei heterogenen Produktspektren empfiehlt sich eine Umrechnung der Input/Output-Relation auf Wertgrößen. Aufgrund fehlender Verkaufspreise im Fertigungsbereich wird hierbei der Output als Multiplikation der Produktionsmenge der Periode mit den geplanten Herstellkosten berechnet. Als Inputgröße werden die tatsächlich angefallenen Herstellkosten der Produktion im Betrachtungsraum angesetzt, sodass der Quotient das Verhältnis zwischen tatsächlichen und geplanten Herstellkosten wiedergibt.

Die als „T:P-Index" (Tatsächliche zu Plankosten) bezeichnete Kennzahl errechnet sich folgendermaßen[9]:

$$T_j : P_j - \text{Index}\left(\%\right) = \frac{\sum_{a=1}^{n}\left(\text{THK}_{a,j} \times \text{Istmenge}_{a,j}\right)}{\sum_{a=1}^{n}\left(\text{PHK}_{a,j} \times \text{Istmenge}_{a,j}\right)}$$

j	Jahr		THK	Tatsächliche Herstellkosten
n	Anzahl der Produkte		PHK	Geplante Herstellkosten

---

8 Vgl *Weyer*, (2012) 175ff.
9 Vgl *Schnell* (2012) 58 f.

Ein in der Praxis oft üblicher ausschließlicher Fokus auf die Arbeitsproduktivität trägt der zunehmenden Automatisierung und dem damit einhergehenden negativen Trade-off zwischen Arbeits- und Maschinenproduktivität nicht Rechnung. Auch die Berücksichtigung des Kapitaleinsatzes in Rationalisierungsinvestitionen und deren Wirtschaftlichkeit wird hiermit nicht berücksichtigt. Mittels der Produktivitätskennzahl *Total Factor Productivity* als Relation von Wertschöpfung zum Gesamtbetrag von Lohnsumme und Abschreibungen für Maschinen und Anlagen wird ein gesamthaftes Effizienzmaß für die Leistungsfähigkeit eines Produktionsbetriebes dargestellt. Dieser abstrakte Wert ist daher vor allem für externes Benchmarking auf betrieblicher Ebene geeignet, da Effekte aus unterschiedlichen Anlagenausstattungen durch eine gesamthafte Arbeits- und Anlagenproduktivitätszahl neutralisiert werden.[10]

2.4. Durchlaufzeiten(DLZ)-Controlling

Zusätzlich zu einer optimalen Kapazitätsauslastung zählen niedrige Bestände und damit verbunden kurze Durchlaufzeiten zu den wesentlichen Sachzielen des Produktionsmanagements. Durch den direkten Zusammenhang von Bestandshöhe und Durchlaufzeit (Durchlaufzeit = Umlaufbestand/Durchsatz) gilt es durch geeignete Kennzahlen die Durchlaufzeit von Fertigungsaufträgen zu steuern und zu minimieren, um somit die durchschnittliche Kapitalbindung zu senken und gleichzeitig Liefertreue und -flexibilität zu erhöhen.

2.4.1. Durchlaufzeit der Fertigung/Kundendurchlaufzeit

Die Durchlaufzeit eines Produktionsauftrages bezeichnet die Zeitspanne vom Beginn der Bearbeitung des Arbeitsvorgangs bis zur Fertigstellung der letzten Arbeitsfolge. Sie kann aber auch für einzelne Arbeitsvorgänge definiert und ermittelt werden.[11] Unter Kundendurchlaufzeit versteht man hingegen die gesamte Zeit vom Bestellzeitpunkt des Kunden bis zum Zeitpunkt der Belieferung. Zur Analyse der Performance von Produktionssystemen ist nicht die einzelne, sondern die durchschnittliche Durchlaufzeit einer definierten Periode interessant. Sie errechnet sich als

$$\varnothing - \text{Durchlaufzeit} = \frac{\sum_{i=1}^{n} \text{Zeitpunkt}_{i,\text{Ergebnisfreigabe}} - \text{Zeitpunkt}_{i,\text{Auftragserteilung}}}{n}$$

n   Anzahl der Aufträge in definierter Periode

Durchlaufzeiten lassen sich in vier wesentliche Bestandteile unterteilen: die direkte und indirekte Bearbeitungszeit, die Transportzeit, die Wartezeit und die Liegezeit. Im Gegensatz zur Bearbeitungszeit schaffen Transport-, Warte- und Liegezeit keine Wertsteigerung am Auftrag und sollten durch Maßnahmen wie Losgrößenoptimierung, Rüstzeitreduktion und geeignete Bevorratungsstrategien reduziert werden.

---

10   Vgl *Lay* et al (2009) 2 f.
11   Vgl *Wüst/Kuppinger* (2012) 91.

2.4.2. Kernzeit/Flussgrad

Der *Flussgrad* berechnet das Verhältnis zwischen den direkten und indirekten Bearbeitungszeiten und den nichtwertschöpfenden Transport-, Warte- und Liegezeiten. Hierfür wird im ersten Schritt die *Kernzeit*, sprich der wertschöpfende Anteil einer Produktionsdurchlaufzeit, als Summe der Bearbeitungszeiten der einzelnen Arbeitsvorgänge errechnet:

$$\text{Kernzeit} = \sum_{j=1}^{n} \text{Bearbeitungszeit}_j$$

n   Anzahl der Aufträge in definierter Periode

Die Kernzeit beinhaltet auch indirekte Bearbeitungszeiten wie die Rüstzeiten der Produktionsaufträge. Der Flussgrad ergibt sich schlussendlich aus der Relation von Kernzeit zur gesamten Durchlaufzeit:

$$\text{Flussgrad}\left(\%\right) = \frac{\text{Gesamte Durchlaufzeit}}{\text{Kernzeit}} = \frac{\sum_{j=1}^{n} \text{Durchlaufzeit}_j}{\sum_{j=1}^{n} \text{Bearbeitungszeit}_j}$$

Je höher der Flussgrad ist, desto höher sind der Anteil der Transport-, Liege- und Wartezeiten an der Gesamtdurchlaufzeit und somit auch der Umlaufbestand. Das theoretische Optimum dieser Kennzahl entsteht bei Gleichheit der gesamten Durchlaufzeit mit der physikalischen Durchlaufzeit, sodass keine Transport-, Liege- und Wartezeiten auftreten und sich ein Flussgrad von 1 ergeben würde.

2.4.3. Termintreue/Terminabweichung

Kürzere Durchlaufzeiten erhöhen die Flexibilität von Fertigungsprozessen und somit auch die Termintreue in der Produktion. Die *Termintreue* als Maß für die termingerechte Durchführung von Kundenaufträgen stellt die Anzahl der vereinbarten Aufträge den davon tatsächlich termingerecht realisierten Aufträgen einer Periode gegenüber und lässt sich folgendermaßen definieren (siehe Kapitel Kennzahlen der Intralogistik):

$$\text{Termintreue (\%)} = \frac{\text{Anzahl termingerechter Kundenaufträge}}{\text{Gesamtanzahl der Kundenaufträge}}$$

Ergänzend zur Termintreue werden zugesagte und tatsächlich fertiggestellte Liefertermine von Kundenaufträgen in Form der Kennzahl *Terminabweichung* gegenübergestellt. Die Terminabweichung eines einzelnen Kundenauftrags wird durch die Differenz aus Ist-Termin und Soll-Termin errechnet. Zur periodengerechten Steuerung bzw zum internen und externen Benchmarking wird die durchschnittliche Terminabweichung eines Betrachtungszeitraums herangezogen:

$$\varnothing - \text{Terminabweichung} = \frac{\sum_{j=1}^{n} \left(\text{Ist-Termin}_j - \text{Soll-Termin}_j \right)}{n}$$

n   Anzahl der Aufträge in definierter Periode

2.5. Bestandscontrolling

Im Rahmen des Working-Capital-Managements wird parallel zum effektiven Durchlaufzeitenmanagement die Steuerung des Vorratsvermögens in den Fokus der produktionswirtschaftlichen Entscheidungen gestellt. Bei gleichzeitiger Wahrung der Lieferfähigkeit gegenüber den internen und externen Kunden soll eine Optimierung des Bestandes einerseits verdeckte Fehler in den Produktionsprozessen aufzeigen und andererseits die Kapitalbindung und die damit verbundenen Finanzierungskosten reduzieren. Neben diesen Finanzierungskosten verursachen Bestände weitere Kosten wie zusätzlichen Handlungsaufwand, Lagerkosten sowie Kosten aus der laufenden Abwertung bzw der Verschrottung von Beständen. Grundsätzlich lässt sich Bestand in drei wesentliche Kategorien einteilen:

- Roh-, Hilfs- und Betriebsstoffe,
- Work in Process (WIP)/Halbfabrikatebestand,
- Fertigfabrikatebestand.

2.5.1. Bestandshöhe

Die Bestandshöhe ist eine wesentliche Kennzahl für das Bestandscontrolling, welche sowohl für den Gesamtbestand als auch für die verschiedenen Bestandskategorien als Basis für die Berechnung des durchschnittlich gebundenen Kapitals dient:[12]

$$y_t = y_{t-1} + x_t - z_t - v_t$$

y_t Lagerbestand am Ende der Periode t
x_t Lagerzugang während Periode t
z_t Lagerabgang während Periode t
v_t Lagerschwund während Periode t

Die Bestandshöhe kann bei einheitlichem Bestand in Menge und Geldwert berechnet werden, bei gemischtem Bestand nur in Geldwert. Die WIP-Bestandshöhe korreliert mit den Produktionskennzahlen Durchlaufzeit und Losgröße. Zur Beurteilung der Produktion im Zeitverlauf sollten aber konjunkturelle und saisonale Schwankungen neutralisiert werden, indem anstelle von absoluten, relative Kennzahlen, wie die Lagerumschlagshäufigkeit oder Bestandsreichweite, zur Steuerung verwendet werden.[13]

2.5.2. Lagerumschlagshäufigkeit

Die Lagerumschlagshäufigkeit gibt an, wie oft der durchschnittliche Lagerbestand in einer Periode umgesetzt wurde. Je höher die Umschlagshäufigkeit ist, desto höher die Güte der Logistik- und Fertigungsprozesse und desto niedriger der Kapitaleinsatz (siehe Kapitel B.5.).

---

12 Vgl *Jodlbauer* (2008) 27 f.
13 Vgl *Schnell* (2012) 50 f.

$$\text{Lagerumschlaghäufigkeit} = \frac{\text{Wareneinsatz (Materialaufwand)}}{\text{Durchschnittlicher Lagerbestand}}$$

Im Bestandscontrolling sollte die Lagerumschlagshäufigkeit für alle Bestandskategorien sowie für unterschiedliche Artikel- bzw Komponentengruppen berechnet werden, um so interne und externe Benchmarks zu ermöglichen und Ladenhüter feststellen zu können.

2.5.3. Bestandsreichweite

Alternativ zur Lagerumschlagshäufigkeit kann im Bestandscontrolling auch die Relativgröße Bestandsreichweite eingesetzt werden, die die absolute Bestandshöhe ins Verhältnis zum durchschnittlichen Bestandsabgang eines Betrachtungszeitraums bringt. Die Reichweite in Tagen oder Monaten gibt die Zeitspanne an, in der das Lager bei gleichbleibendem durchschnittlichem Verbrauch ohne Zugänge lieferfähig ist (siehe Kapitel B.5.).

$$\text{Bestandsreichweite} = \frac{\text{Lagerendbestand der Betrachtungsperiode}}{\text{Durchschnittlicher Lagerabgang pro Tag oder Monat}}$$

2.5.4. Lieferfähigkeit

Die Lieferfähigkeit des Lagers gibt an, wie häufig vom Kunden angefragte Aufträge auch zu deren Wunschtermin in einem Betrachtungszeitraum termingerecht zugesagt werden können. Eine hohe Lieferfähigkeit durch optimistische Zusage von kritischen Kundenwünschen kann andererseits eine reduzierte Termintreue bedingen, falls diese Kundenaufträge nicht termingerecht geliefert werden können oder durch einen hohen Sicherheitsbestand erreicht werden. Im Produktionscontrolling gilt es daher, Lieferfähigkeit, Bestandshöhe und Termintreue gemeinsam zu steuern, um den damit verbundenen Zielkonflikt möglichst optimal lösen zu können(siehe Kapitel B.5.).

$$\text{Lieferfähigkeit (\%)} = \frac{\text{Zugesagte Kundenaufträge zum Wunschtermin}}{\text{Gesamtanzahl Kundenaufträge einer Periode}}$$

2.5.5. Lagerkostensatz

Der Lagerkostensatz wird zusätzlich zu den vorgestellten nicht-monetären Kennzahlen verwendet, um die Effizienz der Lagerung finanziell bewerten und so die Bestandsführung überwachen, mit Benchmarking vergleichen und durch logistische Maßnahmen verbessern zu können. Er errechnet sich aus dem Verhältnis der Lagerkosten (Personalkosten, kalk Abschreibung und Zinsen für Lagereinrichtung, Energie etc) und der durchschnittlichen Kapitalbindung (Lagerbestand × Wert pro Artikel/Teil).

$$\text{Lagerkostensatz(\%)} = \frac{\text{Lagerkosten}}{\varnothing \text{ Kapitalbindung des Lagers}}$$

2.6. Qualitätscontrolling

Die Bedeutung der Qualität von Geschäftsprozessen gewinnt neben der Produktqualität immer mehr an Bedeutung. Eine gleichbleibend hohe Produktqualität als wesentliches Kaufkriterium kann nur durch stabile Wertschöpfungsprozesse erreicht werden. In der Produktion findet daher eine Trendwende von zuverlässigen Prüfprozessen zu zuverlässigen Produktionsprozessen statt. Das Qualitätscontrolling knüpft hier an und soll durch den Einsatz von Informationssystemen und durch Messen von Geschäftsprozessen diese anforderungsgerechte Produkt- und Prozessqualität unter wirtschaftlichen Gesichtspunkten sicherstellen und verbessern.

Hierbei werden gemäß DIN 55350-11 unter Qualitätskosten Kosten verstanden, die vorwiegend infolge von Qualitätsforderungen entstehen, dh Kosten, die durch alle Maßnahmen der Fehlerverhütung und der Qualitätsprüfung sowie durch externe und interne Fehler verursacht werden.[14] Darauf basiert die Einteilung von Qualitätskosten in Qualitätssicherungs- und Fehlerkosten:

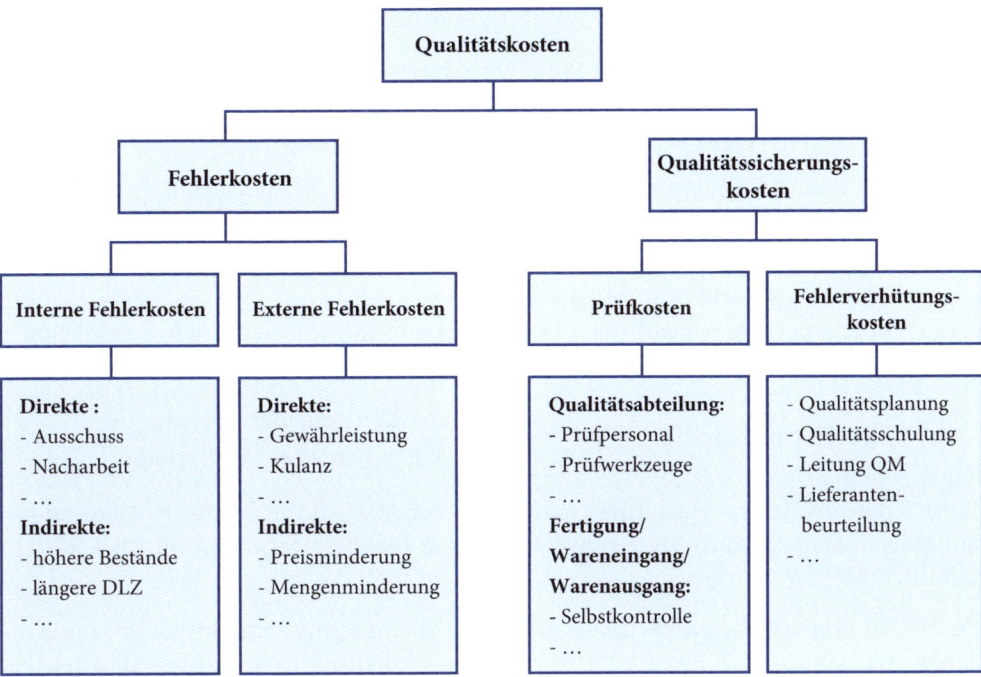

Abb 17: Systematik der Qualitätskosten[15]

Interne und externe Fehlerkosten sind seitens des Produktionsmanagements kurzfristig beeinflussbar und lassen sich mittels geeigneter Kennzahlen effizient steuern. Qualitätssicherungskosten, welche in Form von Präventivmaßnahmen und Qualitätskontrollen anfallen, haben tendenziell langfristigeren Charakter und müssen

---

14   Vgl DIN 55350-11:2008-05, 11.
15   In Anlehnung an *Müller* (2001) 96, DGQ (1985).

mittels Wirtschaftlichkeitsrechnungen den Einsparungen aus verringerten Fehlerkosten gegenübergestellt werden. Daher konzentrieren sich die in diesem Kapitel beschriebenen Kennzahlen auf die Analyse der kurzfristig steuerbaren Fehlerkosten.

2.6.1. Ausschussquote / Ausschusskosten

Ausschuss- und Nacharbeitsquote bilden die wesentlichen Steuerungsgrößen für direkte interne Fehlerkosten. Die *Ausschussquote* stellt die Anzahl der Ausschussteile in Relation zur gesamten Produktionsmenge einer Periode gegenüber. Im Gegensatz zur Nacharbeit werden unter Ausschuss jene fehlerhaften Teile verstanden, die aus technischen oder wirtschaftlichen Gründen nicht mehr repariert werden können.

$$\text{Ausschussquote} = \frac{\text{Anzahl Ausschussteile der Periode}}{\text{Gesamte Produktionsmenge der Periode}}$$

Die *Ausschusskosten* je Fertigungsauftrag ergeben sich aus den Ausschussmengen der einzelnen Produktionsstufen multipliziert mit den jeweiligen Herstellkosten, welche bis zu der jeweiligen Stufe im Fertigungsprozess angefallen sind:

$$\text{Ausschusskosten} = \text{Ausschussmenge} \times \text{Herstellkosten pro Ausschussteil}$$

2.6.2. Nacharbeitsquote / Nacharbeitskosten

Unter *Nacharbeit* wird die Reparatur von fehlerhaften Teilen verstanden, welche zwar Zusatzkosten verursacht, aber technisch bzw wirtschaftlich möglich ist. Im Gegensatz zum Ausschuss entsteht nach erfolgter Überarbeitung in Form von speziell angestoßenen Nacharbeitsaufträgen eine Umsatzleistung. Die Nacharbeitsquote vergleicht hierbei die Anzahl der Nacharbeitsteile mit der gesamten Produktionsmenge einer Periode.[16]

$$\text{Nacharbeitsquote} = \frac{\text{Anzahl Nacharbeitsteile der Periode}}{\text{Gesamte Produktionsmenge der Periode}}$$

Mittels der erwähnten Nacharbeitsaufträge werden auch die *Nacharbeitskosten* gesammelt, welche mittels eigenen Stundensätzen für die Nacharbeit im ERP-System kalkuliert werden.

Zusätzlich können die durch unzureichende Prozess- und Produktqualität entstandenen Ausschuss- und Nacharbeitskosten ins Verhältnis zu den Herstellkosten gebracht werden, um so die Kosten fehlerhafter Prozesse relativ zu den gesamten Herstellkosten steuern zu können.

2.6.3. Reklamationsquote

Die *Reklamationsquote* beschreibt die Anzahl der fehlerhaft gelieferten Kundenaufträge/Produkte im Verhältnis zu der Gesamtzahl der Kundenaufträge des Beobach-

---

16   Vgl *Jodlbauer* (2008) 36 f.

tungszeitraumes. Ein integriertes Fehlerkostenmanagement, welches eine systematische Senkung der Reklamationsquote bedingt und parallel die Einhaltung der Liefertermine optimiert, stellt eine wesentliche Maßnahme zur Verbesserung der Kundenzufriedenheit dar und reduziert mit Reklamationen verbundene Gewährleistungs- und Kulanzkosten.

$$\text{Reklamationsquote} = \frac{\text{Anzahl Kundenaufträge mit Reklamationen}}{\text{Gesamtanzahl Kundenaufträge der Periode}}$$

2.6.4. Parts per Million (PPM)

Lieferantenseitig misst die Kennzahl PPM die Anzahl an Fehlern bzw Defekten pro einer Million Teile, indem die gesamte empfangene Menge mit der dem Lieferanten als fehlerhaft zuzuordnende Menge in Relation gebracht wird. Ein gelieferter Teil bzw eine Komponente wird als fehlerhaft gezählt, wenn mindestens ein Fehler vorhanden ist (Abweichung von Spezifikation, Begleitdokumentation oder Verpackungsvorgabe). Termin- und Mengenabweichungen sind generell nicht PPM-relevant.[17]

$$\text{PPM} = \frac{\text{Defekte Teile im Betrachtungszeitraum}}{\text{Gelieferte Teile im Betrachtungszeitraum}} \times 10^6$$

2.6.5. Qualitätskosten je Fertigungsstunde

Die Summe der Qualitätskosten, bestehend aus Prüf-, Fehlerverhütungs- und Fehlerkosten, wird im monatlichen Reporting des Produktionscontrollings in Relation zu den ausgebrachten Fertigungsstunden (FST) gebracht. Somit ist ein interner Qualitätsbenchmark zwischen Prozessen und Abteilungen explizit möglich und Maßnahmen wie eine Verlagerung der Qualitätsprüfung zum Zulieferer finanziell bewertbar.

$$\text{Qualitätskosten je FST} = \frac{\text{Prüfkosten} + \text{Fehlerverhütungskosten} + \text{Fehlerkosten}}{\text{Fertigungsstunden}}$$

2.7. Arbeitssicherheit

Neben Prozesssicherheit, Prozesssynchronisation, Bestandssicherheit und Qualität zählen auch die Arbeitssicherheit bzw der Schutz der menschlichen Gesundheit zu den wesentlichen Säulen einer Produktion. Durch Erfassung der Arbeitsunfälle im Produktionsbereich, einer Einteilung dieser Unfälle mittels der *Heinrich*-Pyramide in verschiedene Unfallklassen (siehe Abb 18) und einer Steuerung mittels Kennzahlen lässt sich langfristig die Arbeitssicherheit verbessern.

---

17   Vgl *Otto/Hinderer* (2009) 3 f.

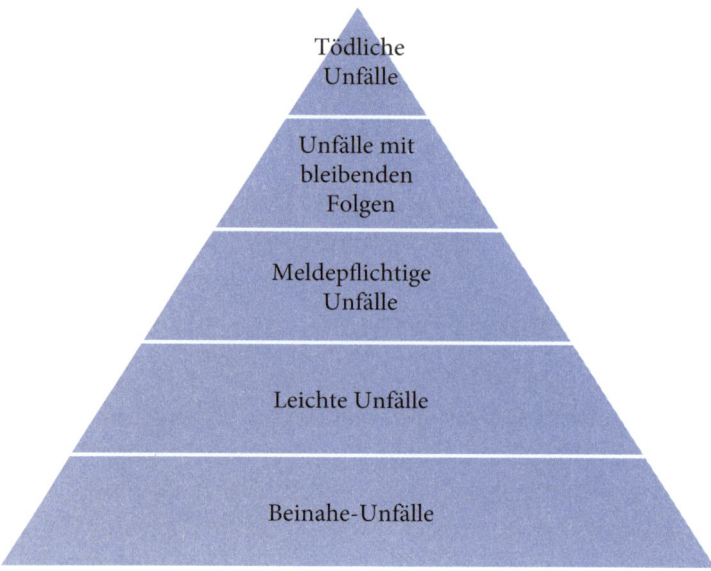

Abb 18: *Heinrich*-Pyramide[18]

Beispielhaft soll die Kennzahl Lost-Time-Injury-Rate als wesentlicher KPI im Bereich Arbeitssicherheit angeführt werden. Lost Time Injuries sind Unfälle, die zumindest zu einem Ausfallstag eines Mitarbeiters führen.

$$\text{Lost Time Injury Rate (LTIR)} = \frac{\text{Anzahl der Lost Time Injuries} \times 100.000}{\text{Geleistete Arbeitsstunden}}$$

2.8. Fazit

Ziel dieses Kapitels war es, ein möglichst ganzheitliches Konzept des Produktionscontrollings vorzustellen, welches durch eine gezielte Auswahl von Schlüsselkennzahlen das Produktionsmanagement in seinen operativen Entscheidungen unterstützt und auf einer strategie-, ziel- und kundenorientierten Steuerung aufbaut. Dies soll durch die Ausgewogenheit von KPIs aus den Bereichen Kapazitäts-, Durchlaufzeit-, Bestands- und Qualitätscontrolling gewährleistet werden.

Die effiziente Umsetzung der Marktanforderungen in Produktionssystemen und die damit verbundene Fertigungsstrategie unterscheiden sich von Unternehmen zu Unternehmen. Dies ist auch beim Aufbau eines Produktionscontrollings zu berücksichtigen. Die Auswahl und Verwendung der vorgestellten Kennzahlen hat im Einklang mit der Strategie und den Zielen des Unternehmens zu stehen, um als Produktionsunternehmen im Spannungsfeld der effizienzbestimmenden Wettbewerbsfaktoren Qualität und Zeit langfristig wirtschaftlich erfolgreich zu sein.

---

18   Vgl *Käfer* (1999).

Literatur

Bauer, J., Hayessen, E. (2009): 100 Produktionskennzahlen, 1. Auflage, Wiesbaden

Binner, H. F. (1993): Produktionscontrolling über BDE-Kennzahlen

DGQ (1985): Qualitätskosten – Rahmenempfehlungen zu ihrer Definition, Erfassung und Beurteilung. DGQ Schrift 14–17. 5. Auflage, Berlin

DIN 55350, Teil 11 (2008): Begriffe der Qualitätssicherung und Statistik: Grundbegriffe der Qualitätssicherung, Berlin

Jodlbauer, H. (2008): Produktionsoptimierung, 2.Auflage, Wien

Käfer, M. (1999): Das Arbeitsschutzsystem bei DuPont de Nemours, Hans Böckler Stiftung, Arbeitspapier 10, http://www.boeckler.de/pdf/p_arbp_010.pdf

Lay, G., Kinkel, S., Jäger, A., Hanisch, C., Waser, B. R. (2009): Benchmarking identifiziert Potenziale zur Steigerung der Produktivität

Müller, V. (2001): Konzeptionelle Gestaltung des operativen Produktionscontrolling unter Berücksichtigung von differenzierten Organisationsformen der Teilefertigung, Aachen

Otto, B., Hinderer, H. (2009): Datenqualitätsmanagement im Lieferanten-Controlling, In: Weber, J., Hachmeister, D., Hess, T., Schäffer, U., Controlling & Management, Wiesbaden, S. 2–10

Reitz, A. (2008): Lean TPM – In 12 Schritten zum schlanken Managementsystem, München

Schmitt, M. (2012): Zwischen Strategie und Produktionsreporting. Produktivitätskennzahlen als Bindeglied, In: Klein, A., Schnell, H. (Hrsg): Controlling in der Produktion, München, S.121–138

Schnell, H. (2012): Effizienzmessung in der Produktion mithilfe von Kennzahlen, In: Klein, A., Schnell, H. (Hrsg): Controlling in der Produktion, München, S.41–62

Weyer, M. (2012): Der Run der Automobilindustrie auf die Hours per Vehicle, In: Klein, A., Schnell, H. (Hrsg): Controlling in der Produktion, München, S.173–194

Wüst, K., Kuppinger, B. (2012): Optimierung von Losgröße, Durchlaufzeit und Werkstattumlaufbeständen, In: Klein, A., Schnell, H. (Hrsg): Controlling in der Produktion, München, S. 87–104

3. Kennzahlen in der Beschaffung

Martin Tschandl/Peter Schentler

Inhaltsverzeichnis

Durch den hohen Anteil extern beschaffter Güter an den Gesamtkosten wirken sich Einsparungen direkt auf das Unternehmensergebnis aus. Ein wesentliches Instrument für eine zielgerichtete Steuerung der strategischen und operativen Tätigkeiten der Beschaffung sind Kennzahlen und Kennzahlensysteme. Diese müssen je Adressaten-/Zielgruppe der Information unterschiedlich ausgeprägt sein: Auf der obersten, strategisch relevanten Ebene (in der Regel Geschäftsleitung) werden beschaffungsrelevante Spitzenkennzahlen zur Einkaufserfolgsmessung und -steuerung eingesetzt. Diese Spitzenkennzahlen sollen sich in der zweiten Ebene (in der Regel Beschaffungsleitung) als Teil eines umfassenderen Kennzahlensystems (zum Beispiel einer Balanced Scorecard) wiederfinden. In der dritten Ebene arbeiten Einkäufer mit Einzelkennzahlen, die möglichst automatisiert generiert werden. Der vorliegende Artikel beschreibt die drei genannten Ebenen und gibt einen Überblick über mögliche Kennzahlen. Darauf aufbauend kann ein Kennzahlensystem unternehmensspezifisch entwickelt werden.

Die *Beschaffung* zählt mit Produktion und Absatz zu den drei leistungswirtschaftlichen Grundfunktionen und versorgt das Unternehmen mit einem Großteil der notwendigen Produktionsfaktoren (vor allem Material, Energie, Produkte und Dienstleistungen, nicht jedoch angestelltes Personal). Es existiert keine eindeutige, allgemein akzeptierte Definition, vielmehr wird der Begriff „Beschaffung" in Praxis und Theorie unterschiedlich verwendet.[19] In diesem Beitrag werden dem *Einkauf* die operativen, abwickelnden Tätigkeiten zur Versorgung der Unternehmen mit den notwendigen Rohstoffen, Betriebs- und Hilfsmitteln, Anlagen und Dienstleistungen zugeschrieben,[20] während die *Beschaffung* zusätzlich auch strategische einkaufsrelevante Tätigkeiten zur Sicherstellung der Versorgung beinhaltet.[21]

---

19   Vgl *Bogaschewsky* (2003) 26.
20   Vgl *Schentler* (2008) 13: Personal oder Finanzmittel werden weder in der Wissenschaft noch in der Unternehmenspraxis (institutionelle Differenzierung, spezielle Kenntnisse notwendig) einer „Beschaffung im engeren Sinn" zugeschrieben.
21   Vgl *Tschandl/Schentler* (2008) 7–8.

Der Wert der beschafften Güter und Dienstleistungen macht in der produzierenden Wirtschaft Österreichs und Deutschlands durchschnittlich rund 60 % der Gesamtkosten aus. Das führt zu einem *„Hebeleffekt der Beschaffung"* auf das Unternehmensergebnis. Einsparungen schlagen direkt auf das Ergebnis und die Ergebnisqualität (zB Umsatzrentabilität, ROI) durch, womit es für das Unternehmen besonders wichtig wird, die Einkaufspreise gegenüber Vorperioden zu reduzieren bzw zu verteidigen.

Strategisch noch bedeutender ist der Einfluss anderer Beschaffungsaktivitäten auf das Unternehmensergebnis. Vor allem intensivierter (globaler) Wettbewerb und technologische Entwicklung führen bei vielen Unternehmen zu einer weiteren Fokussierung auf die eigenen Kernkompetenzen, wodurch der Zukauf auch inhaltlich an Wert gewinnt: Zulieferer werden bereits in der Produktentwicklung integriert, gesamte Module bzw Problemlösungen zugekauft und langfristige Kooperationen eingegangen. Aus dem traditionell reaktiven, administrativen Einkauf wird eine strategisch relevante *Gewinnbeschaffungs-* und *Know-how-Transferfunktion.*[22]

3.1. Die Bedeutung von Kennzahlen für die Beschaffung und das Beschaffungscontrolling

Beschaffungsrelevante *Kennzahlen* bilden Sachverhalte ab, ermöglichen mit ihrem aggregierten Informationsgehalt *Vergleiche* (Plan-Ist, Ist-Ist etc) und können so Korrekturmaßnahmen zur Zielerreichung auslösen.

Beschaffungsrelevante *Kennzahlensysteme* sind eine Zusammenstellung abhängiger und/oder sich ergänzender Kennzahlen für einzelne oder mehrere Ebenen der Beschaffung: Geschäftsführung, Beschaffungsleitung, strategischer/operativer Einkauf. Abgeleitet von klassischen Kennzahlenprozessen können folgende sechs Schritte den Weg zu einem unternehmensspezifischen Kennzahlensystem systematisieren:

1.	Warum sollen Einkaufskennzahlen abgebildet werden?	Feststellen der Gründe und Ziele der Anwendung von Einkaufskennzahlen
2.	Welche Einkaufsziele sind mit Kennzahlen zu operationalisieren?	Ableitung von Kennzahlen aus den Zielen des Einkaufs und für Planungs- und Steuerungszwecken
3.	Wie hängen die Kennzahlen zusammen? Wer braucht welche Kennzahlen wie genau und wie häufig?	Verknüpfung der Einkaufskennzahlen zu einem System
4.	Wie sind die Kennzahlen zu berechnen und zu interpretieren?	Definition der Einkaufskennzahlen und Dokumentation
5.	Woher stammen die Daten?	Sicherung der Datenquellen für die Berechnung der Einkaufskennzahlen
6.	Wie ist die Lösung IT-mäßig zu realisieren?	Integration des Kennzahlen-Konzepts in die IT des Unternehmens

Abb 19: Sechs Schritte zu einem unternehmensspezifischen Kennzahlensystem

---

22   Vgl *Bäck* et al (2007) 3.

3.1.1. Kennzahlen und Beschaffung

Als allgemeines Beschaffungsziel gilt das *beschaffungs-* bzw *materialwirtschaftliche Optimum*: Die richtigen Güter und Leistungen sind in der richtigen Menge, am richtigen Ort, zum richtigen Zeitpunkt, in der richtigen Qualität und zu den richtigen Kosten bereitzustellen.[23] Aus einer ausführlichen Literaturanalyse von *Meyer* lassen sich sieben Grobziele für die Beschaffung ableiten. Diese Grobziele werden mit Hilfe von konkreten *Subzielen* und Zielwerten operationalisiert. Die Zielwerte werden als Kennzahlen für Planung, Kontrolle und Steuerung (über Aktivitäten) verwendet.

Beschaffungsziele	Erläuterung	Beispiele für Kennzahlen
Beschaffungskosten senken	Die Beschaffungskosten umfassen Beschaffungsobjekt-, -prozess- und sonstige beschaffungsbezogene Kosten.	• Beschaffungsobjektkosten • Ø Bestellwert • Ø Lagerdauer
Beschaffungsqualität erhöhen	Je höher die Beschaffungsqualität, desto geringer die Differenz zwischen geforderten und erhaltenen Anforderungen bezüglich Produkt, Lieferort, Lieferservice.	• Lieferzuverlässigkeit • Lieferausfallsquote • Fehlmengenquote
Beschaffungszeit senken	Die Beschaffungszeit stellt den Zeitraum dar, der für die Wiederbeschaffung benötigt wird.	• Wiederbeschaffungszeit • Durchlaufzeit pro Bestellung
Beschaffungsrisiko senken	Beschaffungsrisiken sind drohende Abweichungen der Ist- von den Plan-Ereignissen in den Beschaffungsmärkten und im Beschaffungsbereich selbst (zB die Insolvenz eines Lieferanten).	• Lagerreichweite • Vorratsstruktur • Stammlieferantenquote
Beschaffungsflexibilität erhöhen	Die Beschaffungsflexibilität drückt den Handlungsspielraum eines Unternehmens im Hinblick auf ungeplante Abweichungen aus, umfasst also Leistungs-, Mengen-, Zeit- und Ortsflexibilität.	• Änderungsflexibilität • Mengenflexiblität • Reservekapazitätsgrad
Beschaffungsautonomie optimieren	Die Autonomie bezieht sich auf die Abhängigkeit eines Unternehmens von seinen Zulieferern. Kooperationsvorteile und die daraus meist resultierende Abhängigkeit sind auszubalancieren.	• Rahmenvertragsquote • Anzahl möglicher Lieferanten
Gemeinwohlorientierte Beschaffungsziele verfolgen	Bei diesen Zielen stehen nicht die eigenen Interessen im Vordergrund, sondern das übergeordnete Wohl. Beispiele sind soziale oder ökologische Ziele.	• Zertifizierungsgrad bei Lieferanten • Recyclingquote Verpackungen Lieferanten

Abb 20: Die sieben Grobziele der Beschaffung[24]

---

23   Siehe bereits bei *Pfohl* (1972) 29.
24   Vgl *Schentler* (2008) 15 und *Meyer* (1990).

3.1.2. Kennzahlen und Beschaffungscontrolling

Das Beschaffungscontrolling ist ein Subsystem des Beschaffungsmanagements, das über einen Controlling-Kreislauf (Planung, Kontrolle, Information) eine zukunfts-, engpass-, informations- und zielorientierte Steuerung und Koordination der Beschaffung ermöglicht. Zusätzliche beratende Unterstützung der Beschaffungsführung soll rationale Entscheidungen sicherstellen und so die Reaktions- und Adaptionsfähigkeit erhöhen.[25]

Damit unterstützt das Beschaffungscontrolling das Beschaffungsmanagement bei verschiedenen Aufgaben (siehe Abb 21).

Material- und **Güterflüsse**	**Lieferanten**	**Beschaffungs-** **programm**	**Zahlungs-** **ströme**	**Beschaffungs-** **bereich**
①	②	③	④	⑤
▪ **Strategie**entwicklung, -bewertung und -auswahl ▪ **Integration** von Beschaffungs- & Unternehmensplanung ▪ Überführung der **Beschaffungspotenziale** in die **Budgetierung** ▪ **Bestandsmanagement**	▪ Lieferanten**beurteilung** ▪ **Kooperationscontrolling** ▪ Analyse der **Lieferantenstruktur** (Gesamtzahl & Art der Einbindung)	▪ Optimale Fertigungstiefe **(Make-or-Buy)** ▪ Verbesserung der Beschaffungsobjektstruktur (Schaffen von Transparenz über [**Folge-**] **Kosten**) ▪ Aufzeigen horizontaler **Verbundeffekte**	▪ Transparenz über **Zahlungsbedingungen** ▪ **Beitrag zum Working-Capital-Tracking/ Management**	▪ **Strategische** Zielsetzung für die Beschaffungsabteilung (strategischer Soll-Ist-Vergleich, Stärken-Schwächen-Analyse etc) ▪ **Erfolg & Kosten** der Beschaffungsabteilung (Einkaufseffizienz & Einkaufserfolgsmessung)

Abb 21: Die Aufgaben des Beschaffungscontrollings

In der Praxis werden diese Aufgaben auch von anderen Funktionen als dem (Beschaffungs-)Controlling ausgeführt, beispielsweise von der Leitung Beschaffung selbst, von Mitarbeitern der Beschaffung oder von interdisziplinären Teams.

Die Instrumente im Beschaffungscontrolling leiten sich einerseits vom Controlling allgemein, andererseits von der Beschaffungscontrolling-Definition ab.[26] Sowohl für Planung als auch für Kontrolle/Abweichungsanalyse und für Reporting spielen Kennzahlen(-systeme) eine wesentliche Rolle.

3.2. Die Empfänger von Kennzahlen aus der Beschaffung

Die Kennzahlen in der Beschaffung sind je Empfängerebene konzeptionell anders zu gestalten, erfüllen sie doch jeweils unterschiedliche Zwecke. Eine mögliche Differenzierung kann nach den Ebenen in der Unternehmenshierarchie in Geschäftsleitung (GL), Beschaffungs-/Einkaufsleitung und Einkäufer erfolgen (siehe Abb 22).

---

25   *Tschandl/Schentler* (2008) 16.
26   Zu einer Auflistung von 50 wichtigen Instrumenten im Beschaffungscontrolling vgl *Tschandl/Schentler* (2008) 24 sowie zu einer Vorstellung der wichtigsten Instrumente siehe *Schentler/Henke* (2009).

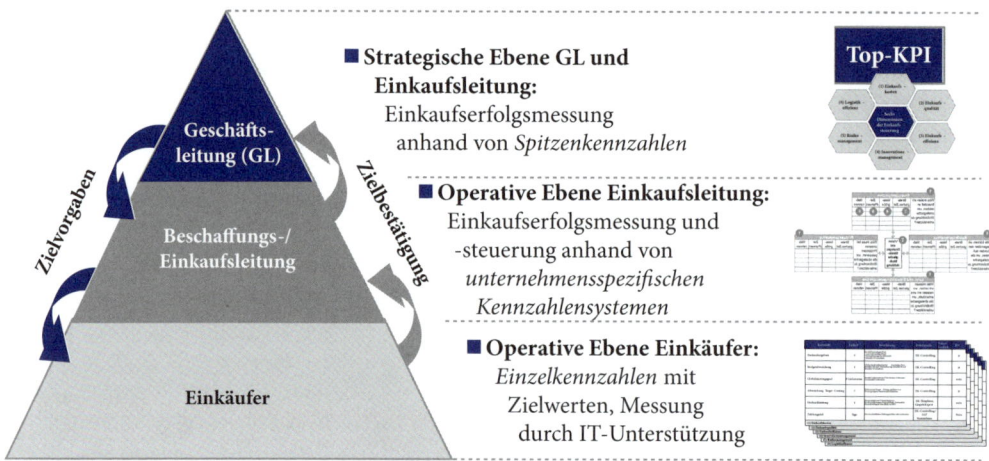

Abb 22: Die Empfängerebenen von Beschaffungskennzahlen

In der obersten, strategisch relevanten Ebene, also überwiegend die Geschäftsleitung, aber auch die Beschaffungs-/Einkaufsleitung, erfolgt die Unterstützung der Einkaufserfolgsmessung und -steuerung mittels beschaffungs-/einkaufsrelevanter Spitzenkennzahlen. Diese Spitzenkennzahlen sollen sich in der zweiten Ebene, der Beschaffungs-/Einkaufsleitung, als Teil eines umfassenderen Kennzahlensystems (zum Beispiel einer Balanced Scorecard) wiederfinden. In der dritten Ebene arbeiten Einkäufer mit Einzelkennzahlen, die möglichst automatisiert ausgewertet werden.

3.3. Einkaufskennzahlen(-systeme) für die Geschäfts- und Einkaufsleitung

Auch in der Beschaffung werden Kennzahlen mathematisch und/oder sachlogisch zu Kennzahlensystemen zusammengefasst. Die mathematisch verknüpften Systeme basieren häufig auf ROI-orientierten Strukturen, zeigen den Einfluss der Beschaffung auf das Unternehmensergebnis und erlauben einfache Simulationen der Beschaffungswirkung auf die Spitzenkennzahl (siehe Abb 23).

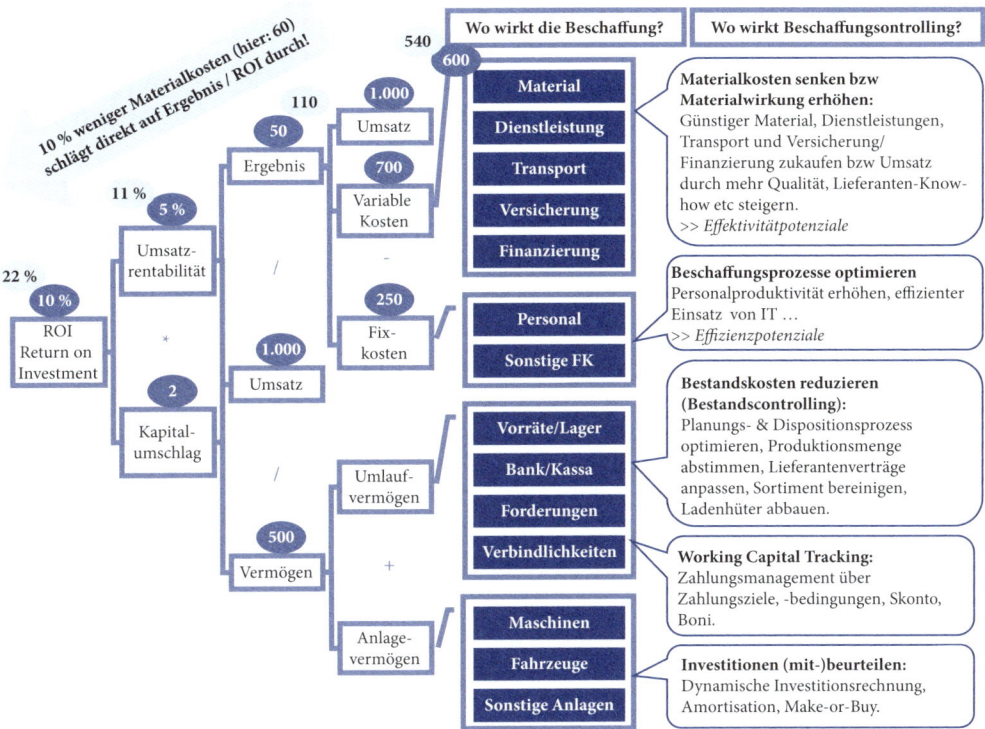

Abb 23: Einfluss der Beschaffung auf das Unternehmensergebnis[27]

Diese Kennzahlensysteme reichen jedoch nicht aus, um die Beschaffung mit allen **strategisch** relevanten Erfolgsfaktoren zu steuern und der Beschaffungsleitung oder der Geschäftsführung eine Übersicht über ihre Leistung zu geben. Dazu werden in der Regel sachlogisch verknüpfte Kennzahlensysteme verwendet, die an die spezifischen Bedürfnisse der Beschaffung angepasst werden müssen. In Literatur und Praxis wird hierzu das Konzept der *Balanced Scorecard* als besonders geeignet beschrieben.[28]

Mit einer Balanced Scorecard soll die Organisation konsequent auf die Umsetzung der Vision und der daraus abgeleiteten strategischen Stoßrichtung ausgerichtet werden.[29] Durch die gleichgewichtete („balanced") Berücksichtigung von unterschiedlichen Perspektiven auf einer Anzeigetafel („scorecard") kann die Beschaffung gesteuert und gleichzeitig mit der Unternehmensstrategie (strategische Stoßrichtung) abgestimmt werden. Will man bei der Einführung einer BSC möglichst pragmatisch vorgehen, sind die vier Dimensionen von *Kaplan/Norton*[30] – *Finanzen, Kunden, interne Prozesse, Lernen und Entwicklung* – die richtige Wahl, weil das unternehmensinterne Diskussionen über die Sinnhaftigkeit einzelner Perspektiven

---

27 Entnommen aus *Tschandl/Schentler* (2008) 10–13.
28 Sie existieren in unterschiedlichen Ausprägungen wie Einkaufs-BSC, Procurement BSC, Purchasing BSC, Lieferanten-BSC oder Supply-BSC. In der Regel handelt sich dabei um (sehr) ähnliche Inhalte.
29 Vgl *Müller* (2000) 17.
30 *Kaplan/Norton* (1997) 7 ff; *Gleich* (2001) 53 f.

vermindert.[31] Ihre unternehmensindividuelle Anpassung erfährt die BSC dann über folgende Stärken:

- Fokussierung der strategischen Beschaffungsziele aller Perspektiven auf eine zentrale, *strategische Stoßrichtung* (des Einkaufs oder besser des gesamten Unternehmens),
- Wirksamkeit der strategischen Ziele durch konsequentes Ableiten von *Kennzahlen/KPI* pro Ziel zur Planung und Messung sowie
- Verbindung dieser strategischen Ebene mit dem operativen Geschäft, indem die jeweils festzulegenden Maßnahmen/Projekte zur Zielerreichung in den Budgets abgebildet sein müssen.

Für die Beschaffung ergibt sich folgendes Dilemma: Nimmt man die vier klassischen Perspektiven zur Entwicklung einer BSC ist man methodisch auf der sicheren Seite, allerdings muss man die Lieferanten entweder in der Kundenperspektive (somit zur Marktperspektive erweitert) oder in einer erweiterten Prozessperspektive abdecken. Vielfach in der Literatur empfohlen wird die Ergänzung mit einer eigenen (fünften) *Lieferantenperspektive*, um so die Wichtigkeit der Lieferanten für die Beschaffung stärker zu betonen.[32] Das ist grundsätzlich sinnvoll, jedoch sollte im Gegenzug nicht auf die Kundenperspektive verzichtet werden. Die Zufriedenheit der internen Kunden ist eine wichtige Perspektive für den Erfolg der Beschaffung.

Ein Beispiel für eine Balanced Scorecard in der Beschaffung mit fünf Perspektiven ist in Abb 24 dargestellt.

Perspektiven	Strategische Ziele	Messgrößen (KPI)	Zielwerte	Maßnahmen	Budget in TEuro
	Balanced-Scorecard im Einkauf/in der Beschaffung				
Finanzen	▪Wertbeitrag Einkauf ▪Kapitalbindung senken ▪Einkaufseffizienz erhöhen	▪Einkaufserfolg ▪Bestände brutto/netto ▪Einkaufskosten vom Umsatz	▪ -8 Mio. ▪ -12/10 Mio. ▪ ≤ 2,6 %		
Kunden	▪Hohe Lieferfähigkeit ▪Exzellente Flexibilität ▪Steigerung der Servicequalität	▪Bestellungen on time ▪Erfüllungsgrad Service Level Agreements (SLA) ▪Reklamationsquote	▪ ≥ 96 % ▪ ≥ 85 % ▪ ≤ 3 %	▪Implementierung zentraler SLAs ▪Anteil A-Lieferanten erhöhen ▪Qualitätsaudits durchführen	80 6 17
Lieferanten	▪Lieferantenmanagement (LM) einführen ▪EBIT-Effekte aus dem Einkauf maximieren	▪Abdeckungsgrad LM ▪Supplier-Scoring ▪EBIT-Anteil A-Lieferanten	▪ ≥ 75 % ▪ ≥ 8,2 v. 10 ▪ 19 Mio. (> 60 %)	▪Roll-Out harmonisiertes Lieferantenmanagement ▪Supplier Contribution starten ▪…	42 19
Prozesse	▪Zentralisierung ausgewählter Categories ▪Standards für Subkontraktoren etablieren	▪Zentralisierungsgrad ▪Maverick-Buying-Quote ▪Subkontraktoren-Abdeckung	▪ ≥ 87 % ▪ ≤ 5 % ▪ ≥ 60 %	▪Roll-out Category-Mgmt. ▪Pay-Prozess harmonisieren ▪Subkontrakt-Mgmt. forcieren ▪…	69 3 5
Lernen/ Mitarbeiter	▪Daten-Transparenz ▪Schulung Mitarbeiter ▪Kommunikationskonzept	▪Abdeckungsgrad Spend-Measurement ▪MA in Schulungen ▪…	▪ ≥ 90 % ▪ 23 MA	▪IT-Systeme einführen ▪Qualifikationsprogramm aufsetzen und durchführen	125 70

Abb 24: Beispiel für eine Balanced Scorecard in der Beschaffung[33]

---

31 Vgl *Bischof* et al (2014) 100–102.
32 Vgl *Wagner* (2004) 103 ff, siehe auch Kap D.4.
33 In Anlehnung an Horváth & Partners/SoftConCIS (2013).

In einer Balanced Scorecard wird ein logischer Zusammenhang zwischen den einzelnen Perspektiven und Kennzahlen unterstellt: Wenn das Lernen im Unternehmen funktioniert, erstellen geschulte und zufriedene Mitarbeiter die Produkte und Dienstleistungen des Unternehmens in besser ausgeführten Prozessen, wodurch tendenziell die Kunden (und hier auch Lieferanten) ebenso zufriedener sind, was in weiterer Folge die Finanzergebnisse verbessert. Die geplanten Ursachen-Wirkungsbeziehungen zwischen den Zielen können über eine *Strategy Map* hinterfragt werden, um so das Zusammenwirken in der BSC zu optimieren (siehe Abb 25).

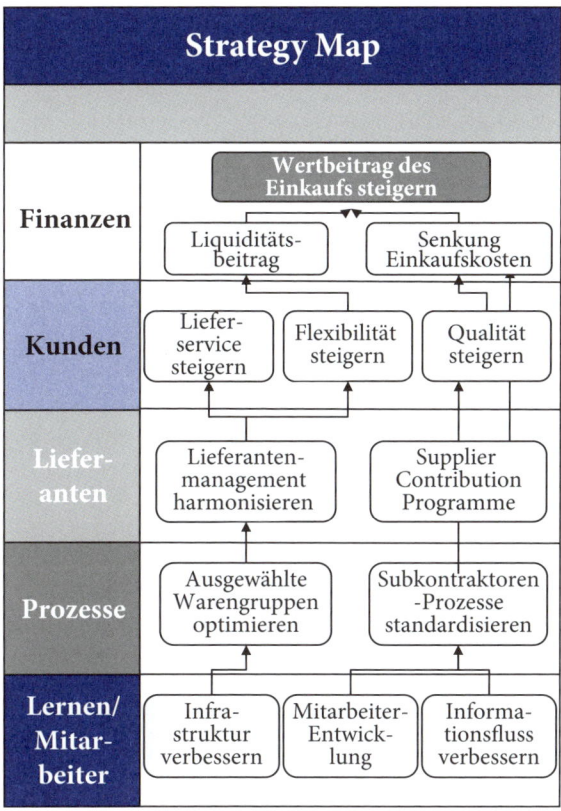

Abb 25: Beispiel für eine BSC Strategy Map[34]

Die Balanced Scorecard kann als Steuerungsinstrument sowohl für die Einkaufsleitung als auch für die Geschäftsleitung Anwendung finden. Während es für die Einkaufsleitung wichtig ist, alle Perspektiven und Inhalte der Scorecard zu betrachten, um ein gesamtheitliches Bild zu haben, sollten an die Unternehmensleitung nur wesentliche Spitzenkennzahlen berichtet werden. Darüber hinaus ist denkbar, dass für die Geschäftsleitung eine zusätzliche Dimension für die Unternehmens-BSC „geliefert" wird, sozusagen als Exzerpt aus der Einkaufs-BSC. Diese Einkaufsdimension enthält die für die Unternehmensführung wesentlichen Ziele und Kennzahlen aus dem Einkauf.

---

34   In Anlehnung an Horváth & Partners/SoftConCIS (2013).

In diesem Zusammenhang soll auch darauf hingewiesen werden, dass eine Beschaffungs-Balanced-Scorecard nicht spezifisch notwendig ist. Diese Aufgabe kann auch von anderen Kennzahlensystemen übernommen werden. Dennoch sollten sich die Grundgedanken hinter der Balanced Scorecard (verschiedene Perspektiven, Verknüpfung der Ziele mit Kennzahlen und Maßnahmen) in diesen Kennzahlensystemen wiederfinden.

3.4. Operative Beschaffungs-/Einkaufskennzahlen

Nachfolgend sind ausgewählte Kennzahlen für die Beschaffung dargestellt, die als Grundlage für die Auswahl für das Unternehmen dienen können. Inwieweit eine Kennzahl für ein Unternehmen oder eine Warengruppe geeignet ist, kann nur spezifisch definiert werden. Die Tabelle gliedert die Kennzahlen alphabetisch und beschreibt sie nach folgenden Kriterien:

- **Bezeichnung:** Name und Einheit, ggf alternative Namen
- **Formel und Kurzbeschreibung:** Wie wird die Kennzahl berechnet? Was ist ihre Aussage?
- **Ebene:** Für welche Ebenen wird die Kennzahl empfohlen: Geschäftsführung (GF), Einkaufsleitung (EL), Warengruppen (WG), Einkäufer (EK)
- **Ziele:** Die Messung welcher Einkaufsziele (siehe Abb 20) wird durch die Kennzahl ermöglicht/unterstützt? Beschaffungskosten senken (K), Beschaffungsqualität erhöhen (Q), Beschaffungszeit senken (Z), Beschaffungsrisiko senken (R), Beschaffungsflexibilität erhöhen (F), Beschaffungsautonomie gestalten (A), Gemeinwohlorientierte Beschaffungsziele verfolgen (G)

Kennzahl	Formel und Kurzbeschreibung	Ebene	Ziele
Abweichung Bestell- zu Rechnungspreisen [%]	$\dfrac{\sum \text{Anzahl der Buchungen mit abw. Bestell-/Rechnungspreis}}{\sum \text{Anzahl Buchungen}} \times 100$	EL	K
	Verhältnis der Zukäufe, bei denen Rechnungspreise von Bestellpreisen abweichen. Skonti und Währungsänderungen sind bei der Berechnung zu berücksichtigen.		
Aktive Rahmenverträge [%]	$\dfrac{\sum \text{Anzahl der genutzten Rahmenverträge}}{\sum \text{Anzahl gültiger Rahmenverträge}} \times 100$	WG	K
	Diese Kennzahl zeigt, inwieweit es ungenützte Rahmenverträge gibt.		
Auditierungsquote	$\dfrac{\sum \text{Anzahl auditierte Lieferanten}}{\sum \text{Einkaufsvolumen}} \times 100$	EL	Q, R, G
	Diese Kennzahl gibt Auskunft darüber, welcher Anteil der Lieferanten (in einem definierten Zeitraum) auditiert wurde.		

Kennzahl	Formel und Kurzbeschreibung	Ebene	Ziele
Automatisierungs-quote [%]	$$\dfrac{\sum \text{Automatisch ausgeführte Bestellungen}}{\sum \text{Bestellungen}} \times 100$$	GF, EL, WG	K
	Auswertung auch pro Bestellposition möglich. Diese Kennzahl gibt Auskunft, wie hoch der Automatisierungsgrad der Beschaffung ist. Sie lässt damit Rückschlüsse auf die Effizienz als auch die Vernetzung mit Lieferanten zu.		
Days Inventories Held DIH[35] (Lagerumschlag) [Tage]	$$\dfrac{\text{Durchschnittlicher Lagerbestand}}{\text{Umsatz}} \times 365$$	GF, EL, WG	K
	Diese Kennzahl gibt Auskunft darüber, wie häufig der Lagerbestand umgeschlagen wird. Eine hohe Anzahl von Tagen ist ein Indiz für eine lange Umschlagszeit und damit eine hohe Kapitalbindung. Ein Herunterbrechen nach Warengruppe ist empfehlenswert.		
Days Payables Outstanding DPO (Kreditorenum-schlag) [Tage]	$$\dfrac{\text{Durchschnittliche Verbindlichkeiten}}{\text{Einkaufsvolumen}^{36}} \times 365$$	GF, EL	K
	Diese Kennzahl gibt Auskunft darüber, in welchem Zeitraum Verbindlichkeiten durchschnittlich bezahlt werden. Insbesondere wenn kein Skonto mit Lieferanten vereinbart wird, ist eine möglichst lange Zahldauer anzustreben. Gutes Verhandeln erhöht diesen Wert. Verspätetes zahlen ebenfalls, aber mit negativen Folgen für die Reputation.		
Days Sales Outstanding DSO (Forderungsum-schlag) [Tage]	$$\dfrac{\text{Durchschnittlicher Forderungsbestand}}{\text{Umsatz}} \times 365$$	GF, EL	K
	Keine Einkaufskennzahl, jedoch aufgrund der Vollständigkeit bzw zur Berechnung der Days Working Capital hier enthalten. Diese Kennzahl gibt Auskunft darüber, wie lang Forderungen durchschnittlich ausständig sind. Eine hohe Anzahl von Tagen ist ein Indiz für zu lange Zahlungsziele oder ein schlechtes Mahnwesen.		

---

35   DIH wird auch DIO Days Inventories Outstanding genannt, siehe Kap D.6.
36   Näherungsweise wird insbesondere bei externer Analyse cost of sales anstatt des Einkaufsvolumens verwendet, siehe Kap D.6.

Kennzahl	Formel und Kurzbeschreibung	Ebene	Ziele
Days Working Capital DWC (auch C2C-Cycle, Cash Conversion Cylce CCC), Working-Capital-Umschlag) [Tage]	DIH + DSO – DPO	GF, EL	K
	Diese Kennzahl gibt Auskunft darüber, wie lange Kapital im Unternehmen gebunden ist. Eine möglichst kurze Kapitalbindung ist anzustreben. Ein hoher Wert bedeutet hohen Kapitalbedarf zur Finanzierung des Umsatzes.		
Einkaufsergebnis (Einsparungen) [€]	Alter Preis (Vorjahreswert) – Vergabepreis	GF, EL, WG	K
	Diese Kennzahl zeigt die Veränderung der Ausgaben gegenüber dem Vorjahr. Sie zeigt direkte positive oder negative Auswirkungen auf das EBIT, ist jedoch vom Einkauf nur teilweise beeinflussbar. Gibt es keinen Vorjahreswert, kann gegen den Budgetwert gemessen werden. Wichtig ist, Mengen- und Währungsabweichungen zu berücksichtigen.		
Einkaufsleistung (Verhandlungserfolg) [€]	Niedrigster Angebotspreis – Vergabepreis	GF, EL, WG	K
	Diese Kennzahl zeigt den Zusammenhang zwischen Marktpreisen bzw von Lieferanten geforderten Preisen sowie dem realisierten Preis. Sie gibt jedoch keine Aussage zur Veränderung gegenüber Vorjahres- oder Budgetwerten.		
Einkaufsvolumen pro Lieferant [€]	$$\frac{\sum \text{Einkaufsvolumen}}{\sum \text{Anzahl aktiver Lieferanten}}$$	EL, WG	A, F
	Diese Kennzahl gibt eine Übersicht über das durchschnittliche Einkaufsvolumen pro Lieferant. Insbesondere auf Warengruppensicht ist damit ersichtlich, ob viele oder wenige Lieferanten vergleichbare Teile liefern.		
Fremdwährungsquote [%]	$$\frac{\sum \text{Einkaufsvolumen in Fremdwährung}}{\sum \text{Einkaufsvolumen}} \times 100$$	GF, EL	R
	Anteil der Einkäufe, die nicht in der Hauswährung des Unternehmens getätigt werden. Aufgrund von möglichen Kurschwankungen stellt ein hoher Anteil sowohl ein Risiko als auch eine Chance für das Unternehmen dar, sollte keine Währungsabsicherung erfolgen.		

Kennzahl	Formel und Kurzbeschreibung	Ebene	Ziele
Global Sourcing-Quote [%]	$$\frac{\sum \text{Einkaufsvolumen mit internationalen Lieferanten}}{\sum \text{Einkaufsvolumen}} \times 100$$	GF, EL, WG	R, F, K
	Ein hoher Anteil von globalen Lieferanten am Einkaufsvolumen ist ein Indiz für eine optimale Ausnützung globaler Vorteile im Hinblick auf Spezialisierung und Kosten. Nachteilig können jedoch lange Lieferzeiten und höhere Risiken (durch Wechselkurse oder politische Entwicklungen) sein.		
Kooperationsquote [%]	$$\frac{\sum \text{Einkaufsvolumen über Einkaufskooperationen}}{\sum \text{Einkaufsvolumen}} \times 100$$	EL	A, K
	Der Anteil des über Einkaufskooperationen bezogenen Einkaufsvolumens gibt Auskunft darüber, inwieweit der Einkauf über das Unternehmen hinweg Maßnahmen zur Optimierung der Beschaffung setzt.		
Kosten je Bestellvorgang [€]	$$\frac{\sum \text{Einkaufskosten}}{\sum \text{Bestellungen}}$$	WG	K
	Diese Kennzahl gibt eine Auskunft über die durchschnittlichen Kosten pro Bestellung. Obwohl häufig zum Benchmarking verwendet, ist eine sinnvolle Aussagekraft in der Regel nur auf Warengruppenebene gegeben.		
Lieferbereitschaftsgrad	$$\frac{\sum \text{Anzahl sofort bedienter Anforderungen}}{\sum \text{Anzahl aller Anforderungen}} \times 100$$	EL, WG	F, R
	Er gibt Auskunft darüber, ob die Zulieferer die vom Hersteller gewünschten Bestellungen bzw Abrufe erfüllen können.		
Lieferflexibilität	$$\frac{\sum \text{Anzahl sofort bedienter Anforderungen}}{\sum \text{Anzahl aller Anforderungen}} \times 100$$	EL, WG	F
	Die Kennzahl soll über vertraglich vereinbarte Anforderungen hinausgehende Sonderwünsche in zeitlicher (Eilanfertigung) oder mengenmäßiger (Erhöhung der Bedarfsmenge) Sicht wie auch in der Form der Ausprägung umfassen.		

Kennzahl	Formel und Kurzbeschreibung	Ebene	Ziele
Local-Sourcing-Quote [%]	$$\frac{\sum \text{Einkaufsvolumen mit lokalen Lieferanten}}{\sum \text{Einkaufsvolumen}} \times 100$$	GF, EL	R, F, K
	Diese Kennzahl gibt Auskunft, welcher Anteil der Zukäufe mit lokalen Lieferanten (je nach Definition Region, Land etc) erfolgt. Ein hoher Anteil kann Vorteile im Hinblick auf Flexibilität und Risiko bedeuten, jedoch auch Nachteile im Hinblick auf Kosten und eingeschränkten Fokus der Beschaffungsmarktrecherche.		
Materialkosten-veränderung (%)	$$\frac{\text{Preis neu}}{\text{Preis alt}} \times 100$$	GF, EL, WG	K
	Diese Kennzahl zeigt, wie sich der Durchschnittspreis der Zukaufteile verändert. In der Regel wird ein Vergleich zum Vorjahr durchgeführt, der um Ausreißer im Hinblick auf Prototypen etc bereinigt wird.		
Maverick Spend [%]	$$\frac{\sum \text{Vom Einkauf eingekauftes Einkaufsvolumen}}{\sum \text{Einkaufsvolumen}} \times 100$$	EL	K
	Ein hoher Anteil an Maverick-Spend bedeutet, dass vielfach ohne Einkaufsunterstützung eingekauft wird und deshalb mögliche Potenziale nicht ausgenützt werden. Es ist schwierig, diese Kennzahl eindeutig (und vor allem automatisch) zu berechnen, da der Einkauf teilweise Positionen kauft, die keine Bestellung aufweisen und manche Positionen Bestellungen aufweisen, die nicht vom Einkauf erstellt wurden.		
Neu-Lieferanten [%]	$$\frac{\sum \text{Anzahl neue Lieferanten (akt. Jahr)}}{\sum \text{Anzahl Lieferanten Vorjahr}} \times 100$$	EL	K
	Diese Kennzahl gibt eine Übersicht, inwieweit das Unternehmen (auch) auf neue Lieferanten setzt oder Aufträge nur an die bisherigen Lieferanten vergibt.		

Kennzahl	Formel und Kurzbeschreibung	Ebene	Ziele
Nicht aktive Lieferanten [%]	$$\dfrac{\sum \text{Anzahl nicht bebuchte Lieferanten}}{\sum \text{Anzahl Lieferanten}} \times 100$$	EL	K
	Diese Kennzahl gibt Auskunft über nicht mehr aktive Lieferanten. Ein hoher Prozentsatz ist eine Indikation für eine schlechte Datenqualität.		
Präferierte Lieferanten [%]	$$\dfrac{\sum \text{Einkaufsvolumen bei präferierten Lieferanten}}{\sum \text{Einkaufsvolumen gesamt}} \times 100$$	GF, EL, WG	A, R
	Diese Kennzahl zeigt, welcher Anteil des Beschaffungsvolumens bei jenen Lieferanten eingekauft wird, die hohe bzw sehr hohe Anforderungen seitens des Unternehmens erfüllen.		
Rahmenvertragsquote [%]	$$\dfrac{\sum \text{Einkaufsvolumen über Rahmenverträge}}{\sum \text{Einkaufsvolumen}} \times 100$$	WG	A, F, R
	Ein hohes Einkaufsvolumen über Rahmenverträge ermöglicht Effizienzverbesserungen sowie Preisstabilität.		
Reklamationsquote [%]	$$\dfrac{\sum \text{Einkaufsvolumen mit Reklamationen}}{\sum \text{Einkaufsvolumen}} \times 100$$	GF, EL, WG	Q
	Diese Kennzahl gibt Auskunft, welcher Anteil des Einkaufsvolumens (oder alternativ welcher Anteil der Bestellpositionen) qualitative, zeitliche oder mengenmäßige Probleme aufweist. Ähnlich auch die Kennzahlen Liefertermintreue, Lieferqualitätstreue, Liefermengentreue.		
Single-Sourcing-Quote [%]	$$\dfrac{\text{Einkaufsvolumen ohne Alternativlieferant}}{\text{Einkaufsvolumen}} \times 100$$	EL, WG	A, R, F
	Diese Kennzahl zeigt, inwieweit das Unternehmen von einzelnen Lieferanten abhängig ist oder mit diesen eine intensive Geschäftsbeziehung pflegt.		

Kennzahl	Formel und Kurzbeschreibung	Ebene	Ziele
Skontoverlust [€]	$$\sum \text{Nicht ausgenutzte Skonti}$$	GF, EL	K
	Das Ergebnis dieser Kennzahl ist der Betrag in €, der aufgrund nicht ausgenützter Skonti nicht realisiert wurde.		
Umgehung Rahmenverträge (RV) [%]	$$\frac{\sum \text{Anzahl umgangener RV}}{\sum \text{Anzahl RV gesamt}} \times 100$$	EL, WG	K
	Diese Kennzahl zeigt, inwieweit Teile, die über Rahmenverträge eingekauft werden sollen, außerhalb von Rahmenverträgen eingekauft werden.		
Wieder-beschaffungszeit	Durchschnittliche Zeit von der Bestellung bis zum Eintreffen der Ware	WG	F
	Diese auf Warengruppen- oder Materialebene auswertbare Kennzahl gibt Auskunft darüber, wann der spätest mögliche Bestellzeitpunkt ist. Eine kurze Wiederbeschaffungszeit ist ein Zeichen für eine hohe Flexibilität.		
Zahlungs-bedingungen mit Skonto [%]	$$\frac{\sum \text{Zahlungsbedingungen mit Skonti}}{\sum \text{Zahlungsbedingungen}} \times 100$$	GF, EL	K
	Ist ein strategisches Ziel die optimale Skonto-nutzung, sollten möglichst viele Zahlungs-bedingungen mit Skonto vereinbart werden. Diese Kennzahl gibt Auskunft darüber, bei welchem Anteil der Zahlungsbedingungen (bei Rahmenverträgen, Bestellungen, …) ein Skontoabzug möglich ist. Sie kann auch auf Basis der Einkaufsvolumen berechnet werden.		
Zertifizierungs-quote	$$\frac{\sum \text{Anzahl Einkaufsvolumen bei zertifizierten Lieferanten}}{\sum \text{Einkaufsvolumen}} \times 100$$	EL	Q, R, G
	Diese Kennzahl gibt Auskunft darüber, welcher Anteil der Lieferanten definierte Zertifizierungen hinsichtlich Qualität, Umwelt, Soziales, etc erfüllt.		

Abb 26: Operative Beschaffungs-/Einkaufskennzahlen

3.5. Fallbeispiel aus der KMU-Praxis

Das nachfolgende Beispiel zeigt ein Kennzahlensystem aus einem KMU. Dabei werden für vier Sichten Kennzahlen ausgewählt, Ziele gesetzt und regelmäßig berichtet. Dieses Beispiel gibt eine Indikation, wie ein Kennzahlensystem mit operativen Beschaffungskennzahlen in einem KMU aussehen kann.[37]

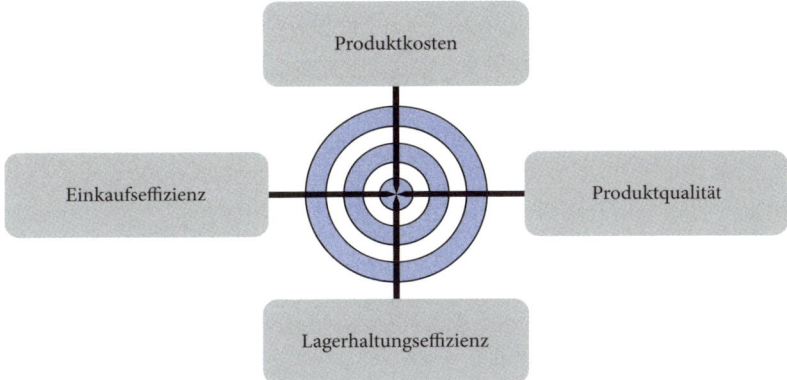

Abb 27: Praxisbeispiel Einkaufskennzahlensystem mit 4 Dimensionen

Die erste der vier Dimensionen fokussiert auf das Thema **Produktkosten** und stellt damit die finanzielle Perspektive in den Vordergrund: *„Erzielt der Einkauf einen guten Preis?"*

Kennzahl	Berechnung	Zusatzinstrumente
Einsparungen (Preiseffekt)	(Durchschn Preis der letzten 12 Monate – durchschn Preis aktueller Monat) × Einkaufsmenge aktueller Monat *[Für ausgewählte Warengruppen]*	• 12 Monatsberichte (Abweichung EK-Volumen zu Vorjahr & Budget inkl Preis-, Mengen-, Währungseffekten, Bestände & Veränderung) • Monatsbericht • EK-Volumen nach Kostenarten (Produktkosten, Frachten, Nebenkosten,…) im Zeitverlauf (Jahres- und Monatsvergleich)
Warenkorb	Preisindex des definierten Warenkorbs	
Ausschreibungsquote	(Anzahl der Einzelbestellungen > 2.500 € mit erfolgter Ausschreibung)/(Gesamtanzahl der Einzelbestellungen > 2.500 €) × 100	
Budgetabweichung	(Zielpreis aktuelles Quartal – durchschn Preis aktueller Monat) × Einkaufsmenge aktueller Monat *[Für ausgewählte Warengruppen]*	
Globalisierungsgrad	(Anteil EK-Volumen Ausland (oder spezifische Region) der letzten 12 Monate)/ (Gesamtes EK-Volumen der letzten 12 Monate) × 100	

Abb 28: Perspektive Produktkosten

---

[37] Die Bezeichnungen und Definitionen der Kennzahlen basieren auf der spezifischen Unternehmenslösung und weichen deshalb teilweise von den im Vorkapitel genannten ab.

Die zweite Perspektive stellt die **Produktqualität** sowie die Lieferanten in den Vordergrund. Hier soll die Frage beantwortet werden, inwieweit die Zukaufteile qualitativ und zeitlich den Vorgaben entsprechen.

Kennzahl	Berechnung	Zusatzinstrumente
Reklamationsquote	(Anzahl Bestellpositionen mit Reklamationen)/(Gesamtanzahl Bestellpositionen) × 100	• Report über monatliche Entwicklung aller Kennzahlen • EK-Volumen Lieferant/Material • SAP-Lieferantenbewertung • Lieferterminüberwachungsliste
Termintreue	(Anteil Lieferungen mit Abweichung Wareneingangsdatum > 2 Tage)/(Anzahl Lieferungen) × 100	
Anzahl ungeplanter Lieferantenwechsel	Anzahl der Lieferanten, die aus Qualitätsgründen gewechselt wurden	
Anteil EK-Volumen mit A- und AB-Lieferanten	(EK-Volumen mit A- und AB-Lieferanten)/(Gesamtes EK-Volumen) × 100	

Abb 29: Perspektive Produktqualität

Die dritte Perspektive fokussiert auf die Logistik und geht auf die Frage ein, inwieweit die Lagerhaltungspolitik vernünftig ist. Der Grund für die Berücksichtigung dieser Perspektive ist, dass der Einkauf in diesem KMU auch für die Beschaffungs- und Lagerlogistik verantwortlich ist.

Kennzahl	Berechnung	Zusatzinstrumente
Lagerkostenreduktion	(Durchschnittlicher Wert des Lagerbestands der letzten 12 Monate – durchschnittlicher Wert des Lagerbestands aktueller Monat) × (kalkulatorischer Zinssatz pa)/12	
Umschlaghäufigkeit	(Lagerentnahmen der letzten 12 Monate)/(durchschnittlicher Lagerbestand der letzten 12 Monate)	
Lagerbewegungen pro Mitarbeiter	Anzahl Lagerbewegungen (in & out)/Anzahl Magazinmitarbeiter am Monatsende	

Abb 30: Perspektive Lagerhaltungseffizienz

Die Kennzahlen im Themenfeld **Einkaufseffizienz** sollen die Frage beantworten, inwieweit der Aufwand für den Einkauf im Hinblick auf die erzielten Ergebnisse angemessen ist. Diese Perspektive umfasst über die Effizienz hinaus auch Kennzahlen zu den Themen Durchlaufzeit und IT-Unterstützung.

Kennzahl	Berechnung	Zusatzinstrumente
Bestellwert-struktur	(Anzahl Bestellungen < 100 €)/(Gesamt-zahl Bestellungen) × 100	• Einkaufskosten-artenübersicht (Personal-, Reise-, Gemeinkosten, …)
EK-Kosten je Bestellung	(Gesamtkosten der Abteilung Einkauf letzte 12 Monate)/(Anzahl Einzelbestel-lungen letzte 12 Monate)	
Interne Be-schaffungs-dauer	Durchschnittliche Durchlaufzeit vom Be-stellanforderungsdatum bis Bestelldatum im aktuellen Monat	
Papierlose Bestellquote	(Anzahl eProcurement-Bestellpositio-nen)/(Anzahl Bestellpositionen) × 100	
EK-Kosten-quote	(Gesamtkosten der Abteilung Einkauf letzte 12 Monate)/(Einkaufsvolumen letzte 12 Monate)	
Offene Bestellungen	Anzahl unerledigter Banfen (Status nicht bestellt bzw. nicht angefragt)	
Lieferanten-Konsolidie-rungsgrad	Anteil der Lieferanten für 90 % des EK-Volumens (Zeitraum: letzte 12 Monate)	

Abb 31: Perspektive Einkaufseffizienz

Kritisch anzumerken ist, dass bei diesem Beispiel eines Kennzahlensystems keine Kennzahlen zu den Lieferanten (zB Lieferantenbeurteilung) oder zu den Mitarbei-tern (zB Qualifizierung) vorhanden sind.

3.6. Fazit

Kennzahlen in der Beschaffung werden für die Empfängergruppen *Geschäftsleitung* (ausgesuchte KPI über Einkaufswirkung), *Einkaufsleitung* (Kennzahlensysteme, bei-spielsweise Balanced Scorecard) und *Einkäufer* (operative Einzelkennzahlen) erstellt und verwendet.

Im Hinblick auf die aktuelle und weitere Entwicklung von Kennzahlensystemen in der Beschaffung sind unterschiedliche Trends zu beobachten. Zu den wichtigsten zählen die folgenden:

• Zunehmende Verwendung von nicht monetären Kennzahlen im Standard-Management-Reporting (zB Produktivität, Liefertreue, Durchlaufzeiten, Pro-jekte und Maßnahmen).

- Integration von operativen Kennzahlen über vor- und nachgelagerten Wertschöpfungsketten von Lieferanten und Kunden (im Sinne eines Supply Chain Controllings).
- Statt einer Spitzenkennzahl für den Einkauf (zB Einsparungen) wird ein kleines Set von Spitzenkennzahlen betrachtet, das unterschiedliche Dimensionen abdeckt.
- Chancen und Risiken für die zukünftige Entwicklung werden verstärkt integriert.

Der vorliegende Beitrag gibt einen Überblick auf das Beschaffungscontrolling und den Einsatz von Kennzahlen und Kennzahlensystemen in der Beschaffung. Er bietet damit eine Basis für die Erstellung eines unternehmensspezifischen Kennzahlensystems, das von Geschäftsführung, Controlling und Einkauf auf Basis der situativen Gegebenheiten (Strategie, Umfeld, Kultur, Mitarbeiter etc) erstellt werden muss.

Literatur

Bäck, S., Tschandl, M., Schentler, P., Schweiger, J. (2007): Einkauf optimieren Praxishandbuch: Effizienz und Effektivität in Einkauf und Logistik: Teil B: Anwendungskonzepte und Instrumente zur Optimierung, Stückle, Ettenheim/Kapfenberg

Bischof, C., Tschandl, M. (2014): Der Beitrag des Controllings zur Strategieumsetzung, In: Heimerl, P. Tschandl, M. (Hrsg), Controlling – Finanzierung – Produktion – Marketing, UTB, Wien

Bogaschewsky, R. (2003): Historische Entwicklung des Beschaffungsmanagements, In: Bogaschewsky, R., Götze, U. (Hrsg): Management und Controlling von Einkauf und Logistik, DBV, Gernsbach, S. 13–42

Gleich, R. (2001): Das System des Performance Measurement, Vahlen, München

Horváth & Partners, SoftConCIS (2013): Benchmarking der strategischen Steuerungsgrößen im Einkauf, Frankfurt, Auswertung Studie, Frankfurt

Kaplan, R.S., Norton, D.P. (1997): Balanced Scorecard Strategien erfolgreich umsetzen, Stuttgart

Meyer, C. (1990): Beschaffungsziele, 2. Auflage, Hundt, Köln

Müller, A. (2000): Strategisches Management mit der Balanced Scorecard, Stuttgart

Pfohl, H.C. (1972): Marketing-Logistik, Distribution, Mainz

Schentler, P. (2008): Beschaffungscontrolling in der kundenindividuellen Massenproduktion. Controllingkonzeption zur ergebniszielorientierten Steuerung der Beschaffungsaktivitäten in Unternehmen mit kundenauftragsorientierter variantenreicher Fertigung, Leykam, Graz

Schentler, P., Henke, M. (2009): Beschaffungs-Controlling-Instrumente für KMU, In: Gleich, R., Henke, M., Rast, C., Schentler, P. (2009): Beschaffungs-Controlling (Der Controlling-Berater Band 6), Haufe, Freiburg, S. 81–94

Tschandl, M., Schentler, P. (2008): Beschaffungscontrolling – State of the Art, In: Tschandl, M., Bäck, S. (Hrsg): Supply Chain Performance, Leykam, Graz, S. 3–32

Wagner, S. M. (2004): Gewinnbringender Einsatz der Balanced Scorecard im Beschaffungsmanagement, In: Bundesverband Materialwirtschaft, Einkauf und Logistik e.V. (Hrsg): Best Practice in Einkauf und Logistik: Erfolgsstrategien der Top-Entscheider Deutschlands, Gabler, Wiesbaden, S. 103–115

4. Kennzahlensysteme in der Logistik

Heinz-Jürgen Klepzig/Hendrik Vater

Inhaltsverzeichnis

Die Ausgestaltung von betriebswirtschaftlichen Querschnittfunktionen ist in aller Regel spannend, doch konfliktreich. Auch Logistik ist eine Querschnittfunktion mit zahlreichen Prozessschnittstellen zu anderen Funktionsbereichen, deren Performance-Verfolgung sehr weit gespannt und – durch eine Vielzahl von Einflüssen aus unterschiedlichen Disziplinen – stark in Bewegung ist.

Der Beitrag liefert eine Kriterienmatrix für logistische Kennzahlen und zeigt verschiedene Wege zur praktischen Implementierung von Kennzahlensystemen in der Logistik auf.

4.1. Logistik: Was ist's? Was soll's?

Logistik wird im Kern als Überbrückung von Zeit (Lagern) und Raum (Transportieren) verstanden: Sie befasst sich also ursächlich mit Aktivitäten entlang der Zeitachse und ist somit originär prozessorientiert. Wie bei jedem Prozess lassen sich die Phasen in Eingaben, Prozess und Ergebnisse unterscheiden (Abb 32). Die stark US-englisch geprägte Logistik-Fachsprache spricht auch von Input, Thruput und Output.

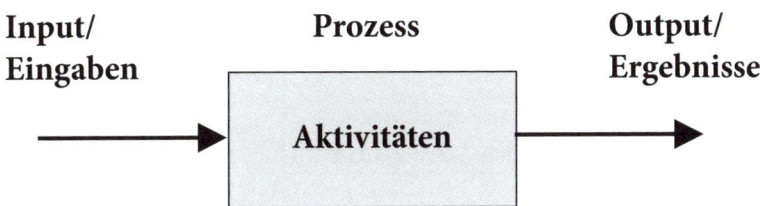

Abb 32: Prozessmodell

Jeder Output ist in aller Regel Input für einen Folgeprozess im Rahmen einer Prozesskette (Abb 33). Kunden können unternehmensexterne, aber auch unternehmensinterne Leistungsempfänger sein.

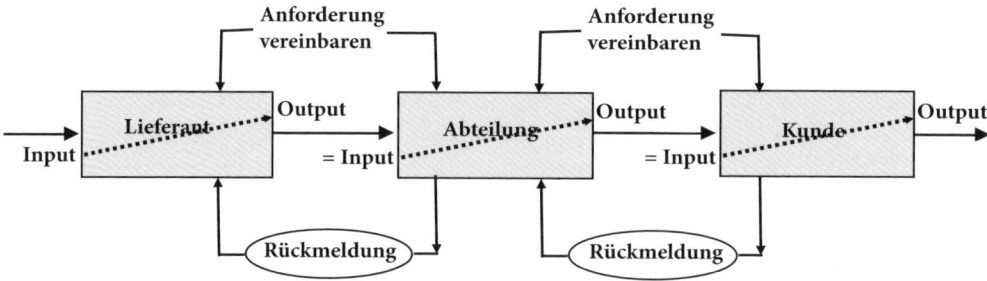

Abb 33: Ausschnitt einer Prozesskette

Die übliche Einteilung der logistischen Prozesskette eines produzierenden Unternehmens ist in Abb 34 dargestellt. Neben der Versorgungslogistik (Beschaffung, Produktion/Leistungserstellung, Distribution) ist die Entsorgungslogistik ergänzt. Der Begriff „Produktion/Leistungserstellung" besagt, dass dieser Prozess nicht nur das industriell geprägte Produzieren, sondern auch Prozesse wie Handel und Dienstleistungen umfasst. Beispielsweise laufen in einem dienstleistungsorientierten Betrieb wie einem Hospital hochkomplexe Ver- und Entsorgungsprozesse ab.

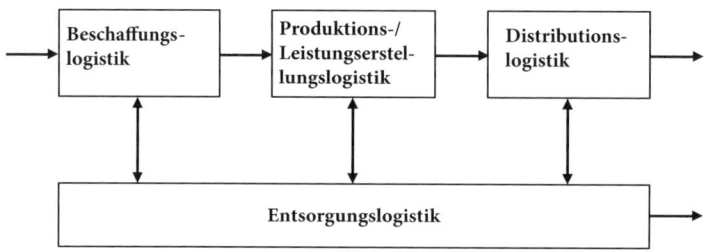

Abb 34: Logistische Prozesskette

Logistik definierte sich bislang maßgeblich über die Gestaltung der Material-/Leistungserstellungsflüsse und der zugehörigen Informationsflüsse. Mit Logistikkosten erfasste man wesentliche Logistik-Kostenblöcke. Die Verzahnung mit dem monetären Fluss, zB bei Liquidität und Kapitalbindung, wird erst in letzter Zeit gezielt hinterfragt (Abb 35):

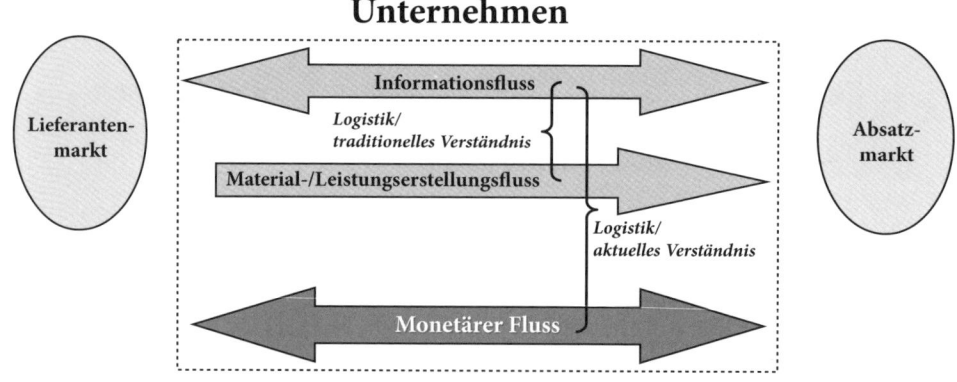

Abb 35: Logistische Kernprozesse

Die Verfolgung der Wertschöpfungs- und Lieferkette vom Rohstofflieferanten bis zum Endkunden (Supply Chain) durch Supply Chain Management wird heute ausdrücklich durch Verfolgung der monetären Auswirkungen durch das Financial-Supply-Chain-Management ergänzt.

Wann ist eine Logistik „gut"? Bereits 1964 wurden die „Seven Rights" von *Plowman*[38] beschrieben. Aufgabe der Logistik ist es demnach

- die richtigen Waren und Güter
- in der richtigen Menge
- in der richtigen Qualität
- für den richtigen Kunden
- zum richtigen Zeitpunkt
- am richtigen Ort
- zu den richtigen Kosten

zur Verfügung zu stellen.

Die genannten Logistikaufgaben lassen sich auf die Beurteilungsdimensionen Zeit, Qualität/Service und monetäre Kriterien reduzieren. Häufig bietet es sich an, das Kriterium „Flexibilität" (auch „Agilität") zu ergänzen, um Veränderungen im Prozess und seiner Umgebung entlang der Zeitachse t beurteilen zu können (Abb 36).

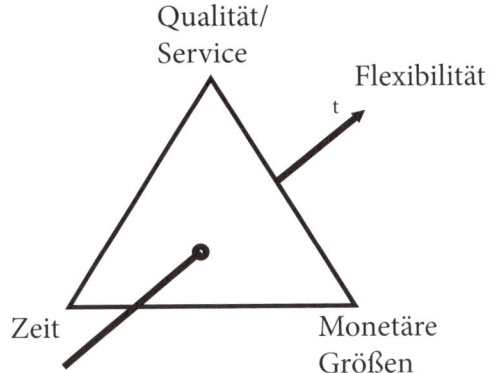

Abb 36: Beurteilungsdimensionen von logistischen Prozessen

4.2. Logistikkennzahlen: Was bringt's?

Die Bedeutung der genannten Beurteilungsdimensionen im unternehmerischen Einzelfall ergeben sich primär aufgrund der konkreten Unternehmensstrategie: Beispielsweise wird ein Kostenführer im Massengeschäft einen weit höheren Lagerumschlag anstreben als ein lieferservicestarkes Unternehmen im Ersatzteilgeschäft. Um diese individuellen Eigenarten eines Geschäfts zu beschreiben, erfasst man sog „Rahmen- oder Strukturkennzahlen" eines Unternehmens.

---

38   *Plowman* (1964).

Beispiele sind:

- Kundenanzahl
- Ø-Größe einer Bestellung
- Leistungserstellung auf Lager oder Leistungserstellung gemäß Kundenauftrag
- Zahl der Bestellungen pro Woche
- Zahl der angebotenen Artikel

Die bisherigen Ausführungen lassen sich in einer Kriterienmatrix zusammenfassen, die hilft, logistische Kennzahlen nach Typen zu gruppieren (Abb 37). Die Matrix erfasst prozessorientiert neben den Struktur- und Rahmenkennzahlen für die einzelnen besprochenen logistischen Phasen der Ver- und Entsorgung die Kennzahlendimensionen Qualität/Service, Zeit sowie monetäre Kennzahlen. Das Kriterium „Flexibilität" kann bei Bedarf, zB bei Veränderungen des Thruputs durch Marktveränderungen, Produktanläufe und -ausläufe ergänzt werden.

Die Matrix enthält auszugsweise wesentliche Kennzahlen, die bei unterschiedlichen Unternehmensanalysen der Autoren von Bedeutung waren.

Durch Verfolgung der Logistikkennzahlen soll die Erreichung des Unternehmenszieles unterstützt werden, das zweckmäßigerweise durch Top-KPIs beschrieben ist. Wichtige Kernfrage demnach ist: Was sind die Top-KPIs der Unternehmen, aus denen sich die relevanten Kennzahlen für die Logistik ableiten lassen?

In der Betriebswirtschaftslehre generell wie auch bei markt- und meinungsführenden Unternehmen wird die Unternehmenswertsteigerung und damit als Top-KPI zumeist Economic Value Added bzw der Geschäftswertbeitrag (GWB) eines Unternehmens verstanden. Abbildung 38 zeigt – ausgehend von den Kopf-Kennzahlen der Kriterienmatrix – anhand verschiedener Kennzahlenbeispiele die förderliche Performancewirkung der Logistik auf den GWB. Die Wirkungskette ist zwar nicht mathematisch belegbar, jedoch immerhin plausibel kausal.

Kennzahlen-art / Prozessphase	Struktur-/ Rahmenkennzahlen	Qualitäts-/ Servicekennzahlen	Zeitkennzahlen	Monetäre Kennzahlen
Input Beschaffung	- Einkaufsvolumen/Material gem. ABC - Zahl der Bestellungen p.a. - Ø Zahl Bestellpos./Bestellung&Varianz - Anzahl Lieferanten gem. ABC - Anzahl Mitarbeiter in Beschaffung - Gesamtkosten Beschaffung...	- Lieferbereitschaftsgrad - Plangemäße Anlieferung - Fehllieferungen - Zurückweisungsquote - Standzeiten LKW - Sonderfahrten...	- Days Payables Outstanding - On Time Delivery - Ø Durchlaufzeit/WE & Varianz - Kapazitätsnutzung - Lagerreichweite/Eingangslager...	- Beschaffungskosten/Bestellung - Ø Transportkosten/Auftrag&Varianz - Total Landed Costs - Value at Risk...
Thruput Produktion/Leistungserstellung	- Anzahl Enderzeugnisse - Anzahl Baugruppen&Teile/Erzeugnis - Anzahl Arbeitsplätze...	- Added Value/Produktion(Weg/Zeit) - Eilbestellungen...	- Days Inventory Held (DIH, DIO) - Ø Durchlaufzeit/Produktion&Varianz...	- Kapitalbindung - Obsolete Bestände - Value at Risk...
- Materialfluss/Transport	- Ø Transp.volumina/frequenzen&Varianz - Anzahl/Qualifikation d. Mitarbeiter - Art/Umfang Fördermittel - Transportwege/-kosten...	- Fehlerquote - Schadenshäufigkeit - Unfallhäufigkeit...	- Ø Transportzeit/Transportauftrag &Varianz - Kapazitätsnutzung/Transportmittel - Verfügbarkeit/Transportmittel...	- Transportkosten/Auftrag ...
- Lager/Kommissionierung	- Anzahl Lagerteile gesamt - Anzahl Zugänge&Entnahmen/Monat - Anzahl/Qualifikation d. Mitarbeiter - Art/Umfang Lager&Kommissionierung - Lager-/Kommissionierkosten...	- Fehlerquote - Servicegrad - Ø Durchlaufzeit&Varianz - Lieferengpässe/stock out/near crash...	- Ø Kommissionierzeit/Auftrag&Varianz - Termintreue - Lagerreichweite HF - Ø Zugriffe/Tag&Varianz...	- Lagerplatzkosten - Lagerbewegungskosten - Handling-/Kommissionierkosten - Kapazitätsauslastungsgrad...
- Fertigung/Durchführung	- Art/Zustand/Verkettung der Maschinen - Anzahl/Qualifikation d. Mitarbeiter - Kostenstruktur/Fertigung...	- Fehlerquote - Fehlteile - Geradeauslauf...	- Ø Durchlaufzeit/Auftrag&Varianz - Verfügbarkeit/OEE - Übergangs-/Stillstands-/Liegezeiten...	- Bearbeitungskosten - Mehrarbeitskosten - Maschinennutzungsgrad...
- Planung/Steuerung	- Anzahl/parallel bearbeitete Aufträge - Anzahl/Qualifikation d. Mitarbeiter - Kostenstruktur/PPS...	- Fehlerquote - Prognosequalität - Umfang trouble shooting...	- Ø Durchlaufzeit/WIP&Varianz - Einhaltung Fertigungs-/Liefertermine...	- Dispositionskosten/Auftrag - Fehlmengenkosten...
Output Distribution	- Umsatz/Erzeugnis&Absatzregion - Ø Umsatz/Kunde&Varianz - Kundenumsatz nach ABC/XYZ - Lagerstufen/Lagerstandorte - Auftragseingang/-bestände - Anzahl/Qualifikation d. Mitarbeiter - Leistungs-&Kostendaten/AD-Mitarbeiter - Kostenstruktur/Vertrieb ...	- Servicegrad - Plangemäße Anlieferung - Fehllieferungen - Zurückweisungsquote - Sonderfahrten - Nachlieferungen - Standzeiten LKW - Customer Satisfaction...	- Days Sales Outstanding/Cash-to-Cash - Ø Lieferzeiten&Varianz - Abweichung Soll-Termin - Kapazitätsnutzung - Lagerreichweite/FW-Lager - Lieferengpässe/stock out/near-crash ...	- Ø Auftr.abwicklungskosten&Varianz - Ø Lagerbewegungskosten - Ø Versandkosten&Varianz - Kapazitätsauslastungsgrad - Überbestands-/Fehlmengenkosten - Reklamations-/Garantieleistungen - Value at Risk...
	- Inbound-/Outbound-Strukturen - Sourcing-Strategien(local...global) - Produktaufbau(z.B. Gleichteilestrategien) - Rohstoff-/Energie-/Wasserversorgungskonzepte - Schadstoffemissionen - Qualifikation der Mitarbeiter...	- Emissionen/Ressourcenverbrauch/Carbon Footprint (eingesetztes Equipment, Verkehrsträger, Ladungsträger, ...Lieferkette, Lieferanten)...	- Lebenszyklusorientierung für Produkte/eingesetztes Equipment...	- Ressourcen-/Energie-/Produktions-Effizienz entlang der gesamten Supply Chain...

(Seitliche Beschriftung: Versorgung | Entsorgung)

Abb 37: Logistischer Treiberbaum: Beispiel

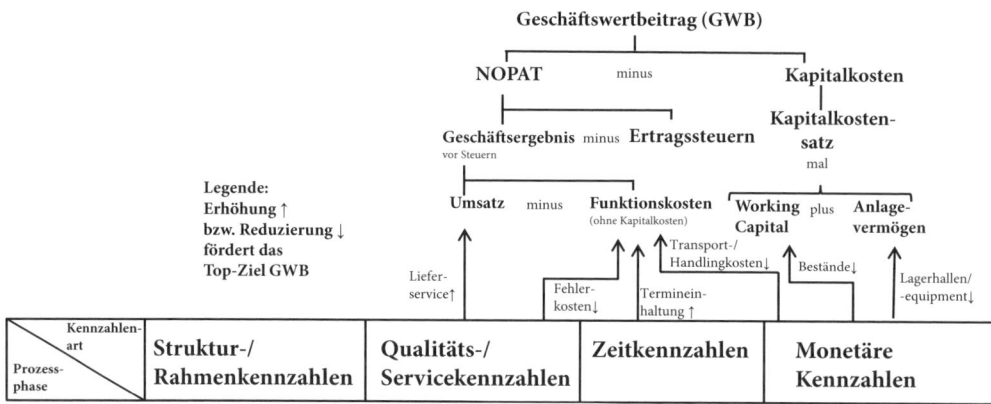

Abb 38: Logistische Kriterienmatrix

In der Praxis zeigt sich, dass derzeit immer noch für die meisten Unternehmen im deutschsprachigen Raum weniger die Unternehmenswertsteigerung als vielmehr insbesondere EBIT und damit einseitig Kostenaspekte von Bedeutung sind. Anders dagegen im US-amerikanischen Raum, wo der Schwerpunkt bei den Top-KPIs auf Cash bzw Cashflow liegt, und damit insbesondere auch die Gestaltung des Working Capitals von Bedeutung ist. Allerdings zeigen sich auch im deutschsprachigen Raum mittlerweile Entwicklungstendenzen: Die Markteinbrüche nach Lehmann und die seitdem anhaltende Marktvolatilität veranlassen Unternehmensleitungen vermehrt, Cash-/Cashflow- und damit Working-Capital-Management[39] eingehend zu verfolgen und zu gestalten.

Insgesamt ergibt sich damit als Fazit: Die Top-KPIs im Detail, aber sogar ihre generellen Stoßrichtungen sind unternehmensspezifisch und können sich ändern. Und damit ist auch die Ausdifferenzierung der monetären und nicht-monetären Logistikkennzahlen von der spezifischen Unternehmensstrategie abhängig. Demgemäß kann der vorliegende Beitrag wohl allgemeine Checklisten oder beispielhafte Systeme von Logistikkennzahlen liefern, die jedoch für den konkreten Einsatz im Unternehmen maßgeschneidert werden müssen. Der Aufbau eines (Logistik-)Kennzahlensystems bedeutet also Aufwand: In aller Regel umso mehr Aufwand, als man unternehmensspezifisch individualisiert!

Im Folgenden werden daher drei Ansätze[40] vorgestellt, die in ihrer Reihenfolge zunehmend individueller gestaltet werden können, aber auch zunehmend aufwendiger werden:

---

39 Aus Sicht der Autoren sollte Working-Capital-Management im Rahmen des Logistikmanagements bzw bei der Ausgestaltung zugehöriger Kennzahlen immer simultan mitbetrachtet werden! Dies insbesondere auch, weil eine gute Working-Capital-Performance als Indikator für gutes Prozess- bzw Logistikmanagement anerkannt ist. Working-Capital-Management wird mit einem separaten Beitrag in Kap D.6. behandelt.

40 In der Literatur wird derzeit das prozessorientierte SCOR-Modell häufig diskutiert, das eine integrierte Supply Chain unter Einbezug aller Lieferanten-, Produktions- und Distributionsstufen bis zum Endkunden anstrebt. Das Modell liefert die Grundlage für ein unternehmensübergreifendes Performance-Measurement-System. Allerdings verwendet das Modell eine große Anzahl von Kennzahlen, die teilweise redundant und nur allgemein beschrieben sind. Die Verwendung der Kennzahlen liefert sicher hilfreiche Anregungen, erfordert allerdings erheblichen Implementierungsaufwand. (vgl Supply Chain Council [2010] sowie *Bolstorff/Rosenbaum* [2007]). Das SCOR-Modell wird hier nicht weiter behandelt.

Bezeichnung	Inhalte
Logistik-Kennzahlen-System (LKS)	Checkliste
Verschwendungskennzahlen	Verlustmatrix, Durchlaufzeiten
Performance-Measurement-Systeme	Scorecards

Abb 39: Ansätze für Kennzahlensysteme

4.3. Kennzahlensysteme der Logistik

4.3.1. Logistik-Kennzahlen-System (LKS)

Das Logistik-Kennzahlen-System (LKS) von *Schulte*[41] ist gemäß einer Matrix aufgebaut (Abb 40 und 41):

Die Kennzahlen sind horizontal in vier Schichten gegliedert nach

- **Struktur- und Rahmen-Kennzahlen**
  Sie liefern Informationen zu Aufgabenumfang und -struktur, den Mitarbeiterzahlen und den Sachmittelkapazitäten sowie den Kosten (zB Anzahl der Lieferanten, Materialeinkaufsvolumen). Die Kennzahlen sind wesentliche Basis zur Erstellung der weiteren Kennzahlen (eine idente Kennzahlenkategorie mit weiteren Beispielen findet sich in Abb 37).
- **Produktivitäts-Kennzahlen**
  Sie messen die Produktivität der Mitarbeiter sowie der technischen Betriebseinrichtungen, sobald diese an den Logistikprozessen beteiligt sind.
- **Wirtschaftlichkeits-Kennzahlen**
  Sie ermitteln die Logistikkosten für die Leistungserbringung in der Logistik (zB Transportkosten pro Sendung) oder die Kosten werden in das Verhältnis zu den Erlösen gesetzt (zB Anteil der Transportkosten am Umsatz).
- **Qualitätskennzahlen**
  Sie dienen der Beurteilung zur Zielerreichung beziehungsweise der Qualität der logistischen Leistungserbringung.

Vertikal wird nach den Teilbereichen der Logistik unterschieden in:

- Beschaffung
- Materialfluss und Transport
- Lagerung und Kommissionierung
- Produktionsplanung und -steuerung
- Distribution

Als zweckmäßig zeigt sich in der Praxis der Einsatz dieses Kennzahlensystems als Checkliste. Durch die vertikale Einteilung in Teilbereiche der Logistik ist ein Prozessansatz gewährleistet.

Nachteilig ist, dass keine Top-KPI fixiert ist und keine Vorgehensweise zur zusammenfassenden Wertung der Kennzahlen aufgezeigt wird.

---

41 *Schulte* (1999).

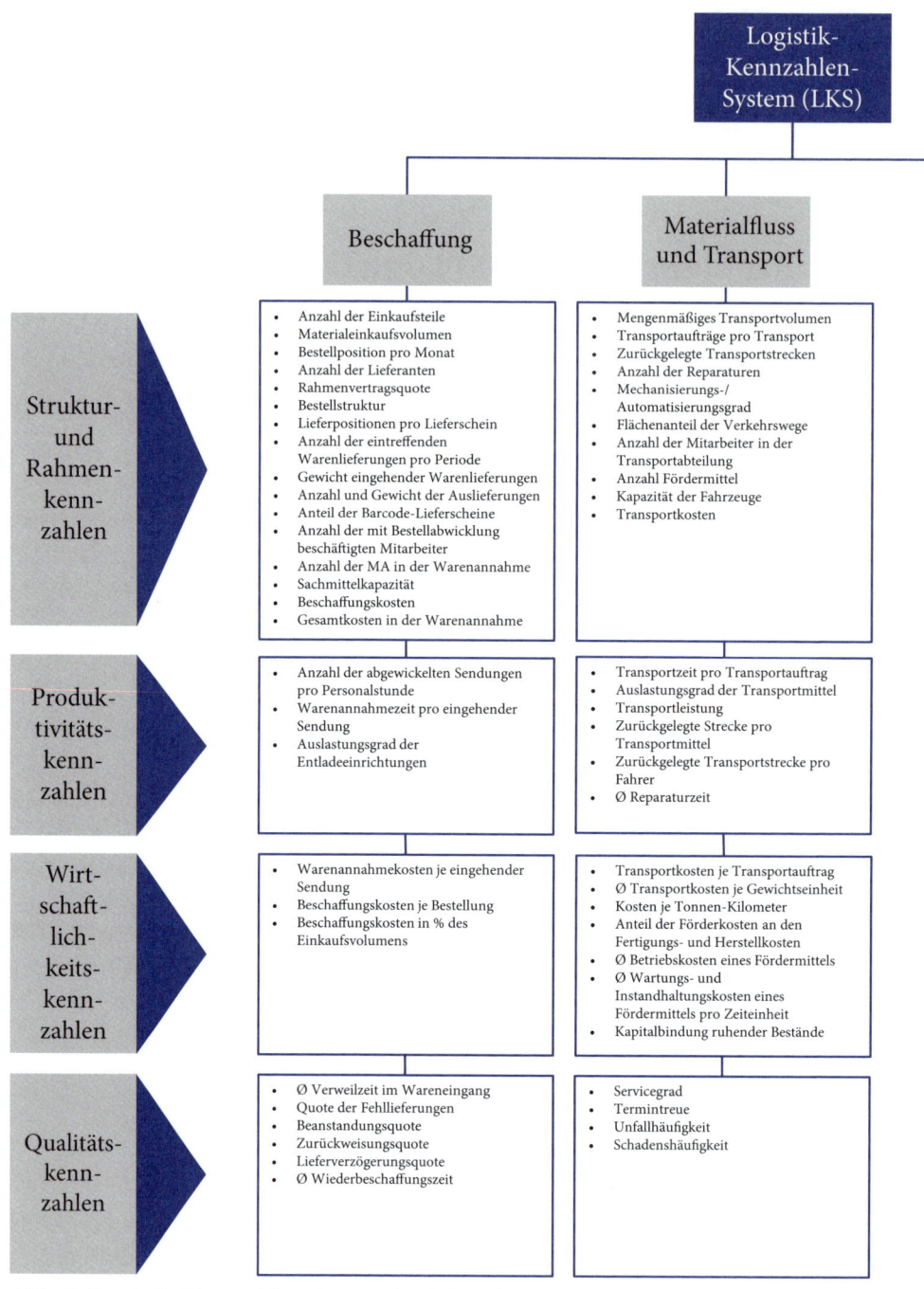

Abb 40: Logistik-Kennzahlen-System (1/2) (LKS)

Lager und Kommissionierung	Produktionsplanung und -steuerung	Distribution
• Anzahl der bevorrateten Artikel • Anzahl unterschiedlicher Verpackungen • Ø Menge gelagerter Teile • Anzahl der Ein- oder Auslagerungen • Struktur des Auftragsaufkommens • Flächenanteil der Läger • Anzahl Kommissionierpositionen pro Auftrag • Anzahl der Mitarbeiter im Lagerwesen • Sachmittelkapazität • Lagerkosten	• Anzahl der zu disponierenden Materialien bzw. Teile • Gesamtzahl der Auftragspapiere • Ø Anzahl von Positionen pro Bestellung • Anteil der DV-erstellten Auftragspapiere • Anzahl der Auftragseingänge • Anteil der listenmäßigen Positionen am Auftragseingang • Ø Wert einer Auftragseingangsposition • Fertigungstiefe • Anzahl der Mitarbeiter in den einzelnen PPS-Funktionen • Sachmittelkapazität • Kosten der Produktionsplanung und -steuerung	• Anzahl der Kunden • Ø Umsatz je Kunde • Anzahl Auslieferungen pro Zeiteinheit • Anzahl der Lagerstufen • Anzahl der Lagerstandorte • Ø Entfernung zwischen den Lagerstufen • Ø Entfernung zwischen Lager und Kunde • Auftragsgröße • Anteil der Distributionsmitarbeiter • Kosten der Kundenauftragsabwicklung • Kosten des externen Transportes • Fehlmengenkosten
• Flächennutzungsgrad • Höhennutzungsgrad • Raumnutzungsgrad • Kapazitätsauslastung der Lagermittel • Anzahl der Lagerbewegungen je Mitarbeiter • Kommissionierzeit je Auftrag	• Mittlere Anzahl von Auftragseingangspositionen je Mitarbeiter • Auftragsabwicklungszeit pro Auftrag • Mittlere Anzahl der Bestandskonten pro Mitarbeiter • Mittlere Anzahl der Dispositionsvorgänge je Mitarbeiter	• Produktivität der Versandabwicklung • Produktivität der Auftragsabwicklung • Transportzeit je Transportauftrag
• Ø Lagerplatzkosten • Kosten pro Lagerbewegung • Lagerkostensatz • Lagerhaltungskostensatz • Kommissionierkosten pro Auftrag	• Bearbeitungskosten einer Auftragseingangsposition • Kosten je Dispositionsvorgang • Bearbeitungskosten je Fertigungsauftrag • Steuerungskosten je Auftrag	• Ø Kosten der Kundenauftragsabwicklung • Anteil der Auftragsabwicklungskosten am Umsatz • Distributionskosten je Auftrag • Versandkostenquote • Umschlagshäufigkeit Fertigwaren • Transportkosten je Transportauftrag • Verhältnis Eigentransportkosten zu Fremdtransportkosten
• Fehlerquote • Ausfallgrad • Termintreue • Lager-/Servicegrad • Ø Verweildauer in Kommissionierzone • Lagerverlust je Periode • Vorratsstruktur	• Vorratsintensität • Ant. Vorratsverm. an der Bilanzsumme • Dispositionsbedingte Beanstandungs- bzw. Fehllieferungsquote • Anteil dispo.bed. Produktionsstörungen • Dispo.bed. Not- und Eilbestellungen • Bestände ohne Bewegungen • Dispo.bed. Fehlmengenkosten • Ø Lagerbestand • Bestandsreichweite • Umschlagshäufigkeit • Ø Verweildauer • Kapitalbindung • Altersstruktur der Bestände • Anteil nicht mehr verwertbarer Bestände am Umsatz	• Ø Lieferzeit • Lieferbereitschaft • Fehllieferungsquote • Liefertreue • Verzugsquote • Beanstandungsquote • Anteil der Nachlieferungen

Abb 41: Logistik-Kennzahlen-System (2/2) (LKS)

4.3.2. Verschwendungskennzahlen

Mit der Erfassung von Verschwendung („non-addedvalue") in logistischen Prozessen wird im Gegensatz zu den bisherigen Betrachtungen nur ein Aspekt verfolgt, der allerdings in unterschiedlichen Dimensionen gemessen werden kann. Verschwendung kann beschrieben werden zum Beispiel durch

- **Weglänge,** zB Transportweg von Ware, der keine zusätzliche Wertschöpfung erbringt (Abb 42)
- **Zeit,** zB unnötige Wartezeit im Warendurchlauf
- **Qualität und Kosten,** zB Fehler im Prozessablauf

Praktische Beispiele aus Industrieunternehmen zeigen, dass bei vielen Unternehmen die Wertschöpfung auf 20 % des Auftragsdurchlaufweges bzw 20 % der Auftragsdurchlaufzeit geschieht, und damit erhebliche Verbesserungspotenziale vorliegen.

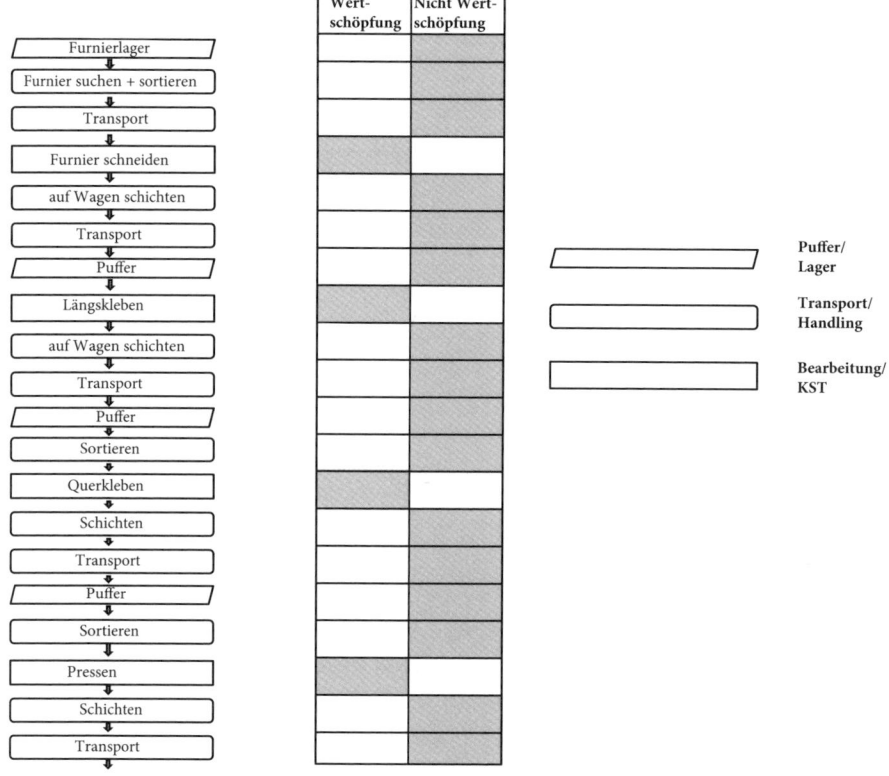

Abb 42: Wertschöpfung in der logistischen Kette: Fallbeispiel

Die Erfassung von Verschwendung (japanisch: Muda) ist eine spezifisch japanische Art der Prozessdiagnose auf der Basis eines speziellen Standards. Muda liegt vor, wenn Ressourcen verbraucht werden und kein entsprechender Wert geschaffen wird. Ursachen für Muda und damit Ansätze zur Reduzierung von Muda liegen vor bei Leistungsprozessen mit:

- Überproduktion
- Wartezeiten
- unnötigen Transporten
- unnötiger Bearbeitung
- unnötigen Beständen
- unwirtschaftlichen Abläufen
- fehlerhaften Produkten/Leistungen

Die Reduzierung von Verschwendung nach dem Muda-Ansatz ist insbesondere dann sinnvoll, wenn man den Umfang der Verschwendung und damit das momentane Optimum kennt. Die sieben aufgeführten Verschwendungsarten waren ursprünglich für den Produktionsbereich formuliert. Sie können angepasst, aber generell auch im Verwaltungsbereich eines Unternehmens sowie bei Handels- und Dienstleistungsunternehmen eingesetzt werden. Das Ziel ist, Verschwendung insbesondere in den operativen Prozessen zu vermeiden.

Zur systematischen detaillierten Erfassung von Verschwendung und deren Ursachen im Prozess bietet sich eine insbesondere in japanischen Betrieben praktizierte Methode an. Wesentliche Verlustkategorien und zugehörige Kosten bei der Leistungserstellung werden mit einer Verlustmatrix ermittelt (Abb 43). Bildhaft wird mit der Verlustmatrix ein fließender, schneller Prozess angestrebt, ohne Störungen, bei voller Auslastung der Ressourcen: Das „Streamlining" der Prozesse ist das Ziel.

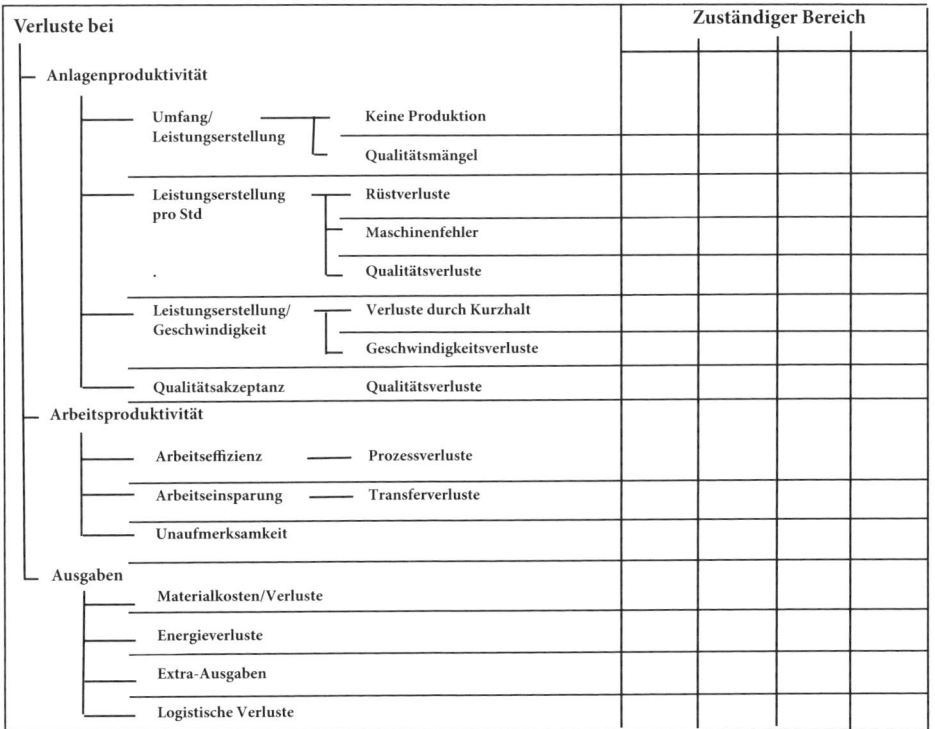

Abb 43: Verlustmatrix

Durch die Reduzierung von Muda insbesondere in den logistischen Prozessen der Kundenauftragsabwicklung wird die Auftragsdurchlaufzeit verkürzt. Da Durchlaufzeiten relativ leicht gemessen werden können, setzen Muda-bewusste Unternehmen diese Zeiten häufig als Logistikkennzahl ein, die sie stetig zu reduzieren versuchen. Die kausale Wirkung dieser Kennzahl auf die Top-KPI der Unternehmung ergibt sich dadurch, dass mit Verkürzung der Auftragsdurchlaufzeiten der Cash-to-Cash-Cycle verkürzt und damit das Working Capital verringert werden kann (vgl Kap D.6.).

4.3.3. Performance-Measurement-Systeme

Mit Performance-Measurement-Systemen will man die Effektivität, Effizienz sowie Flexibilität von bestimmten Leistungsbereichen einer Organisation messen. Bekanntester Vertreter ist die Balanced Scorecard. Auf einer Scorecard werden die wesentlichen Kennzahlen eines betrachteten Leistungsbereichs visualisiert (vgl Kap A.2.).

In der Literatur werden verschiedene alternative Vorschläge zur Ausgestaltung einer Balanced Scorecard für die Logistik bzw das Supply Chain Management vorgeschlagen. In Anlehnung an *Kaplan/Norton*[42] beschreibt man in der Regel über vier Perspektiven, durch welche Aktivitäten das Unternehmensziel erreicht werden kann. Bei den Perspektiven unterscheidet man

- die Finanzperspektive: Ihre Kennzahlen definieren einerseits die von der Unternehmensstrategie erwarteten finanziellen Leistungen, andererseits ergeben sie sich über Ursache-Wirkungs-Beziehungen aus den weiteren Perspektiven.
- die Kundenperspektive: Hier werden Aspekte wie Marktanteil, Kundenzufriedenheit, Kundentreue und Kundenrentabilität berücksichtigt.
- Unternehmensprozesse: Ihre durch Kennzahlen gesteuerte Ausgestaltung soll die Zielerreichung der Kunden- und Finanzperspektive ermöglichen. Zugehörige Kennzahlen umfassen die Dimensionen Qualität/Service, Zeit, monetäre Größen und Flexibilität.
- Lern- und Entwicklungsperspektive: Diese Perspektive beeinflusst die drei weiteren Perspektiven. Mitarbeitervorschläge, 0-Fehler- und Kaizen-Programme sind Beispiele, die typische Kennzahlen für diese Perspektive liefern.

Es ist bei Logistikprozessen generell zweckmäßig, im Hinblick auf die Verfolgung von Ursache und Wirkung sowohl Input und Output zu berücksichtigen. Demnach ist es sinnvoll, in der logistischen Balanced Scorecard die Kundenperspektive einzubeziehen und um die Lieferantenperspektive zu ergänzen.

Da die Effizienz von logistischen Prozessketten maßgeblich von Störungen an Schnittstellen beeinflusst wird, ist es weiterhin sinnvoll, die Zusammenarbeit der logistischen Partner zu erfassen.

---

42   *Kaplan/Norton* (1996).

Die Balanced Scorecard von *Werner* (Abb 44) folgt dieser Betrachtung und setzt sich dementsprechend mit fünf Perspektiven auseinander:

- Finanzen
- Lieferanten
- Kunden
- Prozesse
- Integration

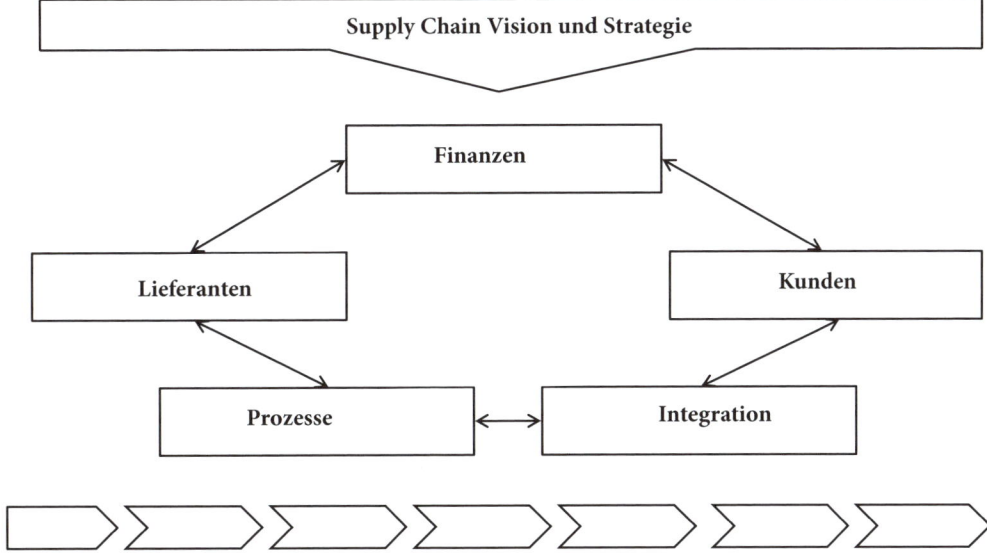

Abb 44: Supply Chain Scorecard nach *Werner*[43]

Die Lern- und Entwicklungsperspektive ist nicht mehr aufgeführt, kann jedoch bei Bedarf in einer der anderen Perspektiven berücksichtigt werden.

Werner liefert einen Vorschlag zur Ausgestaltung der Scorecard (Abb 45) durch Detaillierung der strategischen Ziele pro Perspektive und Zuordnung möglicher Kennzahlen.

Strategische Ziele	Mögliche Kennzahlen
Finanzen	
Erfolg	Umsatz, Rohertrag, EBIT, Jahresüberschuss
Liquidität	Cashflow, Cash-to-Cash-Cycle
Rentabilität	ROCE, ROA, ROS, ROI
Wertsteigerung	Economic Value Added (EVA)
Bestand	Lagerreichweite, Turn Rate
Supply-Chain-Kosten	Transportkosten, Supply-Chain-Kosten

---

43   *Werner* (2014) 94.

Strategische Ziele	Mögliche Kennzahlen
Kunden	
Kundentreue-/zufriedenheit	Kundentreueindex
Kundenreklamation	Kundenzufriedenheitsindex, Servicegrad
Neukundengewinnung	Umsatzanteil Neukunden
Marktanteil	Relativer Marktanteil, Absoluter Marktanteil
Order Fulfillment	Order Fulfillment Time
Absatzprognosegenauigkeit	Forecast Accuracy
Innovation	Neuproduktrate
Prozesse	
Kapazitätsauslastung	Kapazitätsauslastungsgrad und -nutzungsintensität
Produktivität	Lagerbewegungen pro MA, Picks pro Mitarbeiter
Zugangszeit/Durchlaufzeit	Time-to-Market, Total Cycle Time
Produkt-Prozessqualität	Ausschuss-/Nacharbeitsrate, Parts per Million
Auftragsabwicklungsqualität	Auftragsabwicklungsdauer und -zuverlässigkeit
Produktionsflexibilität	Upside Production Flexibility
Continuous Improvement	Verbesserungsvorschläge, Schulungsrate
Mitarbeiterzufriedenheit	Fehlzeiten/Kündigungen, Schulungen pro MA
Lieferanten	
Qualität/Service	Servicegrad, Zurückweisungsquote, Verzugsquote
Lieferantenzufriedenheit	Lieferantenzufriedenheitsindex
Produktivität Wareneingang	Sendungen pro Tag, Warenannahmezeit je Sendung
Wareneingangskontrollen	Wareneingangskontrollkosten
Integration	
Datentransfer	Digital Links
Infrastruktur	Fleet Links
Organisation/Vertrauen	Vertrauensindex, Kooperationsdauer
Kooperation	Gemeinsam genutzte Datensätze, Squeeze-in-Time

Abb 45: Strategische Ziele und Kennzahlen der Supply Chain Scorecard

Wesentlicher Vorteil der Scorecard ist zunächst, dass sie übersichtlich ist und damit im Unternehmen allgemein verständlich sein dürfte. Pro Perspektive sollten maximal sieben Ziele aufgeführt sein. Durch Überprüfung der Wirkungszusammenhänge zwischen den Zielen und ihren Kennzahlen pro Perspektivenebene ist die gesamte Scorecard in aller Regel in sich kausal plausibel. Durch Ergänzung der Scorecard mit Strategy Maps lässt sich der strategische „Schlachtplan" des Unternehmens übersichtlich visualisieren.

All das bekommt man nicht geschenkt: Die Erarbeitung einer Scorecard ist aufwendig! Bei der Anwendung sollte man das Risiko vermeiden, dass Kennzahlen einseitig vergangenheitsorientiert fortgeschrieben werden. Und schließlich ist die Formulierung von praktikablen Kennzahlen für einflussstarke logistikrelevante softe Faktoren wie Vertrauen, Kooperationswilligkeit und Zufriedenheit (vgl das strategische Ziel „Organisation/Vertrauen" in Abb 45), ein in der Praxis bislang meist unzureichend bearbeitetes Problemfeld.

4.3.4. Logistik-Kennzahlen: Quo vadis?

Es gibt noch einige große weiße Flecken auf der Landkarte der Logistik-Kennzahlen:

- Das Zusammenspiel der traditionellen Logistik mit dem monetären Fluss ist zu verbessern (Stichwort: Financial Supply Chain Management).
- Das Beziehungsmanagement entlang der logistischen Kette beeinflusst entscheidend die Performance der Logistik. Kennzahlen für zugehörige softe Faktoren findet man höchst selten, zB Glaubwürdigkeit des Geschäftspartners.
- Kennzahlen der „grünen Logistik" sowie der Entsorgungslogistik erscheinen als erheblich ausbaufähig, zB CO_2-Bilanz bei Offshore-Standorten (vgl Kap E.7.).
- Unternehmensübergreifende Kennzahlensysteme entlang der Supply Chain sind spärlich etabliert, zB Lieferfähigkeit des n-tier-Lieferanten.

Der Blick in die Praxis zeigt, dass in den Logistikkennzahlensystemen vieler Unternehmen reaktive Kennzahlen mit kurzfristiger Ausrichtung vorherrschen. Diese Aussage wird durch eine umfassende Befragung deutscher Unternehmen aus dem Jahre 2012 gestützt, die erhebliche Defizite offenlegte[44]. Die Abfrage, in welchem Umfang vorgegebene logistische Standardkennzahlen Verwendung finden, zeigte, dass kostenorientierte Finanzkennzahlen relativ intensiv verfolgt werden. Prozesskennzahlen dagegen werden weit weniger gemessen. Rund 40 % der befragten Unternehmen verfolgen grundlegende Kennzahlen wie Produktivität und Kapazitätsauslastung nicht (Abb 46).

Eine weitere massive Schwachstelle zeigt sich bei der Messung von Kundenkennzahlen, die gemäß Befragung – abgesehen von der Messung der Kundenreklamationen – nur schwach ausgeprägt ist.

In den heutigen Märkten muss es jedoch auch Leitlinie für die Logistik sein, zur Zufriedenheit, ja – gemäß *Kano*-Model[45] – Begeisterung des Kunden beizutragen.

---

44 *Weber* et al (2012).
45 *Kano* (2003).

Also gibt es für viele Unternehmen noch erhebliche lohnenswerte Verbesserungspotenziale auf dem Weg zu einem ganzheitlichen, prozess- und added-value-orientierten proaktiven Kennzahlensystem der Logistik!

Anteil der Unternehmen, die bestimmte logistische Kennzahlen messen

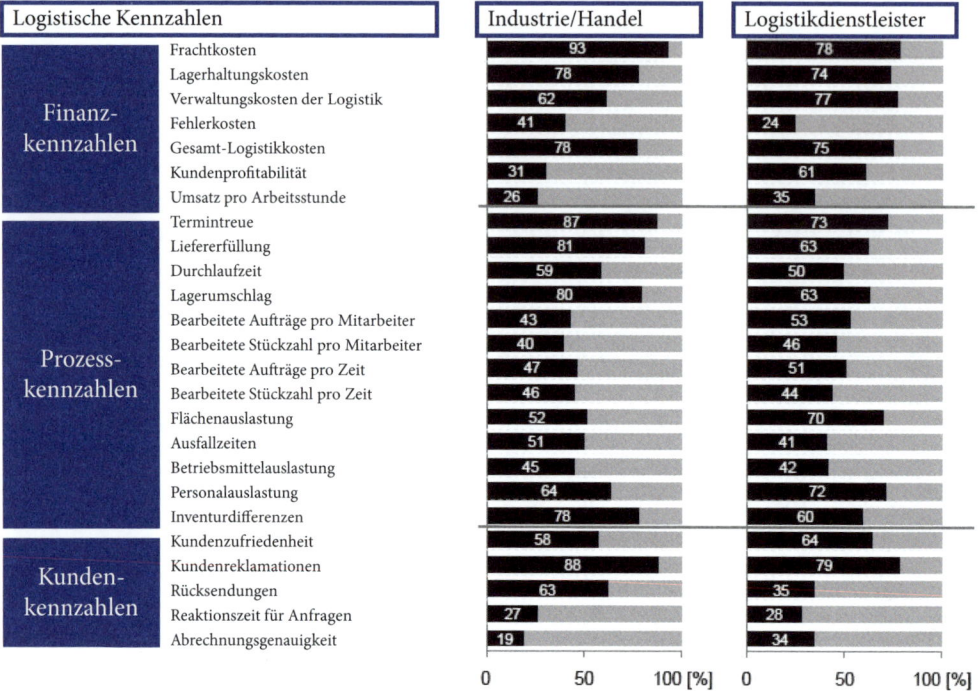

Logistische Kennzahlen	Industrie/Handel	Logistikdienstleister
Finanzkennzahlen		
Frachtkosten	93	78
Lagerhaltungskosten	78	74
Verwaltungskosten der Logistik	62	77
Fehlerkosten	41	24
Gesamt-Logistikkosten	78	75
Kundenprofitabilität	31	61
Umsatz pro Arbeitsstunde	26	35
Prozesskennzahlen		
Termintreue	87	73
Liefererfüllung	81	63
Durchlaufzeit	59	50
Lagerumschlag	80	63
Bearbeitete Aufträge pro Mitarbeiter	43	53
Bearbeitete Stückzahl pro Mitarbeiter	40	46
Bearbeitete Aufträge pro Zeit	47	51
Bearbeitete Stückzahl pro Zeit	46	44
Flächenauslastung	52	70
Ausfallzeiten	51	41
Betriebsmittelauslastung	45	42
Personalauslastung	64	72
Inventurdifferenzen	78	60
Kundenkennzahlen		
Kundenzufriedenheit	58	64
Kundenreklamationen	88	79
Rücksendungen	63	35
Reaktionszeit für Anfragen	27	28
Abrechnungsgenauigkeit	19	34

Abb 46: Anteil der Unternehmen, die bestimmte Kennzahlen messen

Literatur

Bolstorff, Peter; Rosenbaum, Robert (2007): Supply Chain Excellence, New York N.Y.

Kano, Noriaki (2003): The Business Strategies for 21st Century and attractive Quality Creation, Tokyo

Kaplan, Robert S.; Norton, David P. (1996): The Balanced Scorecard, Boston

Klepzig, Heinz-Jürgen (2014): Working Capital und Cash Flow, 3. Aufl. Wiesbaden

Plowman, Grosvenor E. (1964): Elements of Business Logistics, Stanford

Schulte, Christof (1999): Wege zur Optimierung des Material- und Informationsflusses, 3. Aufl. München

Supply Chain Council (2010): SCOR – Supply Chain Operations Reference Model Version 10.0, o.O.

Vokuss (o.J.): Firmenbroschüre, o.O.

Weber, Jürgen; Wallenburg, Carl Marcus; Bühler, Andreas; Singh, Maurizio (2012): Logistik-Controlling mit Kennzahlensystemen, Koblenz

Werner, Hartmut (2014): Kompakt Edition: Supply Chain Controlling, Wiesbaden

5. Kennzahlen der Intralogistik

Bernhard Brunner/Christian Rohrhofer

Inhaltsverzeichnis

Der vorliegende Beitrag zeigt die Relevanz der Intralogistik im Kontext der Wertschöpfungsketten (Supply Networks) und wie bzw welche ausgewählten Key Performance Indicators (KPIs) zur Analyse und Steuerung herangezogen werden können. Die Betrachtung und entsprechende Auslegung der Leistungsfaktoren der Intralogistik ermöglicht es einerseits geeignet auf das zunehmend volatile Marktumfeld zu reagieren, aber auch andererseits das angestrebte Optimum in Supply Networks zu erreichen.

5.1. Die Intralogistik als Enabler im Kontext der Wertschöpfungsnetzwerke

Um als Unternehmen in einem volatilen Marktumfeld wettbewerbsfähig zu bleiben, reicht es nicht mehr aus, einzelne Unternehmens- oder Abteilungsbereiche im Prozessdenken hinsichtlich der strategischen Zielerreichung zu optimieren. Um vorhandene Effizienzpotenziale in integrierten Prozessen erschließen zu können, muss der Betrachtungshorizont im Sinne des Supply Chain Managements (SCM) geweitet und entlang der Wertschöpfungskette in alle Richtungen, vor allem zu Kunden als auch zu Lieferanten, ausgedehnt werden.

Das Supply Chain Management hat die zentrale und strategische Aufgabe, die Netzwerkpartner zu definieren, aber auch gleichzeitig erforderliche Servicegrade bzw Leistungskriterien für das Wertschöpfungsnetzwerk (Supply Network) vorzugeben. Die Erfüllung dieser Servicegradvorgaben stellt die Kernzielsetzung für alle am Netzwerk beteiligten Unternehmen dar.

Die Basis von effizienten Wertschöpfungsnetzwerken ist aber nicht nur ein zielgerichtetes Supply Chain Management, sondern vielmehr die durchdachten und flexiblen Intralogistikprozesse. Eine effiziente Intralogistik ist essentiell für ein leistungsstarkes Wertschöpfungsnetzwerk und umfasst dabei

- die Organisation,
- das Management,
- die Steuerung und
- die Optimierung

des innerbetrieblichen Warenflusses vom Warenein- bis zum -ausgang, die zugehörigen Informationsflüsse sowie Dienstleistungen zur Wertsteigerung des Kernangebots.

5.2. Leistungsfaktoren der Intralogistik

Die Gewährleistung strategischer Servicegrade in Supply Networks geschieht auf Ebene der Intralogistik durch drei essentielle Leistungsfaktoren, die im übertragenen Sinne dem klassischen Spannungsfeld „Qualität – Kosten – Zeit" entsprechen. Abbildung 47 zeigt beispielhaft, wie jedem Knotenpunkt des Netzwerks diese Leistungsfaktoren zugrunde liegen. Die Bestände in den Lagern sowie das Service und die Leistung dieser sind die wesentlichen Stellschrauben zur Erreichung hoher Gesamtservicegrade im Supply Network (=Netzwerk-Servicegrad).

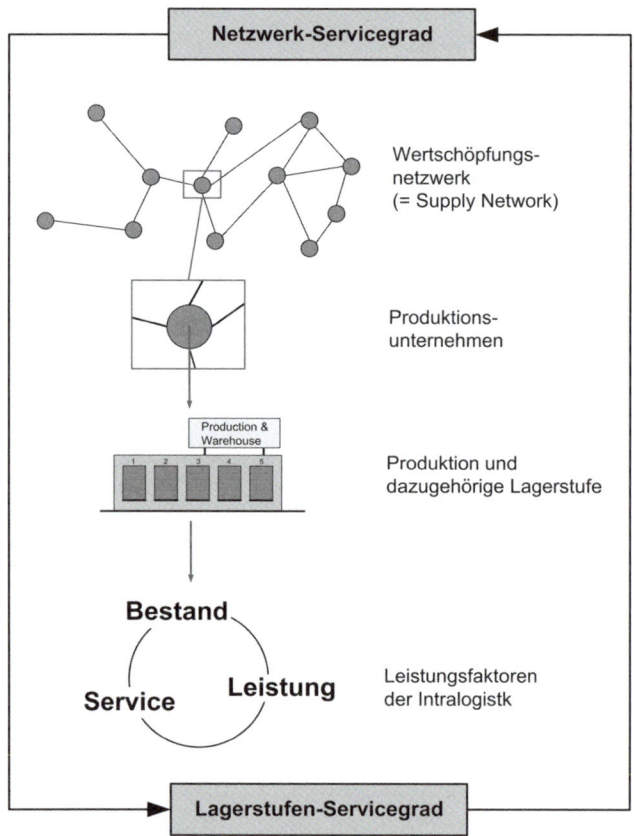

Abb 47: Vom Supply Network zu den Leistungsfaktoren der Intralogistik

Bestand

Bestände ermöglichen es, trotz mengenmäßiger Bedarfsschwankungen zwischen Unternehmen bzw Knoten im Wertschöpfungsnetzwerk und des Marktes, einen vorgegebenen Grad an Lieferfähigkeit zu erfüllen. Sie gewährleisten eine zuverlässige Materialversorgung sowie in weiterer Folge eine reibungslose und flexible Produktion.

Den erwähnten Vorteilen von Beständen stehen Nachteile im Sinne von Kapitalbindungs- und Lagerkosten gegenüber. Jedes auf Lager gehaltene Gut besitzt einen Wert, der durch die Lagerung gebunden ist und somit zu diesem Zeitpunkt für das Unternehmen nicht verwertbar ist (= Kapitalbindung). Ebenso entstehen Kosten für die Bereitstellung der Lagerfläche und -einrichtung (= Lagerkosten) zur Lagerung des jeweiligen Gutes. Um diese Kostenfaktoren niedrig halten zu können, werden geringe Bestände angestrebt. Ein bedarfsgerechtes Bestandsmanagement hat in diesem Zusammenhang die Zielsetzung, bei den geringsten Beständen den definierten Servicegrad zu gewährleisten.

Leistung

Für die Gewährleistung kurzer Durchlaufzeiten und der Fähigkeit flexibel auf sich ändernde Nachfrageverhältnisse reagieren zu können, ist eine entsprechende Logistikleistung der beteiligten Lagerstufen notwendig. Effiziente Intralogistikprozesse in Kombination mit dem zielgerichteten Einsatz von Logistiktechnologie ermöglichen hierbei einen hohen Warendurchsatz bei gleichzeitig möglichst niedrigen Logistikkosten.

Service

Ein hoher Lagerstufen-Servicegrad (und in weiterer Folge ein hoher Netzwerk-Servicegrad) ermöglicht die Erfüllung hoher kundenseitiger Anforderungen und ist somit eine Kennzahl,

- wie **schnell** (= Auftragsdurchlaufzeit, Lieferzeit),
- wie **zuverlässig** (= Lieferbereitschaft),
- wie **flexibel** (= Lieferflexibilität) und
- in welcher **Qualität** (= Lieferqualität)

eine Lagerstufe im Stande ist, Bedarfe zu decken.

Servicekennzahlen werden in der Praxis oft auch als Key Performance Indicators (KPI) bezeichnet und dienen der Messung des Erfüllungsgrades wichtiger Zielsetzungen oder kritischer Erfolgsfaktoren. Sie sind daher oftmals Bestandteil von vertraglichen Vereinbarungen in der Kontraktlogistik.

Die dargestellten Kriterien zeigen die Leistungsfaktoren in der Intralogistik innerhalb eines Netzwerkknotenpunkts und deren zentrale Rolle im übergeordneten Netzwerk. Das laufende Controlling dieser Leistungsfaktoren mittels geeigneter Kennzahlen (siehe nachstehende Abschnitte) ist ein essentieller Bestandteil des Supply Chain- und Logistik-Managements.

5.3. Kennzahlen

5.3.1. Bestandskennzahlen

5.3.1.1. Sicherheits- und Meldebestand

Der Sicherheitsbestand hat im Lager die Aufgabe, Unsicherheiten abzufedern, um den erforderlichen Grad an Lieferfähigkeit bzw Lieferbereitschaft zu gewährleisten. Die Herausforderungen bei der Errechnung des Sicherheitsbestandes bestehen primär darin, eine vorgegebene Lieferfähigkeit bei geringsten Beständen zu gewährleisten. Unsicherheiten wie Entnahmespitzen (zB durch Saisonalitäten oder steigende Nachfrage) und Prognosefehler bei der Lagerhaltung (prognostizierte Nachfrage ungleich der tatsächlichen Nachfrage) erschweren darüber hinaus die Kalkulation.

Melde- und Sicherheitsbestand

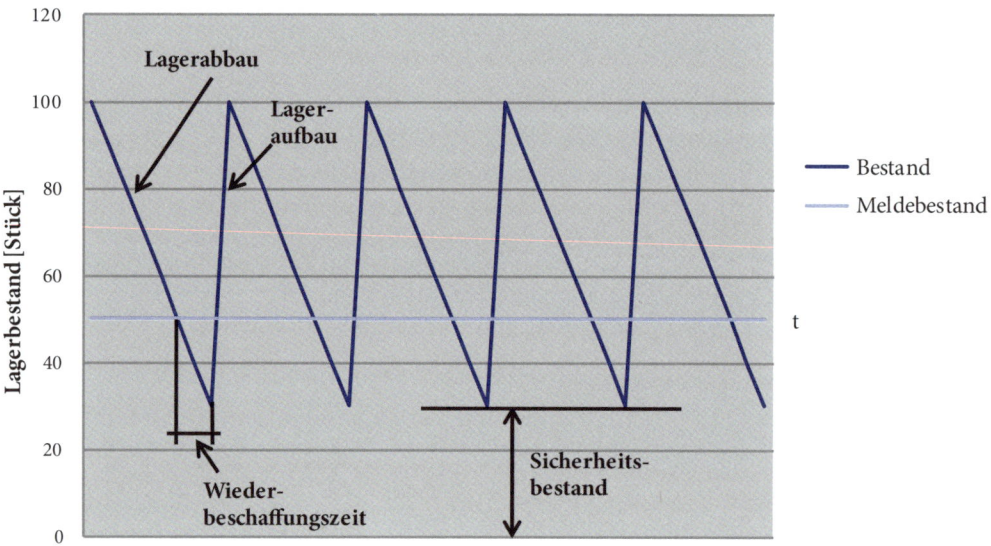

Abb 48: Sicherheitsbestand

Die Berechnung des Sicherheitsbestandes hängt von der Wahrscheinlichkeit der Prognosefehler der Bedarfs- bzw Absatzprognosen sowie dem Grad der gewünschten Lieferfähigkeit ab und berechnet sich wie folgt:[46]

$$SB = k \times \sigma$$

SB Sicherheitsbestand (Menge)

k   Sicherheitsfaktor (auch Lieferfähigkeit) (%)

σ   Standardabweichung der Verteilung (Normalverteilung) der Prognosefehler (Menge)[47]

---

46   Vgl *Barth/Hartmann/Schröder* (2007) 349 ff.
47   Vgl *Pfohl* (2010) 102 f.

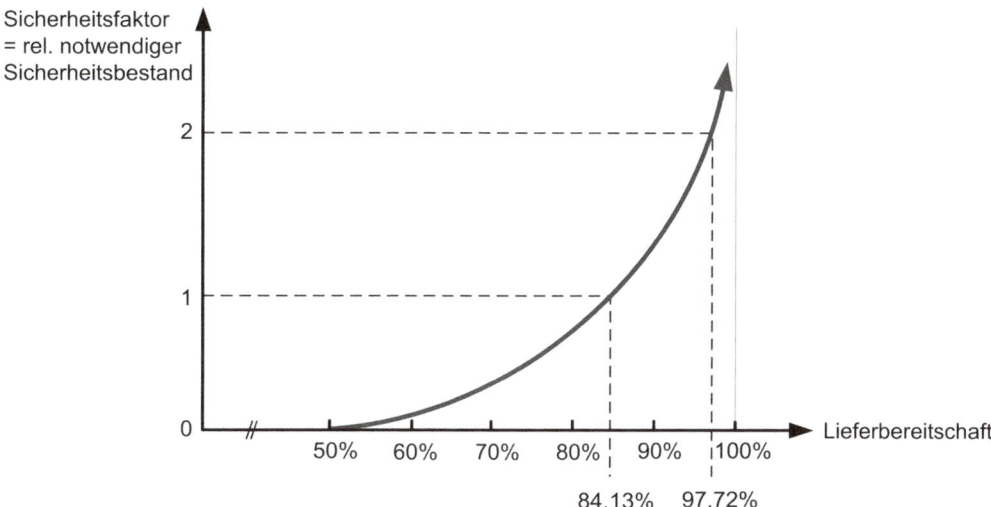

Abb 49: Zusammenhang des Sicherheitsfaktors und der Lieferbereitschaft[48]

Wie dem Kurvenverlauf in Abb 49 zu entnehmen ist, liegt die Lieferfähigkeit (=Lieferbereitschaft) bei keinem Sicherheitsbestand bei 50 %. Eine Erhöhung der Lieferfähigkeit von 84 auf knapp 98 % würde beispielsweise eine Verdoppelung des Sicherheitsbestandes erfordern. Eine 100%ige Lieferfähigkeit benötigt demnach einen unendlichen Sicherheitsbestand.[49] Der Sicherheitsbestand ist somit ein mögliches Instrument zur direkten Beeinflussung der Lieferfähigkeit.

5.3.1.2. Bestandsreichweite

Die Bestandsreichweite gibt Auskunft über die Dauer, in der die Bedarfe durch den vorhandenen Bestand gedeckt werden können. Sie steht in direkter Beziehung mit der Lagerumschlagshäufigkeit (siehe Abschnitt 5.3.2.2.) und findet auch parallel dazu in der Praxis Anwendung.

$$\varnothing \text{ Bestandsreichweite} = \frac{\text{Bestand am Stichtag}}{\varnothing \text{ Verbrauch pro Zeiteinheit}}$$

Die Zeiteinheit muss passend zum jeweiligen Anwendungsfall gewählt werden und kann sich im Falle von Produktionspuffern auf Tagesebene bewegen oder im Handel auf Wochen- und Monatsebene.

Die Bestandsreichweite wird oftmals auch als Lagerdauer bezeichnet und steht in engem Zusammenhang mit den Kapitalbindungskosten, dh je länger die Lagerdauer eines Artikels bzw Guts ist, desto höher ist auch die Kapitalbindung.

---

48   Abbildung: modifiziert übernommen aus *Pfohl* (2010) 104.
49   Detaillierte Einblicke hinsichtlich mathematischer Zusammenhänge bieten *Pfohl* (2010) 95 ff und *Gudehus* (2007) 383 ff.

Beispiel

Der durchschnittliche Bestand des Artikels XY beträgt 14.000 Stück, der durchschnittliche Verbrauch liegt bei 76.500 Stück im Jahr.

Aus diesen Angaben ergibt sich folgender Wert:

$$\varnothing \text{ Bestandsreichweite} = \frac{14.000}{\frac{76.500}{360}} \approx 66 \text{ Tage}$$

Im Umkehrschluss bedeutet die Bestandsreichweite von 66 Tagen, dass der durchschnittliche Tagesverbrauch, berechnet aus dem Jahresverbrauch

$$\frac{76.500}{360} \approx 213$$

66mal mit dem durchschnittlichen täglichen Lagerbestand gedeckt werden kann.

Die Bestandsreichweite als Kennzahl kann somit als Planungsinstrument für

- die Beschaffung, als Basis der Wiederbeschaffungszeit,
- die Produktion, als Basis für die Stücklistenauflösung sowie
- den Vertrieb als Basis für die Vereinbarung von kurzfristigen Lieferterminen verwendet werden.

5.3.2. Leistungskennzahlen

5.3.2.1. Durchsatz

Der Durchsatz ist jene Leistungskennzahl, die den mittleren Güterstrom (Stückgut- oder Schüttgutstrom) je Zeiteinheit angibt, dh, die je Zeiteinheit durchlaufenden bzw ein- und ausgelagerten Lagereinheiten ausweist.

Werden Güter auf einer Förderstrecke transportiert und ist deren Abstand zueinander („a") bzw die durchschnittliche Geschwindigkeit („v") bekannt, so kann mit dem folgenden Zusammenhang der mittlere Durchsatz je Stunde (= Förderleistung der Anlage) errechnet werden.

$$\text{Durchsatz} = \frac{v}{a} \times 3.600$$

Durchsatz	Durchsatz in Einheiten pro Stunde
v	Geschwindigkeit in Meter pro Sekunde
a	Abstand in Meter

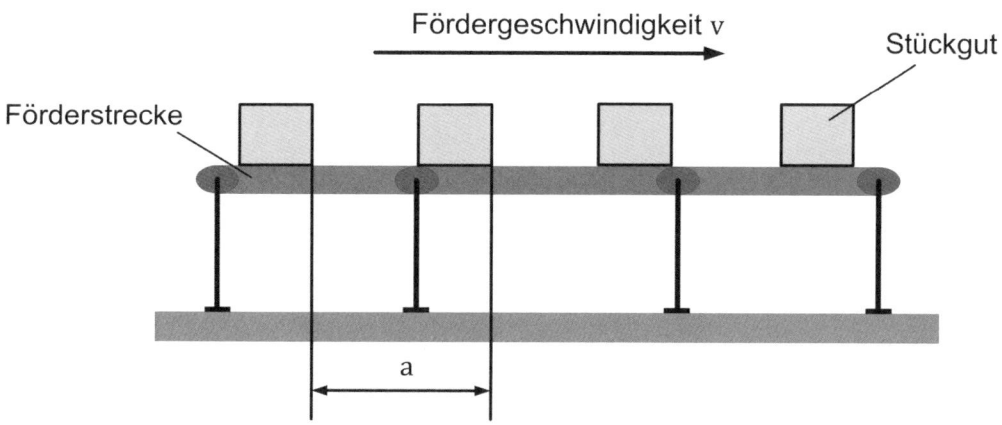

Abb 50: Elemente der Durchsatzberechnung bei Stetigförderern

Kann kein regelmäßiger Abstand zwischen den Gütern definiert werden (zB bei Unstetigförderern), so wird für die Berechnung des Durchsatzes je Stunde die mittlere Spielzeit („t_{DS}") herangezogen. Die Spielzeit beinhaltet die gesamte Zeit von der Warenaufnahme, dem Transport zum Abgabeplatz, die Warenablage und die leere Rückfahrt des Transportmittels zum Ausgangspunkt.

$$\text{Durchsatz} = \frac{1}{t_{DS}} \times 3.600$$

t_{DS} Spielzeit in Sekunden

Die Durchsatzberechnung für Lager- und Pufferbereiche unterscheidet sich von den Leistungsermittlungen der Förderelemente darin, dass keine definierten Abstände zwischen den transportierten Gütern als auch keine Standardspielzeiten angesetzt werden können. Anstatt dessen ist es aber möglich, die Mengenströme des Warenein- und -ausgangs sowie den Lagersaldo zu erfassen.

Ein Puffer (oder auch Lager, Lagerbereich etc) mit der maximalen Kapazität K_p erfährt über einen gewissen Zeitraum Wareneingänge WE und Warenausgänge WA. Die Differenz von Warenein- und -ausgängen ergibt den Durchsatzsaldo D_S, der bei positivem Wert einen Lagerzugang und negativem Wert einen Lagerabgang bedeutet. Die resultierende Puffer-Belegung P_{akt} ist die aktuelle Anzahl der Lagereinheiten am Puffer, die neben dem Durchsatzsaldo auch den Anfangsbestand B_{Anf} berücksichtigt. Der Durchsatz D (= Gesamtstrom durch den Puffer) errechnet sich aus den minimalen Summen von Warenein- und -auslagerungen.

$$D = \min\left\{\sum_1^n WE_n, \sum_1^n WA_n\right\}$$

Über einen unendlich langen Zeitraum sind die Mengen aller Wareneingänge gleich jenen der Warenausgänge. Dh, dass über die Zeit stets gleich viel aus- wie eingelagert wird.

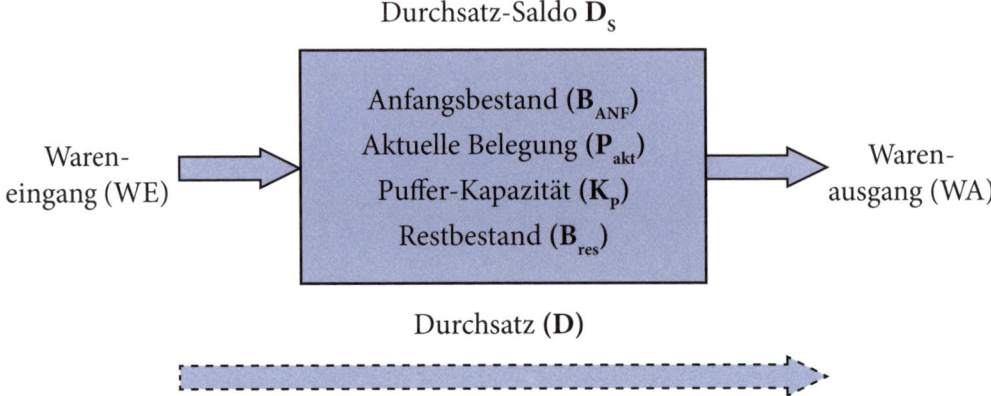

Abb 51: Zusammenhänge des Durchsatzes manueller Läger oder Puffer

Beispiel **Berechnung des Durchsatzes eines Palettenpuffers**

Ein Lagerleiter will für einen Palettenpuffer mit einer Kapazität von 1.000 Paletten den Durchsatz und Durchsatz-Saldo berechnen. Er hat die Warenein- und -ausgänge für einen repräsentativen Tag mit 1.200 eingehenden und 800 ausgehenden Paletten gegeben.

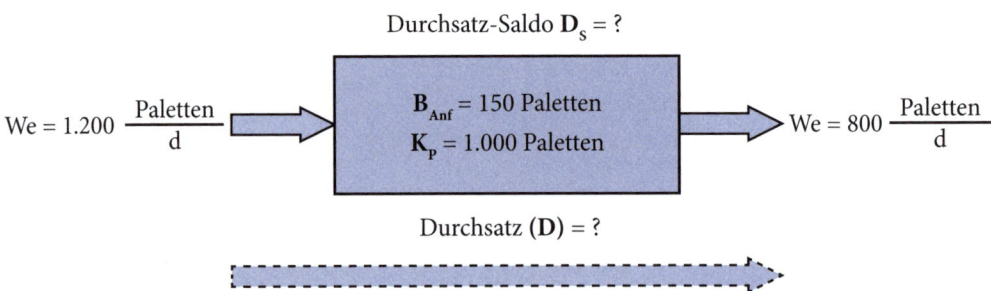

Abb 52: Berechnung des Durchsatzes, Beispiel 1

$$We = 1.200 \ \frac{Paletten}{Tag} \qquad Wa = 800 \ \frac{Paletten}{Tag} \qquad B_{Anf} = 150 \ Paletten$$

$$D_S = We - Wa = 1.200 - 800 = 400 \ \frac{Paletten}{Tag}$$

Da die Anzahl der eingehenden Paletten größer der ausgehenden Menge ist, muss die Differenz von 400 Paletten nachvollziehbarerweise im Puffer verbleiben. Die am Puffer bereits liegende Menge (B_{Anf}) von 150 Paletten erhöht sich im Laufe des Tages somit auf B_{res} = 550 Paletten.

Der Durchsatz ergibt sich aus der minimalen Summe der Warenein- und Warenausgänge mit:

$$D = \min \{ 1.200, 800 \} = 800 \; \frac{Paletten}{Tag}$$

Werden an einem Folgetag mehr Paletten (zB WA = 800) dem Puffer entnommen als zugeführt (zB WE = 300), so ergeben sich folgende Werte:

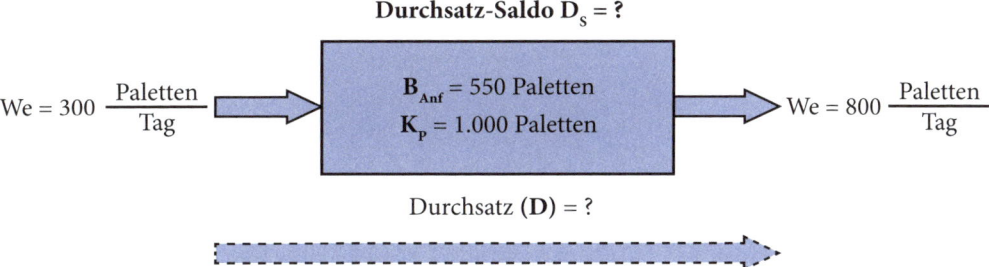

Durchsatz-Saldo D_S = ?

We = 300 $\frac{Paletten}{Tag}$ → B_{Anf} = 550 Paletten / K_P = 1.000 Paletten → We = 800 $\frac{Paletten}{Tag}$

Durchsatz (**D**) = ?

Abb 53: Berechnung des Durchsatzes, Beispiel 2

$$D_S = We - Wa = 300 - 800 = -500 \; \frac{Paletten}{Tag}$$

Dieser negative Wert zeigt an, dass mehr vom Puffer entnommen als zugeführt wird. Der Durchsatz berechnet sich nun wieder aus der minimalen Summe der Warenein- und -ausgänge:

$$D = \min \{ 300, 800 \} = 300 \; \frac{Paletten}{d}$$

Die 550 Paletten am Puffer ermöglichen mit den 300 eingehenden Paletten die Bedienung des Bedarfes in der Höhe von 800 Paletten. Am Ende verbleiben 50 Paletten im Lager.

Die Durchsatzberechnung kann somit auf unterschiedlichste Bereiche und Granularitäten angewendet werden.

Auf technischer Ebene (Beispiel der Förderelemente) kann die Berechnung und Analyse des Durchsatzes für Materialflussoptimierungen verwendet werden. Dabei werden, abgeleitet aus den Durchsatzdaten, die Interdependenzen einzelner Aggregate analysiert und im Sinne einer durchgängigen Materialflussoptimierung adaptiert.

Aus Sicht des mittleren Managements kann von einer Durchsatzanalyse beispielsweise abgeleitet werden, welche Kapazitäten die Durchsatzmenge im Hinblick auf Personal, benötigte Lager- und Pufferkapazitäten, Förderzeugkapazitäten etc benötigt werden. Darauf aufbauend können Kostensätze ermittelt werden, welche beispielsweise für die Produktpreiskalkulation relevant sind.

5.3.2.2. Lagerumschlagshäufigkeit

Die Lagerumschlagshäufigkeit (auch Lagerdrehung oder Lagerumschlag) trifft eine Aussage über die Bewegungen im Lager, dh, wie oft das Lager theoretisch innerhalb eines Beobachtungszeitraums vollständig durch Ein- und Auslagerungen entleert bzw wieder befüllt wird. Sie ist ein Indikator für eine effektive Logistik und eine wesentliche Stellschraube bei der Reduktion der Kapitalbindungskosten.

$$\text{Umschlagshäufigkeit} = \frac{\text{Verbrauch}\left[\dfrac{EH}{d}\right]}{\varnothing\,\text{Lagerbestand}\left[EH\right]}$$

Von der Umschlagshäufigkeit kann anschließend auf die Bestandsreichweite bzw Lagerdauer weitergerechnet werden.

Die Zeiteinheit muss passend zum jeweiligen Anwendungsfall gewählt werden und kann sich im Falle von Produktionspuffern auf Tagesebene bewegen oder im Handel auf Wochen- und Monatsebene.

Die Lagerumschlagshäufigkeit ist in Verbindung mit dem Sicherheitsbestand eine wesentliche Stellgröße bei der Lagerdimensionierung.

5.3.3. Servicekennzahlen

5.3.3.1. Liefertreue

Die Liefertreue gibt die Anzahl vereinbarungsgemäß durchgeführter Lieferungen im Verhältnis zur Gesamtzahl der Lieferungen an. Vereinbarungsgemäß bedeutet in diesem Zusammenhang eine Lieferung zum definierten Liefertermin mit der Ware in der richtigen Qualität und der korrekten Menge.

$$\text{Liefertreue [\%]} = \frac{\text{Anzahl vereinbarungsgemäß durchgeführter Lieferungen} \times 100}{\text{Gesamtanzahl der Lieferungen}}$$

Die Liefertreue setzt sich neben der Lieferfähigkeit auch aus der Lieferzeit, -zuverlässigkeit und -flexibilität zusammen und ist in der Gesamtbetrachtung wesentlicher Enabler für die Logistikleistung.[50]

---

50   Vgl *Klaus/Krieger* (2008) 323.

- *Lieferzeit:* Entspricht der Zeit vom Auftragseingang bis zur Bereitstellung der Ware beim Kunden.
- *Lieferzuverlässigkeit:* Beschreibt die Regelmäßigkeit, mit welcher die vereinbarten Termine der Lieferungen eingehalten werden. Sie ist sowohl eine Funktion der Prozessverlässlichkeit als auch der Warenverfügbarkeit im Lager des Lieferanten.
- *Lieferqualität:* Beschreibt die Qualität der Lieferung, dh in erster Linie den Zustand und die Erfüllung definierter Verpackungs- und Schutzkriterien der gelieferten Ware.
- *Lieferflexibilität:* Sie gibt an, inwieweit der Lieferant in der Lage ist, speziellen Kundenwünschen nachzukommen.

5.3.3.2. Lieferfähigkeit

Die Lieferfähigkeit gibt Auskunft über die Fähigkeit einer Lieferstelle, die vom Kunden gewünschten Güter zum gewünschten Termin in der beauftragten Menge zu liefern. Näher betrachtet ist die Lieferfähigkeit eine Maßzahl, die angibt, zu welchem Prozentsatz das Unternehmen in der Lage ist, Kundenwünsche vom Lager zu bedienen.

$$\text{Lieferfähigkeit [\%]} = \frac{\text{Anzahl zum Wunschtermin zugesagten Lieferungen} \times 100}{\text{Gesamtzahl aller angefragten Lieferungen}}$$

Die Lieferfähigkeit beeinflusst maßgeblich den Sicherheitsbestand und somit auch die Kapitalbindungskosten.

Beispiel

Ein Unternehmen stellt im Jahresrückblick fest, dass von 1.000 im letzten Jahr angefragten Kundenaufträgen 780 Aufträge tatsächlich zum gewünschten Termin erfüllt werden konnten. Daraus ergibt sich entsprechend der obenstehenden Formel eine Lieferfähigkeit von 78 %.

Aufgrund dieses eher niedrigen Wertes lässt sich auf Basis der obenstehenden Abhandlung schließen, dass das besagte Unternehmen einen geringen Sicherheitsbestand im Lager hält.

5.4. Fazit

Im vorliegenden Beitrag wurde der Zusammenhang zwischen den Leistungsfaktoren der Intralogistik und den übergeordneten Netzwerk-Servicegraden aufgezeigt.

Nur die laufende Überwachung und Steuerung der operativen Leistungsparameter mittels ausgewählter Kennzahlen ermöglicht das Erreichen des angestrebten Optimums. Die Herausforderung dabei liegt in der benötigten engen Kooperation zwischen den Netzwerkpartnern. Die dafür notwendige Realtime-Datenverfügbarkeit ermöglicht einerseits höchste Flexibilität in den Prozessen, bedingt jedoch parallel dazu sensible Markt- und Produktionsdaten freizugeben.

Literatur

Barth, K., Hartmann, M., Schröder, H., (2007): Betriebswirtschaftslehre des Handels, Wiesbaden

Pfohl, H.-C., (2009): Logistiksysteme: Betriebswirtschaftliche Grundlagen, Heidelberg

Klaus, P., Krieger, W. (Hrsg), (2000): Gabler Lexikon Logistik, Wiesbaden

6. Kennzahlen des Working Capitals

Hendrik Vater/Heinz-Jürgen Klepzig

Inhaltsverzeichnis

Working-Capital-Management hat eine zentrale Bedeutung im Rahmen der finanziellen Unternehmenssteuerung: Working-Capital-Effekte sind sowohl cash-wirksam als auch – über die Gestaltung der Kapitalbasis und resultierender Kapitalkosten – bilanz- sowie ergebniswirksam. Working-Capital-Kennzahlen gehören damit zu den Top-KPIs eines Unternehmens. Richtig definierte und in den Gesamtsteuerungskontext eingebundene Kennzahlen mit direkter Steuerungswirkung sind Ausgangsbasis eines jeden Working-Capital-Managements.

6.1. Einleitung

Das Working Capital ist eine bedeutende Kennzahl der finanziellen Unternehmenssteuerung. Das Management des Working Capitals ist unabdingbare Voraussetzung für ein nachhaltiges Wirtschaften und in diesem Sinn der Sicherung der Liquidität und der Ertragsfähigkeit eines Unternehmens. Das Working Capital drückt das Verhältnis aus zwischen kurzfristigen Verbindlichkeiten und dem Umlaufvermögen, das wiederum nach dem Grad der Flüssigkeit in der Bilanz aufgeführt ist. Das Working Capital eines Unternehmens wird regelmäßig von Merkmalen wie Komplexität des Produktprogramms, Sortimentsveränderungen, Wertschöpfungstiefe, Absatzmarkt und Marktstellung beeinflusst. Allein richtig definierte Kennzahlen, transparente Prozesse und klare Verantwortlichkeiten erlauben eine nachhaltig erfolgreiche Verbesserung des Working Capitals. Erfolgreiche Unternehmen verknüpfen daher „High-Level-KPI" mit weiteren operativen Kennzahlen für die Detailsteuerung. Im Nachfolgenden wird die Definition und Interpretation des Working Capitals diskutiert.

6.2. Working Capital

Das Working Capital umfasst das durch die operative Geschäftstätigkeit eines Unternehmens gebundene Umlaufvermögen. Es besteht aus den Forderungen aus Lieferungen und Leistungen und Vorräten in Form von Roh-, Hilfs- und Betriebsstoffen sowie den fertigen und unfertigen Erzeugnissen einerseits und den Lieferantenverbindlichkeiten andererseits.

Im Rahmen der wertorientierten Unternehmensführung wird das Working Capital oft auch als nicht zinsbringendes oder „totes" Kapital betrachtet, welches die Liquidität als auch die Kapitalrendite und die Wachstumschancen eines Unternehmens reduziert. Daher sollte das Working Capital so gering wie möglich gehalten werden. Working-Capital-Management wird nicht selten auf ein aktives Eintreiben der Kundenforderungen und spätestmögliches Zahlen der eigenen Lieferantenrechnungen reduziert; Working-Capital-Management kann jedoch nur dann erfolgreich sein, wenn die unternehmenseigenen Prozesse auf größtmögliche Cash-Effizienz ausgelegt und unermüdlich optimiert werden! Unternehmen mit erfolgreichem Working-Capital-Management haben dies bereits in ihrer Strategie verankert und ihre Prozesslandschaft dementsprechend ausgerichtet. Ein effizientes Working-Capital-Management gilt Investoren und Analysten daher insbesondere, auch wegen der unmittelbaren Wirkungen auf den Cashflow, als Gradmesser für erfolgreiches Prozessmanagement und damit die Managementqualität eines Unternehmens.

Aus der Perspektive des Kennzahlenmanagements ist hervorzuheben, dass Working Capital häufig unterschiedlich definiert wird. Dies erschwert die Vergleichbarkeit von Ergebnissen – insbesondere zu Zwecken des Benchmarkings.

Die konkrete Definition und Berechnung des Working Capitals basiert in der Praxis vielfach auf unternehmensindividuellen Faktoren wie der Zielsetzung des Working-Capital-Managements, Branche, Geschäftsmodell oder Rechnungslegungsstandards. Die Bandbreite reicht dabei vom „All-inclusive"-Ansatz der Liquiditätssicherung bis zur ganz engen, operativen Definition des Working-Capital-Managements bestehend aus Vorräten, Kundenforderungen und Lieferantenverbindlichkeiten.

Umfassendste Definition		Engste Definition	
WC = Umlaufvermögen – Kurzfristige Verbindlichkeiten		WC = Vorräte + Forderungen L&L – Verbindlichkeiten L&L	
Aktiva	Passiva	Aktiva	Passiva
Anlagevermögen	Eigenkapital	Anlagevermögen	Eigenkapital
Umlaufvermögen	Langfristige Verbindlichkeiten	Umlaufvermögen	Langfristige Verbindlichkeiten
Vorräte	Kurzfristige Verbindlichkeiten	Vorräte	Kurzfristige Verbindlichkeiten
Forderungen L&L	Verbindlichkeiten L&L	Forderungen L&L	Verbindlichkeiten L&L

Umfassendste Definition		Engste Definition	
WC = Umlaufvermögen – Kurzfristige Verbindlichkeiten		**WC = Vorräte + Forderungen L&L – Verbindlichkeiten L&L**	
Aktiva	**Passiva**	**Aktiva**	**Passiva**
Sonst. Ford. & Vermögensgegenst.	Steuer- u. sonst. Rückstellungen	Sonst. Ford. & Vermögensgegenst.	Steuer- u. sonst. Rückstellungen
Wertpapiere und Anteile	kurzfristige Bankverbindlichk.	Wertpapiere und Anteile	kurzfristige Bankverbindlichk.
Liquide Mittel	Sonstige Verbindlichkeiten	Liquide Mittel	Sonstige Verbindlichkeiten
Abgrenzungsposten	Rechnungsabgrenzungsposten	Abgrenzungsposten	Rechnungsabgrenzungsposten

Abb 54: Bandbreite des Working-Capital-Umfangs [Quelle: *Losbichler* (2012) 45]

Der Internationale Controller Verein hat dies zum Anlass genommen, eine allgemeingültige Definition auszuarbeiten, die je nach Bedarf unternehmensindividuell angepasst und erweitert werden kann. Diese Working-Capital-Definition orientiert sich streng an den beiden Kriterien „operativ bedingt" und „zinstragend".

Demnach wird Working Capital definiert als

- das durch die operative Geschäftstätigkeit gebundene Umlaufvermögen, das
- nicht zinsfrei von Gläubigern zur Verfügung gestellt wird und daher durch verzinsliches Kapital zu finanzieren ist.[51]

Diesem Verständnis folgend reduziert sich das Working Capital auf die operativen und nicht zinstragenden Komponenten der kurzfristigen Vermögensgegenstände und Verbindlichkeiten eines Unternehmens. Zinstragende Vermögensgegenstände und Verbindlichkeiten, wie zB Wertpapiere des Umlaufvermögens, Kassenbestände oder Kontokorrentkredite, werden primär als Gegenstand von Finanzierungsentscheidungen betrachtet und gemäß dem gewählten Verständnis des Fachkreises nicht in das Working Capital eingerechnet.

Die Definition des Working Capitals nach Auffassung des Internationalen Controller Vereins erlaubt, weitere Positionen einzubeziehen, soweit diese Positionen

- materiell sind,
- operativ bedingt sind,
- durch das Management steuerbar sind,
- liquiditätsfreisetzend und
- kurzfristig (dh bis zu 12 Monate alt) sind.[52]

---

51   ICV (2013) 16.
52   ICV (2013) 18.

Die folgende Übersicht gibt einen Überblick über die Einstufung möglicher Teilkomponenten:[53]

Position	Bestandteil des Working Capitals		
	ja	nein	bedingt
Vorräte, Vorratsvermögen			
● Rohstoffe, Hilfsstoffe und Betriebsstoffe	x		
● Unfertige Erzeugnisse, unfertige Leistungen	x		
● Fertige Erzeugnisse und Waren	x		
● Geleistete Anzahlungen	x		
+ Forderungen und sonstige Vermögensgegenstände			
● Forderungen aus Lieferungen und Leistungen	x		
● Forderungen gegen verbundene Unternehmen			wenn operativ, nicht zinstragend & steuerbar
● Forderungen gegen Unternehmen mit denen ein Beteiligungsverhältnis besteht			wenn operativ, nicht zinstragend & steuerbar
● Sonstige Vermögensgegenstände			wenn operativ, nicht zinstragend & steuerbar
● Anteile an verbundenen Unternehmen		x	
● Sonstige Wertpapiere		x	
● Kassenbestand, Bankguthaben und Schecks		x	
● Rechnungsabgrenzungsposten		x	
● Noch nicht abgerechnete, aber erbrachte Leistungen	x		
- Kurzfristige Verbindlichkeiten			
● Rückstellungen			wenn operativ, nicht verzinslich & steuerbar
● Steuerrückstellungen		x	

---

53   ICV (2013) 18.

Position	Bestandteil des Working Capitals		
	ja	nein	bedingt
● Sonstige Rückstellungen		x	
● Verbindlichkeiten		x	
● Kurzfristig fällige Anleihen		x	
● Kurzfristige Verbindlichkeiten gegenüber Kreditinstituten		x	
● Erhalten Anzahlungen auf Bestellungen	x		
● Verbindlichkeiten aus Lieferungen und Leistungen	x		
● Verbindlichk. aus d. Annahme gezogener Wechsel & Aufstellung eigener Wechsel			bei Waren-wechsel
● Verbindlichk. gegenüber verbundenen Unternehmen			wenn operativ, nicht verzinslich & steuerbar
● Verbindlichk. gegenüber Unternehmen mit denen ein Beteiligungsverhältnis besteht			wenn operativ, nicht verzinslich & steuerbar
● Sonstige Verbindlichkeiten, davon aus Steuern		x	
● Rechnungsabgrenzungsposten		x	
● Verbindlichk. für erhaltene, aber noch nicht abgerechnete Leistungen	x		

Abb 55: Komponenten des Working Capitals

6.3. Kennzahlen des Cash-to-Cash-Cycles

Das Working Capital wird heute mit einer Vielzahl von Kennzahlen gemessen. In der Unternehmenspraxis haben sich jedoch weltweit Kennzahlen durchgesetzt, die das Working Capital in Relation zur Umsatztätigkeit messen. Die für das Management des Working Capitals bedeutendsten Kennzahlen leiten sich daher aus dem sog Cash-to-Cash-Cycle ab. Der Cash-to-Cash-Cycle bildet den Cash-Durchlauf eines Unternehmens ab und ist wie folgt definiert:

Cash-to-Cash-Cycle = Days of Sales Outstanding (DSO) +
Days of Inventory Outstanding (DIO)[54] – Days of Payables Outstanding (DPO)

---

54 Days of Inventory Outstanding (DIO) wird häufig auch als Days Inventory Held (DIH) bezeichnet und im Beitrag wechselweise verwendet.

Der C2C-Cycle wird auch unter den Begriffen Net Working Capital Days oder CCC – Cash Conversion Cycle – verwendet. Er definiert die durchschnittlich benötigte Zeitspanne, die es dauert, bis ein Euro, der für Rohmaterialien oder Dienstleistungen ausgegeben wurde, von den Kunden an das Unternehmen zurückfließt. Der C2C-Cycle misst somit die operative Kapitalbindung in Tagen. Dies basiert auf der Überlegung, dass Kapitalbindung Finanzierungskosten auslöst und diese durch Reduktion der Zeitspanne zwischen den Auszahlungen für die Beschaffung der Inputfaktoren und der Veräußerung der Outputfaktoren minimiert werden können.[55] Aus empirischen Studien kann eine direkte Verbindung zwischen der Reduktion des C2C-Cycles und der Entwicklung des Unternehmenswerts angenommen werden.[56] Kritisch ist anzumerken, dass die Kennzahlen des C2C-Cycles damit Rentabilitätseffekte, wie aber auch andere wichtige Aspekte wie Sicherheitsaspekte, auslassen, was seine Steuerungswirksamkeit beeinträchtigt.[57] Ebenso vermag der C2C-Cycle allein den Zeitrahmen der Kapitalbindung, nicht aber die Höhe der Kapitalbindung zu reflektieren; dies kann durch eine Anpassung des C2C-Cycles, bei der neben dem Zeithorizont auch die Veränderung der Kapitalhöhe innerhalb des Zyklus berücksichtigt wird, erreicht werden.[58]

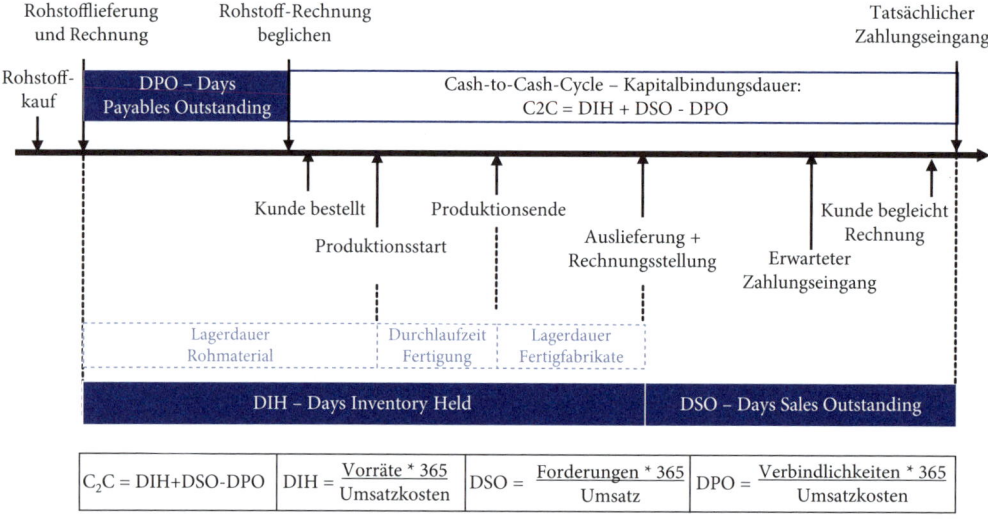

Abb 56: Berechnung des C2C-Cycles [Quelle: *Losbichler* (2012) 53]

Ein Vorteil der Kennzahlen des Cash-to-Cash-Cycles ist, dass diese aufgrund ihrer „in Tagen" gemessenen Aussagen eine Vergleichbarkeit mit anderen Unternehmen der gleichen Branche unabhängig von den Größenunterschieden, die im absoluten Eurowert zum Tragen kommen, ermöglichen.

---

55   *Rupp* (2011) 380.
56   Vgl hierzu mwN *Egerer* (2013) 42 f.
57   Vgl *Rupp* (2011) 380.
58   Vgl hierzu mwN *Egerer* (2013) 40 f.

Die konkrete Berechnung des C2C-Cycles hängt einerseits von den im Working Capital berücksichtigten Bestandteilen ab, die idR unternehmensindividuell zu bestimmen sind. Andererseits ist zwischen unterschiedlichen in der Literatur verfügbaren Definitionen zur Berechnung des C2C-Cycle abzuwägen.

6.4. Days of Sales Outstanding

Die Hauptkennzahl des Order-To-Cash-Prozesses ist in der Unternehmenspraxis die sog „Days of Sales Outstanding (DSO)". Die DSO rechnen den aktuellen Bestand an Forderungen, sprich das in den Forderungen gebundene Kapital, in eine durchschnittliche Kreditlaufzeit in Tagen um. Die DSO sind wie folgt definiert:

Forderungen aus Lieferungen und Leistungen/Umsatz × 365 Tage

Die Berechnung der DSO erfolgt unternehmensintern idR monatlich auf Basis der jeweiligen Bilanz und GuV-Werte, extern dagegen meist auf Basis von Quartals- und Jahreswerten.[59] Die DSO können für das Gesamtunternehmen, aber auch einzelne Bereiche wie Geschäftsfelder, Vertriebsbereiche, Regionen, Produkte oder Kunden kalkuliert werden. Um unterjährige Schwankungen auszugleichen, kann auch auf rollierende drei Monatswerte abgestellt werden. Konzeptionell kann die Berechnung statt auf Basis der Bilanz und GuV auch auf Einzeltransaktions- bzw Einzelrechnungsebene erfolgen.[60] Wird auf die Einzeltransaktions- bzw Einzelrechnungsebene abgestellt, sind entsprechende Systemreports mit Filtern zu entwickeln, um erforderliche Bereinigungen automatisiert vornehmen zu können. Entscheidend ist letztlich die Qualität der Stammdaten, da diese die Aussagekraft der DSO prägen.[61]

Ein Detail weist die Kennzahl aus, wieviele Tage durchschnittlich zwischen der Rechnungsstellung für die Leistungserbringung und dem tatsächlichen Zahlungseingang verstreichen.

Desto höher der ausgewiesene Wert ist, also je länger die Forderungen unbeglichen sind, umso mehr Tage verstreichen, bis das Unternehmen über die Zahlung seiner Kunden einen Rücklauf seines vorab eingesetzten Kapitals erhält. Diese

---

59 Bei der Berechnung auf Monatsbasis zur Verfolgung der monatlichen Entwicklung kann es bei stärkeren Umsatzschwankungen von Monat zu Monat erhebliche Sprünge bei den Reichweiten geben. Um diese Schwankungen zu mindern und die Aussagefähigkeit der Berechnung zu steigern, kann man mit der Ausschöpfungsmethode erfassen, wieviele Tage man vom Berichtszeitpunkt aus zurückgehen muss, um den Forderungsbestand bzw die Vorräte bzw die Verbindlichkeiten abzudecken. Diese Variante der Reichweitenberechnung für DSO kann auch für die nachfolgend besprochenen Kennzahlen DIO sowie DPO verwendet werden:
DSO$_{(Berichtszeitpunkt)}$ = Anzahl Tage, die man zurückgehen muss, damit der Umsatz den Forderungsbestand erreicht.
DIO$_{(Berichtszeitpunkt)}$ = Anzahl Tage, die man zurückgehen muss, damit der Umsatz die Höhe der Vorräte erreicht.
DPO$_{(Berichtszeitpunkt)}$ = Anzahl Tage, die man zurückgehen muss, damit der Umsatz den Bestand an Verbindlichkeiten erreicht.
Da bei der Reichweitenbetrachtung nach den unterschiedlichen Varianten durchaus unterschiedliche Ergebnisse entstehen, ist es etwa beim Benchmarking von großer Bedeutung, die verwendete Variante zu kennen. (vgl *Klepzig* [2014] 60 f).
60 Vgl *Doering/Schoenherr/Steinhäuser* (2012) 412.
61 Vgl *Doering/Schoenherr/Steinhäeuser* (2012) 414.

Lücke muss das Unternehmen selber vorfinanzieren. Folglich dreht sich in der WCM-Optimierung bzgl der Forderungen alles um die Verkürzung dieses Vorfinanzierungsprozesses.

Vorteil der DSO sind neben seiner weltweiten Bekanntheit vor allem die einfache Art der Berechnung. Kennzahlen sollten stets vergleichbar, überleitbar, automatisierbar und beeinflussbar sein – all dies erfüllen die DSO. Jedoch ist durchaus Vorsicht angebracht: Auf den zweiten Blick haben die DSO durchaus Nachteile. Wie so oft, liegt der „Teufel im Detail".

So sind die DSO zunächst maßgeblich vom den Kunden gewährten Zahlungsziel, sprich der Kreditlaufzeit, abhängig. Zahlungsziel und damit Kreditlaufzeit variieren jedoch vor allem in Abhängigkeit von Branche und landesspezifischen Gegebenheiten. Hier lässt sich in der Praxis ein deutliches Nord-Süd-Gefälle beobachten: Während Zahlungsziele in den nördlichen Ländern Europas durchschnittlich nah bei 30 Tagen liegen, sind in den südlichen Ländern wie Italien, Spanien, Portugal oder Griechenland offizielle Zahlungsziele von bis zu 90 Tagen üblich. In einzelnen Branchen Südeuropas lassen sich gar noch höhere Zahlungsziele finden – insbesondere bei Branchen mit Beteiligung öffentlicher Institutionen. Im Rahmen der Unternehmensanalyse ist daher das den DSO zugrunde liegende Zahlungsziel zu berücksichtigen, da dies idR nicht unterlaufen werden kann und entscheidenden Einfluss auf die Kennzahl hat. Sofern das Zahlungsziel, zB branchenspezifisch oder regional, festgelegt ist, ist die Performance eines Unternehmens mit DSO von 90 Tagen bei einem Zahlungsziel in Höhe von 30 Tagen schlechter als die Leistung eines Unternehmens mit DSO von 100 Tagen bei einem zugrunde liegenden Zahlungsziel von 60 Tagen![62]

Zudem können die DSO von der Finanzierungsstrategie eines Unternehmens beeinflusst werden. Viele Unternehmen entscheiden sich für einen Einsatz von Factoring oder Asset Backed Securities. Solche Forderungsverkäufe führen regelmäßig zu einem niedrigen Bestand an Forderungen. Da derartige Finanzierungsmodelle jedoch Finanzierungs- und Transaktionskosten beinhalten, gilt es, Vor- und Nachteile bei der Unternehmensanalyse entsprechend zu berücksichtigen. Vorsicht ist angebracht, da die DSO eine statische Bilanzkennzahl darstellen. Die DSO lassen den Betrachter über neu seit dem Betrachtungszeitpunkt eingegangene Forderungen im Unklaren. Die DSO sagen also nur etwas über Vergangenheitswerte aus und sind damit nur bedingt zur Liquiditätssteuerung zu gebrauchen. Dies gilt insbesondere für Unternehmen mit stark zyklischem Geschäft. Dem kann jedoch entgegengehalten werden, das Working Capital für den eigenen Betrieb beliebig oft und in den erforderlichen Zeitintervallen berechnen zu können, um die Gesamtlage kompetent beurteilen zu können. Schließlich ist die Verbesserung der Liquidität und somit auch der Bonität eine Aufgabe, die im eigenen Interesse regelmäßig, zB wöchentlich, monatlich oder pro Quartal, vorgenommen werden sollte.

---

62   Vgl hierzu ausführlich *Vater* (2009) 1103 ff.

Die DSO sagen zudem nichts über das Alter des Forderungsbestands aus. In der Praxis kommen daher vor allem unternehmensintern sog Aging-Tabellen zum Einsatz, welche die ausstehenden Forderungen in ihrer Außenstandsdauer geclustert in verschiedene Altersbereiche untergliedern, um eine Risikoeinschätzung des Forderungsportfolios vornehmen zu können. Zudem gilt es, Interdependenzen zwischen den DSO und DIO oder DPO im Blick zu halten: So weist beispielsweise ein hoher DSO-Wert in Verbindung mit einem niedrigen DPO-Wert darauf hin, dass ein Missverhältnis zwischen der Finanzierungsseite über Lieferanten und den gewährten Kundenkonditionen vorliegt.

Soweit längere Zahlungsziele den eigentlichen Betrachtungszeitraum der Umsätze (idR ein Monat) übersteigen, bezieht sich ein Großteil der offenen Posten auf Umsätze der Vorperiode. Auch saisonale Schwankungen ebenso wie vermehrte Faktura-Anstrengungen zum Quartals- oder Jahresende ziehen eine erhöhte Forderungslaufzeit nach sich.[63]

Nicht zu unterschätzen sind inkongruente Behandlungen bei der Umsatzsteuer – so werden die Forderungen häufig brutto und die Umsätze netto angesetzt.[64] Insbesondere bei Vorliegen volatiler Umsätze und monatlichem DSO-Reporting ist zu hinterfragen, welche Umsätze zur Berechnung heranzuziehen sind. Die Art und Weise der (Nicht-)Berücksichtigung von Zöllen kann zudem wesentlichen Einfluss auf den Aussagegehalt der DSO haben – dies gilt insbesondere dann, wenn diese nicht regelmäßig oder in volatilen Größenordnungen vorliegen!

6.5. Days of Inventory Outstanding

Die Hauptkennzahl des Vorratsmanagement-Prozesses in der Unternehmenspraxis ist die sog „Days Inventory Outstanding (DIO)". Die DIO rechnen die aktuellen Bestände, sprich das in den lagernden Vorräten gebunden Kapital, in eine durchschnittliche Kreditlaufzeit in Tagen um. Im Detail weist die Kennzahl aus, wieviele Tage durchschnittlich zwischen dem Zugang der Vorräte im Lager und ihrem Abverkauf, sprich der Rechnungsstellung (und dem damit erfolgten Übergang in die Forderungen), verstreichen. Die DIO berücksichtigen dabei folgende Bestandspositionen:

- Roh-, Hilfs- oder Betriebsstoffe
- Unfertige Erzeugnisse (sog „Work-in-Progress" [WIP])
- Fertige Erzeugnisse
- Rückläufer

Die DIO sind wie folgt definiert:

$$\text{Vorräte/Umsatz} \times 365 \text{ Tage}$$

---

63 Vgl *Doering/Schoenherr/Steinhäuser* (2012) 410.
64 Vgl *Rupp* (2011) 382.

Methodisch korrekter ist zwar die Verwendung der Herstellungskosten (cost of goods sold) im Nenner anstelle des Umsatzes – aus externer Sicht ist dies jedoch nur für Unternehmen möglich, die das Umsatzkostenverfahren verwenden, da allein das Umsatzkostenverfahren eine Entnahme der für die Berechnung erforderlichen Herstellungskosten erlaubt,[65] wie die nachstehende Übersicht verdeutlicht:

Gesamtkostenverfahren (GKV)		Umsatzkostenverfahren (UKV)	
HeidelbergCement (in Mio €)	2014	Gewinn-und Verlust-rechnung Bayer-Konzern in Mio €	2014
Umsatzerlöse	12.614	Umsatzerlöse	42.239
Bestandsveränderung der Erzeugnisse	17	Herstellungskosten	–20.266
Andere aktivierte Eigenleistungen	10	Bruttoergebnis vom Umsatz	21.973
Gesamtleistung	12.642	Vertriebskosten	–11.018
Sonstige betriebliche Erträge	293	Forschungs- und Entwicklungskosten	–3.574
Materialaufwand	–5.320	Allgemeine Verwaltungs-kosten	–1.741
Personalaufwand	–2.050	Sonstige betriebliche Erträge	716
Sonstige betriebliche Aufwendungen	–3.447	Sonstige betriebliche Aufwendungen	–850
Ergebnis aus Gemeinschafts-unternehmen	171		
Operatives Ergebnis vor Abschreibungen	2.288		
Abschreibungen	–693		
Operatives Ergebnis / EBIT	1.595	EBIT	5.506

Abb 57: Gesamtkostenverfahren vs Umsatzkostenverfahren

Alternativ werden für die DIO auch die Begriffe Lagerreichweite und Durchlaufzeit verwendet. Je höher die DIO sind, also je länger die Verweildauer im Lager bzw Produktionsprozess, umso mehr Tage verstreichen, bis ein Unternehmen über die Zah-

---

65 Nach den International Financial Reporting Standards (IFRS) besteht grundsätzlich ein Wahlrecht zwischen dem Gesamtkostenverfahren und dem Umsatzkostenverfahren. Da in vielen Ländern das im deutschsprachigen Raum populäre Gesamtkostenverfahren noch eher unbekannt ist, greift international die Mehrheit der Unternehmen für ihr Gruppen-Reporting auf das Umsatzkostenverfahren zurück. Während das GKV sich im Aufbau streng an Aufwandsarten (zB Material- und Personalkosten) orientiert, gliedert sich das UKV nach Funktionsbereichen. Vgl hierzu ausführlich *Krimpmann* (2005) 10 ff; *Vater* (2012).

lung seiner Kunden einen Rücklauf seines vorab eingesetzten Kapitals erhält. Diese Lücke muss das Unternehmen vorfinanzieren. Folglich dreht sich bei der WCM-Optimierung der Bestände alles um die Verkürzung dieses Vorfinanzierungsprozesses. Verbesserungsmaßnahmen zielen hier vor allem auf die Reduktion der Durchlaufzeiten, dh die Reduzierung der Sicherheitsbestände auf ein Mindestmaß und die Minimierung der Ausschuss- bzw der Fehlerquote ab. Ebenso erlaubt eine Optimierung der Ablauf- und Organisationsstrukturen im Lager- und Produktionsbercich, also auch der Transportwege und Zwischenlager sowie eine optimierte Sortimentspolitik, Lagerreduktionen. Die Prozessqualität und Komplexität beeinflusst damit direkt die DIO-Performance.

Die DIO werden idR durch weitere Kennzahlen, welche auf unterschiedliche Maßnahmen und Bereiche abzielen und auf diversen Management-Ebenen eingesetzt werden, ergänzt. So zB durch die prozentuale Abweichung von angenommenen Bestandsvorhersagen oder Segmentierungen nach Materialien bzw Produkten.

Die DIO sind zunächst von der Produktionsstrategie eines Unternehmens beeinflusst: Produktionsprozesse können auftragsgetrieben, also aufgrund bereits eingegangener Kundenaufträge ausgelöst werden, oder prognosegetrieben erfolgen, also ohne vorhandene Kundenaufträge durch Prognose auf Basis von Vergangenheitswerten.[66] In vielen Industriezweigen, wie zB der Automobil-, Elektronik- oder Möbelindustrie, ist es heute üblich, möglichst viele Produkte erst nach Eingang eines Kundenauftrags zu fertigen, um Working Capital und Lagerkosten zu senken sowie um die Gefahr zu reduzieren, auf bereits gefertigten Teilen „sitzen zu bleiben". Die strategische Entscheidung zu „make-to-order" (Auftragsfertigung) oder „make-to-stock" (Lagerfertigung) wirkt sich wesentlich auf die Lagerbestände und damit die DIO aus. Entscheidenden Einfluss auf die DIO hat die Fertigungstiefe eines Unternehmens – je höher die Fertigungstiefe, desto höher sind meist auch die DIO. Ähnliche Auswirkung hat die Entscheidung zur Variantenvielfalt – ein vielfältiges Variantenangebot zieht idR einen entsprechend erhöhten Bestand an Zwischen- und Endprodukten nach sich. Analog zur Finanzierungsstrategie bei den Forderungen können die DIO auch durch die gewählte Supply-Chain-Strategie und die in diesem Rahmen angewandten Logistikmodelle beeinflusst sein. Deren Ausgestaltung kann selbst innerhalb eines Unternehmens je nach Division, Produktbereich oder Produktfamilie variieren.

Logistikkonzepte wie Just-in-Time, Just-in Sequence oder Konsignationslager haben idR signifikante Auswirkungen auf die ausgewiesenen Bestandshöhen.

Mit Blick auf die DIO ist analog zur Situation bei den DSO zu bemerken, dass die DIO zudem wiederum statischer Natur sind und damit nur einen bedingten Rückschluss auf die den ausgewiesenen Beständen inhärenten Risiken zulassen.

---

66   Hier kann zwischen den Varianten „make to stock" – „assemble to order" – „sub-assemble to order" – „purchase and make to order" unterschieden werden. Siehe hierzu *Vahs/Schäfer-Kunz* (2005) 770.

6.6. Days of Payables Outstanding

Die Days of Payables Outstanding (DPO) rechnen die aktuellen Verbindlichkeiten aus Lieferungen und Leistungen, sprich das durch Lieferanten gewährte Kreditvolumen, in eine durchschnittliche Kreditlaufzeit in Tagen um. Die DPO sind wie folgt definiert:

$$\text{DPO} = \frac{\text{Verbindlichkeiten aus Lieferungen und Leistungen}}{\text{Umsatz} \times 365 \text{ Tage}}$$

Analog zur Berechnung der DIO ist auch bei den DPO die Verwendung der Herstellungskosten (cost of goods sold) im Nenner anstelle des Umsatzes methodisch korrekter, aus Gründen der Einfachheit und Datenverfügbarkeit (Umsatzkostenverfahren erforderlich) wird jedoch häufig der Umsatz verwendet.

Die DPO beinhalten zudem erhaltene Anzahlungen seitens der Kunden. Je nach Bedeutung der Anzahlungen kann es hilfreich sein, hier eine eigene Kennzahl „Down Payments received" zu bilden.

Im Detail stellen die DPO also dar, wie viele Tage durchschnittlich zwischen Rechnungsregistrierung und Zahlungsausgang verstreichen. Alternativ werden in der Praxis auch die Begriffe Verbindlichkeitenreichweite und Kreditorenlaufzeit verwendet. Je höher der ausgewiesene Wert, also je länger die Außenstandsdauer, umso mehr finanziert sich das Unternehmen über seine Lieferanten und nicht anderweitig zB über die Eigentümer oder Banken. Verbindlichkeiten aus Lieferungen und Leistungen sind im Grunde vom Lieferanten gewährte, zinsfreie Kredite, da zwischen erbrachter Leistung und zu leistender Bezahlung ein Zeitversatz erlaubt ist. Zielsetzung des Working-Capital-Managements ist es hier, diese Zeitspanne soweit als möglich zu strecken und damit die entsprechende Verbindlichkeitenposition nachhaltig so hoch wie möglich zu halten.

Mit Blick auf die Aussagefähigkeit der DPO gilt es, indes zu beachten, dass die DPO nicht die gesamten Inputfaktoren beinhalten, sondern nur diejenigen, die im Materialaufwand enthalten sind. Damit wird zB der Personaleinsatz und damit u. U. ein wesentlicher Inputfaktor nicht abgebildet.

Insgesamt muss eine Balance gefunden werden zwischen zwei stark gegensätzlichen Zielsetzungen. Der Abnehmer hat natürlich den Wunsch nach einem möglichst späten Zahlungszeitpunkt, der Lieferant wiederum will die Zahlung möglichst früh erhalten, denn jede zeitliche Lücke im Cash-Cycle muss vorfinanziert werden.

So vielversprechend die Aussagekraft der DPO auch ist – es bestehen auch Nachteile: So geben die DPO keine Auskunft darüber, ob das Unternehmen von der Möglichkeit „Skonto" in Anspruch nehmen zu können, Gebrauch gemacht hat. So können kurze DPO bei konsequenter Inanspruchnahme von Skonto wirtschaftlich sinnvoller sein als hohe DPO.

Ähnlich wie die DSO sind die DPO kulturell beeinflusst. Dies gilt vor allem mit Blick auf das zugrunde liegende Zahlungsziel. Die DPO sind daher wie die DSO vor dem Hintergrund der jeweiligen kulturellen Gegebenheiten einzuschätzen. Obgleich es Ziel des Working–Capital-Managements ist, möglichst hohe DPO zu erzielen, sollten Unternehmen auf nicht-vertragskonformes „Spät-Zahlen" verzichten. Ein nicht vertragskonformes Verhalten kann Lieferanten gefährden, zu späteren Preiserhöhungen und bei Fremdwährungsverbindlichkeiten zu Währungsrisiken führen. So können lange Zahlungsziele das Verhältnis zu wichtigen Lieferanten belasten und deren Flexibilität und Kulanz negativ beeinflussen. Nicht zu unterschätzen sind negative Auswirkungen auf die eigene Reputation! Bei Unternehmen in schlechter wirtschaftlicher Verfassung können hohe DPO zudem ein ernsthaftes Anzeichen für Liquiditätsmangel und Insolvenzgefahr sein – hier sind sorgfältige Analysen der Begleitumstände erforderlich! Notieren Lieferantenverbindlichkeiten in Fremdwährung, sagen die DPO nichts zum Währungsrisiko aus. Vermutlich erhöhen hohe DPO-Werte aber hier das Risiko!

DPO und DIO stehen in engem Zusammenhang miteinander, da häufig ein großer Teil der Vorräte in zu viel gelagerten Rohstoffen bzw Zulieferartikeln liegt. Bei der Interpretation und Analyse sind daher Beschaffung, Lagerwirtschaft und Produktionsplanung zu berücksichtigen. Logistikkonzepte wie Just-in-Time, Just-in Sequence oder Konsignationslager – insbesondere in Verbindung mit Sammelrechnungen – haben nicht nur signifikante Auswirkungen auf die ausgewiesenen Bestandshöhen, sondern auch auf die Höhe der DPO. Gleiches gilt für Unternehmen mit Einsatz finanzieller Konzepte wie Supply Chain Financing.

6.7. Detail-Kennzahlen des Cash-to-Cash-Cycles

Erfolgreiche Unternehmen verknüpfen die vorstehend vorgestellten „High-Level-KPI" mit weiteren operativen Kennzahlen für die Detailsteuerung. Ziel dessen ist, Kennzahlen für Werttreiber, die direkten Einfluss auf das Working Capital haben, zu erhalten. Gleichfalls hilft dies, die Vielzahl komplexer und meist bereichsübergreifenden Einflussfaktoren auf die „High-Level-KPI" transparent zu machen und Verantwortlichkeiten klar zu definieren.[67] Hierzu bietet sich ein mehrstufiges Kennzahlensystem an, das von den Spitzenkennzahlen des Working Capitals bis zu den Detailkennzahlen seiner Komponenten reicht und somit auch eine umfassende Beurteilung seiner Treiber erlaubt. Zur operativen Steuerung des Working Capitals existiert eine kaum überschaubare Fülle an Kennzahlen, wenngleich allgemeingültige Standards fehlen. Vielmehr ist die Auswahl der Kennzahlen an die jeweilige Situation des Unternehmens sowie die identifizierten Optimierungsbereiche anzupassen. Abbildung 58 zeigt ein beispielhaftes Kennzahlensystem, welches den Verantwortlichen auf unterschiedlichen Entscheidungsebenen die jeweils für sie relevanten Steuerungskennzahlen und -informationen je Komponente bereitstellt.

---

67 Vgl *Doering/Schoenherr/Steinhäuser* (2012) 410 f.

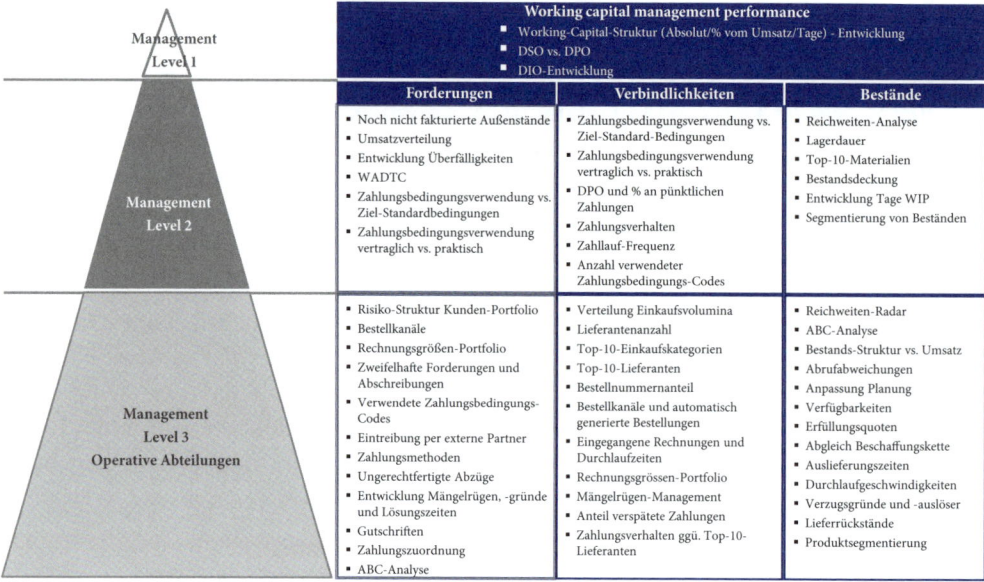

Management Level 1	Working capital management performance • Working-Capital-Struktur (Absolut/% vom Umsatz/Tage) - Entwicklung • DSO vs. DPO • DIO-Entwicklung		
	Forderungen	**Verbindlichkeiten**	**Bestände**
Management Level 2	• Noch nicht fakturierte Außenstände • Umsatzverteilung • Entwicklung Überfälligkeiten • WADTC • Zahlungsbedingungsverwendung vs. Ziel-Standardbedingungen • Zahlungsbedingungsverwendung vertraglich vs. praktisch	• Zahlungsbedingungsverwendung vs. Ziel-Standard-Bedingungen • Zahlungsbedingungsverwendung vertraglich vs. praktisch • DPO und % an pünktlichen Zahlungen • Zahlungsverhalten • Zahllauf-Frequenz • Anzahl verwendeter Zahlungsbedingungs-Codes	• Reichweiten-Analyse • Lagerdauer • Top-10-Materilien • Bestandsdeckung • Entwicklung Tage WIP • Segmentierung von Beständen
Management Level 3 Operative Abteilungen	• Risiko-Struktur Kunden-Portfolio • Bestellkanäle • Rechnungsgrößen-Portfolio • Zweifelhafte Forderungen und Abschreibungen • Verwendete Zahlungsbedingungs-Codes • Eintreibung per externe Partner • Zahlungsmethoden • Ungerechtfertigte Abzüge • Entwicklung Mängelrügen, -gründe und Lösungszeiten • Gutschriften • Zahlungszuordnung • ABC-Analyse	• Verteilung Einkaufsvolumina • Lieferantenanzahl • Top-10-Einkaufskategorien • Top-10-Lieferanten • Bestellnummernanteil • Bestellkanäle und automatisch generierte Bestellungen • Eingegangene Rechnungen und Durchlaufzeiten • Rechnungs-grössen-Portfolio • Mängelrügen-Management • Anteil verspätete Zahlungen • Zahlungsverhalten ggü. Top-10-Lieferanten	• Reichweiten-Radar • ABC-Analyse • Bestands-Struktur vs. Umsatz • Abrufabweichungen • Anpassung Planung • Verfügbarkeiten • Erfüllungsquoten • Abgleich Beschaffungskette • Auslieferungszeiten • Durchlaufgeschwindigkeiten • Verzugsgründe und -auslöser • Lieferrückstände • Produktsegmentierung

Abb 58: Auswahl empfohlener KPI zur Working-Capital-Steuerung [Quelle: Ernst & Young (2013b)]

Die Ergänzung von „High-Level KPI" sei am Beispiel der DSO verdeutlicht:

Ein Unternehmen verfolgt das Ziel, sein Working Capital im Bereich des Forderungsmanagements zu verbessern. Hierzu erhebt der Finanzbereich den „High-Level-KPI" DSO, der in das laufende Reporting des Unternehmens integriert und damit regelmäßig berichtet und auf den Geschäftsleitungssitzungen diskutiert wird. Um ein besseres Verständnis der Wirkungen einzelner Geschäftsvorfälle aber auch der einzelnen internen Prozesse zu erhalten, werden auf den Bereichsebenen folgende weitere Detailkennzahlen definiert:

• „Verwendung von Zahlungsbedingungen vs Nutzung von Standards" für den Vertrieb: Grundsätzlich sollte nur eine limitierte Anzahl von Konditionen genutzt werden, um zu verhindern, dass der Vertrieb zur „Verkaufsförderung" und zulasten des Working Capitals Abweichung von den Standardzahlungszielen vornimmt. Da dies im Einzelfall dennoch (zB aufgrund großer „Marktmacht" eines Abnehmers) erforderlich sein kann, bietet es sich an, die Detailkennzahl „Verwendung von Zahlungsbedingungen vs Nutzung von Standards" zu erheben und dann entsprechend im Vertriebsbereich zu hinterfragen. Eine stringente Anwendung einmal vereinbarter und genehmigter Konditionen, welche in den Stammdaten hinterlegt sind, verhindert zudem manuell aufwendige Systemeingriffe sowie das Risiko späterer Rechnungsfehler. Die Möglichkeit, Zahlungsbedingungen zu überschreiben, zB bei der Aufnahme von Bestellungen, sollte klar limitiert und mit entsprechenden Authorisierungsstufen verknüpft werden.

- „Nutzung vorab vereinbarter Zahlungsarten" für den Vertrieb: Die Art der Zahlung kann großen Einfluss auf die DSO eines Unternehmens haben; kann ein Unternehmen dagegen mit seinen Kunden einen automatischen Rechnungseinzug oder aber die Nutzung von zB Kreditkarten vereinbaren, ergeben sich regelmäßig signifikante Verbesserungen. Die Detailkennzahl verfolgt, inwieweit der Vertrieb die Nutzung derartiger Zahlungsarten, die meist für den Kunden eher unattraktiv sind, vereinbart hat.
- „Umsatzverteilung": Regelmäßig gilt innerhalb eines Kunden-Portfolios das Pareto-Prinzip. Es besagt, dass wenige Großkunden („A"-, „B"-Kunden) einen signifikanten Umsatzanteil vertreten, während viele Kleinkunden („C"-, „D"-Kunden) nur einen geringen Anteil repräsentieren. Mit Blick auf die Zahlungsbedingungen führt dies dazu, dass „A"-Kunden aufgrund ihrer Bedeutung vergleichsweise lange Zahlungsziele erhalten, während Kleinkunden eher kurze Zahlungsziele gewährt werden. Die Umsatzstruktur hat daher nicht unerheblichen Einfluss auf die DSO innerhalb einer Reportingperiode. Die Erhebung des KPI kann zur Kunden-/Umsatzsteuerung verwendet werden und zur Transparenz- und Verständnisförderung beitragen!

Es wird deutlich, dass eine Ergänzung der „High-Level KPI" um Detailkennzahlen vergleichsweise einfach erreicht werden kann; dies gilt auf allen Ebenen. Zum Verständnis der Wirkungsweisen bietet sich grafisch die Erstellung eines Kennzahlentreiberbaums an:[68]

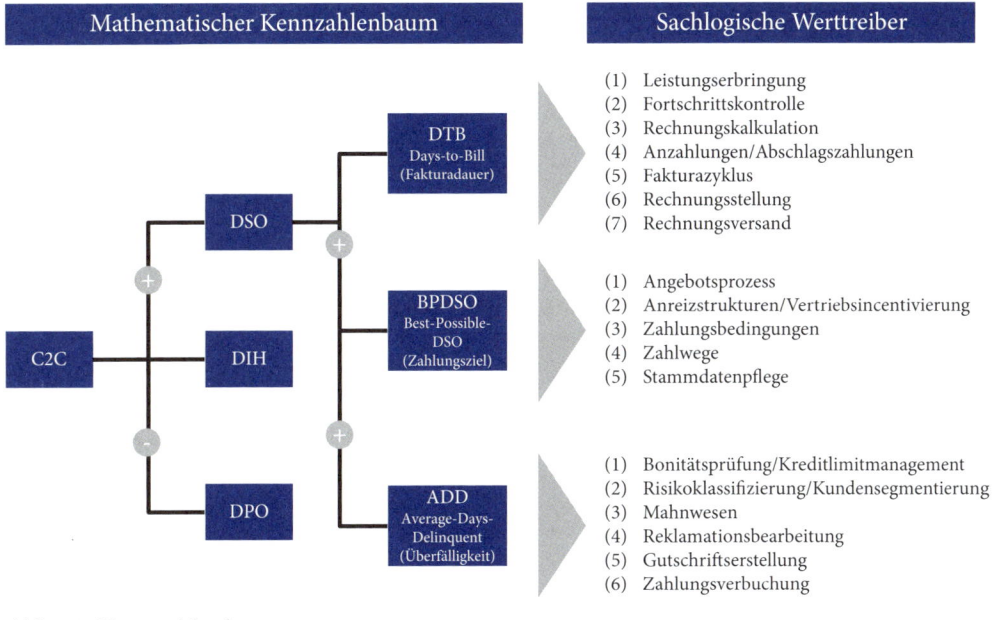

Abb 59: Kennzahlenbaum

---

68 Vgl *Doering/Schoenherr/Steinhäuser* (2012) 412. Zur Operationalisierung von Finanzkennzahlen mittels Wertreiberbäumen siehe auch *Müller/Hirsch* (2005).

Grundsätzlich gilt, dass die sorgfältige Auswahl der Kennzahlen eine unabdingbare Grundlage für die erfolgreiche Working-Capital-Steuerung ist. Denn nur wenn die wesentlichen Wertreiber erkannt und konsequent optimiert werden, kann eine nachhaltige Verbesserung des Working Capitals erreicht werden.

6.8. Working-Capital-Intensität

Eine weitere viel beachtete Kennzahl des Working-Capital-Managements stellt die Working-Capital-Intensität dar. Die Working-Capital-Intensität ergibt sich aus dem Quotient aus Working Capital und Umsatzerlösen:

$$\text{Working-Capital-Intensität} = \text{Working Capital/Umsatz}$$

Die Working-Capital-Intensität[69] sagt aus: Je höher die Working-Capital-Intensität, desto mehr Liquidität muss für die letztlichen Erlöse vorgestreckt werden und desto weniger bleibt für andere Investitionen übrig. Die Kennzahl sagt also unter der Annahme, dass keine anderweitige Optimierung erreicht werden kann, aus, wie viel anteiliges Working Capital bei einer Umsatzsteigerung für jeden zusätzlich generierten € bereitgestellt werden muss. Damit ist die Working-Capital-Intensität gerade für wachsende Unternehmen von großer Bedeutung. Eine Working-Capital-Intensität von beispielsweise 3 % bedeutet, dass mit geringem Betriebskapital viel Umsatz gemacht wird. Für die Interpretation dieses Wertes benötigt man allerdings weitere Informationen zum Unternehmen. Er kann darauf hinweisen, dass

a. das Kapital sehr effizient eingesetzt wird
   oder
b. die Verbindlichkeiten als Komponenten des Working Capitals aufgrund des Umsatzwachstums sehr hoch sind, ein weiteres Umsatzwachstum nicht mehr finanziert werden kann und das Unternehmen sogar Gefahr läuft, zahlungsunfähig zu werden („overtrading").

Intensitäts-Kennzahlen werden nicht nur für das gesamte Working Capital, sondern vor allem auch für dessen Komponenten „Forderungen" und „Vorräte" berechnet. Die Berechnung erfolgt analog zur Working-Capital-Intensität, indem die Vorräte durch den Umsatz geteilt werden. Die Kennzahl sagt etwas über die Vorratsintensität eines Betriebs aus. Da Vorräte Kapital binden und dies vorzufinanzieren ist, wirkt sich ein überhöhter Vorratsbestand ungünstig auf die Rentabilität des Betriebes aus. In Relation zur Betriebsleistung sollte sich der Bedarf an Vorratsvermögen auch bei Geschäftsausweitungen (Expansion) des Unternehmens nicht nennenswert verändern.

Die Forderungsintensität repräsentiert einen Indikator für die „Belastung" eines Betriebes im Hinblick auf die Vorfinanzierung seiner Außenstände. Die Berechnung erfolgt wiederum analog zur Working-Capital- oder Vorrats-Intensität.

---

69   Auch der Kehrwert findet insbesondere bei Finanzanalysten als Finanzkennzahl Verwendung: Working Capital Turnover = Umsatz/Working Capital

6.9. Working Capital Ratio

Die Working Capital Ratio (WCR 1) als Liquiditätskoeffizient (auch als Liquidität 3. Grades bezeichnet) besagt, welcher Anteil der kurzfristigen Verbindlichkeiten durch das Umlaufvermögen finanziert ist.[70] Sofern der Wert über 100 % liegt, bedeutet dies, dass ein Teil des Umlaufvermögens langfristig finanziert ist. Im gegenteiligen Fall, also bei Vorliegen eines Werts unter 100 %, müsste theoretisch Anlagevermögen verkauft werden, um die kurzfristigen Verbindlichkeiten finanzieren zu können. In diesem Fall ist die finanzielle Situation des Unternehmens als eher kritisch einzustufen.

$$\text{Working Capital Ratio (1)} = \frac{\text{Umlaufvermögen} \times 100}{\text{kurzfristige Verbindlichkeiten}}$$

Die Working Capital Ratio 2 setzt dagegen das Working Capital ins Verhältnis zum kurzfristigen Umlaufvermögen. Daraus wird abgeleitet, welcher Teil des Umlaufvermögens langfristig finanziert ist. Ein Wert um die 30 % wird gemeinhin als optimal bezeichnet.

$$\text{Working Capital Ratio (2)} = \frac{\text{Umlaufvermögen} \times 100}{\text{kurzfristiges Umlaufvermögen}}$$

6.10. Fazit

Das Working Capital repräsentiert eine entscheidende Einflussgröße des Unternehmenserfolges und bedarf eines abgestimmten und praxiserprobten Instrumentariums, um die richtige Balance zwischen Kapitalbindung und möglichen Liquiditätsengpässen zu finden. Der C2C-Cycle stellt ein wirkungsvolles Kennzahleninstrumentarium zur (Grob-)Diagnostik bereit. Die Kennzahlen des C2C-Cycles geben gute Anhaltspunkte für die Working-Capital-Performance eines Unternehmens. Ihr Vorteil liegt neben seiner weltweiten Bekanntheit vor allem in der einfachen Art der Berechnung. Kennzahlen sollten stets vergleichbar, überleitbar, automatisierbar und beeinflussbar sein – all dies erfüllen die Kennzahlen des C2C-Cycles. Jedoch ist durchaus Vorsicht angebracht: Auf den zweiten Blick haben Kennzahlen wie DIH oder DSO durchaus Nachteile. Daher sollten Ergebnisse nicht unbedarft als „richtig und wegweisend" übernommen werden. Vielmehr gilt es, die Kennzahlen des C2C-Cycles so einzusetzen, dass Äpfel mit Äpfel und nicht mit Orangen verglichen werden. Undurchsichtige Kennzahlen, intransparente Prozesse und unklare Verantwortlichkeiten bremsen vielversprechend gestartete Umsetzungsaktivitäten nicht selten aus, sodass trotz aller Bemühungen die anvisierte Verbesserung des Working Capitals verfehlt wird. Erfolgreiche Unternehmen verknüpfen daher die vorstehend vorgestellten „High-Level-KPI" mit weiteren operativen Kennzahlen für die Detailsteuerung. Ziel dessen ist, Kennzahlen für Werttreiber, die direkten Einfluss auf das

---

70   Für die detaillierte Berechnung siehe Kap B.3.

Working Capital haben, zu erhalten. Gleichfalls hilft dies, die Vielzahl komplexer und meist bereichsübergreifender Einflussfaktoren auf die High-Level-KPI transparent zu machen und Verantwortlichkeiten klar zu definieren.[71] Hierzu bietet sich ein mehrstufiges Kennzahlensystem an, das von den Spitzenkennzahlen des Working Capitals bis zu den Detailkennzahlen seiner Komponenten reicht und somit auch eine umfassende Beurteilung seiner Treiber erlaubt. Entscheidend für die Aussagekraft und Steuerungsfunktion ist eine möglichst lückenlose Integration der Working-Capital-Kennzahlen in den Planungs-Reporting-Kreislauf. Nicht unerheblich ist in diesem Zusammenhang die Systemintegration. Eine Systemlandschaft mit parallel existierenden unterschiedlichen Quellen und Werten für einzelne Net-Working-Capital-Positionen beeinträchtigt die Steuerung erheblich. Dies gilt insbesondere mit Blick auf die in vielen Unternehmen noch anzutreffende Praxis einer von der Buchhaltung separaten Bestandsführung (zB eigene Lagerhaltungssoftware).

Literatur

Internationaler Controller Verein (2014): Working Capital Management – Leitfaden für die nachhaltige Optimierung von Vorräten, Forderungen und Verbindlichkeiten, Freiburg/München

Doering, O., Schoenherr, M., Steinhäuser, P. (2012): Working Capital Controlling, In: Controlling – Zeitschrift für erfolgsorientierte Unternehmenssteuerung, Heft 8/9, S. 409–415

Egerer, M. (2013): Auswirkungen saisonaler Effekte auf das Working Capital Management – Entwicklung von Bewertungsansätzen zur Steuerung des Working Capitals illustriert durch Fallstudien deutscher Industrieunternehmen, München

Klepzig, H.J. (2014): Working Capital und Cash Flow, Wiesbaden

Krimpmann, A. (2005): GuV unter IFRS – Vom Gesamtkostenverfahren zum Umsatzkostenverfahren, In: Accounting Heft 7, S. 10–14

Losbichler, H. (2012): Working Capital Management – Wirkungen und Grenzen in der Praxis, In: Weber, V., Schmidt, R., Turnaround – Navigation in stürmischen Zeiten, S. 51–60

Müller, G., Hirsch, B. (2005): Die Wertorientierung in der Unternehmenssteuerung – Status quo und Perspektiven, In: Zeitschrift für Controlling & Management, Jg. 49 (1), 83–87

Rupp, R. (2011): Working Capital Management: Controlling mit eindrucksvollen Bildern oder mit belastbaren Zahlen? In: Controlling – Zeitschrift für erfolgsorientierte Unternehmenssteuerung, Heft 7, S. 379–386

Vahs, D., Schäfer-Kunz, J. (2005): Einführung in die Betriebswirtschaftslehre, Stuttgart

Vater, H. (2009): "Cash is King" – die Liquiditätskennzahl Forderungsreichweite (DSO) auch? In: BBK Heft 7, S. 1103–1118

Vater, H. (2012): IFRS für Controller und Manager, Weilheim

---

71   Vgl *Doering/Schoenherr/Steinhäuser* (2012) 410 f.

7. HR-Kennzahlen für das Performance Measurement entlang der gesamten Wertschöpfungskette

Werner Freilinger

Inhaltsverzeichnis

Die Führung eines Unternehmens/einer Organisation ist ohne Personalkennzahlen kaum denkbar. Der nachfolgende Beitrag beschäftigt sich mit der Ableitung der wichtigsten HR-relevaten Parameter aus der Balanced Scorecard und sollte als Anleitung zum strukturierten Einsatz dieser HR-Kenngrößen entlang der gesamten Wertschöpfungskette am Beispiel der SKF Österreich AG dienen.

7.1. Kurzporträt des Unternehmens und Rahmenbedingungen des Kennzahleneinsatzes

Die SKF Österreich AG in Steyr ist eine Tochter des schwedischen SKF AB Konzerns mit Hauptsitz in Göteborg. Obwohl SKF AB über mehr als 140 Produktionsstandorte verfügt, gehört die SKF Österreich AG zu den produktivsten und innovativsten Standorten weltweit. Das Werk in Steyr überzeugt durch die Kombination von jahrzehntelanger Erfahrung und spezifischem Know-how.

Abb 60: Wälzlager

Wälzlager stehen – von den meisten Menschen unbemerkt – für das reibungsfreie Funktionieren von Maschinen und Geräten. Vom Kraftfahrzeug über die Produktionsanlage bis hin zum Haushalt, überall sorgen Wälzlager für einen reibungsarmen Ablauf.

Die SKF Österreich AG ist in folgende Bereiche gegliedert:

- Entwicklung, Produktion und Vermarktung von Wälzlagern
- Marketing, Verkauf und Service für das gesamte Produktsortiment des Konzerns für den österreichischen Markt
- Rekonditionierung großer Wälzlager und Reparatur von Werkzeugmaschinenspindeln
- Entwicklung, Produktion und weltweiter Verkauf von Messtechnologien bzw -geräten

Die führende Qualität der Produkte in Verbindung mit dem besten Service sind die Erfolgsfaktoren für SKF. Dabei setzt die SKF Österreich AG alles daran, die Gesundheit und Fähigkeiten aller Mitarbeiter zu erhalten bzw zu fördern. Bereits seit Mitte der 90er Jahre setzt die SKF Österreich AG bei ihrer Unternehmenssteuerung auf den Einsatz einer Balanced Scorecard. Diese wurde im Laufe der Jahre kontinuierlich weiterentwickelt und gilt in ihrer heutigen Ausprägung und Verwendung in der SKF Group als „Rolemodel".

Es sei vermerkt, dass der HR-relevante Teil – sowie auch sämtliche andere Kenngrößen – aus der Scorecard abgeleitet ist, dh, durch ihre Struktur bestimmt wird. Seit ca 2013 wird daran gearbeitet, die in der Balanced Scorecard enthaltenen Hauptkennzahlen noch weiter zu kaskadieren, sodass für alle Fachbereiche des Unternehmens operative Steuerungs- bzw Kontrollgrößen vorliegen. Die Schwierigkeit besteht dabei erfahrungsgemäß darin, jenen „Feinheitsgrad" zu finden, der einerseits das operative Geschehen vernünftig, dh ausreichend, beschreibt und andererseits bezüglich Aufwand zur Datenfindung und -bereitstellung nicht als zu aufwendig oder sogar lästig empfunden wird. Wie die „Balanced Scorecard" per Definition vermuten lässt, geht es darum, die oft unterschiedlichen Zielsetzungen der jeweiligen Bereiche so abzustimmen, dass ein unternehmerisches Optimum erreicht werden kann. Für das Personalwesen bedeutet dies, einerseits originäre Bereichsziele zu definieren, andererseits aber auch von Bereichen außerhalb des Personalwesens bezüglich der Erreichung personalrelevanter Zielsetzungen unterstützt zu werden. Als klassisches Beispiel dazu können abteilungsspezifische Kennzahlen zur Darstellung der jeweiligen Personalproduktivität genannt werden.

Von großer Wichtigkeit in der SKF Österreich AG ist die gemeinsame Erarbeitung und die Vereinbarung der entsprechenden Scorecard-Ziele im Managementkreis, um sicherzustellen, dass die oft naturgemäß vorliegenden, gegenseitigen Auswirkungen bereits im Ansatz erkannt und berücksichtigt werden. So wird auch gewährleistet, dass eventuelle Einzelinteressen bzw singuläre Zielsetzungen nicht zum Durchbruch kommen. Die bei der SKF Österreich AG im Einsatz befindliche Balanced Scorecard kann aufgrund ihrer Struktur, ihrer Ausgewogenheit und ihrer konsequenten Anwendung als das zentrale Steuerungsinstrument für die gesamte Wertschöpfungskette des Unternehmens gesehen werden.

7.2. Aufbau und Verwendung der Balanced Scorecard

Das verwendete BSC-System ist auf die vier Perspektiven ausgerichtet, wird im Herbst jeden Jahres überarbeitet und im Monatsrhythmus – mit Ausnahme des Betriebsurlaubsmonats August – einem Review unterzogen:

- Shareholder
- Customer
- Processes und
- Employees

Die Perspektive „Shareholder" weist dabei in ihrer Unterstruktur folgende „Strategic challenges" auf:

- Sustainable high profitabilty
- Improve asset management
- Sustainable growth

Der Perspektive „Customer" sind folgende „Strategic challenges" zugeordnet:

- Sustainable excellence in customer service & speed
- Improve overall competitiveness
- Zero defects to customers
- Creation of values and technical leadership

Die Perspektive „Processes" unterteilt sich in folgende „Strategic challenges":

- Agility in manufacturing
- Significant cost reduction
- Step-up innovation
- Proper factory sourcing strategy
- Execution of specific programs (eg new ERP-System)

Die „Strategic Challenges" der Perspektive „Employees" werden unter Kap 7.3. detailliert dargestellt.

7.3. Struktur der personalrelevanten BSC-Inhalte und Prozess der Kennzahlenfindung

Neben einer Gesamtübersicht über die bei der SKF Österreich AG verwendeten BSC-Parameter wird in der folgenden Abhandlung schwerpunktmäßig auf jene Kennzahlen eingegangen, die die Basis für eine professionelle Steuerung der unten angeführten, personalrelevanten Aspekte darstellen:

- Personalressourcen
- Personalqualifikationen
- Unternehmensimage
- Mitarbeitermotivation/-zufriedenheit
- EHSS (Environment, Health, Safety and Security)
- Demographie
- Vergütung

Die Perspektive „Employees" enthält folgende „Strategic challenges":

- Attract, develope and engage people – „Employer Branding"
- Increase people flexibility
- Strengthen innovation capability of employees
- Continuous developement of our business excellence culture

Die Kennzahlenfindung erfolgt in Form eines jährlich im Herbst stattfindenden Prozesses, der folgende grobe Schritte umfasst:

- Definition und Verabschiedung der Hauptziele für das folgende Geschäftsjahr
- Findung von Maßnahmen und zugehörigen Kennzahlen, die die oben angeführten Hauptziele in ihrer Erreichung unterstützen („Catchballing" mit allen relevanten Bereichen/Abteilungen)
- Bewertung der Wichtigkeit/Bedeutung der eingebrachten Maßnahmen bzw Kennzahlen und Verabschiedung der priorisierten Maßnahmen bzw Messgrößen

7.4. Strategisch ausgerichtetes Performance Measurement im HR-Bereich

Für jeden Bereich innerhalb der Personalabteilung (zB Personalverwaltung, -entwicklung, -verrechnung, Kommunikation etc) sind sogenannte Key Performance Indicators definiert, über deren Entwicklung vorwiegend in den Abteilungsmeetings bzw den sogenannten bereichsbezogenen „Practice Grounds" (wöchentliche Ideen und Verbesserungsmeetings) als auch – in komprimierter Form – in den monatlich stattfindenden BSC-Meetings des Managementkreises, berichtet wird.

Folgende – nach strategischen Herausforderungen ausgerichtete – Kennzahlen sind in Verwendung:

Strategic challenge „Employer Branding"

- Anzahl Initiativbewerbungen/Monat
- Anzahl interner Bewerbungen/Job posting
- Anzahl externer Bewerbungen/Job posting
- Anzahl Bewerber für Lehrlingsausbildung technisch bzw kaufmännisch/Lehrjahr

- Zufriedenheitsindices aus WCA Working Climate Analysis. (findet im Rhythmus von 1 1/2 Jahren statt)
- Umsetzungsquote der Maßnahmen aus WCA (in Prozent)
- Anzahl durchgeführter Weiterbildungsprogramme/Jahr
- Durchschnittliche Bewertung der Weiterbildungsprogramme (durch Teilnehmer und Führungskräfte nach Schulnotensystem)
- Durchschnittliche Anzahl Teilnehmer pro Bildungsveranstaltung
- Anzahl spezifischer Kooperationsprogramme mit Schülern und Jugendlichen/Jahr
- Anzahl positiver Medienauftritte zum Thema Unternehmensimage/Jahr
- Anzahl Anrainerbeschwerden/Jahr
- Anzahl Behördenreklamationen/Jahr (zB durch Arbeitsinspektorat, Arbeiterkammer oder Arbeitsmarktservice)
- Anzahl aktiver „Practice Grounds" (strukturierte und moderierte Verbesserungsmeetings)
- Fluktuationsrate/Jahr (je Hauptabteilung bzw werksweit)
- Verweildauer der intern ausgebildeten Lehrlinge
- Anzahl Neueinstellungen/Jahr (Fixeinstellungen)
- Anzahl neuer „International Assignments"/Jahr
- Anzahl Abgänge in Altersteilzeit/Jahr
- Anzahl Abgänge in Regelpension/Jahr
- Anzahl Karenzgänger/Jahr (Mütter- bzw Väterkarenz)
- Anzahl Karenzrückkehrer/Jahr
- Anzahl Abgänge in Bildungskarenz/Jahr
- Anzahl Eintritte in Arbeitsstiftung Steyr/Jahr
- Altersverteilung inklusive Trendverfolgung
- Anzahl durchgeführter Führungskräfte-Dialoge/Jahr
- Anzahl durchgeführter „Vorstandstalks"/Jahr
- Anzahl durchgeführter Mitarbeiterinformationsveranstaltungen/Jahr (flächendeckend für alle Mitarbeiter)
- Demographische Verteilung der Belegschaft (männlich, weiblich, Altersgruppen)
- Durchschnittliche Betriebszugehörigkeitsdauer nach Berufstypologien

Strategic challenge „Increase Flexibility"

- Gleitzeitguthaben (Angestellte) mit Trendverfolgung
- Summe Plusstunden auf dem „Konjunkturkonto" (Arbeiter) mit Trendverfolgung
- Summe Alturlaube mit Trendverfolgung
- Potenzial für die Mehrfachbedienung von Maschinen (in Form einer „Skill-Matrix")
- Vereinbarung spezifischer Karenzmodelle (Väterkarenz)
- Anzahl spezifischer Projekte/Programme (zB Projekt „Lebensphasengerechtes Arbeiten", Projekt „Kinderbetreuung in der Ferienzeit", Programm „Einführung neuer Mitarbeiter", Projekt „Rückkehrplanung", ...)

- Verhältnis geplante/geleistete Überstunden
- Produktive Arbeitsstunden/Monat je Fertigungsbereich („manned hours")
- Summe ausbezahlter Zulagen/Monat
- Anzahl zulagenberechtigter Mitarbeiter
- Anzahl neuer, flexibilitätsfördernder Betriebsvereinbarungen/Jahr
- Anzahl alter, flexibilitätshindernder Betriebsvereinbarungen/Jahr
- Durchschnittlicher Prozentsatz eingesetzter Leasingkräfte/Monat und Bereich
- Anzahl eingesetzter Trainees/Quartal

Strategic challenge „Education Investments"

- Ausgaben für zentrale (durch HR-Abteilung) Bildungsmaßnahmen/Monat
- Ausgaben für abteilungsorganisierte Bildungsmaßnahmen/Monat
- Ausgaben für Bildungsmaßnahmen bezogen auf Umsatz (jährlich)
- Durchschnittliche Kosten pro interner bzw externer Bildungsmaßnahme (jährlich)
- Zeitaufwand für Bildungsmaßnahmen/Mitarbeiter und Jahr
- Anzahl bereichsspezifischer Fortbildungstage/Jahr

Strategic challenge „Strengthen our Innovation Capability"

- Anzahl Schulungsteilnehmer „Projektmanagement"/Jahr
- Anzahl ausgebildeter Six Sigma Black- bzw Green Belts/Jahr
- Anzahl abgeschlossener Six-Sigma-Projekte/Jahr
- Summe „Hard Savings" (exakt berechnete Einsparungen) durch Six-Sigma-Projekte/Jahr
- Summe „Soft Savings" (geschätzte Einsparungen) durch Six-Sigma-Projekte/Jahr
- Ausgaben für Forschungs- und Entwicklungsprojekte in den Bereichen Produkt- bzw Prozessentwicklung/Jahr
- Anzahl Teilnehmer an konkreten Benchmarking-Projekten/-Programmen/Jahr
- Mitarbeiterkategorisierung nach Bildungsabschlüssen bzw Qualifikation (jährlich):
  - Universität
  - Fachhochschule
  - Höhere Technische Lehranstalt
  - Handelsakademie
  - Werkmeister
  - Facharbeiter mit technischem Lehrabschluss
  - Facharbeiter mit anderen Lehrabschlüssen
- Anzahl Kooperationsprojekte/-programme mit Forschungs- bzw Entwicklungsorganisationen/Jahr
- Anzahl befürworteter Verbesserungsideen/Mitarbeiter und Jahr
- Anzahl realisierter Verbesserungsideen/Mitarbeiter und Jahr
- Summe berechneter Einsparungen aus Verbesserungsvorschlägen/Jahr
- Summe ausbezahlter Prämien für berechnete Einsparungen/Jahr

Strategic challenge „Environment/Health/Safety/Security"

- Anzahl technischer Einsätze/Jahr
- Anzahl Störmeldungen/Jahr
- Anzahl Fehlalarme/pro Jahr
- Anzahl Arbeitsunfälle/Monat:
  - berichtspflichtige Unfälle
  - Erste-Hilfe-Einsätze
- Anzahl Ausfallstunden/Monat
  - Arbeits- bzw Wegunfälle
  - Freizeitunfälle
- Anzahl Beinahe-Unfall-Meldungen/Monat
- Anzahl Ambulanzkonsultationen pro Monat
- Anzahl der Teilnehmer an Gesundheitsprogrammen (zB Impfaktionen, Gesundenuntersuchung, Ernährungsberatung, Suchtprävention, …)
- Gesundheitsrate/Monat (Anwesenheit)
- Prozentsatz Mitarbeiter mit Einschränkungen bzw Befreiungen

7.5. Fazit

Das bereits seit mehreren Jahren bei der SKF Österreich AG eingesetzte und kontinuierlich weiterentwickelte Scorecard-System hat auch im Teil der personalrelevanten Kennzahlen breite Akzeptanz bei den Anwendern gefunden. Die HR-relevanten Steuergrößen werden als wesentliche Unterstützung zur Erreichung der wichtigsten Bereichs- und Unternehmensziele empfunden, da sie Abweichungen frühzeitig erkennen lassen und somit die notwendigen Kurskorrekturen rasch und meist ohne gröbere Maßnahmen gesetzt werden können. Trotz des bereits derzeit sehr gut optimierten Systems besteht im gesamten Managementkreis Einvernehmen darüber, auch zukünftig noch an weiteren „Feinjustierungen" zu arbeiten. Das Bessere ist ja bekanntlich der Feind des Guten.

8. IT-Controlling mit Kennzahlen

Günter Kirsch/Michael Nemetz

Inhaltsverzeichnis

IT-Controller haben die Effektivität sowie die Effizienz der Entwicklung und des Einsatzes von Informations- und Kommunikationstechnologien in einer Organisation sicherzustellen. Als Businesspartner obliegt ihnen ua die Unterstützung von IT-Managern bei der Erfüllung der Führungsaufgaben durch die Versorgung mit Informationen über IT-Kennzahlen, welche ein essenzielles Handwerkszeug sowohl für IT-Controller als auch für IT-Manager bilden. Der Beitrag geht zu Beginn in aller Kürze auf die Grundlagen des IT-Controllings ein. Im Anschluss daran werden ausgewählte Kennzahlen für das IT-Controlling vorgestellt.

8.1. Grundlagen des IT-Controllings

In vielen Organisationen ist die Verwendung von modernen Informations- und Kommunikationstechnologien (IKT oder IT) nicht mehr wegzudenken. Dementsprechend kristallisiert sich ihre effektive und effiziente Erstellung respektive Nutzung oftmals als kritischer Erfolgsfaktor für eine Organisation heraus.[72] Die Sicherstellung einer solchen Effektivität und Effizienz kommt dem IT-Controlling zu.[73]

Ein Versuch der Bestimmung des Begriffs IT-Controlling verhält sich analog zum Versuch, den übergeordneten Controllingbegriff eindeutig zu bestimmen. Auch bei diesem dehnbaren Begriff scheiden sich in der einschlägigen Literatur die Meinungen über seinen exakten Inhalt.[74] In der Konsequenz haben sich im Laufe der Zeit in Theorie und Praxis verschiedene Anschauungen und Definitionen von IT-Controlling herausgebildet.[75] Die unterschiedlichen Auffassungen reichen dabei von rein IT-kostenkontrollierenden Ausprägungen bis hin zu leistungs- und serviceorientierten Ansätzen.[76] Dem zweiten Extrem folgend wird in diesem Beitrag unter IT-Con-

---

72 Vgl *Kesten* et al (2013) 1; *Kütz* (2005) 1.
73 Vgl *Spitta/Schmidpeter* (2002) 141.
74 Vgl *Nemetz* (2014) 31 f.
75 Aufzählungen von Begriffsbestimmungen finden sich exemplarisch in *Gadatsch/Mayer* (2014) 25 f; *Kütz* (2005) 9 ff.
76 Vgl *Gadatsch/Mayer* (2014) 26; *Kütz* (2005) 49 f.

trolling die Bedarfsermittlung, Beschaffung, Verarbeitung und Verwendung von Informationen zur Zielbildung, Planung, Koordination, Steuerung und Kontrolle der IT-Erstellung bzw des IT-Einsatzes in einer Organisation verstanden.[77] Die Definition impliziert, dass IT-Controlling nur durch eine enge Zusammenarbeit von IT-Managern und IT-Controllern im Team funktionieren kann. Darüber hinaus offenbart sich daraus das IT-Controlling als elementares Führungssubsystem, das sich über alle Phasen eines idealtypischen IT-Lebenszyklus erstreckt, dh von der Beratung und Konzeption über die Realisierung hin zum laufenden Betrieb.[78] Aus der leistungs- und servicebezogenen Begriffsbestimmung resultieren unmittelbar die Ziele des IT-Controllings. Das oberste Ziel besteht darin, durch die Sicherstellung einer effektiven und effizienten IT-Verwendung zur Erhöhung der Leistungsfähigkeit einer Organisation beizutragen.[79] Mit dem übergeordneten Ziel gehen weitere IT-Controllingziele einher. Dazu zählen die Steigerung der Kosten- und Ergebnistransparenz von IT-Produkten,[80] die permanente Optimierung entsprechender Informationssysteme und des IT-Berichtswesens oder die Verbesserung der Datenqualität.[81] Aus den jeweiligen Controllingzielen werden dann die Controllingaufgaben deduziert.[82] Demzufolge lassen sich nachstehende, demonstrativ aufgelistete Aufgaben des IT-Controllings identifizieren:[83]

● Unterstützung von Entscheidungsprozessen der IT-Manager durch die Versorgung mit Informationen über IT-Kennzahlen, Handlungsalternativen, Business Cases etc
● Mitgestaltung bei der Entwicklung der IT-Strategie einer Organisation
● Ausrichtung der IT-Ziele an den Organisationszielen
● Durchführung der IT-Budgetierung und des IT-Forecastings
● Mitwirkung bei der Erstkalkulation von IT-Produkten
● Verursachungsgerechte Verrechnung von IT-Kosten und IT-Leistungen
● Etablierung einer integrierten IT-Kosten- und IT-Leistungsrechnung
● IT-Projektcontrolling und IT-Servicecontrolling
● Durchführung von Wirtschaftlichkeitsanalysen für IT-Investitionen
● Mitentwicklung und Pflege von Informationssystemen für das IT-Controlling
● Gestaltung und Betrieb des IT-Berichtswesens

Als erste Aufgabe des IT-Controllings wurde bewusst die Versorgung der IT-Manager mit Informationen über IT-Kennzahlen genannt, da IT-Kennzahlen nicht nur für IT-Controller,[84] sondern auch für IT-Manager als Handwerkszeug fungieren. IT-Kennzahlen informieren in konzentrierter Form über quantitativ messbare Sachver-

---

77   Vgl *Becker/Winkelmann* (2004) 214; *Reichmann* (2011) 451 f.; *Tiemeyer* (2011) 13.
78   Vgl *Kütz* (2005) 12 f.
79   Vgl *Gadatsch/Mayer* (2014) 27.
80   In diesem Kontext werden IT-Projekte und IT-Services unter IT-Produkten subsumiert.
81   Vgl *Kütz* (2005) 55; *Uebel/Helmke* (2013) 29.
82   Vgl *Reichmann* (2011) 4 f.
83   Vgl *Gadatsch/Mayer* (2014) 27; *Uebel/Helmke* (2013) 28. Ein Teil der angeführten Aufgaben ist aus dem IT-Controller-Leitbild entnommen oder abgeleitet (siehe dazu *Barth* et al [2009] 12).
84   Vgl *Kütz* (2011) 5.

halte der IT-Entwicklung und des IT-Einsatzes.[85] Sie dienen – wie bereits hervorgehoben – der Informationsversorgung, zudem der Entscheidungsunterstützung, der Steuerung und Kontrolle der IT-Verwendung und als Basis für Vergleichsrechnungen (Abweichungsanalysen).[86] Die mit dem IT-Controlling betrauten Akteure bewegen sich zwangsläufig innerhalb der Rahmenbedingungen für IT-Service-Provider. Diese stellen internen oder externen Kunden IT-Produkte zur Verfügung,[87] und sind durch eine Reihe von Spezifika charakterisiert.[88] Beispielhaft dafür stehen die vorwiegende Immaterialität der IT-Produkte, die hohe Personalintensität und das Erfordernis der Kundenpartizipation im Zuge der Leistungserbringung, die inhomogenen IT-Infrastrukturen bei den Kunden und das Spannungsverhältnis zwischen Servicetiefe und Kostenoptimierung. Solche Faktoren gilt es, bei der Bildung von IT-Kennzahlen auch ins Kalkül zu ziehen. Im nächsten Kapitel werden ausgewählte Kennzahlen des IT-Controllings vorgestellt.

8.2. Ausgewählte Kennzahlen des IT-Controllings

8.2.1. Umsatzanteil IT-Standardservices

Ein IT-Service ist ein *„Service, der von einem IT-Service-Provider bereitgestellt wird. Ein IT-Service wird durch eine Kombination von Informationstechnologie, Menschen und Prozessen gebildet."*[89] IT-Services können in Standard- und Nichtstandardservices unterteilt werden. Beispiele für IT-Standardservices sind die Services E-Mail, Storage, Backup, LAN Zugang, WLAN, SharePoint, SAP-Arbeitsplatz oder Betrieb Windows-Server. Die Zuordnung von den Services zugrunde liegenden Materialnummern zu einer der beiden Servicegruppen geschieht mittels einer Hierarchie im ERP-System.[90] Diese Zuordnung wird jährlich bzw nach Bekanntgabe von Änderungen aktualisiert. Eine solche Herangehensweise ermöglicht den Ausweis des Umsatzes auf Ebene der Standard- und Nichtstandardservices, vorausgesetzt es handelt sich bei dem IT-Service-Provider um eine rechtliche Einheit oder ein Profit Center. Die Kennzahl Umsatzanteil IT-Standardservices errechnet sich anhand der Division des Umsatzes aus IT-Standardservices durch den aus allen IT-Services generierten Umsatz.

$$\text{Umsatzanteil IT-Standardservices in \%} = \frac{\text{Umsatz IT – Standardservices}}{\text{Umsatz IT – Services}} \times 100$$

Der Zielwert für die Kennzahl wird am Beginn eines jeden Geschäftsjahres festgelegt. Je nach Höhe der Abweichung vom definierten Zielwert gestaltet sich die Einfärbung der Kennzahl gemäß einem Ampelsystem.[91]

85 Vgl *Gadatsch* (2012) 98; *Reichmann* (2011) 24.
86 Vgl *Helmke* et al (2013) 102 f.
87 ITIL (2013) 128.
88 Vgl dazu *Spitta/Schmidpeter* (2002) 142 f.
89 ITIL (2013) 72.
90 ERP = Enterprise Resource Planning.
91 Die im Beitrag angeführten Ampelsysteme stellen lediglich mögliche Ausprägungen dar und sind in der Praxis unternehmensindividuell festzulegen.

Ampelfarben	Abweichungen Prozentpunkte
Grün	0–0,99
Gelb	1–10
Rot	> 10

Abb 61: Ampelsystem Umsatzanteil IT-Standardservices

8.2.2. Budgettreue IT-Neuentwicklungsprojekte

Unter einem IT-Projekt wird eine *„temporäre Organisation, bei der durch das Zusammenwirken von Personen und anderen Assets ein bestimmtes Ziel oder ein bestimmtes Ergebnis "*[92] in Bezug auf Informations- und Kommunikationstechnologien erreicht werden soll, verstanden. IT-Projekte lassen sich nach ihrem Inhalt differenzieren in

- Beratungs-/Konzeptionsprojekte (zB IT-Architekturkonzept zur Einführung eines Data-Warehouse-Systems[93]),
- Neuentwicklungsprojekte (zB Einführung des Data-Warehouse-Systems),
- Weiterentwicklungsprojekte (zB nachträgliche Anbindung eines Customer-Relationship-Management-Systems an das Data-Warehouse-System) und
- Supportprojekte (zB Analyse und Behebung von Datentransferabbrüchen im Data-Warehouse-System).

Zur Klassifizierung von IT-Projekten können verschiedene Kriterien herangezogen werden, etwa der geplante Projektaufwand (in Personentagen oder in Euro) und das geschätzte Projektrisiko. Aus der Kombination dieser beiden Kriterien und aus ihren jeweiligen Einstufungen ergibt sich beispielsweise eine Unterscheidung in folgende drei Projektkategorien:

	A-Projekte	B-Projekte	C-Projekte
Aufwand	> 300 PT oder > 250 TEUR	60–300 PT oder 60–250 TEUR	< 60 PT oder < 60 TEUR
Risiko	A	A, B, C	C
Projektkategorie	A	B	C

Abb 62: IT-Projektklassifizierung[94]

---

92   ITIL (2013) 99.
93   Ein Data Warehouse ist eine zentrale Datenbank, die Daten aus unterschiedlichen Quellsystemen enthält.
94   Ein nach Aufwand als B-Projekt klassifiziertes Projekt kann über die Risikoeinschätzung zu einem A-Projekt hochgestuft bzw zu einem C-Projekt abgestuft werden. Die dargestellten Betragsgrenzen der Kategorien sind unternehmensspezifisch festzulegen.

Die Kennzahl Budgettreue der IT-Neuentwicklungsprojekte gibt den prozentuellen Anteil jener Neuentwicklungsprojekte wieder, die in einem Geschäftsjahr ohne Budgetüberschreitung abgeschlossen wurden.

$$\text{Budgettreue IT – Neuentwicklungsprojekte in \%} = \frac{\text{Anzahl IT – Neuentwicklungsprojekte in Budget}}{\text{Gesamtanzahl IT – Neuentwicklungsprojekte}} \times 100$$

Diese Kennzahl wird in Summe und nach den Projektkategorien gestaffelt berichtet. Die Festlegung der Schwellenwerte geschieht am Beginn eines jeden Geschäftsjahres. Eine mögliche Kategorisierung ist in Abb 63 dargestellt.

Ampelfarben	Werte von	Werte bis
Grün	80 %	100 %
Gelb	60 %	79,99 %
Rot	0 %	59,99 %

Abb 63: Ampelsystem Budgettreue IT-Neuentwicklungsprojekte

8.2.3. Servicedesk-Performance-Index

Anwender von IT-Services können ihre Anfragen an den First Level Support eines IT-Servicedesks stellen. Der First Level Support erfasst die Anfragen in Form von Tickets, kategorisiert und priorisiert sie.[95] Sollte eine Anfrage von dieser ersten Anlaufstelle nicht gelöst werden können, dann wird das Ticket an einen Second Level Support (zB interne oder externe Experten) und gegebenenfalls an einen Third Level Support (zB IT-Entwickler) zur Bearbeitung weitergeleitet.[96] Die Performance eines IT-Servicedesks kann bei Vorliegen der Daten zu Bearbeitungszeiten und Bearbeitungszuständen der Tickets auf mannigfaltige Art und Weise gemessen werden.[97] Es ist daher auch möglich, einzelne Gliederungszahlen zu einem Servicedesk-Performance-Index zusammenzuführen:

- Erreichbarkeit: Die Kennzahl umfasst den prozentuellen Anteil der innerhalb von 40 Sekunden abgehobenen Calls (= Anrufe beim Servicedesk).

$$\text{Erreichbarkeit in \%} = \frac{\text{Anzahl innerhalb von 40 Sek. abgehobener Calls}}{\text{Gesamtanzahl Calls}} \times 100$$

- Sofortlösungsrate:[98] Die Kennzahl umfasst den prozentuellen Anteil der Incidents (= IT-Störungen), die innerhalb von 15 Minuten durch den Servicedesk gelöst werden.

---

95 Vgl *Thome* et al (2011) 82.
96 Vgl *Gadatsch/Mayer* (2014) 196 f.
97 Vgl *Kütz* (2011) 84 ff.
98 Vgl *Tiemeyer* (2011) 141.

$$\text{Sofortlösungsrate in \% } = \frac{\text{Anzahl innerhalb von 15 Min. gelöster Incidents}}{\text{Gesamtanzahl Incidents}} \times 100$$

- Eigenlösungsrate: Die Kennzahl umfasst den prozentuellen Anteil der Incidents, die durch den Servicedesk gelöst werden.

$$\text{Eigenlösungsrate in \% } = \frac{\text{Anzahl gelöster Incidents}}{\text{Gesamtanzahl Incidents}} \times 100$$

- Erfassungsrate: Die Kennzahl umfasst den prozentuellen Anteil der Incidents, die vom Servicedesk durch Calls erfasst wurden.

$$\text{Erfassungsrate in \% } = \frac{\text{Anzahl durch Calls erfasster Incidents}}{\text{Gesamtanzahl Incidents}} \times 100$$

Für jede einzelne Servicedesk-Kennzahl wird bei Erreichung eines definierten Zielwertes eine fix zugeordnete Punkteanzahl vergeben. Bei Nichterreichung des Zielwertes erfolgt keine Punktevergabe. Die monatliche Ermittlung des Servicedesk-Performance-Index erfolgt durch Addition der Punkte, zB in folgender Weise:

Servicedesk-Kennzahlen	Zielwerte	Punkte
Erreichbarkeit	80 %	4
Sofortlösungsrate	60 %	3
Eigenlösungsrate	75 %	2
Erfassungsrate	95 %	1

Abb 64: Zielwerte und Punkte Servicedesk-Kennzahlen

Schwellenwerte für den Servicedesk-Performance-Index werden anhand eines unternehmensindividuellen Ampelsystems vorgegeben. ZB könnte sich die Servicedesk-Performance ab einem Index von sieben Punkten im „grünen Bereich" befinden.

Ampelfarben	Punkte von	Punkte bis
Grün	7	10
Gelb	5	6
Rot	0	4

Abb 65: Ampelsystem Servicedesk-Performance-Index

8.2.4. SLA-Erfüllungsgrad

Als Service-Level-Agreement (SLA) wird eine vertragliche Vereinbarung zwischen einem IT-Servicedienstleister und einem IT-Servicenehmer (Auftraggeber) über die vom Dienstleister für einen gewissen Zeitraum zu erbringenden Leistungen und deren Ausprägungen puncto Inhalt, Zeit, Qualität und Kosten bezeichnet.[99] Während der Vertragslaufzeit wird die Einhaltung der vereinbarten Leistungen mithilfe von Parametern, die im jeweiligen SLA definiert sind, regelmäßig gemessen und kontrolliert.[100] Beispiele für solche Parameter sind:

- Reaktionszeit bei Incidents
- Lösungszeit bei Incidents
- Verfügbarkeit von IT-Komponenten
- Performance von IT-Komponenten

Die notwendigen Daten zur Bewertung dieser Parameter stammen aus einer Servicedesk-Reportingdatenbank. Je nach konkreter SLA-Definition werden die Parameter als erfüllt oder nicht erfüllt bewertet. Aus der Kombination der Parameter ergibt sich in Folge die Erfüllung des SLAs. Ist nur einer der Parameter nicht erfüllt, dann gilt auch der SLA als nicht erfüllt. Innerhalb eines Quartals wird eine derartige Bewertung auf alle SLA angewendet, wodurch schließlich eine Anzahl erfüllter SLAs und eine Anzahl nicht erfüllter SLAs zur Verfügung stehen. Die Anzahl der erfüllten SLAs wird zur Gesamtanzahl der SLAs ins Verhältnis gesetzt. Die ermittelte Gliederungszahl zeigt den Erfüllungsgrad aller SLA.

$$\text{SLA} - \text{Erfüllungsgrad in \%} = \frac{\text{Anzahl erfüllter SLAs}}{\text{Gesamtanzahl SLAs}} \times 100$$

Schwellenwerte für den SLA-Erfüllungsgrad können wieder anhand eines unternehmensindividuellen Ampelsystems vorgegeben werden.

Ampelfarben	Werte von	Werte bis
Grün	80 %	100 %
Gelb	60 %	79,99 %
Rot	0 %	59,99 %

Abb 66: Ampelsystem SLA-Erfüllungsgrad

8.2.5. IT-Produktergebnisbeitrag

Als Sammelbegriff für die beiden Geschäftsfälle IT-Services und IT-Projekte eignet sich der Terminus „IT-Produkte". Für viele Entscheidungsträger in einer Organisation ist es von Interesse und notwendig zu wissen, welche IT-Produkte welchen Ergebnisbeitrag liefern. Diese Informationsfunktion nehmen die zwei Kennzahlen IT-Produktergebnis I und IT-Produktergebnis II wahr, die idealerweise in eine mehrstufige Deckungsbeitragsrechnung integriert werden.

---

99 Vgl *Gómez* et al (2010) 108 ff; *Tiemeyer* (2011) 35.
100 Vgl *Kütz* (2011) 13.

Umsatz	
– Fremdleistungen	HSK
– Eigenleistungen	
– Materialkosten	
– Sonstige Kosten	
± Produktkostenverrechnungen	
IT-Produktergebnis I	
– Verwaltungs- und Vertriebsgemeinkosten (VVK)	
± Kostenstellenabweichungen	
IT-Produktergebnis II	

Abb 67: Beispielhaftes Rechenschema zur Darstellung des Produktergebnisses

Das IT-Produktergebnis I entspricht dem Umsatz einer Periode abzüglich der Herstellkosten, die die Produktkostenverrechnungen inkludieren.

Produktergebnis I = Umsatz – HSK

Die HSK setzen sich zum einen aus Fremdleistungen (zB Softwarelizenzen, Zukauf externer IT-Entwickler), Eigenleistungen (zB Personalkosten interner IT-Entwickler), Materialkosten (zB Hardware, Fachliteratur) und sonstigen Kosten (zB Rechenzentrumsmiete, Schulungsgebühren) auf den IT-Produkten zusammen. Zum anderen beinhalten die HSK auch jene positiven und negativen Beiträge, die sich aus der Verrechnung aller Kosten der IT-Produkte ergeben. Die Kennzahl gibt Auskunft darüber, welche IT-Produkte in welchem Ausmaß zur Deckung der VVK (Verwaltungs- und Vertriebsgemeinkosten) und Kostenstellenabweichungen in einer Periode betragen und welche nicht.

Das IT-Produktergebnis II wird durch die zusätzliche Berücksichtigung der VVK und der Kostenstellenabweichungen ermittelt.

Produktergebnis II = Produktergebnis I – VVK ± Kostenstellenabweichungen

Eine Aufteilung der VVK auf die IT-Produkte wird durch die Beaufschlagung der HSK mit einem vorgegebenen VVK-Prozentsatz erreicht. Die Ist-Abweichungen auf den Kostenstellen werden den IT-Produkten mittels Verteilungsschlüssel zugewiesen. Anhand der Kennzahl Produktergebnis II können Aussagen zur Erreichung einer bestimmten Ergebnismarge durch die IT-Produkte getroffen werden. Beide Produktergebnisse werden absolut und prozentuell, dh jeweils im Verhältnis zum Umsatz, berichtet, wobei positive Werte grün und negative Werte rot gekennzeichnet sind.

8.3. Zusammenfassung

Die beschriebenen IT-Kennzahlen stellen lediglich einen kleinen Ausschnitt aus der Fülle an potenziellen IT-Kennzahlen dar. Mit der Vorstellung einiger weniger

Kennzahlen für die wesentlichen IT-Objekte zeigt der Beitrag dennoch die Möglichkeiten der Bildung von IT-Kennzahlen auf. Exemplarisch dafür steht die Kennzahl Servicedesk-Performance-Index, in der vier Teilkennzahlen zu einem Index zusammengeführt werden. Nichtsdestotrotz ist bei der IT-Kennzahlenbildung allerdings stets der Aussage- und Steuerungsgehalt für IT-Controller und IT-Manager zu hinterfragen.

Literatur

Barth, M., Gadatsch, A., Kütz, M., Rüding, O., Schauer, H., Strecker, S. (2009): Leitbild IT-Controller/-in, Beitrag der Fachgruppe IT-Controlling der Gesellschaft für Informatik. ICB-Research Report, Nr. 32, Institut für Informatik und Wirtschaftsinformatik, Universität Duisburg-Essen, Essen

Becker, J., Winkelmann, A. (2004): IV-Controlling, Wirtschaftsinformatik 46 (3), S. 213–221

Gadatsch, A. (2012): IT-Controlling. Praxiswissen für IT-Controller und Chief-Information-Officer, Wiesbaden

Gadatsch, A., Mayer, E. (2014): Masterkurs IT-Controlling, 5. Auflage, Wiesbaden

Gómez, M., Junker, H., Odebrecht, S. (2010): IT-Controlling. Strategien, Werkzeuge, Praxis, Berlin

Helmke, S., Uebel, M., Helmke, J. (2013): Erfolgsfaktoren von IT-Kennzahlensystemen, In: Helmke, S., Uebel, M. (Hrsg), Managementorientiertes IT-Controlling und IT-Governance, Wiesbaden, S. 101–115

ITIL (2013): ITIL° Glossar und Abkürzungen, https://www.axelos.com/Corporate/media/Files/Glossaries/ITIL_2011_Glossary_DE-v1-2.pdf, Zugriff am 26.5.2015

Kesten, R., Müller, A., Schröder, H. (2013): IT-Controlling. IT-Strategie, Multiprojektmanagement, Projektcontrolling und Performancekontrolle, 2. Auflage, München

Kütz, M. (2005): IT-Controlling für die Praxis. Konzeption und Methoden, Heidelberg

Kütz, M. (2011): Kennzahlen in der IT. Werkzeuge für Controlling und Management, 4. Auflage, Heidelberg

Nemetz, M. (2014): Controlling als Informationsquelle im Entscheidungsprozess, Hamburg

Reichmann, T. (2011): Controlling mit Kennzahlen. Die systemgestützte Controlling-Konzeption mit Analyse- und Reportinginstrumenten, 8. Auflage, München

Spitta, T., Schmidpeter, H. (2002): IV-Controlling in einem Systemhaus. Eine Fallstudie, Wirtschaftsinformatik 44 (2), S. 141–150

Thome, R., Herberhold, C., Gabriel, A., Habersetzer, L., Jaugstetter, C. (2011): 100 IT-Kennzahlen, Wiesbaden

Tiemeyer, E. (2011): IT-Controlling kompakt, Heidelberg

Uebel, M., Helmke, S. (2013): Leit- und Leistungsbild der IT, In: Helmke, S., Uebel, M. (Hrsg), Managementorientiertes IT-Controlling und IT-Governance, Wiesbaden, S. 13–35

9. Kennzahlen für den Bereich F&E und Innovation

Kurt Gaubinger/Michael Rabl

Inhaltsverzeichnis

In einem immer dynamischeren und wettbewerbsintensiveren Unternehmensumfeld ist das F&E- und Innovations-Controlling aufgerufen, ein System zu entwickeln, in dem bewusst, systematisch und rechtzeitig diejenigen Informationen beschafft, aufbereitet und interpretiert werden, die für die Planungs- und Kontrollprozesse der F&E- und Innovationsaktivitäten eines Unternehmens von Bedeutung sind. Basierend auf einem integrierten Phasenmodell des integrierten Innovations- und Produktmanagements wird in diesem Beitrag ein Innovationskennzahlen-Cockpit dargestellt, das sechs Kennzahlensets für die unterschiedlichen Bereiche des Innovationsmanagements enthält. Das entwickelte Innovationskennzahlen-Cockpit basiert dabei auf dem weitverbreiteten und anerkannten Input Prozess Output Outcome Framework (IPOO-Modell).

9.1. Grundlagen des F&E- und Innovationscontrolling

Innovationen kommen für die nachhaltige Erfolgs- und Existenzsicherung von Unternehmen immer größere Bedeutung zu.[101] Jedoch erschwert ein durch steigende

---

101   Vgl *Albach* (1999) 2 f sowie *Cooper* (2002) 85 ff.

Dynamik und Komplexität gekennzeichnetes Umfeld den Unternehmen die Möglichkeit, Innovationen hervorzubringen und erfolgreich zu vermarkten.[102] Um die Effektivität und Effizienz von F&E- und Innovationsaktivitäten zu erhöhen, ist daher ein systematisches F&E- und Innovationscontrolling notwendig, welches den Entscheidungsträgern sämtliche für die Steuerung der Innovationsaktivitäten erforderlichen Informationen rechtzeitig und in der richtigen Qualität und Quantität zur Verfügung stellt.[103]

9.1.1. Begriffsbestimmung

Zur zielorientierten Steuerung und Gestaltung der Innovationsaktivitäten in einem Unternehmen bedarf es strukturierter und aufeinander abgestimmter Maßnahmen, welche die erfolgreiche Markteinführung bzw innerbetriebliche Nutzung einer Innovation zum Ziel haben. Diese Aktivitäten werden unter dem Begriff **Innovationsmanagement** subsumiert und umfassen ein Set an strategischen und operativen Aufgaben zur Planung, Organisation und Kontrolle von Innovationsprozessen und der Schaffung der dazu erforderlichen internen Rahmenbedingungen.[104] In Anlehnung an *Vahs/Brem* zählen folgende Aufgaben zu den Kernaufgaben des Innovationsmanagements:[105]

- Definition von Innovationszielen und -strategien,
- Planung, Steuerung und Kontrolle der Innovationsprozesse,
- Aufbau einer innovationsfördernden Organisationsstruktur,
- Schaffung und Pflege einer innovationsfreundlichen Unternehmenskultur,
- Aufbau und Pflege eines Informationssystems, das die Grundlage für ein zielorientiertes Innovationscontrolling darstellt.

Allgemein bezeichnet **Controlling** eine grundsätzliche Sichtweise der Unternehmensführung und ist dabei als Subsystem der Führung zu verstehen, welches Planung, Steuerung und Kontrolle mit der Informationsversorgung zielorientiert koordiniert. Die Elemente eines Controllingsystems sind das Informations-, Planungs- und Kontrollsystem. Diese Teilsysteme sind gleichzeitig sowohl Output (systembildende Koordination) als auch Teil (systemkoppelnde Koordination) des Controllingsystems.[106] Entsprechend diesem Controllingverständnis ist es Aufgabe des **F&E- und Innovationscontrollings**, die Funktionsbereiche F&E und Innovation vor allem durch zielgerichtete **Informationsversorgung** bei der Planung, Steuerung und Kontrolle aller strategischen und operativen Innovationsaufgaben zu unterstützen.

---

102 Vgl *Schön* (2001) 27 f.
103 Vgl *Vahs/Brem* (2015) 363.
104 Vgl *Pleschak/Sabisch* (1996) 44.
105 Vgl *Vahs/Brem* (2015) 28.
106 Vgl *Horvath* (1993) 325 f.

9.1.2. Ziele und Aufgaben

Durch die oben angeführte Führungsunterstützungsfunktion soll die **Effektivität** und **Effizienz** der F&E- und Innovationsaktivitäten sichergestellt bzw erhöht sowie die Entwicklungs- und Anpassungsfähigkeit des F&E- und Innovationsmanagements gesteigert werden.[107] In diesem Kontext gilt das **Performance Measurement** als zentrale Aufgabe eines umfassenden Innovationscontrollings. Hierbei steht vor allem der Aufbau und Einsatz meist mehrerer **Kennzahlen** verschiedener Dimensionen im Mittelpunkt, die zur Messung der innovationsspezifischen Leistungspotenziale und Leistungen herangezogen werden können.[108]

Das **strategische Innovationscontrolling** zielt dabei insbesondere darauf ab, die Unternehmensführung bzw das strategische Innovationsmanagement mit allen strategisch relevanten Informationen über das Unternehmen und das unternehmensspezifische Umfeld zu versorgen und damit die Initiierung der „richtigen Innovationsprojekte" zu ermöglichen. Im Gegensatz dazu bezieht sich das **operative Innovationscontrolling** auf die zielgerichtete und rationelle Durchführung der geplanten und laufenden Innovationsprojekte.[109] Dabei steht insbesondere die ständige Überwachung des Projektverlaufs hinsichtlich Qualität, Kosten und Terminen im Mittelpunkt. Im Rahmen von Soll-Ist-Vergleichen können damit beispielsweise Abweichungen identifiziert und daran anschließend Abweichungsanalysen durchgeführt und Maßnahmen zur Gegensteuerung eingeleitet werden.

9.2. Phasenmodell als Bezugsrahmen für das F&E- und Innovationscontrolling

In der Literatur und in der betrieblichen Praxis lassen sich eine Vielzahl von Konzepten und Modellen zur Strukturierung von Innovationsprozessen finden, die den Gesamtprozess überschaubar und steuerbar machen sollen.[110] Ein in der Praxis weitverbreitetes Prozessmodell ist der so genannte **Stage-Gate®-Prozess** von *Cooper*, welcher den operativen Innovationsprozess in fünf Abschnitte („Stages") unterteilt.[111] Basierend auf diesem Modell entwickelten *Gaubinger* et al ein **integriertes Phasenmodell** des Innovations- und Produktmanagements.[112] Dieses Modell umfasst alle Kontextfaktoren des Innovationsmanagements und gliedert sich in die Bereiche Innovationsstrategie, Innovationsprojekt ieS, Leistungspflege, Innovationskultur sowie Organisation und Ressourcen.

---

107 Da das F&E-Management einen Teilbereich des Innovationsmanagements darstellt, wird in weiterer Folge nur mehr der weitergefasste Terminus Innovationscontrolling verwendet.
108 Vgl *Munck/Robers* (2015) 50.
109 Vgl *Vahs/Brem* (2015) 363 f.
110 Vgl *Vahs/Brem* (2015) 235 ff, sowie *Andreasen* (2005) 247ff.
111 Vgl *Cooper* (2002) 145 ff.
112 Vgl *Gaubinger* et al (2015) 35 ff.

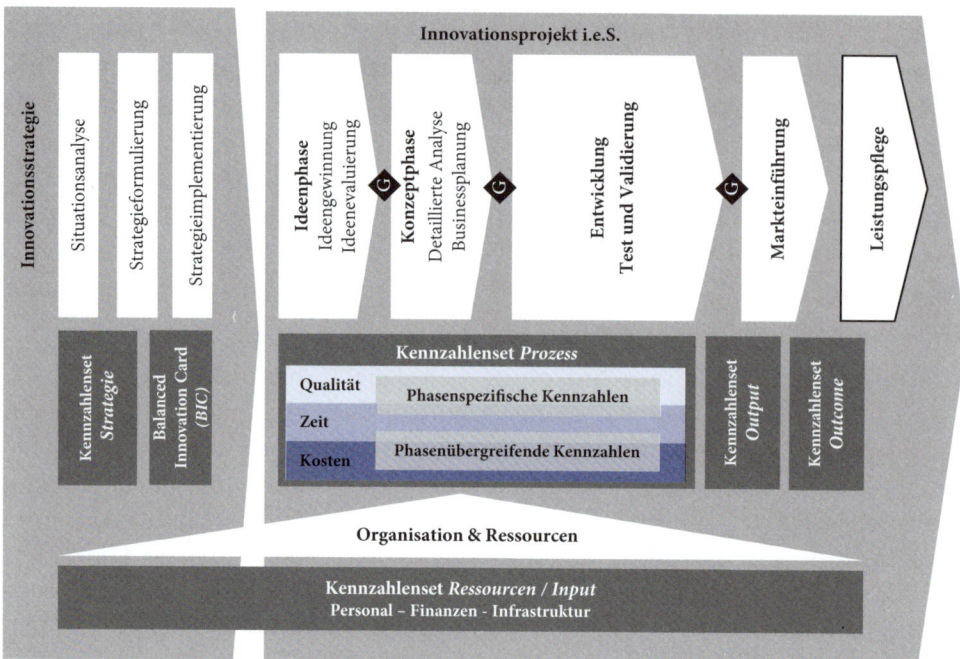

Abb 68: Innovationskennzahlen-Cockpit

Darüber hinaus berücksichtigt dieses Modell im Sinne eines interdisziplinären Ansatzes die drei Kernprozesse des Innovationsmanagements, die da sind: F&E-/Technologiemanagement, Marketingmanagement und Designmanagement. Es bringt damit den funktionsübergreifenden Charakter des Innovationsprozesses in allen Prozessstufen zum Ausdruck. In Anlehnung an dieses Modell konzeptionierten die Autoren ein **Innovationskennzahlen-Cockpit**, das sechs **Kennzahlensets** für die unterschiedlichen Bereiche des Innovationsmanagements enthält. Abbildung 68 gibt einen Überblick über die Elemente dieses Cockpits, die auch die Grundlage für die Struktur der folgenden Ausführungen bilden.

Das dargestellte Innovationskennzahlen-Cockpit basiert auf das häufig in der Literatur zitierte **IPOO-Modell** von *Brown/Svenson* zur Darstellung der Dimensionen des Innovationscontrollings.[113] Dieses Modell beinhaltet dabei Input-, Prozess-, Output-, und Outcome-Kennzahlen, wobei im Wesentlichen der **Innovationsprozess** mit seinen Forschungs- und Entwicklungsaktivitäten **Inputs** in Form von Mitarbeitern, Ideen, Ausstattung, Budgets oder Informationen in entsprechende **Outputs** wie etwa neue Produkte und Prozesse, Wissen oder Patente transformiert. Diese werden dann von den unterschiedlichen Unternehmensabteilungen, wie zB Marketing, Geschäftsplanung, Produktion etc empfangen und weiterverarbeitet und daraus **Outcomes** in Form von Umsatzsteigerungen, Produktverbesserungen oder Kostenreduktionen generiert. Diese empfangenden Abteilungen dienen also primär der Implementierung neuer Produkte oder verbesserter Prozesse.

---

113   Vgl *Brown/Svenson* (1988) 31 f.

9.3. Kennzahlen des strategischen F&E- und Innovationsmanagements

9.3.1. Kennzahlen im Rahmen der Strategieformulierung

Ein Unternehmen muss sein Unternehmensumfeld verstehen und überwachen, um seine Unternehmensstrategie und davon abgeleitet seine Innovationsstrategie entsprechend seiner Ressourcen formulieren zu können. In diesem Kontext hat das Innovationscontrolling die Aufgabe, das Management mit allen strategisch relevanten **Informationen** über das Unternehmen und das Unternehmensumfeld mittels einer umfassenden **Situationsanalyse** zu versorgen. Das Informationssystem muss hierbei so ausgelegt sein, dass es den Informationsbedarf des Managements ermittelt, die benötigten Informationen sammelt und diese dem Management rechtzeitig zur Verfügung stellt. In diesem Zusammenhang empfiehlt sich, im Rahmen der Situationsanalyse vor allem folgende Informationsobjekte zu berücksichtigen:

- Makroumfeld: Technologien, Politik-Recht, Kultur, Ökonomie
- Mikroumfeld: Kunden, Mitbewerb, Lieferanten
- Unternehmen: innovationsrelevante Stärken und Schwächen

Die Analyse des **Makro-** und **Mikroumfeldes** sollte darauf abzielen, unternehmensrelevante Strömungen und Trends in den angeführten Bereichen relativ früh festzustellen und in weiterer Folge umfeldinduzierte **Chancen** und **Risiken** für das Unternehmen aufzuzeigen, die eine wesentliche Grundlage für die Strategieformulierung darstellen. Naturgemäß sind in den oben genannten Analysebereichen unternehmensindividuell Analyseobjekte und Kennzahlen auszuwählen, jedoch bieten sich in vielen Fällen die in Abb 69 angeführten Kennzahlen als Informationsgrundlage der Innovationsstrategieplanung an.

Kennzahl	Beschreibung	
Markt-volumen	Von allen Anbietern eines Produktes realisierte Mengen (Absatz) bzw. Werte (Umsatz) in einem definierten Markt in einem bestimmten Zeitraum.	Mikro-umfeld
Markt-potenzial	Gesamtheit möglicher Absatzmengen eines Marktes für ein bestimmtes Produkt (Obergrenze des Marktvolumens).	
Markt-wachstum	Veränderung des Marktvolumens gegenüber dem Marktvolumen der Vorperiode.	
Wettbewerbs-intensität	Qualitative Kennzahl, die über Konzentration der Mitbewerber Auskunft gibt. Anmerkung: Es existieren zur Berechnung der Wettbewerbsintensität spezifische Konzentrationsmaße (bspw. Herfindahl-Index). Aufgrund der umfangreichen Berechnungsmethodik finden diese Maße in der Praxis jedoch geringe Anwendung.	

Kennzahl	Beschreibung	
Trend-indikatoren	Entwicklung (prozentuelles Wachstum) unternehmens-relevanter Bereiche des soziokulturellen Umfelds (zB Demografie, Wertewandel, Einkommensverteilung, usw)	Makro-umfeld
Patent-anmeldungen	Anzahl der Patentanmeldungen in strategisch relevanten Technologiebereichen.	
Wirtschafts-wachstum	Zentrale makroökonomische Kennzahl, die häufig die intertemporale Entwicklung des Bruttoinlandsproduktes eines Landes beschreibt.	

Abb 69: Umfeldspezifische Kennzahlen

Neben der Analyse des Umfelds ist im Rahmen der Innovationsstrategieplanung auch die Analyse des eigenen **Unternehmens** von Bedeutung, da es in vielen Fällen sinnvoll ist, die strategischen Innovationsfelder im Hinblick auf die **Stärken** und Kompetenzen des eigenen Unternehmens auszurichten. Darüber hinaus ist es von Bedeutung, mögliche **Schwächen** zu erkennen, um das Risiko von Fehlentscheidungen zu vermindern. Es empfiehlt sich hierbei, aus der Vielzahl möglicher Analysebereiche, sich vor allem auf erfolgskritische Faktoren zu konzentrieren. In Kapitel 9.4. werden in diesem Zusammenhang innovationsspezifische Kennzahlen aufgezeigt, die eine Quantifizierung **innovationsspezifischer Ressourcen** und Potenziale eines Unternehmens ermöglichen. Ergänzend hierzu zeigt folgende Abb 70 eine Auswahl zentraler Kennzahlen, die darüber Auskunft geben, wie stark das Unternehmen im **Markt** vertreten und wie hoch dessen generelle **Finanzkraft** ist.

Kennzahl	Beschreibung
Absoluter Marktanteil	Mengen- oder auch wertmäßiger Anteil des eigenen Unternehmens am Gesamtmarkt bzw. an einem Teilmarkt. Berechnung: eigener Absatz (Umsatz)/Absatz (Umsatz) der Branche.
Relativer Marktanteil	Mengen- oder auch wertmäßiger Anteil des eigenen Unternehmens im Vergleich zum stärksten Mitbewerber. Berechnung: eigener Absatz (Umsatz)/Absatz (Umsatz) des stärksten Mitbewerbers.
Bekanntheits-grad	Bekanntheit des Analyseobjektes (Unternehmen, Produkt, Marke usw.) bei der Zielgruppe. Berechnung: Anzahl der Antwortenden, die das Analyseobjekt kennen/Gesamtzahl der Antwortenden.
Cashflow	Der Cashflow gibt Auskunft über die Innenfinanzierungskraft des Unternehmens. Vereinfachte Berechnung: Jahresüberschuss +/– Ab-/Zuschreibungen auf Gegenstände des Anlagevermögens +/– Veränderungen langfristiger Rückstellungen (vgl Kap B.1.)

Abb 70: Unternehmensbasierte Kennzahlen

9.3.2. Balanced Innovation Card zur Strategieumsetzung

Eine wichtige Aufgabe des Innovationscontrollings ist die Koordination der strategischen mit der operativen Innovationsplanung. Ein effizientes Instrument stellt in diesem Zusammenhang die **Balanced Innovation Card (BIC)** dar.[114] Dieses Instrument basiert auf dem von *Kaplan* und *Norton* entwickelten Konzept der Balanced Scorecard (BSC).[115] „Balanced" bezieht sich dabei sowohl bei der BSC als auch bei der BIC auf das Gleichgewicht verschiedener Perspektiven und Kennzahlen. Dabei werden bei beiden Konzepten jeweils jene Kenngrößen aufgenommen, die für die Realisierung der eigenen Strategie von zentraler Bedeutung sind. Diese Operationalisierung erleichtert wesentlich die Kommunikation der Strategie, wodurch in weiterer Folge sämtliche Unternehmensaktivitäten exakter auf die Strategie hin ausgerichtet werden können. Im Vergleich zur BSC orientiert sich die BIC direkt an den Elementen des **Innovationsmanagements** und beinhaltet idealtypisch die **Perspektiven** Innovationsprozess, Innovationskultur, Innovationsressourcen sowie Innovationsoutput.

Für jede dieser Dimensionen ist es in weiterer Folge notwendig, bspw im Rahmen von Workshops, innovationsspezifische **strategische Subziele** abzuleiten, die mit der übergeordneten Innovationsstrategie kompatibel sind.[116] Daran anschließend müssen für alle Subziele adäquate Kennzahlen entwickelt werden, die die Messbarkeit des jeweiligen Subziels ermöglichen. Mögliche Kennzahlen der Perspektiven finden sich in weiterer Folge in den Kapiteln 9.4.–9.7. dieses Beitrags. Abbildung 71 zeigt zusammenfassend die Grundstruktur einer BIC.[117]

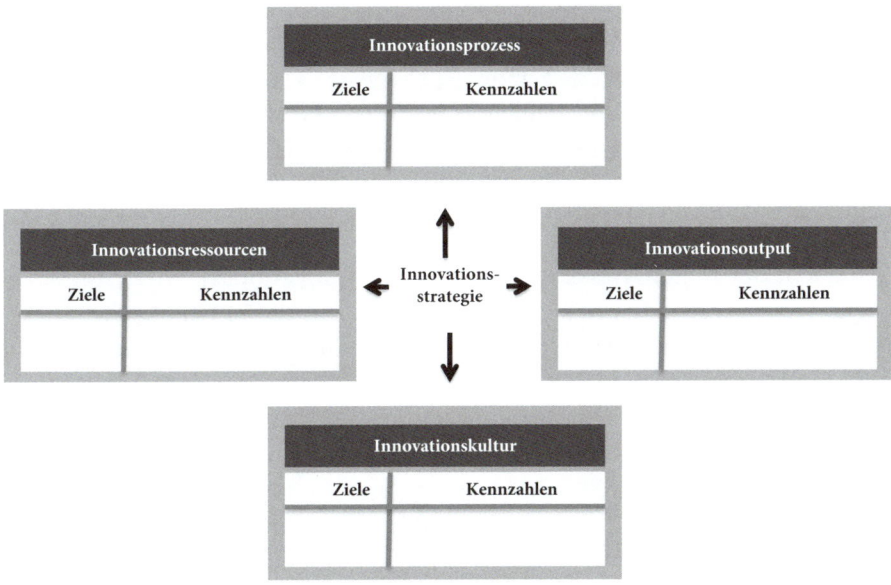

Abb 71: Struktur einer Balanced Innovation Card (BIC)

114   Vgl *Beek* (2010) 125 ff.
115   Vgl *Kaplan/Norton* (1996) 75.
116   Vgl *Schuh* et al (2012) 289.
117   Vgl *Beek* (2010) 126 f.

9.4. Ressourcenbasierte Input-Kennzahlen

Als Input werden Grundmaterialien, Impulse und Stimuli bezeichnet, die ein Innovationssystem empfängt und verarbeitet, die für das Innovationsvorhaben benötigt werden und vor dem Beginn des Vorhabens vorhanden sein müssen. Im Speziellen können dies zB Mitarbeiter und Informationen, aber auch materielle Dinge wie Sachmittel und finanzielle Ressourcen sein. Input-Größen können ebenso wie Output- und Outcome-Größen gemessen werden. Dies ist insbesondere bei radikalen Innovationen von Bedeutung, da hier die Unsicherheit im Innovationsprozess und in dessen Output sehr hoch ist.[118]

Kennzahlen zu Input-Größen stellen somit die materielle und immaterielle Ausstattung von Innovationsprojekten sicher und können neben einer einfachen Kostensteuerung auch eine Steuerung von Wissen und Know-how beinhalten. Das Controlling dieser Kennzahlen kann daher als eine Form der Ressourcenallokation gesehen werden, da es eine der wesentlichsten Voraussetzung in der F&E steuert. Input-Kennzahlen stellen dann einen wesentlichen Teil des Innovationscontrollings dar, wenn das Wissen über Ursache- und Wirkungszusammenhänge und Outcome-Kennzahlen nur bedingt vorhanden ist.[119] Input-Kennzahlen lassen sich in die Bereiche **Personal**, **Finanz** und **Infrastruktur** untergliedern.

9.4.1. Personalspezifische Kennzahlen

Im Innovationskontext stellen personalspezifische Kennzahlen eine wesentliche Gruppe dar und werden hauptsächlich in Form von Größen abgebildet, die die Anzahl der Mitarbeiter und deren Fähigkeiten berücksichtigen. Ihre Messung erfolgt sowohl in absoluter Form zum Beispiel über die Anzahl der F&E-Mitarbeiter als auch als Verhältniskennzahl, wie zB Ideen pro Mitarbeiter.[120]

In Anbetracht der hohen Wissensintensität von Innovationsaktivitäten spielen immaterielle Ressourcen beschreibende Kennzahlen eine essentielle Rolle. Diese den qualitativen Charakter von Messgrößen auf Wissensebene abbildenden Kennzahlen werden häufig unter Information und Know-how subsumiert.[121] Mittels einer kostenbezogenen Darstellung der Wissensgenerierung kann quantifiziert werden, in welchem Maße derartige Ressourcen in die Innovationaktivitäten miteinbezogen werden. Eine beispielhafte Kennzahl hierfür sind Weiterbildungskosten von F&E-Mitarbeitern, die in Abb 72 zusammen mit weiteren geeigneten Kennzahlen beschrieben werden.

---

118   Vgl *Schuh/Arnoscht/Schiffer* (2012) 255.
119   Vgl *Gassmann/Perez-Freije* (2011) 394 f.
120   Vgl *Möller/Menninger/Robers* (2011) 39.
121   Vgl *Geyer-Klingeberg/Steinmann* (2015) 31.

Kennzahl	Beschreibung
Ideen pro Mitarbeiter	Anzahl der Ideen pro Mitarbeiter je Zeiteinheit.
Weiterbildungskosten F&E-MA	Kosten der von F&E-Mitarbeitern besuchten Weiterbildungen und Konferenzen.
F&E-MA Zufriedenheit	Kennzahl zur Beschreibung der Zufriedenheit der F&E-Mitarbeiter. Direkte Ermittlung durch Befragung oder indirekte Ermittlung basierend auf z.B. Fluktuationsquote, Krankenquote, Betriebszugehörigkeitsstruktur.
An Innovationsprojekten beteiligte MA	Anzahl aller an Innovationsprojekten beteiligten Mitarbeiter (Vollzeitäquivalente).
Anzahl F&E-MA	Anzahl der Mitarbeiter, die Vollzeit an F&E-Projekten arbeiten.

Abb 72: Personalspezifische Kennzahlen

9.4.2. Finanzspezifische Kennzahlen

Finanzspezifische Kennzahlen, die den Einsatz des finanziellen Inputs beschreiben, lassen sich meist einfach ermitteln und spielen daher in der Praxis nach wie vor eine wichtige Rolle.[122] Beispiele dafür sind etwa die F&E-Quote bzw die Höhe des F&E-Budgets. Weitere Kennzahlen sind Abb 73 zu entnehmen.

Kennzahl	Beschreibung
F&E-Quote	Beschreibt die Relation von F&E-Kosten zu den Gesamtkosten.
F&E-Budget	Jährliches Gesamtbudget für F&E-Aktivitäten.
Externe Forschungskosten	Gesamtkosten aufgrund der Auslagerung von Forschungsaktivitäten an externe Partner.
Innovationsspezifische Informationsbeschaffungskosten	Kosten aufgrund der Beschaffung von Informationen für Innovationsprojekte (z.B. Kosten für Datenbanken, Patentrecherche, Trendsoftware).
Forschungsförderungsvolumen	Einnahmen durch Beteiligung an öffentlich finanzierten Forschungsprojekten.
F&E-Kosten gesamt	Gesamtkosten aller mit der F&E-Tätigkeit eines Unternehmens in Verbindung stehender Ausgaben.

Abb 73: Finanzspezifische Kennzahlen

9.4.3. Infrastrukturspezifische Kennzahlen

Starke Kostentreiber im Innovationskontext sind Infrastruktur- und Sachaufwendungen. Diese werden hauptsächlich durch Kennzahlen abgebildet, welche den Kos-

---

122   Vgl *Möller/Janssen* (2009) 92f.

tenaufwand für diese Mittel (zB **Räumlichkeiten**, **Hardware** im Allgemeinen, Forschungsgeräte, Material, Ausrüstung oder **Software**) berücksichtigen. Ihre Messung erfolgt meist in absoluter Form, beispielsweise als Investitionssumme. Auch hier kommt der Wissensgenerierung durch Informationsbeschaffung eine wesentliche Rolle zu, wobei eine Abbildung als Kennzahl wiederum in Form einer Kostendarstellung erfolgen kann. Entsprechende Kennzahlen sind in Abb 73 dargestellt.

Kennzahl	Beschreibung
Gebäudeinvestition Innovation und F&E	Investitionssumme bedingt durch gebäudespezifische Ausgaben im Bereich Innovation und F&E
Investitionen in innovationsspezifische Hardware	Ausgaben, die durch die Anschaffung von Hardware für Innovationsaktivitäten entstehen
Investitionen in innovationsspezifische Software	Ausgaben, die durch die Anschaffung von Software für Innovationsaktivitäten entstehen
Investitionen in innovationsspezifisches Wissen	Ausgaben bedingt durch die Beschaffung von neuem Wissen für Innovationsprojekte

Abb 74: Infrastrukturbedingte Kennzahlen

9.5. Prozessspezifische Kennzahlen

Prozessspezifische Kennzahlen messen die Effektivität und Effizienz bei der Umwandlung von Inputs zu Outputs und betreffen auf Innovationsprojektebene insbesondere die Steuerungsgrößen **Qualität**, **Zeit** und **Kosten**. Diese Größen werden zusammen auch als magisches Dreieck des Innovationsprojekt-Controllings bezeichnet. In diesem Kontext ist anzumerken, dass in den frühen Prozessphasen vermehrt **qualitative** (nichtfinanzielle) Kennzahlen zur Steuerung herangezogen werden und erst im weiteren Projektverlauf die Relevanz **quantitativer** Kennzahlen ansteigt.[123]

9.5.1. Ideenphase

Die Erfahrung zeigt, dass eine **Vielzahl** von Ideen notwendig ist, um eine erfolgversprechende Idee zu finden. In der Regel sind es weniger als 10 % der Innovationsideen, die weiterverfolgt werden können. Darüber hinaus ist es erwiesen, dass eine hohe **Durchführungsqualität** dieser frühen Innovationsphase einen essentiellen Erfolgsfaktor des Innovationsmanagements darstellt.[124] Die Unternehmenspraxis zeigt jedoch, dass insbesondere die Ideenphase in vielen Fällen intuitiv anstatt systematisch mittels Kennzahlen gesteuert wird. Diese Lücke kann durch das in Abb 75 dargestellte Kennzahlenset geschlossen werden, welche die dreidimensionale Steuerung der Ideenphase hinsichtlich Qualität, Zeit und Kosten effizient ermöglicht.

---

123 Vgl *Munck/Robers* (2015) 50.
124 Vgl *Rabl/Gaubinger* (2009) 61.

Kennzahl	Beschreibung	
Qualität der Ideengenerierung (verwertbare Ideen)	Anteil der in Innovationsprojekten umgesetzten Ideen an der Gesamtanzahl aller generierten Innovationsideen.	Qualität
Gesamtanzahl der Ideen	Gesamtanzahl aller generierten Innovationsideen.	
Anzahl weiterverfolgter Ideen	Anzahl der ausgewählten Ideen, die in der Konzeptphase konkretisiert werden.	
Durchlaufzeit Ideengenerierung	Benötigte Dauer von Suchfeldbestimmung über Ideengewinnung bis zur Unterbreitung eines Vorschlages für innovative Idee.	Zeit
Kosten Ideengenerierung	Gesamtkosten, die während der Phase der Ideengenerierung anfallen.	Kosten

Abb 75: Kennzahlen der Ideenphase

9.5.2. Konzept

Den Ausgangspunkt der Konzeptphase bilden die als Ergebnis des Ideenbewertungsprozesses vorliegenden ausgewählten Ideen, die sich in der Regel noch auf einem relativ abstrakten Niveau befinden. Diese Ideen gilt es in der Konzeptphase weiter zu konkretisieren und in Form von Lastenheften abzubilden, welche in weiterer Folge die Ausgangsbasis für die eigentliche Entwicklungstätigkeit bilden. Wie in den anderen Prozessphasen gilt es auch in dieser Phase Qualität, Zeit und Kosten der Konzepterstellung mittels prägnanter Kennzahlen zu überwachen und zu steuern.[125] Folgende Abb 76 zeigt hierfür ein geeignetes Kennzahlenset.

Kennzahl	Beschreibung	
Qualität der Ideenumsetzung	Anteil der aus der Ideenphase weiterverfolgten Ideen an der Gesamtanzahl genehmigter F&E-Projekte.	Qualität
Anzahl Konzepte	Gesamtanzahl der finalisierten Konzepte. Im Regelfall entspricht dies der Anzahl der erstellten Lastenhefte.	
Anzahl genehmigter F&E-Projekte	Diese Kennzahl gibt an, wie viele F&E Projekte im Anschluss an die Konzeptphase gestartet wurden.	
Durchlaufzeit Konzeptphase	Benötigte Dauer von der positiv bewerteten Ideen bis zur Finalisierung des Konzeptes (Lastenheft).	Zeit

---

125   Vgl *Langmann/Gräf* (20015) 76 ff.

Kennzahl	Beschreibung	
Termintreue Konzeptphase	Anzahl der fertiggestellten Konzepte ohne Terminüberschreitung im Verhältnis zur Gesamtzahl fertiggestellter Konzepte.	Zeit
Kosten Konzeptphase	Gesamtkosten, die während der Konzeptphase anfallen.	Kosten
Kostentreue Konzeptphase	Prozentuales Verhältnis der Ist-Konzeptkosten zu den Plan-Konzeptkosten.	

Abb 76: Kennzahlen der Konzeptphase

9.5.3. Entwicklung

Als Ergebnis der vorgeschalteten Konzeptionsphase liegen ein oder mehrere Konzepte vor, die in der Entwicklungsphase in **iterativen Zyklen** des **Entwerfens**, des **Prototypenbaus** und des **Prüfens** zu realisieren sind. Ein spezifisches Kennzahlen-Set (Abb 77) für diese Phase muss insbesondere gewährleisten, dass die Entwicklungsprojekte hinsichtlich der effizienten Durchführung evaluiert und dadurch gesteuert werden können.[126]

Kennzahl	Beschreibung	
Qualitätsbedingte Serviceaufwände	Summe der fehlerbedingten Serviceaufwände (Reklamationskosten) während der Einführungsphase von Innovationen.	Qualität
Projektiterationen	Anzahl Iterationen pro F&E-Projekt.	
First-Pass-Yield	Anteil der fertiggestellten Arbeitspakete ohne Nacharbeit im Verhältnis zu insgesamt fertiggestellten Arbeitspaketen.	
Entwicklungszeit	Dauer der Entwicklungstätigkeit von Freigabe Lastenheft bis zur Markteinführung.	Zeit
Termintreue Entwicklung	Anzahl der fertiggestellten Arbeitspakete ohne Terminüberschreitung im Verhältnis zur Gesamtzahl fertiggestellter Arbeitspakete.	
Kosten Entwicklung	Gesamtkosten, die während der Entwicklungsphase anfallen.	Kosten
Kostentreue Entwicklungsphase	Prozentuales Verhältnis der Ist-F&E-Kosten zu den Plan-F&E-Kosten.	

Abb 77: Kennzahlen der Entwicklungsphase

---

126   Vgl *Stippel* (1999) 301 ff, sowie Schön (2001) 171 ff.

9.5.4. Markteinführung

Die Einführungsphase einer Innovation erstreckt sich von der erstmaligen **Verfügbarkeit** am Markt bis hin zum erstmaligen Erreichen der **Gewinnschwelle**. Diese Phase ist dadurch gekennzeichnet, dass für das Management sowohl hinsichtlich distributions-, kommunikations- als auch konditionspolitischer Entscheidungen im Regelfall noch ein großer Handlungsspielraum besteht. Zur Steuerung dieser Phase werden insbesondere **Marketing-Kennzahlen** benötigt, die in folgender Abb 78 dargestellt sind.

Kennzahl	Beschreibung	
Bekanntheit bei Zielgruppe	Bekanntheit der am Markt eingeführten Innovation bei der Zielgruppe. Berechnung: Anzahl der Antwortenden, die Innovation kennen / Gesamtzahl der Antwortenden.	Qualität
Angebotserfolgsrate	Stellt den prozentuellen Erfolg von abgegeben Angeboten dar. Berechnung: Erhaltene Aufträge für neues Produkt / Gesamtzahl abgegebener Angebote für neues Produkt.	
Break Even Time	Zeitspanne zwischen Markteinführung bis Erreichung der Gewinnschwelle. Dieser Wert gibt an, in welchem Zeitraum die für das Innovationsprojekt eingesetzten Finanzmittel aus den Rückflüssen. wiedergewonnen werden. Berechnung Break-Even-Point (BEP): $$BEP = \frac{\text{Innovationskosten + Fixkosten Leistungserstellung}}{\text{Deckungsbeitrag je Stück}}$$ BEP-Zeit = BEP / $\varnothing$ Periodenstückzahl	Zeit
Liefertreue	Liefertreue = Anzahl der pünktlich gelieferten Lieferungen des neu eingeführten Produktes / Anzahl aller Lieferungen dieses Produktes während der Einführungsphase.	
Kommunikationskosten	Gesamte Kommunikationskosten für die Markteinführung der Innovation.	Kosten
Kostentreue Markteinführung	Prozentuales Verhältnis der Ist-Kosten zu den Plan-Kosten der Markteinführung.	

Abb 78: Kennzahlen der Markteinführungsphase

9.6. Phasenübergreifende Kennzahlen

In Kapitel 9.5. wurden für die zentralen Phasen eines Innovationsprojektes einzelne Kennzahlensets dargestellt, die eine gezielte operative Steuerung der jeweiligen Projektphasen ermöglicht. Abbildung 79 enthält weitere Kennzahlen, die über die **Performance** des Gesamtenprojektes Auskunft geben.

Kennzahl	Beschreibung	
Anzahl der Änderungen nach Entwicklung	Diese Kennzahl bringt zum Ausdruck, wie gut die Durchführungs- und Abstimmungsqualität in den einzelnen Prozessphasen war.	Qualität
Erfüllungsgrad	Gegenüberstellung von erreichten Leistungsdaten zu geforderten Leistungsdaten.	
Gesamte Durchlaufzeit (Time to Market)	Summe der Dauer aller Phasen (Ideengewinnung bis Markteinführung oder Erreichen Gewinnschwelle).	Zeit
Zeitbedarf für Entscheidungen	Drückt die Leerlaufzeit in Innovationsprozessen aus.	
Innovationskosten	Summe aller Kosten von der Ideengewinnung bis zur Markteinführung oder Erreichung der Gewinnschwelle.	Kosten
Kostentreue	Prozentuales Verhältnis der Ist-Kosten zu den Plan-Kosten des Gesamtprojektes.	

Abb 79: Phasenübergreifende Prozesskennzahlen

9.7. Gesamtprozessorientierte Kennzahlen

In vielen Unternehmen stehen nicht die einzelnen Innovationsprojekte im Vordergrund, sondern viel mehr die **Gesamtheit aller Innovationsaktivitäten**. Dabei werden gesamtprozessorientierte Kennzahlen entsprechend dem in Kapitel 9.2. dieses Beitrages vorgestellten IPOO-Modells zur Steuerung der Innovationsaktivitäten eingesetzt. Aussagekräftige Inputkennzahlen wurden bereits in Kapitel 9.4. eingehend erläutert. Im nachfolgenden Abschnitt werden daher outputorientierte Kennzahlen behandelt.

9.7.1. Outputorientierte Kennzahlen

Diese Kennzahlen ermöglichen im Zusammenhang mit den inputorientierten Kennzahlen Aussagen über die **Effektivität und Effizienz von Innovationsaktivitäten** und damit über den Ressourceneinsatz, da sie im gesamten Verlauf des Innovationsprozesses ansetzen können. Einen hohen Stellenwert in der unternehmerischen Praxis besitzt dabei die Kennzahl F&E- bzw Innovations-Intensität. Mit den F&E-

Kosten berücksichtigt sie zum einen eine wichtige Input-Größe und zum anderen durch Verwendung des Umsatzes eine wichtige Output-Größe.[127]

Kennzahl	Beschreibung
Innovations-Intensität	Beschreibt den Anteil des Innovationsbudgets im Verhältnis zum Unternehmensumsatz.
Anzahl eingereichter, angemeldete, genehmigter Patente	Kennzahlen zur Beschreibung der Ergebnisse der F&E-Tätigkeit auf Ebene der Wissensgenerierung
Anzahl Publikationen/ Konferenzbeiträge	
Anteil Neuprodukte am Gesamtportfolio	Relative Kennzahl, die den Anteil neuer Produkte am gesamten Produktprogramm beschreibt
Anzahl Neuprozesse/Verfahren	Summe aller neuen Prozesse und Verfahren in einem definierten Zeitraum

Abb 80: Outputorientierte Kennzahlen

9.7.2. Outcomeorientierte Kennzahlen

Neben Effektivitäts- und Effizienzverbesserung der Innovationstätigkeit steht in Unternehmen zumeist die Profitabilitäts- und Wachstumssteigerung im Vordergrund.[128] Es reicht daher nicht aus, nur den Output der Innovationsaktivitäten zu bestimmen. Mittels Outcomekennzahlen kann der reale Wert von Innovationen für Unternehmen in Form von **wirtschaftlichem Erfolg** erhoben werden, indem die zentralen Performancegrößen Gewinn und Umsatz bestimmt werden. Neben dem finanziellen Markterfolg können auch Kundenzufriedenheit und technischer Erfolg betrachtet werden. Dabei ist jedoch darauf hinzuweisen, dass der Outcome nicht nur von der Qualität der Innovationsaktivitäten abhängt, sondern wesentlich durch nachfolgende Unternehmensabteilungen wie Produktion, Marketing, Vertrieb usw beeinflusst wird. In Abb 81 werden derartige Kennzahlen dargestellt.

Kennzahl	Beschreibung
Floprate von Innovationsprojekten	Anteil der nicht erfolgreichen Innovationsprojekte an der Gesamtanzahl der Innovationsprojekte.
Kundenzufriedenheit	Zufriedenheit ermittelt mittels Befragung (z.B. Diskrepanzmodelle, multiattributive Modelle).
Umsatz aus Neuprodukten	Höhe des Unternehmensumsatz, der mit Neuprodukten generiert wird.

---

127   Vgl *Mölleret/Menninger/Robers* (2011) 40 ff.
128   Vgl *Gleich/Schimanek* (2015) 55.

Kennzahl	Beschreibung
Deckungsbeitrag	Beschreibt den Beitrag von Innovationen zur Deckung der Fixkosten.
Return of Investment (ROI)	Kennzahl zur Messung der Rendite einer Innovation, gemessen am Gewinn durch die Innovation im Verhältnis zum eingesetzten Kapital.
Markanteil	Umsatzanteil einer Innovation eines Unternehmens am Umsatz der Branche.

Abb 81: Outcomeorientierte Kennzahlen

9.8. Fazit

Im vorliegenden Beitrag wurde aufbauend auf ein ganzheitliches Innovationsprozessmodell ein **Innovationskennzahlen-Cockpit** vorgestellt. Dabei wurde darauf Wert gelegt, nur Kennzahlen auszuwählen, die eine hohe **Praxisrelevanz** aufweisen. Für einen effizienten Einsatz im Unternehmen bedarf es für jede Dimension des Cockpits einer unternehmensindividuellen Auswahl von Kennzahlen, denen für die **Realisierung der Innovationsstrategie** eine zentrale Bedeutung zukommt. Diese Auswahl stellt den ersten Schritt in der Erstellung einer Balanced Innovation Card (BIC) dar und bildet die Grundlage für die Operationalisierung der Innovationsstrategie. Darüber hinaus ermöglicht das Innovationskennzahlen-Cockpit die phasenspezifische **Steuerung von Innovationsprojekten** hinsichtlich der Faktoren Qualität, Kosten und Zeit.

Literatur

Albach, H. (1999): Innovation und Absatz, In: Zeitschrift für Betriebswirtschaft, 69. Jg., Ergänzungsheft Nr. 2, S. 1–15.

Andreasen, M.M. (2005): Vorgehensweise und Prozesse für die Entwicklung von Produkten und Dienstleistungen, In: Schäppi, B., Andreansen, M. M., Kirchgeorg, M., Radermacher, F.-J. (Hrsg): Handbuch Produktentwicklung, München Wien, pp. 247–264

Beek, C. (2010): Balanced Innovation Card: Instrumente des strategischen Innovationsmanagements für mittelständische Automobilzulieferer, In: Ahsen, A. (Hrsg): Bewertung von Innovationen im Mittelstand, Berlin, S. 123–137

Brown, M. G., Svenson, R. A. (1988): Measuring R&D productivity, In: Research Technology Management, Vol. 41(6), S. 31–35

Cooper, R. G. (2002): Top oder Flop in der Produktentwicklung. Erfolgsstrategien: Von der Idee zum Launch, Weinheim

Gassmann, O., Perez-Freije, J. (2011): Eingangs-, Prozess- und Ausgangskennzahlen im Innovationscontrolling, Zeitschrift für Controlling & Management, Vol. 6, S. 394–396

Gaubinger, K., Rabl, M., Swan, S., Werani, T. (2015): Innovation and Product Management – A Holistic and Practical Approach to Uncertainty Reduction, New York

Geyer-Klingeberg, J., Steinmann, J.-C. (2015): Das Input-Process-Output-Outcome-Modell zur kennzahlenbasierten Innovationssteuerung, Controlling: Zeitschrift für erfolgsorientierte Unternehmenssteuerung, Vol. 27(1), S. 33–35.

Gleich, R., Klein, A. (2011): Band 13 – Innovations-Controlling, Der Controlling Berater, Freiburg

Horvath, P. (1993): Controlling, In: Chiemelewicz, K., Schweitzer, M. (Hrsg): Handwörterbuch des Rechnungswesen, Stuttgart

Kaplan, R. S., Norton, D. P. (1996): The Balanced Scorecard, Translation Strategy into Action, Boston

Langmann, C., Gräf, J. (2015): Kennzahlen im F&E- und Innovations-Controlling, In: Gleich, R., Schimank, C. (Hrsg): Innovationscontrolling – Innovationssystem, -portfolio und -projekte erfolgreich steuern, S. 69–86, Freiburg

Möller, K., Janssen, S. (2009): Performance Measurement von Produktinnovationen: Konzepte, Instrumente und Kennzahlen des Innovationscontrollings, In: Controlling – Zeitschrift für erfolgsorientierte Unternehmenssteuerung, Vol. 21(2), S. 89–96

Möller, K., Menninger, J., Robers, D. (2011): Innovationscontrolling – Erfolgreiche Steuerung und Bewertung von Innovationen, Stuttgart

Munck, J.-C., Robers, D. (2015): Auf die richtigen Kennzahlen kommt es an, In: Gleich, R., Schimank, C. (Hrsg): Innovationscontrolling – Innovationssystem, -portfolio und -projekte erfolgreich steuern, S. 47–63, Freiburg

Pleschak, F., Sabisch, H. (1996): Innovationsmanagement, Stuttgart

Rabl, M., Gaubinger, K. (2009): Ideengewinnung und -bewertung im Front-End des Innovationsprozesses, In: Gaubinger, K., Werani, T., Rabl, M.: Praxisorientiertes Innovations- und Produktmanagement: Grundlagen und Fallstudien aus B-to-B-Märkten, S. 59–77, Wiesbaden

Schön, A. (2001): Innovationscontrolling: eine Controlling-Konzeption zur effektiven und effizienten Gestaltung innovativer Prozesse in Unternehmen, Frankfurt am Main

Schuh, G., Arnoscht, J., Schiffer, M. (2012): Innovationscontrolling, In Schuh, G. (Hrsg): Innovationsmanagement – Handbuch Produktion und Management 3, Berlin, Heidelberg

Stippel, N. (1999): Innovations-Controlling – Managementunterstützung zur effektiven und effizienten Steuerung des Innovationsprozesses im Unternehmen, München

Vahs, D., Brem, A. (2015): Innovationsmanagement – von der Idee zur erfolgreichen Vermarktung, Stuttgart

10. Performance Measurement in Controlling- und Rechnungswesenprozessen

Mirko Waniczek/Andreas Feichter

Inhaltsverzeichnis

Kennzahlen und eine kennzahlenbasierte Steuerung gewinnen auch in Management- und Serviceprozessen an Bedeutung. Eine Kombination aus prozessübergreifenden und prozessspezifischen Kennzahlen ermöglicht eine Standortbestimmung für Controlling- und Rechnungswesenprozesse. Während für Rechnungswesenprozesse eine weitgehend einheitliche Definition und betriebliche Praxis etabliert ist, musste für Controllingprozesse erst ein allgemein gültiger, auch diesem Beitrag zugrundeliegender Bezugsrahmen mit dem Prozessmodell der International Group of Controlling geschaffen werden. Ein übersichtliches Set wesentlicher finanzieller und nicht-finanzieller Kennzahlen ermöglicht es, Controlling- und Rechnungswesenprozesse ganzheitlich, dh, in den Dimensionen Qualität, Zeit und Kosten zu analysieren und zu steuern.

10.1. Grundlagen des Performance Measurements in Controlling- und Rechnungswesenprozessen

Kennzahlen spielen in der Unternehmenssteuerung und damit auch in der täglichen Arbeit der Controller und Rechnungswesenmitarbeiter eine wesentliche Rolle.[129] Ziel des vorliegenden Beitrags ist es, einen Bezugsrahmen sowie eine Auswahl an Basiskennzahlen zur Leistungsmessung zur Verfügung zu stellen, um eine Standortbestimmung für die einzelnen Controlling- und Rechnungswesenprozesse zu ermöglichen.

Den Prozesskennzahlen im Controlling liegt die Definition von „Controlling" als Prozess der Zielfestlegung, Planung und Steuerung im Unternehmen[130] sowie das Controlling-Prozessmodell der International Group of Controlling[131] zugrunde. Hinsichtlich der Prozesse im Rechnungswesen besteht ohnehin eine weitgehend einheit-

---

129   Zur allgemeinen Bedeutung der Leistungsmessung in Controllingprozessen vgl *Eschenbach/Siller* (2009) 66 ff; für die Bedeutung von Prozesskennzahlen und Prozesstransparenz für die Repositionierung und Transformation von Finanzorganisationen vgl *Feichter/Ruthner/Waniczek* (2014) 215.

130   Das Controller-Leitbild der IGC ist unter http://www.igc-controlling.org/DE/_leitbild/leitbild.php im Internet verfügbar.

131   International Group of Controlling (Hrsg) (2011).

liche Definition und Praxis von Prozessen in Haupt- und Nebenbüchern, auf die ein Performance Measurement aufsetzen kann.

Die vorgestellten Kennzahlen sind möglichst allgemeingültig gehalten, um eine Übertragbarkeit auf weite Kreise der Unternehmenspraxis zu ermöglichen. Für ausgewählte Prozesse wird ein Minimumset an relevanten Kennzahlen dargestellt, um eine ganzheitliche Sicht in den Dimensionen Qualität, Zeit und Kosten zu gewährleisten. Interpretationshinweise helfen, Fehler in der Messung bzw Interpretation zu vermeiden.

10.2. Kennzahlen für Controlling- und Rechnungswesenprozesse

10.2.1. Prozessübergreifend relevante Kennzahlen

Um die Leistungsmessung der Prozesse möglichst durchgängig zu gestalten, werden einzelne Ziele prozessübergreifend formuliert und prozessübergreifend definierte KPI verwendet.[132] Folgende Kennzahlen werden prozessübergreifend verwendet:

Prozessqualität: KPI „Kundenzufriedenheit"

Bei zentralen Dienstleistern wie der Controller- und Rechnungswesenorganisation steht die Erfüllung der Kundenbedürfnisse im Vordergrund. Um diesbezüglich über eine Fremdsicht zu verfügen, ist eine regelmäßige Erhebung sinnvoll.

Berechnung	Einheit
Befragung: Mittelwert	Skala 1–5[133]

Interpretationshinweis: Die Kundenzufriedenheit zeigt die Beurteilung der Prozesse durch die internen Kunden. Es wird angenommen, dass die Befragung korrekt durchgeführt wird und Verzerrungen (biases) vermieden werden.

Da die internen Kunden in der Praxis die Services der Controller- und Rechnungswesenorganisation differenziert beurteilen („starre Planung", „flexible Reaktion auf Ad-hoc-Anfragen", „bürokratische Freigabeprozesse", oÄ), ist es zweckmäßig, die Kundenzufriedenheit in weiterer Folge auf alle Hauptprozesse herunterzubrechen.[134]

Prozesskosten: Absoluter bzw relativer Kapazitätseinsatz sowie absolute bzw relative Prozesskosten

Die kapazitäts- und kostenbezogenen Kennzahlen sind so zu gestalten, dass sie durchgehend auf die einzelnen Prozesse heruntergebrochen werden können. Die absolute Darstellung des kapazitativen Ressourceneinsatzes in FTE dient dem internen Plan-Ist-Vergleich, der relative Ressourceneinsatz kann auch für ein Benchmarking herangezogen werden.[135]

---

132 Vgl International Group of Controlling (Hrsg) (2012) 27 ff.
133 1…sehr zufrieden, 5…sehr unzufrieden.
134 Aufgrund der prozessübergreifenden Eignung entfällt eine redundante Darstellung bei den einzelnen Prozessen. Prozessübergreifend relevante Kennzahlen werden bei den einzelnen Prozessen nicht mehr dargestellt.
135 Aktuelle empirische Ergebnisse zeigen, dass Kapazitäten im Controlling primär in operativen Basisprozessen gebunden sind und nur ca 10 % für Beratung des Managements eingesetzt werden; vgl *Waniczek* (2015) 80 ff.

KPI „Kapazität"

Berechnung	Einheit
FTE	FTE

Interpretationshinweis: Der KPI „Kapazität" zeigt die im jeweiligen Hauptprozess bzw der Organisation zur Verfügung stehenden Ressourcen. Eine Plausibilisierung ist nur über einen Vergleich mit dem geplanten Ressourceneinsatz möglich. Die Priorisierung des Ressourceneinsatzes hängt vom Entwicklungsstand (zB Automatisierungsgrad) und der unternehmensspezifischen Bedeutung der Prozesse ab.

KPI „relative Kapazität (FTE)"[136]

Berechnung	Einheit
FTE/FTE-Organisation × 100	%

Interpretationshinweis: Der relative Kapazitätsanteil ist ein Indikator für die Effizienz bzw relative Bedeutung des jeweiligen Hauptprozesses. Aus pragmatischen Gründen wird die Kennzahl auf die jeweilige Organisation bezogen, wesentliche Leistungsanteile in Prozessen können aber auch im Management liegen. Dies ist schwieriger zu messen und mit höherem Messaufwand verbunden.

Kostenbezogene KPI können ergänzend zu den kapazitätsbezogenen KPI eingesetzt werden. Die absolute Darstellung des finanziellen Ressourceneinsatzes in € dient wiederum dem internen Plan-Ist-Vergleich, der relative Ressourceneinsatz (zB Prozesskosten in Relation zum Umsatz) kann auch für ein Benchmarking herangezogen werden.

KPI „Prozesskosten"

Berechnung	Einheit
leistungsmengeninduzierte Personalkosten + anteilige Sachkosten	€

Interpretationshinweis: Die Prozesskosten zeigen den absoluten finanziellen Ressourceneinsatz je Hauptprozess. Es erfolgt keine Zuordnung von leistungsmengenneutralen Kosten.[137] Eine Plausibilisierung ist nur über einen Vergleich mit dem geplanten Ressourceneinsatz möglich. Die Priorisierung des Ressourceneinsatzes hängt vom Entwicklungsstand (zB Automatisierungsgrad) und der unternehmensspezifischen Bedeutung der Prozesse ab.

KPI „Prozesskosten (Umsatz)"

Berechnung	Einheit
Prozesskosten (€)/Umsatz (€) × 100	%

---

136   Bei relativen Kennzahlen wird die Bezugsbasis (der Nenner) jeweils in der Kennzahlenbezeichnung in Klammern angeführt.

137   Die Prozesskostenrechnung weist Nachteile einer Vollkostenrechnung auf, in dem prozessferne Kosten den Prozessen mittels Schlüssel zugerechnet werden. Die Messung von Prozesskosten wird in der vorliegenden Broschüre dennoch empfohlen, zum einen mit der Einschränkung auf direkt in Prozessen gebundene Ressourcen, zum anderen, weil ein Prozessmanagement auf die Dimension Kosten nicht verzichten kann.

Interpretationshinweis: s Prozesskosten; die Kosten werden benchmarkfähig auf Ebene der Hauptprozesse gemessen. Eine Umsatzrelation ist bei volatilen Preisentwicklungen eingeschränkt aussagekräftig.

10.2.2. Ansätze zur Variation von Kennzahlen

Zu den dargestellten Kennzahlen bieten sich zahlreiche Varianten an und ermöglichen so eine Anpassung der Kennzahlen an unternehmensspezifische Bedürfnisse.[138]

Aufsplittung von Kennzahlen

Absolute Kennzahlen werden auf aggregierter Ebene dargestellt, zB Prozesskosten eines Controlling- bzw Rechnungswesenhauptprozesses. Prozesskosten und -kapazitäten können aber auch in Komponenten aufgesplittet werden und liefern dann detailliertere Informationen wie zB Prozesskosten

- je Teilprozess: operative Planung und Budgetierung differenziert nach den Teilprozessen „Planungsprämissen und Top-down-Ziele festlegen und kommunizieren", „Einzelpläne zusammenfassen und konsolidieren", ...;
- nach Kostenblöcken: Personalkosten, Fremdleistungen, ...;
- innerhalb oder außerhalb der Controlling- und Finanzorganisation;
- nach Qualifikationsprofilen: Sachbearbeiter, Spezialist, ...

Variation der Bezugsgröße

Relative Kennzahlen können auf diverse Vergleichsgrößen bezogen werden wie zB Prozesskosten in Relation zu

- Umsatz,
- Gesamtkosten oder
- Köpfe bzw FTE.

Anzahl vs Euro

Anteilsbezogene Kennzahlen, zB Wareneingänge, die ohne Bestellbezug gebucht werden, können als anzahlbasierte (Anzahl Bestellungen ohne Bestellbezug/Anzahl Bestellungen gesamt) oder volumensbasierte Anteile (€ Bestellungen ohne Bestellbezug/€ Bestellungen gesamt) gemessen werden.

Variation der Zielgröße

Sofern im Rahmen der Kennzahlenmessung explizit ökonomische Kennzahlen verwendet werden (zB Abweichung des EBIT lt Forecast zum EBIT lt Ist), so trägt dies der zentralen Bedeutung eines operative Ergebnisses im Controlling Rechnung. In der Praxis können aber alternativ oder ergänzend andere Zielgrößen relevant sein, zB

---

138   Vgl International Group of Controlling (Hrsg) (2012) 21 f.

- Ergebnis der gewöhnlichen Geschäftstätigkeit,
- Umsatzmargen oder
- Kapitalrenditen.

Über die Zweckmäßigkeit der Kennzahlenvarianten muss unternehmens- und situationsspezifisch entschieden werden.

10.2.3. Leistungsmessung in Controllingprozessen

10.2.3.1. Controlling-Prozessmodell der IGC

Die Controlling-Prozesskennzahlen bauen auf dem Controlling-Prozessmodell der International Group of Controlling auf. Ziel des Controlling-Prozessmodells ist es, der Dokumentation, Analyse und Gestaltung von Controlling-Prozessen sowie zur Unterstützung der Kommunikation über Controlling-Prozesse zu dienen. Um ein einheitliches Controlling-Verständnis zu fördern, umfasst es alle dem Controlling zurechenbaren Prozesse und ist für Unternehmen unabhängig von Branche und Größe gültig. Das Controlling-Prozessmodell umfasst zehn Controlling-Hauptprozesse (Abb 82). Die Verantwortung für diese Prozesse kann prozessabhängig im Management, in der Controllerorganisation oder als gemeinsame Verantwortung verankert sein.

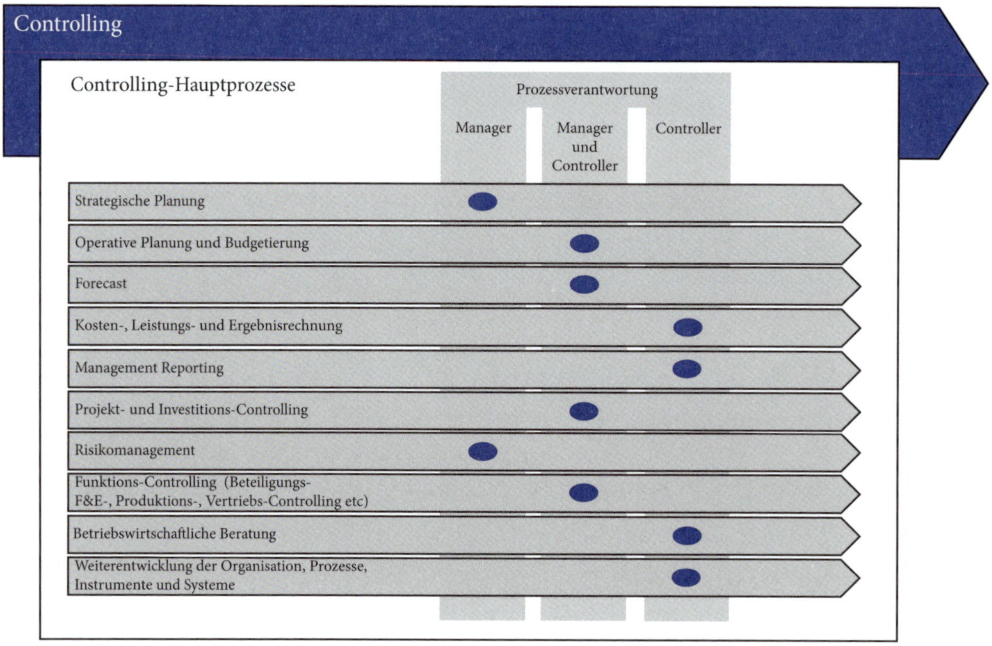

Abb 82: Controlling-Prozessmodell[139]

Die Prozesskennzahlen setzen auf das Controlling-Prozessmodell auf und konkretisieren die Controlling-Hauptprozesse.

---

139   International Group of Controlling (Hrsg) (2012) 17.

10.2.3.2. Prozesskennzahlen für operative Planung und Budgetierung

Ziel der operativen Planung und Budgetierung ist es, die aktive und systematische Auseinandersetzung mit Zielen, Maßnahmen und Budgets in den Organisationseinheiten zu fördern. Sie schafft unter Berücksichtigung der strategischen Ziele ein Orientierungsgerüst für Aktivitäten und Entscheidungen in kurz- bis mittelfristigem Zeithorizont. Für das Unternehmen sowie seine einzelnen Einheiten werden Ziele, Maßnahmen und Ressourcen zugeordnet und finanziell quantifiziert. Gegenstände sind ua GuV, Bilanz, Cashflow, Umsatz, Kosten, Ergebnis, Investitionen, Projekte, Mengen, Kapazitäten und Mitarbeiter.[140]

Prozessqualität: KPI „Anspannungsgrad"[141]

Zielvereinbarungen müssen realistisch, zugleich inhaltlich aber qualitäts- und anspruchsvoll sein. Das Anspruchsniveau, der „Anspannungsgrad" der Zielwerte, kann zeitnah gemessen werden, indem die im Budget enthaltenen Ziele mit dem Ergebnis lt aktueller Vorschau verglichen werden. Ein defensives Budget wird den Forecast evtl sogar unterschreiten, aggressive Ziele werden deutlich über das im Forecast Erwartete hinausgehen.

Berechnung	Einheit
EBIT Budget (€)/EBIT Forecast (€) × 100	%

Interpretationshinweis: Der Anspannungsgrad ist ein Indikator für die „Sportlichkeit" der Budgetziele im Vergleich zu jenem Forecast, der der Planung zugrunde liegt. Die Kennzahl kann aber auch durch externe Faktoren beeinflusst werden. Leistungs- und Mengenbezug stellen somit die wichtigste Planungsgrundlage dar.

Aufbauend auf den Werten des Budgets und den vorliegenden Ist-Daten kann dann ex post plausibilisiert werden, ob die ursprünglichen Vereinbarungen realistisch waren bzw erreicht wurden.

Zeitnähe und Termintreue: KPI „Durchlaufzeit"[142]

Durch eine Verkürzung der Planungsprozesse werden sowohl ein geringerer Ressourceneinsatz als auch Qualitätsverbesserungen angestrebt. Eine Verkürzung der Planung ermöglicht es, den Planungsprozess in Richtung Jahresende zu verschieben, aktuellere Werte zu verarbeiten sowie validere Vorschaudaten zu nutzen.

Berechnung	Einheit
Arbeitstage von Start (Planungsbrief) bis Ende ([AR-]Genehmigung)	AT

---

140   Vgl International Group of Controlling (Hrsg) (2011) 25.
141   Vgl International Group of Controlling (Hrsg) (2012) 35.
142   Vgl International Group of Controlling (Hrsg) (2012) 36.

Interpretationshinweis: Eine Verkürzung des Planungsprozesses steigert die Effizienz der Planung. Zusätzlich ermöglicht dies einen späteren Planungsstart und damit einen valideren Aufsetzpunkt der Planung. Allerdings wirken diverse Einflussfaktoren und Rahmenbedingungen auf die Planungsdauer und können damit die Interpretation erschweren (Komplexität der Organisation bzw des Geschäfts, Detaillierungsgrad der Planung, …). Es wird angenommen, dass Beschleunigung ohne Qualitätsverlust möglich ist (zB durch Reduktion von Liege-/Leerzeiten).

Aus der Reduktion von Überarbeitungszyklen resultiert eine Zeit- und Kostenersparnis. Es kann daher zweckmäßig sein, die Anzahl der Planungsschleifen zu überprüfen. Viele Planungsschleifen sind auch ein Indikator für qualitative Probleme in der Planung.

10.2.3.3. Prozesskennzahlen für Forecast

Ziel des Forecasts ist es, frühzeitig Informationen über zukünftig zu erwartende Abweichungen zu liefern, zielgerichtete Maßnahmen zur Schließung von Ziellücken zu entwickeln sowie schnelle Anpassungen der Umsatz-, Kosten- und Investitionsbudgets etc bei sich verändernden Rahmenbedingungen zu initiieren. Im Rahmen des Forecasts erfolgt eine Einschätzung der zukünftigen wirtschaftlichen Entwicklung und deren Auswirkung auf das Unternehmen als Ganzes oder einzelne Einheiten. Der Forecast kann sowohl regelmäßig (Standard-Forecast) als auch ad hoc erstellt werden.[143]

Ein controlling-gerechter Forecast-Prozess impliziert, dass der Forecast eine planerische Aktivität darstellt. Die Prozessziele des Forecasts ähneln daher jenen der operativen Planung und Budgetierung.

Prozessqualität: KPI „Forecast-Abweichung"[144]

Inhaltliche Qualität und Verbindlichkeit des Forecasts sind wesentlich. Mit abnehmendem Planungshorizont muss die Treffergenauigkeit des Forecasts (gemessen an zentralen Zielgrößen, zB EBIT) steigen.

Berechnung	Einheit
(EBIT Ist [€] – EBIT Forecast [€])/EBIT Forecast (€) × 100	%

Interpretationshinweis: Hohe Abweichungen zwischen Ist und dem (letzten) Forecast dienen als Indikator für mangelnde Qualität und Verbindlichkeit des Forecasts bzw starke Umfeldänderungen (Auslöser für Ad-hoc-Forecasts). In der Interpretation sind externe und interne Einflussfaktoren auf das Ergebnis zu trennen.

Aufgrund des notwendigen Ressourceneinsatzes zur Forecast-Erstellung kann nicht automatisch unterstellt werden, dass eine Erhöhung der Frequenz (zB eine Umstellung von quartalsweisen auf monatliche Forecasts) eine positive Kosten-Nutzen-Relation in der Unternehmenssteuerung aufweist. Es ist zweckmäßig, die Forecast-

---

143   Vgl International Group of Controlling (Hrsg) (2011) 28.
144   Vgl International Group of Controlling (Hrsg) (2012) 37 f.

Frequenz an die Steuerungsbedürfnisse der Organisation anzupassen. Je volatiler sich ein Unternehmen entwickelt bzw umso angespannter die Ergebnissituation ist, desto häufiger werden Forecasts notwendig sein.

Zeitnähe und Termintreue: KPI „Durchlaufzeit"[145]

Da der Standard-Forecast in die Reporting-Prozesse des Unternehmens eingebunden ist, ist ein hoher Zeitdruck gegeben. Es ist wesentlich, dass aufbauend auf den Ist-Daten rasch auf neue Informationen und Anforderungen reagiert werden kann.

Berechnung	Einheit
Arbeitstage von Start (lt Terminkalender) bis Ende (Vorlage Forecast-Ergebnis)	AT

Interpretationshinweis: Die Handlungsfähigkeit des Managements steigt durch eine rasche Vorlage des Forecasts im Rahmen des Management-Reportings. Diverse Einflussfaktoren und Rahmenbedingungen wirken auf die Dauer der Forecasterstellung (Detaillierungsgrad, Ausmaß der [De-]Zentralisierung, …) und können die Interpretation erschweren. Weiters wird angenommen, dass eine Beschleunigung ohne Qualitätsverlust möglich ist (zB durch Reduktion von Liege-/Leerzeiten).

10.2.3.4. Prozesskennzahlen für Management-Reporting

Das Management-Reporting liefert zeitnahe empfängerbezogene entscheidungsrelevante Informationen für die Steuerung des Unternehmens im Sinne von Zielbezug/-erreichungsgrad. Finanzielle und nicht-finanzielle Informationen werden in den Dimensionen Ist, Ist Vorjahr, Plan und Forecast in Form von regelmäßigen Standard- sowie Ad-hoc-Berichten zur Verfügung gestellt. Basierend auf Abweichungsanalysen und Zielerreichungsprognosen werden konkrete Vorschläge zur Gegensteuerung mit dem Management erarbeitet. Gegenstände sind ua GuV, Bilanz, Cashflow, Umsatz, Kosten, Ergebnis, Investitionen, Projekte, Mengen, Kapazitäten und Mitarbeiter bezogen auf die Managementeinheiten im Unternehmen.[146]

Prozessqualität: KPI „Diskussionsintensität"[147]

Controller müssen relevante Information an das Management transportieren, um die Entscheidungsfindung zu unterstützen und ergebnisverbessernde Maßnahmen zu initiieren. Ein quantitatives Mehr an Berichten oder Berichtsseiten steigert nicht automatisch den Nutzen der Kunden der Controller. Sowohl Relevanz als auch Qualität der Berichtsinhalte beeinflussen den Nutzungsgrad der Reports. Durch das Management nicht regelmäßig genutzte Berichte sind abzuschaffen. Voluminöse, als Nachschlagewerke konzipierte Berichte weisen meist nur geringe Nutzungsanteile auf und sind abzuschlanken.

---

145 Vgl International Group of Controlling (Hrsg) (2012) 38.
146 Vgl International Group of Controlling (Hrsg) (2011) 33 f.
147 Vgl International Group of Controlling (Hrsg) (2012) 43.

Berichte stiften dann maximalen Nutzen, wenn deren Inhalte zwischen Management und Controllern diskutiert werden, dh, ein „Partnering" stattfindet und ergebnisverbessernde Maßnahmen abgeleitet werden. Je intensiver die Diskussion ist, desto besser ist die Controllerorganisation positioniert und desto stärker ist das Partnering zwischen Controllern und Managern.

Berechnung	Einheit
Abstimmung zwischen Berichtsempfängern und Controllern	Stunden

Interpretationshinweis: Über die Intensität der Diskussionen wird die Intensität der Kooperation zwischen Berichtsempfängern und Controllern plausibilisiert. Eine Schätzung zur Objektivierung der Positionierung der Controllerorganisation ist ausreichend. Eine hohe Diskussionsintensität kann sowohl ein intensives Partnering zwischen Managern und Controllern als auch fehlerhafte Reports oder eine schlechte Datenqualität indizieren.

Eine weitestgehend automatisierte Erstellung der Standardberichte schafft vor allem in der Controllerorganisation Kapazität für die Analyse und Interpretation der Berichtsinhalte. Damit steigt wiederum die Qualität im Partnering zwischen Controllern und dem Management.

Zeitnähe und Termintreue: KPI „Termintreue"[148]

Das Management erwartet zeitnahe und termintreue Information. Da Rückwirkungen zwischen Zeitnähe und Kosten bestehen (zB Automatisierungskosten, Überstunden, Kapazitätsaufstockungen), ist festzulegen, wann Inputs für eine zeitnahe Steuerung benötigt werden. Bei einer Beschleunigung im Reporting muss sichergestellt werden, dass die Reports tatsächlich zeitnahe genutzt werden. Kommunizierte Termine sind zu 100 % einzuhalten.

Berechnung	Einheit
Zum vereinbarten Termin vorgelegte Standardberichte (Anzahl)/Berichte gesamt (Anzahl) × 100	%

Interpretationshinweis: Die Termintreue ist ein Indikator für die Verbindlichkeit des Reporting-Kalenders, lässt aber auch Rückschlüsse auf allfällige Ressourcenengpässe im Reporting-Prozess oder in den Vorsystemen zu.

Zeitnähe und Termintreue: KPI „Durchlaufzeit"[149]

Im Management-Reporting ist es besonders wichtig, Liegezeiten im Erstellungsprozess zu vermeiden. Der KPI Durchlaufzeit kann auf alle im Unternehmen generierten Berichte wie Wochen-, Monats- oder Quartalsberichte angewendet werden. Für

---

148 Vgl International Group of Controlling (Hrsg) (2012) 43.
149 Vgl International Group of Controlling (Hrsg) (2012) 44.

Ad-Hoc-Berichte ist der KPI dann geeignet, wenn die Erstellungsprozesse unabhängig von der jeweiligen Anfrage relativ homogen sind.

Berechnung	Einheit
Arbeitstage von Start (Ultimo) bis Ende (Fertigstellung Standardbericht)	AT

Interpretationshinweis: Die Handlungsfähigkeit des Managements steigt durch zeitnahe Informationsversorgung. Es wird angenommen, dass eine Beschleunigung ohne Qualitätsverlust möglich ist (zB durch Reduktion von Liege-/Leerzeiten). Um wesentliche Beschleunigungen zu erzielen, sind Vorsysteme (zB Finanzbuchhaltung) in die Optimierung einzubeziehen.

10.2.3.5. Weitere Prozesskennzahlen im Controlling

Ergänzend zu den beispielhaft dargestellten Kennzahlen ist es sinnvoll, die Leistungsmessung auf andere Controllingprozesse bzw die Controllerorganisation selbst auszudehnen. Die folgenden Kennzahlen stellen eine Auswahl weiterführender Kennzahlen und deren Interpretationsmöglichkeiten dar:

- %-Anteil der Controlling-Kapazität, die je Controlling-Hauptprozess (Abb 82) gebunden ist, zur Beurteilung der Kosten bzw Relevanz des jeweiligen Prozesses
- %-Anteil der Nachkalkulationen verglichen mit Vorkalkulationen, um die Verbindlichkeit von (Nach-)Kalkulationen einzuschätzen
- Seitenanzahl von Standardberichten, um zu plausibilisieren, ob Berichte inhaltlich fokussiert und an den Adressatenbedürfnissen orientiert sind
- %-Anteil der automatisiert berechneten KPI, um den Automatisierungsgrad des Reportingprozesses zu messen
- %-Anteil der Projekte bzw Investitionen ohne Investitionsrechnung, um die Verbindlichkeit von Investitionsrechnungen zu verifizieren
- Anzahl der (Veränderungs-)Projekte, die durch Controller begleitet werden als Indikation für die Akzeptanz des Controllings als Partner des Business
- %-Anteil des Budgets für Weiterentwicklung der Controllerorganisation, um die Zukunftssicherheit und Innovationsmöglichkeiten zu plausibilisieren
- Mittelwert der Controllingerfahrung der Controllingmitarbeiter in Jahren, um eine Indikation für die Stabilität der Organisation bzw das Geschäftsverständnis zu bekommen

10.2.4. Leistungsmessung in Rechnungswesenprozessen

Das Rechnungswesen hat die Aufgabe, alle im Unternehmen anfallenden Zahlungs- und Leistungsströme lückenlos und sachlich geordnet zu dokumentieren, analysieren sowie zu steuern. Die Basis hierfür bildet stets ein Buchungsbeleg. Aufgrund dieser Aufgaben bildet das Rechnungswesen das zentrale Informationssystem des Unternehmens, das eine Reihe von Aufgaben erfüllt:

- Wertmäßige Abbildung der Leistungserstellungs- und Serviceprozesse
- Dokumentation aller Geschäftsfälle
- Darstellung der Vermögens-, Finanz- und Ertragslage
- Bereitstellung von wesentlichen Informationen für die Unternehmenssteuerung (Planung, Entscheidungsprozesse etc)
- Erfüllung rechtlicher Anforderungen

Die zur Erfüllung dieser Aufgaben notwendigen Rechnungswesenprozesse stehen in vielen Unternehmen im Fokus von Optimierungsanstrengungen, insbesondere unter den Blickwinkel einer kurzfristigen, anlassgetriebenen Optimierung. Obwohl es gerade im Rechnungswesen gut möglich ist, die Prozessdimensionen Zeit, Qualität und Kosten zu monitoren, unterbleiben jedoch häufig regelmäßige Analysen und eine langfristige, kontinuierliche Steuerung.

Die vorgestellten Rechnungswesenkennzahlen orientieren sich an den Kernprozessen des Rechnungswesens, Debitoren-, Kreditoren-, Anlagen- und Hauptbuchhaltung. Eine Übertragung der Kennzahlen auf weitere Rechnungswesen- bzw rechnungswesennahe Prozesse (zB Fakturierung) ist mit geringfügigen Adaptionen möglich.

Aufgrund des repetitiven Charakters der Rechnungswesenprozesse wird ergänzend zu den prozessübergreifend einsetzbaren Kostenkennzahlen jeweils eine spezifische Effizienzkennzahl ergänzt.

10.2.4.1. Prozesskennzahlen für Kreditorenprozesse

Der Kreditorenprozess umfasst alle Aktivitäten im Zusammenhang mit externen Kontokorrentbeziehungen, somit alle Aufgaben, die aus dem externen Erwerb von Gütern oder Leistungen resultieren. Im Fokus des Prozesses steht die Bearbeitung von externen kreditorischen Rechnungen, insbesondere

- die Erfassung, Püfung und Kontierung von Eingangsrechnungen,
- die Bearbeitung von Gutschriften,
- die Verwaltung der offenen Posten bzw Saldenabstimmung,
- die Durchführung von Zahlungen und
- die Archivierung der Belege

Prozesseffizienz: KPI „Eingangsrechnungen (FTE)"

Kritisch für die Effizienz der Kreditorenbuchhaltung ist die Anzahl der verarbeiteten Eingangsrechnungen. Neben einer laufenden Optimierung sind hier insbesondere durch technische Entwicklungen weitere Effizienzsteigerungen möglich.

Berechnung	Einheit
Anzahl Eingangsrechnungen/FTE im Kreditorenbereich	Anzahl

Interpretationshinweis: Grundsätzlich gilt, je höher die Anzahl der bearbeiteten Belege je FTE ist, desto effizienter erfolgt die Bearbeitung. Allerdings muss berücksichtigt werden, dass sich durch einen höheren Automatisierungsgrad diese Kennzahlen optimieren lassen. Für die entsprechende Automatisierung sind jedoch entsprechende Investitionen vorzusehen. Daneben ist auch darauf zu achten, dass die Anzahl nicht auf Kosten der Qualität gesteigert wird.

Hinweis

Die Beleganzahl kann gemäß der im Rahmen des Kreditorenprozesses vorgestellten Methodik für Debitorenprozesse als auch für die Anlagenbuchhaltung übernommen werden. Im Bereich der Debitoren sind anstelle der Eingangsrechnungen die Ausgangsrechnungen zu betrachten. Für die Anlagenbuchhaltung kann zB die Anzahl an betreuten Anlagen herangezogen werden.

Prozessqualität: KPI „Fehlerquote"

In der Kreditorenbuchhaltung besteht ein hohes Fehlerpotenzial. So können zB Buchungen in der falschen Höhe, zum falschen Zeitpunkt oder überhaupt das falsche Konto betreffend verbucht werden. Um die Qualität in der Kreditorenbuchhaltung sicherzustellen, sind neben Effizienzgrößen auch Qualitätsindikatoren zu empfehlen.

Berechnung	Einheit
Anzahl fehlerhafter Buchungen/Anzahl Kreditorenbuchungen × 100	%

Interpretationshinweis: Je niedriger die Fehlerquote ausfällt, desto besser funktioniert die Kreditorenbuchhaltung. Zu beachten ist ein gemeinsames Verständnis über die Definition der fehlerhaften Buchungen. Eine Differenzierung hinsichtlich der Verursachung ist prinzipiell auch möglich, allerdings aufgrund der möglichen Diskussion (welche Fehlerursachen liegen tatsächlich in der Kreditorenbuchhaltung?) nicht immer zweckmäßig.

Termintreue und Durchlaufzeit: KPI „Durchlaufzeit Eingangsrechnung"

Die Durchlaufzeit in der Bearbeitung von Eingangsrechnungen steht bei vielen Unternehmen im Fokus. Die Herausforderung hier besteht im Wechselspiel zwischen dem Rechnungswesen und der Vielzahl an Verantwortlichen (Zeichnungsberechtigten).

Berechnung	Einheit
(Gesamtanzahl an Tagen [Rechnungseingang – Verbuchung])/ Anzahl der Belege	Tage

Interpretationshinweis: Eine kurze Bearbeitungszeit der Eingangsrechnungen ist grundsätzlich begrüßenswert. Allerdings ist diese stets unter Kosten-Nutzen-Gesichtspunkten zu betrachten. Bei einer Fristigkeit der Rechnung von 30 Tagen oder mehr ist eine Verkürzung der Durchlaufzeit oft nicht erforderlich, da eine frühere Zahlung nicht nützlich ist. Eine rasche Bearbeitung ist jedenfalls für jene Belege sicherzustellen, für die Skontos genützt werden können. Daneben ist eine kurze Durchlaufzeit auch aus Abschlussgesichtspunkten zu begrüßen.[150] Grundsätzlich ist zwischen Bearbeitungs- und Durchlaufzeit zu unterscheiden.

10.2.4.2. Prozesskennzahlen für Debitorenprozesse

Der Debitorenprozess umfasst alle Aktivitäten, die im Zusammenhang mit der Erfassung und der Verwaltung von Forderungen aus Lieferungen und Leistungen gegenüber Kunden resultieren. Die Tätigkeitsfelder im Zusammenhang mit diesem Prozess umfassen insbesondere

- die Verbuchung von Ausgangsrechnungen,
- die Erfassung von Gutschriften,
- der Abgleich von offenen Posten bzw Salden sowie
- das Mahnwesen.

Prozesseffizienz: KPI „Ausgangsrechnungen (FTE)"

Ebenso wie für den Bereich Kreditoren ist auch bei den Debitoren die Anzahl der verarbeiteten Rechnungen bzw Zahlungen eine relevante Größe, die Rückschlüsse auf etwaige Optimierungen zulässt.

Berechnung	Einheit
Anzahl Ausgangsrechnungen/FTE im Debitorenbereich	Anzahl

Interpretationshinweis: Grundsätzlich gilt, je höher die Anzahl der bearbeiteten Belege je FTE ist, desto effizienter erfolgt die Bearbeitung. Allerdings muss berücksichtigt werden, dass sich durch einen höheren Automatisierungsgrad diese Kennzahlen optimieren lassen. Neben der Anzahl der Rechnungen kann zB für Branchen mit einem sehr hohen Belegvolumen auch die Anzahl der betreuten Debitoren eine wichtige Steuerungsgröße sein.

Prozessqualität: KPI „Fehlerquote"

Im gesamten Debitorenprozess gilt es, die Fehlerquote möglichst niedrig zu halten. Fehler (zB keine korrekte Zuordnung der Zahlung, Mahnung trotz Zahlungseingang), die hier entstehen, können sich unmittelbar auf den Kunden durchschlagen und sind daher als besonders kritisch zu sehen.

Berechnung	Einheit
Anzahl fehlerhafter Debitorenbuchungen/Anzahl Debitorenbuchungen	%

---

150   Grundsätzlich ist zwischen Bearbeitungs- und Durchlaufzeit zu unterscheiden.

Interpretationshinweis: Je niedriger die Fehlerquote ausfällt, desto besser funktioniert die Debitorenbuchhaltung. Eine Differenzierung nach dem Verursacher (Kunde vs Rechnungswesen) ist aus Gründen der kontinuierlichen Verbesserung zwar wünschenswert, allerdings sollte auch die Gesamtzahl im Fokus stehen. Kommt es zB zu einer höheren Fehleranzahl, die durch die Kunden verursacht wird, müssen gegebenenfalls Maßnahmen zur Vereinfachung auf Kundenseite getroffen werden.

Termintreue und Durchlaufzeit:
KPI „Durchlaufzeit Ausgangsrechnung"

Die Durchlaufzeit von Ausgangsrechnungen steht insbesondere im Rahmen der Forderungsoptimierung im Fokus. Sofern das Rechnungswesen an der Rechnungserstellung beteiligt ist, muss die Durchlaufzeit von Information zur Rechnungslegung bis zur Rechnungslegung minimal gehalten werden.

Berechnung	Einheit
(Gesamtanzahl an Tagen [Information zur Fakturierung – Versand])/Anzahl der Ausgangsrechnungen	Tage

Interpretationshinweis: Eine minimale Dauer ist grundsätzlich erforderlich, da die Frist zur Zahlung üblicherweise mit dem Rechnungsdatum bzw dem Rechnungseingang startet. Durch eine zeitnahe Fakturierung kann somit die Dauer bis zum Zahlungseingang reduziert werden.

10.2.4.3. Prozesskennzahlen für Anlagenbuchhaltung

Im Rahmen der Anlagenbuchhaltung werden alle langfristigen Vermögensgegenstände eines Unternehmens erfasst und verwaltet. Neben der buchhalterischen Verwaltung der Vermögensgegenstände werden in der Anlagenbuchhaltung auch Zu- und Abgänge des Anlagevermögens bewertet und verbucht. Daneben erfolgt in der Anlagenbuchhaltung auch die Ermittlung und Verbuchung der Abschreibung. Zusammenfassend lassen sich die Aktivitäten der Anlagenbuchhaltung wie folgt zusammenfassen:

- Buchhalterische Verwaltung der Vermögensgegenstände
- Abwicklung von Zu- und Abgängen des Anlagevermögens inkl Wertminderungen bzw -aufholungen
- Ermittlung und Verbuchung der Abschreibung

Prozesseffizienz: KPI „Anlagen (FTE)"

Ähnlich wie für den Bereich der Kreditoren bzw Debitoren kann auch für die Anlagenbuchhaltung die Anzahl der Buchungen als KPI herangezogen werden. Aufgrund der spezifischen Anforderungen an die Verwaltung der Anlagen wird allerdings die Betrachtung der Relation von Objekten und FTE in den Fokus gerückt.

Berechnung	Einheit
Anzahl verwalteter Anlagen/FTE in der Anlagenbuchhaltung	Anzahl

Interpretationshinweis: Bei der Interpretation der Kennzahl ist stets auf die Charakteristika der Anlagen Rücksicht zu nehmen. So können insbesondere im internen Vergleich zwischen Mitarbeitern wesentliche Diskrepanzen bestehen, je nachdem, ob sie Anlagen betreuen, die im Rechnungswesen weitgehend automatisiert bearbeitet werden, oder Anlagen, bei denen viele manuelle Arbeitsschritte anfallen. Dasselbe gilt auch im Unternehmensvergleich. Hier ist zusätzlich auch zu berücksichtigen, ob zB viele neue Anlagen zugehen oder tatsächlich die Verwaltung im Fokus steht. Im Vergleich ist auch zu beachten, dass es unterschiedliche Festlegungen zur Definition einer Anlage gibt.

Prozessqualität: KPI „Automatisierungsgrad Anlagenbuchhaltung"

Im Bereich der Anlagenbuchhaltung kann, ebenso wie für die davor diskutierten Prozesse, eine Fehlerquote ermittelt werden. Aufgrund der Besonderheiten dieses Prozesses scheint allerdings auch eine stärkere Trennung in manuelle und automatisierte Buchungen sinnvoll.

> **Hinweis**
>
> Der Automatisierungsgrad kann ebenso für Kreditoren- bzw Debitorenprozesse ermittelt und interpretiert werden.

Berechnung	Einheit
Anzahl automatischer Buchungen in der Anlagenbuchhaltung/Anzahl Buchungen in Anlagenbuchhaltung × 100	%

Interpretationshinweis: Ein hoher Automatisierungsgrad in der Anlagenbuchhaltung ist grundsätzlich wünschenswert, da zB die Abschreibungsermittlung und -verbuchung in vielen Fällen ohne manuelle Eingriffe möglich ist. Bei der Diskussion einer etwaigen Automatisierung ist stets das Volumen zu berücksichtigen, da sich diese erst ab einer entsprechenden Höhe rentieren kann. Vorsicht bei der Interpretation ist stets im Rahmen von Sonderfällen geboten.

10.2.4.4. Prozesskennzahlen für Hauptbuchhaltung

Das Rechnungswesen umfasst eine Vielzahl an Teilsystemen bzw Nebenbüchern (zB Kreditoren-, Debitorenbuch). Im Rahmen des Hauptbuchs werden die einzelnen Nebenbücher zusammengefasst. Somit werden im Hauptbuch alle Mengen- und Leistungsströme innerhalb eines Unternehmens gemeinsam dargestellt. Im Hauptbuch werden somit die einzelnen Geschäftsfälle integriert dargestellt und betrachtet. Die Kernaufgaben der Hauptbuchhaltung lauten:

- Steuerung und Abstimmung der Nebenbücher
- Koordination und Erstellung des Abschlusses
- laufende Abstimmung mit Behörden
- laufende Abstimmung mit Wirtschaftsprüfern und Steuern

Prozesseffizienz: KPI „Anzahl Konten"

Die Hauptbuchhaltung steuert die Nebenbücher über entsprechende Vorgaben. Es gilt stets im Rechnungswesen eine transparente Abbildung der Wert- und Mengenströme sicherzustellen. Ein wesentlicher Faktor dafür ist die Anzahl der Konten, wobei gerade in Konzernen zwischen der absoluten Anzahl der Konten und den tatsächlich bebuchten Konten unterschieden werden muss, da in den Gesellschaften der Konzernkontenplan meist nicht zur Gänze ausgenutzt wird.

Berechnung	Einheit
Anzahl Konten	Anzahl

Interpretationshinweis: Aus reiner Aufwandssicht ist eine möglichst geringe Anzahl an Konten wünschenswert. Allerdings kann die Anzahl nie ohne Berücksichtigung von Transparenzanforderungen optimiert werden. Aufgrund spezifischer Anforderungen wird häufig eine hohe Anzahl an Konten gewünscht (zB durch die Geschäftsführung, das Controlling). Hier gilt es laufend Kosten-Nutzen-Überlegungen anzustellen. Zusätzliche Konten können insbesondere aus Steuerungszwecken wünschenswert sein und sind häufig relativ einfach ohne großen IT-Aufwand umsetzbar (zB Differenzierung von Konten zwecks Darstellung unterschiedlicher Organisationseinheiten). Allerdings müssen die Zielsetzungen für das Rechnungswesen diesen Aspekt unbedingt berücksichtigen.

Prozessqualität KPI „Fehlerquote"

Die Aufgaben des Hauptbuchs beinhalten neben der Steuerung der Nebenbücher auch die Abstimmung mit Wirtschaftsprüfern sowie mit Behörden. Alleine aus diesen beiden Aufgaben gilt es, die Fehlerquote möglichst gering zu halten.

Berechnung	Einheit
Anzahl fehlerhafter Buchungen im Hauptbuch/Anzahl Buchungen im Hauptbuch × 100	%

Interpretationshinweis: Eine möglichst geringe Fehlerquote ist wünschenswert. Problematisch bei einer höheren Fehlerquote sind insbesondere die daraus resultierenden Aktivitäten. Durch eine Vielzahl an Korrekturbuchungen wird das Rechnungswesen häufig undurchsichtig, Buchungsinformationen gehen verloren. Daneben hat die Fehlerquote unmittelbare Auswirkung auf die Dauer der Abschlussprozesse.

Termintreue und Durchlaufzeit: KPI „Durchlaufzeit Jahresabschluss"

Im Hauptbuch werden die diversen Nebenbücher zusammengefasst und abgeschlossen. Es dient somit auch als Basis für den jährlich verpflichtend zu erstellenden Jahresabschluss. Aufgrund von rechtlichen Anforderungen und der relativ hohen Intensität des Jahresabschlusses zielen viele Unternehmen darauf ab, die Dauer bis zum Vorliegen des Abschlusses möglichst kurz zu halten.

Berechnung	Einheit
Arbeitstage von Start (lt Terminkalender) bis Ende (Vorlage Bestätigungsvermerk)	%

Interpretationshinweis: Eine kurze Durchlaufzeit für die Erstellung des Jahresabschlusses gilt als Qualitäts- und Effizienzindikator für den gesamten Finanzbereich. Je kürzer die Durchlaufzeit, desto rascher können auch die darauffolgenden Schritte eingeleitet werden. Für kapitalmarktorientierte Gesellschaften wird eine rasche Information bezüglich der Jahresergebnisse auch als vertrauensbildende Maßnahme gesehen.

10.3. Fazit

Unternehmen verändern sich getrieben durch externe und interne Einflussfaktoren laufend, zum Teil auch diskontinuierlich. Innerhalb dieses allgemeinen Veränderungsprozesses stellt ein robustes System der Leistungsmessung für Controlling und Rechnungswesenprozesse ein wichtiges Instrument zur aktiven Gestaltung der jeweiligen Organisation dar.

Trotz der Wichtigkeit, die Performance zu messen, auch in Dienstleistungsprozessen besteht in der Unternehmenspraxis diesbezüglich zum Teil erheblicher Handlungsbedarf. So zeigt eine aktuelle Untersuchung des Österreichischen Controller-Instituts, dass nur in 11 % der befragten Unternehmen Controlling-Prozesse mittels Prozesskennzahlen gemanagt werden.[151] Rechnungswesenprozesse werden aufgrund ihres generischen Charakters und der allgemeinen Entwicklung zur Bündelung dieser Prozesse in zentralen Servicecentern intensiver gemessen und gebenchmarkt, jedoch dient auch dies eher der punktuellen Standortbestimmung und nicht der laufenden Steuerung dieser Prozesse.

Auf Basis einheitlich strukturierter Prozesse und der dargestellten Key-Performance-Indikatoren ist es Unternehmen leichter möglich, sowohl in einer kritischen Selbstbetrachtung als auch in einer Austauschbeziehung mit anderen Unternehmen ein differenziertes Bild der eigenen Controlling- und Rechnungswesenprozesse zu gewinnen und Handlungsbedarfe zu erkennen.

---

151   Vgl *Waniczek* (2014) 25.

Aufbauend auf den vorliegenden Ergebnissen lassen sich weitere Optimierungen in Prozessen vornehmen. So bieten die Messgrößen Koppelungsmöglichkeiten mit MbO- und Anreizsystemen. Das vorliegende Konzept des Performance Measurements kann schließlich auch in Richtung konkreter Leistungsvereinbarungen zwischen Controllern bzw dem Rechnungswesen und deren Kunden einschließlich einer Spezifikation individueller Kriterien der Leistungserbringung (Service Level Agreements) ausgedehnt werden.

Literatur

Eschenbach, R., Siller, H. (2009): Controlling professionell – Konzeption und Werkzeuge, Stuttgart

Feichter, A., Ruthner, R., Waniczek, M. (2014): Der Weg zur schlagkräftigen Controllingorganisation Erfolgsfaktoren bei der (Re-)Positionierung und Transformation, In: CFO aktuell – Zeitschrift für Finance und Controlling; 8. Jg., H. 6/2014, S. 214–218, Wien

International Group of Controlling (Hrsg) (2011): Controlling-Prozessmodell, Ein Leitfaden für die Beschreibung und Gestaltung von Controlling-Prozessen, Freiburg

International Group of Controlling (Hrsg) (2012): Controlling-Prozesskennzahlen, Ein Leitfaden für die Leistungsmessung von Controlling-Prozessen, Freiburg

Waniczek, M. (2014): Controllingprozesse auf dem Prüfstand – Highlights aus dem Controlling-Panel 2013, In: CFO aktuell – Zeitschrift für Finance und Controlling; 8. Jg., H. 1/2014, S. 25–28, Wien

Waniczek, M. (2015): Controllingprozesse auf dem Prüfstand – Highlights aus dem Controlling-Panel 2014, In: CFO aktuell – Zeitschrift für Finance und Controlling; 9. Jg., H. 2/2015, S. 80–83, Wien

Themenblock E: Kennzahlen in der Unternehmenspraxis

1. Kennzahlen in der Stahlindustrie

Thomas Pellegrini

Inhaltsverzeichnis

Das Marktumfeld der voestalpine Steel Division hat sich in den letzten Jahren deutlich verändert. Durch die in Europa verringerte Gesamtnachfrage nach Stahl ergibt sich bei den europäischen Stahlherstellern eine strukturelle Überkapazität mit entsprechendem Preisdruck auf der Absatzseite. Parallel dazu haben sich die Beschaffungsmärkte weiter internationalisiert und zeigen andere Konjunkturverläufe als die Absatzmärkte. Das stellt die Stahlunternehmen und insbesondere auch das Controlling der Steel Division vor neue Herausforderungen. Ziel diese Beitrages ist es, einen Auszug der in der voestalpine Steel Division verwendeten steuerungsrelevanten Kennzahlen vorzustellen. Dies unter besonderer Berücksichtigung der volatilen Beschaffungs- und Absatzmärkte.

1.1. Unternehmensvorstellung

1.1.1. Der voestalpine-Konzern

Die weltweit tätige voestalpine-Gruppe ist ein stahlbasierter Technologie- und Industriegüterkonzern. Die Unternehmensgruppe ist mit rund 500 Konzerngesellschaften und -standorten in mehr als 50 Ländern auf allen fünf Kontinenten vertreten, sie notiert seit 1995 an der Wiener Börse.

Der Konzern ist mit seinen qualitativ höchstwertigen Produkten einer der führenden Partner der europäischen Automobil- und Hausgeräteindustrie sowie weltweit der Öl- und Gasindustrie. Die voestalpine ist darüber hinaus Weltmarktführer in der Weichentechnologie und im Spezialschienenbereich sowie bei Werkzeugstahl und Spezialprofilen.

Der Konzern erzielte im Geschäftsjahr 2014/15 bei einem Umsatz von 11,2 Mrd € ein operatives Ergebnis (EBITDA) von 1,5 Mrd € und beschäftigte weltweit rund 47.400 Mitarbeiter. Der voestalpine-Konzern gliedert sich in vier Divisionen:

voestalpine AG

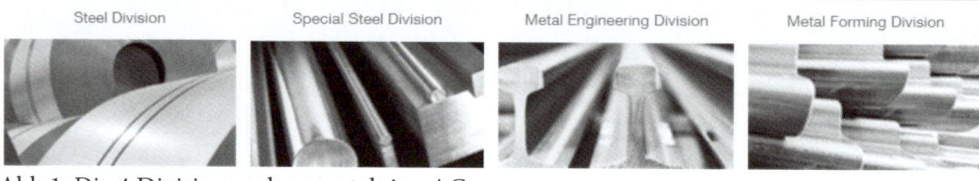

Abb 1: Die 4 Divisionen der voestalpine AG

1.1.2. Die Steel Division

Die Steel Division der voestalpine AG nimmt als umsatzstärkste Division des Konzerns die Qualitätsführerschaft bei höchstwertigem Stahlband und eine weltweit führende Position bei Grobblech für anspruchsvollste Anwendungen sowie bei Großturbinengehäusen ein.

Die Division ist strategischer Partner für Europas namhafte Automobilhersteller und große Automobilzulieferer. Darüber hinaus ist sie einer der größten Lieferanten an die europäische Konsumgüter- und Hausgeräteindustrie sowie für den Maschinenbau. Für den Energiebereich fertigt sie Grobbleche, welche in der Öl- und Gasindustrie bei Anwendungen unter extremen Bedingungen – etwa für Tiefsee-Pipelines oder im Dauerfrostbereich – eingesetzt werden.

Die Steel Division weist eine starke Verflechtung zwischen den einzelnen rechtlich selbständigen Einheiten entlang der Wertschöpfungskette auf. Im Geschäftsjahr 2014/15 erzielte sie einen Umsatz von über 3,9 Mrd €, ein operatives Ergebnis (EBITDA) von 450 Mio € und beschäftigte rund 11.100 Mitarbeiter.

1.2. Beschreibung der Stahlindustrie allgemein

Die wirtschaftlichen Rahmenbedingungen, denen sich die voestalpine erfolgreich stellt, haben sich in den letzten Jahren stark verändert. Neben dem Rückgang der gesamtwirtschaftlichen Nachfrage aufgrund der Finanz- und Wirtschaftskrise (2008) hat sich die Situation durch starke Schwankungen auf der Beschaffungsseite zusätzlich verschärft. Die Dynamik des Marktumfeldes wird durch den globalen Wettbewerb, Spekulationen auf den Rohstoffmärkten und der Liberalisierung der Finanzmärkte deutlich beschleunigt. Die steigende Volatilität zeigt sich insbesondere in immer kürzeren Preiszyklen. Dauerte ein Zyklus (Hoch- und Tiefpreise) in der Stahlindustrie vor der Krise 2008 rd 1–2 Jahre, hat sich die Dauer in den letzten Jahren auf wenige Monate verkürzt.

Diese Entwicklung führte insgesamt zu einer ungünstigen Auslastungssituation in der europäischen Stahlindustrie, damit auch zu erhöhten Anforderungen an die Unternehmenssteuerung. Daraus ergeben sich entsprechende Auswirkungen auf das Controlling der voestalpine Steel Division.

Zudem ist die europäische Stahlindustrie seit Jahrzehnten durch strukturelle Überkapazitäten geprägt. Nach der Wirtschaftskrise hat sich die Situation, wie vorher beschrieben, weiter verschärft. Durch den Boom in China wurden vor allem die internationalen Rohstoffmärkte in die Höhe getrieben. Europas Stahlproduzenten wurden in der Folge mit stark steigenden Rohstoffmärktcn und einem stagnierenden/ fallenden Absatzmarkt konfrontiert. Dies führte zu starkem Ergebnisdruck und oftmals zu Verlusten in den Unternehmen.

Im Kalenderjahr 2014 haben sich die relevanten Rohstoffmärkte wieder stark vergünstigt. Gleichzeitig gaben auch die Stahlproduktpreise deutlich nach, wodurch unverändert ein erheblicher Ergebnisdruck besteht.

Die voestalpine Steel Division hat sich seit der Krise im Jahr 2008 im Vergleich zur europäischen Stahlindustrie eine gute Position erarbeitet. Durch die konsequente Ausrichtung auf Nischenprodukte im höchsten Qualitätssegment und die Verlängerung der Wertschöpfungskette konnte sich die Steel Division merklich von Massenstahlherstellern absetzen. Unterstützt durch ein konsequentes Kostencontrolling konnten gute Ergebnisse erzielt werden. Die voestalpine Steel Division zählt zu den Kosten-, Qualitäts- und Innovationsführern unter den europäischen Stahlherstellern.

Eine Eigenschaft der Stahlindustrie ist deren hohe Anlagenintensität. Investitionsentscheidungen betreffen lange Zeiträume und sind kurzfristig nicht revidierbar. So ist der Entwicklung von Produkten, alternativen Produktionsmethoden etc große Beachtung zu schenken, um auch in Zukunft (hier spricht man von mehreren Jahrzehnten) die geeignete Anlagenkonfiguration zu haben und den Markt mit nachgefragten Produkten zu bedienen.

Der Kapitalintensität wird im Rahmen des Kennzahlenvergleichs mit anderen Marktteilnehmern besonderes Augenmerk geschenkt. Es gilt dabei, die Anlagenbuchwerte und die daraus resultierenden Abschreibungen zu berücksichtigen. Eine geeignete Kennzahl für einen Quervergleich stellt der EBITD bzw die EBITD-Marge dar, bei der die Abschreibungen aus dem Ergebnis eliminiert werden.

Eine neue Herausforderung der letzten Jahre ist die CO_2-Problematik. Bei den verschiedenen Produktionsmethoden in der Stahlindustrie gibt es große Unterschiede beim CO_2-Ausstoß. Die voestalpine Steel Division betreibt in Linz einen der effizientesten Hochöfen der Welt und ist beim CO_2-Ausstoß je Tonne Rohstahl am technischen Optimum angelangt. Durch die Einführung von CO_2-Zertifikaten und deren Bepreisung ergeben sich vor allem für die langfristige Weiterentwicklung der europäischen Standorte zusätzliche Aufgaben für das Controlling. So muss bei Investitionsentscheidungen auch dieser Aspekt berücksichtigt werden.

Eine Besonderheit der integrierten Stahlproduktion ist die Produktion von Kuppelprodukten (Kuppelproduktion). Neben dem gewünschten Produkt Rohstahl fallen aus prozesstechnischen Gründen an mehreren Stufen des Wertschöpfungsprozesses Kuppelprodukte an (zB Gichtgas, Schlacke, Rohteer). Diese können in anderen Prozessschritten wieder eingesetzt werden oder werden aus dem Prozess ausgeschleust und am freien Markt verkauft. Der Optimierung des gesamten Produktionsflusses wird dabei größte Aufmerksamkeit geschenkt.

1.3. Kennzahlen im Rahmen der Unternehmenssteuerung

Zur Steuerung der Steel Division werden Kennzahlensysteme, basierend auf einer hierarchischen Gliederung, verwendet. Diese setzen sich an der Spitze aus erfolgs- und vermögensrelevanten Elementen und in weiterer Folge aus operativen Kennzahlen, angepasst an das Geschäftsmodell, zusammen.

Abbildung 2 verdeutlicht den Zusammenhang der von der voestalpine Steel Division verwendeten Kennzahlen:

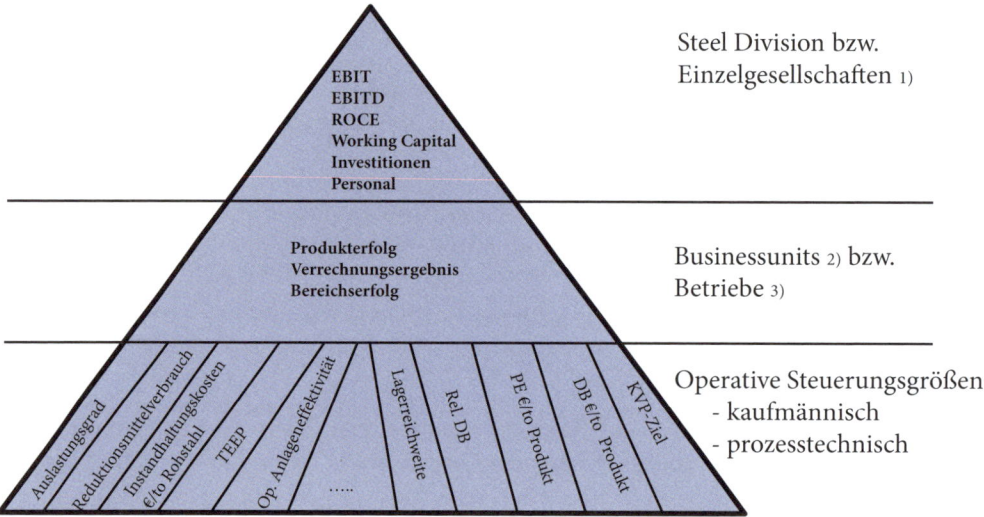

Abb 2: Kennzahlenpyramide Steel Division[1,2,3]

1.3.1. Steel Division bzw Einzelgesellschaften

Wie bereits erwähnt, bestehen bei der Steel Division weitreichende Verflechtungen der Einzelgesellschaften entlang der Wertschöpfungskette. Durch die Einbindung der Steel Division in den voestalpine-Konzern erfolgt die Kennzahlenermittlung und die Steuerung nach internationalen Gesichtspunkten. Die dafür notwendigen Daten werden im Rahmen des konzernalen Reportings nach IFRS ermittelt. Im Folgenden werden einige Kennzahlen näher erläutert:

---

1   Einzelgesellschaft: rechtlich selbständige Einheit.
2   Businessunit: rechtlich selbständige Einheit oder Teil davon.
3   Betrieb: Teil einer Businessunit, für die ein monatliches Betriebsergebnis ermittelt wird.

1.3.1.1. EBIT (earnings before interest and tax)

EBIT beschreibt die Performance des operativen Geschäfts. Auch im Vergleich mit anderen Konkurrenten wird das EBIT verwendet. Durch die Nichtberücksichtigung von steuerlichen Effekten und der Finanzierungsstruktur ist diese Kennzahl für den Vergleich mit Konkurrenten gut geeignet.

$$\text{EBIT in \% der Umsatzerlöse} = \frac{\text{EBIT}}{\text{Umsatzerlöse}} \times 100$$

1.3.1.2. EBITD (earnings before interest, tax and depreciation)

Durch die kapitalintensiven Anlagen in der Stahlindustrie kann durch die Herausnahme der Abschreibung aus dem Ergebnis eine noch bessere Vergleichbarkeit über Unternehmensgrenzen hinweg hergestellt werden. Im Benchmark mit der europäischen Stahlindustrie nimmt die Steel Division bei dieser Kennzahl eine hervorragende Position ein.

$$\text{EBITD in \% der Umsatzerlöse} = \frac{\text{EBITD}}{\text{Umsatzerlöse}} \times 100$$

1.3.1.3. Working Capital

Das Working Capital umfasst sämtliches im operativen Geschäftsbetrieb gebundenes Kapital. Die Steel Division verwendet folgende Definition des Working Capitals:

	Vorräte
+	Forderungen aus L&L (Lieferungen und Leistungen)
+	Sonstige Forderungen (exkl Forderungen aus Anlagenverkäufen)
+	Aktive Rechnungsabgrenzungen
–	Kurzfristige Rückstellungen (Urlaubsrückstellungen, …)
–	Verbindlichkeiten aus L&L (exkl Investitionen)
–	Erhaltene Anzahlungen
–	Wechselverbindlichkeiten
–	Sonstige Verbindlichkeiten
–	Passive Rechnungsabgrenzungen
=	Working Capital (WC)

Zur Optimierung dieser Kennzahl sind einerseits die Vorratsbestände einem kontinuierlichen Monitoring zu unterziehen und andererseits bedarf es eines aktiven Debitoren- und Kreditorenmanagements.

Bei der Bestandsoptimierung muss ein Ausgleich zwischen Bestandsreduktion und optimaler Betriebsfahrweise gefunden werden. Die Betrachtung der Transportwege für Rohstoffe rückt dabei in den Vordergrund, da zB die Donau immer wieder wegen Hoch- bzw Niedrigwasser gesperrt ist und dann auf Alternativrouten per Bahn ausgewichen werden muss. Zu beachten ist auch, dass die benötigten Rohstoffe weltweit eingekauft werden und die Transportzeiten für einzelne Rohstoffe bis zu drei Monaten betragen können.

Bei den Rohstoffen werden die Bestände in Relation zu den geplanten Verbräuchen gestellt und die Kennzahl „Reichweite" bei einzelnen Sorten von Rohstoffen einem regelmäßigen Controlling unterzogen. Die Steel Division nutzt zur Working-Capital-Optimierung klassische Instrumente, zB Factoring. Der Optimierung/Reduktion des Working Capitals sind dahingehend Grenzen gesetzt, wenn sie zu Lasten der Liquiditäts- und Versorgungssicherheit oder des Unternehmenserfolgs gehen.[4]

1.3.1.4. ROCE (return on capital employed)

Durch die starke Verflechtung der einzelnen Gesellschaften entlang der Wertschöpfungskette spielt die Verzinsung des eingesetzten Kapitals auf Divisionsebene eine entscheidende Rolle. Insbesondere auf Ebene der Steel Division macht es Sinn, die Gesamtkapitalbindung im Verhältnis mit den erwirtschafteten Ergebnissen zu betrachten.

$$\text{ROCE in \%} = \frac{\text{EBIT}}{\text{Capital Employed}} \times 100$$

Um die operative Komponente in den Vordergrund zu stellen, wird die Vorsteuergröße EBIT für diese Kennzahl verwendet. Die Definition der im Nenner verwendeten Kennzahl Capital Employed ist aus nachstehendem ROCE-Baum ersichtlich.[5]

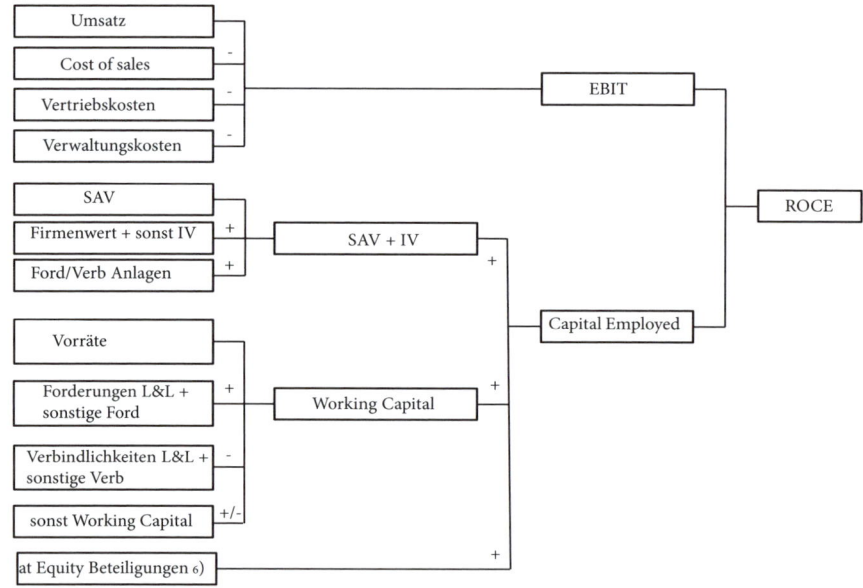

Abb 3: ROCE-Baum Steel Division[6]

---

4   Vgl ICV (2013) 15 ff.
5   Vgl ICV (2013) 19 ff (Capital Employed wird als Durchschnittswert des laufenden Geschäftsjahres angesetzt).
6   Berücksichtigung nur für Berechnung auf Ebene Division.

Das zuvor beschriebene Working Capital beschreibt das kurzfristig gebundene Kapital. Das Capital Employed beinhaltet auch das langfristig gebundene Kapital, das vor allem durch das Investment getrieben ist. Die Höhe des Investments beeinflusst die Kennzahl ROCE massiv. Durch die kapitalintensiven Anlagen, die zum Betreiben eines integrierten Stahlwerkes nötig sind, ist ein stringentes Investitionsmanagement gefordert. Die Vorbereitung von Investitionsentscheidungen wird durch das Controlling der Steel Division maßgeblich begleitet.

1.3.2. Businessunits

Bei den Businessunits der Steel Division handelt es sich um rechtlich selbständige Einheiten oder um Bereiche von größeren rechtlich selbständigen Einheiten in Form eines Profit- oder Costcenters.[7] Diese werden wiederum in sog Betriebe untergliedert und für diese monatliche Betriebsergebnisse ermittelt. Während sich beim Profitcenter der Erfolg aus Erlösen minus Kosten ergibt, weisen Costcenter als Ergebnis die Abweichung zwischen Soll- und Istkosten aus. Allen gemeinsam ist der Einsatz der sog flexiblen Plankostenrechnung. Mit der Plankostenrechnung lässt sich das Betriebsergebnis eines Profitcenters in einen Produkterfolg (Erlös – Sollkosten) und in ein sog internes Verrechnungsergebnis (Sollkosten – Istkosten) trennen. Das Verrechnungsergebnis stellt somit die Abweichung zwischen geplanten Kosten bei Istauslastung und den Istkosten dar. Costcenter weisen entsprechend nur ein internes Verrechnungsergebnis aus. Summiert man die Ergebnisse hierarchisch zur Businessunit und weiter zur rechtlichen Einheit, so ergibt sich in weiterer Folge inkl der bilanziellen Positionen das EBIT der Gesellschaft.

Mit der flexiblen Plankostenrechnung können die Herausforderungen des Marktumfeldes gut abgebildet werden, da sie eine Splittung in eine Erfolgs- und Kostenkontrolle ermöglicht. Während der Produkterfolg die Performance des Verkaufs abbildet, liefert das Verrechnungsergebnis die Kostenabweichungen aus Rohstoffen und Produktion. Auch auf Ebene der Kostenstellen ist mit dieser Logik eine Wirtschaftlichkeitskontrolle möglich. Sie zeigt auf, ob der Verantwortliche auf schwankende Auslastungen entsprechend reagiert.

Bei der Analyse der Abweichungen kommt neben den internen Kosten dem Thema Rohstoffe besonderes Augenmerk zu, da sie für rd 50 %[8] der Kosten verantwortlich sind. Die große Volatilität der Rohstoffmärkte, unterschiedliche Zyklen von Rohstoff- und Absatzmärkten sind eine ständige Herausforderung, auch für das Controlling. Um diesen Anforderungen gerecht zu werden, bedarf es leistungsfähiger, aussagekräftiger und rasch verfügbarer Reports.

---

7   Profitcenter: Organisationseinheit, die mit Produkten am Markt auftritt. Costcenter: kein Marktauftritt, Kostenoptimierung steht im Vordergrund.
8   Vgl Wirtschaftsvereinigung Stahl; Rechenmodell vom Feb 2015.

1.3.3. Operative Steuerungsgrößen

Neben den bisher beschriebenen Instrumenten bzw Kennzahlen kommen weitere operative Kennzahlen zur Anwendung, die auf Bereichs- bzw Produktebene relevante Steuerungsinformationen bereitstellen. Für die nachfolgende Darstellung wird in kaufmännische und prozesstechnische Kennzahlen unterschieden.

1.3.3.1. Kaufmännische Kennzahlen

Wesentliche Aufgabe der Managementebenen ist es, neben den Absatz- und Umsatzzielen, auch für eine wirtschaftliche Leistungserbringung zu sorgen. In diesem Zusammenhang kommt der Produktivität der Anlagen große Bedeutung zu. Es gilt, die bestehenden Leistungen mit einem möglichst geringen Mittel- bzw Ressourcenaufwand zu erbringen bzw mit gegebenem Einsatz den höchstmöglichen Output zu erzielen.

Dies bedingt zum einen eine entscheidungsorientierte Kostenrechnung in Form einer Deckungsbeitragsrechnung und zum anderen ein Set an operativen Kennzahlen zur Produktivitäts- bzw Performancesteuerung.

Dazu werden alle relevanten Kostenpositionen wie Material, Personal, aber auch Ausbringungskennzahlen einem permanenten Controllingprozess unterzogen, um dadurch im Wettbewerbsumfeld eine gute Kostenposition zu gewährleisten. Ein zusätzlicher Beitrag kommt aus dem kontinuierlichen Verbesserungsprozess (KVP), der das Potenzial der Mitarbeiter für Prozessverbesserungen nutzt.

Wesentliche Steuerungskennzahlen sind:

- Deckungsbeitrag in €/to je Produkt
- Produkterfolg in €/to je Produkt
- Rohstoffkosten €/to
- Personalkosten und Produktivität
- Relativer Deckungsbeitrag[9]

1.3.3.2. Prozesstechnische Kennzahlen

Die komplexen technischen Produktionsschritte einer Stahlerzeugung bedürfen eines Prozesscontrollings, das neben Kostenkennzahlen auch technische Parameter in den Controllingkreislauf einschließt. Damit müssen für technische Parameter ebenfalls Ziele formuliert, anschließend deren Zielerreichungsgrad festgestellt und bei Abweichungen Gegenmaßnahmen definiert werden.

---

9   Ein Optimierungsinstrument stellt der sog „relative DB" dar. Er berücksichtigt neben dem klassischen Deckungsbeitrag auch die Engpässe der Produktion (DB/Engpasseinheit). Bei der Berechnung des relativen Deckungsbeitrages bedient man sich des Instruments der linearen Optimierung und ermittelt dabei, wieviel eine Minute einer Engpassanlage wert ist. Diese Ansätze gelten, solange die Plankostensätze gleich bleiben und sich die Engpasssituation nicht verändert. Durch den relativen Deckungsbeitrag wird sichtbar gemacht, welche Produkte die Produktionsanlagen übermäßig belasten und welche Kosten daraus entstehen.

Wichtige steuerungsrelevante Informationen sind:

- Aufwendungen für Instandhaltung in €/to Rohstahl
- Ausbringungskennzahlen, bei denen die Effizienz einzelner Produktionsstufen näher betrachtet werden
- Verbrauchskennzahlen wie zB Reduktionsmittelverbrauch je to Rohstahl

Im Kennzahlencockpit IAM (Integriertes Anlagenmanagement) der Steel Division werden für die Beschreibung der Anlagenverfügbarkeit der einzelnen Aggregate ua folgende Kennzahlen verwendet:[10]

- Auslastungsgrad (AG)
- Verfügbarkeitsgrad (VG)
- Leistungsgrad (LG)
- Qualitätsgrad (QG)

Die Topkennzahlen im IAM sind:

- Operative Anlageneffektivität (OAE)
  OAE = VG × LG × QG
- Total Effective Equipment Productivity (TEEP)
  TEEP = AG × OAE

Die hier angeführten Kennzahlen sind nur eine Teilmenge jener Kennzahlen, die für eine erfolgreiche Steuerung der Steel Division notwendig sind. Mit diesen Kennzahlen soll der Fächer an Möglichkeiten aufzeigt werden.

1.4. Resümee

Das Reporting bzw die Steuerung der voestalpine Steel Division erfolgt mit einer umfangreichen Anzahl an Kennzahlen. Mit diesen Kennzahlen werden die notwendigen Informationen zur Verfügung gestellt, um dem Management bei deren Entscheidungen eine Unterstützung zu bieten. Dabei ist festzuhalten, dass sich auch Kennzahlensysteme an geänderte Rahmenbedingungen anpassen müssen.

Mit dem Instrument der Plankostenrechnung, das durch eine umfangreiche Betriebsdatenerfassung versorgt wird, stehen den Entscheidungsträgern in den unterschiedlichen Hierarchien führungsrelevante Informationen zur Verfügung.

Ein leistungsfähiges Kennzahlensystem liefert die Voraussetzung, um die Herausforderungen der Zukunft meistern zu können. Damit leistet das Controlling der Steel Division einen Beitrag zum Leitsatz der voestalpine „Einen Schritt voraus".

Literatur

ICV (2013): Working Capital Management (s. D.6.)

---

10   Zur detaillierten Beschreibung siehe Kapitel D.2.

2. Performance Measurement in der Automobilzulieferindustrie

Rudolf Peterbauer

Inhaltsverzeichnis

Die Verwirklichung eines Performance-Measurement-Systems ist in der Praxis ein anspruchsvolles und zeitintensives Vorhaben. Dieser Beitrag soll einen Einblick in die konzeptionellen Überlegungen und die Ausgestaltung eines solchen Systems am Beispiel der Banner GmbH – eines österreichischen Herstellers von Starterbatterien für Kraftfahrzeuge – geben. Eine kurze Beschreibung der Marktsituation und des Unternehmens soll am Beginn den Kontext für die weiteren thematischen Aspekte bilden. Es sei ausdrücklich erwähnt, dass kein Anspruch erhoben wird, ein „best-practice"-Modell vorzustellen, sondern, dass es darum geht, die im Unternehmen gewählte, individuelle Lösung und die damit gewonnenen Erfahrungen vorzustellen.

2.1. Markt

2.1.1. Überblick

Der jährliche Bedarf an Starterbatterien in Europa beträgt etwa 67 Mio Stück (Stand 2015) und wird in den kommenden Jahren auf diesem Niveau stagnierend eingeschätzt.

Der Markt für Starterbatterien unterteilt sich in drei Kundensegmente:

- Independent Aftermarket (IAM) – freies, ungebundenes Nachrüstgeschäft
- Original Equipment Manufacturer (OEM) – Erstausrüstung
- Original Equipment Spares (OES) – Erstausrüsterersatzteilgeschäft (Nachrüstgeschäft über Markenwerkstätten)

Aus Sicht der Lieferanten lassen sich OEM und OES zur Kundengruppe Original Equipment (OE) zusammenfassen, da es sich um die gleichen Abnehmer und Vertragspartner handelt, die die Batterien über zwei verschiedene Wege einsetzen. Der gesamte Nachrüstmarkt (Aftermarket – AM) wird durch IAM und OES repräsentiert.

Diese Unterteilungen sind sinnvoll, da damit unterschiedliche Marktmechanismen und Marktbedingungen einhergehen, denen sich die Produzenten gegenübersehen.

2.1.2. Original Equipment

Der Bereich OE zeichnet sich durch wenige große Kunden aus, die eine relativ geringe Anzahl an Produkttypen in großer Stückzahl abnehmen. Die Ansprüche an die Produktqualität, die Entwicklungskompetenz, die logistische Leistungsfähigkeit und das Qualitätsmanagementsystem sind sehr hoch. Die Automobilindustrie „schafft Fakten", indem sie durch die Entscheidung für oder gegen ein Antriebskonzept die technologische Basis für Zulieferer und Endkunden auf lange Sicht determiniert. Eine Teilnahme am OEM-Geschäft bringt daher Vorteile, um an den späteren Nutzungs- und Ersatzzyklen (OES, IAM) zu partizipieren. Der Druck auf die Verkaufspreise ist durch die Marktmacht der OEM, Einkaufskooperationen und Global-Sourcing-Strategien hoch. Geringe Teilevielfalt, große Fertigungslose, konstantes Nachfrageverhalten und hohe Integration der Supply Chain (zB electronic data interchange – EDI) schaffen wiederum gute Voraussetzungen für eine wirtschaftliche Produktion.

2.1.3. Aftermarket

Die Kundenstruktur des Nachrüstmarktes ist wesentlich heterogener und setzt sich aus Teilegroßhändlern, Verbandskunden (zB Autofahrerklubs), Importeuren, Werkstätten, etc zusammen. Um in diesem Segment erfolgreich tätig sein zu können, gilt es, ein möglichst breites Spektrum an Typen in verschiedenen Leistungsklassen anbieten zu können. Das Nachfrageverhalten ist – im Unterschied zum relativ konstanten Verlauf im Segment OEM – durch eine ausgeprägte Saisonalität gekennzeichnet. Ein Gutteil der Batterien wird in der kalten Jahreszeit getauscht, daher sind die Herbstmonate, in denen die Bevorratung und Einlagerung bei den Händlern stattfindet, und länger anhaltende Kälteperioden im Hochwinter, die einen weiteren Nachfragesog erzeugen, die absatzstärksten Zeiten im Jahr.

Diese Nachfragekurve stellt einen Hersteller – vereinfacht gesagt – vor die Grundsatzentscheidung zwischen zwei Möglichkeiten zur Auslegung der Produktions- und Lagerkapazitäten:

- Anpassung der Produktionskapazität an die Jahresnachfrage: Das hätte zur Folge, dass die Produktionsanlagen das Jahr hindurch konstant und voll ausgelastet werden könnten, die Überproduktion in der ersten Jahreshälfte (Nebensaison) gelagert werden müsste („make-to-stock"), um in der zweiten Jahreshälfte (Hauptsaison) die Unterversorgung durch die Produktion gezielt ausgleichen zu können. Der Vorteil der wirtschaftlichen Fertigung wäre den Nachteilen hoher Lagerkosten, Vorfinanzierung und Liquiditätsbelastung gegenüberzustellen.

- Anpassung der Produktionskapazität an die monatliche Spitzennachfrage: So könnte die Produktion die Kundennachfrage exakt „nachfahren" („make-to-order"), man erspare sich das Vorhalten von Fertigwaren, hätte jedoch in der Nebensaison den Nachteil hoher Leerkosten und allgemein hohe organisatorische Anforderungen, Anlagen in kurzer Zeit hoch- und niederzufahren (zB Personal, Qualität, Prozessstabilität) und die wechselnden Bedarfe in der Lieferkette zu synchronisieren.

2.1.4. Wettbewerb

Am europäischen Markt besteht ein deutliches Überangebot an Produktionskapazität, das durch wachsende Importe vor allem aus dem asiatischen Raum noch weiter verstärkt wird. In dieser „Käufermarktsituation" lassen sich in der Branche einige Entwicklungen beobachten, die den Mechanismen ökonomischer Grundgesetze lehrbuchmäßig folgen: Die Kunden üben einen Preisdruck auf die um Aufträge ringenden Lieferanten aus, die diesen Druck weiter forcieren, um ihre Marktanteile halten zu können. Sinkende Margen könnten durch Skaleneffekte aus weiterem Wachstum (Verdrängungswettbewerb) teilweise aufgefangen werden. Die Preisspirale dreht sich nach unten, bis eine Marktbereinigung und -konsolidierung erreicht sein wird.

Die beiden größten Mitbewerber haben gemeinsam einen Marktanteil von über 60 %, dahinter reihen sich vier Unternehmen – darunter auch Banner – mit Marktanteilen zwischen 5 und 10 %. Den Rest des Marktes teilen sich weitere 20 kleinere Hersteller.

2.1.5. Erfolgsfaktoren

Die geschilderten Marktbedingungen und Herausforderungen sind in vielen Zweigen der europäischen Industrie vergleichbar. Einige ehemals über den Erfolg entscheidende Faktoren haben sich im Laufe der Zeit zu Grundvoraussetzungen entwickelt, ohne deren Erfüllung man am Markt nicht tätig sein kann (zB Produktqualität, Liefertreue). Es ist zu erwarten, dass in dieser Branche jene Hersteller erfolgreich sein werden, die sich einen Vorsprung auf folgenden Gebieten erarbeiten können:

- Laufende Innovation (Produkte, Prozesse, Technologien)
- Supply Chain Management (Integration, Working Capital)
- Erhöhung des Wertschöpfungsanteils am Produkt (vertikale Integration)
- Ausgefeilte Kostenrechnung (Artikel-/Kundenerfolg, Preisuntergrenzen, Prozesskosten)
- Intensive Marktforschung, -beobachtung

2.2. Unternehmen Banner

2.2.1. Unternehmensprofil

Banner ist ein österreichischer Hersteller von Starterbatterien auf Bleisäure-Basis mit Sitz in Linz/Leonding. Das Familienunternehmen wurde 1937 gegründet und ist eigentümergeführt. Der Markenname Banner steht seither für hohe Qualität, Innovationskraft, breites Produktprogramm, technologische Kompetenz und umfassenden Service.

Banner beschäftigt insgesamt etwa 850 Mitarbeiter und erzielt einen Jahresumsatz von 250 Mio €. Vom Produktionsstandort Linz/Leonding aus werden jährlich 4 Mio Starterbatterien (Stand: GJ 2015) vertrieben. Etwa 30 % der Menge gehen in die Automobilindustrie (OEM) und deren Ersatzteilsparte (OES). Die größten Kunden sind BMW und Volkswagen (VW, Porsche). Weitere 50 % werden über eigene Vertriebsgesellschaften der Banner Gruppe in 14 Ländern Europas vertrieben. Der Rest entfällt auf zahlreiche Export- und Sonderkunden in Europa und dem Rest der Welt.

Banner blickt auf eine dynamische Entwicklung zurück und möchte seine Marktposition durch den eingeschlagenen Wachstumskurs weiter stärken.

2.2.2. Geschäftsfelder

Banner ist neben dem Bereich Starterbatterien (Umsatzanteil ca 85 %) in zwei weiteren Geschäftsfeldern tätig: Das Geschäftsfeld AGS umfasst den Handel mit und das Assemblieren von Traktions- und Stationärbatterien (Umsatzanteil ca 11 %). Über ein weiteres Geschäftsfeld werden Zubehörartikel rund um die Batterie (zB Ladegeräte) und Auswuchtgewichte angeboten.

2.3. Performance Measurement

2.3.1. Strategiebezug und Prozessorientierung

Die Notwendigkeit der Ausrichtung von Controlling- und Kennzahlensystem an den strategischen Zielen ergibt sich über den Umkehrschluss: Was soll denn sonst an Wichtigem gesteuert und gemessen werden, wenn nicht jene Erfolgspotenziale und ihre Realisierung, die im Zielbild des Unternehmens als Garanten für den langfristigen Bestand verankert sind? Der Erfolgsmaßstab sollte zwei Dimensionen kennen: Wurde das Ziel an sich erreicht (Effektivität) und wurde das Ziel auch unter wirtschaftlichen Gesichtspunkten erreicht (Effizienz).

Interessant ist in diesem Zusammenhang auch ein Blick auf die Anforderungen der Normen des Qualitätsmanagements (Anmerkung: Banner ist zertifiziert nach ISO 9001, ISO/TS 16949, ISO 14001), deren Auslegung und Interpretation.

Darin wird unter anderem

- die Bewertung der Wirksamkeit der Organisation und der Prozessleistung durch das Management,
- die Kommunikation darüber und
- das Überwachen, Messen und Analysieren der erforderlichen Prozesse und ihrer Prozessleistung

gefordert. Man erkennt darin wesentliche Prinzipien des Performance-Managements wieder. Mit der ISO 9001:2015 wird explizit ein stärkeres Gewicht auf die strategische Ausrichtung der Organisation und ein systematisches Prozessmanagement gelegt.

Für Unternehmen wie Banner bedeutet Zweiteres (eine strategische Ausrichtung darf vorausgesetzt werden), eine Prozessorganisation zu installieren und in letzter Konsequenz seine Steuerungs- und Reportingsysteme – will man kein „Paralleluniversum" zur Aufbauorganisation betreiben – daran anzupassen. Aus funktionalen Gesichtspunkten gebildete und errechnete Kenngrößen werden durch Prozessmessgrößen ersetzt. Dieser in der Theorie schlüssige Ansatz ist – vor allem in der Anfangsphase – nicht konflikt- und störungsfrei zu realisieren, gilt es doch, eine tradierte und im kollektiven Bewusstsein verankerte Aufbauorganisation in gewisser Weise zu überwinden. Die über das Banner-Performance-Measurement verfolgten Kennzahlen sind ausschließlich Prozessmessgrößen.

2.3.2. Kritische Erfolgsfaktoren

Kritische Erfolgsfaktoren (KEF) sind die zentralen und maßgeblichen Einflussgrößen für das Erreichen der Unternehmensziele. Sie sind konsequenterweise in der Strategie des Unternehmens verankert, da hier „die richtigen Dinge" – also die strategischen Erfolgspotenziale und Ziele – festgelegt sind und Bezug zum übergeordneten Erfolgsmaßstab genommen werden kann. Die KEF wurden über den Weg der strategischen Analyse (SWOT: zB Abwägen von Bedrohungen und Risiken), des anschließenden Zielschärfungsdiskurses und aus den Erfahrungen mit wichtigen Ursache-Wirkungszusammenhängen abgeleitet. Jeder KEF soll über möglichst valide Kennzahlen (sog KPI – key performance indicators) messbar gemacht werden. Hier besteht eine wesentliche Verbindung und Wechselwirkung mit der Prozessorganisation: Wenn die Relevanz eines jeden Prozesses für die gesamte Organisation unterstellt wird – was bei Geschäftsprozessen per definitionem zutrifft – müsste jede Prozessmessgröße automatisch ein KPI sein, widrigenfalls der Geschäftsprozess nicht die Bedeutung hätte, die man annimmt, und zu einer Aktivität degradiert werden könnte. Umgekehrt wäre ein – als relevant bestätigter – KPI ohne korrespondierenden Geschäftsprozess ein Anlass für eine Adaption des Prozessmodells.

Im Zuge der Diskussion der kritischen Erfolgsfaktoren und zugehörigen KPI waren folgende Überlegungen hilfreich:

- Was ist für den Bestand und die Entwicklung des Unternehmens bedeutend (strategisch)?
- Was ist für unser Geschäft ergebnisbeeinflussend (operativ)?
- Können diese KEF gemessen werden, gibt es Kennzahlen dazu?
- Gibt es eine klare Prozessverantwortung?
- Können die Kennzahlen (KPIs) hinsichtlich Steuerungsdimension und Hierarchie zerlegt („heruntergebrochen") werden?
- Was ist das übergeordnete Ziel?
- Wie hängen die Kennzahlen mit dem übergeordneten Ziel zusammen?

Abbildung 4 gibt einen komprimierten Überblick über kritische Erfolgsfaktoren, die dazugehörigen Messgrößen (KPI) und die Zuordnung zu den Geschäftsprozessen.

Bereich/KEF	Messgröße/KPI	Geschäftsprozess
Übergeordnetes Ziel	EVA (Economic Value Added)	Managementprozess
Personal	Fluktuation Wirksamkeit v Schulungs-maßnahmen	Personal managen Personal managen
Ressourcen	Materialeinsatz (Einsatz/Stk, Ausschuss) Materialeinkauf (Absicherung, Recycling) Produktionskosten (OEE, Stück-kosten)	Produkte realisieren Einkauf und Logistik Produkte realisieren
Markt/Kunde	Wachstum (Absatz) Anteil Neukunden (Umsatz) Anteil Neuprodukte (Absatz) Servicegrad	Produkte vermarkten Produkte vermarkten Innovationen managen Supply Chain Mgt
Finanzen	Liquidität (C2C, Cashflow) Fremdkapitalkosten	Finanzierung Finanzierung
Prozesse	Fehlerkosten intern und extern Effizienz der Prozesse, zB • Ø Umsetzungsdauer der KVP • Verfügbarkeit der IT-Systeme • Time to market • Einträge Know-how-Datenbank	Prozess d ständ Verb alle Prozesse Prozess d ständ Verb Informationen managen Innovationen managen Wissen managen

Abb 4: Kritische Erfolgsfaktoren, Messgrößen, Prozesse

2.3.3. EVA als übergeordnetes Ziel

Von wenigen Ausnahmen abgesehen stellt wohl der langfristige Unternehmensbestand das oberste Ziel eines Eigenkapitalgebers dar. Häufig werden bei Familienunternehmen die erzielten Gewinne im Unternehmen belassen, um die Zukunft durch Stärkung des Eigenkapitals zu sichern. Das Interesse eines rationalen Investors ohne den ideellen Bezug eines Eigentümerunternehmers zum Unternehmen würde auf eine risikoadjustierte Rendite zielen, die er auch einzufordern gedenkt. Ist das Unternehmen auch dann im Stande, aus eigener Kraft einen Erhalt oder besser eine Stärkung der Substanz zu bewerkstelligen? Der Economic Value Added (EVA) stellt einen die Kapitalkosten übersteigenden Übergewinn dar und gibt damit eine Antwort auf die zuvor gestellte Frage (vgl Kapitel C.3.). Der EVA schärft eine ökonomisch objektivierte Sichtweise, die gerade in Familienunternehmen durch andere Motive (Tradition, Idealismus) überlagert werden könnte.

Hinter dem Akronym EVA steht nicht nur eine Gewinngröße, sondern ein Konzept zu dessen Ermittlung und zur wertorientierten Unternehmenssteuerung. Im Folgenden sollen zwei spezielle Aspekte beleuchtet werden, die Berechnung der Eigenkapitalkosten bei nicht börsennotierten Unternehmen sowie die Anpassungen bei Gewinn- und Vermögensgröße (Conversions):

Die üblicherweise angewandte Berechnungsweise der Eigenkapitalkosten beruht auf dem Capital Asset Pricing Model (CAPM). Es geht davon aus, dass sich die Rendite einer Investition aus einem risikofreien Zinssatz und einer Risikoprämie zusammensetzt. Letztere ist das Produkt aus Marktrisikoprämie und dem individuellen Unternehmensrisiko relativ zum Marktrisiko (β-Faktor).

$$r_{EK} = r_f + (r_M - r_f) \times \beta$$

r_{EK} = Eigenkapitalkosten
r_f = risikofreier Zinssatz
r_M = Marktrendite
β = Betafaktor

Aus der spezifischen Perspektive des Familienunternehmens Banner und seiner Eigentümer ergeben sich zwei wesentliche Fragen. Erstens, was ist der relevante Markt (Veranlagungsalternative), und zweitens, wie hoch ist der Betafaktor, ein Wert, der für nichtbörsennotierte Unternehmen nicht erhoben wird? Für ein europaweit agierendes Unternehmen könnte unter dem Gesichtspunkt der risikogerechten Anpassung der Referenzgröße (r_M) an die Realbedingungen ein breit gefächerter europäischer Aktienindex angesetzt werden. Banner verwendet als Referenzmarkt den deutschen Aktienindex DAX, da darin wesentliche Unternehmen des automotiven Sektors (Rohstofflieferanten, Zulieferer, OEM) repräsentiert sind. Die Renditeerwartung liegt in Höhe des langfristigen Durchschnitts. Diese Sichtweise deckt sich mit dem Anlageverhalten eines Eigentümerunternehmers, der sein Kapital in der Regel stabil über viele Jahre gebunden hat. Der Betafaktor wird pragmatisch mit 1 angesetzt und impliziert damit, dass die Unternehmensrendite von Banner die Entwicklung der Marktrendite 1:1 nachvollzieht. Diese Vorgangsweise stellt eine Vereinfachung der ursprünglichen Berechnungsweise dar.[11] Dennoch motiviert sie den

---

11   Alternativ zu dieser Methode wäre auch eine Orientierung an Branchenbetafaktoren oder Betas einzelner Unternehmen denkbar. In beiden Fällen hinge die Aussagekraft maßgeblich davon ab, wie repräsentativ der gewählte Wirtschaftssektor bzw das gewählte Referenzunternehmen für die spezifische wirtschaftliche Situation des eigenen Unternehmens ist, die für Banner analysierten Branchenbetas und Vergleichsunternehmen konnten diese Kriterien nicht oder nur mit großen Einschränkungen erfüllen. Wären qualitativ hochwertige Betafaktoren für den gewählten Vergleichsmarkt verfügbar, müsste in der Folge eine Anpassung an den Verschuldensgrad des eigenen Unternehmens vorgenommen werden. Dies ginge mit weiterem, nicht unerheblichen Recherche- und Berechnungsaufwand einher.

Eigenkapitalgeber und Unternehmer, sich methodisch mit Risikoprofil, Rendite-erwartungen und der – wenn auch theoretischen – Frage nach einer seriösen Veran-lagungsalternative zu beschäftigen. Mit jenen Überlegungen also, die jeder Investor am Kapitalmarkt selbstverständlich anstellen würde.

Das EVA-Konzept versucht, ein ökonomisches Bild der betrieblichen Realität dar-zustellen. Ein aus den Daten des externen Rechnungswesens errechneter EVA erfüllt diese Voraussetzungen unter Umständen nicht. Über Umrechnungen (Conver-sions) können diese Verzerrungen neutralisiert werden. Es existiert eine Vielzahl solcher, mit teils erheblichen Aufwand verbundenen Umrechnungen. Eine nach dem Paretoprinzip vorgenommene Konzentration auf jene Positionen mit Relevanz und verträglicher Aufwand-Nutzen-Relation erschien sinnvoll:

- Wesentliche marktwertbildende Maßnahmen (Forschung & Entwicklung, Pro-dukteinführungen etc) werden als Investition in die Zukunft behandelt und über den Nutzungszeitraum abgeschrieben. Vereinfacht gesagt werden in einer Ne-benrechnung die Aufwendungen aus der G&V herausgenommen und aktiviert, also dem betriebsnotwendigen Vermögen zugerechnet. Nur die jährlichen Ab-schreibungsbeträge fließen wieder zurück in die G&V.
- Elimination außerordentlicher und nicht der betrieblichen Sphäre zurechenbarer Positionen in Vermögens- und Gewinngröße.
- Normalisierung saisonaler Schwankungen im Working Capital: Der besondere Verlauf der Saisonkurve führt dazu, dass am Ende des Geschäftsjahres (Ende März) die Lager leer und die Forderungen hoch sind. Diese Stände sind jedoch nicht repräsentativ für das Geschäftsjahr. Die arithmetische Durchschnittsbil-dung aus Anfangs- und Endbeständen ist keine Lösung, sondern zeigt lediglich den Mittelwert zweier Extremwerte im gleichen saisonalen Stadium. Daher wer-den aus der monatlichen Betrachtung ermittelte, normalisierte Forderungs- und Bestandsgrößen der Vermögensgröße zugrunde gelegt.

2.3.4. Scorecardsystem zur Operationalisierung

Zur Steuerung der Umsetzung strategischer Maßnahmen und Messung der Zieler-reichung und Wirtschaftlichkeit kommt bei Banner ein Scorecardsystem zum Ein-satz, das an das Konzept der Balanced Scorecard angelehnt ist. Wir nennen dieses Instrument „Wertescorecard". Auf das Attribut „balanced" ist bewusst verzichtet worden, da der Ausgangspunkt „Vision & Strategie", um den die vier Perspektiven (Abb 5) angeordnet sind, weder optisch noch in der gelebten Praxis den ausgewoge-nen Schwerpunkt darstellt. Über ein Überwiegen finanzwirtschaftlicher Zielgrößen in erfolgs- und leistungsorientierten Wirtschaftssystemen kann auch eine Balanced Scorecard nicht hinwegtäuschen. Die bewusste Sichtbarmachung von Ungleichge-wichten und Schlagseiten kann vielmehr als Anlass genommen werden, die eine oder andere Perspektive stärker in den Fokus zu rücken.

Abb 5: Die vier Perspektiven der Banner-Wertescorecard

Bei der Auswahl und Festlegung der KPI wurde bereits darauf geachtet, dass zwischen KPI und dem übergeordneten Ziel ein kausaler Zusammenhang besteht oder hergestellt werden kann (Ursache-Wirkungs-Hypothesen). Idealerweise leisten alle Ziele einen Beitrag zur langfristigen Wertschaffung. De facto sind gewisse Zielkonflikte unvermeidbar und systemimmanent. Die Zuordnung der KEF und KPI zum passenden Quadranten ergaben sich in den meisten Fällen von selbst. Nur bei wenigen Größen wäre eine Mehrfachzuordnung denkbar – dies letztgültig zu diskutieren, hätte eher „akademischen" Charakter.

Im ersten Quadranten „Wert schaffen" werden das übergeordnete Ziel EVA, seine Komponenten (WACC, NOPAT, NOA – Net Operating Assets) und weitere monetäre Zielgrößen verfolgt. Die zweite Perspektive „Zukunft gestalten" versucht die marktorientierten Leistungen (Innovationen, Neukunden) zu forcieren und Auswirkungen auf „das Geschäft von morgen" zu messen. Die Mitarbeiterperspektive steuert die Maßnahmen des Personalmanagements und misst ihre Effektivität (Fluktuation, Anfangsfluktuation, Zufriedenheit, Wirksamkeit von Weiterbildung und Qualifikation). Im vierten Quadranten „Prozesse gestalten und messen" steht die Wirtschaftlichkeit (Effizienz) aller Prozesse im Mittelpunkt. Dieser Teil ist gemessen an der Anzahl der Steuerungs- und Messelemente der Umfangreichste – und wohl auch der Abwechslungsreichste, verlässt man doch als Controller mitunter das vertraute Terrain auf harten Fakten basierender Messbarkeit. Etwa wenn es darum geht, die Effizienz von IT-Prozessen oder Wissensmanagement zu beurteilen.

Das Scorecardsystem wird ausgehend von der Gesamtunternehmenssicht über zwei Führungsebenen in die Organisation hineingetragen. Es kommt damit zu einer Umkehrung von Zielen und Maßnahmen in dem Sinne, dass die Maßnahme der übergeordneten Ebene zu einem Ziel der nachgelagerten wird. Diese Kaskadierung führt zu einer inhaltlichen Verfeinerung und Zerlegung von Zielwerten und Ergebnissen. Abbildung 6 zeigt schematisch den Aufbau eines Quadranten der Wertescorecard und das Prinzip der Operationalisierung.

Maßnahme der höheren Ebene

ist Ziel der tieferen Ebene usw

Auslöser	Ziel	Prozess	Maßnahmen	Messgröße/KPI	Werte ...
Strategie KEF Markt/ Kunde	Anteil Umsatz mit Neuprodukten	Innovationen managen	Maßnahme 1 Maßnahme 2 Maßnahme 3	Absatz mit Neuprodukten in %	
	Anteil Neukundenumsatz	Produkte vermarkten	Maßnahme 1 Maßnahme 2 Maßnahme 3	Umsatz mit Neukunden in %	
Strategie KEF Ressourcen	Materialeinsatz	Produkte realisieren	Maßnahme 1 Maßnahme 2 Maßnahme 3	Ausschuss in % Fehlerkosten intern/Stk	
	Materialeinkauf	Einkauf & Logistik	Maßnahme 1 Maßnahme 2 Maßnahme 3	Einsparung in % bezogen auf Isteinkaufsvolumen	
	Produktionskosten	Produkte realisieren	Maßnahme 1 Maßnahme 2 Maßnahme 3	Stückkkosten OEE	

Abb 6: Aufbau und Methode der Überleitung der Wertescorecard

Im Zuge der strategischen Arbeit werden die zur Zielerreichung erforderlichen Mittel und Schritte über sog Ziel- und Maßnahmenkataloge für die ersten beiden Ebenen vorbereitet. Die Vorgaben für die dritte Ebene – die dabei behandelten Themen haben eindeutig operativen Charakter – werden im Zuge der Budgetierung festgelegt. Die insgesamt 20 Scorecards werden quartalsweise aktualisiert und besprochen.

Es sollte nicht verschwiegen werden, dass diese Abläufe alles andere als „Selbstläufer" sind. Es bedarf aus Sicht des koordinierenden Controllers vielmehr einer gewissen Konsequenz und Beharrlichkeit, diese Aufgaben immer wieder anzustoßen und damit eine hohe Qualität und Kontinuität aufrechtzuerhalten. Der administrative Aufwand dahinter ist nicht zu unterschätzen.

2.3.5. Ausgewählte Kennzahlen und Messgrößen

Für die meisten gängigen Kennzahlen existieren Berechnungskonventionen und standardisierte Ermittlungsschemata. In der Praxis finden sich – dem Grundmuster folgend – dennoch häufig unterschiedliche, meist unternehmensindividuelle Lösungen und Interpretationen. Im folgenden Abschnitt soll die Berechnung ausgewählter wesentlicher Kennzahlen bei Banner dargestellt werden.

Overall Equipment Effectiveness (OEE)

Der OEE zeigt die effektive Nutzung der Anlagen und ist das Produkt aus Nutzungsgrad, Intensitätsgrad und Qualitätsgrad (vgl Kap D.2.). Nutzungs- und Intensitätsgrad werden bei einem Großteil der Anlagen über ein BDE-System (Betriebsdatenerfassung) simultan ermittelt. Der exakte Qualitätsgrad kann im Zuge des mehrstufigen Produktionsprozesses oftmals erst retrograd ermittelt und der verursachenden Anlage zugerechnet werden. Für die laufende OEE-Berechnung wird daher ein kalkulatorischer Ausschussfaktor angesetzt.

$$\text{Nutzungsgrad in \%} = \frac{\text{Maschinenlaufzeit}}{\text{Arbeitszeit}}$$

Maschinenlaufzeit = Arbeitszeit – geplante und ungeplante Stillstände
Arbeitszeit = die durch das Schichtmodell belegte Kalenderzeit – arbeitsfreie Zeit (Feiertage, Betriebsurlaub)

Sämtliche Stillstände (auch geplante Wartungen) werden aus Sicht der Produktionsleitung als beeinflussbar betrachtet. Das BDE liefert eine Auswertung nach definierten Stillstandsgründen.

$$\text{Intensitätsgrad in \%} = \frac{\text{produzierte Menge} \times \text{Sollzykluszeit}}{\text{Maschinenlaufzeit}}$$

Der Intensitätsgrad misst die Abweichungen von der Sollzeit, die nicht durch Stillstände hervorgerufen wurden.

Mitarbeiter-Produktivität

Die Mitarbeiter-Produktivität ist eine, den OEE ergänzende Information zur Beurteilung der Wirtschaftlichkeit der Produktion.

$$\text{MA-Produktivität} = \frac{\text{produzierte Gutstückmenge}}{\text{Mitarbeiterstunden}}$$

$$\text{Mitarbeiterstunden} = \text{Anwesenheitsstunden}$$

Es erfolgt keine Korrektur der Anwesenheitsstunden um Nichtleistungszeiten (damit kann die Basis im Divisor relativ konstant und vergleichbar gehalten werden).

Fehlerkosten

Der Begriff Fehlerkosten beschreibt die darin umfassten Inhalte und die zugrunde liegende Idee nur unzureichend. Ziel ist es, alle unbezahlten, vergeudeten, nicht wertschöpfenden etc Tätigkeiten und Ergebnisse sichtbar zu machen und die Dimension ungehobener Potenziale und möglicher Maßnahmen zu quantifizieren.

Ebene 1	Ebene 2
Qualitätskosten extern	Berechtigte Gewährleistungen (Selbstkosten) Kulanzen (Selbstkosten)
Qualitätskosten intern	Fertigungsbedingter Ausschuss (Herstellkosten) Technologisch bedingter Ausschuss (Herstellkosten)
Produktion	Leerkosten aus Δ Ist-OEE zu Plan-OEE Lohnstückkosteneffekt aus Δ Ist-OEE zu Plan-OEE
SCM	Zusatzfrachten Umarbeitungen Kosten überhöhter Lagerbestände

Abb 7: Übersicht über wesentliche Elemente der Fehlerkosten

Servicegrad

Der Servicegrad misst den Anteil der innerhalb der gültigen Lieferbedingungen gelieferten Menge. Die auferlegten Servicegradziele differieren nach Kundensegment.

$$\text{Servicegrad in \%} = \frac{\text{innerhalb der gültigen Lieferbedingungen gelieferte Menge}}{\text{gesamte gelieferte Menge}}$$

Für tiefere Analysen im Rahmen des Supply Chain Managements wird der Servicegrad nach weiteren Kriterien erhoben (zB gelieferte Menge zum Kundenwunschtermin, gelieferte Menge zum bestätigten Termin).

Cash-to-Cash-Cycle

Der Cash-to-Cash-Cycle zeigt die operative Kapitalbindungsdauer in Tagen (vgl Kapitel D.6.). Die Berechnung der drei Komponenten DIH (Vorratsreichweite), DSO (Außenstandsdauer der Forderungen aus L&L) und DPO (Außenstandsdauer der Verbindlichkeiten aus L&L) erfolgt auf Basis des Umsatzes und durchschnittlicher Bilanzwerte. Der Cash-to-Cash-Cycle dividiert durch 365 drückt somit das Working Capital in % zum Umsatz aus.

$$\text{C2C (Basis Umsatz)} = \text{DIH} + \text{DSO} - \text{DPO}$$

$$\text{DIH} = \frac{\varnothing \text{ Vorräte}}{\text{Umsatz}} \times 365$$

$$\text{DSO} = \frac{\varnothing \text{ Forderungen L\&L}}{\text{Umsatz}} \times 365$$

$$\text{DPO} = \frac{\varnothing \text{ Verbindlichkeiten L\&L}}{\text{Umsatz}} \times 365$$

Anteil Neuprodukte

Diese Messgröße fungiert als Indikator für die Wettbewerbs- und Zukunftsfähigkeit unseres Sortiments.

$$\text{Anteil Neuprodukte in \%} = \frac{\text{Absatz mit jungen Produkten}}{\text{Gesamtabsatz}}$$

2.4. Zusammenfassung

Das Augenmerk dieses Praxisberichtes liegt auf den konzeptionellen und theoretischen Überlegungen, die der Entwicklung der Performance-Measurement-Lösung bei Banner vorausgegangen sind, und den Erfahrungen, die im Zuge ihrer Umsetzung gesammelt wurden. Es gibt eine klare Ausrichtung an den in der Unternehmensstrategie festgelegten Zielen. Die strategischen Maßnahmen werden über ein Scorecardsystem mit der Umsetzungsebene verknüpft. Die Messung von Wirksamkeit und Wirtschaftlichkeit erfolgt in vier Perspektiven über Prozessmessgrößen, die kausal mit dem übergeordneten Ziel der Wertsteigerung in Zusammenhang stehen. Die erfolgreiche Einführung und der wirksame Betrieb eines solchen integrierten Controllingsystems bedarf der Unterstützung und der Ambition des gesamten Managements.

3. Performance Measurement mit dem EFQM-Modell bei Worthington Cylinders

Theresa Hörhan

Inhaltsverzeichnis

Das EFQM (European Foundation for Quality Management)-Excellence-Modell kann als ein holistischer und integrativer Ansatz bezeichnet werden, in dem Strategie, Management und operative Steuerungsprozesse in einem Modell integriert werden.[12] Es ermöglicht ein Verständnis hinsichtlich der Unternehmens- bzw Umfeldkomplexitäten innerhalb eines Unternehmens zu generieren und baut auf dessen wesentlichen Kern – kontinuierliche Verbesserung – auf.[13] Die Worthington Cylinders GmbH setzt seit 2006 das EFQM-Excellence-Modell ein. Der folgende Beitrag zeigt die Umsetzung und die kritischen Erfolgsfaktoren des EFQM-Excellence-Modells in einem Produktionsunternehmen der Schwerindustrie.

3.1. Unternehmensvorstellung

Die Worthington Cylinders GmbH mit Sitz in Kienberg (Niederösterreich) ist seit 1998 Teil der an der amerikanischen Börse notierenden Worthington Industries Inc (Columbus, Ohio), einem weltweit führenden Hersteller von Hochdruckbehältern aus Stahl. Seit über 80 Jahren setzt Worthington Cylinders GmbH auf die Produktion von diesen Behältnissen.

Aufgrund des geringen Gewichts und ihrer höchsten Sicherheit haben die Stahlflaschen von Worthington den Markt revolutioniert und setzen weltweite Standards. Mit einer Exportrate von 98 % beliefert Worthington Kunden in mehr als 70 Ländern weltweit mit Stahlflaschen, welche in der Industrie (Schweißen, Laboratorien, Nahrungsmittel- und Getränketechnologie, Brandschutzanlagen, Wasseraufbereitung etc), aber auch im medizinischen Bereich und in der Automobilindustrie tätig sind.

---

12 Vgl *Dahlgaard-Park* (2008) 111.
13 Vgl *Martín-Castilla/Rodríguez-Ruiz* (2008) 135.

Die Worthington Cylinders GmbH produziert am Standort in Kienberg jährlich rund 500.000 Flaschen. Das Unternehmen stellt nahtlose Stahlflaschen aus dem Block und aus dem Rohr her. Abbildung 8 veranschaulicht die Schultereinformung in der Flaschenherstellung, welche anhand von speziellen Drehmaschinen am Standort in Kienberg erfolgt.

Abb 8: Formen der Schulter bis hin zum fertigen Produkt

Worthington setzt neben dem Erfüllen von Standards und Normen auf ein Nullfehlerprodukt mit exzellenter Qualität und Serviceleistungen, um die Kundenanforderungen mehr als nur zu erfüllen. Zur Entwicklung der Organisation in Richtung Excellence nutzt Worthington das EFQM-Excellence-Modell.

Seit 2006 wendet das Unternehmen das EFQM-Excellence-Modell als Grundlage für kontinuierliche Weiterentwicklung in allen Bereichen innerhalb der Organisation an. Mit dem ersten Antritt beim österreichischen Staatspreis für Unternehmensqualität – früher Austrian Quality Award – im Jahr 2007 wurde das Unternehmen mit dem Jurypreis für „Führung" ausgezeichnet. 2008 erhielt Worthington das erste Mal den Staatspreis für Unternehmensqualität. Dieser Erfolg konnte 2011 wiederholt werden. Auf internationaler Ebene hat das Unternehmen beim EFQM Excellence Award den Finalistenstatus erreicht.

3.2. Das EFQM-Excellence-Modell als Performance Measurement Tool

Neben der Möglichkeit zur kontinuierlichen Verbesserung schätzt Worthington die ganzheitliche sowie systematische Betrachtung des Unternehmens durch das Modell. Mit den neun Kriterien umfasst das EFQM-Excellence-Modell sämtliche Unternehmensbereiche und externe Einflussgrößen wie Führung, Strategie, Mitarbeiterinnen und Mitarbeiter, Partnerschaften und Ressourcen, Prozesse, Produkte und Dienstleistungen, Mitarbeiterbezogene Ergebnisse, Kundenbezogene Ergebnisse, Gesellschaftsbezogene Ergebnisse und Schlüsselergebnisse.

Es ermöglicht ein gesamtheitliches Set aus Messgrößen (Ergebnisbereich) zusammen mit einer Beschreibung der Unternehmensaktivitäten und Prozesse, welche die

Ergebnisse liefern (Befähigerbereich).[14] Aufgrund der Verknüpfung der einzelnen Kriterien (Befähigerkriterien mit Ergebniskriterien und auch der Kriterien untereinander) können die Ursachen-Wirkungs-Beziehungen klar in einem dynamischen prozessorientierten Systemmodell identifiziert werden.[15]

Die Umsetzung bzw der Selbstbewertungsprozess des EFQM-Excellence-Modells erfolgt bei Worthington anhand von Selbstbeschreibungen basierend auf den Bewertungsgrundlagen von Business Excellence Awards (wie zB dem EFQM Excellence Award). Diese Selbstbeschreibungen wurden in den Jahren 2006–2012 jährlich – zum Teil auch zwei Mal pro Jahr – im Zuge einer Awardteilnahme unter Einbeziehung sämtlicher Abteilungen/Bereiche erfasst.

Die Selbstbeschreibung bei Worthington ist im Handbuchformat (ca 70 Seiten im A4-Format) neben Einleitung und Beschreibung des Unternehmens sowie der Produkte nach den neun Modellkriterien inkl Subkriterien gegliedert. Abhängig davon, ob zusätzlich beim internationalen EFQM Excellence Award teilgenommen wurde, fand im Anschluss an die Selbstbeschreibung pro Jahr einmal bzw zweimal ein Fremdassessment durch externe Assessoren statt. Die dadurch erhaltenen Feedbacks bilden eine wichtige Grundlage für zukünftige Verbesserungsmaßnahmen innerhalb der Organisation.

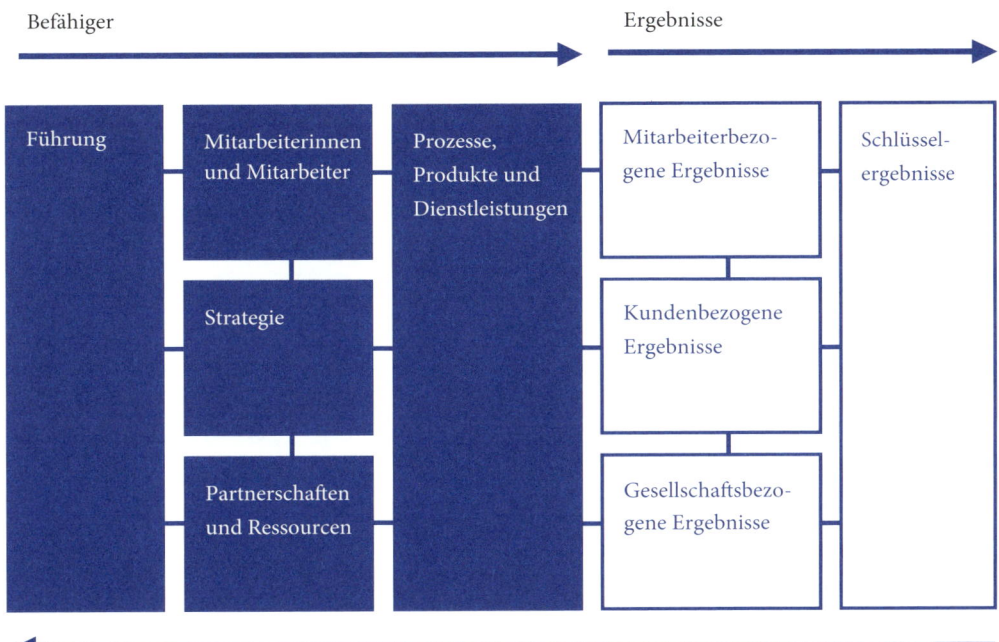

Abb 9: Gliederung und Aufbau der Selbstbeschreibung nach den neun EFQM-Kriterien[16]

---

14   Vgl *Gadd* (1995) 73.
15   Vgl *Dahlgaard-Park* (2008) 111.
16   http://www.qualityaustria.com/index.php?id=3517&L= (31.5.2015).

3.3. Die Werkzeuge und Programme im Detail

Worthington nutzt zahlreiche Werkzeuge, Programme, Messgrößen etc, um die neun Kriterien des EFQM-Excellence-Modells zu adressieren. Die anschließenden Abbildungen stellen einen Auszug der im Unternehmen umgesetzten Initiativen, etc in tabellarischer Form dar. Tatsächlich können einige Programme mehreren Kriterien zugeordnet werden, der Übersichtlichkeit halber werden diese bei jenem Kriterium angeführt, in welchem sie den Hauptnutzen liefern.

1	Führung
1.1	K.I.E.N.B.E.R.G.-Wertekonzept Die Buchstaben des K.I.E.N.B.E.R.G.-Wertekonzeptes stehen für die Werte: Kommunikation, Initiative, Eigenverantwortung, Null Fehler, Bildung, Erfüllung von Anforderungen, Richtungsweisend und Gemeinsam. Dieses Wertekonzept dient als maßgebliches Führungskonzept im Unternehmen.
1.2	360°-Führungskräftebewertung (2 × pro Jahr) Alle Führungskräfte werden 2 × pro Jahr von den direkt unterstellten Mitarbeitern, Vorgesetzten und Kollegen bewertet.
1.3	Management-Review (12 bzw 4 × pro Jahr) Im Management-Review, an welchem ca 30 Mitarbeiter teilnehmen, werden die Entwicklung von Prozessen und Schlüsselkennzahlen (siehe Kriterium Schlüsselergebnisse) als auch 3-Jahres-Trends besprochen, um eine höhere Identifikation mit den Zielen zu erreichen und die Mitarbeiter für Kennzahlen zu sensibilisieren.
1.4	Informationsveranstaltungen (mind 1 × pro Monat) Alle Mitarbeiter werden im Zuge von Informationsveranstaltungen direkt durch die Geschäftsführung über aktuelle Themen informiert.
1.5	Benchmarking Es werden laufend Benchmarkingbesuche bei vorbildlichen Organisationen innerhalb der Branche aber auch branchenunabhängig durchgeführt, welche in unterschiedlichsten Bereichen Stärken aufweisen. Zusätzlich werden die eigenen Kennzahlen mit Benchmarks der Branche verglichen.

Abb 10: Werkzeuge und Programme – Kriterium Führung

2	**Strategie**
2.1	Strategieplanungsprozess (4 × pro Jahr) Beinhaltet eine 3-Jahres-Planung inkl PEST-Analyse, SWOT-Analyse, Five-Forces-Analyse und Competitive-Advantage-Analyse. Im Zuge des vierteljährlichen Strategieplanungsprozesses wird bei Behandlung der Strategiekopplung ein Review der Schlüsselprozesse durchgeführt.
2.2	Strategierat (bei Bedarf) Ca 70 Mitarbeiter aus den unterschiedlichsten Abteilungen erarbeiten in Kleingruppen Verbesserungspotenziale und Ideen für die Themenbereiche „Markt und Produkt", „Kosten fix", „Kosten variabel" und „Mitarbeiter".
2.3	Kundenbefragungen (1 × pro Jahr) Die engen Kundenbeziehungen schaffen Kundeninput und Ideen.
2.4	Benchmarking

Abb 11: Werkzeuge und Programme – Kriterium Strategie

3	**Mitarbeiterinnen und Mitarbeiter**
3.1	Mitarbeiterzufriedenheitsbefragungen (1 × pro Jahr)
3.2	360°-Mitarbeiterbewertung (2 × pro Jahr)
3.3	Mitarbeitergespräche (6 × pro Jahr) Jeden zweiten Monat wird mit jedem Mitarbeiter ein Mitarbeitergespräch durchgeführt. Die Führungskräfte werden vom Personalleiter auf jedes Gespräch persönlich vorbereitet.
3.4	Mitarbeiterrat (6 × pro Jahr) Jeden zweiten Monat treffen sich Personalleiter und ausgewählte Mitarbeiter aus allen Abteilungen (ca 30 Mitarbeiter) und besprechen aktuelle Themen sowie Verbesserungsmaßnahmen.
3.5	Aus- und Weiterbildungsprogramme Die unterschiedlichen Aus- und Weiterbildungsmaßnahmen (unternehmens- bzw positionsspezifisch als auch universitären bzw lehrmäßigen Charakters) werden in einer Schulungsmatrix festgehalten und halbjährlich überprüft.
3.6	Benchmarking

Abb 12: Werkzeuge und Programme – Kriterium Mitarbeiter

4	Partnerschaften und Ressourcen
4.1	Lieferanten- und Partneranalysen
4.2	Lieferantenbewertungen (1 bzw 2 × pro Jahr)
4.3	PRM-System (Purchase Relationship Management analog zum Customer Relationship Management)
4.4	CAR-Anträge (Capital Appropriation Request) „CAR-Anträge" sind sogenannte Investitionsanträge für Investitionen ab einer bestimmten Höhe. Diese werden einem Genehmigungsverfahren inkl Wirschaftlichkeitsanalyse und -berechnungen wie zB interner Zinsfußberechnung (IRR) unterzogen.
4.5	Mehrjähriger Masterplan Der mehrjährige Masterplan beinhaltet Wachstumsszenarien für die Produktion, Infrastruktur etc.
4.6	Abfallwirtschaftskonzept Das Abfallwirtschaftskonzept umfasst Maßnahmen und Messgrößen zur Vermeidung von Abfall und Emissionen sowie für einen ressourcenschonenden Umgang.
4.7	Energieverbrauchsmanagement
4.8	Lagermanagement
4.9	Image Surveys
4.10	Wissensmanagement („Wiki", Blogs)
4.11	Benchmarking

Abb 13: Werkzeuge und Programme – Kriterium Partnerschaften und Ressourcen

5	Prozesse, Produkte und Dienstleistungen
5.1	Prozessmanagement (strategisch und operativ)
5.2	Projektmanagement, Projektstrukturen
5.3	Risikomanagement
5.4	Integriertes Management System (IMS) Im Integrierten Management System werden sämtliche Zertifizierungen, Standardanforderungen etc in einem gemeinsamen System zusammengeführt.
5.5	Total Preventive Maintenance (TPM) Zur Gewährleistung von strukturierten und laufenden Instandhaltungsmaßnahmen.
5.6	Kaizen, Six Sigma

5	**Prozesse, Produkte und Dienstleistungen**
5.7	Mängelkarten (laufend) Ein Kommunikationswerkzeug für Mitarbeiter zur Bekanntgabe von Verbesserungsvorschlägen und festgestellten Mängeln.
5.8	Arbeitssicherheitsprogramme
5.9	Produktions- und Produktdaten (BDE-Betriebsdatenerfassungssystem, Qualitätskennzahlen, Mengen, Ausschussrate, Reklamationen, …)
5.10	CAR-Anträge (Capital Appropriation Request)
5.11	Quality Function Deployment (QFD) Das Quality Function Deployment unterstützt beim Priorisieren von Maßnahmen und Initiativen.
5.12	Kreativ- und Innovationsworkshops
5.13	CRM-System (Customer Relationship Management)
5.14	Kundenzufriedenheitsbefragungen (1 × pro Jahr)
5.15	Kunden-Beziehungsmanagement Es wird ein sehr enger Kontakt mit den Kunden gepflegt, offen kommuniziert und auf Kundeninput besonders hohen Wert gelegt.
5.16	Customer Score Card (CSC) Es werden eigene „Scorecards" mit kundenbezogenen Kennzahlen erstellt. Diese werden den Kunden bei ihren Besuchen in Kienberg gezeigt und durchbesprochen.
5.17	Benchmarkbesuche, Benchmarking

Abb 14: Werkzeuge und Programme – Kriterium Prozesse, Produkte und Dienstleistungen

6	**Kundenbezogene Ergebnisse**
6.1	Kundenzufriedenheitsbefragungen (1 × pro Jahr) inkl Benchmarks und Vergleich mit Sollzielen (zB hinsichtlich Produktqualität, Lieferzeiten, Erfüllung von Liefermenge/Liefertermin, Reaktionszeit auf Anfragen, kaufentscheidungsrelevante Kriterien, Service- und Produktleistung)
6.2	Cognos-Datenbankauswertungen inkl Benchmarks und Vergleich mit Sollzielen (zB Reklamationsraten, Auftragsbestätigungsdauer, Liefertreue, Liefermenge, Angebotslegungsdauer)
6.3	Kundenanalysen (zB Wertvorstellungen, wirtschaftliche Entwicklung, Bonitätsprüfungen etc)

Abb 15: Werkzeuge und Programme – Kriterium Kundenbezogene Ergebnisse

7	Mitarbeiterbezogene Ergebnisse
7.1	Mitarbeiterzufriedenheitsbefragungen (1 × pro Jahr) inkl Benchmarks durchgeführt vom Institut Great Place to Work
7.2	360°-Führungskräftebewertung (2 × pro Jahr)
7.3	360°-Mitarbeiterbewertung (2 × pro Jahr)
7.4	Kennzahlen im Management-Review (12 bzw 4 × pro Jahr) (zB Mitarbeiteranzahl, Fluktuation, Krankenstandstage, Recruitingzeiten, Qualifikationsindex, etc)
7.5	Effektivität von Schulungsmaßnahmen (zB Trainingsstunden, Qualität der Trainings etc)
7.6	Unfallrate, Unfalldokumentationen

Abb 16: Werkzeuge und Programme – Kriterium Mitarbeiterbezogene Ergebnisse

8	Gesellschaftsbezogene Ergebnisse
8.1	Imageumfrage (1 × pro Jahr) (zB Beurteilung als Arbeitgeber, „Nachbar", Förderung gesundes Leben, Arbeitssicherheit, Zusammenarbeit mit Behörden)
8.2	Anzahl der Berichterstattungen in Printmedien
8.3	Kennzahlen Umweltschutz/ressourcenschonender Umgang inkl Vergleich mit Sollzielen (zB Grenzwerte abfilterbarer Stoffe, Emission Kohlenwasserstoff, Eigenstromproduktion, Energiebedarf, Lärmemissionen, Investitionen in Sicherheit, Umwelt und Lärmreduktion etc)
8.4	Abfallwirtschaftskonzept inkl Kennzahlen und Vergleich mit Sollzielen (zB Abfallstoffe gesamt, Abfall pro Flasche nach gefährlichen und nicht gefährlichen Abfällen getrennt, Trinkwasserverbrauch)

Abb 17: Werkzeuge und Programme – Kriterium Gesellschaftsbezogene Ergebnisse

9	Schlüsselergebnisse	Bewertetes Kriterium
9.1	Marge pro Produktionslinie inkl Vergleich mit Sollzielen	1
9.2	Produzierte Stück/Liter pro Produktionslinie	1
9.3	Operatives Ergebnis (External Operating Income – EOI in % of Sales) inkl Vergleich mit Sollzielen	1, 2, 4
9.4	Geschäftswertbeitrag (EVA as % in Committed Capital) inkl Vergleich mit Sollzielen	1, 2, 4
9.5	Umsatz pro Marktsegment, Region und Produktsegment inkl Benchmark und Vergleich mit Sollzielen	1

9	Schlüsselergebnisse	Bewertetes Kriterium
9.6	Platzierung Great Place to Work – Österreich/Europa inkl Vergleich mit Sollzielen	1, 3
9.7	Lieferantenaudits inkl Vergleich mit Sollzielen	1, 2, 4
9.8	Leistungsbewertung A-Lieferanten inkl Vergleich mit Sollzielen	1, 2, 4
9.9	Engpasseinheit Block/Rohr (Rohmaterialien) inkl Vergleich mit Sollzielen	1, 4
9.10	Liquidität inkl Benchmark und Vergleich mit Sollzielen	4
9.11	Verhältnis Investitionen/Abschreibungen inkl Vergleich mit Sollzielen	4
9.12	Eingesetztes Kapital der Aktionäre in % der Bilanzsumme inkl Benchmark und Vergleich mit Sollzielen	4
9.13	Produzierte Stück pro Maschine inkl Jahresvergleiche und Vergleich mit Sollzielen	4
9.14	OEE (Overall Equipment Efficiency) pro Maschine, Verfügbarkeit, Leistungsfaktor, Qualitätsfaktor inkl Vergleich mit Sollzielen (Kennzahlen für die Kapazitätsauslastung nach Plan, mechanischer Verfügbarkeit und Qualität)	4
9.15	Umsatz pro Mitarbeiter inkl Vergleich mit Sollzielen	4
9.16	Neuzulassungen – neue Zylindertypen	2, 4, 5
9.17	Mängelkartenstatistik (Anzahl und Erledigungsstatus) inkl Vergleich mit Sollzielen	1, 3, 4
9.18	MEPS-Index[17], Schrottzuschlag (relevante Faktoren für den Stahlpreis)	4
9.19	Stahlverbrauch/Lagerstand	4

1… Führung, 2… Strategie, 3… Mitarbeiter, 4… Partnerschaften und Ressourcen, 5… Prozesse, Produkte und Dienstleistungen

Abb 18: Werkzeuge und Programme – Kriterium Schlüsselergebnisse

Seit der Implementierung des EFQM-Excellence-Modells hat Worthington in jedem Bereich zu den gesetzten Zielen entsprechende Kennzahlen festgelegt, welche bei Bedarf adaptiert werden. Dadurch wurden die schon etablierten Messgrößen – hauptsächlich aus dem Produktionsbereich – durch weitere steuerungsrelevante Kennzahlen aus anderen Kriterien wie zB Schulungsstunden der Mitarbeiter, Lieferantenbewertungen usw ergänzt.

---

17   MEPS: MEPS INTERNATIONAL LTD (Management, Engineering and Production Services) veröffentlicht Studien zu Stahlpreisen.

3.4. Konsequente Umsetzung der RADAR-Logik

Die RADAR-Logik – ähnlich dem PDCA-Kreislauf – findet innerhalb der Organisation unternehmensweit ihre Anwendung. Sie veranlasst das Unternehmen zu einer konsequenten Verfolgung von Verbesserungsmaßnahmen sowie laufenden Adaptierungen und führt zu einem bewussten Umgang mit Messgrößen unter Berücksichtigung sämtlicher Unternehmensbereiche.

Dies erfolgt beispielsweise anhand der quartalsweise durchgeführten Management-Reviews oder dem Ausfüllen von Mängelkarten, in der eine kontinuierliche Verfolgung und Evaluierung der Schlüsselergebnisse bzw einzelner Verbesserungsbereiche (Befähigerkriterien) sichergestellt wird.

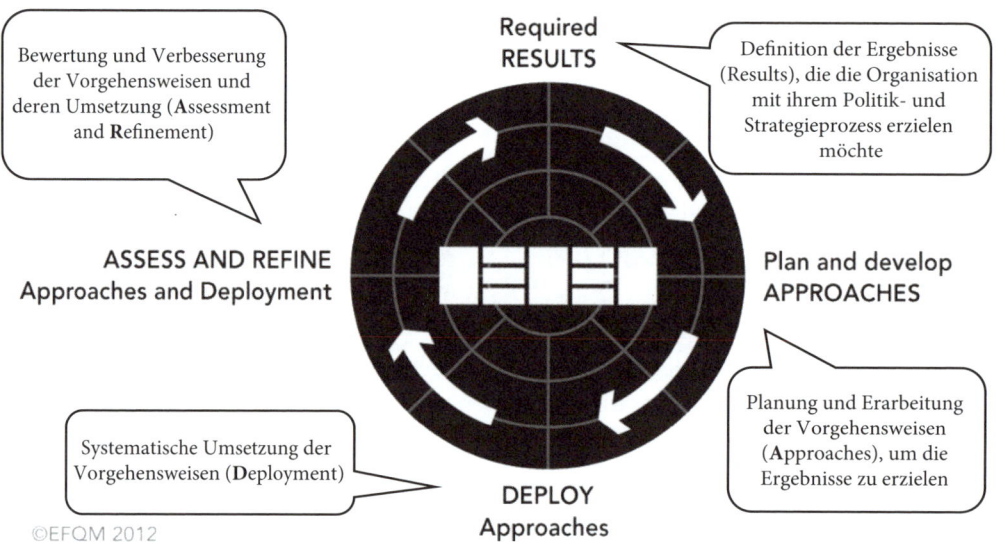

Abb 19: Konsequente Umsetzung der RADAR-Logik in allen Unternehmensbereichen[18]

3.5. Kritische Erfolgsfaktoren

Die Erstellung der Selbstbeschreibung, die Teilnahme am Wettbewerb und die Durchführung von Assessments mit den anschließenden Feedbackschleifen sind zeitintensiv, schaffen jedoch wertvolle Erkenntnisse zur Unternehmenssteuerung. Die Vorteile liegen in der bewussten Auseinandersetzung mit den Modellinhalten, dem Aufzeichnen der Prozesse als auch dem Erfassen der Abgabedokumentation an sich.

Der integrierte KVP-Gedanke und die RADAR-Logik des Modells sind Ausgangspunkt dafür, dass bei Worthington Anpassungen und Adaptierungen von einzelnen Programmen/Tools sowie Gegensteuerungsmaßnahmen reaktionsschnell und flexibel umgesetzt werden können.

---

18   Vgl http://www.qualityaustria.com/index.php?id=2743 (31.5.2015).

Die erfolgreiche Umsetzung der Modellanwendung inklusive der RADAR-Logik ist von kritischen Faktoren abhängig. Eine der größten Faktoren für die erfolgreiche Umsetzung und dem generellen Unternehmenserfolg stellt die besondere Unternehmenskultur bei Worthington dar, welche durch das selbstentwickelte Führungskonzept – das K.I.E.N.B.E.R.G.-Konzept – geformt wird. Der Name des Konzeptes erzeugt eine Verbindung mit dem Unternehmensstandort in Kienberg.

Das K.I.E.N.B.E.R.G.-Konzept (in verkürzter Form):

K ommunikation – Offen. Transparent. Freundlich und höflich. Gezielt. Fragen erwünscht. Zweigleisig. Rückmeldung erwünscht.

I nitiative – Bereitschaft zur Initiative – egal auf welcher organisatorischen Ebene.

E igenverantwortung – jeder hat sein Aufgabengebiet. Man kann Aufgaben delegieren, aber nie seine Verantwortung.

N ull Fehler – bei Worthington Cylinders GmbH gibt es keine Schuldzuweisungen, Abläufe und Prozesse werden so gestaltet, dass Fehler nahezu unmöglich werden.

B ildung – Worthington versteht, dass Bildung ein fester Bestandteil des Erfolgsrezeptes und günstiger als Fehler ist, die durch unausgebildete Mitarbeiter entstehen.

E rfüllung von Anforderungen – alles im Geschäftsleben beginnt und endet beim Kunden. Vom Standpunkt der Kunden ist es unwichtig, was Worthington Cylinders GmbH tun kann oder tun will. Entscheidend ist aber, ob Worthington die Anforderungen aller Interessensgruppen tatsächlich erfüllt.

R ichtungsweisend – erfahrene Menschen werden immer als Vorbilder genommen, gewollt oder nicht. Unter diesem Gedanken versteht Worthington, dass jeder etwas zu lehren und lernen hat. Es soll auf eine richtungsweisende Art gehandelt werden.

G emeinsam – niemand kann eine Hochdruckflasche alleine herstellen. Nur zusammen schafft man es. Der Wettbewerb schläft nie.

Im Zuge der jahrelangen Anwendung haben sich weitere kritische Erfolgsfaktoren herauskristallisiert:

- transparente Kommunikation, offene Unternehmenskultur, Teamgeist, Prozessanstelle von Abteilungsdenken, tatkräftiger Support durch die Führungskräfte, eigenverantwortliche Mitarbeiter
- Fokus auf zukunftsgerichtete Indikatoren, anstelle von vergangenheitsbezogenen Kennzahlen
- Finanzergebnisse sind hauptsächlich das Ergebnis von Verbesserungsmaßnahmen, der Fokus sollte daher viel mehr bei den Befähigerkriterien liegen.
- Installation eines Projektleiters im Zuge der erstmaligen Implementierung
- ausreichend Ressourcen (personell und zeitlich) für die Durchführung von Assessments bereitstellen
- den Großteil der Mitarbeiter zu Assessoren ausbilden, um Commitment zu erzielen

- den Mitarbeitern systemunterstützten zeitnahen Zugang zu den relevanten Kennzahlen zur Verfügung stellen, um eine laufende Standortbestimmung der Ziele zu ermöglichen
- Balance zwischen ausreichend effizienten Kennzahlen und übermäßigem Messen finden

3.6. Fazit

Der vorliegende Beitrag beschreibt die Umsetzung des EFQM-Excellence-Modells bei Worthington Cylinders GmbH. Das Unternehmen wendet das Modell als Managementansatz zur Steuerung und kontinuierlichen Verbesserung in allen Bereichen der Organisation an. Die RADAR-Logik und auch das Modell befähigen das Unternehmen und dessen Mitarbeiter zur Entwicklung eines holistischen Bildes, einer gesamtheitlichen Beschreibung von Unternehmensaktivitäten und Prozessen als auch einem bewussten Auseinandersetzen mit den Messgrößen. Die kontinuierlichen Durchführungen von Selbst-/Fremdassessments und das Etablieren einer offenen Management- und Unternehmenskultur innerhalb der Organisation stellen kritische Erfolgsfaktoren in der Modellumsetzung dar.

Literatur

Dahlgaard-Park, S. (2008): Reviewing the European excellence model from a management control view, In: The TQM Journal, Vol. 20, Iss. 2, S. 98–119

Gadd, K. W. (1995): Business self-assessment. A strategic tool for building process robustness and achieving integrated management, In: Business Process Re-engineering & Management Journal, Vol. 1, Iss. 3, S. 66–85

Martín-Castilla, J. I., Rodríguez-Ruiz, Ó. (2008): EFQM model: knowledge governance and competitive advantage, In: Journal of Intellectual Capital, Vol. 9, Iss. 1, S. 133–156

4. Performance Management mit der Balanced Scorecard in der SmurfitKappa Nettingsdorfer Papierfabrik

Johann Chalupar/Christoph Eisl

Inhaltsverzeichnis

Das Performance Management System der Balanced Scorecard (BSC) verknüpft die Unternehmensstrategie mit dem operativen Geschäft und rückt neben klassischen Finanzkennzahlen wesentliche nicht-finanzielle Key Performance Indicators (KPIs) in das Zentrum der Managementüberlegungen. Ihre besondere Stellung unter den Kennzahlensystemen wurde bereits in Kapitel A.2. herausgearbeitet. Die SmurfitKappa Nettingsdorfer Papierfabrik setzt seit mehr als 15 Jahren dauerhaft und sehr erfolgreich eine Balanced Scorecard zur Unternehmenssteuerung ein. Der vorliegende Beitrag zeigt die konkrete unternehmensspezifische Ausgestaltung und Anwendung sowie kritische Erfolgsfaktoren für die Implementierung.

4.1. Unternehmensvorstellung

Die Nettingsdorfer Papierfabrik AG & Co KG ist Teil der Smurfit Kappa Gruppe, einem weltweit agierenden Hersteller von hochwertigen Wellpappe-Verpackungen. Der Konzern erzielte im Jahr 2012 mit 41.000 Mitarbeitern in mehr als 30 Ländern mit 350 Fabriken einen Umsatz von rund 7 Mrd €. Es wurden fünf Mio Tonnen Wellpappenrohpapier und fünf Mio Tonnen Wellpappeverpackungen hergestellt. Abbildung 20 veranschaulicht das Prinzip der Wellpappeproduktion, bei der die beiden Vorprodukte „Kraftliner" und „Fluting" zusammengefügt werden. Die für die Wellpappeproduktion erforderlichen Einsatzstoffe sind in erster Linie Holz (Hackschnitzel) und Altpapier.

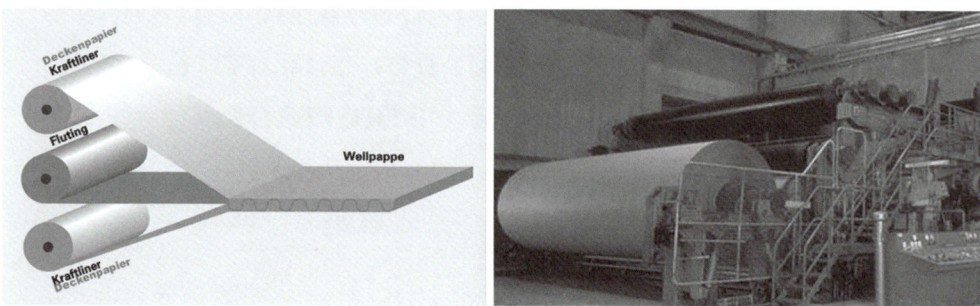

Abb 20: Prinzip der Wellpappeproduktion und Papiermaschine VI der Nettingsdorfer Papierfabrik

Smurfit Kappa Nettingsdorfer ist eine integrierte Kraftliner-Papierfabrik der European Packaging Paper Division. Die Division agiert als eine Einheit auf dem europäischen Markt, mit zentraler Verkaufsorganisation in Paris und einem Netzwerk von regionalen Verkaufsbüros. Die Nettingsdorfer Papierfabrik produziert am Standort Haid in Oberösterreich mit einer einzigen Papiermaschine (siehe Abb 20) jährlich rund 420.000 Tonnen Kraftliner und erzielte damit im Jahr 2012 mit 346 Mitarbeitern einen Umsatz von 224 Mio €. Die Exportquote betrug 85 %.

Die Stärken der Nettingsdorfer Papierfabrik sind:

- Zentraler Standort mit kurzen Wegen zu den europäischen Wirtschaftszentren
- Integriert in eine weltweit tätige Gruppe
- Verstärkte Konzentration auf Kernkompetenzen: Kraftliner
- Hohe Produktivität: 1.250 t/MA (2012)
- Hochqualifizierte Mitarbeiter
- Mitarbeiterbindung und Mitarbeitermotivation durch
  - hohen Stellenwert der Arbeitssicherheit
  - aktives, unternehmensweites Gesundheitsmanagement
  - ein hohes Aus- und Weiterbildungsniveau
  - die jährlich ausgeschüttete Gewinnbeteiligung
- „Echtes" Anwenden moderner Managementtools
  - Teamarbeit im gesamten Unternehmen
  - Vorschlagswesen KVP (Erarbeiten und Umsetzen von Verbesserungen)
  - Projektmanagement
  - Balanced Scorecard zur zielorientierten Unternehmenssteuerung und Lenkung von Prozessen

4.2. Die Balanced Scorecard als Bindeglied zwischen Strategie und Operation

Die Nettingsdorfer Papierfabrik setzt für das Performance Management eine BSC nach dem Grundkonzept von *Kaplan/Norton* mit vier Perspektiven (Finanzen, Kunden, Prozesse, Lernen)[19] ein. Die BSC wird hier verstanden als ein Instrumentarium, Strategien und Visionen in operative Maßnahmen zu gießen, diese zu kommunizieren und umzusetzen. In einer BSC werden die zentralen strategierelevanten Steuerungsgrößen (Key Performance Indicators – KPIs) eines Unternehmens auf einer übersichtlichen Anzeigetafel („Scorecard") zusammengestellt. Finanzielle Kennzahlen werden um nicht-finanzielle Kriterien ergänzt. Zudem werden die Zusammenhänge und Wechselwirkungen zwischen den KPIs untersucht.[20]

Wie Abbildung 21 veranschaulicht, ist die BSC bei Nettingsdorfer das zentrale Bindeglied zwischen Strategie und Operation, wobei die definierten Ziele, Kennzahlen und Maßnahmen von der Unternehmensebene auch auf Abteilungs-/Prozessebene und Teamebene heruntergebrochen werden.

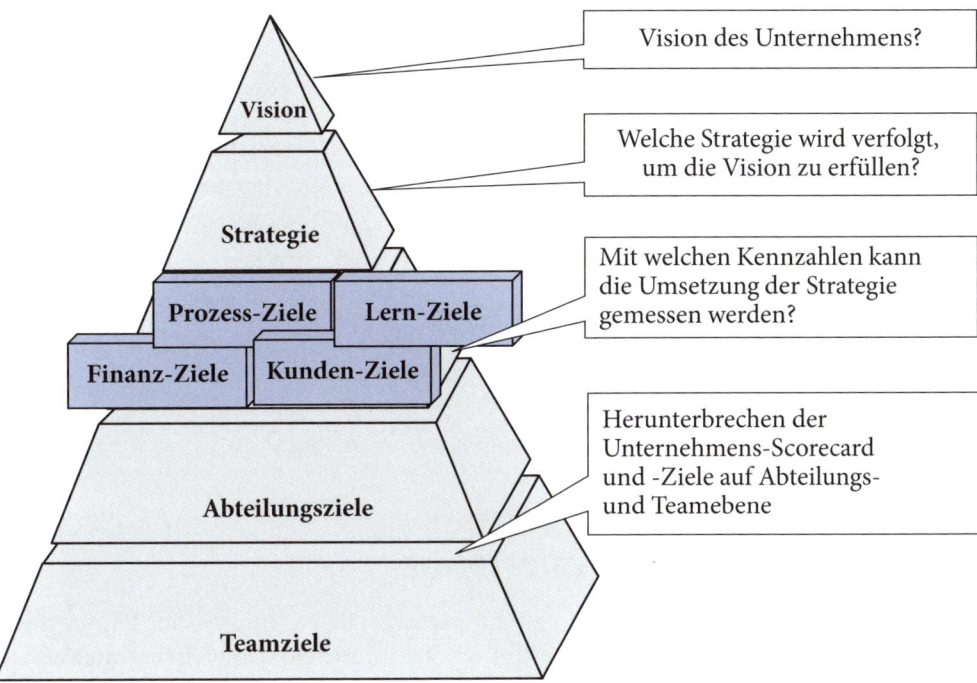

Abb 21: BSC als Bindeglied zwischen Strategie und Operation

Die BSC ist fixer Bestandteil des Jahreskalenders bei Nettingsdorfer. Das Unternehmen hat als Bilanzstichtag den 31.12. Der Aktionskreislauf (siehe Abb 22) startet mit

---

19   Vgl *Kaplan/Norton* (1997) 8 ff.
20   Vgl *Eisl/Hofer/Losbichler* (2012) 173 f.

einem Strategie-Review im Mai, bei dem auch die strategischen Ziele überarbeitet und insbesondere an geänderte Konzernziele angepasst werden. Die strategischen Ziele bilden zugleich einen wichtigen Rahmen für den jährlichen Budgetprozess, der Ende August Top-down angestoßen wird. Die Budgetierung erstreckt sich auf einen Zeitraum von ca zwei Monaten. Die Detailplanungen münden in einer integrierten Unternehmensplanung (Erfolgsplanung, Finanzplanung, Planbilanz). Zudem werden im Managementteam auch die nicht-finanziellen BSC-Ziele für das zu planende Geschäftsjahr vereinbart und in weiterer Folge auf Abteilungs- und Teamebene heruntergebrochen. Ende Dezember wird die BSC-Zielplanung formell vom Vorstand freigegeben. Damit ist die BSC die Basis für das monatliche Managementreporting und Maßnahmencontrolling.

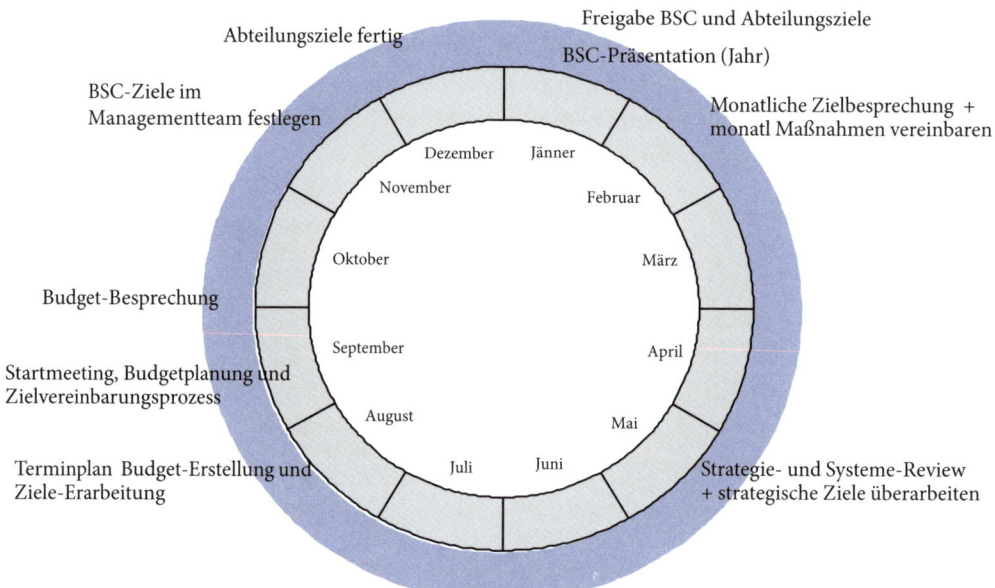

Abb 22: Aktionskreislauf der BSC

4.3. Strategische Leitlinien der Nettingsdorfer Papierfabrik

Die BSC ist ein Instrument der Strategieumsetzung. Die Nettingsdorfer Papierfabrik verfolgt nachstehende strategische Leitlinien, die unmittelbar mit den strategischen Zielen und Kennzahlen in der BSC verknüpft sind. Die verwendeten Kennzahlen werden in Kapitel 4.4. im Detail beschrieben.

Strategische Leitlinie	Zuordnung zu BSC-Bereichen und strategischen Zielgrößen
Als Mitglied der Papier Division der Smurfit Kappa Gruppe konzentrieren wir uns auf die Erzeugung von hochwertigem Kraftliner und versuchen in Abstimmung mit der Gruppe durch bestmögliche Kundenorientierung unsere führende Stellung in unseren Stammmärkten weiter auszubauen.	K1, K3, K4, P3[21]
Unser Ziel ist es, den Eigentümern bestmögliche Renditen sowie höchstmöglichen Cashflow zu gewährleisten und die erfolgreiche Positionierung unseres Unternehmens im internationalen Wettbewerb und im Konzern langfristig und nachhaltig zu sichern. Sparsamer Umgang mit den uns anvertrauten Ressourcen (insbesondere Energie) und permanente Senkung der Kosten auf messbarer Basis bilden die wesentlichen Grundlagen unseres unternehmerischen Handelns.	K2, F1, F2, F3, F4, P1, P2, P5
Wir investieren in die Entwicklung unserer Mitarbeiter und erkennen deren hohen Beitrag zum Erfolg unseres Unternehmens an. Wir bekennen uns zur Eigenverantwortung unserer Mitarbeiter und zur Teamarbeit. Wir verpflichten uns zur kontinuierlichen Verbesserung aller Unternehmensparameter.	L3, L4
Wir setzen alle erforderlichen Maßnahmen, um Umweltstandards gerecht zu werden und die Sicherheit und das Wohlergehen unserer Mitarbeiter zu gewährleisten. Wir nehmen unsere soziale Verantwortung wahr und pflegen und vertiefen unser gutes Verhältnis zu Nachbarn und zur lokalen als auch überregionalen Öffentlichkeit. Wir bekennen uns zur Nachhaltigkeit, das ist für uns mehr als nur die Einhaltung aller rechtlichen Bestimmungen: Das bedeutet ethisches Verhalten, Transparenz, effizientes Risikomanagement und die Einbeziehung aller Stakeholder.	P4, L1, L2

Abb 23: Strategische Leitlinien und Zuordnung zu BSC-Bereichen

---

21   Abkürzungen stehen für die Ziel-ID in Kapitel 4.4.

4.4. Die Kennzahlen im Detail

Ziel ID	Bezeichnung	Beschreibung	Kennzahl	Einheit
F1	Kapitalrück-fluss optimieren	Da Volumenwachstum nur in begrenztem Umfang möglich ist, richten wir uns auf ein gutes Ergebnis aus. Dies sollte dauerhaft gesichert sein, bei gleichzeitiger Umsetzung aller notwendigen Entwicklungsvorhaben und Investitionen. Der Kapitalrückfluss zeigt, wie viel flüssige Mittel zur Bedienung des zu verzinsenden Kapitals – des eigenen und des fremden – erwirtschaftet wurden.	Managed Cash Flow	1.000 EUR
F2	Beste Umsatz-rentabilität in der Gruppe	Die Umsatzrendite (Return on Sales) misst die Leistung des Unternehmens. Der Wert zeigt, wie hoch der Ertrag eines Unternehmens in einer bestimmten Periode im Verhältnis zu seinem Umsatz in dieser Periode ist.	Return on Sales (ROS)	%
F3	Besten Kapital-ertrag in der Gruppe	Die Kapitalrendite misst die Rentabilität des Unternehmens im jeweiligen Geschäftsjahr in Bezug auf jene Werte, die zur Erzielung des Ertrages eingesetzt werden (Gebäude, Maschinen, Working Capital). Der Wert ist eine Kennzahl, mit der die Ertragsfähigkeit eines Unternehmens ausgedrückt wird (wie viel erwirtschaftet das eingesetzte Kapital?).	Return on Assets (ROA)	%
F4	Anteil Netto-umlaufver-mögen am Umsatz senken	Das Nettoumlaufvermögen wird aus der Saldierung der Bestände und Forderungen mit den Lieferverbindlichkeiten errechnet. Die Kennzahl „Working Capital" in % zeigt das Nettoumlaufvermögen einer Periode im Verhältnis zum Jahresumsatz des Unternehmens.	Working Capital (durch-schnittlich kumuliert)	%

Ziel ID	Bezeichnung	Beschreibung	Kennzahl	Einheit
K1	Kunden-zufriedenheit steigern	Nur zufriedene Kunden sichern den langfristigen Erfolg der Nettingsdorfer Papierfabrik. Daher wird die Kundenzufriedenheit laufend gemessen und aus den Ergebnissen werden die entsprechenden Konsequenzen gezogen.	Kunden-umfrage	Note
K2	Deckungs-beitrag optimieren	Die Prozesse so zu gestalten, dass anhaltende Gewinne erzielt werden, ist eine wesentliche Grundlage für die langfristige Unternehmenssicherung. Der Deckungsbeitrag (Erlös abzüglich variable Kosten) ist – bezogen auf die Papiermaschinen-Stunde – eine Kenngröße über die wirtschaftliche Effizienz unserer internen Leistungsprozesse.	Deckungs-beitrag	DB/h
K3	Lieferungen an Smurfit-Betriebe erhöhen	Durch den Verkauf an Smurfit-Betriebe und an SWAP-Partner können bessere Ergebnisse erzielt werden, da die Verkaufs-mengen stabilisiert und die Transportkosten gesenkt werden.	Verkaufs-menge an Smurfit-Betriebe und SWAP-Part-ner	Tonnen
K4	Kraftliner Marktanteil in A, D, CH, I, Ost-europa steigern	Der Marktanteil von Nettings-dorfer Kraftliner ist eine Kenn-zahl für den Erfolg unter Be-rücksichtigung externer Ein-flussfaktoren, wie Mitbewerber oder Marktwachstum. Nettings-dorfer strebt die Marktführer-schaft bei Kraftliner ungebleicht im Umkreis von 600 km um die Fabrik an.	Rollierender Durchschnitt über 12 Mo-nate gehalte-nem Markt-anteil	%

Ziel ID	Bezeichnung	Beschreibung	Kennzahl	Einheit
P1	Niedrigste Produktionskosten (Kraftliner) in der Gruppe	Um unsere Stellung auf dem Markt und innerhalb des Konzerns zu sichern, müssen wir die Kosten pro Tonne Papier vergleichen (Benchmark) und ständig daran arbeiten, die Kosten pro Tonne Papier zu senken.	Total cash cost (Benchmark mit anderen Unternehmen)	EUR/t
P2	Vermeidung von Produktionsverlust	Ein wichtiger Faktor für den Unternehmenserfolg ist die Effizienz der Papierherstellung. Dabei stellt sich die Aufgabe, eine möglichst geringe Menge an Ausschuss und Randabschnitten bei geringen Verlustzeiten herzustellen und stattdessen die verkaufsfähige Menge zu erhöhen.	Overall Machine Efficiency (berechnet aus Uptime und Gesamtausschuss)	%
P3	Kundenwunschtermintreue verbessern	Ziel ist es, die Einhaltung der Liefertermine kontinuierlich zu steigern. Die Einhaltung zugesagter Liefertermine ist ein entscheidender Erfolgsfaktor und das Ergebnis eines optimalen Planungs- und Produktionsprozesses.	On Time Delivery	%
P4	Umweltleistung	Die Umweltleistung setzt sich aus fünf umweltrelevanten Zielen zusammen, deren Zielerreichungen mit den Gewichtungsfaktoren multipliziert und anschließend addiert werden.	Teilprozesszielerreichungen (Saldo)	%
P5	Niedriger Energieverbrauch	Das Ziel P5 „Niedriger Energieverbrauch" wird als Vergleichszahl der zugekauften Energie (Strom und Gas) pro Tonne Papier im Verhältnis zu 2007 errechnet (auf Preisbasis des aktuellen Monats). Die spezifischen Verbräuche von Strom und Dampf pro Tonne Papier insgesamt werden aber weiterhin verfolgt.	Teilprozesszielerreichungen (Saldo)	%

Ziel ID	Bezeichnung	Beschreibung	Kennzahl	Einheit
L1	Arbeitssicherheit erhöhen	Gesundheit und Leben sind für uns zentrale Werte, die wir durch einen kontinuierlichen Ausbau des Gesundheits- und Sicherheitsbewusstseins aller Mitarbeiter gewährleisten wollen.	Unfälle mit Ausfalltagen (kum.)	Anzahl
L2	Fehlzeiten	Ziel ist es, die Fehlzeiten schrittweise zu senken und auf das Niveau der besten 25 % der österr Papierindustrie zu bringen.	Fehlzeiten	%
L3	Mitarbeiter-Know-how steigern	Ziel ist es, das Qualifikationsniveau kontinuierlich auszubauen, die Einsatzmöglichkeit der Mitarbeiter in fachlicher und sozialer Hinsicht entsprechend der individuellen Möglichkeiten zu erhöhen, den innerbetrieblichen Personalbedarf abzudecken und die Mobilität und den optimalen Einsatz zu fördern.	Ausbildung (Std/MA) kum	h/MA
L4	Teamleistung verbessern	Ziel ist es, durch Teamleistung die Effizienz der internen und externen Abläufe kontinuierlich zu verbessern und die Qualifikation der Mitarbeiter laufend zu heben. Sämtliche Mitarbeiter sind in kontinuierliche Teams eingebunden.	Umgesetzte KVP (Anzahl/MA) kum	Anzahl

Abb 24: Kennzahlen und Kennzahlenbeschreibung

Die verwendeten KPIs müssen in Bezug auf ihre Bezeichnung, Berechnungsweise und die Datenquelle exakt definiert werden. Die BSC von Nettingsdorfer enthält die in Abbildung 24 im Detail erläuterten 17 Kennzahlen (vier bis fünf je Perspektive). Wie bereits ausgeführt, wird im Rahmen der Jahresplanung ein konkreter Zielwert für die nächste Periode definiert, sowie die Verantwortung für die Zielerreichung festgelegt.

4.5. Ursache-Wirkungs-Gefüge

Eine Balanced Scorecard kann ihre volle Wirksamkeit nur erfüllen, wenn eine Fokussierung auf wenige, steuerungsrelevante Kennzahlen erfolgt und sich das Managementteam auch über deren Zusammenhänge und Wechselwirkungen Gedanken macht. Bei Nettingsdorfer sieht das Ursache-Wirkungs-Gefüge im Wesentlichen folgendermaßen aus:

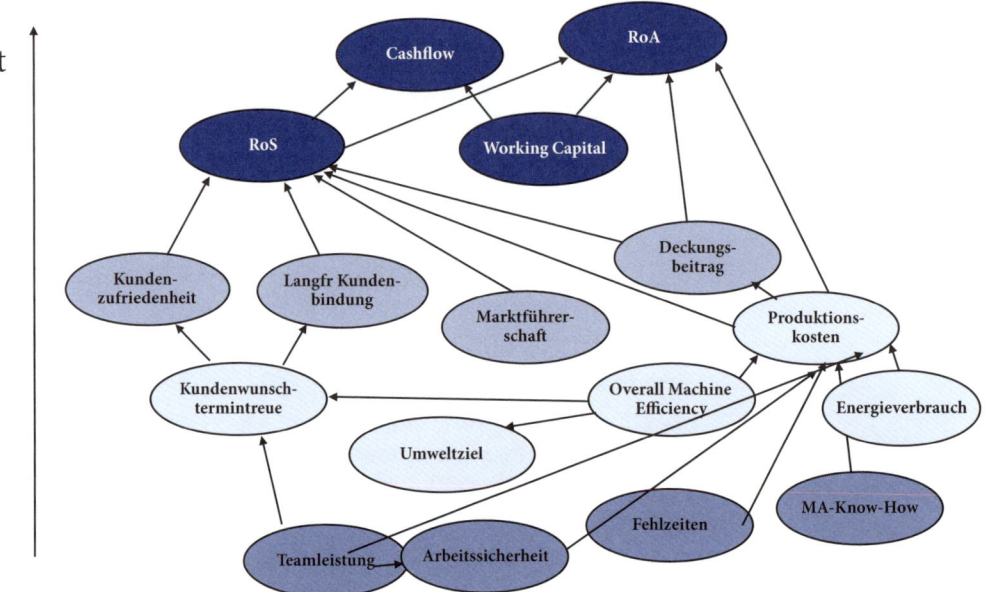

Abb 25: Ursache-Wirkungs-Gefüge

4.6. Von der Unternehmensebene zur Abteilungs-BSC

Die unternehmensweit definierten Ziele und Kennzahlen werden soweit möglich und sinnvoll auf die betrieblichen Verantwortungsbereiche heruntergebrochen. Die in Abbildung 26 grau hinterlegten Felder zeigen, welche Zielgrößen für welche Abteilung im Unternehmen relevant sind. Die Felder sind in der Praxis nicht grau hinterlegt, sondern in Form eines Ampelkonzepts mit grün (Zielerreichung gegeben), gelb (Zielerreichung unsicher) und rot (Zielerreichung gefährdet) gekennzeichnet.

				Produktion						unterstützend			
		Gesamtunternehmen	Beschaffung	Holzaufbereitung, Hackerei	Zellstoff-Energie	Papiererzeugung	Versand	Vertrieb	Mechanische Instandhaltung	Elektrische Instandhaltung	Controlling/Finanzen/IT	Personal/Admin
Finanzen	F1	Kapitalrückfluss optimieren										
	F2	Beste Umsatzrentabilität in der Gruppe										
	F3	Besten Kapitalertrag in der Gruppe										
	F4	Anteil Nettoumlaufvermögen am Umsatz senken										
Kunden	M1	Kundenzufriedenheit steigern										
	M2	Deckungsbeitrag optimieren										
	M3	Lieferungen an Smurfit Betriebe erhöhen										
	M4	Kraftliner Marktanteil in A, D, CH, I, Osteuropa steigern										
Prozesse	P1	Niedrigste Produktionskosten (Kraftliner) in der Gruppe										
	P2	Vermeidung von Produktionsverlust										
	P3	Kundenwunschtermintreue verbessern										
	P4	Umweltleistung										
	P5	Niedriger Energieverbrauch										
Lernen	L1	Arbeitssicherheit erhöhen										
	L2	Fehlzeiten										
	L3	Mitarbeiter Know-How steigern										
	L4	Teamleistung verbessern										

Abb 26: Unternehmens- und Abteilungs-BSC

4.7. Monatlicher Performance Report und Maßnahmencontrolling

Die BSC bildet bei Nettingsdorfer die Basis für das monatliche Reporting und die Besprechungen im Managementteam.

Wenn unterjährig Ziele nicht erreicht werden, werden gemeinsam Maßnahmen überlegt, um die Jahreszielerreichung doch noch zu gewährleisten. Abbildung 27 skizziert das verwendete monatliche Review-Blatt. Die dann im unternehmensweiten Aktionsregister eingetragenen Maßnahmen werden laufend überwacht und nach Abschluss auf ihre Wirksamkeit hin bewertet.

Die bisherige Zielerreichung bzw die weitere Einschätzung fließt in den quartalsweise durchgeführten Rolling Forecast ein.

Ziel ID	BSC-Ziel	Abweichung zum Plan	Abweichungs-ursache	Maß-nahme	Termin
F4	Working Capital	xxx	xxx	xxx	xxx

Abb 27: Monatliches Review-Blatt

4.8. Verbindung mit dem Anreizsystem

Die BSC dient bei Nettingsdorfer insbesondere auch der unternehmensweiten Kommunikation der strategischen Ziele und Maßnahmen. Um die Bedeutung der Kennzahlen zu unterstreichen, ist die BSC eng mit dem Anreizsystem verknüpft. Basis für die Gewinnbeteiligung der Mitarbeiter bilden jedoch nicht alle 17 BSC-Kennzahlen, sondern nur vier, die jährlich mit dem Betriebsrat vereinbart werden. In den letzten Jahren waren dies:

- Return on Sales
- Arbeitssicherheit
- Teamleistung
- Working Capital

4.9. Kritische Erfolgsfaktoren bei der Implementierung

Die BSC wurde bei Nettingsdorfer im Jahr 2000 eingeführt. Die damals als strategisch relevant definierten 17 KPI sind auch heute noch unverändert in der BSC enthalten. Seit 2003 werden die strategischen Ziele und Kennzahlen auch auf Abteilungs- und Teamebene heruntergebrochen. Das in diesem Beitrag vorgestellte Performance-Measurement-System hat sich sowohl aus Sicht des Managements als auch aus Sicht der Controller für die Unternehmenssteuerung bewährt.

In Anbetracht einer langjährigen Erfahrung mit der BSC bei Nettingsdorfer können folgende kritischen Erfolgsfaktoren identifiziert werden:

- Managementverpflichtung einholen
- „Von der Strategie zum Ziel" – strategische Leitlinien mit den Unternehmenszielen abstimmen und Unternehmensziel mit einem „Dreizeiler" beschreiben
- Die BSC muss auch auf Abteilungs-/Teilprozessebene ausgewogen sein
- Die Ursache-Wirkungs-Ketten müssen transparent gemacht werden
- Zielzusammenhänge und Gewichtungen müssen verständlich und realistisch sein
- Die BSC muss zur Kommunikation an Mitarbeiter geeignet sein
- Es müssen Ziele gemessen **und** Maßnahmen verfolgt werden

- EDV-mäßige Umsetzung und ein „Kümmerer" (zB Controller)
- Zielkatalog erarbeiten mit: Zielbeschreibung/Definition, Zielmaßstab, Zielausmaß für drei Jahre, verantwortliche Stelle, …; Regelmäßige Zielverfolgung sowie jährliche Zielreviews vom Management

4.10. Fazit

Im vorliegenden Beitrag wurde ein ganzheitlicher Ansatz des Performance Measurements mit einer Balanced Scorecard in der SmurfitKappa Nettingsdorfer Papierfabrik dargestellt. Die BSC ist bei Nettingsdorfer das zentrale Instrument der Unternehmenssteuerung, integriert Planung, Reporting und Maßnahmencontrolling bis hin zum Risk Management und leitet alle Abteilungen bei der Strategieumsetzung. Als zentrale Erfolgsfaktoren für den BSC-Einsatz gelten die vollständige Umsetzung der Grundideen von *Kaplan/Norton*, das uneingeschränkte Commitment der Geschäftsführung und die Anbindung an das Anreizsystem.

Literatur

Eisl, C., Hofer, P. Losbichler, H.: Band IV – Controlling, In: Eisl, C., Losbichler, H. (Hrsg.) (2012): Grundlagen der finanziellen Unternehmensführung, Wien

Kaplan, R. S., Norton, D. P. (1997): Balanced Scorecard. Strategien erfolgreich umsetzen, Stuttgart

5. Kennzahlen in der Lebensmittelindustrie

Klaus Sperrer

Inhaltsverzeichnis

> Ein hoch konzentriertes und stagnierendes Marktumfeld macht der österreichischen Lebensmittelindustrie auf dem Heimatmarkt zu schaffen. Als Konsequenz werden bereits 67 % der Umsätze im Export erzielt.[22] Nichtsdestotrotz erwirtschaften viele lokale Player den Großteil ihrer Umsätze immer noch am österreichischen Markt. Im Lichte der skizzierten Rahmenbedingungen gilt es, primär die Erlös- und Absatzstruktur robust und planbar zu managen. Ziel dieses Beitrages ist es, einen Auszug der in der Lebensmittelindustrie gängigen steuerungsrelevanten Kennzahlen vorzustellen. Dies unter besonderer Würdigung der Absatzseite.

5.1. Branche

5.1.1. (Absatz-)Markt Österreich

Lebensmitteleinzelhandel

Der österreichische Lebensmitteleinzelhandel (kurz: LEH) wird lt Nielsen auf ein Umsatzvolumen von ca 18,7 Mrd € in 2014[23] beziffert und adressiert primär die Zielgruppe der Endverbraucher. Die Food-Umsätze liegen bei rd 84 % (Rest: Non-Food bzw Near-Food).[24] Generell weist der österreichische LEH eine vergleichsweise hohe Konzentration auf. Der kumulierte Marktanteil der Top-3-Handelsorganisationen beläuft sich auf rd 85 % (davon: REWE 35,4 %, SPAR 30,1 %, Hofer 19,5 %).[25]

---

22 Vgl Fachverband der Nahrungs- und Genussmittelindustrie (2013) 2 ff.
23 Vgl *Cash* (2014) 6.
24 Vgl *Nielsen* (2013) 29.
25 Vgl *Cash* (2014) 6.

Im Zeitverlauf hat sich die Anzahl an Verkaufsgeschäften seit 1960 von 23.559[26] auf 5.598 Standorte in 2013 reduziert.[27] Das aktuelle Ausmaß der Verkaufsfläche liegt bei rd 3.290.000 m².[28] Ein EU-Vergleich bescheinigt Österreich die zweithöchste Ladendichte mit 451 Standorten pro 1 Million Einwohner hinter Norwegen.[29] Die durchschnittliche Flächenproduktivität (Umsatz/m² pro Jahr) liegt bei rd 5.700 €/m², wobei der Diskont geschäftsmodellbedingt eine höhere Flächenproduktivität aufweist als die restlichen Handelsformate.

Generell ist über die letzten Jahre ein Trend zugunsten der sog Handelsmarken (dh eigene Marken der Handelsorganisationen) erkennbar. In 2013 beläuft sich der Anteil an Handelsmarken bereits auf 37 %, unter Berücksichtigung des Hard-Diskonts[30] sogar auf bis zu 50 %.[31]

Lebensmittelgroßhandel / Gastronomiegroßhandel

Die Umsätze des österreichischen Lebensmittelgroßhandels (kurz: LGH) beliefen sich in 2013 auf rd 16,3 Mrd €. Über den Lebensmittelgroßhandel werden primär die Großverbraucher versorgt.[32] Insgesamt profitiert der Lebensmittelgroßhandel vom Trend zum „Ausser-Haus"-Konsum als wichtiger Lieferant für die österreichische Gastronomie, Hotellerie und Kantinenbetriebe, aber auch von steigenden Volumina im Industriebereich und Export. Rund ein Drittel der Umsätze entfallen auf die Kategorien Obst und Gemüse, Fleisch und Fleischwaren sowie Getränke. Eine wichtige Zulieferfunktion für die heimische Gastronomie, Hotellerie und Kantinen kommt der Sparte des Gastronomiegroßhandels zu. Einem Gastro-Panel zu Folge belief sich der Umsatzanteil (Food inkl Getränke) des Gastronomiegroßhandels 2014 auf rd 2 Mrd €.[33] Der Marktanteil der Top-6-Gastronomiegroßhändler liegt bei rd 75 % (Pfeiffer, Metro, AGM, Kastner, Kiennast und Wedl).[34] 54 % der Food-Umsätze werden bereits durch den Gastronomiegroßhandel zugestellt. Der Rest wird in den Cash&Carry-Märkten generiert. Insgesamt ist ein eindeutiger Trend in Richtung Zustellung (Belieferung) festzustellen.

Gastronomie und Gemeinschaftsgastronomie

Die Bank Austria schätzt die Konsumationsausgaben der Österreicher für Lebensmittel und Getränke im „Außer-Haus-Konsum" auf bis zu 15 Mrd € pro Jahr.[35] Die bedeutendsten Verpflegungsformate der österreichischen Gastronomie stellen Gast-

---

26   Vgl *Maurer* (2014) 52.
27   Vgl *Nielsen* (2013) 9.
28   Vgl *Regal* (2014) 54.
29   Vgl *Nielsen* (2013) 36.
30   Im Hard-Diskont wird in der Regel nur eine limitierte Anzahl an Markenprodukten angeboten. Die Anzahl und Tiefe an unterschiedlichen Artikeln ist im Vergleich zum klassischen Lebensmitteleinzelhandel eher gering (ca 600–1.000 Artikel). Dem Hard-Diskont werden in Österreich die Einzelhandelsketten Hofer und Lidl zugeordnet. Im Unterschied dazu weist der Soft-Diskont eine höhere Anzahl an Markenprodukten auf. Auch eine höhere Auswahl an Artikeln je Kategorie unterscheidet den Soft-Diskont vom Hard-Diskont. Dem Soft-Diskont wird in Österreich die REWE-Tochter Penny zugerechnet. Vgl *König/Simon/Terrasse/Kijewski* (2008) 76.
31   Vgl *Mayr* (2014) 35.
32   Vgl Bank Austria (2013) 9.
33   Vgl *Cash* (2014) 38.
34   http://www.gastro-data.at/web/de/datenquelle/abdeckungsquote/ (27.4.2015).
35   Vgl Bank Austria (2013) 9.

häuser, Restaurants, Kaffeehäuser, Imbissstuben sowie diverse Gemeinschaftsgastronomieeinrichtungen und Systemgastronomieangebote dar.

Gemäß Fachverband der Gastronomie beläuft sich der Stand an aktiven Mitgliedern per Ende 2014 auf 39.953 Mitglieder. Die Beschäftigungsanzahl inkl geringfügig Beschäftigter liegt aktuell bei 143.882 Arbeitnehmern. Insgesamt erwirtschaftete die österreichische Gastronomie 2014 Umsatzerlöse von rd 8,3 Mrd €.[36] Davon entfallen rd 2 Mrd € auf den Bereich der Gemeinschaftsgastronomie (Verpflegung in Bildungsstätten, Betrieben, Anstalten sowie diverse Sonderformate). Rd 1 Mrd € entfällt auf den Bereich der Systemgastronomie (Fast-Food-Ketten, Restaurant-Ketten und Selbstbedienungsrestaurants in Supermärkten und Möbelhäusern).[37] Der restliche Umsatzanteil verteilt sich auf die Bereiche Gasthäuser, Restaurants, Imbissstuben etc.

5.1.2. Wettbewerb

Die österreichische Lebensmittelindustrie zählt mit ihren 30 Berufszweigen zu den Top 5 der österreichischen Industriesektoren. Zur Lebensmittelindustrie sind aktuell 220 Unternehmen mit rd 300 Produktionsstandorten zugehörig. In den Betrieben waren 2013 rd 26.500 Menschen beschäftigt. Der Produktionswert lag in 2013 bei mehr als 8,1 Mrd €. Zu den umsatzstärksten Branchen der österreichischen Lebensmittelindustrie gehören die Brauindustrie, Getränkeindustrie (alkoholfrei), Süßwarenindustrie, Fleischwaren und Fruchtsaftindustrie.[38]

Mit der vergleichsweise hohen Konzentration im Lebensmitteleinzelhandel und dem Kampf um Marktanteile einhergehend war eine positive Inlandsentwicklung in vielen Bereichen nicht möglich. Lagen die Promotions- bzw Aktionsumsätze in 2003 noch bei rd 24 %, waren diese in 2013 bereits bei rd 31 % (exkl Hofer und Lidl).[39] Weiters belastet der aktuelle Trend zugunsten der Handelsmarken die Hersteller zusätzlich (vgl dazu Kapitel 5.1.1.). Ähnliche Tendenzen sind auch im Bereich des Gastronomiegroßhandels zu beobachten.

Im Lichte dieser Entwicklungen suchte die österreichische Lebensmittelindustrie nach alternativen Absatzmöglichkeiten im Ausland. 2013 lag das Exportvolumen bei rd 5,4 Mrd € (Exportquote: 67 %). Dieser Wert ist insofern beachtlich, da im Jahre 1995 der Exportanteil noch bei vergleichsweise niedrigen 17 % lag. Rd 80 % des Exportvolumens werden auf den europäischen Märkten und hier vor allem in Deutschland, Italien und der Schweiz abgesetzt.[40]

5.1.3. Erfolgsfaktoren

Zentrale Erfolgsfaktoren der Lebensmittelindustrie sind eine durchgängig hohe Qualität und ausgeprägte Innovationskraft. Primär im Bereich der Fertigprodukte

---

36 Vgl Fachverband der Gastronomie (2015) 8.
37 Lebensmittelbericht (2010) 74.
38 Fachverband der Nahrungs- und Genussmittelindustrie (2013) 2 ff.
39 Vgl *Nielsen* (2013) 32.
40 Vgl Fachverband der Nahrungs- und Genussmittelindustrie (2013) 2 ff.

und Services. Letztlich aber auch über die gesamte Organisation und über alle Prozesse. Weitere wesentliche Erfolgsfaktoren stellen eine ausnahmslose Lebensmittelsicherheit und Hygiene über die gesamte Wertschöpfungskette dar. Auch das Bekenntnis zur Regionalität und zu heimischen Rohstoffen ist von zentraler Relevanz.

Aufgrund des skizzierten Marktumfelds im österreichischen Handel kommt der Bedeutung der Herstellermarke eine wesentliche Rolle zu. Markenbekanntheit erlaubt Differenzierung und schützt gegenüber potenziellen Mitbewerbern und Handelsmarken. Im Unterschied dazu liegen die Erfolgsfaktoren im Geschäftsfeld Gastronomie in den Bereichen Beschaffungskompetenz, Qualität und Liefertreue. Im Gemeinschaftsgastronomiebereich stellen die Bereiche Flexibilität, Individualität und Frische die zentralen Erfolgsfaktoren dar.

5.2. Unternehmensindividuelle Rahmenbedingungen

5.2.1. Unternehmensprofil

Die VIVATIS Holding AG zählt mit 2.733 Mitarbeitern und einem Jahresumsatz von 848 Mio € (2014) zu den größten rein österreichischen Unternehmen der Nahrungs- und Genussmittelbranche. Unter dem Dach der Holding mit Sitz in Linz befinden sich namhafte Klein- und Mittelbetriebe aus dem Nahrungsmittelbereich ebenso wie strategisch bedeutende Dienstleistungsunternehmen.

Mit zahlreichen starken Marken sorgt VIVATIS für geschmackvolle, kulinarische Abwechslung. Hochwertige Rohstoffe und modernste Produktionstechnologien sichern den hohen Qualitätsstandard der VIVATIS-Marken und erfüllen die Anforderungen von ernährungsbewussten und anspruchsvollen Gourmets.

5.2.2. Geschäftsfelder

Der Nahrungsmittelbereich unterteilt sich in die nach Kundengruppen kategorisierten Geschäftsfelder Lebensmittelhandel (Einzel- und Großhandel), Gastronomie, Gemeinschaftsverpflegung und Großverbraucher/Industrie. Das Geschäftsfeld Nahrungsmittel ist für rund zwei Drittel der Konzernumsätze verantwortlich. Das Produktionsprogramm umfasst die Herstellung von Fleisch-/Wurstprodukten, Fertiggerichten, Convenience- und Feinkostprodukten, Margarineprodukten sowie diverse Komponenten für die weiterverarbeitende Industrie. Bekannte Marken wie Knabber Nossi, Inzersdorfer, Maresi, Die leichte Muh, Landhof und Loidl zählen zum weitreichenden Markenprofil der Gruppe (Auszug).

Der Dienstleistungsbereich umfasst Aktivitäten der Tiefkühl- und Frischelogistik für Konzernunternehmen, aber auch für Kunden. Weiters werden spezielle Dienstleistungen im Bereich der Tierkörperverwertung/-entsorgung angeboten.

5.3. Kennzahlen

Ziel dieses Beitrags ist, die Spezifika und Eigenheiten der Lebensmittelindustrie im Kontext der Kennzahlensteuerung zu erfassen. Der Fokus liegt auf der Praxisrelevanz. Demzufolge adressiert dieser Beitrag primär die absatz- und marktbezogenen Kennzahlenaspekte, um dem Leser einen kurzen Einblick in die Branchenusancen zu ermöglichen. Auch ausgewählte Bereiche der Supply Chain (zB Lebensmittellogistik) weisen besondere Spezifika auf, die im Zuge dieses Beitrags ergänzend erläutert werden.

Von einer Erläuterung von (Spitzen-)Kennzahlen und sonstigen (Finanz-)Kennzahlen der allgemeinen Unternehmenssteuerung wird Abstand genommen. Die Lebensmittelindustrie unterscheidet sich hier nicht substanziell von der restlichen produzierenden Industrie. Diesbezüglich wird auf die vorgelagerten Themenblöcke A–D verwiesen.

Für die nachfolgende Analyse der steuerungsrelevanten Kennzahlen am Beispiel der VIVATIS Holding AG werden aus dem Nahrungsmittelbereich die Geschäftsfelder Lebensmittelhandel (Einzel- und Großhandel), Gastronomie und Gemeinschaftsgastronomie herausgegriffen. Festzuhalten ist, dass die skizzierten Kennzahlen lediglich einen Auszug darstellen. Der Dienstleistungsbereich wird im Zuge dieses Beitrags nicht näher gewürdigt.

5.3.1. Generelle Benchmarks in der Lebensmittelindustrie

Wie bereits unter Kapitel 5.1.1. beschrieben, stellt sich das Marktumfeld auf dem Heimatmarkt weitgehend saturiert dar. Insbesondere auf Handelsseite werden Marktanteilsgewinne fast ausschließlich über aggressive Preisstrategien erzielt. Folglich wird dem Vorjahresvergleich in der (finanziellen) Unternehmenssteuerung sowohl auf Abnehmer- (Handel, Gastronomie etc) als auch auf Industrieseite eine vergleichsweise hohe Bedeutung beigemessen. Der Vorjahresvergleich ist somit eine substanzielle Ergänzung zum permanenten Benchmarking gegenüber Budgets und Forecasts. Wesentlich beim Vorjahresvergleich ist auch eine differenzierte Analyse von wertmäßigen und mengenmäßigen Veränderungen. Teilweise erheblich schwankende Rohstoffe (zB Fleisch, Milch, Zucker etc) oder die Bereinigung von Indexveränderungen machen eine separierte Abweichungsanalyse in der Absatz- und Kostenstruktur erforderlich.

Beim laufenden Tracking der Absatzseite, zB im Rahmen des Wochen- oder Monatsberichts, wird der Vorjahresvergleich vielfach unter Berücksichtigung der konkreten Anzahl an Verkaufs-, Öffnungs-, Liefer- oder Werktagen vorgenommen. Dies um allfällige Verzerrungen aufgrund von Wochenend- oder Feiertagskonstellationen zu bereinigen und Rückschlüsse auf die eigene Entwicklung ziehen zu können.

Wesentlich für die Kennzahlensteuerung in der Lebensmittelindustrie ist die Bedachtnahme auf Saisonalitätseffekte und -spitzen. Bestimmte Jahreszeiten oder Feiertage normieren ausgewählte Schwerpunkte im Absatz- und Produktionsprogramm bzw -umfang. Am Beispiel der Fleisch-/ Wurstbranche werden im Sommer die höchsten Grillumsätze erwirtschaftet, während in der Fastenzeit tendenziell fettärmere oder Fleischersatzprodukte das Produktionsprogramm definieren. Eine zusätzliche Dynamik wird durch entsprechende Kommunikations- und Promotionsaktivitäten erzeugt.

Betreffend des Absatzumfangs ist festzustellen, dass in den Geschäftsfeldern Handel und Gastronomie rund um Weihnachten die höchsten Umsätze erwirtschaftet werden. Vice versa werden im Geschäftsfeld der Gemeinschaftsverpflegung im Dezember unterdurchschnittliche Umsätze erzielt. Dies aufgrund von zahlreichen Feiertagen, Ferien und Weihnachtsurlauben.

Saisonalitäten beeinflussen aber nicht nur die Absatzstruktur. Auch die vorgelagerten Wertschöpfungsstufen und insbesondere der Beschaffungsbereich sind von entsprechenden Effekten betroffen. Beispielsweise können einkaufsseitig über den Jahresverlauf immer wieder „idealtypische" Preisverläufe bei bestimmten Rohstoffen beobachtet werden.

5.3.2. Kennzahlen zur Geschäftsfeldsteuerung Lebensmittelhandel

Wesentlich für das Geschäftsfeld Lebensmittelhandel (Einzel- und Großhandel) ist aus Industriesicht primär das effiziente Management der absatzorientierten Werttreiber. Ausgehend von den Herstellkosten der jeweiligen Produkte stehen die Markenkraft, die Maßnahmen zur Umsatzerreichung sowie die Effizienz des Vertriebs im Mittelpunkt der Geschäftsfeldsteuerung; weniger der Fokus auf die Supply Chain (insbesondere Zustelllogistik), zumal der Produzent die Belieferung üblicherweise nur bis zur Zentralniederlassung der jeweiligen Handelsorganisationen verantwortet. Die Feinverteilung wird idR durch den Händler durchgeführt.

Die absatzrelevanten Kennzahlen können in einen kurz- und langfristigen Steuerungshorizont unterteilt werden. Während für die tägliche Steuerung primär die Umsatzstruktur und die Aktivitäten im Mittelpunkt der Analysen stehen, bewerten die langfristigen Kennzahlen Aspekte wie Markenstärke oder Verbindung zur Handelsorganisation.

Wertschöpfungskraft der Marke und Markenprämie

Die Wertschöpfungskraft der Marke stellt aus Produzentensicht eine zentrale Steuerungsgröße dar. Rein rechnerisch leitet sich diese aus dem Rohgewinn abzgl Logistikkosten in Relation zum Umsatz (netto) her.

$$\text{WS-Kraft in \%} = \frac{\text{Umsatz (netto) – Herstellkosten – Logistikkosten}}{\text{Umsatz (netto)}}$$

Sofern im Unternehmen neben unternehmenseigenen Herstellermarken auch Handelsmarken (Eigenmarken des Handels) unter Lohnproduktion hergestellt werden, empfiehlt sich im innerbetrieblichen Vergleich die Ermittlung der Markenprämie. Bereinigt um allfällige Rezepturunterschiede im Wareneinsatz (Prämisse: idente Rezeptur und Herstellkosten) wird der Preisaufschlag der Herstellermarke mit dem bereinigten Preisniveau der Handelsmarke verglichen. Je geringer das Gap zwischen Hersteller- und Handelsmarke, umso geringer auch die Markenkraft. Letztlich auch die Substanz für allfällige Marketingaktivitäten zur Differenzierung gegenüber Mitbewerbern und Handelsmarken.

$$\text{Markenprämie in \%} = \frac{\text{Preis je SKU (netto) unter Herstellermarke}}{\text{Preis je SKU (netto) unter Handelsmarke}} - 1$$

Promotionrate (Aktionsanteil)

Die Promotionrate ist eine relative Kennzahl und setzt die mit Aktionen (zB –25 %, 1+1 Gratis) erwirtschafteten Umsätze (mit dem Händler) in Relation zu den Gesamtumsätzen. Der Händler legt den Aktionsvorteil dann auf die Endverbraucherpreise um. Ziel von Promotionaktivitäten ist, zusätzliche Kaufanreize beim Konsumenten zu erzeugen.

$$\text{Promotion-Rate in \%} = \frac{\text{fakturierte Aktionsumsätze mit Handel (netto)}}{\text{fakturierter Gesamtumsatz mit Handel (netto)}}$$

Abverkaufsrate

Die Abverkaufsrate bestimmt das Verhältnis (1) durch den Produzenten (an den Handel) verkaufte Produkte versus (2) durch den Handel (an die Endverbraucher) verkaufte Produkte. Im Umkehrschluss determiniert die Abverkaufsrate den Lagerstand beim Händler. Letztlich können über die Abverkaufsrate validere Rückschlüsse auf die weitere Absatzentwicklung gezogen werden. Der Abverkaufsrate kommt daher beim Forecasting eine wesentliche Bedeutung zu. Auch zur Evaluierung der Marktakzeptanz von Neuprodukten oder Innovationen empfiehlt sich der Einsatz der Abverkaufsrate.

$$\text{Abverkaufsrate in \%} = \frac{\text{Reinverkauf an Handel (Menge)}}{\text{Rausverkauf durch Handel (Menge)}}$$

Investition in Kundenbeziehung

Für die Evaluierung der Geschäftsbeziehung zum Händler wird vielfach die Entwicklung der Erlösschmälerungen sowie der Aufwendungen für Handelsmarketing (in der Regel in Form von sog Werbekostenzuschüssen) bewertet. Während die Struktur der Erlösschmälerungen das grundsätzliche Konditionengefüge (Sofortrabatt, Skonto, Bonifikationen, Jahresrückvergütungen, Einführungsrabatt etc) der Geschäftsbeziehung zum Handelspartner abbildet, liegen den Aufwendungen für Handelsmarketing konkrete Aktivitäten der Verkaufsförderung zugrunde. So zum Beispiel die Unterstützung von Flugblatt- oder TV-Werbung, Verkostungs-aktivitäten etc.

Generell werden die Erlösschmälerungen bzw Aufwendungen für Handelsmarketing in Relation zum Umsatz gesetzt. Es empfiehlt sich, die Entwicklung im innerbetrieblichen zeitlichen Verlauf und im Vergleich mit den anderen Handelspartnern zu analysieren. Auch ein überbetrieblicher Vergleich anhand von öffentlich zugänglichen Daten ist üblich.

$$\text{Erlösschmälerungen in \%} = \frac{\text{Erlösschmälerungen}}{\text{Umsatz (vor Erlösschmälerungen)}}$$

$$\text{Handelsmarketing in \%} = \frac{\text{Aufwendungen für Handelsmarketing}}{\text{Umsatz (netto)}}$$

5.3.3. Kennzahlen zur Geschäftsfeldsteuerung Gastronomie

Die Zielgruppe der Gastronomie kann seitens der Industrie, wie bereits unter Kapitel 5.1.1. beschrieben, über den Lebensmittelgroßhandel (C&C-Märkte bzw Zustellung durch LGH) erreicht werden. Alternativ aber auch durch eigene Logistiklösungen (Eigenfuhrpark). Aus der Lieferantenbeziehung zum Lebensmittelgroßhandel lassen sich ähnliche kennzahlenrelevante Implikationen, wie unter 5.3.2. erläutert, ableiten. Weitere Ausführungen dazu unterbleiben daher an dieser Stelle. Bei Zustelllösungen via Eigenfuhrpark wird das Kennzahlenspektrum auf Industrieseite jedoch um folgende logistikrelevanten Aspekte ergänzt:

Stopp-Größen und Wertschöpfung des Warenkorbs

Kritischer Erfolgsfaktor im Gastronomiezustellbereich ist ein effektives Auslastungs-Management. Zentraler Hebel zur Degression der Logistikkosten ist die Optimierung der sog Stopp-Größen je Lieferung. Die Stopp-Größe entspricht dem Gewicht der gelieferten Bestellung je Gastronom und bestimmt somit die Ertragsqualität des jeweiligen Stopps. Vielfach wird auch der Warenwert der Lieferung in Relation zur zugestellten Menge (in kg) gesetzt.

$$\text{Stopp} - \text{Größe} = \frac{\text{Warenwert der Bestellung}}{\text{Gesamtgewicht der Bestellung in kg}}$$

Alternative Möglichkeiten zur Optimierung der Ertragsqualität im Gastronomie-Zustellbereich liegen in der Attraktivität des Warenkorbs. Bestimmte Sortimente weisen eine höhere Wertschöpfung auf als andere (idR „Me-too"-Produkte) oder Handelswaren (idR zur Auslastungsoptimierung). Eine aktive Steuerung des Warenkorbs im Verkaufsgespräch durch den Vertrieb kann zu einer erheblichen Verbesserung der relativen Kosten der Zustelllogistik führen.

Verderbquote

Voraussetzung für eine preiskompetitive Gastronomielogistik ist die Lieferfähigkeit in den Temperaturzonen „tiefkühl, frisch und trocken". Insbesondere frische Lebensmittel sind aus Qualitätsgesichtspunkten heikler als tiefgekühlte oder trockene Lebensmittel. Vereinzelt kommt es vor, dass die Ware nicht den Qualitätsanforderungen entspricht. Letztlich gilt es, die Verderbquote im zeitlichen Verlauf zu erfassen und aktiv zu steuern.

Rechnerisch leitet sich die Verderbquote aus dem Warenwert der bemängelten Ware in Relation zum Umsatz her.

$$\text{Verderbquote} = \frac{\text{Warenwert der bemängelten Ware}}{\text{Gesamtumsatz (netto)}}$$

5.3.4. Kennzahlen zur Geschäftsfeldsteuerung Gemeinschaftsverpflegung

Wie bereits unter Kapitel 5.1.1. erläutert, werden unter dem Begriff Gemeinschaftsverpflegung viele unterschiedliche Verpflegungsangebote zusammengefasst. Innerhalb der VIVATIS-Gruppe werden für die Zielgruppen Unternehmen, Schulen und Krankenanstalten zwei zentrale Verpflegungsformate angeboten. Einerseits das Liefergeschäft und andererseits der Eigenbetrieb (Catering) von Kantinen in Unternehmen, Schulen oder Krankenanstalten. Ungeachtet des jeweiligen Verpflegungsformats sind aus Kennzahlenperspektive folgende KPI von Relevanz:

Portionsanzahl pro Werktag

Bezugnehmend auf Kapitel 5.3.1. kommt dem taggenauen Tracking der abgesetzten Portionsanzahl eine zentrale Bedeutung zu. Derartige Vergleiche können auf Geschäftsfeldebene aber auch isoliert auf Ebene des jeweiligen Kunden durchgeführt werden. Dies im historischen Zeitverlauf aber auch gegenüber dem Plan. Im Zuge der Budgetierung ist die Umsatzplanung daher auf taggenauer Basis „bottom-up" zu erstellen.

Stützungsanteil

Viele Unternehmen und Organisationen vergünstigen die Verpflegungsangebote in deren Betrieben durch allfällige (Kosten-)Zuschüsse zugunsten der Mitarbeiter. Dies in der Regel in Form eines absoluten (Kosten-)Zuschusses auf das jeweilige Menü. Generell gilt: je höher der Förderanteil, umso höher die Inanspruchnahme von Gemeinschaftsverpflegungsangeboten durch die Mitarbeiter. Folglich kommt dem Stützungsausmaß im Zeitpunkt der Budgetierung, aber auch zur langfristigen Einschätzung der Kundenbeziehung eine wesentliche Bedeutung zu.

5.3.4.1. Liefergeschäft

Das Liefergeschäft adressiert primär kleinere Betriebe mit einem Absatzpotenzial von bis zu 200 Gerichten pro Tag. Die Zubereitung dieser erfolgt zentral in einer Großküche. In Abhängigkeit von Kundenbedarf, Lieferumfang und räumlicher Entfernung wird die Anlieferung täglich in den Aggregatszuständen warm oder gekühlt, alternativ in zeitlich größeren Lieferabständen in tiefgekühltem Zustand, durchgeführt.

Ungeachtet des gewählten Aggregatszustandes werden die Menüs in den Betrieben bzw Schulen unmittelbar vor dem Verzehr in den überlassenen Geräten (idR Konvektomaten) kurz hochgekocht. Im Unterschied zum Catering-Modell erfolgt die Vor-Ort-Aufbereitung der Gerichte und Essensausgabe in Eigenregie durch das Betriebs- oder Schulpersonal.

Zentrale Werttreiber dieses Verpflegungsmodells sind die Aspekte Wertschöpfung aus Menüplansteuerung sowie das Management der Zustelllogistikkosten.

Wertschöpfung aus Menüplansteuerung

Im Liefermodell werden je nach Saison über zweihundert verschiedene Speisen angeboten. Demzufolge kann für die Mitarbeiter vor Ort jeweils eine individuelle und maßgeschneiderte Speisekarte gestaltet werden. Vorauszuschicken ist, dass sich die Preisstellung der unterschiedlichen Gerichte primär an den eingesetzten Rohwaren auf Basis normierter Rezeptur orientiert. Wesentliche Wareneinsatzabweichungen aus dem Kochvorgang sind durch die zentrale Zubereitung in einer Großküche überwiegend ausgeschlossen.

Nichtsdestotrotz weisen die verschiedenen Gerichte unterschiedliche Rentabilitäten auf, dies aufgrund von Preisschwellen und sonstigen marktseitigen Preisimplikationen, die in den Herstellkosten nicht zur Gänze abgebildet werden können.

Abgeleitet daraus kommt der Menüplansteuerung im Verpflegungsmodell Liefergeschäft eine zentrale Rolle zu. Aus strategischer Sicht ist eine enge Abstimmung zwischen Vertrieb, Produktentwicklung und Produktion immanent. Für Zwecke der laufenden Kennzahlensteuerung interessiert vor allem der innerbetriebliche Benchmark. Dies im zeitlichen Verlauf; im Besonderen aber im innerbetrieblichen Kunden- bzw Standortvergleich.

Über eine zielorientierte Menüplanung können dann das Ausmaß und die Tiefe der Wertschöpfung an dem jeweiligen Standort variabel gesteuert werden. Eine grobe Indikation liefert die Relation des Ergebnisbeitrages des einzelnen Standorts zum Ergebnisbeitrag über alle Standorte, jeweils abzüglich der Zustelllogistikkosten:

$$\text{Standort} - \text{WS in \%} = \frac{\text{Ergebnisbeitrag Standort XY (Ist)} - \text{Logistik}}{\text{Ergebnisbeitrag aller Standorte (Ist)} - \text{Logistik}}$$

Logistikkosten

In Anlehnung an die Ausführungen unter Kapitel 5.3.3. zur Bedeutung der Logistikkosten für die Gastronomiezustellung ist festzuhalten, dass diese auch für den Bereich des Liefergeschäftes sinngemäß Anwendung finden. Aus diesem Grund wird auf eine gesonderte Erläuterung dieser Kennzahlen verzichtet. Wesentlich für das Management der Logistik im Liefergeschäftsmodell ist jedoch die unterschiedliche Zustellfrequenz in Abhängigkeit vom Aggregatzustand. Während gekühlte oder warme Gerichte eine tägliche Anlieferung erfordern, ist bei tiefgekühlten Gerichten eine Zustellung erst in zeitlich größeren Lieferabständen sinnvoll.

5.3.4.2. Kantinenbetrieb (Catering)

Im Unterschied zum Liefergeschäft adressiert das Catering-Modell Betriebe, Schulen und Krankenanstalten mit mehr als 200 Gerichten pro Tag. Die gesamte Abwicklung der Betriebsgastronomie (inkl Personalgestellung) erfolgt durch eine Tochterunternehmung der VIVATIS-Gruppe. Auch der gesamte Kochvorgang erfolgt direkt und frisch in der Küche vor Ort (nicht Großküche). Wesentliche Werttreiber sind die Parameter Rezepturgenauigkeit und Wertschöpfungstiefe, Personalkostensteuerung sowie Überschussminimierung; weniger die Kosten der Zustelllogistik, da die Rohstoffe überwiegend vom Gastronomiegroßhandel bezogen werden.

Rezepturgenauigkeit

Kritischer Erfolgsfaktor im Catering-Modell ist die Sicherstellung einer grammatur- und rezeptkonformen Menüzubereitung. Der Kochvorgang basiert auf einer vorab definierten und kalkulierten Rezeptur. Sämtliche Abweichungen können auf Tagesbasis erfasst werden. Generell gilt, je höher die Menüanzahl pro Tag, umso enger gilt es, den Catering-Standort zu monitoren. Die Rezepturgenauigkeit stellt daher die Abweichung des Ist-Rohgewinns (zB der Tagesproduktion) um den Soll-Rohgewinn dar. Bei täglicher Erfassung und Benchmarking mit den Vergleichswerten sind allfällige Gegensteuerungsmaßnahmen kurzfristig einleitbar.

$$\text{Rezepturgenauigkeit in \%} = \frac{\text{Ist} - \text{Wareneinsatz der Tagesproduktion}}{\text{Soll} - \text{Wareneinsatz der Tagesproduktion}}$$

Wertschöpfungstiefe (Handelswarenanteil)

Gründe für allfällige Rohgewinnabweichungen können gegebenenfalls auch in der Struktur der Umsätze liegen. Im Catering-Modell werden neben den eigens zubereiteten Gerichten vielfach auch sog Handelswaren (Getränke oder Impulsartikel wie Snacks, Kaugummi etc) umgesetzt. Die Wertschöpfungskomponente dieser Artikel ist idR nicht mit jener der Eigenproduktion vergleichbar. Im Zuge der Analyse der Wertschöpfungstiefe gilt es, vergleichbar mit der Rezepturgenauigkeit, den Ist-Handelswarenanteil dem Sollzustand gegenüberzustellen.

$$\text{Abweichung HW – Anteil in \%} = \frac{\text{Ist HW – Anteil der Betrachtungsperiode}}{\text{Soll HW – Anteil der Betrachtungsperiode}} - 1$$

Überschussquote

Begleitend zur Analyse der Rezepturgenauigkeit gilt es, den Überschuss je Menü zu bewerten. Eine Erhöhung der Überschüsse ist idR ein Indikator, die Rezepturliste zu evaluieren, kann aber auch auf allfällige Steuerungsprobleme am jeweiligen Catering-Standort hindeuten. Für die Überschussquote bietet sich wiederum ein innerbetrieblicher Vergleich an. Die Abweichung der Überschussquote errechnet sich aus der Gegenüberstellung zwischen Ist-Überschuss und Soll-Überschuss je Menü.

$$\text{Abweichung Überschussquote in \%} = \frac{\text{Ist Überschuss je Menü}}{\text{Soll Überschuss je Menü}} - 1$$

Personalkosteneffizienz

Im Catering-Modell stellen neben der Wareneinsatzkomponente die Personalkosten die zweitgrößte Aufwandsposition dar. Folglich kommt der standortbezogenen Personalkostensteuerung eine wesentliche Rolle zu. Eine wesentliche steuerungsrelevante Kennzahl ist daher die Personalkosteneffizienz. Diese drückt die Relation der Ist-Personalaufwendungen zu den Soll-Personalaufwendungen auf dem jeweiligen Catering-Standort aus. Auch ein Vergleich der Personalkosten auf Ebene der einzelnen Menüs wird vielfach vorgenommen.

$$\text{Personaleffizienz} = \frac{\text{Personalaufwand in \% vom Umsatz je Standort (Ist)}}{\text{Personalaufwand in \% vom Umsatz je Standort (Soll)}}$$

5.4. Zusammenfassung

Der Fokus der beschriebenen Kennzahlen variiert stark nach Geschäftsfeld. Konzeptionell sind sie ergebnisgetrieben, leicht konfigurierbar und wenig komplex. Wesentlich für alle Geschäftsfelder ist das Ausmaß an Wertschöpfungstiefe. Aus Kennzahlenperspektive sind für das Geschäftsfeld Lebensmittelhandel die Dimensionen Markenkraft, Attraktivität der Kundenbeziehung und Effektivität der Umsatzmaßnahmen erfolgsrelevant. Im Unterschied dazu adressieren die Kennzahlen im Geschäftsfeld Gastronomie primär die Effizienz der Prozessabläufe, im Besonderen der Zustelllogistik und Supply Chain. Im Geschäftsfeld der Gemeinschaftsverpflegung ist zunächst zwischen Liefer- und Catering-Modell zu unterscheiden. Während die Kennzahlen im Liefermodell die Wertschöpfung aus der Menüplanung sowie der Zustelllogistik fokussieren, steht im Catering-Modell das Benchmarking der Rezepturgenauigkeit sowie der Personaleffizienz im Vordergrund.

Literatur

Bank Austria, Großhandel 2013, Online unter: www.bankaustria.at/files/Gross-handel.pdf [28.0.4.2015]

Cash, Gastro-Großhandel, Online unter: www.cash.at/fileadmin/pdf/2014/CAS-H_1114/index.html#38/z [27.04.2015].

Cash, Lebensmittelhandel – Drogeriefachhandel Österreich 2014, Online unter: www.cash.at/uploads/media/Pocket_0214.pdf [25.04.2015]

Fachverband der Gastronomie, Branchendaten (02/2015), Online unter: www.wko.at/Content.Node/branchen/oe/Gastronomie/Statistik/B_601.pdf [27.04.2015]

Fachverband der Nahrungs- und Genussmittelindustrie (Fachverband der Lebensmittelindustrie), „Zahlen, Daten, Fakten 2013", Online unter: www.wko.at/Content.Node/branchen/oe/Nahrungs--und-Genussmittelindustrie--Lebensmittelindustrie-/LMI-Folder-Zahlen_Daten_Fakten.pdf [25.04.2015]

König, M., Simon, Y., Terrasse, E., Kijewski, S. (2008): Rewe/Adeg – Food for thought – Austrian markets for daily consumer goods, In: Competition Policy Newsletter Nr. 3/2008; Online unter: http://ec.europa.eu/competition/publications/cpn/2008_3_75.pdf [23.06.2015]

Maurer, R. (2014): Paradigmenwechsel im österreichischen Lebensmitteleinzelhandel – Praxisdialog am Institut für Handel und Marketing an der Wirtschaftsuniversität Wien, 2. April und 9. April 2014

Mayr, J.: Die Megatrends aus der Rollama, Online unter: www.ama-marketing.at/home/groups/7/2014.03.03_J.MAYR_Megatrends_43.pdf [27.04.2015]

Nielsen (2013): Handel in Österreich: Basisdaten 2013, Online unter: www.nielsen.com/content/dam/nielsenglobal/eu/nielseninsights/pdfs/Nielsen_AT_Basisdaten_2013.pdf [25.04.2015]

Regal, Standort-Analyse, Online unter: www.regal.at/images/aktuell/Regioplan014.pdf [27.04.2015]

6. Kennzahlensteuerung in Mischkonzernen

Johann Friembichler

Inhaltsverzeichnis

In einem Mischkonzern besteht die Herausforderung darin, viele verschiedene Geschäftsmodelle unter einem Dach zu steuern. Dabei fällt es schwer, geschäftsbereichsspezifische Kennzahlen in eine einheitliche Konzernstruktur zu zwängen. In diesem Kapitel wird ein Ansatz vorgestellt, der eine finanzielle Steuerung anhand der Spitzenkennzahl ROCE und dem dahinterliegenden Kennzahlenbaum und weitere klassische Kennzahlen für die Dimensionen Personal, Vertrieb und Prozesse zur Steuerung vorschlägt. Die interne Berichterstattung wird in operative und organisationale Berichtsebenen aufgeteilt, die einzelnen Bereiche des Kennzahlenbaums und der erweiterten Kennzahlen jeweiligen Berichtsebenen zugeordnet und mit Verantwortlichkeiten hinterlegt. So ist sichergestellt, dass jeder Kennzahlenbereich in den relevanten Einheiten geführt und überwacht wird, um das Konzernziel zu erreichen. Aufgabe des Top-Managements ist es, neben der Zieldefinition, etwaige entstehende Zielkonflikte auszubalancieren und mit einer entsprechenden Organisation für die Zuordnung der Verantwortung zu sorgen. Mit diesem Ansatz kann auf Konzernebene eine Vielzahl von verschiedenen Geschäftsmodellen gemanagt und am Gruppenziel ausgerichtet werden. Voraussetzung ist natürlich ein entsprechend ausgereiftes ERP-System, funktionierende Prozesse und eine an der Steuerung ausgerichtete Organisationsstruktur. Der Anspruch dieses Steuerungsmodells ist es nicht, jedes Tochterunternehmen im Detail zu überwachen und jegliche Abläufe zu erfassen. Es wird bewusst auf die dezentrale Verantwortung der jeweiligen Manager und deren unternehmerisches Denken gebaut und die Details am Weg zur Zielerreichung auf diese Ebenen delegiert.

6.1. Unternehmensvorstellung

6.1.1. Überblick zum SWARCO-Konzern

SWARCO ist eine wachsende internationale Firmengruppe, die das komplette Programm an Produkten, Systemen und Services für Verkehrssicherheit und Verkehrsmanagement liefert. Mit ca 3.000 Mitarbeitern erwirtschaftet die Gruppe in 24 Ländern mit mehr als 70 Gesellschaften eine halbe Milliarde € Umsatz.

Manfred Swarovski hat bereits 1969 mit einer Glasperlenfabrik in Amstetten in Niederösterreich den Grundstein für den heutigen SWARCO-Konzern gelegt. Diese Glasperlen sorgen nach wie vor in der Straßenmarkierung für die Reflexion, um die Sichtbarkeit und damit die Sicherheit, speziell in der Nacht und bei schlechtem Wetter, zu erhöhen.

Schnell entwickelte sich aus der einen Glasperlenfabrik ein Unternehmen mit einem breiten Produkt- und Dienstleistungsportfolio in allen Bereichen der Verkehrssicherheit und des Verkehrsmanagements. Noch heute leitet der Gründer und Eigentümer den Konzern in der Funktion des President of the Executive Board.

Abb 28: SWARCO Traffic World – Showroom in der heutigen Konzernzentrale in Wattens, Österreich

Mittlerweile hat SWARCO in zahlreichen Bereichen und Märkten eine führende Rolle eingenommen, und entwickelt sich vom Produzenten immer mehr in Richtung eines Anbieters von vollständigen Lösungen. Heute verfügt SWARCO über folgende wesentliche Marktpositionen:

- Weltweite Nr 1 in der Ampelproduktion (Produktion)
- Weltweite Nr 2 in der Glasperlenherstellung (Produktion)
- Branchenführer in LED-Signaltechnik (Produktion)
- Branchenführer in adaptiver Verkehrssteuerung (Software)
- Marktführer im Verkehrsmanagement in den nordischen Ländern (Projekte)
- Deutschlands Nr 1 bei Fahrbahnmarkierungsmaterialien (Produktion)
- Deutschlands Nr 1 bei statischer Beschilderung (Produktion und Projekte)
- Umfangreichste Markierungsmaterialpalette in den USA (Produktion)
- Unter Europas Top 5 in der Dienstleistung für Straßenmarkierung (Dienstleistung)
- Weltweit umfangreichste Palette an Verkehrssicherheits- und Verkehrsmanagement-Lösungen (Projekte)

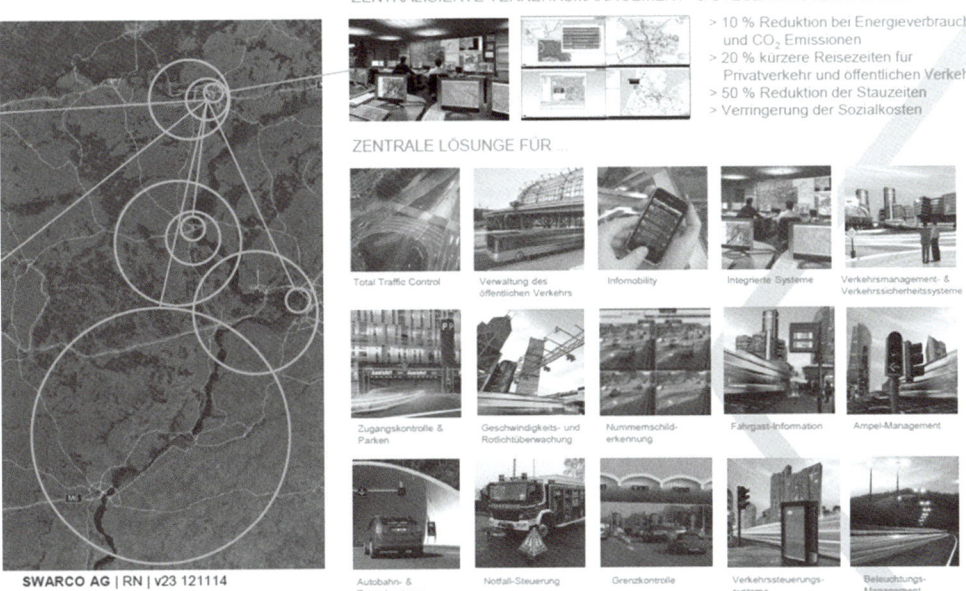

Abb 29: Überblick über das Leistungsportfolio von SWARCO

6.1.2. Rolle der Konzernholding

Die Konzernholding SWARCO AG mit Sitz in Wattens hat sich in den letzten Jahren von der Rolle als Finanzholding immer mehr zu einer klassischen Konzernzentrale entwickelt. Allein das Wachstum der Gruppe führt zur Notwendigkeit, Funktionen zu zentralisieren und die Rolle der zentralen Verwaltung aufzuwerten und zu erweitern.

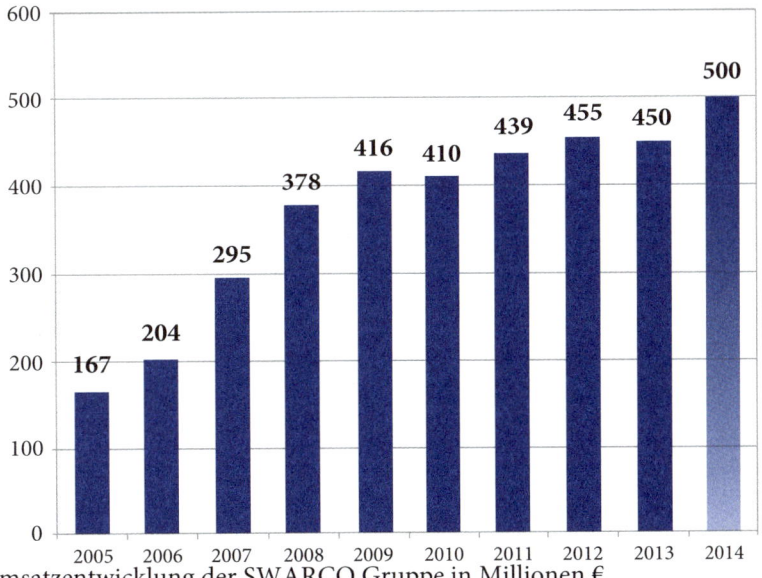

Abb 30: Umsatzentwicklung der SWARCO Gruppe in Millionen €

War die Konzernholding vor einiger Zeit noch rein zum Zweck der Anteilsverwaltung und zum Erwerb weiterer Beteiligungen eingesetzt, verfolgt sie heute das Ziel, die Gruppenstrategie zu entwickeln und deren Umsetzung zu steuern. Dabei ist es neben der Schaffung von Transparenz als Basis für Entscheidungen auch notwendig, strategisch wichtige Themen zentral zu steuern oder auch umzusetzen und zu verfolgen. Wichtige zentrale Themen sind unter anderem Cash Management, Finanzierung, globaler Einkauf, Working-Capital-Management, Weiterentwicklung der IT-Infrastruktur und des ERP-Umfelds, Marketing, Management strategischer Projekte, Erschließung neuer Märkte und Forschung & Entwicklung. Erwähnt sei auch die zentrale Unterstützung der lokalen Einheiten bei Werbemaßnahmen, bei der lokalen Rechnungslegung, rechtlichen Themen wie Vertragsgestaltung und Standardverträgen und der Bereitstellung von Methoden und Tools, zB für das Projektmanagement.

In diese Rollen musste die Konzernholding in kürzester Zeit hineinwachsen und die entsprechenden Strukturen dafür schaffen. Basis hierfür ist ein zentrales Reporting, das es erlaubt, sich einen Überblick über den Gesamtkonzern und über die wichtigsten Kennzahlen zu schaffen, um einerseits eine Basis für die strategische Ausrichtung und Justierungen zu haben, aber auch, um die oben erwähnten Funktionen zielgerichtet durchführen zu können. Diese Basis ist auch wichtig, um die künftigen Schwerpunkte zur Weiterentwicklung der Rolle der Konzernzentrale setzen zu können und eine ausbalancierte Verteilung zentraler und dezentraler Aufgaben zu erreichen. Hier liegt das Ziel zugrunde, die hohe Flexibilität und Handlungsfähigkeit durch autonome, dezentrale Einheiten aufrechtzuerhalten und dennoch übergeordnete Themen gruppenweit zu steuern.

6.1.3. Konzernstruktur und Geschäftsmodelle

Die SWARCO-Gruppe ist generell in zwei Geschäftsbereiche gegliedert: Einerseits der Bereich B2B, in dem im wesentlichen Produktions- und Entwicklungseinheiten angesiedelt sind, und andererseits der Bereich B2C, in dem sich die Vertriebs- und Projektgesellschaften wiederfinden. Jeder der beiden Bereiche besteht aus mehreren Gruppen, die zu insgesamt fünf Divisionen führen. Der Bereich B2B ist dabei nach inhaltlichen Gesichtspunkten der B2C nach regionalen Kriterien aufgeteilt. Da SWARCO keine Privatpersonen zu seinen Kunden zählt, muss man hier erwähnen, dass im Sinne der Unterscheidung zwischen B2C und B2B der Endabnehmer der Produkte oder Leistungen als „Customer" gesehen wird. Das sind zB Länder, Gemeinden und Städte, keine Endkunden im Sinne von Konsumenten. Wird an Systemintegratoren oder Dienstleister, wie Markierunternehmen, verkauft, fällt das in den Bereich B2B.

Gesteuert werden die Divisionen vom jeweiligen Divisionsmanagement, deren Leiter auch im erweiterten Executive Board des SWARCO-Konzerns vertreten sind. In diesem Board finden sich weitere zentrale Funktionen wie zum Beispiel der Eigentümer, Head of Legal und der CFO. Von diesem Teil des Managements werden auch die Zentralfunktionen, die Großteils in der Konzernholding angesiedelt sind, geführt.

Eine der großen Herausforderungen der Gruppe ist die für die Größe sehr beachtliche Vielzahl an Geschäftsmodellen und Strukturen. Man findet bei SWARCO klassische Produktionseinheiten, Dienstleistungsunternehmen, Softwareentwicklung und reine Vertriebs- und Projektgesellschaften.

Bei der Produktion kann man weiter unterscheiden in Prozessindustrie (zB Lackfabriken), reine Assemblierung und Produktion mit sehr hoher eigener Fertigungstiefe.

Im Bereich Dienstleistung reicht die Palette von klassischer Dienstleistung wie Straßenmarkierungsleistungen, Montage und Installation bis hin zu Betreibermodellen von Teilen der Verkehrsinfrastruktur von Gemeinden und Städten.

In der Softwareentwicklung sind die Modelle Standardsoftware und die teilweise und komplette Individualentwicklung vertreten.

Die SWARCO-Vertriebsgesellschaften umfassen reinen Verkauf von eigenen und fremden Produkten bis zum Vertrieb kompletter Lösungen als Projekte. Hier nimmt SWARCO Rollen vom Partner in Konsortien bis zum Generalunternehmen ein. Neben diesen Gesellschaften gibt es auch noch reine Projektgesellschaften, die nur für den Zeitraum der Projektumsetzung bestehen.

Aus dieser Heterogenität der SWARCO-Gesellschaften ergibt sich die zentrale Herausforderung für die Berichterstattung, das interne Reporting und die entsprechende Schaffung von Transparenz für die Steuerung des Gesamtkonzerns. Hierbei liegt der Fokus auf den wesentlichen Kennzahlen, auf dem Management der genannten zentralen Aufgaben und auf der Balance von zentral gesteuerten und dezentral verantworteten Themen. Im weiteren Verlauf wird auf die zentral gesteuerten Themen und das entsprechende Reporting eingegangen. Die sehr unterschiedlichen und umfangreichen dezentral zur Verfügung stehenden Strukturen, Prozesse und Kennzahlen würden den Rahmen sprengen und werden aus diesem Grund nicht erläutert.

6.2. Berichtsebenen

6.2.1. Gliederung der Berichtsebenen

Grundsätzlich werden die beiden Berichtsebenen *Organisational* und *Operative* getrennt. Diese Trennung und die weitere Aufteilung der Reporting-Layer ergeben sich einerseits aus den Anforderungen an das Berichtswesen und andererseits aus der organisatorischen Zuordnung von Verantwortungsbereichen als Basis für die Unternehmenssteuerung.

Aufgrund der historischen Rolle als reine Finanzholding wurde früher ein reines Reporting auf Ebene der gesellschaftsrechtlichen Struktur geführt und zum Zweck der externen Rechnungslegung und zum Beteiligungscontrolling dokumentiert. Auf dieser Logik baut die Berichterstattung nach der Organisationsstruktur noch immer auf. Im Zuge der Weiterentwicklung der divisionalen Struktur und des starken

Wachstums wurden der reinen gesellschaftsrechtlichen Struktur im Berichtswesen noch Organisationseinheiten entsprechend der Managementverantwortung hinzugefügt. Geblieben ist die grundsätzliche Zuordnung von reinen rechtlichen Einheiten (Legal Entities) auf unterster Ebene. Dies führt zu entsprechenden Herausforderungen bei sogenannten Zebragesellschaften, Tochterunternehmen, die verschiedenen übergeordneten Bereichen zuzuordnen wären.

Um diese Herausforderung bewältigen zu können und auch weiteren Anforderungen an das Reporting gerecht zu werden, wurde das Berichtswesen um die Berichtsebene *Operative* erweitert. Hier wird die Zahlenbasis unabhängig von der gesellschaftsrechtlichen Struktur und der Organisationsstruktur bereitgestellt und nach Projekten, Produkten/Dienstleistungstypen und Marktsegmenten gegliedert. Diese Aufteilung erforderte natürlich eine entsprechende systemseitige Unterstützung und eine Vereinheitlichung der Prozesse und ERP-Systemlandschaft. Damit können aber die beiden Berichtsebenen kombiniert werden, zum Beispiel Projekte des Typs X (operative Ebenen) für die Division Y (organisatorische Ebenen). Doch auch Produkte verschiedener Produktionsgesellschaften über den Gesamtkonzern oder in bestimmten Märkten sind konzernweit auswertbar. Diese Erweiterung der reinen Berichterstattung nach der Organisationsstruktur ist essenziell, um die Vielzahl von Geschäftsmodellen in den zahlreichen Märkten, teils mit parallelen Vertriebskanälen, zielorientiert zu steuern und den Gesamtkonzern optimal führen zu können.

6.2.2. Berichtsebenen und Management-Verantwortlichkeit

Die beiden übergeordneten Berichtsebenen gliedern sich wie folgt weiter auf, um die jeweiligen Bereiche mit entsprechender Verantwortlichkeit zu hinterlegen:

Berichtsebene	Verantwortliches Management
Organisational Reporting	
Group	Executive Board
Division	Division Management
Business Unit	Business Unit Lead
Legal Entity (Company)	Managing Director
Operative Reporting	
Projects	Local Project Management, Corporate Project Department for strategic projects
Products/Services	Business Unit Leaders of corresponding area, Product Managers for strategic and/or new product segments
Market Segments	Division Management

Abb 31: Überblick der Berichtsebenen inkl des verantwortlichen Managements

Die Gesamtverantwortung für das Gruppenergebnis trägt das Executive Board als Top-Management des Konzerns. Dieses verantwortet das Ergebnis auch in der Außenwirkung in Form des Konzernabschlusses, der dem organisatorischen Berichtswesen auf Basis der gesellschaftsrechtlichen und der organisatorischen Struktur folgt. Auf den darunterliegenden Ebenen ist das Divisionsmanagement und die Business-Unit-Leitung für die Ergebnisse ihrer Bereiche verantwortlich. Auf unterster Ebene sind die lokalen Geschäftsführer ergebnisverantwortlich, was auch deren rechtlicher Stellung in den einzelnen Tochterunternehmen entspricht. Sie verantworten auch die jeweiligen lokalen Abschlüsse der von ihnen geführten Einheiten.

Im operativen Berichtswesen sind grundsätzlich die aktiv an den Themen arbeitenden Einheiten verantwortlich, wie zB der jeweilige Projektleiter die Projektverantwortung trägt und daran gemessen wird. Handelt es sich um strategische Projekte und/oder Projekte mit sehr hoher Komplexität, da zB sehr viele konzerninterne Einheiten involviert sind, werden diese zentral vom Corporate Project Department betreut und die Verantwortlichkeit auch dorthin verlagert.

Für die jeweiligen Produkte und Dienstleistungen und deren Ergebnisse sind die Business-Unit-Leiter verantwortlich. Die Business Units sind darauf ausgerichtet, dass homogene Produkte und Leistungen zusammengefasst werden. Allerdings sind die Business Units regional teilweise sehr breit aufgestellt, daher ist die Verantwortlichkeit für Marktsegmente eine Ebene höher beim Division Management angesiedelt. Das stellt sicher, dass die Gesamtinteressen aller Marktsegmente, auch wenn Schnittstellen zu anderen Business Units bestehen, entsprechend berücksichtigt werden.

6.3. Eingesetzte Kennzahlen

6.3.1. ROCE-Baum

Als Basis für die einheitlichen Kennzahlen in der Gruppe dient der ROCE-Baum. Hintergrund ist die Ausrichtung aller Maßnahmen auf die Steigerung der Kapitalrentabilität als Basisvorgabe. Im Folgenden ist der Kennzahlenbaum vereinfacht dargestellt:

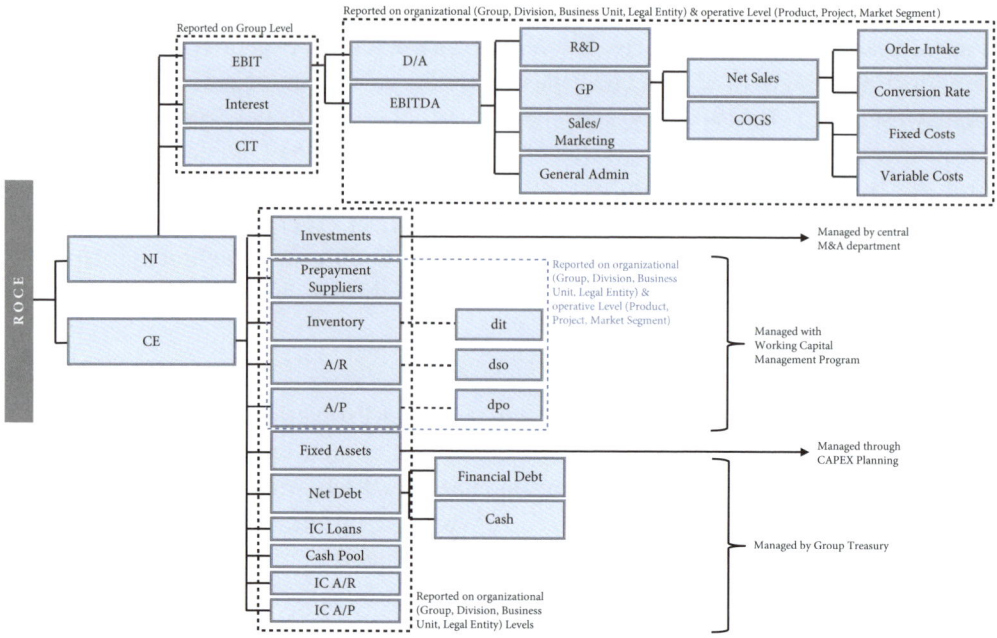

Abb 32: Kennzahlenbaum mit der Spitzenkennzahl ROCE (Return on Capital Employed)

Verwendete Abkürzungen im Kennzahlenbaum:

ROCE	Return on Capital Employed	Kapitalrentabilität
NI	Net Income	Nettoergebnis nach Zinsen & Steuern
CE	Capital Employed	Eingesetztes Kapital
EBIT	Earnings before Interest & Tax	Ergebnis vor Zinsen & Steuern
CIT	Corporate Income Tax	Ertragsteuer
D/A	Depreciation/Amortization	Abschreibung
EBITDA	Earnings before Interest, Tax & Depreciation	Ergebnis vor Zinsen, Steuern & Abschreibung
R&D	Research & Development	Forschung & Entwicklung
GP	Gross Profit	Brutto Marge
COGS	Cost of Goods Sold	Umsatzkosten
dit	days inventory turnaround	Lagerumschlagshäufigkeit in Tagen
dso	days sales outstanding	Forderungstage
dpo	days payables outstanding	Lieferantenzahlungsziel
A/R	Accounts Receiveables	Forderungen aus Lieferung & Leistung
A/P	Accounts Payables	Lieferantenverbindlichkeiten
IC	Intercompany	zwischenbetrieblich

Die weitere Herausforderung ist nun die Zuordnung der verschiedenen Teilkennzahlen und Kennzahlenblöcke zu Verantwortungsbereichen in der Form, dass die Gesamtzielerreichung sichergestellt werden kann, und gegenläufige Interessen minimiert bzw organisatorisch geregelt werden.

6.3.2. Kennzahlenblöcke

6.3.2.1. Gruppenergebnis (EBIT, Zinsen, Steuern)

Das Net Income (NI) auf Gruppenebene ist die zentrale Kennzahl zur Messung des Erfolges im Konzern. Diese Kennzahl inkl der Bestandteile EBIT, Zinsen und Ertragsteuern wird nur auf oberster Ebene berichtet. Natürlich sind diese Kennzahlen auch auf unterster organisationaler Ebene verfügbar, werden dort aber nicht zur Erfolgsbeurteilung verwendet.

Aufgrund der zentralen Verwaltung aller Finanzierungen und der Steuerung der ertragsteuerlich relevanten Themen durch die Holding werden diese Werte nur auf der obersten Ebene zur Beurteilung herangezogen. Die Zinsaufwände werden vom zentralen Treasury verantwortet, das alle Finanzierungen der Gruppe betreut. Die Ertragsteuerbelastung wird vom Group Controlling verantwortet, das entsprechende Berichte erstellt und internationale, konzernweite Projekte initiiert, um eine adäquate Konzernsteuerbelastung sicherzustellen.

Für das Gruppenergebnis in Form des EBIT, NI und ROCE – also für eine entsprechende Kapitalrentabilität – zeichnet sich in letzter Konsequenz das Executive Board verantwortlich.

6.3.2.2. Umsatz und Kosten bis zur Ebene EBITDA

Die Kennzahlen von Umsatz bis EBITDA werden auf allen organisationalen (Division, Business Unit, einzelne Firma) und operativen (Projekte, Produkte/Services, Marktsegmente) Ebenen berichtet, und die Verantwortlichkeit liegt beim jeweiligen Management. Zum Beispiel ist der Managing Director eines Tochterunternehmens für das lokale EBITDA verantwortlich, aber auch ein Projektleiter für das Projekt-EBITDA oder ein Divisionsleiter für das Ergebnis seiner Division in Form des EBITDA.

Das EBITDA wurde als passende Kennzahl gewählt, da es am besten den beeinflussbaren Bereich durch die lokalen Manager abgrenzt. Aufgrund der Zunahme von zentral gesteuerten Themen wie die Finanzierung wurden den jeweiligen Verantwortlichen immer mehr Zuständigkeiten abgenommen, die es nicht mehr ermöglichen, eine Gesamtverantwortung aus finanzieller Sicht, zum Beispiel in Form eins Net Incomes, einzufordern. Wichtig erschienen aber die grundsätzliche unternehmerische Ausrichtung und das Denken in einzelnen „Bereichsergebnissen" nicht zu sehr anzugreifen und aufzuweichen, da dieser Ansatz aus der dezentralen Vergangenheit des Konzerns als großer Vorteil angesehen wird. Daher wurde das EBITDA als höher gelegene Kennzahl gewählt, die eine sehr gute Aussage über den operativen, finanziellen Erfolg liefern kann.

6.3.2.3. Forschung und Entwicklung

Forschungs- und Entwicklungsaktivitäten werden zentral überwacht und gesteuert. Daher liegt die Verantwortung für die entstehenden Kosten auch im zentralen Innovation Office. Die Kennzahlen innerhalb des ROCE-Modells sind die anfallenden Kosten auf allen organisatorischen Ebenen, was speziell im Bereich R&D nur einen sehr kleinen Teil des Gesamtbildes ausmacht. Hier spielen viele andere Themen, auch sehr viele qualitative Einschätzungen, eine große Rolle. Hierzu findet man auf Konzernebene noch einige nicht finanzielle Kennzahlen, die im entsprechenden Kapitel kurz erläutert werden.

6.3.2.4. Working Capital

Das Working Capital, also der Lagerstand, die Forderungen und die Verbindlichkeiten werden durch das zentrale Working-Capital-Management überwacht, von dem aus auch entsprechende Maßnahmen abgeleitet werden. Als zentrale Kennzahlen hierfür dienen die Umschlagshäufigkeiten in Tagen – dit (days inventory turnaround), dso (days sales outstanding) und dpo (days payables outstanding). In den speziellen Working Capital Reports werden diese Kennzahlen auf alle organisatorischen Berichtsebenen, aber auch auf die operativen Ebenen wie zum Beispiel Projekte runtergebrochen und deren Entwicklung über die Zeitachse und als 12-Monats-Durchschnittswerte ergänzt und zum Umsatz in Relation gestellt, um das dadurch gebundene Kapital zu überwachen. Die Steuerung der Maßnahmen erfolgt zentral durch das Group Treasury.

6.3.2.5. Investitionsmanagement und M&A

Das Berichtswesen liefert die entsprechenden Bilanzpositionen zu Investitionen im weitesten Sinn auf allen organisationalen Berichtsebenen, von der Gruppensicht bis zu den einzelnen Firmen.

Alle Aktivitäten, die sich in der Position Investitionen im weitesten Sinn widerspiegeln, werden zentral vom Investitionsmanagement überwacht und gemäß entsprechender Regeln ab bestimmten Größenordnungen und bei Themen mit gruppenweiter Relevanz in der Holding gesteuert. Hierzu zählen neben klassischen Investitionen in Anlagevermögen auch immaterielle Anschaffungen wie auch M&A-Aktivitäten. Im Detail werden hier neben den üblichen Methoden der Investitionsrechnung zahlreiche auch projektbezogene und qualitative Kriterien zur Entscheidung und Steuerung herangezogen.

In letzter Konsequenz wird der Bereich vom CFO der Gruppe verantwortet, in den darunterliegenden Berichtsebenen vom jeweiligen Management. Neben den Investitions- und Deinvestitionsentscheidungen fallen in diese Verantwortung auch verschiedenen Themen zur Abschreibungsstrategie und zur Kapitalisierung, zum Beispiel von R&D-Projekten.

Allein die Kennzahl Abschreibung und die Bilanzposition Investitionen sind für eine Steuerung dieses komplexen Themas, auch wenn man diese auf alle organisationalen Ebenen herunterbricht, zu oberflächlich und müssen durch die erwähnten Methoden und Prozesse der Investitions- und Rentabilitätsrechnung immer in Kombination mit der Konzernstrategie behandelt und aufbereitet werden.

6.3.2.6. Cash Management, Finanzierung

Die Bereiche Cash Management und Finanzierung werden vom Group Treasury verantwortet und über die zentralen Kennzahlen aus der Bilanz und den Zinserträgen und Zinsaufwänden gesteuert. Zur entsprechenden Optimierung über alle Gesellschaften und Länder hinweg stehen diese Zahlen im Berichtswesen auf allen organisationalen Berichtsebenen zur Verfügung, wobei hier die Relevanz auf den virtuellen Organisationsebenen Division und Business Unit zu vernachlässigen ist.

Ähnlich wie im Bereich Investitionsmanagement sind die genannten Kennzahlen für die Definition von Zielen und der groben Überwachung geeignet. Für das operative Handeln ist eine Vielzahl von weiteren Parametern auch im Hinblick auf die externe Kommunikation zu beachten und zu steuern. Diese ergeben sich zum Beispiel aus Verträgen mit Finanzierungspartnern und aus spezifischen Anforderungen der Unternehmen und Gesetzgebungen.

6.3.2.7. Übersicht der Kennzahlen und Verantwortlichkeiten

Kennzahl	Verantwortliches Management
ROCE, NI, EBIT (Gruppenergebnis)	Executive Board
Ertragsteuern	Group Controlling
Finanzierungskosten	Group Treasury
Umsatz	jeweiliger Verantwortlicher der Berichtsebene
Operative Kosten	jeweiliger Verantwortlicher der Berichtsebene
Verwaltungskosten	jeweiliger Verantwortlicher der Berichtsebene
EBITDA	jeweiliger Verantwortlicher der Berichtsebene
R&D-Kosten	Innovation Office
Working Capital	Group Treasury
Investitionen & DA	jeweiliger Verantwortlicher der Berichtsebene bzw zentral bei strategischen oder Großinvestitionen
M&A	Executive Board
Nettoverschuldung	Group Treasury

Abb 33: Übersicht der Verantwortlichkeit je Kennzahl

6.4. Weitere nicht finanzielle Kennzahlen

6.4.1. Übersicht der nicht finanziellen Kennzahlen

Aufgrund der fortschreitenden Harmonisierung der ERP-Systeme wird aktuell nur ein kleiner, steuerungsrelevanter Bereich von nicht finanziellen Kennzahlen im Gesamtkonzern erhoben. Dies auch vor dem bereits erwähnten Hintergrund der ausgeprägten dezentralen und autonomen Struktur, die in vielen Bereichen aufgrund der dadurch hohen Effizienz und Flexibilität beibehalten werden soll.

Die Berichtsdimensionen folgen den üblichen Steuerungsmodellen und stellen die Basis für die künftige weitere Entwicklung der Strategieimplementierung dar. Sie umfassen die folgenden Bereiche inkl der jeweiligen Kennzahlenblöcke:

- Human Resources
  - Personalstand
  - Personalkosten
  - Krankenstände
  - Unfälle
  - Fluktuation
  - Altersverteilung
  - Mitarbeiterzufriedenheit
  - Fortbildung
  - Mitarbeiterbeurteilung
- Sales
  - Verteilung der Umsätze auf Bestands- und Neukunden
  - ABC-Kundenverteilung (nach Volumen, Margen, …)
  - Verschiedene Conversionrates (zB Win-Rate für Ausschreibungen, …)
  - Umsatztypen (Neuanlagen, Wartung, Reparaturen, Betrieb, …)
  - Verschiedene Erneuerungsraten für Zeitverträge
- Internal Processes
  - Operation, SCM
    - – Durchlaufzeiten outbound und inbound
    - – Rücklaufquoten outbound und inbound
  - Production
    - – Stundensätze
    - – Prozessstunden
    - – Auslastung
  - R&D
    - – Umsatzverteilung auf Produktalter
    - – Planabweichungen bei R&D-Projekten
    - – Anteil der R&D-Projekte an marktfähigen Produkten/Lösungen

Diese Aufstellung gibt einen groben Überblick zu den betroffenen Themen. Eine detaillierte Erörterung der darunterliegenden Kennzahlen und Steuerungslogiken führt in diesem Rahmen zu weit. Im Weiteren werden kurz die Hintergründe und Verantwortlichkeiten beleuchtet.

6.4.2. Details der Kennzahlen und verantwortliches Management

Die Zuordnung der nicht finanziellen Kennzahlen zum jeweils verantwortlichen Management erfolgt analog zur Zuordnung der finanziellen Kennzahlen und folgt auch demselben Prinzip der Berichtsebenen.

Die personalbezogenen Kennzahlen werden auf allen organisationalen Ebenen berichtet und die Verantwortlichkeit liegt beim jeweiligen Management, also beim Managing Director für die lokale Gesellschaft bis zum Divisionsmanager für eine Division. Für strategische Belange, wie zum Beispiel die gruppenweite Förderung von Nachwuchsführungskräften, unterstützt und steuert die zentrale Personalabteilung entsprechende Projekte, dessen Verantwortlichkeit auf Konzernebene dem Executive Board, dem auch der Personalleiter angehört, zuzurechnen ist.

Die vertriebsbezogenen Kennzahlen werden auf den organisationalen und auch auf den operativen Ebenen berichtet. Die Steuerung dieser Themen obliegt somit dem Management der jeweiligen Organisation, aber auch den jeweiligen Verantwortlichen von Projekten, Produktsegmenten und Märkten. Klarerweise führt das zu einem erhöhten Abstimmungsaufwand und teilweise gegenläufigen Interessen, die auf Konzernebene ausgesteuert werden müssen. Es hat sich aber gezeigt, dass nur so die verschiedenartigen Interessen ausreichend gewürdigt werden können und die Gesamtunternehmung trotz hoher Dezentralität die Konzernstrategie verfolgen kann.

Bei den internen Prozessen werden die gruppenweiten Kennzahlen auf Organisationsebene berichtet, da diese nur einen hoch aggregierten Teil der eingesetzten Methoden und Berichte widerspiegelt. Durch die sehr heterogene Landschaft von Prozessen in der Gruppe werden diese spezifisch auf die jeweilige Einheit zugeschnitten und dezentral überwacht. In der einheitlichen Berichterstattung reicht die oben dargelegte Aggregation zur Überwachung und Steuerung bei relevanten Abweichungen aus. Für diese zusammengefasste Darstellung sind wiederum die jeweiligen Manager der Organisationseinheiten verantwortlich.

6.5. Verbindung zum Anreizsystem

6.5.1. Überblick zum Anreizsystem und Zusammenhang mit den Kennzahlen

Grundsätzlich folgt das Anreizsystem klassischen Bonussystemen mit entsprechend vereinbarten Zielen und bestimmten Incentives bei Zielerreichung. Die Ziele sind in individuelle Ziele, die mit dem jeweiligen übergeordneten Management zu vereinbaren sind, und in Ziele, die sich auf die Performance der jeweils verantworteten Organisationseinheit beziehen, geteilt. Die individuellen Ziele sind frei vom Management zu wählen und helfen der jeweils am besten geeigneten und der Situation zugeschnittenen Steuerung und Führung. Die Ziele für die Organisationseinheiten leiten sich vom Planungsprozess ab, sind zentral vorgegeben, und setzen sich in der Regel aus dem EBITDA als Ergebniskennzahl, in Wachstumsbereichen zusätzlich aus dem Umsatz und bei umfassenden Veränderungen noch aus spezifischen Kennzahlen wie zum Beispiel dem Net-Working-Capital zusammen.

Grundsatz ist hier, dass wenige Spitzenkennzahlen verwendet werden sollen und diese einfach verständlich und vom Gesamtmodell transparent abgeleitet werden können. Wichtig erscheint hier auch die homogene Berechnungslogik über den Gesamtkonzern und eine automatische Ableitung aus dem Berichtswesen, ohne umfangreiche Anpassungen, um den Aufwand gering und den Prozess transparent zu halten.

6.5.2. Stärken und Schwächen dieser Incentivierung

Das EBITDA als zentrale Kennzahl ist sicherlich ein Kompromiss, um das operative Ergebnis einer Organisationseinheit aus finanzieller Sicht darzustellen und zentral gesteuerte Themen wie Investitionsmanagement oder Finanzierung unberücksichtigt zu lassen. Abgesehen von diesen Themen sollten auch weitere Konzernthemen wie interne Verrechnungen, die von der Konzernzentrale vorgegeben werden, bereinigt werden. An Bedeutung gewinnt das EBITDA als zentrale Größe auch durch die Relevanz für Banken, zB in Form des Verhältnisses Net Debt zu EBITDA und des cash-ähnlichen Charakters, was den operativen Beitrag zur Wertsteigerung des Unternehmens darstellt.

Die Messung zusätzlich am Umsatz in Organisationseinheiten mit Start-Up-Charakter, teils sogar dem EBITDA übergeordnet, macht in Markteintritts- und Wachstumssituationen Sinn, um den Faktor Zeit mehr in den Vordergrund zu rücken. Das erscheint essenziell, da man selten der einzige Player in einem neuen Markt ist und die Markteintrittsdauer oder auch die Einführung neuer Produkte und Lösungen zeitlich sehr kritisch sein kann. Natürlich arbeitet man dann mit teils gegenläufigen Zielen, da ein schneller Markteintritt mit entsprechendem operativem Aufwand auf das EBITDA drücken kann. Dies gilt es, an der Strategie auszurichten und entsprechend bei der Planung und Zielformulierung zu berücksichtigen.

Eine weitere Besonderheit ergibt sich aus verschiedenen Sondersituationen wie zum Beispiel einem Working-Capital-Optimierungsprojekt, das auch negative Einflüsse auf das EBITDA haben kann. Daher wird in solchen Situation das Zielportfolio für die betroffenen Manager erweitert, um die strategiekonforme Umsetzung auch mit dem Bonussystem zu unterstützen.

Wie bei jeder Aggregation auf wenige oder nur eine Kennzahl geht Information verloren. So ist es auch bei Ziel- und Bonussystemen, die auf wenige Kennzahlen zurückgreifen. Wichtig hierbei ist, dass das System der Unternehmensstrategie folgt und die Wirksamkeit laufend beobachtet wird. Eine ideale Lösung für alle Situationen gibt es nicht und ein Bonussystem kann klassische Management- und Führungsaufgaben maximal unterstützen, aber nicht ersetzen.

6.6. Fazit

Besonders in einem Konzern mit einer Vielzahl an unterschiedlichen Geschäftsmodellen und sehr verschieden funktionierenden Märkten ist das konzernweite Kennzahlensystem eine spannende Herausforderung. Aus dieser Heterogenität ergibt sich die Notwendigkeit einer umfangreichen Vereinfachung des Berichtswesens, um den Überblick bewahren zu können. Die Alternative zum hier dargestellten Vorgehen wäre ein umfangreiches System an Kennzahlen und Berichten inkl unzähligen Verantwortlichkeiten und verschiedensten Bonussystemen. Dieser Ansatz bedarf einer entsprechend umfangreichen und aufwendigen Administration und Überwachung, damit die verfolgten Ziele auch wirklich erreicht werden können. Inwieweit ein solches Vorgehen unter Beachtung der Kosten für die Aufrechterhaltung und Wartung wertsteigernd ist bzw ab welcher Unternehmensgröße das der Fall sein kann, kann auf die Schnelle wohl nicht beurteilt werden.

Das hier grob umrissene Konzept der sehr dezentralen Verantwortung fordert auf der anderen Seite großes unternehmerisches Engagement des beteiligten Managements. Dies ist aufgrund des Großteils akquisitorisch gewachsenen Konzerns und durch den Verbleib zahlreicher ehemaliger Eigentümer und Unternehmer bei SWARCO als Voraussetzung gegeben. Das dürfte ein Grund dafür sein, dass dieses Konzept, die Steuerung über sehr wenige finanzielle Kennzahlen und der zentralen Betreuung von einigen für den Gesamtkonzern strategisch wichtigen Bereichen, sich in der SWARCO-Gruppe bewährt hat und auch weiter ausgebaut wird.

Der Anspruch an das Berichtswesen, vor allem in Bezug auf die externe Rechnungslegung, ist natürlich derselbe wie mit anderen Konzepten. Hier ist eine harmonisierte ERP-Landschaft die Basis für belastbare Berichte. Diese Harmonisierung läuft natürlich „gefühlt" etwas gegen ein dezentrales Managementkonzept, ist aber ab einer gewissen Komplexität und Größe, vor allem getrieben durch die verschiedensten Rechnungslegungsvorschriften, unumgänglich.

7. Steuerung der Nachhaltigkeit mittels Kennzahlen im Luftverkehr

Karl-Heinz Steinke/Astrid Messmer Rodriguez

Inhaltsverzeichnis

Der Weltluftverkehr ist das Rückgrat globaler Mobilität und unverzichtbare Voraussetzung für den internationalen Handel. Mit zunehmender internationaler Arbeitsteilung stieg das weltweite Passagier- und Frachtaufkommen seit 1980 stetig mit 4–5 %. Dieses Wachstum und die damit verbundene Klimabelastung durch den mit dem Treibstoffverbrauch unvermeidbar verbundenen CO_2-Ausstoß haben den Luftverkehr bereits im ersten Bericht des International Panel for Climate Change (IPCC) in den Fokus gerückt. Obwohl der Anteil des CO_2-Ausstoßes weltweit derzeit nur knapp mehr als 2,4 %[41] ausmacht, soll das erwartete, weiter dynamische Wachstum des Luftverkehrs gebremst werden.

So wurde zum Beispiel in der europäischen Union bereits 2012 damit begonnen, den europäischen Luftverkehr in den Handel mit Emissionszertifikaten zu integrieren. Aufgrund damit verbundener internationaler luftverkehrsrechtlicher Probleme wurde der Handel jedoch vorübergehend (bis 2016) auf den innereuropäischen Luftverkehr begrenzt. Die Strategien für ein nachhaltiges Wachstum konzentrieren sich daher bei allen Luftverkehrsgesellschaften in besonderem Maße auf das Klimaziel der CO_2-Reduktion.

---

41   World Air Transport Statistics, 58th Edition, 2014.

Allerdings ist die Politik des nachhaltigen Wirtschaftens nicht auf das Klimaziel reduziert. Im besonderen Maße werden auch Ziele in den sozialen Bereichen anvisiert. Hierzu gehört zum Beispiel für Lufthansa, aber auch für viele andere Luftverkehrsgesellschaften, die Mitgliedschaft im UN Global Compact und damit die Ausrichtung ihrer Strategien und Geschäftätigkeit an den zehn universell anerkannten Prinzipien aus den Bereichen des Menschenrechtes, der Arbeitsnormen, des Umweltschutzes und der Korruptionsbekämpfung. Insbesondere der Erfolg von Dienstleistungsunternehmen hängt in einem hohen Maße von den Ideen, der Begeisterung und dem Engagement der Mitarbeiter ab. Ein attraktives Arbeitsumfeld und eine partnerschaftliche Beschäftigungspolitik, die auch die Vorstellungen und Bedürfnisse der Mitarbeiter berücksichtigen, sind wesentliche Erfolgsfaktoren in Luftverkehrsunternehmen.

7.1. Bedeutung der Nachhaltigkeit im Luftverkehr

7.1.1. Leistung und Bedeutung des Weltluftverkehrs

Im Weltluftverkehr wurden 2013 von mehr als 300 Luftverkehrsgesellschaften mehr als 3,1 Mrd Passagiere (+ 5,1 % zu 2012) und 47,9 Mio Tonnen Fracht (+ 2,0 % zu 2012) befördert.

Das Wachstum des Weltluftverkehrs ist ungebrochen. Derzeit erwartet die IATA im Passagiergeschäft bis 2017 ein Wachstum von 6,2 % pa und im Frachtgeschäft ein Wachstum von 4,5 % pa. Besonders stark wächst dabei der Luftverkehr mit und in den aufstrebenden Märkten.[42]

7.1.2. Nachhaltigkeitsstrategie und -ziele im Weltluftverkehr

Luftverkehr ist allen technologischen Bemühungen zum Trotz in den nächsten Jahrzehnten untrennbar mit dem Verbrauch von Kerosin und damit Rohöl verbunden. Der Verbrauch von Kerosin ist nach dem drastischen Anstieg der Preise für Rohöl seit 2005 für alle Luftverkehrsgesellschaften ein bedeutsamer Kostenfaktor, der im Durchschnitt 20–25 % der Gesamtkosten einer Airline ausmacht. Die stetige Senkung des Kerosinverbrauchs liegt daher bereits im ökonomischen Eigeninteresse der Fluggesellschaften. Klimaabgaben in einzelnen Ländern, Luftverkehrssteuern und die Integration des innereuropäischen Luftverkehrs in den Emissionshandel und der hieraus notwendige Kauf von Zertifikaten für den legalen CO_2-Ausstoß haben den Kostendruck weiter verstärkt. Dabei kooperieren die Luftverkehrsgesellschaften über die International Air Transport Association (IATA) miteinander. Bereits 2008

---

42   Alle Zahlenangaben des Abschnitts aus: World Air Transport Statistics, 58th Edition, 2014.

hat die IATA ehrgeizige Klimaziele für den Weltluftverkehr festgelegt und veröffentlicht.

- Steigerung der Treibstoffeffizienz bis 2020 um 1,5 % pro Jahr
- CO_2-neutrales Wachstum ab 2020
- Reduzierung der Netto-CO_2-Emissionen bis 2050 um 50 % auf Basis von 2005

Abb 34: Klimaziele im Weltluftverkehr

7.2. Die Lufthansa Group

7.2.1. Unternehmensprofil

Die Lufthansa Group ist ein weltweit operierender Luftfahrtkonzern mit insgesamt rund 540 Konzern- und Beteiligungsgesellschaften. Im Jahr 2014 beförderten die Airlines der Lufthansa Group rund 106 Mio Fluggäste und mehr als 1,9 Mio Tonnen Fracht. Das Streckennetz umfasste 301 Ziele in 102 Ländern. Die Dienstleistungen wurden von mehr als 118.000 Mitarbeitern mit 151 Nationalitäten erbracht.[43]

7.2.2. Geschäftsfelder

Das Unternehmen ist in fünf Geschäftsfeldern aktiv: Passage Airline Gruppe, Logistik, Technik, Catering und IT-Services. In sämtlichen Geschäftsfeldern zählt der Konzern zu den globalen Marktführern. Die Passage Airline Gruppe bildet das größte Geschäftsfeld und ist der Nukleus der Unternehmensgruppe, welches die öffentliche Wahrnehmung prägt. Dabei positionieren sich alle Airlines der Gruppe in ihren jeweiligen Segmenten als Qualitätscarrier.

---

43   „Balance"-Nachhaltigkeitsbericht der Lufthansa Group, Ausgabe 2014.

7.2.3. Strategie und Nachhaltigkeitsziele der Lufthansa Group

Nachhaltige Unternehmensführung ist, dem Selbstverständnis des Luftfahrtkonzerns entsprechend, eine wesentliche Einflussgröße, um die Zukunftsfähigkeit der Lufthansa Group zu sichern. Das verantwortungsvolle unternehmerische Handeln ist fest in der Strategie der Unternehmensgruppe verankert. Die Wahrnehmung der unternehmerischen Verantwortung erstreckt sich in der Lufthansa Group auf die Themengebiete

- wirtschaftliche Nachhaltigkeit,
- soziale Verantwortung,
- Klima und Umweltverantwortung,
- Corporate Governance und Compliance sowie
- Corporate Citizenship.

Im Vordergrund dieses Beitrages stehen die Kennzahlen zur Steuerung des Klima- und Umweltschutzes sowie der ökonomischen und sozialen Nachhaltigkeit. Alle Angaben entstammen, soweit nicht gesondert vermerkt, internen Quellen der Lufthansa Group.

7.3. Steuerung der Nachhaltigkeit mittels Kennzahlen im Passagierluftverkehr

7.3.1. Ökonomische Nachhaltigkeit

Seit 1999 orientiert sich die Lufthansa Group bei der Führung und Steuerung des Konzerns an dem Ziel, den Unternehmenswert nachhaltig, dh über Industriezyklen hinweg, zu steigern. Dieser Ansatz ist integraler Bestandteil aller Prozesse der Planung, Steuerung und Kontrolle. Die Ergebnisse fließen in das interne und externe Berichtswesen ein. Das wertorientierte Managementsystem ist mit der erfolgsorientierten Vergütung verknüpft.

Seit Einführung der wertorientierten Steuerung im Jahr 1998 wird für die Lufthansa Group der Cash Value Added (CVA) als zentrale Steuerungskennzahl genutzt. Anforderungen des Kapitalmarkts und anderer Interessenvertreter wurden zum Anlass genommen, den CVA als zentrales Steuerungselement zu überprüfen. Nach Abwägung verschiedener Alternativen hat der Vorstand der Lufthansa Group beschlossen, den CVA durch die Kennzahl Earnings After Cost of Capital (EACC) abzulösen, welche die Wertorientierung im Unternehmen aufgrund einer besseren Nachvollziehbarkeit aus dem Unternehmensabschluss noch stärker verankern soll.

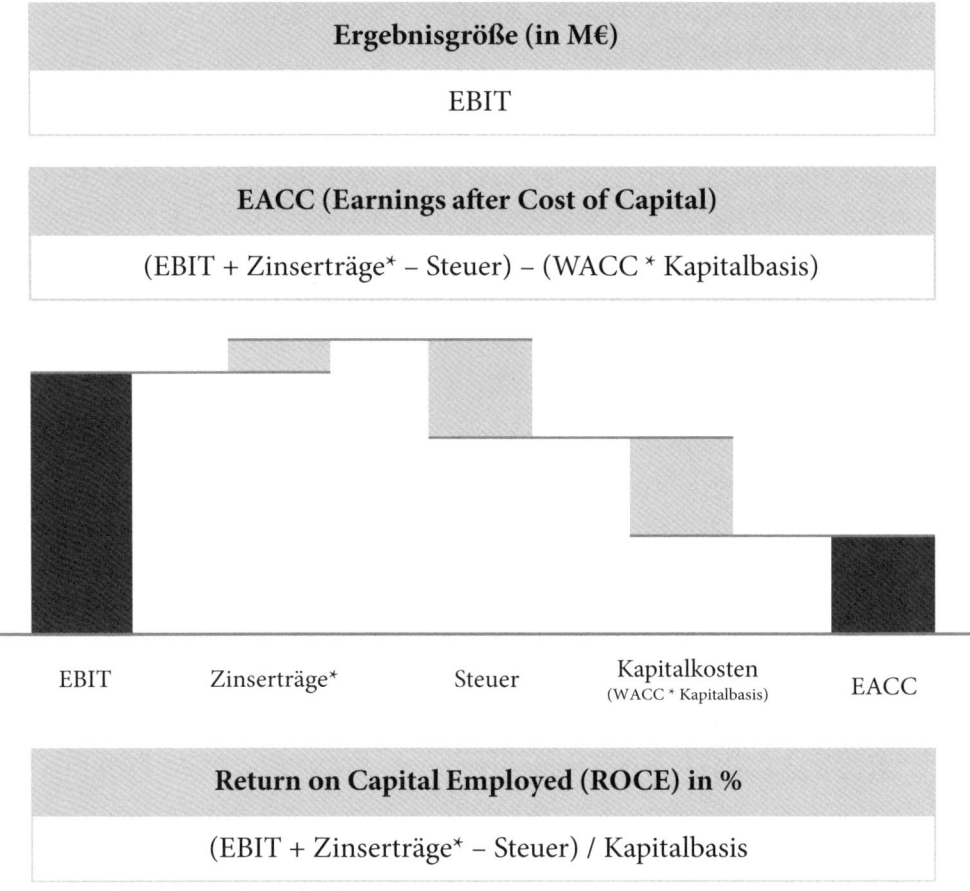

Ergebnisgröße (in M€)
EBIT

EACC (Earnings after Cost of Capital)
(EBIT + Zinserträge* − Steuer) − (WACC * Kapitalbasis)

EBIT   Zinserträge*   Steuer   Kapitalkosten (WACC * Kapitalbasis)   EACC

Return on Capital Employed (ROCE) in %
(EBIT + Zinserträge* − Steuer) / Kapitalbasis

*Erträge aus Liquidität inklusive Ergebnis aus kurzfristigen Finanzinvestitionen

Abb 35: Earnings After Cost of Capital (EACC)

Als absolute Wertbeitragsgröße wird das EACC ausgehend von dem in einem Geschäftsjahr erzielten „Earnings before Interest and Taxes" (EBIT) ermittelt. Darin enthalten ist auch das Beteiligungsergebnis. Das EBIT wird um die Erträge aus der Verzinsung der Liquidität erhöht, da es sich beim EBIT um ein Ergebnis vor Zinsen und Steuern handelt. Als führende Gewinngröße für die Unternehmenssteuerung dient ab dem Geschäftsjahr 2015 das Adjusted EBIT. Es bereinigt das EBIT um Ergebniseffekte aus Bewertung von Vermögensgegenständen, Ergebniseffekte aus Veräußerung von Vermögensgegenständen sowie Bewertungseffekte von Pensionsrückstellungen.

Ausgehend vom EBIT plus Zinserträge auf Liquidität werden 25 % Steuern abgezogen. Von diesem Ergebnis werden die Kapitalkosten, dh die Renditeerwartungen der Kapitalgeber, abgezogen. Diese ergeben sich aus den Verzinsungserwartungen der Eigen- und Fremdkapitalgeber sowie der Kapitalbasis. Die Kapitalbasis wiederum errechnet sich aus der Summe von Anlage- und Umlaufvermögen und wird um nicht zinstragende Verbindlichkeiten wie beispielsweise Rückstellungen verringert. Die Kapitalbasis wird dabei als Durchschnitt aus dem Jahresanfangsbestand und dem Jahresendbestand ermittelt. Ein positives EACC bedeutet, dass das Unternehmen in einem Geschäftsjahr Wert geschaffen hat.

Die neue Kennzahl zeichnet sich insbesondere durch eine hohe Transparenz und Nachvollziehbarkeit, einfache Handhabung und die volle Integration in das Kennzahlensystem zur wertorientierten Steuerung aus. Der Anforderung der Aktionäre an eine angemessene Kapitalverzinsung und einen nachhaltigen Wertzuwachs des Unternehmens wird damit auch zukünftig Rechnung getragen. Neben der absoluten Wertbeitragsgröße EACC soll zukünftig auch verstärkt die relative Verzinsung des eingesetzten Kapitals, der Return On Capital Employed (ROCE), in den Fokus der Steuerung rücken, um auch die Kapitalallokation entsprechend zu bewerten und zu steuern (Abb 35).

Das neue Kennzahlensystem wurde mit Beginn des Geschäftsjahres 2015 integraler Bestandteil aller Prozesse der Planung, Steuerung und Kontrolle. Der Nachhaltigkeit wird durch zwei Aspekte Rechnung getragen: Zum einen wird ex ante die Wertentwicklung über einen Zeitraum von drei Jahren geplant, zum anderen wird zur Beurteilung des wirtschaftlichen Erfolges des Managements der kumulierte Wertbeitrag der vergangenen drei Perioden herangezogen (siehe hierzu das nachfolgende Kapitel).

7.3.2. Organisation und Koppelung der Nachhaltigkeitsziele mit den Finanzzielen

Die Ziele und Aktivitäten des Konzerns im Rahmen der Corporate Responsibility werden zentral durch das Corporate Responsibility Council (CRC) koordiniert und gesteuert. Dieses interdisziplinäre und bereichsübergreifende Gremium auf oberer Managementebene wird vom Leiter der Konzernstrategie geführt, und ist für die Weiterentwicklung aller nachhaltigkeitsrelevanten Aktivitäten und Initiativen innerhalb der Lufthansa Group verantwortlich. Das CRC berichtet direkt an den Vorstand der Lufthansa Group. Dem CRC gehören die Leiter der Bereiche Politik, Umweltkonzepte, Personal, Recht, Kommunikation, Controlling und Corporate Sourcing an. Zudem verfügen alle größeren Konzerngesellschaften über eigene Organisationseinheiten zur Steuerung ihrer individuellen Programme und Maßnahmen.

Die Koordination des Nachhaltigkeitsmanagements im Konzern durch das CRC wird verstärkt durch die personelle Koordination in Form von Zielvereinbarungen für Management und Mitarbeiter. Im Vergütungssystem der Lufthansa Group wird für Vorstand, Führungskräfte und Mitarbeiter traditionell großer Wert auf Anreizprogramme gelegt, die sowohl die individuelle Leistung als auch den Erfolg des Unternehmens honorieren.

Für Vorstand und Führungskräfte wird der Konzernerfolg gleichermaßen über die operative Marge und den über drei Jahre kumulierten Wertbeitrag des Konzerns (EACC) gemessen. Durch die mehrjährige Betrachtung wird das Ziel einer nachhaltigen Wertschaffung betont.

Zusätzlich zum Wertbeitrag werden bereichsindividuelle Ziele aus den Konzernprogrammen zur Kostensenkung und geschäftsfeldspezifischen Erfolgsfaktoren, sog Key Performance Indicators (KPIs), festgelegt. In dieser Kategorie werden auch die in der Nachhaltigkeitsstrategie verankerten Ziele für Klima- und Umweltschutz, Kunden- und Mitarbeiterzufriedenheit etc verankert.

7.3.3. Kennzahlen zum Klimaschutz

Das Kerngeschäft der Lufthansa Group ist die Passagier- und Frachtbeförderung. Die wesentlichen Umweltauswirkungen ergeben sich daher aus den Flugbetrieben der Gruppe. Für die Flüge wird Kerosin benötigt, durch dessen Verbrennung Kohlendioxyd (CO_2) und andere Emissionen, wie zum Beispiel Stickoxyde oder unverbrannte Kohlenwasserstoffe, entstehen. Durch die Verbrennung von einer Tonne Kerosin entstehen 3,15 to CO_2.

Dementsprechend richten sich die Anstrengungen im Bereich Klimaschutz auf die kontinuierliche Verbesserung der Treibstoffeffizienz. Dies wirkt sich nicht nur positiv auf den CO_2-Fußabdruck, sondern auch auf den Treibstoffverbrauch und die Treibstoffkosten aus. Letztere stellen mit mehr als 21 % der Gesamtaufwendungen einen wesentlichen Kostenfaktor dar.

Die Zielsetzung des Konzerns ist ehrgeizig: Bis 2020 soll der spezifische Treibstoffverbrauch und der damit verbundene CO_2-Austoß um 25 % gegenüber dem Jahr 2006 gesenkt werden. Gleichzeitig unterstützt der Konzern die bereits erwähnte weitergehende Zielsetzung der Luftfahrtbranche, die Treibstoffeffizienz bis 2020 um 1,5 % pa zu steigern. Ab 2020 soll das Wachstum CO_2-neutral gestaltet werden und bis 2050 die Netto-CO_2-Emissionen auf Basis des Jahres 2005 um 50 % gesenkt werden.

7.3.3.1. Berechnung der CO_2-Bilanz

Lufthansa ermittelt ihre CO_2-Emissionen nach den Kategorien des „Greenhouse-Gas-Protokolls" (GHG-Protokoll). Die Emissionen werden danach in drei Hauptbereiche (Scopes) unterteilt:

Scope 1: direkte Emissionen durch Verbrennung von Kraftstoffen in eigenen Transportmitteln und Anlagen

Scope 2: indirekte Emissionen aus dem Verbrauch eingekaufter Energie (Strom, Wärme, Kälte)

Scope 3: indirekte Emissionen zB aus den Transportleistungen von Subunternehmern

Unter Scope 3 fallen zB auch die in Verbindung mit der Herstellung von Flugzeugen bzw der Herstellung von Kraftstoffen und Energie verbundenen Emissionen.

Lufthansa ermittelt die direkten Emissionen gemäß den vom europäischen Emissionshandel (EU-ETS) definierten Anforderungen. Über den CO_2-Fußabdruck lässt sich der unternehmenseigene Beitrag zum Klimawandel leichter bewerten und steuern.

7.3.3.2. Berechnungsmethodik und Erläuterungen zur Datenabgrenzung

Der Berichterstattung der Lufthansa liegen hinsichtlich der Transportleistung, Kerosinverbrauch und Emissionen die Flugbetriebsdaten aller mehrheitlich zum Konzern gehörigen Airlines zugrunde. Dies schließt auch die Regionalpartner und Lufthansa Cargo ein. Ausgenommen sind die Dienste von Dritten, da auf deren Ressourceneffizienz kein Einfluss ausgeübt werden kann. Berichtet wird über alle Linien- und Charterflüge.

Die Erhebung des Kerosinverbrauchs erfolgt nach der tatsächlichen Auslastung und Streckenführung nach dem Gate-to-Gate-Prinzip. Damit sind alle Flugphasen erfasst – vom Rollen am Boden bis hin zu Umwegen und Warteschleifen.

Die Transportleistung wird in Tonnenkilometer gemessen, dh dem Produkt aus der transportierten Nutzlast (in Tonnen) über die Flugdistanz (in km). Für Passagiere und Gepäck wird der Standard von 100 kg je Fluggast durchschnittlich angesetzt. Die Flugzeuge selbst werden entsprechend den Angaben der jeweiligen Flugzeug- und Triebwerkshersteller berechnet. In die Rechenprogramme geht das Durchschnittsflugprofil einer jeden Teilflotte ein. Dies ermöglicht es, Emissionen in Abhängigkeit von Flughöhe, Distanz, Schub und Beladung zu ermitteln. CO_2-Emissionen werden mit dem physikalisch festen Verhältnis zur Menge des verbrauchten Kerosins ermittelt. Durch die Verbrennung von einer Tonne Kerosin entstehen 3,15 Tonnen CO_2.

Die Berechnung der spezifischen Verbräuche und Emissionen setzt die Absolutwerte ins Verhältnis zur Transportleistung. Hieraus resultiert die Kennzahl „Liter pro 100 Passagiere". Die zugrunde gelegten Distanzen beziehen sich auf Großkreisentfernungen. Im Kombinationsverkehr (Passagier- und Frachttransport auf einem Flugzeug) wird die Zuordnung des Treibstoffverbrauchs zur Ermittlung passagier- oder frachtspezifischer Werte anhand ihres Anteils an der Gesamtnutzlast vorgenommen.

Die Berechnungsmethodik entspricht hinsichtlich der Bestimmung der Nutzlast der Norm DIN EN 16258, einem Leitfaden zur vereinheitlichten Berechnung der Treibhausgasemissionen der Transportprozesse. Entsprechend den Vorgaben aus dem EU-Emissionshandel wird allerdings ein Aufschlag von 95 km auf die Großkreisentfernung vorgenommen. IATA, ICAO und EU arbeiten an entsprechenden Standards, allerdings mit zeitlich unterschiedlichen Zielvorstellungen.

7.3.3.3. Management des Treibstoffverbrauchs

Zur Steuerung bzw weiteren Senkung des Treibstoffverbrauchs im Konzern ist eine spezielle Abteilung eingerichtet worden. Diese koordiniert alle Maßnahmen und Projekte, mit denen der Treibstoffverbrauch der Lufthansa Group verringert werden soll. Bis heute wurden mehr als 1.300 Ideen und Projekte entwickelt. Der Konzern setzt dabei auf die international anerkannte 4-Säulen-Strategie. Diese umfasst neben technischen Neuerungen wie die Investition in neue und effiziente Flugzeuge auch den Einsatz alternativer Kraftstoffe. Des Weiteren wird daran gearbeitet, die Infrastrukturen in der Luft durch bessere Nutzung der Lufträume und am Boden durch am Bedarf angepasste Flughafenstrukturen zu verbessern. Operative Maßnahmen umfassen den Einsatz größerer Flugzeuge und vor allem das Fliegen auf optimalen Routen.

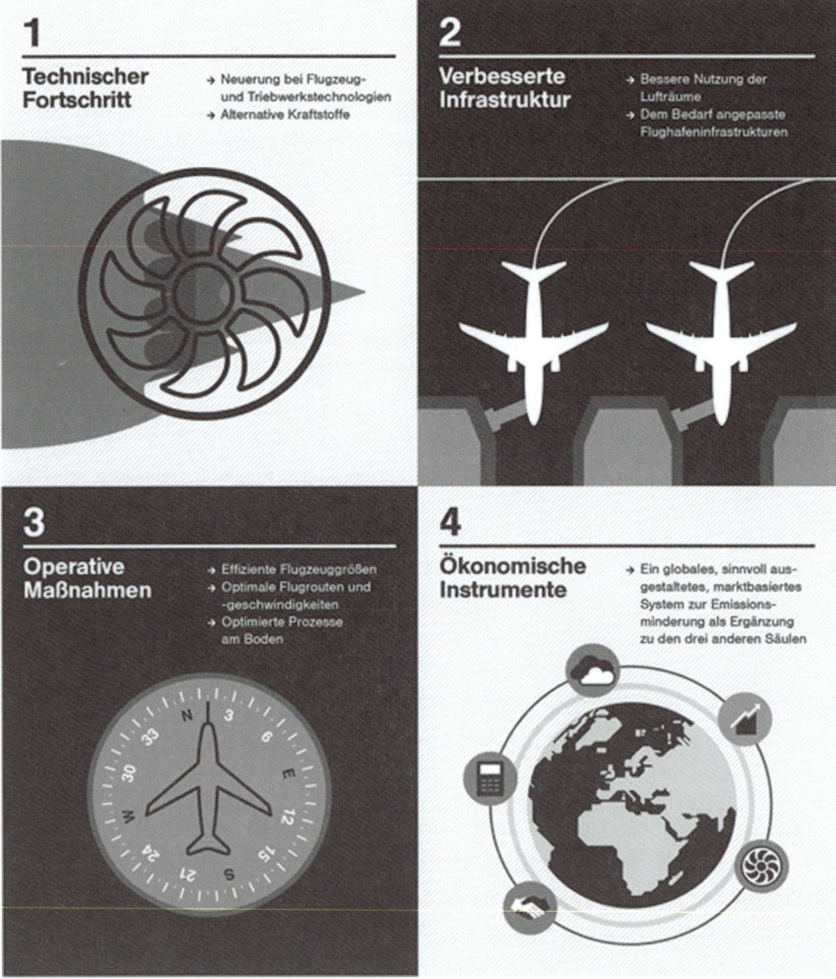

Abb 36: Lufthansa: Vier Säulen des Klimaschutzes

Der wirksamste Hebel zur Effizienzsteigerung ist die kontinuierliche Investition in eine moderne Flugzeugflotte. Langstreckenflugzeuge neuester Generation (zB A350-900 oder Boeing 777-9x) verbrauchen mit im Durchschnitt 2,9 Liter je 100 Passagier-km deutlich weniger Treibstoff als vergleichbare Vorgängermodelle. Die hohen Investitionen setzen aber voraus, dass das Unternehmen die wirtschaftliche Leistungsfähigkeit hat, diese zu finanzieren. So ist die ökonomische Nachhaltigkeit Voraussetzung für die Erreichung der Klimaziele und umgekehrt leistet ein ökologisch nachhaltiges Wirtschaften wesentliche Beiträge für die finanzielle Leistungsfähigkeit des Konzerns.

Im Bereich der operativen Maßnahmen wurden unter anderem durch systematisches Wiegen der Flugzeuge deutliche Einsparungen erzielt. Eine Reduzierung des Gewichtes der Langstreckenflugzeuge um durchschnittlich 100 kg je Flugzeug führt im interkontinentalen Langstreckenverkehr zu einer jährlichen Einsparung von 1.000 to Kerosin. Die Kosten für Treibstoff verringern sich hierdurch jährlich um rd 900.000 €, der CO_2-Ausstoß um 3.600 Tonnen pro Jahr.

Zu einer verbesserten Treibstoffeffizienz tragen auch die anderen Geschäftsfelder der Gruppe in nicht unerheblichem Maße bei. Neue Verfahren der Triebwerkswäsche, entwickelt bei Lufthansa Technik, sorgen für eine thermisch effizientere Verbrennung und schlagen sich damit in einem geringeren Kerosinverbrauch nieder. Leichtere Frachtcontainer aus Aluminium bei Lufthansa Cargo und Leichtgewicht-Bordtrolleys im Catering sind weitere Beispiele für das übergreifende Management im Bestreben, weitere Gewichtsreduzierungen der Flugzeuge zu erreichen.

Im Juli 2012 wurde bei Lufthansa zusätzlich ein neuer Cost Index eingeführt. Seitdem wird für jeden der rund 1.450 täglichen Passagierflüge eine eigene, kostenminimale Geschwindigkeit ermittelt.

Der Cost Index beschreibt und definiert das optimale Verhältnis der flugstundenabhängigen Crew- und Technikkosten zu den Treibstoffkosten und führt zu einer kostenminimalen Flugdurchführung. Die Besatzungen geben diese Kennzahl in das Flight Management System des Flugzeugs ein, das daraufhin die optimale Fluggeschwindigkeit und -höhe ermittelt.

So führen zum Beispiel hohe Treibstoffpreise und eine niedrige Crewauslastung mit geringen variablen Personalkosten zu einem sinkenden Cost Index. Je niedriger der Cost Index, desto langsamer und höher wird der Flug durchgeführt. Der Fokus liegt in diesem Fall auf der Reduzierung der Treibstoffkosten.

Auf der anderen Seite führen sinkende Treibstoffpreise und eine hohe Crewauslastung zur Cost-Index-Erhöhung. Je höher der Cost Index, desto schneller und tiefer wird der Flug im Interesse einer verkürzten Flugzeit durchgeführt. In diesem Fall ist es wirtschaftlich sinnvoll, einen höheren Treibstoffverbrauch zur Reduktion teurer Mehrflugstunden in Kauf zu nehmen.

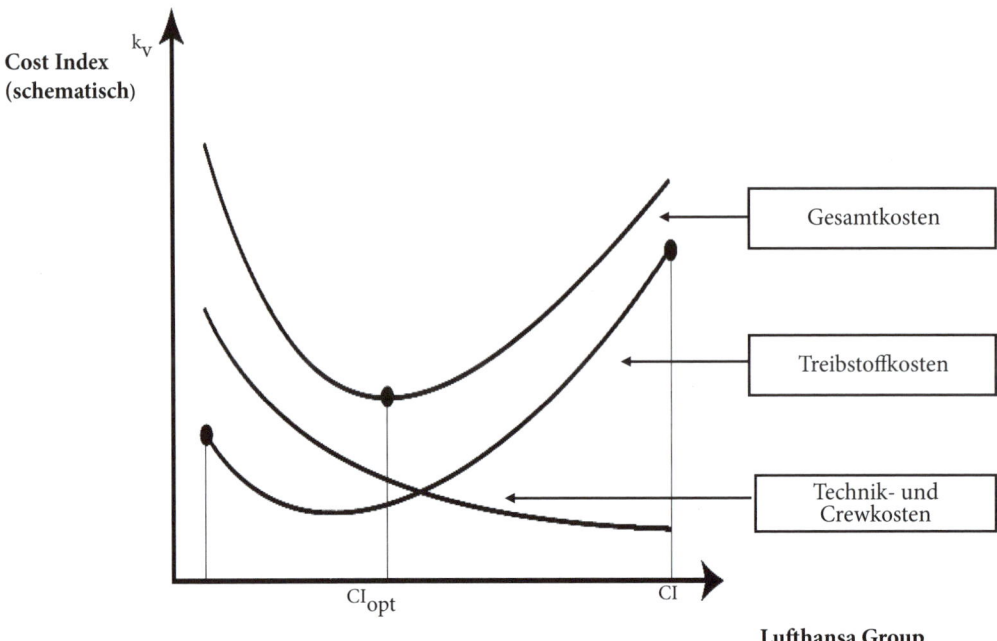

Abb 37: Lufthansa Cost Index (schematisch)

Monatlich werden die Technik- und Crewkosten für jedes Flugzeug ermittelt und in das Flugwegplanungssystem eingesteuert. Tagesaktuell laufen die Treibstoffpreise aller Lufthansa Stationen über eine Schnittstelle in das Flugplanungssystem automatisch ein. Die Erweiterung des Flugplanungssystems um diese Informationen gibt den Flugabfertigern der Flugdienstberatungszentrale nun die Möglichkeit, Flüge mit den aktuellsten wirtschaftlichen Parametern am Gesamtkostenminimum zu planen.

7.3.4. Kennzahlen zur sozialen Verantwortung

Im sozialen Bereich bestimmen nicht nur geltende Gesetze, sondern in hohem Maße auch Selbstverpflichtungen die Politik der Lufthansa Group. Hierzu gehört ua die Mitgliedschaft im UN Global Compact, der weltweit größten Initiative für nachhaltige und verantwortungsvolle Unternehmensführung. Die teilnehmenden Unternehmen verpflichten sich, ihre Strategien und Geschäftstätigkeit an zehn universell anerkannten Prinzipien aus den Bereichen des Menschenrechtes, der Arbeitsnormen, des Umweltschutzes und der Korruptionsbekämpfung auszurichten.

Darüber hinaus muss der Konzern wie alle anderen Unternehmen auch den technologischen und gesellschaftlichen Wandel bewältigen. Dazu zählen die Digitalisierung, die Globalisierung sowie eine stark veränderte Erwartungshaltung der jüngeren Generation an die Aufteilung von Arbeits- und Lebenszeit aufgrund eines veränderten Wertekanons.

Im Vordergrund der Aktivitäten der Lufthansa Group im sozialen Bereich stehen daher die Gestaltung von Vielfalt und Chancengleichheit, einer partnerschaftlichen Beschäftigungspolitik, der Aus- und Weiterbildung für Mitarbeiter, des Talent-Managements sowie des Arbeits- und Gesundheitsschutzes.

Einen wesentlichen Beitrag zur Steuerung dieser Aktivitäten leisten die seit rd 10 Jahren durchgeführten Mitarbeiterbefragungen (Employee Feedback Management, EFM). Mittels dieser Befragung wird jeweils die Mitarbeiterzufriedenheit als Employee Commitment Index (ECI) ermittelt und ausgewertet. Dieser umfasst alle wesentlichen Bereiche des Arbeitslebens.

2014 wurde die zehnte Umfrage gestartet. Mehr als 36.000 Mitarbeiter der Lufthansa Passage wurden aufgefordert, sich zu Engagement, Identifikation und ihrer Zufriedenheit mit den Arbeitsverhältnissen bei Lufthansa zu äußern. Die Befragung erfolgt anonym und wird online von einem externen Institut durchgeführt. Die Bewertung erfolgt kardinal, wobei die Messskala im Zeitablauf konstant geblieben ist. Auch die Auswertung lässt keine Rückschlüsse auf einzelne Mitarbeiter zu. Hierfür werden kleine Unternehmenseinheiten zu größeren Einheiten zusammengefasst. Die Befragung dient auch der Erfolgskontrolle und erfasst, ob es in den Themenbereichen, an denen im Vorjahr Kritik geübt wurde, zu Verbesserungen gekommen ist. In der Regel werden die Ergebnisse zwischen Vorgesetzten und Mitarbeitern besprochen.

Abb 38: „Wortwolke" aus Mitarbeiterbefragung

Die Wortwolke zeigt die Tag-Cloud aus 3.790 offenen Kommentaren der befragten Mitarbeiter. Die Schriftgröße entspricht der Häufigkeit der Nennungen.

Darüber hinaus werden in allen anderen Bereichen der Sozial- und Mitarbeiterpolitik systematisch die einschlägigen Kennzahlen zur Steuerung der Aktivitäten ermittelt wie zB die Frauenquote im Management, das Ranking als Arbeitgeber im Wettbewerb um Talente, Seminare und Teilnehmerzahlen im Arbeits- und Gesundheitsschutz etc.

7.4. Zusammenfassung

Lufthansa konzentriert sich auf drei wesentliche Bereiche der Corporate Responsibilty: eine nachhaltige Wirtschaftsweise, eine klimaschonende Produktion (gemessen an der Treibstoffeffizienz und den damit verbundenen CO_2-Ausstoß) sowie eine sozial verantwortungsvolle Mitarbeiterpolitik. Wesentliches Merkmal der Steuerung ist die Festlegung, nur Kennzahlen zu verwenden, deren einzelne Elemente durch das Unternehmen direkt beeinflusst werden können. Die Verknüpfung zwischen den Nachhaltigkeitszielen und dem Management erfolgt sowohl durch organisatorische Elemente in Form von Abteilungen und Gremien als auch über Zielvereinbarungen mit dem Management. Der Konzern setzt dabei die Rahmenbedingungen, in denen die Geschäftsfelder eigenverantwortlich agieren können.

8. Das externe Rating als eine zentrale Steuerungsgröße bei Energieversorgern am Beispiel der Energie AG Oberösterreich

Robert Hartl-Clodi

Inhaltsverzeichnis

Die Energie AG Oberösterreich verfügt als einer von wenigen österreichischen Industriebetrieben über ein externes Rating durch die internationale Rating-Agentur Standard & Poor's (S&P). Der vorliegende Beitrag zeigt die Grundzüge des Ratingkonzepts, die Bedeutung für die finanzwirtschaftliche Steuerung und die praktische Umsetzung im Unternehmen.

8.1. Unternehmensvorstellung

Die Energie AG Oberösterreich ist ein führender österreichischer Versorgungs- und Infrastrukturkonzern mit den zentralen Kerngeschäftsfeldern Energie, Entsorgung und Wasser. Die Historie der Energie AG geht bis zur Errichtung der öffentlichen Stromversorgung in Oberösterreich im Jahr 1892 zurück.

Das Hauptmarktgebiet der Energie AG liegt in Österreich, wo im abgelaufenen Geschäftsjahr mehr als 90 % der Umsätze und Ergebnisse erzielt wurden. Der Rest wird in den Märkten Italien, Tschechien und Polen erwirtschaftet. Das Segment Energie (mit den Geschäftsbereichen Stromerzeugung, Stromvertrieb, Gas- und Stromnetz, Wärmeerzeugung und -vertrieb) nimmt die zentrale und wichtigste Position im Konzern ein.

Abb 39: Wasserkraftwerk Steyrdurchbruch (1908)

Nachhaltiges Wirtschaften und eine gesellschaftliche Verantwortung über die aktuelle Generation hinaus prägen unser Verständnis des wirtschaftlichen Handelns. Dazu ist es unabdingbar, auch die finanzwirtschaftliche Steuerung des Unternehmens dem Prinzip der Nachhaltigkeit zu unterwerfen.

Eine Übersicht über die wesentlichen Eckdaten des Konzerns ist in Abbildung 40 wiedergegeben:

	Einheit	Geschäftsjahr 2013/2014
Umsatz Konzern	Mio €	1.826,8
Operatives Ergebnis (EBIT)	Mio €	105,6
Investitionen	Mio €	159,5
Eigenkapital	Mio €	1.108,4
Finanzverbindlichkeiten	Mio €	631,1
Mitarbeiter	FTE	4.431
Stromeigenaufbringung	GWh	2.899
Stromabsatz	GWh	8.530
Erdgasabsatz	GWh	2.037
Wärmeabsatz	GWh	1.373
Menge Abfälle umgeschlagen	1.000 to	1.746
Trinkwasser	Mio m³	51,4

Abb 40: Konzernübersicht Eckdaten

Die operative Steuerung des Konzerns erfolgt durch Kennzahlensysteme, die im Wesentlichen der erfolgswirtschaftlichen Steuerung über ein Kapitalkostenkonzept folgen. Dabei werden segment- und länderspezifische Kapitalkostensätze (WACC) dem erwirtschafteten ROCE (Return on Capital Employed) gegenübergestellt. Zur Feinsteuerung des Konzerns sind noch weitere interne Ziele definiert, die sich wiederum an den Elementen des Value Based Managements orientieren. Bei der Projektbeurteilung werden individuelle Hurdle Rates definiert.

Neben der Erwirtschaftung von Wertbeiträgen und der Steigerung des Unternehmenswertes ist die nachhaltige Sicherung der finanziellen Stabilität als ein finanzwirtschaftliches Top-Ziel des Konzerns definiert. Zukunftssichere Finanzen sind ein strategischer Grundbaustein in der „PowerStrategie 2020" des Konzerns.

Eine gute Bonität und ein starkes Rating sichern dem Energie AG-Konzern hohe Flexibilität in Finanzierungsfragen und den leichteren Zugang zu den Finanzmärkten. Zur Unterstützung der nachhaltigen Bonität wurde die Einhaltung eines soliden A-Ratings als Zielwert verankert.

8.2. Branchencharakteristika

Energieversorger erbringen zentrale Leistungen in der Grundversorgung der Gesellschaft – dazu zählen ua Gas-, Wasser-, Wärme- und Elektrizitätsversorgung, Müllabfuhr und Abwasserbeseitigung. Vielfach sind Energieversorgungsunternehmen im Besitz der öffentlichen Hand. Mehrheitseigentümer der Energie AG Oberösterreich ist die OÖ Landesholding GmbH (52,45 %), die im Eigentum des Landes Oberösterreich steht. Kennzeichnend für die Branche sind darüber hinaus die kapitalintensiven Investitionserfordernisse in langfristige Assets. Die Anlagegüter (Kraftwerke, Leitungsnetze, Verbrennungsanlagen etc) sind von einer sehr langen Nutzungsdauer und hohen Investitionskosten geprägt. Der Verschuldungs- und Refinanzierungsfähigkeit der Unternehmen kommt daher eine große Bedeutung zu.

Es ist daher nicht überraschend, dass gerade die Branche der Energieversorger sich in einem hohen Maße externen Bonitätsbeurteilungen durch Ratingagenturen stellt. Der Markt wird beherrscht von drei angloamerikanischen Ratingagenturen (Standard & Poor's, Moody's, Fitch). Alle Versuche, eine europäische Agentur zu etablieren, sind bis dato gescheitert. Die Ratingeinstufungen europäischer Energieversorger liegen durchwegs im Investmentgradbereich, also in einem Niveau von BBB– oder höher.

	S&P	Moody's	Fitch
Electricite de France S.A.	A+	A1	A+
EnBW Energie Baden-Württemberg AG	A–	A3	A–
Enel SpA	BBB	Baa2	BBB+
Energie AG Oberösterreich	A–	–	–
Energie Steiermark	A	–	–
E.ON SE	BBB+	Baa1	A–
EVN AG	BBB+	A3	–
Iberdrola S.A.	BBB	Baa1	BBB+
KELAG	A	–	–
RWE AG	BBB+	Baa1	BBB+
Vattenfall AB	A–	A3	A–
Verbund AG	BBB+	Baa1	–

Abb 41: Ratingübersicht europäischer Energieversorger[44]

8.3. Steuerung der Unternehmensbonität mithilfe eines externen Ratings

8.3.1. Nutzen eines externes Ratings

Die Energie AG hat bereits Ende der 90er Jahre begonnen, sich dem Ratingprozess von Standard & Poor's (S&P) zu unterziehen. Wesentlicher Beweggrund war die Emission einer internationalen €-Anleihe, die bei europäischen Investoren platziert wurde. Die Finanzierungsstruktur des Konzerns hat damit sehr früh schon die Möglichkeiten des Kapitalmarktes zur Verbreiterung der Investoren- und Kapitalgeberbasis genutzt.

In den Folgejahren wurden verschiedenste kapitalmarkt- oder kapitalmarktähnliche Finanzierungsinstrumente (Anleihen, Schuldscheindarlehen, Namensschuldverschreibungen) platziert. Klassische Bankenfinanzierung spielt im Energie AG-Konzern eine untergeordnete Rolle.

Das aktuelle S&P-Rating der Energie AG liegt bei A–, der Ratingausblick wird mit stabil eingeschätzt.

Auch wenn für die Umsetzung derartiger Finanzierungstransaktionen ein Rating nicht immer unbedingt erforderlich ist, so erleichtert und beschleunigt es doch die Analyse- und Bonitätsbewertungsprozesse potenzieller Investoren. Auch im Zusammenhang mit den klassischen Bankfinanzierungen stellt ein externes Rating einen nützlichen Anker für die internen Ratingprozesse der Institute dar.

---

44   Bloomberg, Stand: 28.5.2015.

Eine durch ein externes Rating abgesicherte Bonität und Kreditwürdigkeit verschafft dem Konzern Energie AG im Markt ein hohes Standing, das im Zusammenhang mit Ausschreibungen, Tender-Verfahren oder M&A Transaktionen vorteilhaft ist. Oft kann im Zusammenhang mit derartigen Verfahren der (teure) Nachweis einer ausreichenden Finanzkraft (zum Beispiel in Form einer Bankgarantie) durch den Hinweis auf das ausgezeichnete Rating entfallen.

Nicht zu unterschätzen ist die Bedeutung des externen Ratings auch für die interne Steuerung, insbesondere für die Festlegung der Investitionsbudgets und die interne Kapitalallokation. Ausgehend von der strategischen Festlegung eines Zielratings A ergeben sich hier ganz automatisch Grenzlinien für das finanzwirtschaftlich Machbare.

8.3.2. Ratingmethodik von Standard & Poor's

Ratings sind Meinungsäußerungen über Kreditrisiken. Mit ihren Ratings bringt Standard & Poor's ihre Meinung über die Fähigkeit und Bereitschaft eines Emittenten zum Ausdruck, seine finanziellen Verpflichtungen fristgerecht zu erfüllen.[45]

Die Einschätzung der Bonität eines Emittenten erfolgt durch Analyse und Bewertung des Geschäftsrisikoprofils (Business Risk) und des Finanzrisikoprofils (Financial Risk). Die Analyse erfolgt in einem standardisierten Prozess, bei dem eine Reihe von Beurteilungskriterien überprüft und bewertet werden. Abb 42 stellt den Analyseprozess von S&P grafisch dar.

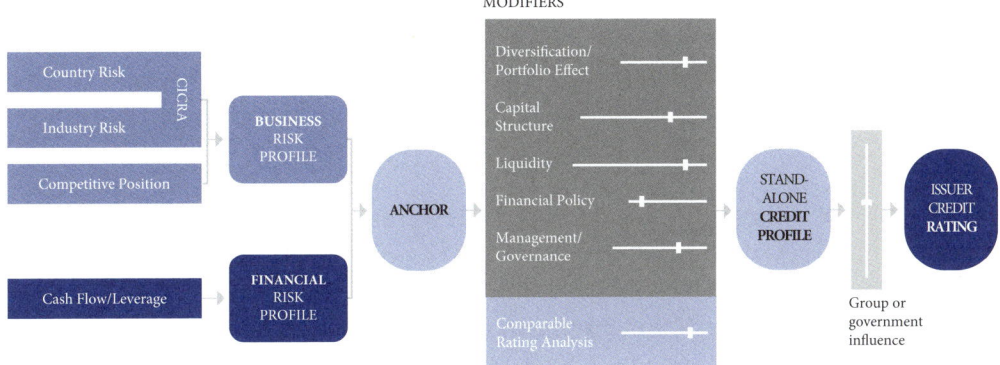

Abb 42: Standard & Poor's Ratinganalyseprozess[46]

Die Einschätzung der Ratingagentur zum Geschäftsrisiko wird im Wesentlichen durch das Geschäftsportfolio bestimmt. Unterschiedliche Geschäftsbereiche und Länder weisen dabei unterschiedliche Risikoeinstufungen auf. Die Wettbewerbssitu-

---

45   Leitfaden Kreditrating, Standard & Poor's (2009) 3.
46   Standard & Poor's Ratings Services (2014), European Corporate Ratings Scores by Industry Sector As Of Jan. 22, 2014.

ation und der Anteil der regulierten Geschäftsaktivitäten (wie zB das Gas- und Stromnetz im Fall der Energie AG) sind weitere Einflussfaktoren für die Beurteilung des Geschäftsrisikoprofils.

Aus der Kombination des Geschäftsrisikoprofils mit der Beurteilung des Finanzrisikoprofils ergibt sich die grundsätzliche Ratingeinstufung („Anchor-Rating"). Dieses Rating kann in der Folge noch durch die Beurteilung von weiteren qualitativen und quantitativen Faktoren (Portfolioeffekte, Kapitalstruktur, Liquidität, Management etc) verändert werden.

Im Falle der Energie AG ergibt sich aktuell ein Stand-Alone-Rating von bbb+, das in weiterer Folge – begründet durch das Mehrheitseigentum des Landes Oberösterreich (S&P-Rating AA+) – um eine Stufe auf das finale Rating von A– erhöht wird.

8.4. Ratingkennzahlen

Die Einschätzung der finanziellen Lage eines Unternehmens wird von der Ratingagentur durch Analyse von Kennzahlen untermauert. Die wichtigste Kennzahl dabei ist das Verhältnis von jährlichem Cashflow zur Nettoverschuldung (FFO/Net Debt).

$$\% \text{ FFO/Debt} = \frac{\text{Funds from Operations}}{\text{Net Debt}} \times 100$$

Um das gegenwärtige Rating abzusichern, trachtet die Energie AG danach, die S&P-Vorgabe einer FFO/Net-Debt-Kennzahl zwischen 23 und 35 % nachhaltig zu erfüllen.

Als zweite wichtige Kennzahl berechnet S&P eine Leverage-Ratio.

$$\text{Leverage} = \frac{\text{Net Debt}}{\text{EBITDA}}$$

Neben diesen Kernratios verwendet S&P in der Ratinganalyse zusätzlich ergänzende Kennzahlen, wie etwa Zinsdeckungsgrad oder Free-Cashflow-Kennzahlen.

8.4.1. Funds from Operations (FFO)

Die Ratingagentur stellt bei der Beurteilung der Kreditqualität und Bonität auf Cashflow-Größen ab. Die Ermittlung der Funds from Operations (FFO) basiert auf dem Ansatz von EBITDA (earnings before interest, tax, depreciation and amortization). Das EBITDA wird in der Überleitung durch S&P um bestimmte Positionen korrigiert.

Cashwirksame Zins- und Steuerzahlungen werden abgezogene, erhaltene Dividenden hinzugerechnet. Für außerbilanzielle (von S&P adaptierte) Verbindlichkeiten werden zusätzlich Zinszahlungen cashflow-mindernd berücksichtigt.

EBITDA (reported)
- – Zinszahlungen
- – Steuerzahlungen
- + Erhaltene Dividenden
- + Zahlungen für Operating Leases
- – Zinsen für adaptierte Verbindlichkeiten
- = Funds from operations

Abb 43: Berechnung FFO

8.4.2. Konzept der ökonomischen Verschuldung

Ausgangspunkt für die Ermittlung der Nettoverschuldung („net debt") sind die bilanziellen Finanzverbindlichkeiten. Diese werden aber im Sinne einer gesamthaften ökonomischen Verschuldung um weitere langfristige Verpflichtungen des Unternehmens ergänzt. Dazu gehören ua langfristige Rückstellungen, Off-balance-Verbindlichkeiten oder Operating-lease-Verpflichtungen.

Abzugsposten bei der Ermittlung sind alle liquiden Barmittelbestände und Cash-Äquivalente, die kurzfristig zur Reduktion der Verpflichtungen verwendet werden können.

Finanzverbindlichkeiten (reported)
- + Operating Leases
- + Personalrückstellungen
- + Deponierückstellungen
- – Barmittel/Liquide Veranlagungen
- + Konsolidierungen
- = Net Debt

Abb 44: Berechnung Net Debt

Operating-lease-Verpflichtungen, die nicht in den Finanzverbindlichkeiten ausgewiesen sind, werden dabei mit einem Barwert der Verpflichtung angesetzt. Darüber hinaus erhöht S&P die Höhe der Finanzverbindlichkeiten um anteilige Verpflichtungen in Tochterunternehmen, die nicht konsolidiert werden („Konsolidierungen").

8.4.3. Liquidität

Nicht zuletzt seit der Finanzkrise ist das Thema Liquidität – neben der Bonität und Kreditwürdigkeit – ein zentraler Ansatzpunkt für die finanzwirtschaftliche Steuerung. Auch für die Ratingagenturen ist die kurzfristige Zahlungsfähigkeit naturgemäß ein Parameter, der in die Beurteilung des Unternehmens mit eingeht.

Konkret wird in regelmäßigen Abständen (quartalsweise) von den analysierten Unternehmen ein Liquiditätsreport eingefordert, der die finanziellen Verpflichtungen der nächsten 24 Monate den Liquiditätsquellen (Cashflow, Liquide Mittel, Kreditlinien) gegenüberstellt.

Die Energie AG begegnet dem Liquiditätsthema äußerst konservativ und sieht für die Bedeckung der anstehenden Liquiditätserfordernisse ein ausreichendes Maß an strategischen Liquiditätsreserven und unbelasteten Banklinien vor.

8.5. Ratingprozess

8.5.1. Ratingprozess mit S&P

Der Ratingprozess mit S&P ist standardisiert. Einmal pro Jahr findet ein Managementmeeting mit den Ratinganalysten von S&P statt. Vom Unternehmen nehmen der Finanzvorstand und die wesentlichsten Steuerungsabteilungen (Controlling, Treasury, Energiewirtschaft) teil. Im Rahmen des Managementmeetings werden alle relevanten Entwicklungen im Konzern mit den Ratinganalysten erörtert.

S&P erhält Einblick in die Unternehmensplanung der nächsten drei Geschäftsjahre und basiert ihre Einschätzung auf den präsentierten Businessplänen, wobei S&P auf Basis ihrer Expertise Sensitivitätsanalysen durchführt. Bei der Berechnung der wesentlichen Kennzahlen wird eine 5-Jahres-Betrachtung angestellt, wobei zukünftige Entwicklungen dabei höher gewichtet werden.

Nach Abschluss der Analyse wird in einem Ratingkomitee bei S&P das Rating des Konzerns festgelegt bzw bestätigt und ein umfassender Ratingbericht veröffentlicht. Die Veröffentlichung erfolgt von S&P über ein Adhoc-Meldeverfahren.

8.5.2. Ratingprozess im Unternehmen

Die wesentlichen Ratingkennzahlen werden im Konzern in den Planungsprozessen vollständig integriert. Das bedeutet, dass jede Budgetierung, jede Hochrechnung und jede Mittelfristplanung die jeweiligen Auswirkungen auf das Rating und die erwartete Ratingeinstufung beinhaltet.

Dies führt dazu, dass (bei einem expliziten Ratingtarget von A) die Einhaltung der ratingrelevanten Kennzahlen in den Budgets die Verschuldungskapazität und damit die Investitionsmöglichkeiten beschränkt.

Bei der Beurteilung von Einzelprojekten werden standardmäßig die Auswirkungen auf das Geschäftsbereichportfolio des Konzerns (Geschäftsrisikoprofil) und auf die Verschuldung des Konzerns ermittelt.

Federführend wird das Thema Rating in der Energie AG von Konzern-Treasury begleitet. Treasury ist auch primärer Ansprechpartner für die Ratinganalysten. Wesentliche Inputs werden von Controlling und Risikomanagement und der Energiewirtschaft erbracht.

8.6. Zusammenfassung

Die nachhaltige Sicherung der finanziellen Stabilität ist ein strategischer Grundpfeiler der Energie AG Oberösterreich. Zur Unterstützung der nachhaltigen Bonität wurde die Einhaltung eines soliden A-Ratings als Zielwert verankert. Eine gute Bonität und ein starkes Rating sichern dem Energie AG-Konzern hohe Flexibilität in Finanzierungsfragen, erleichtern den Zugang zu den Finanzmärkten und verschaffen dem Energie AG-Konzern am Markt ein hohes Standing.

In den internen Planungs- und Steuerungsprozessen werden die wesentlichen Ratingkennzahlen laufend mitgeführt und dienen als Richtschnur für die Ermittlung von Investitionsbudgets und Verschuldungsgrenzen. Auch damit wird die nachhaltige Ausrichtung des Konzerns auf das finanzwirtschaftlich Machbare unterstrichen.

Literatur

Standard & Poor's Financial Services LLC (2009): Leitfaden Kreditrating

Standard & Poor's Rating Services LLC (2014): European Corporate Rating Scores by Industry Sector As Of Jan. 22, 2014

9. Kennzahlen für die Softwareentwicklungs- und IT-Branche

Hannes Wambach

Inhaltsverzeichnis

Die Leadership-Methode von *Franklin Covey* zielt darauf ab, die Effektivität von Unternehmen, Teams und Individuen zu steigern und unterstützt systemisch die Definition und Akzeptanz von Steuerungskennzahlen im Rahmen einer langfristigen Zielsetzung eines Unternehmens. Die pmOne AG, ein Anbieter von Business-Intelligence-Lösungen, hat seit 2007 einen jährlichen Strategieüberprüfungsprozess etabliert und diesen in 2014 um die Leadership-Methode von *Franklin Covey* ergänzt. Der vorliegende Beitrag zeigt die konkrete Ausgestaltung und Entwicklung der wesentlichen Steuerungskennzahlen im Rahmenmodell von *Franklin Covey*.

9.1. Der Markt für Business-Intelligence-Lösungen

Der Begriff Business Intelligence (BI) umfasst Anwendungen, Infrastruktur, Tools und Best Practice, um den Zugriff auf sowie die Analyse von Informationen zu ermöglichen und mit dem Ziel, die Performance und die Entscheidungen von Unternehmen zu verbessern und zu optimieren.[47]

Der Markt für BI-Lösungen ist eines jener Segmente innerhalb der IT-Branche, welches ständig wächst und durch entsprechende Dynamik gekennzeichnet ist. So hat das Marktvolumen von 2006–2013 in Deutschland im langfristigen Durchschnitt um 11 % pro Jahr zugenommen:

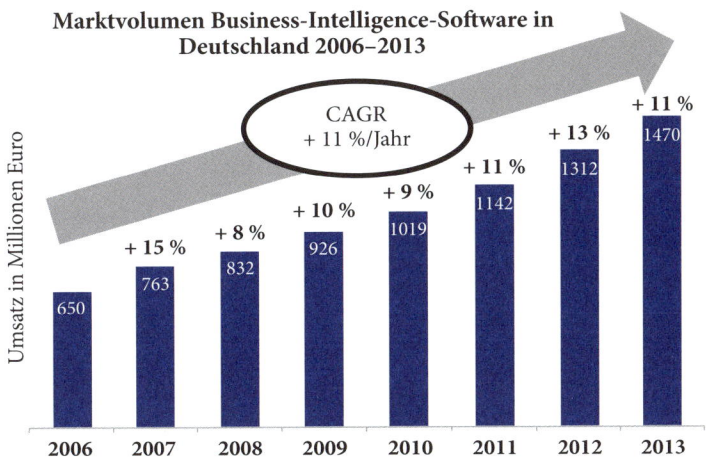

Abb 45: CAGR-Marktvolumen für BI-Software Deutschland[48]

Das Gesamtvolumen des deutschen BI-Marktes für Lizenz- und Wartungserlöse beträgt mittlerweile ca 1,5 Milliarden €. Rund 260 Anbieter mit über 600 Produkten sind am deutschen BI-Markt vertreten.[49] Darüber hinaus ist der BI-Markt durch eine hohe Dynamik, ständige Innovationen und neue Technologien (zB In-Memory, Self-Service, Cloud, mobile Lösungen, Big Data, Predictive Analytics, etc) gekennzeichnet.

9.2. Unternehmensvorstellung pmOne AG

Die pmOne AG ist ein 2007 gegründetes Software- und Beratungsunternehmen mit Lösungsangeboten im Bereich BI und BIG Data. Dafür werden die technologischen BI-Plattformen von Microsoft und SAP um eigenentwickelte Softwareprodukte ergänzt. Die pmOne AG hat über 200 Mitarbeiter und ist an acht Standorten in Deutschland, Österreich und der Schweiz vertreten und gehört somit zu den führenden BI-Lösungsanbietern im deutschsprachigen Raum.

---

47 Vgl *Gartner*, IT Glossary, http://www.gartner.com/it-glossary/business-intelligence-bi.
48 Vgl *Bange/Janoschek/Alexander* (2013), 7.
49 Vgl *Bange/Janoschek/Alexander* (2013), 5.

Das Geschäftsmodell der pmOne AG umfasst folgende Segmente:

- Entwicklung und Vertrieb von eigenen Softwareprodukten
- Vertrieb von Fremdsoftwareprodukten
- Beratung, Konzeption, Implementierung und Betrieb von BI-Lösungen auf Basis von Eigen- und Fremdsoftwareprodukten sowie der BI-Plattformen von Microsoft und SAP HANA

Thematisch gliedert sich das Lösungsangebot in folgende Bereiche:

- Business Intelligence, Data Warehouse, BIG Data bzw Data Analytics
- Performance Management (zB Planung, Reporting, Konsolidierung etc)
- Wahrnehmungsoptimiertes Reporting

Als Dienstleistungsunternehmen sind die Mitarbeiter, deren Talente und Fähigkeiten, sowie die Kunden und deren Loyalität und Zufriedenheit die zentralen Assets der pmOne.

9.3. Kennzahlentwicklung im Rahmenmodell von Franklin Covey

pmOne hat bereits seit der Unternehmensgründung im Jahr 2007 einen jährlichen Strategieüberprüfungsprozess etabliert, in dem die langfristig gesteckten Ziele und Strategien je strategischem Geschäftsfeld geprüft, eine Markt- und Umfeldanalyse, eine SWOT-Analyse, eine Wettbewerbsanalyse durchgeführt, kurz- bis mittelfristige Ziele sowie Strategien definiert und entsprechende Maßnahmen abgeleitet werden.

Auf Grundlage der 2014 im Managementteam der pmOne durchgeführten Ausbildung der Leadership-Methode von *Franklin Covey* wurde diese in weiterer Folge unternehmensweit implementiert und ist zu einem integralen Bestandteil der Führungssysteme der pmOne geworden.

9.3.1. Zielsetzung der Leadership-Methode nach Franklin Covey

Die Leadership-Methode von *Franklin Covey* zielt im Wesentlichen auf folgende Bereiche ab:

- Steigerung der Effektivität – „Die 7 Wege zur Effektivität – 7 Habits"
- Steigerung der Produktivität – „Die 5 Entscheidungen für außergewöhnliche Produktivität"
- Steigerung der Umsetzungskompetenz – „Die 4 Disziplinen erfolgreicher Umsetzung"
- Steigerung des Vertrauens – „Die 13 Regeln zum Vertrauen – Speed of trust"[50]

---

50   Vgl *Franklin Covey* (2014).

In weiterer Folge wird exemplarisch auf die Maxime „Auftrag klären" und „Systeme ausrichten" im Kontext der „7 Wege zur Effektivität" eingegangen, die für die Entwicklung der Ziele und Kennzahlen relevant sind.

9.3.2. Auftrag klären

Diese Maxime geht davon aus, dass Unternehmen mehr denn je ihre Zielsetzung klar verstehen müssen, um ihrer unternehmerischen Tätigkeit Sinn zu verleihen, um damit herausragende Mitarbeiter gewinnen, halten und motivieren zu können.

Basierend auf Mission, Vision, Werten und Strategien des Unternehmens ist pro Team ein entsprechender Teamauftrag und eine Vision zu definieren.

Abb 46: Auftrag und Vision

Zur Definition des Teamauftrags sind folgende Fragen zu beantworten:

- Für welche konkrete Aufgabe „bucht" Sie Ihr (interner und/oder externer) Kunde?
- Welchen Bezug hat Ihr Team zur Mission und Strategie der Organisation?
- Was leistet Ihr Team für den wirtschaftlichen Erfolg der Organisation?[51]

Anbei exemplarisch der Teamauftrag des Verkaufsteams pmOne Österreich (aus Gründen der Veröffentlichung abgewandelt):

Beispiel

Wir bieten für Großunternehmen, mittelständische Unternehmen (ab xx Mio € Umsatz) und Organisationen aller Branchen innovative BI-Lösungen (Produkte und Dienstleistungen) mit dem Ziel an, die Effektivität der Unternehmenssteuerungsprozesse zu verbessern um somit deren Wettbewerbsfähigkeit zu steigern. Wir haben unseren Job erfüllt, wenn die entsprechenden Prozesse unsere Kunden

- transparenter,
- revisionssicherer,
- kostengünstiger,
- agiler,
- schneller,
- weniger fehleranfällig und
- weniger komplex

werden.

---

51   Vgl *Franklin Covey* (2012) 30 ff.

Für unsere Consulting- bzw Serviceorganisation stellen wir nachhaltig Dienstleistungsauftragseingang und Auslastung sicher.

Für unsere Produktentwicklung schaffen wir den finanziellen Rahmen, um innovative Produktlösungen zu entwickeln.

Indem wir das tun, unterstützen wir die pmOne GmbH in Österreich darin, das dominierende BI-Unternehmen in Österreich zu werden, das nachhaltig ein jährliches Wachstum von + xx % (über Marktwachstum), eine NWS von xx %, einen ROS von xx % und innerhalb der nächsten fünf Jahre einen jährlichen Umsatz von xx Millionen € erzielt.

Unsere Vision ist es, das effektivste und kompetenteste Verkaufsteam im BI-Markt in Österreich zu sein, mit einem durchschnittlichen Lizenzumsatz von + xx k € pro Sales Headcount. Wir wollen nachhaltig eine Vertrauenskultur etablieren, die es uns ermöglicht, an unseren Zielen mit Leidenschaft und Freude zu arbeiten, und in dem alle stolz darauf sind, Teil des Teams zu sein.

9.3.3. Systeme ausrichten

Im Kontext „Systeme ausrichten" bietet *Franklin Covey* diverse Tools wie

- Zieldesigner,
- Frühindikatorendesigner,
- Scoreboarddesigner,
- Talent Analyse Tool,
- Best Practice Tool,
- NPS Desinger etc

an. Im Folgenden soll exemplarisch auf den Ziel- und Frühindikatorendesigner eingegangen, sowie die Ziele und Frühindikatoren des pmOne-Verkaufsteams in Österreich auszugsweise dargestellt werden.

Grundsätzlich gilt, dass die Ziele und Frühindikatoren in konkreten Zahlen messbar, einen zeitlichen Bezug aufweisen und auf den konkreten Auftrag bezogen sein müssen. Ebenso müssen sie klar formuliert und hinsichtlich ihrer Erreichbarkeit machbar sein.

Frühindikatoren sagen zukünftige Ergebnisse voraus, können wöchentlich durch die Teammitglieder beeinflusst werden, und haben einen wesentlichen Einfluss auf die Zielerreichung. Dem zu Grunde gelegt ist die These, dass von 20 % der Aktivitäten 80 % der Ergebnisse herrühren.

Sowohl die Teamziele als auch die Frühindikatoren sind in Workshops mit den Teammitgliedern im Rahmen des Teamauftrags zu entwickeln und dienen somit zur Selbststeuerung und schaffen damit Akzeptanz hinsichtlich der Messgrößen.[52]

Folgende Ziele inkl Frühindikatoren wurden für das Verkaufsteam in Österreich definiert (exemplarisch und aus Gründen der Veröffentlichung abgewandelt):

---

52   Vgl *Franklin Covey* (2012) 56 ff.

Kalenderwoche	Lizenzumsatz von xxk auf xxk pro Sales HC steigern				Lizenzumsatz mit Eigenprodukt von xxk auf xxk pro Sales HC steigern	Partner Umsatz auf xx % vom Gesamtumsatz steigern
	Anzahl Termine Bestandskunden	Anzahl Termine Neukunden	Anzahl Termine mit Pre-Sales	Anzahl neue Opportunities	Anzahl Termine mit Produkt X	Anzahl Partner Opportunities
Verkausmitarbeiter -->	N.N. N.N. N.N.	N.N. N.N. N.N.	N.N. N.N. N.N.	N.N. N.N. N.N.	N.N. N.N. N.N.	N.N. N.N. N.N.
KW2						
KW3						
KW4						
KW..						
KW51						

Abb 47: Verkaufsziele und Frühindikatoren 2015

Die obige Darstellung zeigt drei wesentliche Zielsetzungen des Verkaufsteams für 2015 inkl der jeweiligen Frühindikatoren bzw Leistungsindikatoren, die wöchentlich gemessen und im Team als Scoreboard transparent gehalten werden.

9.4. Finanzkennzahlen

9.4.1. Netto-Wertschöpfung (NWS)

Die Netto-Wertschöpfung in % setzt den Rohertrag mit dem Personalaufwand in Relation und gibt somit Auskunft über die Produktivität der Leistungserbringung:

$$\text{NWS in \%} = \frac{\text{Rohertrag}}{\text{Personalkosten}} \times 100$$

Der Rohertrag errechnet sich wie folgt:

Umsatzerlöse
± Bestandveränderung
– Aufwand für bezogene Leistungen und Waren

Die Kennzahl NWS spiegelt weitestgehend die Beeinflussbarkeit und Verantwortung der entsprechenden Operationsteams und Operationsmanager (Umsatz, Zukauf und Personaleinsatz) wider.

9.4.2. Return on Sales (ROS)

Der Return on Sales in % betrachtet das Ergebnis vor Steuern und Zinsen (EBIT) in Prozent der Umsatzerlöse.

$$\text{ROS in \%} = \frac{\text{EBIT}}{\text{Umsatzerlöse}} \times 100$$

Der ROS dient zur Steuerung bzw Messung der einzelnen Landesgesellschaften bzw ihrer Geschäftsführer.

475

9.4.3. Days Sales Outstanding (DSO)

Gibt die durchschnittliche Außenstandsdauer der Forderungen an und berechnet sich auf Monatsbasis wie folgt:

$$DSO = \frac{\text{Forderungen aus L\&L}}{\text{Umsatzerlöse}} \times 30$$

9.5. Kundenzufriedenheitskennzahlen

Pro Geschäftsjahr wird eine Kundenbefragung durchgeführt, bei der die Zufriedenheit der Kunden sämtlicher „Touch-points" mit pmOne und somit für die Bereiche Verkauf, Beratung, Support, Marketing, Schulung und Finanzen sowie hinsichtlich der unterschiedlichen Softwareprodukte gemessen wird.

Die zentrale Frage, die im Zuge der Kundenumfrage gestellt wird, ist die Folgende: *„Wie wahrscheinlich ist es, dass Sie pmOne als Anbieter für eine vergleichbare Aufgabenstellung einem Bekannten, Freund oder Kollegen empfehlen würden?"*

Die Bewertung der Kunden erfolgt auf einer Skala von 0 (sehr unwahrscheinlich) bis 10 (sehr wahrscheinlich), wobei hinsichtlich der Interpretation der Ergebnisse Folgendes gilt:

- **Promotoren** (9 oder 10) sind treue und begeisterte Kunden, die aktiv weiterempfehlen
- **Passiv Zufriedene** (7 oder 8) sind zufrieden, aber nicht begeistert und daher passiv
- **Kritiker** (6 oder weniger) sind unzufriedene Kunden

9.5.1. Net Promotion Score (NPS)

Bei der Berechnung der Net Promotion Score werden die passiv zufriedenen Kunden (7 und 8) nicht miteinbezogen und gehen nur insofern in die Berechnung ein, als sie eine Auswirkung auf die prozentuelle Berechnung der Promotoren und der Kritiker haben. Die Formel ist wie folgt:

$$NPS = \%\ \text{der Promotoren} - \%\ \text{der Kritiker}$$

Ein negativer NPS bedeutet massiven Handlungsbedarf. Im Bereich der IT-Industrie liegen die Spitzenwerte bei ca 40 %.[53]

9.6. Marketing und Verkaufskennzahlen

Im Bereich Marketing und Verkauf kommt dem Thema Lead Generierung und Lead Conversion Rate eine zentrale Bedeutung zu. Im Zuge des jährlichen Planungsprozesses und auf Basis statistischer Informationen der Vergangenheit wird ausgehend

---

53 Vgl *Franklin Covey* (2012) 86 ff.

vom geplanten Umsatz die entsprechende Anzahl an Kontakten, Leads und Opportunities berechnet bzw der geplante Umsatz plausibilisiert. (Vgl Kap D.1.)

Anbei eine exemplarische Darstellung (aus Gründen der Veröffentlichung abgewandelt):

Lead Generation Process
Conversion form Lead to Revenue

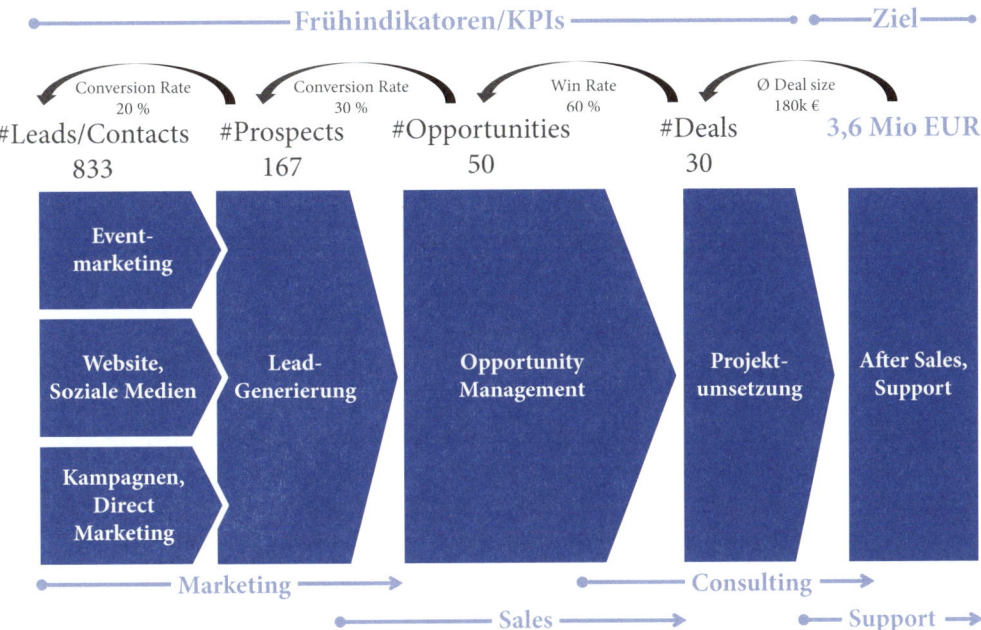

Abb 48: Conversion Lead to Revenue

Im Bereich Marketing und Verkauf kommen ua folgende Kennzahlen zur Anwendung:

- Eventmarketing (Eigen- und Fremdveranstaltungen)
  - Anzahl Leads/Kontakt/Teilnehmer
  - Kosten pro Lead/Kontakt/Teilnehmer
  - Anzahl Prospects
  - Kosten pro Prospect
- Digitales Marketing (Homepage, Newsletter, Soziale Medien)
  - Anzahl Besucher je Periode
  - Anzahl Seiten pro Besuch
  - Anzahl Seitenzugriffe
  - Besuchszeit in Minuten
  - Top-10-Seitenzugriffe, Ad groups und Key words
  - Anzahl Web Downloads

- Verkauf
  - Anzahl Bestandskundenbesuche
  - Anzahl Neukundenbesuche
  - Lizenzumsatz nach Produkten
  - Auftragseingang Dienstleistung nach Servicebereichen
  - Anzahl und Volumen „Won Deals"
  - Anzahl und Volumen „Lost Deals"
  - Anzahl und Volumen im „Verkaufstrichter" und „Verkaufstrichter Phase"

9.7. Consulting bzw Servicekennzahlen

Die zentralen Messgrößen der Consulting- bzw Serviceorganisation sind der Auslastungsgrad der Mitarbeiter sowie der durchschnittliche Tagessatz der Beratungs- und Implementierungsleistungen.

9.7.1. Auslastung (Utilization Rate)

Als wesentlicher Bestimmungsfaktor für den Umsatz im Bereich Consulting bzw Services gilt der Auslastungsgrad der Berater und somit die geleisteten und verrechenbaren Stunden bzw Tage („billable days"). Setzt man die geleisteten Tage mit den maximal verfügbaren verrechenbaren Tagen in Beziehung, ergibt sich der Auslastungsgrad. Hinsichtlich der maximal verfügbaren Tage zur Erbringung von verrechenbaren Leistungen am Markt werden ausgehend von den zur Verfügung stehenden Arbeitstagen die Zeiten für Urlaub, Krankenstand, Aus- und Weiterbildung, Administration und Meetings abgezogen, womit sich ein Netto-Auslastungsgrad darstellen lässt. Somit ist ein Netto- und Bruttoauslastungsgrad (ohne Berücksichtigung sämtlicher nicht produktiver Zeiten außer Urlaub) darstellbar. Die Berechnung erfolgt (jeweils unter Berücksichtigung der Brutto- bzw Netto-Soll-Tage) wie folgt:

$$\text{Auslastung in \%} = \frac{\text{Verrechenbare Tage}}{\text{Solltage pro Periode}} \times 100$$

9.7.2. Durchschnittlicher Tagessatz (Realisation Rate)

Der durchschnittliche Tagessatz der Beratungsleistungen berechnet sich aus den Umsatzerlösen durch die verrechneten Tage:

$$\text{Realisation Rate} = \frac{\text{Umsatzerlöse}}{\text{Verrechnete Tage}}$$

Als absolute Größe stellt die Kennzahl den am Markt durchschnittlich erzielten Tagessatz dar.

9.8. Projekt-Governance-Kennzahlen

Im Zuge der Projekt Governance wurden im Sinne des Projektcontrollings für die Überwachung von Kundenprojekten diverse Kennzahlen entwickelt, wobei zwei Perspektiven von zentraler Bedeutung für den Erfolg eines Projektes sind: „in time" und „in Budget".

9.8.1. Fertigstellungsgrad

Hier sind folgende Kennzahlen wesentlich:

$$\text{Fertigstellungsgrad nach Zeit} = \frac{\text{abgelaufene Zeit}}{\text{geplante Gesamtzeit}} \times 100$$

$$\text{Fertigstellungsgrad nach Tagen} = \frac{\text{erbrachte Tage}}{\text{geplante Gesamttage}} \times 100$$

$$\text{Fertigstellungsgrad nach Kosten} = \frac{\text{IST-Kosten}}{\text{IST-Kosten} + \text{Cost to Complete}} \times 100$$

9.8.2. Fertigstellungswert

Der Fertigstellungswert betrachtet den Fertigstellungsgrad in Bezug auf die geplanten Gesamtkosten:

$$\text{Fertigstellungswert in Kosten} = \text{geplante Gesamtkosten} \times \text{Fertigstellungsgrad}$$

9.9. Softwareentwicklungskennzahlen

Im Bereich Produktentwicklung setzt pmOne Scrum[54] als agile Softwareentwicklungsmethode ein, wobei zwei zentrale Messgrößen für die Transparenz hinsichtlich des Fortschritts der Produktentwicklung und des Scrum-Teams relevant sind:

9.9.1. Scrum Burndown

Der Burndown gibt Auskunft über die geleistete und noch verbleibende Arbeit je Sprint oder Release. Ein Sprint ist ein Arbeitsabschnitt, in dem ein Inkrement einer Produktfunktionalität implementiert wird.

---

54   http://de.wikipedia.org/wiki/Scrum (3.8.2015).

Zur Visualisierung dient das Burndown-Chart:

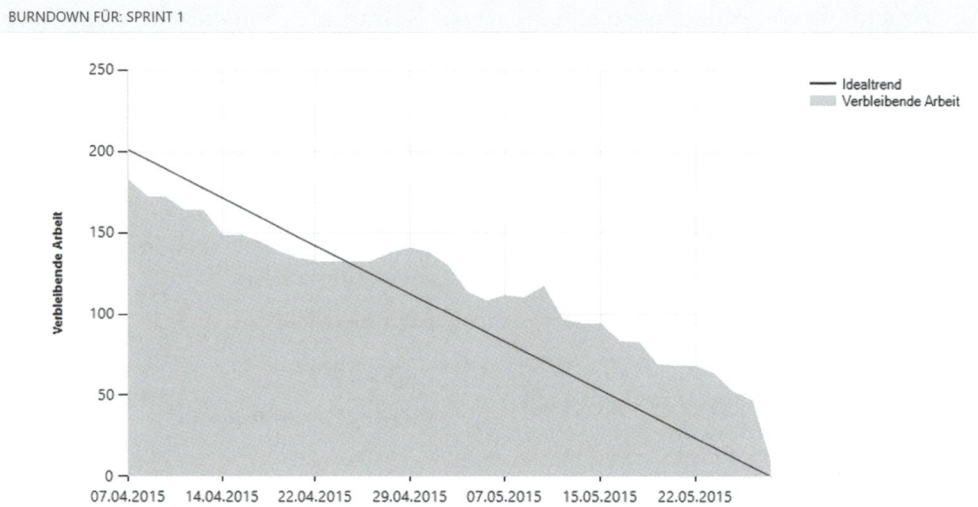

Abb 49: Burndown-Chart

Beim Burndown-Chart wird die Zeit auf der x-Achse, die Anzahl der Tasks auf der y-Achse auftragen. Der Trend der noch verbleibenden Tasks ist ein Indikator hinsichtlich der Zielerreichung des geplanten Sprint-Endes.

Darüber hinaus kann eine Burndown-Rate hinsichtlich Zeit und Anzahl der Tasks je Zeitperiode errechnet werden, die wiederum als Basis für die Prognose bzw den Forecast des Fertigstellungstermins dient:

$$\text{Burndown Rate nach Zeit} = \frac{\text{abgelaufene Zeit}}{\text{geplante Gesamtzeit}} \times 100$$

$$\text{Burndown Rate nach Tasks} = \frac{\text{erbrachte Tasks}}{\text{geplante Gesamttasks}} \times 100$$

9.9.2. Team-Velocity

Hierdurch wird definiert, welche Anzahl an Product Backlog Items (PBI) von einem Entwicklungsteam in einem Sprint abgearbeitet werden kann. Der Product Backlog ist eine geordnete Auflistung der Anforderungen (Item) an ein Produkt und wird dynamisch weiterentwickelt.[55] Die Anzahl der PBI ist indirekt über den geschätzten Zeitaufwand zu ermitteln. Über die Team-Velocity kann ein Forecast für das Fertigstellungsdatum erstellt werden, unter der Voraussetzung, dass die Teamzusammensetzung nicht verändert wird.

---

55 http://de.wikipedia.org/wiki/Scrum (3.8.2015).

$$\text{Anzahl PBI im Sprint} = \frac{\text{verfügbare Tage im Sprint} \times \text{Anzahl Entwickler}}{\text{geplanter Aufwand je PBI in Tagen}}$$

$$\text{Tage bis zur Fertigstellung} = \frac{\text{Anzahl PBI} \times \text{geplante Zeit je PBI in Tagen}}{\text{Anzahl Entwickler}}$$

Weitere Kennzahlen, die im Zuge von Scrum und je Sprint ermittelt werden, sind:

- Impediments Opened
- Impediments Closed
- Bug Reports Opened
- Bug Reports Closed
- Features Delivered
- Features Planned

Impediments: Jede Störung, die das Team davon abhält, produktiv an den geplanten Features und Product Backlog Items im Sprint zu arbeiten.

Bug Reports: Fehler, die im Produkt auftreten. Je nach Priorität und Schwere wirken diese sich als Impediment aus oder werden in die Planung aufgenommen.

Features: Erweiterungen und Änderungen am Produkt, die dessen Business Value erhöhen.

Darüber hinaus werden auf Basis von gemeldeten Supportfällen folgende Kennzahlen hinsichtlich Produktqualität ermittelt:

- Anzahl an Supportfällen je Produkt
- Anzahl an Supportfällen je Release Phase

9.10. Verbindung mit dem Anreizsystem

Das nach *Franklin Covey* entwickelte Kennzahlensystem der pmOne mündet in die Leistungsvereinbarungen des Managements und der Mitarbeiter. Dabei sind die folgenden Kennzahlen von zentraler Bedeutung:

- NWS
- ROS
- NPS

Die Leistungsvereinbarungen werden jährlich geschlossen und mindestens einmal im Quartal überprüft.

9.11. Kritische Erfolgsfaktoren bei der Implementierung

Ein zentraler Aspekt bei der Implementierung eines Kennzahlensystems im Rahmenmodell von *Franklin Covey* ist die Erarbeitung der Teamaufträge, Ziele und Kennzahlen in einem gemeinsamen Workshop aller Teammitglieder. Somit setzt die Methode exakt dort an, wo viele Kennzahlensysteme bzw deren Implementierung scheitern – bei der Beteiligung und Akzeptanz der Mitarbeiter. In der Praxis sind zwei Stereotypen von Führungskräften anzutreffen, die ein Scheitern eines Führungs- und Kennzahlensystems vorprogrammieren:

- **Das einsame Genie**
  Die Führungskraft zieht sich zurück, definiert Teamauftrag, Vision, Ziele und Messgrößen und verkündet sie dem Team.
  Ergebnis: kein Engagement, kein Verständnis, keine Akzeptanz
- **Der Umfrage-Fetischist**
  Die Führungskraft vertritt keine eigene Meinung, folgt der Masse und befragt die Mitarbeiter zu allem und jedem.
  Ergebnis: kein Vertrauen in die Führungskraft und meist Unklarheit bei Teamauftrag, Vision, Zielen und Kennzahlen

Die Kennzahlen werden daher nicht über einen klassischen Top-down-Prozess auf die Teams heruntergebrochen, sondern im Team gemeinsam erarbeitet.

9.12. Fazit

Im vorliegenden Beitrag wurde die Entwicklung und Implementierung des Kennzahlensystems im Rahmenmodell der Leadership-Methode von *Franklin Covey* in der pmOne AG dargestellt. In der Grundlogik orientiert sich diese Methode an den Prinzipien einer Balanced Score Card (BSC), wobei die Implementierung in eine gesamtheitliche Leadership-Methode eingebettet ist und somit die Voraussetzung für das „Funktionieren" einer BSC darstellt, weil insbesondere auch die persönlichen Leadership-Fähigkeiten behandelt und entwickelt werden.

Die Erfahrung bei pmOne hat gezeigt, dass die erstmalige Implementierung eines Kennzahlensystems in Rahmenmodell von *Franklin Covey* durchaus mit einem entsprechenden Aufwand verbunden ist, allerdings in weiterer Folge die Führungskraft deutlich entlastet und das Verständnis im Team hinsichtlich des eigenen Beitrags zur Mission, Vision, den Zielen und Kennzahlen des Unternehmens deutlich steigt. Gepaart mit einer Ausbildung des gesamten Führungskreises hinsichtlich der Grundprinzipien der „7 Habits" und des „Speed of Trusts" ist die Gesamtorganisation deutlich effektiver geworden.

Literatur

Bange, C., Janoschek, N., Alexander, S. (2014): Der Markt für Business Intelligence in Deutschland 2013, Würzburg

Franklin Covey Leadership Institut (2012): Handbuch Leadership Training

Franklin Covey Leadership Institut (kein Datum), Online unter: www.franklincovey.de [27. 04 2014]

Gartner Inc. (kein Datum), Online unter www.gartner.com/it-glossary/business-intelligence-bi [27. 04 2015]

Wikipedia (kein Datum), Online unter: http://de.wikipedia.org/wiki/Scrum [29.04.2015]

10. Kennzahlen bei Wirtschaftstreuhändern

Christian Engelbrechtsmüller/Reinhard Wilflingseder

Inhaltsverzeichnis

Wirtschaftsprüfer und Steuerberater sind einem Honorarwettbewerb unter den Wirtschaftstreuhändern ausgesetzt. Als freier Beruf und Dienstleister sind sie genauso wie alle anderen privatwirtschaftlich organisierten Unternehmen gefordert, ein wirksames Steuerungssystem zu betreiben. Kennzahlen spielen dabei eine wesentliche Rolle. Vor dem Hintergrund der Branche und den unternehmensindividuellen Rahmenbedingungen stellt der Beitrag die für Wirtschaftstreuhänder entscheidenden Kennzahlen vor.

10.1. Branche

10.1.1. Dienstleistungen

Die Berufe der Wirtschaftstreuhänder setzen sich zusammen aus den Berufen Steuerberater und Wirtschaftsprüfer. Sie sind sog Freie Berufe. Wirtschaftstreuhänder können unterschiedliche Aufgaben und Rollen wahrnehmen.

Der **Wirtschaftsprüfer** besitzt die breiteste Berufsbefugnis.

Die wesentlichste Aufgabe von Wirtschaftsprüfern ist die Durchführung von Abschlussprüfungen bei Kapitalgesellschaften und vergleichbaren Organisationen. Wirtschaftsprüfer können ihr Expertenwissen aber auch in

- die betriebswirtschaftliche Beratung,
- die Gutachter- und Sachverständigentätigkeit,

- die Übernahme von Treuhandaufgaben und
- die Beratung in ausgewählten Rechtsfragen einbringen.[56]

Damit sich Prüfungs- und Beratungstätigkeit nicht überschneiden, sind Wirtschaftsprüfer verpflichtet, die beiden Aufgabenbereiche streng zu trennen.

Steuerberater bieten ihren Klienten eine Vielzahl von unterschiedlichen Leistungen an. Die wichtigsten sind

- Steuerberatung,
- Buchhaltung und Bilanzierung,
- Personalverrechnung,
- Vertretung vor Abgabenbehörden,
- Erstellung von Gutachten und
- Nachfolgeregelungen.

Die Honorare für die Dienstleistungen basieren auf einem freien Honorarwettbewerb. Freiberufliche Honorarordnungen wurden abgeschafft.[57]

10.1.2. Markt[58]

Österreichische Wirtschaftstreuhänder sind Mitglieder der Kammer der Wirtschaftstreuhänder. Im Kalenderjahr 2013 betrug der Gesamtumsatz aller Kammermitglieder rund 2,1 Mrd €, wobei die größten Umsatzanteile auf die Bundesländer Wien und Oberösterreich entfallen.

	Umsatz 2013	Umsatz 2012	Veränderung Umsatz
	MEUR	MEUR	in %
Burgenland	35	34	3,0
Kärnten	88	88	0
Niederösterreich	189	190	−1,0
Oberösterreich	309	306	1,0
Salzburg	144	143	1,0
Steiermark	204	202	1,0
Tirol	163	162	1,0
Vorarlberg	72	72	0
Wien	874	862	1,0
Gesamt	2.078	2.059	1,0

Abb 50: Umsatz Kammermitglieder – Bundesländerstatistik

---

56   Vgl Wirtschaftsprüfer in Österreich, IWP/KWT (oJ) 5.
57   Vgl *Krejci* (2007) 94–102.
58   Vgl Kammer der Wirtschaftstreuhänder, Statistische Auswertung des Berufsstandes (April 2015).

Die jährlichen Wachstumsraten des Gesamtumsatzes aller Mitglieder lagen in den letzten zehn Jahren zwischen rund 1 und 5 %. Im Kalenderjahr 2013 beläuft sich die Anzahl der Mitglieder auf 9.831 natürliche und juristische Personen. Die Umsatzverteilung auf die Mitglieder ist in Abb 51 dargestellt:

Umsatz in MEUR von bis	Umsatz	Umsatz	Mitglieder	Mitglieder
	MEUR	in %	Anzahl	in %
Kein Umsatz	0	0	4.526	46,0
Von 0–1 Mio	929	44,7	4.871	49,5
Von 1–5 Mio	723	34,8	410	4,2
> 5 Mio	426	20,5	24	0,2
Gesamt	2.078	100,0	9.831	100,0

Abb 51: Anzahl der Mitglieder pro Umsatzstufe 2013

Rund 46 % der Mitglieder weisen keinen Umsatz auf (zB unselbständig). Knapp 50 % der Mitglieder melden Umsätze bis zu einer Million €. 24 Mitglieder erzielen Umsätze > 5 Mio €. Von den 9.831 Mitgliedern sind 7.140 natürliche Personen, wobei rund 60 % männliche bzw 40 % weibliche Berufsangehörige als Mitglieder geführt werden. Rund 1/4 der physischen Mitglieder sind Wirtschaftsprüfer.

10.1.3. Wettbewerb

Hervorzuheben sind die sog „BIG 4", auf die zwischen 20 und 25 % des Gesamtumsatzes in Österreich entfällt.

Tätigkeit	KPMG[59]	Deloitte[60]	PWC[61]	E&Y[62]	Summe
	MEUR	MEUR	MEUR	MEUR	MEUR
Abschlussprüfung	55	35	23	29	142
Sonstige Bestätigungs-leistungen	17	14	7	11	49
Steuerberatung	48	57	38	29	172
Sonstige Beratung	40	27	33	21	121
Summe	160	133	101	90	484

Abb 52: Umsatz „BIG 4" gemäß Transparenzbericht

---

59 Vgl KPMG, Transparenzbericht 2013, 28.6.2013. Aufgrund eines sechsmonatigen Rumpfwirtschaftsjahres zum 30.9.2014 wurde der vorherige Transparenzbericht 2013 für Vergleichszwecke auf Zwölfmonatsbasis herangezogen.
60 Vgl KPMG, Transparenzbericht 2014, 30.6.2014.
61 Vgl KPMG, Transparenzbericht 2014, 30.10.2014.
62 Vgl KPMG, Transparenzbericht 2014, 30.10.2014.

10.1.4. Erfolgsfaktoren

Wirtschaftstreuhänder sind Unternehmen des Dienstleistungssektors. Dienstleistungen unterscheiden sich von Industriegütern insbesondere aufgrund der Immaterialität der Leistung und der Integration der Kunden, Klienten oder Mandanten in die Leistungserstellung. Zu den wichtigsten Ressourcen zählen Wissen (Knowhow), Beziehungskompetenz und Reputation.

Das **Wissen** qualifizierter Mitarbeiter und das Wissensmanagement sind die Basis für hochwertige Dienstleistungen. Die **Kundenbeziehung** und die Zufriedenheit der Kunden mit den Dienstleistungen ist eine weitere Voraussetzung für den nachhaltigen Erfolg. Für die **Reputation** und den damit langfristigen Erfolg sind die Qualitätssicherung und das Risikomanagement hervorzuheben.

Der kurzfristige, wirtschaftliche Erfolg hängt an der Auslastung der Mitarbeiter und den abrechenbaren Stunden- oder Tagessätzen. Effiziente und effektive interne Prozesse bei der Auftragsannahme und Auftragsabwicklung sind weitere Bausteine des Erfolges.

10.2. Unternehmensindividuelle Rahmenbedingungen

10.2.1. Unternehmensprofil

Die KPMG Gruppe Österreich ist ein Mitglied des KPMG Netzwerkes. Dieses Netzwerk umfasst unabhängige Firmen in weltweit rund 155 Ländern, die Mitglied von KPMG International, einer Genossenschaft schweizerischen Rechtes, sind. KPMG International erbringt selbst keine Leistungen für Mandanten.

Sämtliche Mitgliedsunternehmen von KPMG International sind verpflichtet, bei der Erbringung der Leistungen für Mandanten einheitliche Standards zu befolgen und ein Höchstmaß an Unabhängigkeit und Integrität zu wahren. Die Umsetzung der Standards wird durch KPMG International überwacht.[63]

KPMG erbringt fallweise auch Dienstleistungen, die über die klassischen Wirtschaftstreuhandberufe der Steuerberater und Wirtschaftsprüfer hinausgehen. KPMG wird dementsprechend auch als Accounting oder Professional Service Firm bezeichnet. Eine Professional Service Firm ist ein Unternehmen, das wissensintensive Dienstleistungen für Kundenunternehmen anbietet. Neben Wirtschaftstreuhändern sind das beispielsweise auch Unternehmens- und Personalberatungen, Anwaltskanzleien oder Investmentbanken.

10.2.2. Geschäftsfelder

Die Aufgaben, welche der Markt an Wirtschaftstreuhänder oder Professional Service Firms stellt, verlangen immer speziellere Lösungen. KPMG hat sein Serviceangebot klar nach Dienstleistungen und Branchen differenziert, in denen das glo-

---

63 Vgl KPMG, Transparenzbericht gemäß § 24 A-QSG (2014) 6 ff.

bale Know-how gebündelt wird. Die Dienstleistungen sind in den Geschäftsfeldern „Audit", „Tax" und „Advisory" konzentriert. Durch die Spezialisierung können für jede Branche und Unternehmensstruktur maßgeschneiderte Lösungen entwickelt und durch die internationale Präsenz vor Ort erbracht werden.[64]

Abb 53: Geschäftsfelder und Branchenspezialisierung der KPMG

10.3. Kennzahlen

Wie in anderen Branchen helfen betriebswirtschaftliche Kennzahlen, die Erfolgsfaktoren in den Geschäftsfeldern zu steuern. Nachfolgend werden Kennzahlen beschrieben, die im laufenden unterjährigen Berichtswesen eine zentrale Rolle spielen.

10.3.1. Auslastung

Die Auftragskalkulation und die Honorarabrechnung erfolgen üblicherweise auf Basis von Stunden- oder Tagessätzen. Neben dem Preis pro Beraterstunde oder Beratertag, ist die Menge an geleisteten Stunden der zweite zentrale Bestimmungsfaktor für den Umsatz. Die Menge an geleisteten Stunden wird typischerweise anhand der Auslastung gemessen. Die Auslastung vergleicht die Anzahl der Sollstunden pro Periode mit der Anzahl der tatsächlich verrechenbaren Stunden pro Periode. Als verrechenbare Stunde ist jener Zeitaufwand zu verstehen, der unmittelbar zur Leistungserbringung für den Kunden anfällt.

$$\text{Auslastung in \%} = \frac{\text{Verrechenbare Stunden}}{\text{Sollstunden pro Periode}}$$

Die Sollstunden für ein Kalenderjahr betragen rund 2.000 Stunden pro Mitarbeiter und variieren insbesondere aufgrund unterschiedlicher Anzahl von Feiertagen an

---

64   Vgl www.kpmg.at (3.8.2015).

Arbeitstagen. Die Sollstunden entsprechen somit der vertraglichen Arbeitszeit der leistungserbringenden Mitarbeiter in einer Periode.

Alternativ zu den Sollstunden können die verrechenbaren Stunden auch in Beziehung zu den tatsächlich geleisteten IST-Stunden oder zu Standardstunden gesetzt werden. Unter Standardstunden versteht man im Vorhinein fixierte Stunden je Periode unabhängig von Feiertagen und Anzahl von Arbeitstagen je Periode.

Sowohl bei der Bezugsgröße Sollstunden als auch bei Standardstunden ist unternehmensintern die Entscheidung zu treffen, ob der Jahresurlaubsanspruch des Mitarbeiters in Abzug gebracht wird oder die Bruttostundenanzahl verwendet wird.

10.3.2. Betriebsleistung

Die Betriebsleistung setzt sich zusammen aus den bereits verrechneten Honoraren zuzüglich der Bestandsveränderungen von unabgerechneten Leistungen.

$$\text{Honorare} \pm \text{Bestandsveränderung} = \text{Betriebsleistung}$$

Die Ermittlung der betriebswirtschaftlich relevanten Bestandsveränderung kann zu Selbstkosten oder zu Verkaufssätzen erfolgen.

Setzt man die Betriebsleistung in Relation mit der Betriebsleistung der Vorperiode, ergibt sich ein Veränderungswert, der in der Regel in Prozent dargestellt wird.

$$\% \text{ Veränderung der Betriebsleistung} = \frac{\text{Betriebsveränderung}}{\text{Betriebsleistung Vorperiode}} \times 100$$

10.3.3. Durchschnittlicher Stundensatz (Realisation Rate)

Die sog Realisation Rate ist das Verhältnis aus Betriebsleistung und der Summe verrechenbarer Stunden im Betrachtungszeitraum.

$$\text{Realisation Rate} = \frac{\text{Betriebsleistung}}{\text{Verrechenbare Stunden}}$$

Die Kennzahl ist eine absolute Größe und gibt Auskunft über den durchschnittlich am Markt realisierten Stundensatz.

10.3.4. Deckungsbeitrag

Die zentrale Erfolgsgröße stellt der Deckungsbeitrag dar. Der Deckungsbeitrag ist der Unterschiedsbetrag aus der Betriebsleistung und den direkt zurechenbaren Kosten. Direkt zurechenbare Kosten sind typischerweise die Gehalts- und Ausbildungskosten. Der Deckungsbeitrag kann pro Auftrag, Kunde, Geschäftsfeld und für das Gesamtunternehmen ermittelt werden. Unterschiedliche Wachstumsdynamiken der Dienstleistungen und Geschäftsfelder führen zu differenzierten Zielgrößen.

Die Ermittlung von Deckungsbeiträgen kann aufgrund von tatsächlichen Aufwendungen und Erträgen oder auf Basis von kalkulierten Aufwandssätzen (Stundenkostensätzen) und tatsächlichen Erträgen erfolgen.

Deckungsbeiträge je Auftrag bzw Kunde werden in der Regel auf Basis von Kostensätzen ermittelt, da eine Aufteilung der Ist-Aufwendungen (Personalkosten, …) auf Aufträge bzw Kunden in der Praxis nur mit sehr hohem Aufwand möglich wäre.

Hingegen können Deckungsbeiträge je Geschäftsfeld auf Basis von Ist-Aufwendungen ermittelt werden. Voraussetzung für eine genaue Ermittlung ist die Zuteilung der Mitarbeiter zu Geschäftsfeldern. Falls ein Mitarbeiter für mehr als ein Geschäftsfeld Leistungen erbringt, sind die Kosten oder die Umsätze im Verhältnis der geschäftsfeldübergreifenden Leistungserbringung zu splitten.

10.3.5. Lock Up days

Die Working-Capital-Steuerung beschränkt sich im Umlaufvermögen im Wesentlichen auf die Forderungen und noch nicht abrechenbaren Leistungen. Die Lock Up days sind eine Kennzahl, die Auskunft über die Höhe der Außenstandstage und damit über die Kapitalbindung im Umlaufvermögen gibt. Die Kennzahl entspricht dem Außenstand in Tagen gemessen an der Betriebsleistung der letzten drei Monate.

$$\text{Lock Up days} = \frac{\text{Forderungen und noch nicht abrechenbare Leistungen}}{\text{Betriebsleistung der letzten 90 Tage}} \times 90$$

Die Kennzahl lässt sich als durchschnittliche Realisierungszeit in Tagen vom Zeitpunkt der Leistungserbringung bis zum Zeitpunkt des Zahlungseingangs interpretieren.

10.3.6. Altersstruktur von unabgerechneten Leistungen und Forderungen (Aging)

Das sog Aging dient der Liquiditätssteuerung und zeigt die Altersstruktur der unabgerechneten Leistungen oder der offenen (Kunden-)Forderungen.

Dabei werden die unabgerechneten Leistungen bzw Forderungen nach Altersklassen gruppiert, woraus sich bei Überalterung der unabgerechneten Leistungen ein Abrechnungsbedarf, bei Überalterung der Forderungen ein verstärkter Mahn- bzw Wertberichtigungsbedarf ableiten lässt.

10.4. Zusammenfassung

Die beschriebenen Kennzahlen sind ergebnisorientiert, leicht zu ermitteln und sind für Führungskräfte leicht verständlich. Hervorzuheben ist die Kennzahl Auslastung, die über alle Hierarchieebenen eine zentrale Steuerungskennzahl darstellt und in die Zielvereinbarungen der Mitarbeiter eingehen kann. Neben den beschriebenen Kennzahlen haben Vorlaufindikatoren, Prozess- und Personalkennzahlen Bedeutung. Kunden- und Mitarbeiterbefragungen werden in Abständen durchgeführt, spielen im monatlichen Reporting jedoch eine untergeordnete Rolle.

11. Kennzahlen für Websites

Andreas Greiner / Gerald Petz

Inhaltsverzeichnis

Mit der fortschreitenden Digitalisierung von Geschäftsmodellen wird die Website eines Unternehmens immer mehr zu einem erfolgskritischen Wettbewerbsfaktor, der mit Hilfe von Kennzahlen gezielt gesteuert werden muss. Dieser Beitrag zeigt die Möglichkeiten, die Unternehmen zur Verfügung stehen, um die Effektivität und Effizienz der Website zu messen.

11.1. Grundlagen des Web-Controllings

Wie bei anderen unternehmerischen Aktivitäten ist auch bei Websites die Wirksamkeit und Wirtschaftlichkeit von Interesse. Im Rahmen von Analysen des Kundenverhaltens soll die Website optimiert und auf den Benutzer „zugeschnitten" werden. Letztendlich soll gewährleistet werden, dass die Marketing- und Digital-Marketing-Maßnahmen effizient eingesetzt werden. Es soll zB gemessen werden, inwieweit die Zugriffe auf die eigene Website durch die Maßnahmen gesteigert werden konnten. Diese Analysen werden unter dem Begriff „Web-Analytics" zusammengefasst und bedeuten, dass das Verhalten von Besuchern auf der Website systematisch gesammelt und ausgewertet wird. Web-Analytics dient dazu, die Prozesse rund um die eigene Website zu analysieren, und im Sinne eines Controlling-Regelkreises zu optimieren. Dazu kann eine Vielzahl an Kennzahlen verwendet werden.

Der Begriff „Web-Analytics" hat sich international weitestgehend durchgesetzt, im deutschsprachigen Raum wird eher der Begriff „Web-Controlling" verwendet. Darüber hinaus gibt es noch einige andere Bezeichnungen, die in der Regel synonym verwendet werden, wie Click-Stream-Analyse, Web-Analyse, Web-Tracking und einige mehr. Im Folgenden werden die Begriffe Web-Analytics und Web-Controlling synonym verwendet.

Werttreiber eines Webauftritts sind zumeist die Anzahl der Anwender, die die Website aufrufen, deren Nutzungsintensität, mit welchen Partnern entlang der digitalen

Wertschöpfungskette zusammengearbeitet wird (zB Payment), und welcher Umsatz direkt oder indirekt über die Website generiert werden kann. Die typischen Kostentreiber lassen sich mit den IT-Kosten, Personalkosten, Marketingkosten und Kosten aus dem allgemeinen Betrieb und verbundenen Dienstleistungen determinieren.[65]

Das Web-Controlling betrifft unterschiedliche Führungsebenen im Unternehmen. In der Managementperspektive geht es darum, die Ziele für die Website bzw für das Web-Controlling auf einer strategischen Ebene zu definieren und zu verankern. Darüber hinaus ist ein Regelkreis im Sinne des Controllings zu etablieren, sodass Planung, Analyse und Steuerung kontinuierlich durchlaufen werden, um nachhaltig Verbesserungen erzielen zu können.

Eine Website verfolgt – wie schon eingangs angeführt – unterschiedliche Zielsetzungen und richtet sich an unterschiedliche Zielgruppen und Akteure. Ein Unternehmen wird beispielsweise wirtschaftliche Geschäftsziele wie Umsatzgenerierung und Kundenbetreuung verfolgen. Diese Geschäftsziele sind letztlich Top-Down in konkrete Web-Controlling-Kennzahlen herunterzubrechen. In der Regel werden diese Kennzahlen aus der System-, Angebots- und Kundenperspektive ausgewählt.

11.2. Möglichkeiten und Funktionsweisen von Web-Controlling-Software

Um zu aussagekräftigen Kennzahlen zu kommen, müssen zuerst die erforderlichen Daten aufgezeichnet und zur Verfügung gestellt werden. Es werden verschiedene Verfahren zur Datensammlung unterschieden; die einzelnen Verfahren haben jeweils Vor- und Nachteile.

11.2.1. Serverbasierte Verfahren: Logfile-Analyse

Üblicherweise werden alle Seitenanfragen in einem Logfile am Webserver abgespeichert, aus dem man mittels Logfile-Analyse unterschiedliche Statistiken über die Besucher bzw Zugriffe generieren kann. Diese Logfiles können je nach Serversoftware unterschiedlich aufgebaut sein, bzw können sie je nach Konfiguration der Server-Software unterschiedliche Daten enthalten. In diesen Logfiles können aber nur die Daten aufgezeichnet werden, die auch vom http-Protokoll übermittelt werden. In der Regel sind die Logfiles einfache Textdateien, die mit einem Texteditor geöffnet werden können. Je nach Webserver und Einstellungen werden unter anderem folgende Daten in einem Logfile protokolliert: Datum und Uhrzeit des Zugriffs, IP-Adresse des Clients, interne Bezeichnung der Website auf dem Server („W3SVC1"), Zugriffsmethode, Ressource, auf die zugegriffen wurde (Pfad mit Datei), Fehlermeldungen etc.

Die Logfiles können zwar händisch gelesen bzw auch händisch analysiert werden, dies ist jedoch nicht praktikabel. Es gibt daher zahlreiche Software-Tools, die diese Logfiles auslesen und aus den Rohdaten aussagekräftige Berichte generieren.

---

65   Vgl *Maaß/Pietsch* (2008) 4 f.

Die folgende Abbildung verdeutlicht die Funktionsweise der serverseitigen Datensammlung: Sobald ein Benutzer einen Webauftritt aufruft (1,3), wird am Webserver
ein Eintrag im Logfile generiert (2). Diese Logfiles können dann mit speziellen Tools
(4) aufbereitet werden.

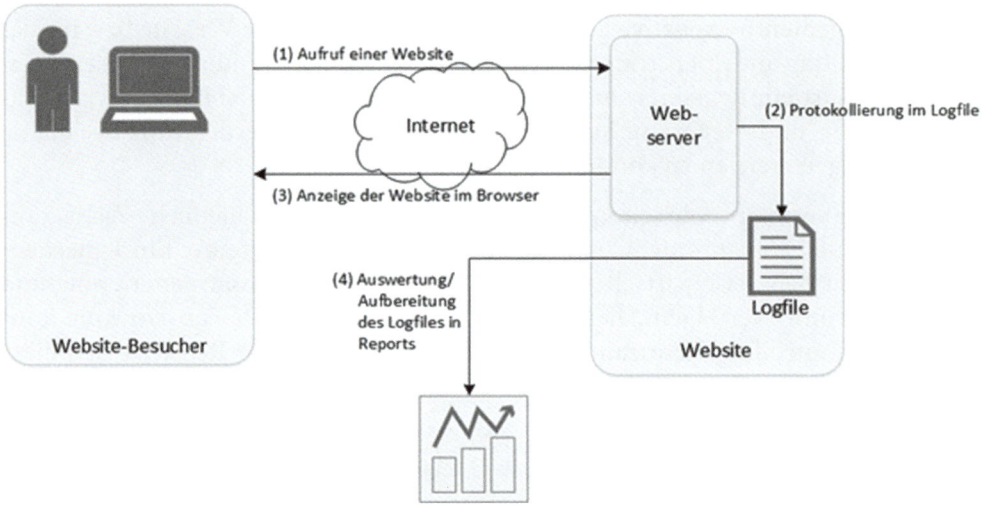

Abb 54: Funktionsweise der serverseitigen Datensammlung[66]

Die Grenzen und Probleme der Logfile-Analysen liegen an der Zustandslosigkeit des
http-Protokolls, dh jede Anfrage eines Clients nach einer Webseite oder einer darin
vorkommenden Grafik in einer Webseite ist für den Webserver eine eigenständige
Aktion. Damit lässt sich streng genommen nicht nachvollziehen, welche Aktionen
von einem bestimmten Benutzer durchgeführt wurden. Weiters lässt sich aus Sicht
des Webservers die Identität des Benutzers nicht ausreichend feststellen. Als Abhilfe
können SessionIDs, Cookies, Profile und personalisierte Seiten eingesetzt werden.

11.2.2. Clientbasierte Verfahren: Tag- und Pixeltracking

Die heute am häufigsten eingesetzten Verfahren sind das Tag- bzw das Pixel-Tracking.

Unter „Pixel-Tracking" (auch als „Zählpixel" bezeichnet) versteht man die Einbettung von kleinen Grafiken in HTML-Seiten oder HTML-E-Mails, um statistische
Auswertungen zu ermöglichen. Das Zählpixel ist dabei meist eine sehr kleine Grafik
(in der Regel nur 1x1 Pixel groß) und transparent oder in der Farbe des Hinter-
grunds, damit es nicht sichtbar ist. Wenn die Webseite oder das E-Mail geöffnet
wird, dann wird dieses kleine Bild von einem Server im Internet geladen, wobei das
Herunterladen dort registriert wird. So kann der Betreiber der Website sehen, wann
und wie viele Nutzer diesen Zählpixel anforderten bzw ob und wann eine E-Mail geöffnet oder eine Webseite besucht wurde.

---

66   Vgl *Meier/Zumstein* (2012) 162; vgl *Hassler* (2009) 43.

Die folgende Abbildung verdeutlicht die Funktionsweise des Tag- bzw Pixeltrackings. Beim Surfen (1,2) werden Javascript-Code bzw das Tracking-Pixel geladen (3) und damit am Trackingserver die Nutzungsdaten gesammelt. Die gesammelten Daten werden am Trackingserver gespeichert (4) und mithilfe von Reports (5) visualisiert.

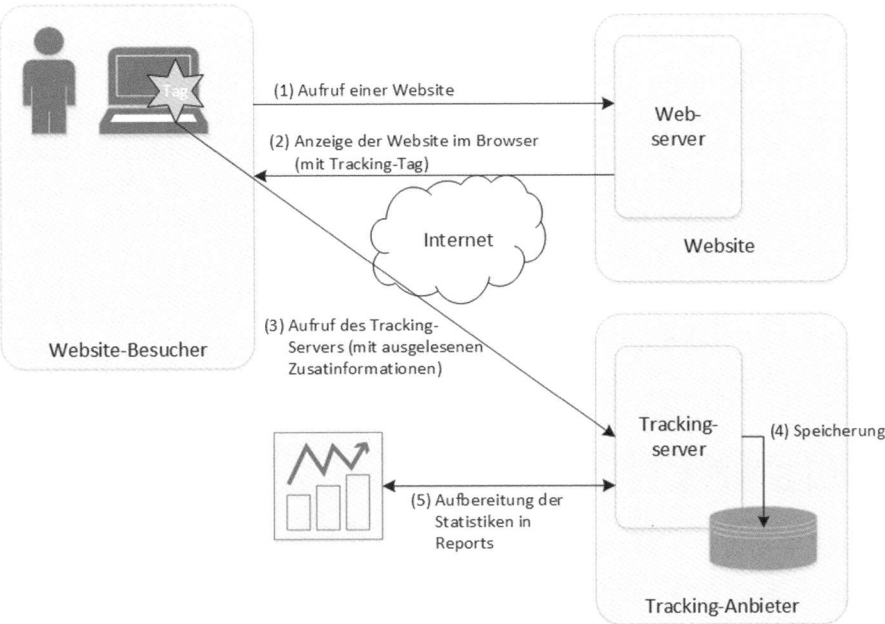

Abb 55: Funktionsweise der clientseitigen Datensammlung[67]

Das Tag-Tracking funktioniert vom Grundprinzip her genauso wie das Pixel-Tracking, allerdings wird anstelle des Pixels ein Javascript-Code zur Datenerhebung eingesetzt. Manche Verfahren kombinieren Pixel- und Tag-Tracking. Der Vorteil dieser „Javascript-Tags" liegt darin, dass zusätzliche Informationen über den abrufenden Client (gewöhnlich den Browser) gesammelt werden können, beispielsweise die grafische Auflösung des genutzten Monitors, Farbtiefe, im Browser installierte Plugins etc. Neuere Tools erlauben auch die Aufnahme der Mausbewegungen (Mouse Tracking) oder Tastatureingaben der Website-Besucher. Mit dem Tag-Tracking lassen sich also sehr viele Informationen über den Website-Besucher sammeln und auswerten.

Der Vorteil von Tag-Tracking liegt darin, dass eine Sitzungs- und Besucher-Zuordnung durch Nutzung von Cookies akzeptabel genau ist. Nachteilig ist, dass Besucher, die Javascript blockiert haben, nicht erkannt werden (dies ist allerdings nur ein sehr geringer Prozentsatz der Website-Besucher). Das Datenformat ist proprietär, dh ein Wechsel von einem Anbieter zu einem anderen mit einer Übernahme der alten Daten wird sich schwierig gestalten. Bei der Logfile-Analyse liegen die protokollierten Rohdaten vor, die mit Software-Tools von verschiedenen Anbietern ausgewertet werden können.

---

67   Vgl *Meier/Zumstein* (2012) 165; vgl *Hassler* (2009) 54.

Das Pixel- bzw Tag-Tracking-Verfahren ist derzeit sicherlich das am häufigsten eingesetzte Verfahren, nicht zuletzt auch dadurch, dass Google mit „Google Analytics" ein sehr leistungsfähiges Produkt anbietet.

11.3. Typische Kennzahlen im Web-Controlling

Den Erfolg einer Website alleinig von der Anzahl der Unique User, also der eindeutigen Besucher, zu messen, ist nicht zeitgemäß. Das bedeutet, dass die Anforderungen an das Web-Controlling so sind, dass Ziele, Kennzahlen und dessen Steuerung auf das jeweilige Geschäftsmodell – und insbesondere auf dessen Erlösmodell – abgestimmt werden. Welche Kennzahlen im Web-Controlling zur Messung der gesetzten Ziele verwendet werden, hängt von der Intention des Webauftritts ab. Was will mit diesem erreicht werden? Handelt es sich um einen Web-Shop, um eine Website, die Serviceleistungen anbietet, oder eine Website mit Informationen?

Je nach verfolgtem Ziel der Website werden dieselben bzw unterschiedliche Kennzahlen zum Einsatz kommen. Abbildung 56 gibt einen Überblick über mögliche Kennzahlen in Abhängigkeit des Ziels:

E-Commerce	Content	Lead Generierung	Service/Support
Anzahl Seitenaufrufe	Anzahl Seitenaufrufe	Anzahl Seitenaufrufe	Anzahl Seitenaufrufe
Anzahl der Besuche	Anzahl der Besuche	Anzahl der Besuche	Anzahl der Besuche
Anzahl der Besucher	Anzahl der Besucher	Anzahl der Besucher	Anzahl der Besucher
ø Bestellwert pro Kunde	ø Verweildauer	Top Landingpages	Download Rate
Anzahl Bestellungen	Absprungrate	Neue vs Wiederkehrende Besucher	Anzahl der Serviceanfragen
Anzahl Retouren	ø Besuche je Besucher	Conversion Rate	ø Verweildauer
Abbruchrate Warenkorb	ø Seitenzugriffe je Besuch	ø Verweildauer	
Conversion Rate ab Suche	% Besuche hoher Tiefe	Verhältnis neuer zu wiederkehrender Besucher	
ø Kosten pro Conversion	% Besuche hoher Dauer	ø Besuche je Besucher	

Abb 56: Mögliche Kennzahlen je nach Ausrichtung der Website um Ziele zu messen[68]

---

68   Vgl *Meier/Zumstein* (2012) 85 ff; *Hassler* (2009) 350 ff.

Bei der Festlegung der Ziele und der damit verbundenen Kennzahlen sollen Antworten auf die Frage nach der Effektivität und der Effizienz der getätigten Maßnahmen geliefert werden. Wird die Effektivität der Maßnahmen gemessen, so geht es hier um die Zielgerichtetheit. Arbeite ich mit meinen Maßnahmen so, dass diese bei der Erreichung meiner Ziele eine Relevanz besitzen? Sind meine Maßnahmen tatsächlich wirksam? Beim Controlling der Effizienz der Maßnahmen wird die Wirtschaftlichkeit hinsichtlich Input-Output überprüft.[69]

Beispielhafte Fragestellungen, die sich im Zusammenhang mit der Messung der Ziele ergeben:

- Messung der Effektivität der gesetzten Ziele des Unternehmens
  - Welche Vorteile hat ein Nutzer, wenn dieser Fan meiner Facebook-Page wird?
  - Wie wichtig ist es meinen Besuchern, dass sie Beiträge in sozialen Netzwerken teilen können?
- Messung der Effizienz der gesetzten Ziele des Unternehmens
  - Welche Maßnahmen tragen besonders dazu bei, ein Neukunde im Online-Shop zu werden?
  - Welche Maßnahmen tragen besonders dazu bei, den Warenkorbwert zu erhöhen?

Im Folgenden werden typische Kennzahlen im Web-Controlling (vgl Abb 56) sowie unterschiedliche Perspektiven erläutert.[70]

11.3.1. „Klassische" Kennzahlen

Als typische Kennzahlen, sozusagen die Klassiker des Web-Controllings, können folgende Kennzahlen genannt werden:

- **Anzahl der Seitenaufrufe (Page Impressions, Page views)**
  Die Seitenaufrufe geben die Anzahl der geladenen Seiten an. Durch die Gestaltung der Seiten kann die Anzahl nach oben verfälscht werden, zB beim Ausfüllen eines Bestellformulars in mehreren (unnötigen) Schritten. Gleichzeitig kann diese Zahl durch Programmiertechniken, welche keinen neuen Seitenaufruf erzeugen nach unten verfälscht werden. Die Anzahl der Seitenaufrufe kann natürlich auch getrennt nach Bereichen der Website oder einzelnen Seiten ermittelt werden.
- **Anzahl der Besuche (Sessions, Visits)**
  Unter einer Session versteht man zusammenhängende Nutzungsvorgänge (Besuche) des Web-Angebotes. Bei einer Session besteht idR ein nicht unerheblicher Teil der Besuche aus nur einem Klick, dh der Nutzer betritt die Website und verlässt sie gleich wieder. Viele Besuche mit nur einem Seitenaufruf bzw einer niedrigen Besuchszeit, verbunden mit einer hohen Absprungrate, werden auch bei den anderen Kennzahlen aufgegriffen.

---

69   Vgl *Kreutzer* (2012) 143 ff.
70   Vgl *Vollmert/Lück* (2014) 124 ff.

- **Anzahl der Besucher (Visitors, Unique Clients, Users)**
  Die Anzahl der Besucher gibt an, wie viele verschiedene Besucher die Website besuchen (innerhalb eines bestimmten Zeitraums). Ist es möglich, einen Besucher eindeutig zu erkennen (beispielsweise mittels Login), so ist auch ein Tracking über verschiedene Endgeräte möglich.

- **Anzahl der Seiten pro Besuch**
  Diese Kennzahl gibt an, wie viele Seiten durchschnittlich bei einem Besuch aufgerufen wurden. Sie ist ein Indiz dafür, wie interessant eine Website ist. Verbunden mit der Kennzahl der durchschnittlichen Absprungrate hilft sie, Inhalte zu finden, welche nicht relevant sind bzw verbesserungswürdig sind.

- **Durchschnittliche Absprungrate (Bounce Rate)**
  Dieser Wert verrät den Anteil jener Besuche, welche nur eine Seite aufgerufen haben und danach das Angebot wieder verlassen haben.

- **Durchschnittliche Besuchszeit (Verweildauer, View Time)**
  Unter der durchschnittlichen Besuchszeit bzw Verweildauer versteht man die Zeit, die der Benutzer pro Besuch benötigt. Ähnlich wie bei der Anzahl der Page Impressions, ist auch bei der Verweildauer davon auszugehen, dass die Länge des Nutzungszeitraums mit dem Interesse des Nutzers an den dargebotenen Inhalten zusammenhängt.

Durch Kombination der verschiedenen Kennzahlen können noch weitere Verdichtungen und Interpretationen abgeleitet werden. Beispielsweise gibt die Kennzahl „ø Besuche je Besucher" an, ob Besucher die Website wiederkehrend öffnen. Bei der Kennzahl „% Besuche hoher Tiefe" wird der Anteil an Besuchen angegeben, bei denen die „Anzahl der Seiten pro Besuch" hoch ist; was in diesem Zusammenhang als „hoch" zu interpretieren ist, ist zu definieren bzw wird von Software-Tools vorgegeben.

11.3.2. Kennzahlen aus Systemperspektive

Die Systemperspektive setzt sich mit den technischen Herausforderungen des Webauftritts auseinander. Die Performance eines Webauftritts spielt eine wesentliche Rolle beim Erfolg einer Website. Wie gestaltet sich die Serverlandschaft, wie ist die Performance der Webserver? Die Antwortzeit aus der Sicht eines Anwenders ist eine kritische Kennzahl eines Webauftritts und diese gilt es zu beobachten und dementsprechend zu optimieren. Typische Verantwortliche für die Systemperspektive sind zB CTO, Developer.

11.3.2.1. Vitalität

Ob ein System vital ist, hängt von zahlreichen Komponenten ab. Applikationen, Services, Serverprozesse, verschiedene Hosts und Datenbanken sind Komponenten, welche zusammenarbeiten müssen, um eine Website betreiben zu können. Für den Besucher einer Website spiegelt sich das optimale Zusammenspiel dieser Komponenten in einer raschen Darstellung der Webseiten wider. Zalando zB setzt konsequent auf frei verfügbare Softwareprodukte, welche stark skalierbar sein müssen und unternehmenseigen sind. Das starke Wachstum von Zalando hat für das Unternehmen zur Folge, dass die eingesetzten Applikationen, Services, Server etc auch mit stark wachsenden Besucherströmen performant umgehen müssen und die Systeme so nicht zur Wachstumsbremse werden.[71] Im Praxisbetrieb kann die Vitalität der Systemperspektive mit Performance-Management-Programmen wie New Relic oder Ruxit gesteuert werden, um so Schwachstellen schnell zu finden bzw früh zu erkennen. Programme wie diese werden daher implementiert und helfen bei der jeweiligen Steuerung:[72]

- Server Side
  Unabhängig von Server-Betriebssystemen sind die Herausforderungen stets dieselben: Leistungsfähigkeit der CPU, Entwicklung des Speicherbedarfs etc. Diese Kernthemen sind im Bereich des Server Monitorings laufend zu monitoren.
- Client-Side
  Mit Kennzahlen in diesem Bereich kann herausgefunden werden, ob es bei bestimmten Endgeräten (insbesondere zB bei mobilen Endgeräten) Probleme mit der Darstellung der Website gibt und das Nutzungserlebnis dadurch eingeschränkt wird. Typische Fragestellungen sind beispielsweise: Wie sind die Antwortzeiten mit einem bestimmten Browser? Wie sind die Antwortzeiten heruntergebrochen auf die Antwortzeit des Servers, auf das Netzwerk und auf die Ausführung der Scripts? Gibt es Fehler in den Scripts, welche im Client des Users ausgeführt werden?
- Service
  Die Nutzung von Programmierschnittstellen (API, *application programming interface*) zu anderen Systemen ist allgegenwärtig und gängige Praxis. Diese Dienste und deren Vitalität und die Überwachung der Vitalität ist Teil des Service Monitorings.
- Virtualisierung und Cloud
  Durch Virtualisierung und die Cloud ergeben sich auch hier Herausforderungen, welche gesteuert werden müssen. Neben den gleichen Kennzahlen wie sie unter dem Punkt Server Side beschrieben worden sind, gibt es aber auch hier spezifische Kennzahlen, die sich beispielsweise auf das Load-Balancing, dem Verteilen der Last, beziehen.

11.3.2.2. Geschwindigkeit der Website

Die Geschwindigkeit (Ladezeit) einer Website wird immer wichtiger, denn mit einem schnelleren Seitenaufbau kann die Zufriedenheit der User und damit die Anzahl der Verkäufe gesteigert werden.[73] Zusätzlich ist durch die Vielzahl der unterschiedlichen Endgeräte mit ihren verschiedensten Displaygrößen notwendig gewor-

---

71   Vgl Zalando Presseinformation 2014, 6 f.
72   Vgl https://ruxit.com/product-tour/#tour_fullstack (10.6.2015).
73   Vgl *Gardner* (2011) 15 ff.

den, die Angebote dementsprechend zu optimieren. Um Entwicklern zu helfen, werden Werkzeuge angeboten, welche Tipps geben, wie das Angebot optimiert werden kann.

Der Screenshot in Abb 57 zeigt die Analyse einer Website mit Googles „PageSpeed Insight". Hier zeigt sich, dass die Website für mobile Endgeräte nicht optimal gestaltet ist und welche Behebungen durchgeführt werden sollten. Dass eine fehlende mobile Optimierung auch faktische Auswirkungen abseits des Nutzungserlebnisses haben kann, beweist Google damit, dass nicht für mobile Endgeräte geeignete Websites in den Suchergebnissen auf mobilen Endgeräten nach hinten gereiht werden und mobile Websites in den Ergebnissen präferiert werden.[74]

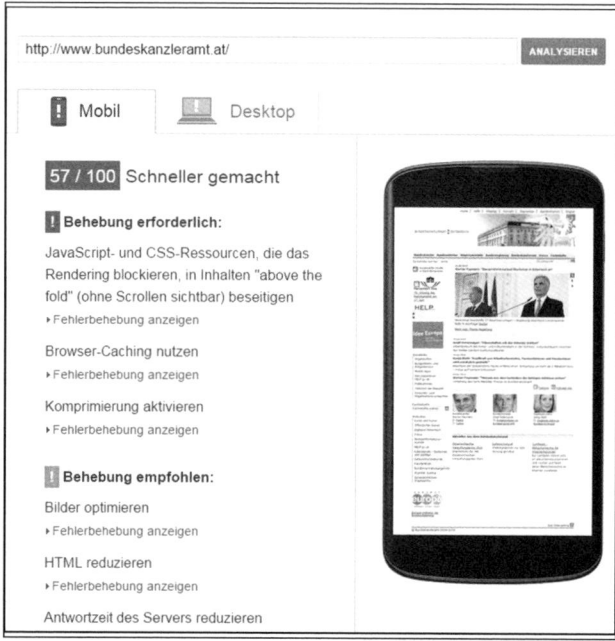

Abb 57: Screenshot der Auswertung von Googles PageSpeed Insight

11.3.3. Kennzahlen aus Angebotsperspektive

Im Mittelpunkt dieser Perspektive steht, wie das Angebot auf der Website präsentiert wird und optimiert werden kann. Typische Verantwortliche sind Produkt- und Marketingmanager.

11.3.3.1. Akquisition

Die Gesamtheit aller Besucher einer Website setzt sich aus verschiedenen Quellen zusammen. Während manche die Webadresse direkt in die Adresszeile eines Browsers eingeben, gelangen andere über einen Verweis von einer anderen Website auf

---

74   Vgl http://googlewebmastercentral.blogspot.co.at/2015/02/finding-more-mobile-friendly-search.html (10.6.2015).

das Angebot und wiederum andere werden über ein Social Network wie zB Facebook auf das Angebot aufmerksam. Die verschiedenen Akquisitionskanäle geben darüber Aufschluss, woher und in welchem Ausmaß die Besucher auf eine Website kommen und verraten so mehr darüber, welche Kanäle wesentlich als Werttreiber für das Angebot fungieren.

Die wesentlichsten Akquisitionskanäle können sich je nach Website wesentlich unterscheiden und so kann es gut sein, dass Website A wesentlich über Social Media und Direktaufrufe Besucher erhält und Website B die meisten Besucher über die organische Suche von Suchmaschinen erhält. Wichtig ist hier eine möglichst gleichmäßige Verteilung der Kanäle, denn eine hohe Konzentration an Traffic aus einem Kanal sollte kritisch beäugt werden. Beispielsweise könnte eine Änderung im Suchalgorithmus einer Suchmaschine hier zu einem Versiegen des Besucherstroms aus Suchmaschinen führen.[75]

Wesentliche Kennzahlen

- **Direkte Aufrufe**
  Diese Besucher geben die Adresse der Website direkt in die Adresszeile ein, um auf das Angebot zu kommen. Verwässert werden diese Zugriffe durch Lesezeichen und ähnlichen Funktionen eines Browsers bei dem User per Klick auf das Angebot kommen und es im Analyseprogramm so aussieht, als ob die direkte Eingabe der URL erfolgte.

- **Suchmaschinen**
  Kennzahlen in diesem Bereich geben Hinweise über die Besucher, die von Suchmaschinen auf die Website geleitet wurden. Unterteilt werden diese Besucher meist in jene, die über die organischen Ergebnisse kommen und jene, die auf bezahlte Werbeanzeigen in Suchmaschinen klicken. Die Webanalyse Werkzeuge geben auch Auskunft darüber, mit welchen Suchbegriffen die Besucher von den organischen Suchergebnissen auf die Website gelangt sind. Manche Suchmaschinen (zB Google, Bing) geben diese Suchbegriffe leider nur mehr sehr eingeschränkt an Webanalyse Werkzeuge weiter. Für detaillierte Informationen über die verwendeten Suchwörter kann aber auch beispielsweise auf das Produkt von Google „Search Console" oder Bing „Webmastertools" eingesetzt werden.[76]

- **Referral**
  Auf diesen Websites sind Links zum Angebot zu finden und diese Besucher haben auf einen dieser Verweise geklickt. Die verweisende Website wird Referal Website genannt.

- **Social**
  Dieser Kanal zeigt die verschiedenen Social Medias, welche Zugriffe auf die eigene Website geliefert haben.

---

75 Vgl http://www.sistrix.de/news/indexwatch-062015/#verlierer-domains-des-monats-mai-2015 (10.6.2015).
76 Vgl *Vollmert/Lück* (2014) 409 ff; vgl https://www.google.com/webmasters, http://www.bing.com/toolbox/webmaster (10.6.2015).

- **Kampagnen**

  Eine Website bzw das Angebot wird über verschiedene Kampagnen beworben. Dies können Werbeanzeigen in Suchmaschinen, Bannerwerbung in Tageszeitungen oder auch Facebook Ads sein. Mittlerweile gehen die Möglichkeiten aber auch darüber hinaus und so ist es auch möglich, Offline-Maßnahmen zu messen oder die Auswirkungen von PR-Tätigkeiten auf die Website.[77]

Da das Tracking von Kampagnen oftmals nicht automatisiert möglich ist, ist es notwendig, im Controllingprozess darauf zu achten, dass die Kampagnen korrekt aufgezeichnet werden. Nur mit einem einwandfreien Tracking ist es so möglich, die unterschiedlichen Kanäle und Werbeformen miteinander zu vergleichen und Benchmarking durchzuführen. Die logische Folge daraus ist die Allokation des Werbebudgets zugunsten jener Werbeformen und Kanäle, welche mehr zum Erfolg beitragen.

Der mit dem Tracking verbundene Wermutstropfen ist, dass der Aufwand nicht unterschätzt werden darf, und dieser nimmt mit der Anzahl an verschiedenen Werbeplattformen deutlich zu.

11.3.3.2. Verhalten

Es gilt beim Verhalten zu verstehen, wie sich die Besucher auf der Website bewegen, was sie wollen und wo sie wie lange verweilen. Wenn sich Fragestellungen aus der aggregierten Analyse ergeben, kann das Verhalten bis auf Einzeluserebene heruntergebrochen werden, in dem diese einzelnen Besuche analysiert werden. Diese vertiefende Untersuchung ergibt dann Sinn, wenn festgestellt wird, dass eine bestimmte Seite zwar über viele Aufrufe verfügt, aber gleichzeitig auch einen hohe Absprungrate aufweist. Mit der Analyse auf Einzeluserebene kann festgestellt werden, ob User auf der Seite abspringen, weil das Angebot nicht stimmt oder ob es User-Experience-Probleme gibt wie zB beim Ausfüllen eines Formulars.

Fokus bei diesen Analysen sind Kennzahlen wie Absprungrate und Besuchszeit, welche bereits zu Beginn des Kapitels erwähnt wurden. Hinzu kommen in Abb 58 noch die Einstiege und Ausstiege in %. Die „Einstiege"-Kennzahl gibt an, wie häufig Besucher über eine bestimmte Seite zur Website gelangt sind. Die „% Ausstiege" gibt hingegen an, wie viele der Websiteausstiege auf einer bestimmten Seite erfolgt sind. Auffällig ist hier, dass die Seiten 1, 2 und 4 richtige Besuchsmagneten sind und auch intensiv angesehen werden (Besuchszeit über 2 Minuten), es jedoch nicht gelingt, diese Besucher länger an das Angebot zu binden, denn sie springen sogleich wieder ab (über 80 % landen auf einer dieser Seiten und springen aber sofort wieder ab, ohne eine zweite Seite des Angebots aufzurufen). Hier gilt es, Überlegungen anzustellen, wie eine intensivere Bindung an das Angebot möglich ist.

---

77   Vgl http://analytics.blogspot.co.at/2015/04/introducing-search-response-and-airings.html; vgl http://analytics.blogspot.co.at/2015/04/tackling-quantitative-pr-measurement.html (10.6.2015).

Seite	Seiten-aufrufe	Eindeutige Seitenaufrufe	ø Besuchs-zeit auf Seite	Einstiege	Absprung-rate	Ausstiege
1	10.749	9.364	00:02:05	7.984	80,75 %	74,36 %
2	7.893	6.908	00:03:05	5.997	84,93 %	77,94 %
3	5.425	4.368	00:00:54	3.838	32,20 %	32,55 %
4	4.931	4.290	00:02:38	3.257	82,22 %	73,05 %
5	4.642	3.683	00:01:40	3.326	69,03 %	63,08 %

Abb 58: Verhaltens-Kennzahlen aus Google Analytics[78]

Weitere Kennzahlen in Bezug auf das Verhalten sind:

- **Zielseiten und Ausstiegsseiten**
  Die Zielseiten zeigen an, welche Seiten am häufigsten als Einstiegsseiten bzw Landingpages verwendet werden. Dies sind jene Seiten, mit denen die Besucher am häufigsten in Kontakt treten und somit die „Visitenkarte" des Unternehmens. Es sollte darauf geachtet werden, dass diese Zielseiten mit den gesetzten Zielen des Unternehmens übereinstimmen.
  Die Ausstiegsseiten sind jene Seiten, auf denen die Besucher am häufigsten die Website wieder verlassen. Das Gesuchte wurde hier gefunden oder auch nicht gefunden. Auf jeden Fall sollten diese Seiten näher untersucht werden, mit zB einer vertiefenden In-Page-Analyse.

- **In-Page-Analyse**
  Wird festgestellt, dass die Absprungrate hoch ist bzw die Verweildauer auf einer bestimmten Seite niedrig ist, so lohnt sich meist ein tieferer Blick. Nähere Informationen erhält man über die Analyse des Blick-, Klick-, Scroll und des Verhaltens anderer Eingaben auf der Seite.

- **Suchbegriffe**
  Wenn auf der Website eine eigene Suchfunktion implementiert ist, dann können die verwendeten Suchbegriffe ausgewertet werden. Je nach Art der Website sind die Suchbegriffe möglicherweise dahingehend zu interpretieren, dass Inhalte nicht gefunden werden oder die Navigation zu komplex ist.

- **Tests**
  A/B-Tests sind Experimente, die dann eingesetzt werden sollten, wenn die Vermutung naheliegt, dass eine veränderte Gestaltung der Website das Verhalten der Besucher zugunsten der gesetzten Ziele verändert. Beim A/B-Test werden zwei verschiedene Versionen einer Webseite in einem experimentellen Setup überprüft; auf diese Weise kann herausgefunden werden, welche Version eine bessere Performance liefert.[79]

---

78   Seiten anonymisiert; Zahlen real.
79   Vgl *Clifton* (2010) 418 ff.

11.3.4. Kennzahlen aus Kundenperspektive

Die Kundenperspektive setzt sich mit dem Verhalten der Zielgruppe(n) auf der Website auseinander. Ziel aus der Sicht des Marketings ist es, die (potenziellen) Kunden auf spezifische Art anzusprechen und dieses Verhalten in weiterer Folge zu steuern. Wie navigieren diese durch die Website und wie verhält sich diese Kundengruppe? Typische Verantwortliche sind hier Marketingmanager.

11.3.4.1. Zielgruppe

Im Blickfeld der Steuerung der Zielgruppe ist das Verhalten, wie diese auf der Website navigieren und die Ziele erreichen. Aus der vermeintlichen anonymen Masse gilt es, die Besucher so zu filtern bzw zu kennzeichnen, dass die verschiedenen definierten Zielgruppen auch über das Analysewerkzeug beobachtet werden können. So erhält man Informationen darüber, wer mit welchen demografischen Merkmalen wie Alter und Geschlecht, aus welchen Regionen und mit welchen Technologien (Mobil, Desktop) auf die Website kommt und sich dort verhält. So kann über quantitativ und qualitativ erhobene Daten festgestellt werden, wie diese auf der Website navigieren, um so in weiterer Folge das Angebot zielgruppengerecht auszurichten. Ergebnis dieser Bemühungen kann die Darstellung des Nutzerflusses der verschiedenen Zielgruppen sein. So kann über den Nutzerfluss dargestellt werden, wie zB die Besucher aus Österreich bis 30 Jahre auf der Website navigieren und welche Angebote hier besonders interessant sind. Auf Basis dieses Wissens – angereichert mit anderen Daten (zB aus Online-Fragebögen) – kann das Angebot für die verschiedenen Zielgruppen optimiert werden.

11.3.4.2. Conversions

Die Konversion (engl Conversion) ist der Vorgang, in dem ein bestimmtes Ziel erreicht wird. Ein Ziel könnte die Anmeldung zu einem Newsletter, der Download eines Whitepapers oder der Einkauf in einem Online-Shop sein. Wenn dieses Ziel erreicht wird, so wird dies als Conversion gewertet. Die Conversion Rate ist das Verhältnis von einem Zielereignis dividiert durch ein Basisereignis multipliziert mal 100. In der Literatur finden sich verschiedene Definitionen, welche Kennzahlen als Basis- bzw Zielereignis herangezogen werden können. Häufig wird die Conversion Rate wie folgt angegeben:

$$\text{Conversion Rate in \%} = \frac{\text{Performed Actions}}{\text{Visits}} \times 100$$

Entlang einer platzierten digitalen Werbekampagne können so verschiedene Kennzahlen erhoben werden, welche Aufschluss über die Effizienz geben. Es wird gemessen, wie oft ein Werbebanner angezeigt wird, wie oft darauf geklickt wird, wie oft nach diesem Klick die Landingpage aufgerufen wurde und wie oft auf dieser Landingpage das Ziel erreicht wird und so eine Conversion entsteht (siehe Abb 59).

In dieser Tabelle kann in Makro- und Mikro-Conversion unterschieden werden. Die Makro-Conversion ist der generierte Verkauf am Ende des Prozesses in der Höhe von 350 Sales. Bis dahin werden Zwischenziele erreicht, wie der Klick auf den Werbebanner (21,7 Mio mal wird der Werbebanner angezeigt und erzielt daraus 21.700 Klicks. Dies entspricht einer üblichen Click-through-Rate von 0,1 %) oder der Klick auf einen Registrierprozess, was als Teilschritt, sprich Mikro-Conversion, gesehen werden kann.

Reichweite	21.700.000	Ad Impressions
	200.000 €	Media Cost
	0,10 %	Click-through-Rate (CTR)
	9,22 €	Cost-per-Mille (CPM)
Besucher	21.700	Clicks
	9,22 €	Cost-per-Click (CPC)
	2,30 %	Conversion-Rate (CR) – Click to Lead
Generierte Leads	500	Leads
	400 €	Cost-per-Lead (CPC)
	70,00 %	Conversion-Rate (CR) – Lead to Sale
Generierte Sales	350	Sales
	571,43	Cost-per-Sale (CPS)

Abb 59: Beispielhafte Messung der Effizienz einer online Werbekampagne[80]

Neben der Messung der Effizienz der Teile bzw des Gesamtprozesses gilt es auch, die Prozessleistung der einzelnen Maßnahmen zu messen und diese gegenüberzustellen. So kann es sein, dass eine Online-Werbekampagne aus verschiedenen Maßnahmen besteht wie zB die Bewerbung des Produkts über Suchmaschinenwerbung (SEA) oder über Affiliate-Marketing und man wissen möchte, wie hoch der jeweilige Beitrag zur Zielerreichung ist und möchte diese gerne gegenüberstellen. Dieser Prozess wird gerne nur intern evaluiert und einem kontinuierlichen Verbesserungsprozeß unterzogen. Ob aber die Leistung der eingesetzten Kanäle und Maßnahmen im Benchmark mithalten können, zeigt sich nur über einen externen Benchmark, welcher in ersten Ansätzen über Vergleichsseiten wie Alexa.com oder Similarweb.com möglich ist.

11.3.4.3. Customer Journey

Die Customer Journey stellt die Reise des Besuchers zum Kunden dar, also den Zeitpunkt, an dem die Conversion ausgelöst wird. Die Customer Journey zeigt, welche

---

80   Vgl *Chaffey/Ellis-Chadwick* (2012) 442.

Berührungspunkte es bis zum Kauf gab. Berührungspunkte (Touchpoints) können direkte (Werbeanzeigen, Website, Facebook-Page, …) als auch indirekte (Diskussionsforum, Bewertungsportale, …) sein. Mithilfe der Customer Journey wird ein Überblick geschaffen, welche Berührungspunkte zur Erreichung eines Zieles beitragen. Die Abb 60 zeigt verschiedene Touchpoints von Besuchern der Website und wie häufig die jeweilige Kombination an verschiedenen Touchpoints zur Conversion führte. Ganz vorne findet sich die Kombination, dass der erste Besuch über eine Suchmaschinenwerbungsanzeige (SEA) passierte und der zweite Besuch über Affiliate Marketing, also einer Website, mit der eine Partnerschaft besteht. Aus dieser Kombination entstanden 254 Konversionen. Mit der Customer Journey wird verhindert, dass die Zielerreichung lediglich auf die letzte Aktion des Besuchers gemünzt wird und zeigt so auf, welche Touchpoints wesentlich zur Erreichung des Ziels sind.

Pfad	Länge	Anzahl Conversions
SEA > Affiliate	2	254
SEA > Affiliate > Affiliate	3	157
SEA > SEA > Affiliate	3	142
SEA > SEA > Display > Affiliate	4	137
SEA > FB > Affiliate	3	125

Abb 60: Die häufigsten Pfade bis zur Conversion

Auch wenn bei den Vorteilen des digitalen Marketings die durchgängige Messbarkeit angegeben wird, so sei darauf verwiesen, dass es sehr wohl auch hier Grenzen gibt. Die Grenzen können verschiedenster Natur sein, wie zB die Technik, das Recht oder auch der wirtschaftliche Einsatz.

Technische Grenzen

Bei der Technik gibt es die Grenze, dass viele Websites mit gebräuchlichen Trackingwerkzeugen ausgestattet sind und diese meist über die in Kapitel 11.2. beschriebenen Verfahren des Pixel- und/oder Tag-Verfahrens verfügen. Diese Funktionsweisen haben, wie bereits beschrieben, zum Nachteil, dass der Anwender im Browser die Möglichkeit hat, diese zu blockieren. Die Blockierung kann so stattfinden, dass JavaScript deaktiviert oder auch das Einblenden von Bildern verhindert wird oder die Verbindungsgeschwindigkeit so gering ist, dass diese nicht ordnungsgemäß geladen werden können. In all jenen Fällen kann der Besuch somit nicht getrackt werden.

Deutlich gebräuchlicher ist es, dass der Anwender eines Browsers mit der Hilfe von beliebten Browser-Erweiterungen wie Ghostery (www.ghostery.com) verhindern kann, dass eine Aufzeichnung durch den Websitebetreiber stattfindet. Bei diesen Erweiterungen sind die gebräuchlichsten Trackingwerkzeuge standardmäßig hinterlegt und können so die Aufzeichnung der Zugriffe verhindern.

Eine vergleichsweise hohe Genauigkeit kann die serverseitige Aufzeichnung bieten, wenngleich hier die Möglichkeiten an Auswertungen gegenüber der clientseitigen Aufzeichnung deutlich eingeschränkter sind.

Erkennen wiederholter Besucher

Eine Herausforderung, die in den letzten fünf Jahren verstärkt zugenommen hat, ist das Erkennen von Personen versus Clients. Damit ist gemeint, dass der Zugriff mit dem Browser von einer bestimmten IP-Adresse gleich einer Person gesetzt wurde. Wird die Website von einer anderen IP-Adresse bzw anderem Endgerät/Browser aufgerufen, so wurde dies als eine weitere Person interpretiert. Da die Landschaft an zur Verfügung stehenden Geräten in den letzten Jahren deutlich zugenommen hat (Smartphone, Tablet, Notebook, Heim-PC, Arbeits-PC, webfähiger-TV, …) hat sich dieses Problem deutlich verschärft. Benutzer verwenden je nach aktueller Situation all diese verschiedenen Geräte, wodurch eine Wiedererkennung wesentlich erschwert wird.

Einschränkungen aus rechtlicher Sicht

Viele Tracking-Softwarelösungen wurden/werden außerhalb der EU erstellt und nehmen nur eingeschränkt auf EU-Richtlinien und nationale Gesetzgebung Rücksicht. So obliegt es meist alleine dem Websitebetreiber, die nötigen Bedingungen zu schaffen, um die Software datenschutzkonform einzusetzen.

Auch wenn viele Betreiber ihre Website nicht datenschutzkonform betreiben, so gilt seit 2011 basierend auf der „Cookie-Richtlinie" (2009/136/EG) folgender Sachverhalt: Der Betreiber einer Website muss darüber Auskunft geben, welche personenbezogenen Daten ermittelt, verarbeitet und übermittelt werden, sowie auf welcher Rechtsgrundlage und für welche Zwecke dies erfolgt und bis wann die Daten gespeichert werden. Der Besucher der Website muss hierfür im Vorhinein eine Einwilligung geben (Opt-In). Falls dies nicht geschieht, läuft der Betreiber Gefahr einer Verwaltungsstrafe bzw dass ein Mitbewerber auf Unterlassung klagt (UWG).

Ähnliche Herausforderungen gibt es beim Einsatz von typischen Social-Media-Elementen wie den Like-Button auf Facebook oder dem Einsatz von Retargeting-Technologien, bei der die Besucher der eigenen Website zu einem späteren Zeitpunkt auf fremden Websites erkannt werden und eine dementsprechende Werbebotschaft für die eigene Website angezeigt wird.

Einschränkungen aus wirtschaftlicher Sicht

Auch aus wirtschaftlicher Sicht kann es Grenzen geben, denn professionelle Trackinglösungen kosten Geld. Selbst die populäre Trackinglösung Google Analytics, welche gemeinhin als kostenfreie Version bekannt ist, hat auch eine kostenpflichtige Version („Pro"). Für professionelle Lösungen fallen teilweise hohe Lizenzkosten an, andernfalls gibt es Datenlimits, man erhält nicht Zugang für alle Daten und viele Berichte sind ungenau, da diese lediglich auf Stichproben beruhen. Benötigt das Unternehmen eine verlässliche Trackinglösung mit Daten, auf die es sich verlassen kann, so ist hierfür ein dementsprechendes Budget zu veranschlagen und das jeweilige Leistungsangebot zu prüfen.

11.4. Zusammenfassung

Ein Web-Controlling-Tool wie Google Analytics ist in wenigen Minuten implementiert. Doch dies alleine genügt nicht. Wenn ein Unternehmen ernsthaft und nachhaltig Web-Controlling betreiben will, so ist es notwendig, dass dieses aus strategischer Sicht Top-Down betrieben wird. Aus dem Geschäftsmodell des Unternehmens müssen entsprechende Ziele für die Website abgeleitet und deren Beitrag zur Zielerreichung festgelegt werden. Dabei wird Wert darauf gelegt, dass die Ziele mit Kennzahlen gemessen werden, welche sowohl die Management-, System-, Angebots- als auch die Kundenperspektive berücksichtigen.

Web-Controlling ist ein Paradies in Bezug auf die Messbarkeit, denn jede Impression, jeder Klick und jede Mausbewegung kann aufgezeichnet zugunsten des Unternehmens verwendet werden – doch es gibt auch Grenzen, welche wirtschaftlich, rechtlich, aber auch technisch begründet sind. Abgesehen von diesen Einschränkungen unterstützen zahlreiche Werkzeuge ein effektives und effizientes Web-Controlling, um die Erreichung der Ziele des Unternehmens zu unterstützen. Es gilt, die Rahmenbedingungen dafür zu schaffen und ein zeitgemäßes Web-Controlling im Unternehmen einzuführen.

Literatur

Chaffey, D., Ellis-Chadwick, F. (2012): Digital Marketing: Strategy, Implementation and Practice

Clifton, B. (2010): Advanced Web metrics with Google Analytics

Gardner, B. S. (2011): Responsive Web Design: Enriching the User Experience. In: Sigma, Volume 11 Number 1, October 2011, S 13–19

Hassler, M. (2009): Web Analytics: Metriken auswerten, Besucherverhalten verstehen, Website optimieren

Kreutzer, R. T. (2012): Praxisorientiertes Online-Marketing: Konzepte – Instrumente – Checklisten

Maaß, C., Pietsch, G. (2008): Web 2.0 auf dem Prüfstand: Zur Bewertung von Internet-Unternehmen

Meier, A., Zumstein, D. (2012): Web Analytics & Webcontrolling: Webbasierte Business Intelligence zur Erfolgssicherung

Vollmert, M., Lück, H. (2014): Google Analytics: Das umfassende Handbuch

Zalando (2014): „Zalando SE plant Börsengang in 2014", Pressemitteilung vom 03.09.2014

12. Kennzahlen für Bank- und Kreditinstitute

Victor Purtscher

Inhaltsverzeichnis

Vor dem Hintergrund der Branche und den unternehmensindividuellen Rahmenbedingungen stellt der Beitrag die für die Analyse von Bank- und Kreditinstituten relevanten Kennzahlen vor.

Der Fokus des Beitrags liegt auf Kennzahlen, welche auf Basis von öffentlich verfügbaren Daten (zB Geschäftsbericht) ermittelt und analysiert werden können. Auf Kennzahlen, welche im Rahmen der internen Steuerung von Banken auf Basis von idR nicht veröffentlichten Daten ermittelt werden (insb im Bereich Risikomanagement), wird nicht näher eingegangen.

12.1. Branche

12.1.1. Volkswirtschaftliche Bedeutung

Die österreichischen Banken erwirtschaften etwa 3,5 Prozent des österreichischen Bruttoinlandsprodukts. Seit Mitte der siebziger Jahre ist der Wertschöpfungsanteil auf über fünf Prozent gestiegen. Insgesamt sind in Österreichs Bankenbranche knapp 80.000 Menschen beschäftigt.[81] Mit über zwei Prozent der Erwerbstätigen hat Österreich gemeinsam mit Dänemark und Deutschland im internationalen Vergleich einen sehr hohen Anteil von Beschäftigten im Bankwesen. Österreich gehört zu den Ländern mit der höchsten Bankendichte gemessen an der Bevölkerung. Ins-

---

81   OeNB, Eckdaten des österreichischen Finanzwesens, März 2014.

gesamt verfügt Österreich über mehr als 5.100 Bankstellen;[82] das entspricht rd 60 Filialen pro 100.000 Einwohner.

Die konsolidierte Bilanzsumme aller Kreditinstitute in Österreich liegt bei knapp 1.100 Mrd €[83] und entspricht damit 330 % des BIP. Damit verfügt Österreich über eine im internationalen Vergleich sehr hohe Intermediationsquote, wiewohl sich ein direkter Zusammenhang zwischen BIP und Total Banking Assets eines Landes beobachten lässt.

Marktdurchdringung mit Bankaktiva 2014

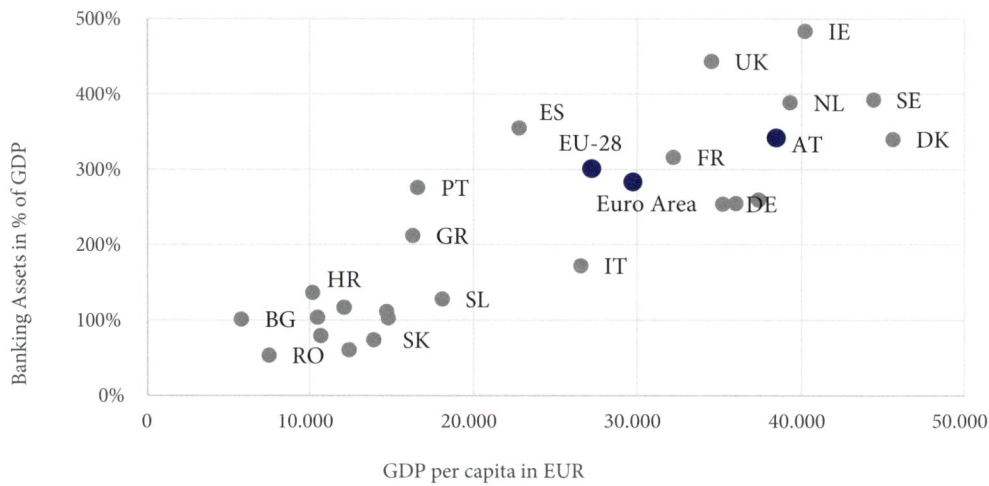

Abb 61: Intermediation

Österreichs Banken haben nicht nur aus den oa Gründen einen besonderen Stellenwert in der österreichischen Volkswirtschaft. Aus mikroökonomischer Sicht stellen diese als Finanzintermediäre die Aufnahme von Einlagen und Vergabe von Krediten als einer ihrer Hauptaufgaben sicher.

12.1.2. Marktübersicht

Die Österreichische Nationalbank gliedert die österreichische Banken-Landschaft in sieben Sektoren:

- Aktienbanken (zB UniCredit Bank Austria AG, BAWAG PSK, diverse österreichische Privatbanken),
- Raiffeisensektor,
- Sparkassensektor,
- Landes-Hypothekenbanken,
- Sonderbanken (betriebliche Vorsorgekassen, Kapitalanlagegesellschaften, Immobilien-KAGs, §-9-BWG-Zweigstellen),

---

82   OeNB, Eckdaten des österreichischen Finanzwesens, März 2014.
83   OeNB, Eckdaten des österreichischen Finanzwesens, März 2014.

- Volksbanken (zB Österreichische Volksbanken AG, SPARDA-BANK regGenmbH, Bank für Ärzte und Freie Berufe AG, Österreichische Apothekerbank regGenmbH) und
- Bausparkassen (zB start:bausparkasse eGen., Bausparkasse der österreichischen Sparkassen AG, Bausparkasse Wüstenrot AG, Raiffeisen Bausparkasse GesmbH).

Des Weiteren können die österreichischen Banken in ihrer Struktur in einstufige oder mehrstufige Sektoren unterschieden werden. Kreditinstitute, die einen zwei- oder mehrstufigen Aufbau haben und an deren Spitze ein Zentralinstitut steht, haben ihre Zugehörigkeit im mehrstufigen Sektor. Hierzu zählen beispielsweise Sparkassen, Volksbanken und Raiffeisenbanken.

Der Marktanteil der österreichischen Banken gemessen an der Gesamt-Bilanzsumme stellte sich zum 3. Quartal 2014 wie folgt dar: Der Raiffeisensektor besaß mit 30,58 % den höchsten Marktanteil gefolgt von den Aktienbanken mit 28,22 % und dem Sparkassensektor mit 17,52 %. Die Landes- Hypothekenbanken besitzen mit 8,71 % den viertgrößten Marktanteil noch vor den Sonderbanken (7,46 %) und den Volksbanken (4,83 %). Das Schlusslicht bilden die Bausparkassen mit 2,68 %.[84]

12.2. Unternehmensindividuelle Rahmenbedingungen

12.2.1. Rechnungslegung

Die Ermittlung von Kennzahlen erfolgt idR für den externen Bilanzleser bzw -analysten auf Basis der veröffentlichten Bilanzen und Erfolgsrechnungen. Die Bankbilanzierung unterscheidet sich jedoch wesentlich von der üblichen Bilanzierung der Nichtbank-Unternehmen, die keine typischen Bankgeschäfte betreiben. An die Stelle der dort üblichen Aufteilung der Aktivseite in Anlage- und Umlaufvermögen treten bankspezifische Bilanzgliederungskriterien hinsichtlich Mittelherkunft und Mittelverwendung in den Vordergrund. Der Fokus liegt hierbei auf dem Liquiditätsgrad sowie Risiko- und Ertragsaspekten. Dementsprechend erfolgt die Anordnung der Aktivpositionen nach abnehmendem Grad an Liquidisierbarkeit und Passivpositionen nach zunehmender Fälligkeit: Diese Gliederungssystematik entspringt dem Konzept der Schichtenbilanz.

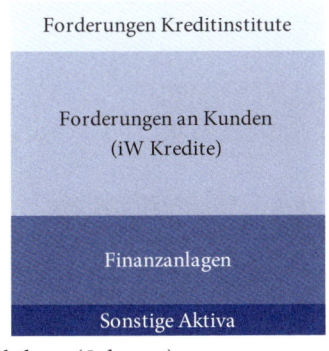
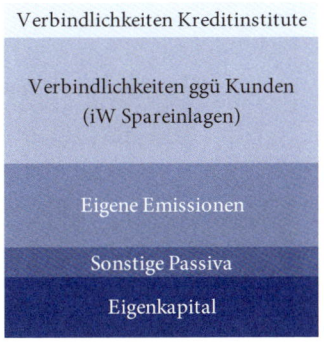

Abb 62: Bankbilanz (Schema)

---

84   Vgl OeNB: Geschäftsstruktur der Kreditinstitute – Stand 3. Quartal 2014.

Das Betriebsergebnis in der Gewinn- und Verlustrechnung setzt sich grundsätzlich aus Betriebserträgen und -aufwendungen zusammen. Die Betriebserträge setzten sich aus mehreren Komponenten zusammen – Nettozinsergebnis, Provisionsergebnis, Handelsergebnis, Ergebnis aus Finanzinvestitionen und sonstige Erträge. In den einzelnen Komponenten wird hinsichtlich der zugrundeliegenden Geschäftstätigkeit unterschieden und es werden die jeweiligen Erträge bereits um die jeweils dazugehörigen Aufwendungen gekürzt. Dies erlaubt eine geschäftstätigkeitbezogene Analyse der jeweiligen Bank. Die Betriebsaufwendungen umfassen die übrigen Aufwendungen und beinhalten im Wesentlichen die Personal- und Sachaufwendungen einer Bank.

12.2.2. Regulatorisches Umfeld

Aufgrund ihrer besonderen volkswirtschaftlichen Stellung unterliegen Banken einer Vielzahl von besonderen rechtlichen Rahmenbedingungen.

Die europäische Aufsichtsarchitektur ist in nachstehender Abbildung schematisch dargestellt. Die makroprudenzielle Aufsicht liegt beim Europäischen Ausschuss für Systemrisiken (ESRB) und umfasst die Wahrung der Stabilität des Finanzsystems, die systemische Risikoüberwachung und den Schutz des Binnenmarktes vor Schäden. Die mikroprudenzielle Aufsicht liegt bei der Europäischen Bankenaufsicht (EBA) und der österreichischen Finanzmarkaufsicht (FMA). Die EBA befasst sich mit der Koordination der nationalen Aufsichtsbehörden und mit Regulierungs- und Aufsichtsstandards. Durch die FMA erfolgt die Marktaufsicht, Aufrechterhaltung der Solvenz der Banken und der Vollzug der Aufsicht.

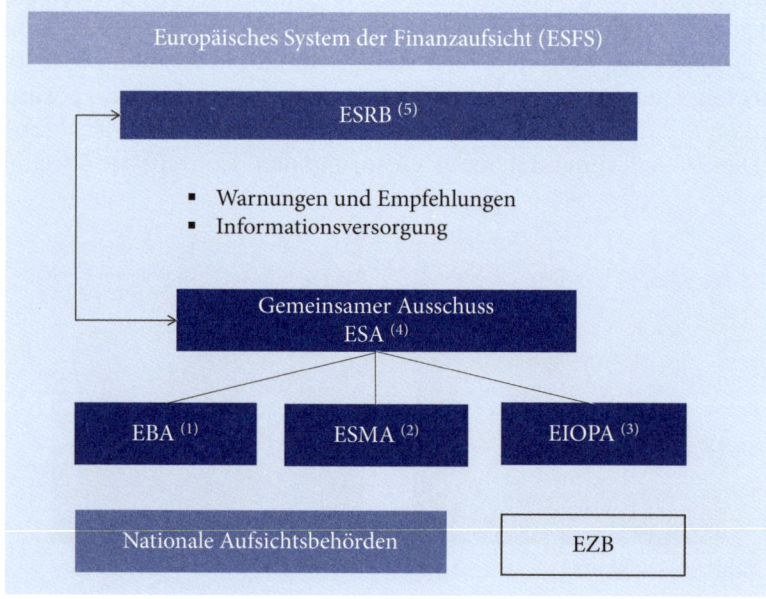

Abb 63: Architektur der Bankaufsicht

1. Europäische Bankenaufsichtsbehörde
2. Europäische Wertpapier- und Marktaufsichtsbehörde
3. Europäische Aufsichtsbehörde für das Versicherungswesen und die betriebliche Altersversorgung
4. Europäische Aufsichtsbehörden
5. Europäischer Ausschuss für Systemrisiken

Im Rahmen der Kompetenzverteilung zwischen den Aufsichtsbehörden wird zwischen sog systemrelevanten und den übrigen Kreditinstituten („less significant institutions", LSI) unterschieden. Die Einzelaufsicht der ersten Kategorie erfolgt durch die EZB und umfasst in Österreich folgende Kreditinstitute: Erste Group, RZB, BAWAG-PSK, ÖVAG, UCI-BA, RLB OÖ, RLB NÖ, Sberbank und VTB. Die Einzelaufsicht der übrigen Institute, der LSI, erfolgt durch FMA und ÖNB.

Als gesetzliche Quellen für die Anforderungen an ein österreichisches Kreditinstitut sind insbesondere das in Österreich geltende Aufsichtsrecht (BWG, InvFG, ImmoInvFG, WAG, AIFMG) und das europäische Aufsichtsrecht (CRR, CRD IV, EBA Leitlinien, BTS), soweit national umgesetzt und anwendbar, zu nennen.

Die Umsetzung von Basel III in der EU untergliedert sich in zwei Ebenen: Richtlinien (zB CRD), welche in nationales Gesetz umzusetzen sind und Verordnungen (zB CRR – Capital Requirements Regulation) welche unmittelbar geltendes Recht darstellen.

Die europäische Eigenkapitalrichtlinie (CRD – Capital Requirements Directive) setzt in ihrer aktuellen Fassung, CRD IV (Inkrafttreten: 1.1.2014), die erhöhten Eigenkapitalanforderungen für Kreditinstitute von Basel III um. Basel III verfolgt ein 3-Säulen-Konzept – Säule I: Eigenmittelerfordernis (CRR), Säule II: Bankaufsichtsrechtlicher Überprüfungsprozess (BWG) und Säule III: Marktdisziplin, Kontrolle durch den Markt (CRR).

12.2.3. Eigenmittelerfordernis

Vor dem Hintergrund der Relevanz im Rahmen einer Bankanalyse sei kurz auf Säule I von Basel III – Eigenmittelerfordernis – eingegangen. Ein Kreditinstitut hat zur Absicherung gegen etwaige Risiken ausreichend Eigenmittel in Abhängigkeit von verschuldungs- und liquiditätsbezogenen Grenzen vorzuhalten. Hierbei hat stets zu gelten

anrechenbare Eigenmittel > erforderliche Eigenmittel.

Die **anrechenbaren Eigenmittel** setzten sich aus Positionen unterschiedlicher Qualität zusammensetzen.

- Hierbei stellt das Tier-I-Kapital das Kapital mit höchster Haftungsqualität dar und setzt sich im Wesentlichen aus dem harten Kernkapital (Common Equity

Tier I – CET I) und dem zusätzlichen Kernkapital (Additional Tier I – AT I) laut Kriterienkatalog (Artikel 28 CRR und Artikel 52 CRR) zusammen.

- Die anrechenbaren Eigenmittel umfassen zusätzlich das Ergänzungskapital (Tier II; Artikel 62 CRR).

Die **erforderlichen Eigenmittel** (Mindesteigenmittel) werden insbesondere durch folgende Risikokategorien beeinflusst bzw bestimmt:

- Das Kreditrisiko einer Bank kann nach dem Kreditrisiko-Standardansatz (KSA) oder dem Internal Ratings Based Approach (FIRB- und AIRB-Ansatz) ermittelt werden. Das Kreditrisiko berechnet sich – im ersten Schritt – als das Produkt aus der Summe der Vermögensgegenstände (Aktivseite einer Bank) und ihrer jeweiligen Risikogewichtungsfaktoren (Ermittlung je nach Ansatz). Anschließend – im zweiten Schritt – wird die Bemessungsgrundlage für das Kreditrisiko mit 8 % multipliziert, um die für das Kreditrisiko erforderlichen Eigenmittel zu erhalten.
- Unter der Kategorie Marktrisiko werden die erforderlichen Eigenmittel für die Risiken im Handelsbuch und Bankbuch berücksichtigt.
- Die erforderlichen Eigenmittel für das operationelle Risiko sollen für das Risiko aus Verlusten vorsorgen, welche auf die Unangemessenheit oder das Versagen von internen Verfahren, Menschen und Systemen oder auf externe Ereignisse, einschließlich Rechtsrisiken, zurückzuführen sind.

Es ist anzumerken, dass die erforderlichen Eigenmittel für das Kreditrisiko zweistufig und jene für die übrigen Risiken direkt ermittelt werden. Unter den Risk Weighted Assets („RWA") bzw risikogewichteten Aktiva (Gesamtrisiko) versteht man die (rückgerechnete) regulatorische Bemessungsgrundlage für sämtliche Risiken – dh die erforderlichen Eigenmittel einer Bank werden mit dem Faktor 12,5 (Kehrwert von 8 %) multipliziert.

Für die Ermittlung der regulatorischen Kapitalausstattung wird das anrechenbare Kapital (CET 1, Eigenmittel) mit der Bemessungsgrundlage für das Gesamtrisiko ins Verhältnis gesetzt.

Basel III sieht eine sukzessive Anhebung der regulatorischen Kapitalausstattung bis Anfang 2019 vor und beinhaltet hierfür diverse Übergangsbestimmungen. Die harte Kernkapitalquote (CET-I-Quote) soll künftig 4,5 % betragen; die Tier-I-Ratio 6,0 % und die Gesamteigenmittelquote 8,0 %. Neben diesen grundsätzlich erhöhten Eigenmittelerfordernissen sind Banken zukünftig zusätzlich verpflichtet, einen Kapitalerhaltungspuffer iHv 2,5 % zu halten. Darüber hinaus können antizyklische Kapitalpuffer und systemische Risikopuffer schlagend werden; letztere vor allem für systemrelevante Banken.

Bei der Analyse von Kreditinstituten außerhalb der EU ist zu berücksichtigen, dass sich die regulatorische Kapitalausstattung (Anrechenbarkeit und Erfordernis) deutlich von den hier gemachten Ausführungen unterscheiden kann.

12.3. Kennzahlen

12.3.1. Eigenmittelquote und Kernkapitalquote

Die Eigenmittelquote ist eine der zentralsten Kennzahlen für Bank- und Kreditinstitute. Hierbei werden die anrechenbaren Eigenmittel (§ 23 Abs 14 BWG) ins Verhältnis zu den risikogewichteten Aktiva (Gesamtrisiko) (§ 22 BWG) gesetzt.

$$\text{Eigenmittelquote} = \frac{\text{Anrechenbare Eigenmittel}}{\text{risikogewichtete Aktiva (Gesamtrisiko)}} \times 100$$

Bei ihrer Ermittlung bzw Interpretation gilt es zu beachten, dass die Eigenmittel sich aus mehreren Kapitalformen unterschiedlicher Haftungsqualität zusammensetzen. Bei der Ermittlung der Tier-I-Ratio wird das anrechenbare Tier-I-Kapital auf die risikogewichtete Aktiva (Gesamtrisiko) bezogen.

$$\text{Kernkapitalquote} = \frac{\text{Anrechenbares Tier I} - \text{Kapital}}{\text{risikogewichtete Aktiva (Gesamtrisiko)}} \times 100$$

In den vergangenen Jahren hat sich die Eigenmittelausstattung des österreichischen Bankensystems kontinuierlich verbessert. Ende 2014 lag die durchschnittliche Tier-I-Quote bei 11,8 %. Das entsprach einer Steigerung um mehr als 4 Prozentpunkte seit Ausbruch der Finanzkrise 2008. Die harte Kernkapitalquote lag Ende 2014 ebenfalls bei 11,8 %. Trotz der Verbesserung der Eigenmittelausstattung sind die österreichischen Banken im internationalen Vergleich nach wie vor unterdurchschnittlich kapitalisiert. Dies wurde auch durch die Ergebnisse des Comprehensive Assessment der EZB untermauert. In Anbetracht der schrittweisen Einführung der neuen erhöhten Eigenkapitalvorschriften unter Basel III sowie der Risikoexponierung der österreichischen Banken gegenüber CESEE und Fremdwährungskrediten sind die österreichischen Banken weiter angehalten, ihre Risikotragfähigkeit zu stärken. Dies gilt umso mehr, als die Verbesserung der Eigenmittelquoten im Jahr 2014 zum Stillstand kam.[85]

	2008	2009	2010	2011	2012	2013	2014
	in % der risikogewichteten Aktiva						
Solvabilitätsquote	11,0	12,8	13,2	13,6	14,2	15,4	15,6
Kernkapitalquote: Tier 1 capital ratio	7,7	9,3	10,0	10,3	11,0	11,9	11,8
Core tier 1 capital ratio (ab 2014: Core equity tier 1)	6,9	8,5	9,4	9,8	10,7	11,6	11,8

Abb 64: Kapitalquoten österreichischer Banken [Quelle: OeNB][86]

---

85   Vgl OeNB, Fakten zu Österreich und seinen Banken, April 2015, 22.
86   Anmerkung: 2008 erfolgte ein Strukturbruch in der konsolidierten Meldung. Da ab 2014 die Kennzahlen auf Basis CRD IV kalkuliert werden, kommt es zu einer eingeschränkten Vergleichbarkeit mit früheren Werten.

12.3.2. Return on Equity

Eine weitere sehr wichtige Kennzahl ist der Return on Equity (RoE; Eigenkapitalrentabilität), der dokumentiert, wie hoch sich das vom Kapitalgeber investierte Kapital innerhalb einer Rechnungsperiode verzinst hat. Sinnvollerweise sollte der RoE dabei über den Kapitalkosten liegen. Die Kapitalkosten werden dabei in der Regel nach kapitalmarkttheoretischen Modellen, wie insbes dem CAPM, abgeleitet.

Der RoE setzt das Jahresergebnis nach Steuern ins Verhältnis zum Eigenkapital. Als Eigenkapital wird, neben dem bilanziellen Eigenkapital, idR das Tier-1-Kapital herangezogen. Weiters sollte hierbei grundsätzlich ein durchschnittliche Kapitalbestand verwendet werden, es können aber auch Jahresanfangs- oder -endwerte verwendet werden, solange dies konsistent (über den Beobachtungszeitraum und zwischen den analysierten Unternehmen) erfolgt.

$$RoE = \frac{Jahresüberschuss}{Tier\text{-}I\text{-}Kapital}$$

12.3.3. RWA (Gesamtrisiko)/Total Assets

Die nachstehende Relation eignet sich für die Analyse und den Vergleich der Risikostruktur von Kreditinstituten. Es wird die regulatorische Bemessungsgrundlage für das Gesamtrisiko bzw Risk Weighted Assets (Gesamtrisiko) ins Verhältnis zur Bilanzsumme gesetzt.

$$\frac{Risk\ Weighted\ Assets\ (Gesamtrisiko)}{Total\ Assets}$$

Bei der Interpretation dieser Kennzahl ist folgendes zu beachten:

Je höher die Risk Weighted Assets (RWA) im Verhältnis zum Gesamtvermögen sind, desto höher ist das Risiko in diesem Vermögen. Die RWA spielen eine wesentliche Rolle, da die Höhe der RWA herangezogen wird, um die Höhe der Mindesteigenmittelunterlegung zu berechnen – die erforderlichen Mindest-Eigenmittel stellen 8 % der Bemessungsgrundlage RWA (Gesamtrisiko) dar.

12.3.4. Cost Income Ratio

Zur Berechnung der Cost Income Ratio („CIR") wird für das jeweilige Geschäftsjahr der Verwaltungsaufwand in Relation zu den Erträgen der Bank gesetzt. Die CIR gibt Aufschluss über die Wirtschaftlichkeit eines Institutes und ist aus diesem Grund eine wichtige Performance-Kennzahl. Ein Ertragswachstum führt bei unveränderten Kosten zu einer Verbesserung (Verminderung) der CIR.

$$Cost\ Income\ Ratio = \frac{Betriebsaufwendungen}{Betriebserträge}$$

Für die Analyse der Kostenstruktur kann auch das Heranziehen von mitarbeiterbasierten Kennzahlen hilfreich sein. Hierbei werden Erträge, Aufwendungen oder Ergebnisgrößen auf die Anzahl an Mitarbeitern bezogen. Dabei wird idR der Mitarbeiter-Durchschnitt der jeweiligen Periode herangezogen.

12.3.5. Zinsspanne

Als Zinsspanne bezeichnet man die Differenz zwischen dem von Finanzinstituten geforderten Sollzins (Kreditvergabe–Aktivgeschäft) und dem gewährten Habenzins (Einlagengeschäft–Passivgeschäft). Die Zinsspanne wird anhand der Differenz von Zinsertrag und -aufwand ermittelt und stellt für Banken eine relevante Ertragskennzahl dar.

Der Strukturbeitrag wird durch die Differenz zwischen kurzfristigen, niedrig verzinsten Einlagen und längerfristigen, höher verzinsten Krediten generiert. Der Konditionsbeitrag bezieht sich auf die vergleichsweise höheren Zinsen im Kreditgeschäft bzw niedrigeren Zinsen im Einlagengeschäft jeweils im Vergleich zum Zins am Kapitalmarkt.

Bei der Berechnung wird in Brutto- und Netto- Zinsspane unterschieden, Als Basis wird idR die durchschnittliche Bilanzsumme der jeweiligen betrachteten Periode herangezogen.

$$\text{Brutto} - \text{Zinsspanne} = \frac{\text{Zinserträge}}{\text{Bilanzsumme}}$$

$$\text{Netto} - \text{Zinsspanne} = \frac{\text{Nettozinsergebnis}}{\text{Bilanzsumme}}$$

Je höher die Zinsspane ist, umso besser ist die Rentabilität einer Bank einzuschätzen und ermöglicht damit auch eher eine autonome Stärkung – dh ohne Kapitalmarkt – der regulatorischen Kapitalausstattung. Für die Rentabilitätsanalyse ist zu beachten, dass die Zinsspanne mit der CIR negativ korreliert. Eine Verbesserung der (Netto-) Zinsspanne kann durch die Anhebung der Sollzinsen (Aktivseite) und/oder die Senkung der Habenzinsen (Passivseite) erreicht werden. Einen sehr starken Einfluss auf die Zinsspanne übt allerdings das allgemeine Zinsniveau aus, welche vom jeweiligen Kreditinstitut nicht beeinflussbar ist. Im Zinsspannenrisiko wird die unterschiedliche Zinsgestaltung – fix vs variabel – zwischen dem Aktiv- und Passivgeschäft verstanden. Liegt beispielsweise ein Überhang an aktiven Festzinspositionen vor, wird sich bei einer Zinsniveau-Anhebung die Zinsspanne reduzieren – da bei einem Anstieg des Marktzins die variablen Zinsaufwendungen für das Passivgeschäft steigen und die fixen aktiven Zinserträge unverändert bleiben.

Im Rahmen der Interpretation einer hohen Zinsspanne kann somit auf überdurchschnittliche Kreditrisiken oder auf eine gute Verhandlungsposition gegenüber Kapitalgebern geschlossen werden. Darüber hinaus ist in diesem Zusammenhang auch die Eigenkapitalausstattung zu berücksichtigen, da eine höhere Eigenkapitalausstattung die Zinsspanne ebenfalls verbessert (Kapital ohne Zinsaufwendungen).

Bei der Rentabilitätsanalyse einer Bank spielt unter anderem auch die nachstehende Kennzahl eine wichtige Rolle, da hierbei eine risikoadaptierte Bezugsgröße verwendet wird. Es wird der Nettozinsertrag auf das regulatorisch definierte und beobachtete Risiko bezogen.

$$\text{Zinsspanne/RWAs} = \frac{\text{Nettozinsertrag}}{\text{Risk Weighted Assets}}$$

12.3.6. Loan-/Deposits-Ratio

Eine wesentliche Liquiditätskennzahl für Banken stellt die sog Loan-/Deposits-Ratio (LTD-Ratio) dar. Hierbei werden die Verbindlichkeiten gegenüber Kunden (Kredite) ins Verhältnis zu den Forderungen gegenüber Kunden (Spareinlagen) gesetzt.

$$\text{Loan/Deposits Ratio} = \frac{\text{Verbindlichkeiten ggü Kunden}}{\text{Forderungen ggü Kunden}}$$

Die Verbindlichkeiten gegenüber Kunden werden grundsätzlich als eine längerfristige Veranlagung von Mitteln einer Bank gesehen. Trotzdem hat eine Bank durch entsprechende Reserven für kurzfristige Liquiditätsengpässe und unvorhergesehene Bargeldbehebungen vorzusorgen. Hierfür werden idR kurzfristig fällige Wertpapiere gehalten.

Die Loan-/Deposits-Ratio ermöglicht eine Aussage darüber, ob das Kreditinstitut ihre ausstehenden Forderungen (Kredite) aus eigener Kraft durch Kundeneinlagen finanzieren kann oder ob eine Finanzierung durch fremde Mittel erforderlich ist.

In diesem Kontext ist zu erwähnen, dass die sog „Primärmittel" einer Bank neben den Verbindlichkeiten gegenüber Kunden auch die eigenen Emissionen („verbriefte Verbindlichkeiten") beinhalten und Fremdfinanzierungen idR vergleichsweise teurer sind.

Dementsprechend kann eine niedrige Loan-/Deposits-Ratio ein Indiz für eine schlechte Ertragslage sein. Ein zu hohes Verhältnis stellt hingegen einen Indikator dar, dass das Kreditinstitut einen unvorhersehbaren Liquiditätsbedarf möglicherweise nicht decken kann.

12.3.7. Kreditrisiko (lt GuV)

Die jährliche Veränderung der Risikovorsorgen einer Bank wird in der Gewinn- und Verlustrechnung ergebniswirksam berücksichtigt. Der kumulierte Bestand an gebildeten Vorsorgen wird auf der Aktivseite der Bilanz als Abzugsposten der Brutto-Kundenforderungen erfasst.

Die Risikovorsorgen einer Bank stellen eine Rücklage für das Kreditgeschäft dar. Hierbei werden Wertberichtigungen und Rückstellungen für etwaige und erwartete (Ausfalls-)Risiken gebildet. Im Eintrittsfall erfolgt eine entsprechende Auflösung der gebildeten Risikovorsorge. Die periodenbezogenen Auflösungen und Zuführungen werden saldiert erfasst.

Die Risk-/Earnings-Ratio setzt zwei Ergebnisgrößen einer Periode (idR für ein Geschäftsjahr) ins Verhältnis – die ergebniswirksam erfasste Veränderung der Kreditrisikovorsorge in Relation zum Nettozinsertrag:

$$\text{Risk/Earnings Ratio} = \frac{\text{Kreditrisiko (lt GuV)}}{\text{Nettozinsertrag}}$$

Die Kennzahl gibt somit Aufschluss über den Anteil der Risikokosten am erwirtschafteten Zinsergebnis innerhalb einer Periode. Für die Analyse von periodenbezogenen Sondereffekten (sog Ausreißer) und von strukturellen Unterschieden der Risiko-zu-Ertragslage von mehreren Kreditinstituten kann ein erster Anhaltspunkt die Entwicklung über mehrere Perioden (Geschäftjahre) sein.

Ein weiterer Anhaltspunkt stellt der Vergleich der ergebnis- und periodenbezogenen Kennzahl mit den nachstehend dargelegten bestandsbezogenen Kennzahlen dar (siehe Risikovorsorge lt Bilanz).

Die Höhe und Entwicklung der jährlichen Risikokosten können analysiert werden, indem sie auf das eingesetzte Volumen (zB Kundenforderungen) bezogen werden. Hierbei werden die jährlichen Risikokosten idR in Basispunkten angegeben. Durch die Verwendung der Risk Weighted Assets als Bezugsgröße wird die vorliegende Risikostruktur mit berücksichtigt.

$$\text{Kreditvorsorge} = \frac{\text{Kreditrisiko (lt GuV)}}{\text{Risk Weighted Assets}}$$

12.3.8. Risikovorsorge (lt Bilanz)

Die Kennzahlen hinsichtlich des kumulierten Bestands an gebildeten Kreditrisikovorsorgen – „Risikovorsorgen (lt Bilanz)" – geben zum einen Auskunft über die eingegangenen und erkannten Risiken im Kreditportfolio. Zum anderen können sie ein Indikator für zukünftig noch erforderliche Vorsorgen sein.

Für die bestandsbezogene Analyse des Kreditportfolios bieten sich folgenden beiden Kennzahlen an:

$$\text{Kreditvorsorge} = \frac{\text{Risikovorsorge (lt Bilanz)}}{\text{vergebene Kredite}}$$

Die erste Kennzahl ist ein Risikomaß, bezogen auf das Gesamtvolumen an ausgegebenen Krediten.

$$\text{Kreditvorsorge} = \frac{\text{Risikovorsorge (lt Bilanz)}}{\text{Risk Weighted Assets (Kredit)}}$$

Die zweite Kennzahl bezieht sich auf die Risk Weighted Assets („RWAs") und berücksichtigt damit regulatorisch vorgegebene Risikogewichtungsfaktoren für das analysierte Kreditportfolio. Die Risikovorsorge (lt Bilanz) bezieht sich nur auf die Verbindlichkeiten gegenüber Kunden. Um andere Effekte in den RWAs, welche sich nicht auf das Kreditgeschäft beziehen, außer Acht zu lassen, empfiehlt es sich als Bezugsgröße nur die RWAs für das analysierte Kreditportfolio heranzuziehen.

Für die Analyse der Kreditvorsorge sind insbesondere auch länder- und marktspezifische Niveau-Unterschiede zu berücksichtigen. Ein hoher Anteil an gebildeten Risikovorsorgen ist möglicherweise auf einen historisch aggressiven Vertrieb bzw eine „lockere" Kreditvergabepolitik in der Branche bzw eines einzelnen Kreditinstituts zurückzuführen.

Eine vergleichsweise niedrige Kreditrisikovorsorge einer Bank kann ein Indikator für zukünftig noch zu bildende Kreditrisikovorsorgen sein und stellt somit eine mögliche Belastung für zukünftige Ergebnisse dar.

Es ist anzumerken, dass bei einer isolierten Betrachtung die dargelegten bestandsbezogenen Kennzahlen keine Aussage über den Zusammenhang zwischen Ertrag und Risiko ermöglichen. Grundsätzlich ist davon auszugehen, dass ein Kreditportfolio mit strukturell höherem Risiko auch vergleichsweise höhere Erträge erwirtschaftet. Einen Anhaltspunkt für die diesbezügliche Analyse bieten Kennzahlen, welche eine Ertragsgröße (zB Netto-Zinsertrag) in Relation zu einer Bestandsgröße (zB Kundenforderungen oder RWA) setzen.

Eine vergleichsweise gute Rentabilität in Verbindung mit einer vergleichsweise geringen Risikovorsorge (lt Bilanz) kann ein Indiz für eine bisher zu geringe Dotierung an Risikovorsorgen und einen zukünftigen Aufholbedarf sein.

Eine vergleichsweise schlechte Rentabilität in Verbindung mit einer vergleichsweise hohen Risikovorsorge (lt Bilanz) kann ein Indiz für strukturelle Probleme im Kreditportfolio bzw einen näher zu analysierenden Kreditinstitut-spezifischen Sondereffekt sein.

12.4. Zusammenfassung

Bank- und Kreditinstitute haben eine besondere volkswirtschaftliche Bedeutung. Aus diesem Grund unterliegen sie auch besonderen (aufsichts-)rechtlichen Rahmenbedingungen. Weiters weisen Banken auch eine vom gewohnten Bild abweichende Darstellung von Bilanz- und Erfolgsrechnung auf. Dementsprechend unterscheiden sich die für eine externe Analyse relevanten Kennzahlen deutlich von anderen Branchen. Diese werden wesentlich durch Risiko- und Liquiditätsaspekte beeinflusst.

13. Wirkungsorientierte Steuerung im Bundesministerium für Inneres

Erich Fercher

Inhaltsverzeichnis

Das Instrument der wirkungsorientierten Steuerung im Bundesministerium für Inneres (BMI) verknüpft die politischen Vorgaben der Ressortstrategie IN-NEN.SICHER mit der breiten Palette der zu erbringenden Sicherheitsdienstleistungen für die Bürger in Österreich. Die Herausforderung besteht vor allem darin, Leistungen der öffentlichen Verwaltung messbar zu machen: Das öffentliche Gut innere Sicherheit ist Basis für sozialen Frieden und Wohlstand einer Gesellschaft, lässt sich aber durch quantitative Indikatoren oft nicht direkt greifbar machen. Der vorliegende Beitrag zeigt die ressortspezifische Herangehensweise des BMI, sich diesem Problem zu stellen und das Instrument der Wirkungsorientierung zur Erreichung seiner strategischen Ziele mittels effizientem Einsatz seiner Ressourcen zu nutzen.

13.1. Das Bundesministerium für Inneres als größter Sicherheitsdienstleister Österreichs

13.1.1. Vorstellung des Ressorts: Aufgaben, Budget und Personal

Das Bundesministerium für Inneres (BMI) ist mit seinen mehr als 32.000 Mitarbeitern der größte Sicherheitsdienstleister Österreichs. Es nimmt ein breites Spektrum an Aufgaben für das rechtsstaatlich geordnete Zusammenleben wahr. Die Aufgaben reichen von der Kriminalitäts-, Terror- und Korruptionsbekämpfung über Asylwesen, Migration und Krisen- und Katastrophenschutzmanagement bis hin zum Zivildienst sowie der Durchführung von Wahlen. Das BMI leistet damit einen bedeutenden Beitrag zum sozialen Frieden in Österreich.

Die innere Organisation des Ressorts ist derzeit folgendermaßen aufgebaut: Der Frau Bundesministerin unterstehen vier Sektionen – Präsidium (Sektion I), Generaldirektion für die öffentliche Sicherheit (Sektion II), Recht (Sektion III) und Service und Kontrolle (Sektion IV). Der überwiegende Teil der operativen Arbeit wird in den nachgeordneten Behörden geleistet. Dies sind die neun Landespolizeidirektionen (LPD), das Bundesamt für Fremdenwesen und Asyl (BFA) mit neun Regionaldirektionen und drei Erstaufnahmestellen sowie die Zivildienstserviceagentur.

Mit 1.3.2015 waren im BMI insgesamt 32.097 Mitarbeiterinnen und Mitarbeiter (ausgabenwirksame Vollbeschäftigungsäquivalente – VBÄ) beschäftigt, wovon 27.239 dem Exekutivdienst und 4.858 der Sicherheitsverwaltung zuzuordnen waren. Mehr als die Hälfte dieser Verwaltungsbediensteten steht in exekutivnaher Verwendung (zB Polizeijuristen, Bedienstete der Strafämter, Bundeskriminalamt) und bilden damit ein wichtiges Anschlussstück in einer wirksamen sicherheitspolizeilichen Aufgabenerfüllung.

Das Budget des BMI betrug 2014 2,53 Milliarden €. Das sind 0,8 % des nominellen Bruttoinlandsproduktes Österreichs oder rund 3 % des allgemeinen Haushaltes des Bundes. Das Bundesfinanzrahmengesetz 2015 bis 2018 sieht zudem ein auf 2,681 Milliarden € im Jahr 2018 steigendes Budget vor. Diese Budgetmittel betreffen den gesamten Aufgabenvollzug des BMI.

13.1.2. Ressortstrategie INNEN.SICHER.

Die Vision des BMI ist es, Österreich zum sichersten Land der Welt mit der höchsten Lebensqualität zu machen. Die Strategie INNEN.SICHER.[87] ist Leitfaden und Maßstab für die Entwicklungen im BMI in den nächsten Jahren. Sie definiert die Aufgaben und Leistungen des BMI sowie die zukünftigen Schwerpunkte, Projekte und Arbeitsfelder.

---

[87]   Weitere Informationen zur Ressortstrategie INNEN.SICHER. finden Sie unter http://www.innensicher.at/.

Die erste Fassung wurde 2010 entwickelt, seither folgt eine jährliche Aktualisierung, in der die erzielten Umsetzungserfolge, die geänderten Rahmenbedingungen und neuen Schlüsselherausforderungen berücksichtigt werden. Seit 2010 wurden 107 Projekte definiert und 72 davon bis Ende 2014 erfolgreich abgeschlossen.

Die vom übergeordneten Ziel der Stärkung des sozialen Friedens abgeleiteten drei strategischen Stoßrichtungen lauten:

1. Sicherheit und Schutz
2. Asyl und Migration
3. Mitarbeiter und Organisation

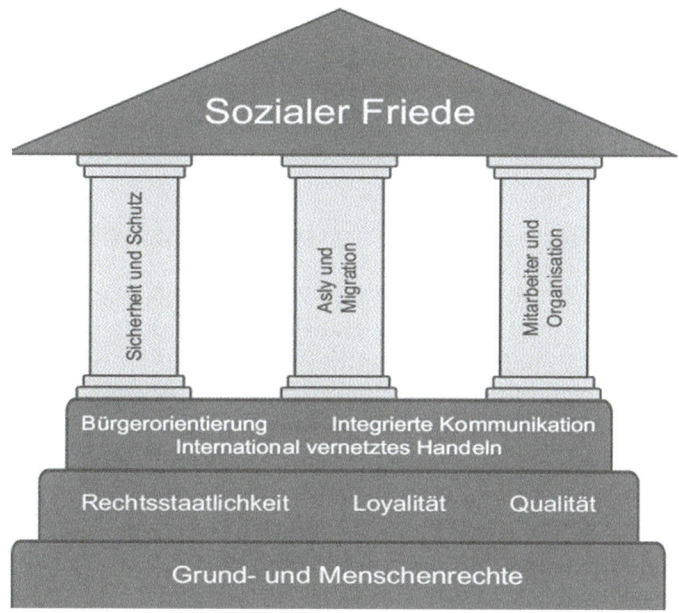

Abb 65: Grundstruktur INNEN.SICHER.

13.2. Gesetzliche Grundlagen des Bundeshaushalts-gesetzes 2013 zur wirkungsorientierten Steuerung

13.2.1. Ausgangspunkte und Ziele der Reform

Im Fokus der Reform des Haushaltsrechts 2013 stand die Frage, wie die haushalts-rechtlichen Spielregeln im Sinne einer verbesserten Budgetsteuerung weiterentwickelt werden können. Der Reformbedarf zeigte sich in folgenden Bereichen immer deutlicher:

- Keine mehrjährige verbindliche Ausrichtung
- Inputorientierung weitgehend vorherrschend
- Steuerungsmonopol der Kameralistik

Die Haushaltsrechtsreform 2013 (HHRR)[88], die in zwei Etappen implementiert wurde, adressierte diese Problemstellungen und verfolgte das übergeordnete Ziel, das Budget als umfassendes Steuerungsinstrument nicht nur für Ressourcen, sondern nun auch für Wirkungen und Leistungen des Verwaltungshandelns des Bundes zu etablieren.

13.2.2. Erste Etappe der Haushaltsrechtsreform

Die erste Etappe der Haushaltsrechtsreform, die am 1. Jänner 2009 in Kraft getreten ist, umfasste die Einführung einer mittelfristigen Planung des Bundeshaushaltes durch das Bundesfinanzrahmengesetz (BFRG). Die Planung des Budgets wird somit erstmals mittels Ausgabenobergrenzen mehrjährig und verbindlich gestaltet. Begleitend zum BFRG ist der Strategiebericht zu erstellen. Darin sind alle Informationen enthalten, die nötig sind, um die Ziffern der mehrjährig verbindlichen Budgetplanung nachvollziehen zu können, so auch die Wirkungsziele der einzelnen Ressorts und obersten Organe.

13.2.3. Zweite Etappe der Haushaltsrechtsreform

Am 1. Jänner 2013 fiel der Startschuss für die zweite Etappe der HHRR mit dem Ziel, auf Bundesebene eine umfassende neue Haushaltssteuerung zu etablieren. Folgende Elemente, die für die Steuerung mit Kennzahlen wesentlich sind, können identifiziert werden:

13.2.3.1. Budgetstruktur

Vor der Reform setzte die gesetzliche Bindungswirkung des Budgets sehr niedrigschwellig an und regelte die einzelnen Ausgabenposten (Voranschlagsansätze) sehr detailliert. Die nun gültige Rechtslage ermöglicht eine Gliederung auf bedeutend höherer Aggregationsebene nach sachlich-aufgabenorientierten Grundsätzen und eine weitreichende Flexibilisierung entlang der Elemente der Budgetstruktur.

Das oberste Element der Budgetstruktur bilden Rubriken. Hier handelt es sich um Clusterungen nach verwandten Politikbereichen auf höchster Aggregationsstufe, zB Recht und Sicherheit. Rubriken werden in sogenannte Untergliederungen unterteilt und entsprechen Aufgabenbereichen, zB Inneres. Untergliederungen werden von den Ressorts verwaltet und wiederum in feinkörnigere Aufgabenbereiche unterteilt und als Globalbudgets festgelegt, zB Sicherheit. Auf der untersten Ebene der Budgetstruktur erfolgt die Zuteilung der Ressourcen anhand einer organorientierten Gliederung auf Detailbudgets, die bei Bedarf in zwei hierarchische Ebenen unterteilt werden können, zB Landespolizeidirektionen als Detailbudget Ebene 1 bzw Landes-

---

88   Weitere Informationen zur Haushaltsrechtsreform des Bundes finden Sie auf der Homepage des Bundesministeriums für Finanzen unter https://www.bmf.gv.at/budget/haushaltsrechtsreform/haushaltsrechtsreform.html.

polizeidirektion Wien als Detailbudget Ebene 2. Erst auf dieser Ebene findet die Verrechnung der Ressourcen statt.

13.2.3.2. Wirkungsorientierte Steuerung

Ein zentrales Ziel der zweiten Etappe der Haushaltsrechtsreform ist die Verknüpfung der Kosten der Verwaltung mit den von ihr erbrachten Leistungen und erzielten Wirkungen für die Bevölkerung anstatt der bloßen Orientierung an den budgetierten Mitteln. Entsprechend dient die künftige Steuerung nicht nur der Einhaltung der budgetierten Ressourcen, sondern es werden bereits bei der Planung die zu erreichenden Ziele berücksichtigt.

13.2.3.3. Neues Rechnungswesen mit Finanzierungs-, Ergebnis- und Vermögensrechnung

Entsprechend den Grundsätzen der Transparenz und der möglichst getreuen Darstellung der finanziellen Lage des Bundes wurde die zahlungsbasierte Kameralistik von einem neuen Veranschlagungs- und Rechnungssystem des Bundes (VRB) abgelöst. Dieses baut auf der Doppik auf und ermöglicht künftig eine Budgetsteuerung mit zwei Perspektiven: sowohl über den periodengerecht erfassten Ressourcenverbrauch der Ergebnisrechnung als auch über die in der Finanzierungsrechnung abgebildeten Zahlungsströme. Hinzu kommt auch eine Vermögensrechnung im Sinne einer Bilanz des Bundes, die im Rechnungsabschluss dargestellt wird.

Die Kosten- und Leistungsrechnung, die schon 2004 in allen Zentralstellen und in einzelnen nachgeordneten Dienststellen des Bundes umgesetzt wurde, baut künftig auf dem gleichen Rechenstoff auf, damit die aus der Bundes-, Kosten- und Leistungsrechnung (BKLR) gewonnenen Informationen besser für die Planung und die Detailsteuerung der Budgets herangezogen werden können. Dies hatte zur Folge, dass auch die BKLR in gewissen Teilbereichen weiterentwickelt wurde, um die neuen Steuerungsbedürfnisse bestmöglich zu unterstützen.

13.2.4. Verankerung der Wirkungsorientierung und rechtliche Vorgaben

Der Grundsatz der Wirkungsorientierung wird durch das BHG 2013 sowie davon abgeleiteten Verordnungen und Richtlinien konkretisiert.[89] So ist die Umsetzung der wirkungsorientierten Steuerung durch ein enges haushaltsrechtliches Korsett begrenzt. Eine direkte Verknüpfung zwischen Zielen und Maßnahmen der Ressorts und den eingesetzten Budgetmitteln findet nicht statt, in den Budgetunterlagen ist lediglich eine gemeinsame Darstellung ausgewiesen. Die Budgetstruktur gibt die Zielstruktur vor.

---

89 Weitere Informationen zur wirkungsorientierten Verwaltung finden Sie auf der Homepage des Bundeskanzleramtes unter https://www.oeffentlicherdienst.gv.at/wirkungsorientierte_verwaltung/index.html.

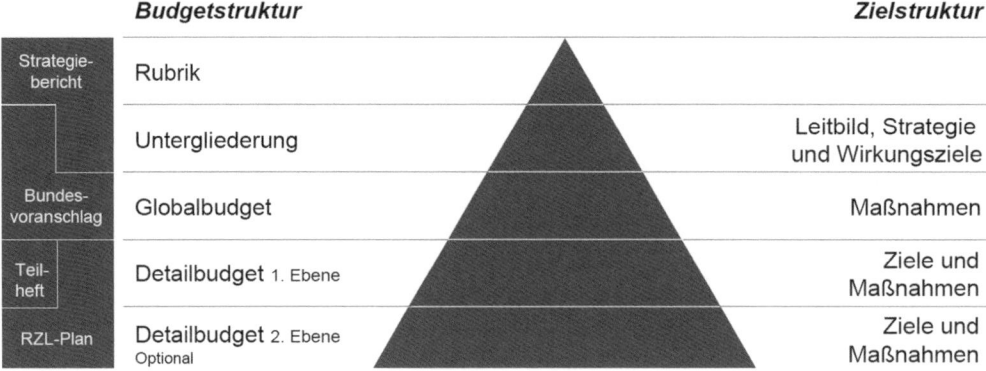

Budgetstruktur		Zielstruktur
Strategie-bericht	Rubrik	
	Untergliederung	Leitbild, Strategie und Wirkungsziele
Bundes-voranschlag	Globalbudget	Maßnahmen
Teil-heft	Detailbudget 1. Ebene	Ziele und Maßnahmen
RZL-Plan	Detailbudget 2. Ebene Optional	Ziele und Maßnahmen

Abb 66: Vergleich Budget- und Zielstruktur[90]

Pro Untergliederung (UG) werden maximal fünf Wirkungsziele definiert, die als angestrebter, zukünftiger Zustand im Kompetenzbereich des Ressorts auf hoher Abstraktionsebene formuliert werden. Wirkungsziele sollen mittel- bis langfristig erreicht werden. Die Erreichung der Wirkungsziele wird mittels Kennzahlen ermittelt, indem Zielwerte festgelegt werden. Die Kennzahlen sollen das Wirkungsziel aus verschiedenen Blickwinkeln beleuchten. Die Anzahl ist pro Wirkungsziel auf maximal fünf begrenzt. Die Kennzahlen auf Ebene der Wirkungsziele stellen auf die Messung der Wirkungen des Verwaltungshandelns ab.

Zur Erreichung der Wirkungsziele müssen von den Ressorts pro Globalbudget maximal fünf Maßnahmen definiert werden, die die Prioritäten im jeweiligen Aufgabenbereich abbilden sollen. Der Erfolg der Maßnahmen wird wiederum mittels Kennzahlen erhoben, kann aber auch über die Umsetzung von „Leuchtturmprojekten" eines Ministeriums dargestellt werden. Die Messung kann sowohl Wirkungen als Leistungen umfassen.

Die Detailbudgets der ersten und zweiten Ebene konkretisieren und verfeinern die Maßnahmen der Globalbudgets erneut über Ziele und Maßnahmen. Der Erfolg wird ebenfalls über Kennzahlen gemessen.

Aufgrund der gesetzlichen Vorgaben sind die einzelnen Ressorts verpflichtet, die Zielstruktur entsprechend ihrer Budgetstruktur aufzubauen. Für das BMI ist folgende Budgetstruktur bestehend aus einer Untergliederung, vier Globalbudgets, 19 Detailbudgets 1. Ebene und 9 Detailbudgets 2. Ebene für 2014 festgelegt:

---

90   *Thaller/Geppl* (2010) 15.

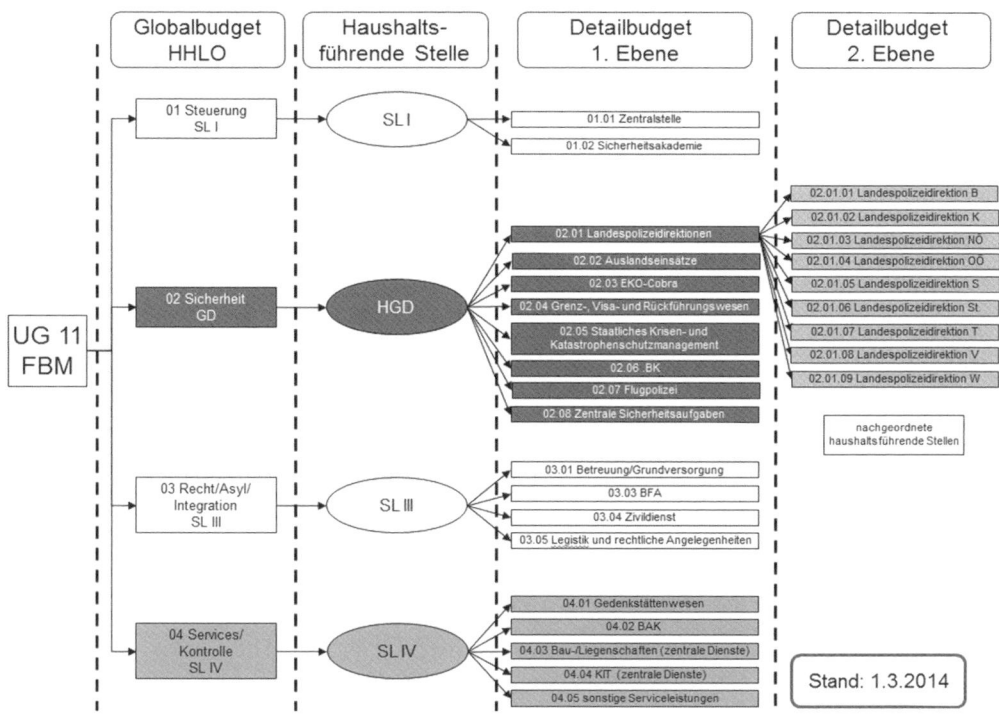

Abkürzungen Abb 67:

FBM: Frau Bundesministerin

UG: Untergliederung

HHLO: Haushaltsleitendes Organ

SL: Sektionsleiter

GD: Generaldirektion (für die öffentliche Sicherheit)

HGD: Herr Generaldirektor

EKO: Einsatzkommando

.BK: Bundeskriminalamt

BFA: Bundesamt für Fremdenwesen und Asyl

BAK: Bundesamt zur Korruptionsprävention und Korruptionsbekämpfung

KIT: Kommunikations- und Informationstechnologie

Abb 67: Budgetstruktur BMI 2014

13.3. Einsatz der wirkungsorientierten Steuerung im BMI

13.3.1. Allgemeine Bemerkungen zur Anwendung der wirkungsorientierten Steuerung im öffentlichen Dienst

Die Steuerung über Kennzahlen im öffentlichen Dienst sieht sich besonderen Anforderungen und Herausforderungen gegenübergestellt. Der öffentliche Dienst produziert oft nicht in dem Sinne materielle, konkrete Güter wie Unternehmen der Privatwirtschaft. Ministerien stehen vor allem in der Verantwortung, öffentliche Güter bereit zu stellen, die in der ersten Annäherung nicht konkret greifbar sind und sich auf einem sehr hohen Abstraktionsniveau befinden. So ist es Kernaufgabe des BMI, die innere Sicherheit für die Menschen in Österreich zu gewährleisten, ein öffentliches Gut, das Voraussetzung für das Funktionieren eines modernen, demokratischen Staates und für den sozialen Frieden ist.

Soziale Phänomene wie Kriminalität sind gekennzeichnet durch Hellfeld-Dunkelfeld[91]-Problematiken, abhängig von subjektiven Wahrnehmungen und von oft nicht exakt abzuschätzenden externen Einflussfaktoren. Bei der Messung von sozialen Phänomenen über Kennzahlen bedarf es daher einer Interpretation und Kontextuierung der Ergebnisse. Sie helfen der Erfassung, ersetzen aber nicht das Wissen um komplexere Zusammenhänge und Expertise. Die Kennzahlen dienen der Beobachtung und Messung der Annäherung an ein Ziel, Ergebnisse müssen interpretiert werden.

Ein eindeutiges, mechanistisches Ursache-Wirkungs-Gefüge ist aufgrund der skizzierten Rahmenbedingungen nur bedingt definierbar. Wirkungsorientierung im Bund ist somit eine Kennzahlensteuerung sui generis.

13.3.2. Vorstellung der Wirkungsziele und Kennzahlen des BMI

Die Angaben zur Wirkungsorientierung werden in der Planungsphase zum jeweiligen Bundesfinanzgesetz festgelegt. Es handelt sich dabei um einen breit angelegten Prozess, der unter Federführung der Budgetabteilung in enger Zusammenarbeit mit den einzelnen Sektionen durchgeführt wird. Bei der wirkungsorientierten Steuerung steht nicht nur die Steuerung des Ressorts an sich im Fokus, sondern auch die Abbildung der Umsetzung politischer Prioritäten und Strategien entlang der Leitplanken des Regierungsprogramms. Das Ergebnis bildet einen Kompromiss zwischen ambitionierten und realistischerweise erreichbaren Zielsetzungen, die von allen gegenüber der Öffentlichkeit und dem Nationalrat mitgetragen werden.

---

91   Im Hellfeld liegen die polizeilich registrierten Delikte, im Dunkelfeld hingegen alle nicht von der Polizei amtlich dokumentierten Delikte. Die Kriminalstatistik umfasst daher nur einen Ausschnitt der tatsächlichen Kriminalität.

Das BMI hat im Bundesfinanzgesetz (BFG) 2014 fünf Wirkungsziele festgelegt, deren Erreichung durch zwölf Kennzahlen gemessen wird:

Wirkungsziel	Kennzahlen
Beibehaltung des hohen Niveaus der Inneren Sicherheit in Österreich, insbesondere durch Kriminalitätsbekämpfung, Terrorismusbekämpfung und Verkehrsüberwachung.	Subjektives Sicherheitsgefühl
	Better Life Index – Kategorie Sicherheit
	Gesamtkriminalität pro 100.000 Einwohnerinnen und Einwohner
Sicherstellung eines geordneten, rechtsstaatlichen Vollzugs und eines qualitativ hochwertigen Managements in den Bereichen Asyl, Fremdenwesen und der legalen Migration.	Bestätigungsquote bei inhaltlichen Asylverfahren
	Anteil der kriteriengesteuerten Zuwanderung an der Gesamtzuwanderung nach Österreich
Verbesserter Schutz vor Gewalt, insbesondere gegen Frauen, Minderjährige und Seniorinnen und Senioren.	Wirksamkeit Betretungsverbot
Förderung des Vertrauens der Bürgerinnen und Bürger in die Leistungen der Sicherheitsexekutive. Sicherheitsdienstleistungen sollen transparent, bedarfsgerecht und zielgruppenorientiert erbracht werden.	Zufriedenheitsindex mit den Leistungen des BM.I
	Nutzung Webauftritte BM.I
Erhöhung der Nachhaltigkeit der Organisation und der Produktivität des Sicherheitsdienstleisters BM.I durch qualitativ gut ausgebildete und motivierte Mitarbeiterinnen und Mitarbeiter.	Direktleistungen für Bürgerinnen und Bürger
	Frauenanteil bei den Vertragsbediensteten mit Sondervertrag (VBS – Polizeischülerinnen und Polizeischüler)
	Engagement der Mitarbeiterinnen und Mitarbeiter des BM.I
	Frauenanteil in der Sicherheitsexekutive

Abb 68: Wirkungsziele und Kennzahlen im BFG 2014

Dabei handelt es sich um mittelfristige Prioritäten des Ressorts, die durch die Umsetzung von Maßnahmen erreicht werden sollen. Die Verantwortung für insgesamt fünfzehn Maßnahmen im Jahr 2014 liegt bei den Sektionen des Ministeriums, für die Erreichung der Wirkungsziele ist das Ressort als Ganzes in Person der Frau Bundesministerin gegenüber dem Nationalrat verantwortlich. Die gesamte Steuerungsarchitektur umfasst im BMI aufgrund der gesetzlichen Vorgaben 81 Kennzahlen. Im Folgenden werden zwei der fünf Wirkungsziele detaillierter vorgestellt[92].

---

92   Weitere Informationen und alle Angaben zur Wirkungsorientierung im BFG 2014 finden Sie unter https://www.bmf.gv.at/budget/das-budget/budget-2014-2015.html.

Wirkungsziel 1 „Sicherheit"

Wirkungsziel 1: SICHERHEIT

Beibehaltung des hohen Niveaus der Inneren Sicherheit in Österreich, insbesondere durch Kriminalitätsbekämpfung, Terrorismusbekämpfung und Verkehrsüberwachung.

Abb 69: Wirkungsziel Sicherheit des BMI im BFG 2014

Wirkungsziel 1 zielt auf die Kernkompetenz des Ressorts ab. Positive Wirkungen für die Lebensqualität der Menschen in Österreich und für die Sicherung des sozialen Friedens werden mit diesem Ziel konsequent weiterverfolgt. Der Erfolg wird über drei Kennzahlen quantifiziert:

Kennzahl 1
Gesamtkriminalität pro 100.000 Einwohner
Durchschnitt 10 Jahre

Kennzahl 2
Subjektives Sicherheitsgefühl der österreichischen Bevölkerung

Kennzahl 3
Platzierung Österreichs unter den sichersten Ländern der EU

Abb 70: Kennzahlen des Wirkungsziels Sicherheit des BMI im BFG 2014

Kennzahl 1

Die objektive Messung der Kriminalitätsentwicklung mittels Kriminalstatistik ist wesentlicher Bestandteil bei der Bewertung des Erfolgs des Wirkungsziels. Die Kennzahl umfasst die Anzahl der Delikte und ist als Häufigkeitszahl pro 100.000 Einwohner berechnet, um die Belastung der Bevölkerung darzustellen. Es wird ein Durchschnitt der letzten zehn Jahre herangezogen, da die Kriminalität seriös ausschließlich über längere Zeiträume beobachtet werden kann und kurzfristige Ausreißer abgedämpft werden sollen. Schließlich erlauben längere Zeiträume bessere Vergleichbarkeit der Entwicklung der Gesamtkriminalität insbesondere hinsichtlich der Effektivität und Effizienz struktureller und organisatorischer Änderungen des Ressorts.

Kennzahl 2

Neben der objektiven Messung der Kriminalitätsentwicklung steht das subjektive Sicherheitsgefühl der Bürger im Mittelpunkt der Anstrengungen des BMI. Innere Sicherheit muss nicht nur objektiv messbar sein, sondern auch bei den Menschen ankommen, „gefühlt" werden. Die Daten werden durch eine Umfrage mit 2.400 repräsentativ für die österreichische Gesamtbevölkerung ausgewählten Personen erhoben.

Kennzahl 3

Benchmarking, insbesondere internationale Vergleiche, ist ein wesentlicher Maßstab zur Beurteilung der Erreichung des Wirkungsziels. Die OECD erhebt seit 2011 den „Better Life Index". Damit wird die Lebensqualität innerhalb der 34 OECD Staaten anhand von elf Dimensionen, darunter Sicherheit, ermittelt. In der Dimension Sicherheit wird anhand der Mordrate und der Überfallrate eine Platzierung errechnet. Das BMI zieht für die Kennzahl den Vergleich mit den Mitgliedsstaaten der EU heran.

Maßnahmen Wirkungsziel 1

Die Erreichung des Wirkungsziels wird über die Umsetzung von Maßnahmen angestrebt. Aufgrund der engen Vorgaben des BHG 2013 liegen, wie in Kapitel 13.2.4. erläutert, zahlenmäßige Beschränkungen vor, die eine Priorisierung der Maßnahmen zur Aufnahme in das BFG 2014 notwendig machen. Neben den im BFG ausgewiesenen Maßnahmen verfolgt die Polizei natürlich eine Reihe von Tätigkeiten für die Erreichung des Wirkungsziels. Anschließend erfolgt eine detailliertere Beschreibung von Maßnahme 1 zur Bekämpfung der Kriminalität samt Kennzahlen:

Wirkungsziel 1: SICHERHEIT

Maßnahme 1
Bekämpfung der Kriminalität insbesondere durch Optimierung der Tatortarbeit und bedarfsorientierte sichtbare polizeiliche Präsenz

Kennzahl 1
Qualität Spurensicherung bei Delikten der Eigentumskriminalität mit verstärkter Eingriffsintensität

Kennzahl 2
Gesamtsumme der für Fußstreifen sowie für verkehrs- und fremdenpolizeiliche Kontrollstunden verwendeten Arbeitsstunden

Kennzahl 3
Umsetzung Projekt „Moderne Polizei" mit Schwerpunkten Dienststellenstrukturanpassung, Ausbau von Karrieremöglichkeiten und Bürokratieentlastung in der Polizei

Abb 71: Maßnahmen samt Kennzahlen des Wirkungsziels Sicherheit des BMI im BFG 2014

Im Gegensatz zur Ebene der Wirkungsziele orientieren sich die Kennzahlen auf Maßnahmenebene an der Messung der erbrachten Leistungen. Kennzahl 1 legt den Schwerpunkt auf eine qualitätsvolle Tatortarbeit in Form einer hochwertigen Spurensicherung bei Delikten der Eigentumskriminalität mit verstärkter Eingriffsintensität (Diebstahl durch Einbruch oder mit Waffen, Raub und Schwerer Raub). Die sichtbare polizeiliche Präsenz wird über die Gesamtsumme der Fußstreifenstunden und ausgewählten Kontrollstunden erhoben. Das Zukunftsprojekt „Moderne Polizei" ist zentraler Baustein der inneren Struktur für die künftige Kriminalitätsbekämpfung. Die erfolgreiche Umsetzung der Maßnahme ist Voraussetzung für die Erreichung des Wirkungsziels „Sicherheit". Verantwortlich für Maßnahme 1 zeichnet der Generaldirektor für öffentliche Sicherheit.

Dieses Steuerungssystem wird entlang der Budgetstruktur in den Detailbudgets der ersten und zweiten Ebene weiter verfeinert. Ziele und Maßnahmen samt Kennzahlen dieser Ebene finden sich in den Teilheften der Budgetunterlagen zum BFG 2014[93].

Wirkungsziel 2 „Asyl, Fremdenwesen und Migration"

Neben der Inneren Sicherheit sind weitere zentrale Aufgabenbereiche des BMI das Asyl- und Fremdenwesen sowie die Migrationsagenden.

Wirkungsziel 2: ASYL/FREMDENWESEN/MIGRATION
Sicherstellung eines geordneten, rechtsstaatlichen Vollzugs und eines qualitativ hochwertigen Managements in den Bereichen Asyl, Fremdenwesen und der legalen Migration.

Abb 72: Wirkungsziel Asyl/Fremdenwesen/Migration des BMI im BFG 2014

Im Folgenden erfolgt ein genauerer Blick auf die Kennzahlen im Asylwesen. Das BMI sieht sich in diesem Bereich mit der Herausforderung konfrontiert, für Personen, die in ihrer Heimat verfolgt werden oder Tod, Folter oder unmenschliche Behandlung befürchten müssen, so rasch wie möglich Schutz und Aufnahme sicherzustellen. Gleichzeitig ist dem Missbrauch des Asylsystems wirksam entgegenzutreten. Als Kennzahl auf der Wirkungszielebene wird die Qualität der erstinstanzlichen Entscheidungen über die Asylanträge herangezogen:

Kennzahl 1
Bestätigungsquote zu erstinstanzlichen Entscheidungen von inhaltlichen Asylverfahren durch das Bundesverwaltungsgericht

Abb 73: Kennzahl des Wirkungsziels Asyl/Fremdenwesen/Migration des BMI im BFG 2014

---

93 Weitere Informationen zu den Zielen, Maßnahmen und Kennzahlen der Detailbudgets in den Budgetdokumenten 2014 finden Sie unter https://service.bmf.gv.at/BUDGET/Budgets/2014_2015/bfg2014/teilhefte/_start_teilhefte.htm.

Die Entscheidungen des Bundesamtes für Fremdenwesen und Asyl (BFA), eine dem BMI untergeordnete Bundesbehörde, als erste Instanz bei inhaltlichen Asylverfahren können beeinsprucht werden. Das Bundesverwaltungsgericht als Berufungsinstanz kann diese Entscheidungen aufheben oder bestätigen. Die Bestätigungsquote gibt somit Auskunft über die Qualität der Entscheidungen des BFA.

Maßnahmen Wirkungsziel 2 zum Asyl- und Fremdenwesen

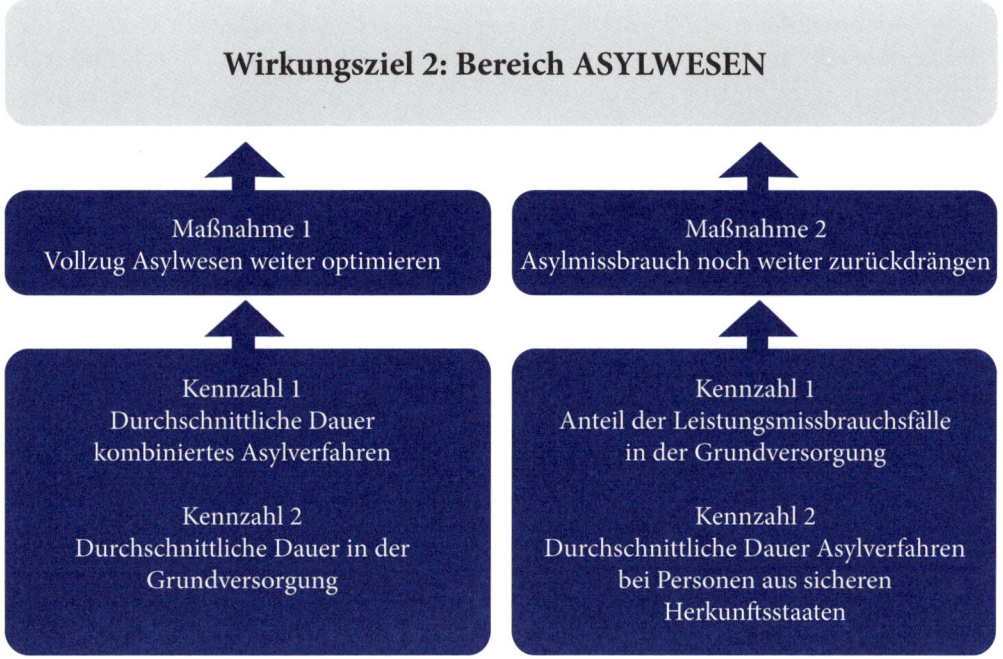

Abb 74: Maßnahmen samt Kennzahlen des Wirkungsziels Asyl/Fremdenwesen/Migration des BMI im BFG 2014

Maßnahme 1 zielt auf einen geordneten, rechtsstaatlichen und raschen Vollzug des Asylwesens ab. Wesentlicher Parameter dafür ist als Kennzahl 1 eine rasche Durchführung der inhaltlichen Asylverfahren im BFA, um für die Betroffenen schnell Klarheit über ihren Status zu erlangen. Kennzahl 2 misst die durchschnittliche Dauer, die Personen in der Grundversorgung betreut werden. Die Grundversorgung an sich umfasst Verpflegung, Unterbringung und andere Versorgungsleistungen für Asylwerber und andere hilfsbedürftige Fremde. Eine längere Versorgungsdauer geht mit höheren Kosten einher.

Neben einem schnellen und qualitätsvollen Vollzug steht bei Maßnahme 2 die Zurückdrängung des Asylmissbrauchs im Zentrum. Neben der Intention, dass das Asylrecht nur tatsächlich bedrohten Menschen offenstehen soll, verursacht Asylmissbrauch höhere Kosten und eine zusätzliche Belastung des Vollzugs. Der Erfolg der Maßnahme wird daher über den Anteil der Missbrauchsfälle im Rahmen der Grundversorgung von Asylwerbern und anderen Schutzbedürftigen gemessen. Dafür werden Kontrollen bei den Leistungsbeziehern durchgeführt. Andererseits ist die Dauer der Asylverfahren von Personen aus sicheren Herkunftsstaaten ein wichtiger Gradmesser für die Maßnahme. Sichere Herkunftsstaaten sind per Gesetz und Verordnung festgelegte Staaten, wo keine staatliche Verfolgung vorliegt bzw Schutz vor privater Verfolgung und Rechtsschutz gegen erlittene Verletzungen von Menschenrechten gewährleistet ist. Daher gilt es, Asylanträge dieser Personengruppe in einem Schnellverfahren zu bearbeiten.

Die Maßnahmen fallen unter die Verantwortung des Leiters der Sektion „Recht" im BMI und werden im BFA, dem ein Detailbudget überantwortet ist, durch Ziele und Maßnahmen samt eigenen Kennzahlen konkretisiert und operationalisiert. Diese sind im Teilheft[94] ersichtlich.

13.3.3. Wirkungscontrolling: Interne Prozesse und Berichtswesen

Das Wirkungscontrolling aller Ziele, Maßnahmen und deren gesamt 81 Kennzahlen im Jahr 2014 erfolgt IT-unterstützt. Die Daten werden von den einzelnen Verantwortungsbereichen erhoben, in die Anwendung eingetragen und in einer Datenbank gespeichert. Sie können jederzeit über standardisierte Berichte ausgewertet werden. So erhält jeder Verantwortliche aktuelle Informationen über den Status seiner Ziele und Maßnahmen. Jeden Monat werden entlang der Budgetstruktur die verfügbaren Ist-Werte erfasst und eine Prognose zur jeweiligen Kennzahl angegeben. Die Daten laufen für das gesamte Ressort in der Budgetabteilung zusammen und werden dort ausgewertet. Pro Quartal ergeht ein Wirkungscontrollingbericht an die Ressortleitung, der über die wichtigsten Entwicklungen der Kennzahlen Auskunft gibt. Bei Fehlentwicklungen werden von der obersten Führungsebene Gegenmaßnahmen eingeleitet.

13.3.4. Berichtslegung gegenüber dem Parlament

Das BMI ist als staatliche Institution der Öffentlichkeit gegenüber verantwortlich, insbesondere auch was den Einsatz der Budgetmittel, die durch Steuern finanziert werden, und der damit erzielten Wirkungen und erbrachten Leistungen betrifft. Nach Ablauf eines Finanzjahres wird über den Erfolg der Ziele und Maßnahmen Bilanz gezogen. Das BMI erhebt in den internen Controllingzyklen die Ergebnisse aller Kennzahlen und führt für das vergangene Finanzjahr eine Evaluierung im Rahmen der gesetzlichen Vorgaben durch. Der Wirkungscontrollingstelle des Bundes im Bundeskanzleramt werden die Ergebnisse aller Ressorts und obersten Organe übermittelt. Diese generiert daraus einen Bericht, der an den Nationalrat weitergeleitet wird. Die zuständigen Minister müssen anschließend die Ergebnisse vor den Abgeordneten und der Öffentlichkeit verantworten.

---

94   Weitere Informationen zu den Zielen, Maßnahmen und Kennzahlen der Detailbudgets in den Budgetdokumenten 2014 finden Sie unter https://service.bmf.gv.at/BUDGET/Budgets/2014_2015/bfg2014/teilhefte/ _start_teilhefte.htm.

13.4. Resümee und erste Erfahrungen mit der wirkungsorientierten Steuerung

13.4.1. Grundsätzliche Einschätzung und Stimmungsbild

Die wirkungsorientierte Kennzahlensteuerung ist ein völlig neues Instrument in der öffentlichen Verwaltung, das mit den gesetzlichen Beschlüssen zur Haushaltsrechtsreform implementiert wurde. Es bedarf eines umfassenden Change-Prozesses und einer grundlegenden Änderung in der Verwaltungskultur, um dieses neue Steuerungsinstrument nutzenbringend in der öffentlichen Verwaltung einsetzen zu können. Zu den Erfahrungen aus den ersten beiden Umsetzungsjahren liegt die Studie „Einführung der wirkungsorientierten Verwaltungssteuerung" vor, die 2014 von der Hertie School of Governance im Auftrag des Bundeskanzleramtes durchgeführt wurde.

Die wesentlichen Ergebnisse dieser Fokusstudie, in deren Rahmen 40 Führungskräfte sowie Mitarbeiter befragt wurden, lassen sich folgendermaßen zusammenfassen[95]:

- Potenziale und Mehrwert der Wirkungsorientierung in der Bundesverwaltung werden durchgängig erkannt.
- Gleichzeitig herrscht eine relativ kritische Stimmungslage in Hinblick auf die bisherige Umsetzung vor.
- Erhebliche Unterschiede bei der konkreten Umsetzung in den einzelnen Ressorts und obersten Organen.
- Gestiegener Arbeits- und Ressourcenaufwand, aber auch ein relativ hoher Informationsstand.
- Verknüpfung zwischen Wirkungssteuerung und Budgetsteuerung sowie die Steuerungsrelevanz der Wirkungsziele nur im Ansatz gelungen.
- Deutlich positiver, aber auch noch mit klarem Verbesserungspotenzial, werden die Wirkungsziele selbst gesehen.
- Erfolgreiche und dauerhafte Verankerung der Wirkungsorientierung steht in Hinblick auf die anvisierten Ziele noch vor großen Herausforderungen.

13.4.2. Auswirkungen der Wirkungsorientierung auf die Ressortsteuerung

Grundsätzlich können die oben beschriebenen Ergebnisse der Fokusstudie auch auf das BMI umgelegt werden. Die ersten Schritte zur erfolgreichen Implementierung des neuen Steuerungsinstruments wurden gesetzt:

- Formulierung von (Wirkungs-)Zielen, Maßnahmen und Kennzahlen auf allen Ebenen der Budgetstruktur.
- Etablierung der wirkungsorientierten Steuerung neben bereits bestehenden Controllinginstrumenten.

---

95   Vgl *Hammerschmid/Grünwald* (2014) 8 ff.

- Akzeptanz bei den Führungskräften und Mitarbeiterinnen und Mitarbeitern.
- Inbetriebnahme von EDV-Lösungen zur administrativen Bewältigung des Instruments.

Unabhängig davon bleiben noch einige Verbesserungspotenziale zu heben:

- Steuerungsrelevanz und Ambitionsniveau der Wirkungsziele und Kennzahlen.
- Verstärkte Einbeziehung der Ergebnisse des Wirkungscontrollings in maßgebliche, strategische Entscheidungen des Ressorts.
- Stärkere Verknüpfung zwischen Budget- und Wirkungssteuerung.

13.4.3. Ausblick

Nach den Jahren großer, grundlegender Veränderungen im Haushaltsrecht geht es nun in den kommenden Jahren um Konsolidierung des bereits Erreichten. Spätestens 2017 ist gesetzlich eine externe Evaluierung des BHG 2013 seitens des Bundesministeriums für Finanzen (BMF) zu beauftragen, in die bisherige Erkenntnisse – auch jene der BMI-internen Evaluierung – einfließen werden. Danach kann es neuerlich zu Adaptierungen kommen.

Mit dem Instrument der wirkungsorientierten Verwaltungssteuerung über Kennzahlensysteme hat der Bund Neuland betreten. Es muss erprobt, getestet, weiterentwickelt werden, Erfahrungen und neues Wissen über Wirkungszusammenhänge gesammelt und anschließend im Sinne eines effizienteren Einsatzes der Ressourcen eingesetzt werden. Im Moment lernt das BMI über Versuch und Irrtum und es müssen Rückschläge hingenommen werden, die aber wertvolle Erkenntnisse für weitere Adaptierungen des Instruments liefern: Kennzahlen können alle „on target" liegen und trotzdem werden Ziele verfehlt. Die wirkungsorientierte Steuerung unterliegt einem laufenden Entwicklungsprozess. Es gilt, Hintergrundwissen und Expertise aufzubauen, damit die wirkungsorientierte Steuerung in den kommenden Jahren ihre volle Wirkung entfalten kann.

Literatur

Bundeskanzleramt Österreich: Wirkungsorientierte Verwaltung, Online unter: www.oeffentlicherdienst.gv.at/wirkungsorientierte_verwaltung/index.html, Stand April 2015

Bundesministerium für Finanzen (2015): Budget 2014, Online unter: www.bmf.gv.at/budget/das-budget/budget-2014-2015.html, Stand April 2015

Bundesministerium für Finanzen (2015): Haushaltsrechtsreform, Online unter: www.bmf.gv.at/budget/haushaltsrechtsreform/haushaltsrechtsreform.html, Stand April 2015

Hammerschmid, G., Grünwald, A. (2014): Fokusstudie – Einführung der wirkungsorientierten Verwaltungssteuerung. Erfolge – Potentiale – Perspektiven, Wien

Thaller, A., Geppl, M. (2010): Handbuch Wirkungsorientierte Steuerung. Unser Handeln erzeugt Wirkung, Version 3.0, Wien

14. Kennzahlen im Gesundheitswesen für stationären und nichtbettenführenden Bereich

Erika Ortlieb / Martin Reich

Inhaltsverzeichnis

Es werden ausgewählte Kennzahlen, die in der Praxis in Krankenanstalten zum Einsatz kommen, beschrieben. Ausgehend von den Rahmenbedingungen wird auf den Stationärbereich, den nichtbettenführenden Bereich und speziell auf das Thema Personalkennzahlen eingegangen. Die Ausführungen beinhalten auch die Herausforderung der Generierung der Kennzahlen aus den jeweiligen Teilen des Rechnungswesens und auch die Kriterien Aussagekraft und Vergleichbarkeit.

14.1. Rahmenbedingungen

Im Gesundheitswesen und speziell in landesfondsfinanzierten Krankenanstalten sind Regelungen zu beachten, die es in der Privatwirtschaft so nicht gibt. Zwei davon seien beispielshalber genannt:

- KVF: Kostenrechnungsverordnung für landesfondsfinanzierte Krankenanstalten,
- LKF: Leistungsorientierte Krankenanstaltenfinanzierung.

Erstere führt dazu, dass ein kompletter Kostenrechnungsabschluss durchgeführt werden muss und die Ergebnisse an das BMG (Bundesmisterium für Gesundheit) zu übermitteln sind. Die Datengenerierung und -übermittlung zum Thema LKF ist ein spezifisches Thema des Gesundheitswesens und wird kurz bei der Erläuterung der Herleitung der spezifischen Kennzahlen beleuchtet. Je nach Organisation der jeweiligen Krankenanstalt ist die Integration in einen Krankenanstaltenverbund und damit die Konzernrechnungslegung oder die Trägerschaft einer öffentlichen Gebietskörperschaft zu berücksichtigen. Im letzteren Fall müssen dann die Anforderungen, die sich aus der Betriebskameralistik ergeben, die die öffentliche Hand vorschreibt, erfüllt werden. Im Personalbereich ist die Herleitung der Kennzahlen ebenfalls von der Organisationsstruktur der Krankenanstalt abhängig, je nachdem wo die Lohnverrechnung stattfindet bzw wer Dienstgeber ist. Bei Universitätsklinken in Österreich ist zumindest ein Teil der Ärzte direkt bei der jeweiligen Medizinischen Universität angestellt und nicht bei der Krankenanstalt bzw beim Träger dieser. Die Frage der Organisation der Datenübermittlung wird damit entscheidend.

14.2. Kennzahlen für den Stationärbereich

Unter Stationärbereich verstehen wir den bettenführenden Bereich der Krankenanstalt. Dieser umfasst Normalpflege- (inklusive tagesklinische), Intermediate-Care- und Intensivstationen sowie spezielle Funktionsbereiche (zB Palliativstation, Akut-Nachbehandlung in der Neurologie etc), die eigenen Strukturqualitätskriterien (zB Personalausstattung) unterliegen. Allen Bereichen gemein ist, dass die Patienten stationär aufzunehmen sind. Dies bedeutet die Administration im jeweiligen Krankenanstalteninformationssystem (zB SAP IS-H, Patidok).

Das EDV-System denkt auch im Gesundheitswesen in Kontierungsobjekten. Es ist nicht der FI- oder der Kostenrechnungsbeleg. Im Stationärbereich ist das Kontierungsobjekt der stationäre Fall. Dieser hat auch einen Patientenbezug, da ein Patient zB für tagesklinische Behandlungen mehrere Fälle (= stationäre Aufenthalte) haben kann. Beim Patienten sind zB Adressdaten gespeichert. Zum Fall werden neben Leistungen und Diagnosen (prozessbegleitende Erfassung während des Aufenthalts) auch Aufnahmedatum, Entlassungsdatum, sowie jene Organisationseinheit, an der der Patient aufgenommen ist bzw jene, die fachlich/medizinisch zuständig ist, erfasst. Aus diesem System sind mittels Überleitung die Kennzahlen zu generieren. Da wir von periodenreinen Kennzahlen sprechen, muss diese Überleitung zB in das CO-Modul (Controlling/Kostenrechnung) monatlich erfolgen. Damit werden statistische Kennzahlen erzeugt, die in Berichten ausgewertet und Planzahlen gegenübergestellt werden können. Die Organisation und Durchführung dieser Prozeduren als Standardtätigkeit ist eine große Herausforderung für den Controller-Bereich. Sämtliche Änderungen in der Administration wirken sich auf die Generierung der Kennzahlen aus. Stornierungen in der Patientenadministration führen zu Änderungen in den Kennzahlen. Eine Plausibilitätsprüfung in der Kosten- und Leistungsrechnung bei Durchführung der Überleitung ist hier erfolgskritisch. In der Folge wird auf ausgewählte Kennzahlen eingegangen:

Aufnahmen

Anzahl der Patienten, die im Krankenhaus stationär aufgenommen werden, sofern tatsächlich aufgestellte Betten inklusive Tageskliniken betten (nicht aber Funktionsbetten) in Anspruch genommen werden. Diese Kennzahl wird für Allgemeine Klasse und für Sonderklasse berechnet. Bei Sonderklasse ist es irrelevant, ob diese Patienten ausdrücklich ausgewiesene Sonderklasse-Betten oder andere Betten in Anspruch genommen haben. Eine weitere Kennzahl zu den Aufnahmen betrifft die Begleitpersonen (sonstige nicht anstaltsbedürftige Begleitpersonen gemäß § 23 Abs 2, letzter Satz KAKuG). Kann eine anstaltsbedürftige Mutter nur gemeinsam mit ihrem Säugling aufgenommen werden (§ 23 Abs 2, 1. Satz KAKuG), so zählt der Säugling nicht als Begleitperson. Gesunde Neugeborene zählen als Begleitpersonen. Um gesonderte Darstellungen zu ermöglichen, ist ein eigener Falltyp zu definieren, mit dem dann sämtliche Kennzahlen ermittelt werden können, vorausgesetzt es erfolgt eine Standardadministration.

Belagstage

Summe der Mitternachtsstände der Patienten im Berichtsjahr. Die Belagstage werden der Station, an der der Patient aufgenommen ist periodenrein, dh in Monatsscheiben, zugeordnet. Bei internen Verlegungen erfolgen die Zuordnungen nach dem Verlegungsdatum. Die Kennzahl kann wieder für Allgemeine Klasse und Sonderklasse ermittelt werden, aber auch für Begleitpersonen. Bei der Kennzahl Belagstage ist darauf zu achten, dass sie sämtliche Patienten, die zB tagesklinisch betreut werden, nicht umfasst. Auch bei Fachrichtungen mit kurzer Verweildauer (zB Augenheilkunde) ist die Kennzahl wenig aussagekräftig. Besonders bei der Berechnung der Auslastung ist auf das zugrundeliegende Patientenkollektiv zu achten. Aus den Belagstagen lässt sich – unter Berücksichtigung der Einschränkungen auch die Verweildauer in Belagstagen – errechnen.

$$\text{Verweildauer Belagstage} = \frac{(\text{Belagstage} \times 2)}{(\text{Zugänge} + \text{Abgänge})}$$

Pflegetage

Anders als bei den Belagstagen werden sämtliche Tage, die ein Patient/eine Begleitperson im Krankenhaus aufgenommen ist, periodenrein, dh in Monatsscheiben, gezählt. Die Patienten, die am selben Tag entlassen werden (Ein-Tagespflegen) werden hier mitgezählt. Aus den Pflegetagen lässt sich auch die Verweildauer in Pflegetagen errechnen:

$$\text{Verweildauer Pflegetage} = \frac{(\text{Pflegetage} \times 2)}{(\text{Zugänge} + \text{Abgänge})}$$

Systemisierte Betten

Anzahl Betten (inklusive Tagesklinikbetten), die durch sanitätsbehördliche Bewilligung festgelegt sind.

Belegbare Betten

Berechnet wird die Kennzahl auf Basis der systemisierten Betten abzüglich der gesperrten Betten. Bettensperren entstehen durch bauliche Gründe (zB Bodenerneuerungen, Neuverkabelungen, Sanierung Duschen, WCs etc), medizinische Gründe (zB Patientenisolierung wegen Ansteckungsgefahr), personelle Gründe (zB zu geringe Personalausstattung, wegen höherem Pflegebedarf in einem anderen Bereich).

Tatsächlich aufgestellte Betten

Betten (inklusive Tagesklinikbetten), die im Berichtsjahr im Jahresdurchschnitt oder mindestens sechs Monate aufgestellt waren, unabhängig davon, ob sie belegt waren oder nicht. Funktionsbetten, wie zB Dialysebetten, post-operative Betten im Aufwachraum, Säuglingsboxen der Geburtshilfe uÄ, zählen nicht zu den tatsächlich aufgestellten Betten. Berechnet wird die Kennzahl auf Basis der belegbaren Betten plus der Überbeläge. Diese entstehen zB wenn zwei Patienten hintereinander am selben Tag stationär aufgenommen werden (zB Tagesklinik).

Auslastungskennzahlen

Je nachdem, ob Belagstage, Belagstage plus Ein-Tagespflegen oder Pflegetage mit systemisierten, belegbaren oder tatsächlichen Betten kombiniert werden, entstehen neun verschiedene Möglichkeiten, die Auslastung darzustellen. Zu beachten ist, dass die Kennzahlen zu den Betten mit den Kalendertagen zu multiplizieren sind. In der Praxis werden hauptsächlich folgende Kennzahlen verwendet:

$$\text{Auslastung in \%} = \frac{\text{Belags- oder Pflegetage}}{\text{tatsächliche Betten} \times \text{Kalendertage}}$$

Parallel zu den monatlich generierten Kennzahlen in der Kosten- und Leistungsrechnung werden auch tägliche Bettenbelegungsübersichten bzw Auswertungen nach Wochentagen direkt aus der Patientenadministration herangezogen.

Entlassungen

Anzahl der Patienten, die aus dem Krankenhaus entlassen werden (inklusive Überstellungen in eine andere Krankenanstalt – diese Kennzahl wird auch als Transferierung bezeichnet). Eine weitere Entlassungsart sind die Verstorbenen. Aus dieser Kennzahl lässt sich dann die Mortalitätsrate berechnen, die aber eine reine Verhältniszahl darstellt und keine Gewichtung auf den Schweregrad der Erkrankung vornimmt, weshalb Aussagen hier sorgfältig zu überlegen sind.

Auf weitere Kennzahlen, die nicht aus dem Rechnungswesen stammen (zB Auswertungen von Patientenfragebögen, Kennzahlen zur Ergebnisqualität etc) wird hier nicht weiter eingegangen.

14.3. Kennzahlen für den nicht-bettenführenden Bereich

Im nicht-bettenführenden Bereich ist das Buchungsobjekt die ambulante Bewegung bzw die OP-Bewegung. Hier werden sämtliche Daten (Leistungen, Diagnosen etc) zugeordnet. In der Patientenadministration wird je Organisationseinheit gezählt, dh zB je Spezialambulanz. Sind die Spezialambulanzen unter einer Kostenstelle zusammengeführt, wird je Kostenstelle in der Kosten- und Leistungsrechnung je Tag auch nur eine Frequenz (Besuch des ambulanten Patienten zum Zweck einer Untersuchung/Behandlung oder eines medizinischen Beratungsgespräches) gezählt. Die Daten aus der Patientenadministration und der Kosten- und Leistungsrechnung können daher voneinander abweichen. Folgende Kennzahlen werden hier generiert:

Ambulante Patienten

Anzahl der während des Kalenderjahres (Berichtsjahres) auf den einzelnen nicht-bettenführenden Hauptkostenstellen behandelten, nicht-stationären Patienten. Die Erfassung stellt alleine auf die Zahl der Erstbesuche der auf den einzelnen nicht-bettenführenden Hauptkostenstellen behandelten Patienten ab. Erfolgt unmittelbar im Anschluss an die ambulante Behandlung am selben Tag eine stationäre Aufnahme, so ist dieser Patient nicht als ambulanter Patient zu zählen und es sind die an diesem Tag erfolgten Frequenzen auf nicht-bettenführenden Hauptkostenstellen als stationäre Frequenzen zu dokumentieren. Stationäre Patienten des betreffenden oder eines anderen Krankenhauses, die zu einer ambulanten Untersuchung/Behandlung überwiesen werden, sind nicht als ambulante Patienten (sondern lediglich als Frequenzen) zu zählen. Die Summe der auf den einzelnen nicht-bettenführenden Hauptkostenstellen gezählten ambulanten Patienten hat mit der für das Krankenhaus angegebenen Gesamtzahl an ambulanten Patienten übereinzustimmen.

Frequenzen an ambulanten Patienten

Anzahl der Besuche von ambulanten Patienten (physischer Personen) auf einer nicht-bettenführenden Hauptkostenstelle pro Kalenderjahr (Berichtsjahr).

Als Frequenz ist zu zählen, wenn der Besuch des ambulanten Patienten zum Zweck einer Untersuchung/Behandlung oder eines medizinischen Beratungsgespräches erfolgt. In-vitro-Untersuchungen ohne Untersuchung bzw Behandlung am ambulanten Patienten zählen nicht als Frequenzen. Weiters nicht als Frequenzen zu zählen sind Kontakte administrativer Natur oder wenn der Patient, ohne dass eine Untersuchung/Behandlung bzw ein medizinisches Beratungsgespräch erfolgt ist, einer anderen Kostenstelle zugewiesen wird.

Erfolgt noch am Tag der Frequenz eine stationäre Aufnahme, so ist keine ambulante Frequenz sondern eine stationäre Frequenz zu zählen.

Frequenzen an stationären Patienten

Anzahl der Besuche von stationären Patienten (physischer Personen) auf einer nicht-bettenführenden Hauptkostenstelle pro Kalenderjahr (Berichtsjahr). Als Frequenz ist zu zählen, wenn der Besuch des stationären Patienten zum Zweck einer Untersuchung/Behandlung oder eines medizinischen Beratungsgespräches erfolgt.

Frequenzen an stationären Patienten anderer Krankenhäuser

Anzahl der Besuche von stationären Patienten eines anderen Krankenhauses (physischer Personen), die zu einer ambulanten Untersuchung/Behandlung überwiesen werden, auf einer nicht-bettenführenden Hauptkostenstelle pro Kalenderjahr

(Berichtsjahr). Die folgende Abbildung soll die Kennzahlengenerierung weiter verdeutlichen.[96]

Erstbesuch in KH mit gebrochener linker Hand

| KH-Ambulanz (Erstuntersuchung) (nichtbettenführende Kostenstelle) | | - 1 ambulanter Patient/in
- 1 Frequenz von ambulanten Patienten
- Kosten sind als Endkosten auszuweisen |

| Überweisung an **Röntgen** (nichtbettenführende Kostenstelle) | | - 1 ambulanter Patient/in
- 1 Frequenz von ambulanten Patienten
- Kosten sind als Endkosten auszuweisen |

| Überweisung an **Gipszimmer** (nichtbettenführende Kostenstelle) | | - 1 ambulanter Patient/in
- 1 Frequenz von ambulanten Patienten
- Kosten sind als Endkosten auszuweisen |

Abb 75: Fallbeispiel Erstbesuch

Bei Erstbesuch auf jeder Kostenstelle werden folgende Kennzahlen generiert:

Bei Erstuntersuchung, Röntgen und Gipszimmer werden jeweils folgende Kennzahlen generiert:

- 1 ambulanter Patient – Abbildung des Erstbesuchs und Generierung einer ambulanten Fallzahl
- 1 Frequenz ambulanter Patient

In Summe werden daher 3 ambulante Patienten und 3 Frequenzen ambulanter Patient gezählt. Die Kosten bleiben auf der Kostenstelle und werden nicht weiter verrechnet.

Wird bei der Kontrolluntersuchung 1 Monat später derselbe Prozess durchlaufen, sind 3 Frequenzen zu generieren. Mit den Kosten wird genauso wie beim Erstbesuch verfahren.

OP-Bereiche

Die OP-Bereiche als klassische nicht-bettenführende Bereiche haben zusätzlich zu den Frequenzen weitere Kennzahlen, die die OP-Belegungen betreffen. Dies sind zB Schnitt-Naht-Zeiten, Ein-Ausschleuszeiten, Anästhesiezeiten etc, wobei auch die Leistungen, die dort erbracht und dokumentiert werden, Auswertungsgegenstand sind. Hier werden auch Bezüge zu Operateuren hergestellt. Die Verbuchung zumindest der teuren Materialen mit Fallbezug und unter der leistungserbringenden Stelle ist an dieser Stelle ebenfalls zu beachten.

---

96   BMG (2013), 29.

Einbeziehung der Kosten/innerbetriebliche Leistungsverrechnung

Die Kennzahlen des betten- und des nicht-bettenführenden Bereiches inklusive LKF können das Leistungsgeschehen und auch die Einnahmesituation darstellen. Das Bild ist aber nur komplett, wenn auch die Kosten dazu ausgewiesen/zugeordnet werden können. Die Grundausstattung dabei ist eine Kostenarten-, Kostenstellenrechnung in der Ausprägung Ist- und Plankostenrechnung. Nur so ist ein mit den jeweiligen Verantwortungen kompatibler Plan-Ist-Vergleich und damit die Kosten- und Leistungssteuerung möglich. Die jeweiligen Kostenarten können dann den Bezugsgrößen Pflegetage oder LKF-Punkte zugeordnet werden. Bei den LKF-Punkten ist auf eine innerbetriebliche Verteilung[97] Bedacht zu nehmen, da sonst die Punkte der entlassenden Stelle und die Kosten verursachergerecht zugerechnet werden. Neben diesen Leistungs- und Kosten-Relationen ist vor allem die Betrachtung über Zeiträume sehr bedeutend. Im Zusammenspiel betten- und nicht-bettenführender Bereich darf auch die innerbetriebliche Leistungsverrechnung nicht vernachlässigt werden. Die Abbildung der Anforderungs-/Leistungsbeziehung sowie ein bewerteter Leistungskatalog sind dafür Grundvoraussetzung. Bereiche wie zB Herzkatheter, Labor, Physiotherapie, Leistungen der Psychologen, Diätologen, Sozialarbeiter sowie sämtliche Konsiliarleistungen (zB neurologischer Status durch Neurologen an Patienten der Unfallchirurgie) werden hier abgebildet und transparent gemacht. Die zu organisierende Prozesskette für die Kosten- und Leistungsrechnung reicht dann direkt bis in die medizinische Leistungsdokumentation hinein.

14.4. Kennzahlen aus dem LKF-Modell

Das LKF-System liefert jede Menge Kennzahlen, die sich auf die entlassenen abgerechneten Fälle (stationäre Patienten) beziehen. Sie sind damit von den periodenreinen Kennzahlen strikt zu unterscheiden, da sie niemals das Geschehen im jeweiligen Monat abbilden, sondern darstellen, welche Fälle zB in einem Halbjahr entlassen und abgerechnet werden. Darin enthalten sind auch Fälle, die im Vorjahr aufgenommen wurden. Handelt es sich um aus medizinischer Sicht aufwändige Fälle, die eine lange Verweildauer und sehr viele Leistungen aufweisen, kann es bei Darstellung von Bereichen und Periodenvergleichen zu erheblichen Abweichungen kommen. Die Prozesskette für die Kosten- und Leistungsrechnung reicht hier wieder tief in die prozessbegleitende Diagnosen- und Leistungsdokumentation hinein. Weiters ist die Datenmeldung an den Landesfonds zu organisieren und durchzuführen. Folgende Kennzahlen (genaue Definition vorausgesetzt) können generiert werden:

Fälle

Entlassene, abgerechnete stationäre Aufenthalte (Allgemeine Klasse, Fälle Sonderklasse).

Ein-Tagespflegen-LKF

Fälle, die am selben Tag entlassen werden (LKF: tagesklinische Patienten und Null-Tages-Fälle). Besonders die Null-Tages-Fälle sind für die Krankenanstalt bedeutend,

---

97   *Bach/Reich* (1998), 44 ff.

da sie extrem nachteilig abgerechnet werden, aber zT hohe Kosten verursachen. Seitens der Modellentwickler besteht die Tendenz diese überhaupt aus dem Stationärbereich zu entfernen.

Fälle Belagsdauer-LKF < Mittelwert

Fälle mit Belagsdauer kürzer als Mittelwert des Verweildauerintervalls – diese Kennzahl zeigt, wie das LKF-Modell zum Fallspektrum des jeweiligen Bereiches passt und gibt Ansatzpunkte für organisatorische Maßnahmen. Die medizinische Entwicklung ist dem LKF-Modell zeitlich voraus, weshalb Leistungen in Tageskliniken erbracht werden, im LKF-Modell aber noch als Pauschale mit vollstationärem Setting konzipiert sind (zB in der Vergangenheit Kataraktchirurgie). Notwendige Adaptierungen können hier aufgezeigt werden.

Pflegetage-LKF

Pflegetage der entlassenen, abgerechneten stationären Aufenthalte.

Belagstage-LKF

Belagstage der entlassenen, abgerechneten stationären Aufenthalte.

LKF-Punkte

Abgerechnete LKF-Punkte – hier sind wegen der Vergleichbarkeit die Kernpunkte und nicht die Abrechnungspunkte, die den jeweiligen Krankenanstaltenspezifischen Steuerungsfaktor beinhalten, heranzuziehen.

Anzahl MEL

Anzahl medizinischer Einzelleistungen; zur weiteren Betrachtung können auch die Leistungen je Fall herangezogen werden.

LKF-Punkte/Fall

$$\text{LKF-Punkte je Fall} = \frac{\text{LKF-Punkte}}{\text{Fälle}}$$

Diese Kennzahl wird als Maßzahl für die Fallschwere und Bewertung der Fälle herangezogen. Die Auswertung erfolgt bezogen auf einzelne Fachbereiche, aber auch für die gesamte Krankenanstalt. Insbesondere durch Ist-Ist-Vergleiche können Unterschiede im Fallmix, aber auch in der Organisation der Datenerfassung sowie Modelländerungen gezeigt werden. Auch Plan-Ist-Vergleiche werden durchgeführt.

LKF-Punkte je Arzt

$$\text{LKF-Punkte je Arzt} = \frac{\text{LKF-Punkte}}{\text{Anzahl Ärzte (Vollzeitäquivalente)}}$$

Diese Kennzahl zeigt, wie viele LKF-Punkte das ärztliche Personal (Vollzeitäquivalente – normiert auf 40 Wochenstunden) erwirtschaftet. Vorsicht ist geboten, da in den LKF-Punkten nicht nur die reine ärztliche Leistung enthalten ist. In der Tageskomponente ist zB die pflegerische Komponente enthalten. Auf jeden Fall werden hier Durchschnittswerte je Fachbereich herangezogen.

LKF-Punkte je Belagstag-LKF

$$\text{LKF-Punkte je Belagstag} - \text{LKF} = \frac{\text{LKF-Punkte}}{\text{Belagstage-LKF}}$$

Diese Kennzahl ist ein Indikator für Verweildauerentwicklung – bei Verkürzung steigt die Kennzahl; Vorsicht ist geboten, da die Belagstag-LKF die Ein-Tagespflegen LKF nicht berücksichtigen. Bei hohem Tagesklinischen Anteil, sind die LKF-Punkte je Pflegetag-LKF heranzuziehen.

Belagsdauer-LKF

$$\text{Belagsdauer-LKF} = \frac{\text{Belagstage-LKF}}{\text{Fälle}}$$

Diese Kennzahl repräsentiert die Verweildauer in Belagstagen der entlassenen abgerechneten Fälle, beinhaltet also nicht die Ein-Tagespflegen-LKF. Sie korrespondiert aber mit den Unter- und Obergrenzen der Verweildauerinvalle, der jeweiligen Fallpauschen, die ebenfalls in Belagstagen dargestellt werden.

Nebendiagnosenquote

$$\text{Nebendiagnosenquote} = \frac{\text{Anzahl Nebendiagnosen}}{\text{Anzahl Hauptdiagnosen oder Fälle}}$$

Diese Kennzahl ist eine Maßzahl für die Dokumentationsqualität und die Fallschwere (Darstellung der Zusatzerkrankungen). Im Nenner können sowohl die Anzahl der Hauptdiagnosen als auch die Fälle stehen, da jeder Fall definitionsgemäß, um abgerechnet werden zu können, eine Hauptdiagnose aufweisen muss.

Das LKF-Modell liefert Daten (LKF-Punkte), die ursprünglich alleine zur Mittelverteilung gedacht waren. Mittlerweile werden LKF-Daten für Krankenanstaltenplanungen, Planung medizinischer Schwerpunkte und zur Generierung von Qualitätsindikatoren herangezogen. Die Anforderungen, die sich aus diesen Gebieten ergeben, müssen von den im laufenden Betrieb zu erfassenden Daten abgedeckt werden. Die Organisation der Datenerfassung, die Bewältigung dieser Anforderungen durch medizinisches bzw nicht-medizinisches Personal, stellt die Krankenanstalten vor immer größere Herausforderungen.

14.5. Personalkennzahlen

Einerseits sind qualifizierte und motivierte Mitarbeiter der wesentliche Erfolgsfaktor für eine leistungsfähige Krankenanstalt, andererseits stellen sie einen erheblichen Kostenfaktor dar. Aus diesem Grund ist dem Personal besonderes Augenmerk zu schenken.

Auf Grundlage der bundesweiten Dokumentationsvorgaben haben die Fondskrankenanstalten jährlich Personaldaten bereitzustellen, die vom Bundesministerium für Gesundheit überregional ausgewertet werden und im jährlich erscheinenden „Krankenanstalten in Zahlen"[98] als überregionale Auswertung der Dokumentation in landesgesundheitsfondsfinanzierten Krankenanstalten veröffentlicht werden.

Im Gesundheitsbereich werden fast alle Kennzahlen nach Funktionsgruppen (Ärzte, Apotheker, Chemiker, Physiker, Hebammen, gehobener Dienst für Gesundheits- und Krankenpflege und weitere Gesundheitsberufe, gehobene med-techn Dienste, med-techn Fachdienst und Masseure, Pflegehilfe und Sanitätshilfsdienste, Verwaltungs- und Kanzleipersonal, Betriebspersonal, Sonstiges Personal) berechnet und ausgewertet.

In der Folge wird auf ausgewählte Kennzahlen (genaue Definition vorausgesetzt) eingegangen:

Anzahl der Mitarbeiter

Beinhaltet die Summe der Mitarbeiter zu einem bestimmten Zeitpunkt; es werden „Köpfe" gezählt.

Vollzeitäquivalente (VZÄ)

Vollzeitäquivalente, das sind auf Normalarbeitszeit (40 Stunden/Woche) umgerechnete Beschäftigungsverhältnisse. Damit wird der Personalstand bei Arbeitskräften mit unterschiedlichem Beschäftigungsgrad (Teilzeitarbeit) vergleichbar dargestellt (zB ergeben zwei Personen mit je 50 % Beschäftigungsgrad ein VZÄ). Als Besonderheit kann angeführt werden, dass in vielen Krankenanstalten die Berechnung der Vollzeitäquivalente tagegenau durchgeführt wird, da es viele Aus- und Eintritte während des Monats gibt. Dabei werden die tatsächlichen Kalendertage den möglichen Kalendertagen im Monat gegenübergestellt. Es können auch Sozialversicherungstage (SV-Tage) verwendet werden.

$$\text{VZÄ pro Mt.} = \frac{\text{tats. Wochenstd.}}{40 \text{ (Normalarbeitszeit)}} \times \frac{\text{tats. Kal. Tage (bzw. SV-Tg.)}}{\text{mögl. Kalendertage (bzw. SV-Tg.)}}$$

Die Personalbereitstellung im notwendigen Ausmaß (= optimale Versorgung aus fachlicher, ökonomischer Sicht sowie aus Patientensicht), Optimierung der Kosten und Abläufe sowie die Berücksichtigung der Arbeitsplatzergonomie ist eine wesentliche Aufgabe der Personaleinsatzplanung[99]. Ziel der Personalbedarfsplanung ist, zu eruieren, wie viele Mitarbeiter mit welcher Qualifikation zu welcher Zeit und an welchem Ort benötigt werden, um das Leistungsprogramm bewältigen zu können. Der Personalbedarf wird primär bestimmt vom Versorgungsauftrag der Kran-

---

98 Krankenanstalten in Zahlen – http://www.kaz.bmg.gv.at.
99 *Wabro/Matousek/Aistleithner*, Handbuch für die Personalplanung, Gesundheit Österreich GmbH/Geschäftsbereich BIQG, Im Auftrag der Bundesgesundheitsagentur (BGA) (2010) 11 ff.

kenanstalt (Standard-, Schwerpunkt- oder Zentralkrankenanstalt), von den definierten Schwerpunkten und damit von den zu erbringenden Leistungen (nach Menge, Art usw).

Der errechnete benötigte Personalbedarf wird in Vollzeitäquivalente ausgerechnet und im Dienstpostenplan abgebildet. Abweichungen im Ist werden laufend (selbstverständlich auch nach Funktionsgruppen) dargestellt.

Durchschnittliche Personalkosten

$$\text{Durchschnittliche Personalkosten} = \frac{\text{Personalaufwand}}{\text{Vollzeitäquivalente}}$$

Die durchschnittlichen Personalkosten beziehen sich auf die durchschnittlichen Gesamtpersonalkosten pro Vollzeitäquivalent. Diese enthalten neben dem Gehalt auch sonstige Zuwendungen, variable Entlohnung, Lohnnebenkosten sowie Sozialabgaben des Arbeitgebers. Diese Kennzahl ist besonders im Branchenvergleich interessant und wird im Gesundheitsbereich nach Funktionsgruppen berechnet.

Vorsicht ist geboten, wenn nicht alle Mitarbeiter von einem Arbeitgeber bezahlt werden – wenn zum Beispiel in einem Krankenhaus Bundes- und Landesärzte arbeiten –, hier ist die Frage der Organisation der Datenübermittlung damit wiederum für die Aussagekraft der Kennzahl entscheidend.

Personalkosten je Belagstag

$$\text{Personalkosten je Belagstag} = \frac{\text{Personalaufwand}}{\text{Summe Belagstage}}$$

Der Gesamtpersonalaufwand bezieht sich auf die Summe der Belagstage (Mitternachtsstände) der Patienten. Es wird dargestellt, wie viel der Personalaufwand pro Belagstag kostet. Bei der Interpretation dieser Kennzahl ist auf das zugrundeliegende Patientenkollektiv zu achten, außerdem haben hier die 0-Tages-Aufenthalte keine Berücksichtigung gefunden. Eine Alternative dazu wäre durch die Summe der Pflegetage zu dividieren.

Personal (VZÄ) je tatsächlich aufgestelltes Bett (TBett)

$$\text{Personal/TBett} = \frac{\text{VZÄ (bettenführende Kostenstellen)}}{\text{Tatsächlich aufgestellte Betten}}$$

Als Kapazitätskennzahlen für den stationären Bereich wird immer noch die Kennzahl Personal (VZÄ) je tatsächlich aufgestelltes Bett ermittelt. Die Basis für diese Kennzahl bildet die Summe der tatsächlich aufgestellten Betten, jedoch wird die Auslastung dabei außer Acht gelassen. Gerade Krankenanstalten mit hoher Auslastung kommen bei dieser Kennzahl schlecht weg.

Personal je 100 Betten

$$\text{Personal je 100 Betten} = \frac{\text{VZÄ}}{\text{Tatsächlich aufgestellte Betten}} \times 100$$

Hier werden im Unterschied zur vorherigen Kennzahl die gesamten Vollzeitäquivalente in Beziehung zu den tatsächlich aufgestellten Betten gesetzt und pro Funktionsgruppe ausgewertet. Auch diese Kennzahl besitzt keine gute Aussagekraft, da die Größe „Bett" ohne Auslastungs- bzw Patientenbezug kein guter Indikator ist, ob Personal nun im richtigen Maße eingesetzt wurde.

Personalfaktor

$$\text{Personalfaktor} = \frac{\text{Durchschnittsbelag}}{\text{Vollzeitäquivalente (bettenführende Kostenstellen)}}$$

Auch diese Kennzahl wird vom Bundesministerium jährlich ermittelt und dient der Darstellung der Personalintensität eines Krankenhauses. Sie bezieht den Durchschnittsbelag (durchschnittliche Zahl der Patienten je Tag) auf die Summe der Vollzeitäquivalente der bettenführenden Hauptkostenstellen.

$$\text{Durchschnittsbelag} = \frac{\text{Belagstage (Mitternachtsstände der Pat.)}}{\text{Kalendertage (365 oder 366)}}$$

Im Gesundheitswesen werden immer mehr Leistungen in den tagesklinischen Bereich transferiert. Deshalb ist es notwendig, die Kennzahl wie folgt zu adaptieren.

Personalfaktor inkl 0-Tages-Aufenthalte

$$\text{Personalfaktor inkl. 0-Tg.-Aufenthalte} = \frac{\text{Durchschnittsbelag} + \text{0-Tg.-Aufent.}}{\text{VZÄ (bettenführende Kostenstellen)}}$$

Es wurden auch die Anzahl der 0-Tagesaufenthalte berücksichtigt. Dabei wurde zu den Belagstagen die Anzahl der 0-Tagesaufenthalte addiert.

$$\text{Durchschnittsbelag} + \text{0-Tg.-Aufent.} = \frac{\text{Belagstage} + \text{0-Tg.-Aufent.}}{\text{Kalendertage (365 oder 366)}}$$

Als Produktivitätskennzahl wurde bereits im Kapitel LKF die Kennzahl LKF-Punkte je Arzt vorgestellt. Wenn der Pflegeaufwand der stationären Pflege je Patient je Tag, zum Beispiel mittels PPR (Pflege-Personal-Regelung) erfasst wird, kann der Pflegeaufwand ins Verhältnis zu den VZÄ Pflegemitarbeitern gesetzt werden.

PPR-Minuten je VZÄ (Pflege)

$$\text{PPR-Minuten je VZÄ (Pflege)} = \frac{\text{PPR-Minuten}}{\text{Vollzeitäquivalente (Pflege)}}$$

Diese Kennzahl zeigt, wie viele Pflegeminuten pro Pflegekraft erbracht werden und gibt Aufschluss darüber, ob der Personaleinsatz innerhalb der verschiedenen Stationen gleichmäßig erfolgt ist.

Vorsicht ist geboten, weil es nicht immer gelingt, den tatsächlichen Pflegeaufwand – bedingt durch die unterschiedlichen Schweregrade der Patienten – in den dokumentierten Pflegeleistungen abzubilden.

Ausfallszeit

$$\text{Ausfallsquote} = \frac{\text{Tatsächliche Ausfallszeit in Stunden pro Jahr}}{\text{Sollarbeitszeit in Stunden pro Jahr}} \times 100$$

Zu Berechnung der Ausfallquote müssen die Ausfallzeiten, die der Arbeitgeber finanziert, bekannt sein: Dies betrifft im Wesentlichen Urlaub, Krankheit und Fortbildungen. Als Besonderheit im Gesundheitswesen kommen hier noch die sog Nachtdienstzeitausgleichsstunden (NZA) hinzu. Diese entstehen entsprechend den gesetzlichen Bestimmungen in Form eines Zeitguthabens von zwei Stunden pro geleisteten Nachtdienst. NZA können nicht finanziell abgegolten werden und müssen innerhalb von sechs Monaten durch Freizeit ausgeglichen werden.

Die Sollarbeitszeit wird berechnet aufgrund der tatsächlichen Sollarbeitstage des Kalenderjahres. Diese können je nach kalendarischen Schwankungen der Jahrestage, der Wochenendtage und der Wochentagfeiertage variieren und liegen in Österreich zwischen 246 und 250, die mit der täglichen Normalarbeitszeit (bei einer 40 Stundenwoche = 8 Std täglich) multipliziert werden müssen.

$$\text{Sollarbeitszeit (= Bruttoarbeitszeit) = Tatsächliche Arbeitstage} \times 8 \text{ Std.}$$

Im Einzelfall macht es durchaus Sinn, die verschiedenen Abwesenheiten einzeln zu betrachten, im Besondern wird sehr häufig die krankheitsbedingte Ausfallszeit separat dargestellt.

Krankenquote

$$\text{Krankenquote} = \frac{\text{Tatsächliche Krankstunden pro Jahr}}{\text{Sollarbeitszeit in Stunden pro Jahr}} \times 100$$

Die Krankenquote wird ermittelt, indem alle Krankstunden eines Jahres der möglichen Sollarbeitszeit gegenübergestellt werden. Ist die Krankquote überdurchschnittlich hoch, sollten hierfür die Gründe genauer untersucht werden. Achtung: Diese Kennzahl wird gerne dafür verwendet, um Rückschlüsse auf das Arbeitsklima und die Arbeitszufriedenheit herzustellen. Es gibt jedoch auch periodische Gesundheitsstörungen (zB Grippewellen) oder Langzeitkrankenstände die diese Kennzahl beeinflussen.

Gesundheitsquote

Mittlerweile wird auch schon in vielen Einrichtungen statt der Krankenquote die „Gesundheitsquote" errechnet, die wie folgt ermittelt wird.

$$\text{Gesundheitsquote} = \left(1 - \frac{\text{Tatsächliche Krankstunden pro Jahr}}{\text{Sollarbeitszeit in Stunden pro Jahr}}\right) \times 100$$

Fluktuationsrate

$$\text{Fluktuationsrate} = \frac{\text{Gesamtabgänge pro Jahr}}{\text{Summe Vollzeitäquivalente}} \times 100$$

Die Fluktuationsrate drückt in Prozent aus, wie viele Mitarbeiter (freiwillig oder unfreiwillig) im Verhältnis zur durchschnittlichen Gesamtzahl der Mitarbeiter (Vollzeitäquivalente) innerhalb einer bestimmten Periode (zB einem Jahr) das Unternehmen verlassen.

Zum Teil werden nur freiwillige (von den Mitarbeitenden alleine initiierte Austritte) und zum Teil werden alle Austritte (Dienstgeber- und Dienstnehmerkündigungen, inkl Pensionierung) berücksichtigt. Beim Vergleich von Fluktuationsraten muss folglich sichergestellt werden, dass von den gleichen Grundlagen ausgegangen wird.

Als Sonderform der beschriebenen Fluktuationsrate kann die sog Frühfluktuationsrate bezeichnet werden. Als Frühfluktuationsrate ist der prozentuelle Anteil jener Abgänge des durchschnittlichen Personalstands eines Jahres zu verstehen, welche innerhalb von zwölf Monaten nach Eintritt in das Unternehmen dieses wieder freiwillig verlassen. Durch diese Kennzahl kann die Personalbindung in der Einstiegsphase gemessen und Rückschlüsse auf die Qualität der Personalbeschaffung und der Personaleinführung gezogen werden.

Durchschnittsalter der Belegschaft

$$\varnothing\text{-Alter der Belegschaft} = \frac{\text{Summe der Lebensjahre der Mitarbeiter}}{\text{Zahl der Mitarbeiter}}$$

Das Durchschnittsalter der Belegschaft wird errechnet, indem das Alter aller Mitarbeiter summiert und anschließend durch die Anzahl der Mitarbeiter (Köpfe) dividiert wird. Die Kennzahl dient der Sicherstellung eines ausgewogenen Verhältnisses zwischen älteren und jüngeren Mitarbeitern und wird in den verschiedenen Gliederungsmöglichkeiten dargestellt.

Ein höheres Durchschnittsalter sagt per se noch nicht viel aus, außer dass die Anzahl der demnächst aus dem Unternehmen ausscheidenden Mitarbeiter relativ hoch ist und deshalb ein erhöhter Rekrutierungsbedarf besteht. Im Gesundheitswesen, wo es doch sehr lange Ausbildungszeiten gibt, muss sichergestellt werden, dass ein entsprechender Know-how-Transfer gewährleistet ist.

Frauen-/Männeranteil, Teilzeitquote

$$\frac{\text{Anzahl der Frauen bzw Männer bzw Teilzeitmitarbeiter}}{\text{Anzahl der Mitarbeiter}} \times 100$$

Traditionell weisen die Krankenanstalten einen hohen Frauen- und Teilzeitanteil auf, der ebenso laufend ermittelt wird.

Anzahl Fortbildungsstunden pro Vollzeitäquivalente und Jahr

$$\frac{\text{Summe der Fortbildungsstunden aller Mitarbeiter}}{\text{Summe Vollzeitäquivalente}}$$

Diese Kennzahl repräsentiert die inner- und außerbetrieblichen effektiven Fortbildungsstunden. Sie ist einfach zu ermitteln, wird selbstverständlich auch nach Funktionsgruppen dargestellt und liefert im Branchenvergleich interessante Angaben.

Damit die Einhaltung des Krankenanstaltsarbeitszeitgesetzes transparent wird, ist es sicherlich sinnvoll, die **Anzahl der (meldepflichtigen) Arbeitszeitverletzungen** zu dokumentieren.

Bezüglich der Verwendung der Kennzahlen wird darauf hingewiesen, dass Krankenanstalten aufgrund verschiedener Faktoren (unterschiedliche Patientenstruktur etc) zum Teil nur eingeschränkt vergleichbar sind. Es sollten daher aus Kennzahlenvergleichen keine voreiligen Schlüsse gezogen werden.

14.6. Zusammenfassung

Die Ausführungen beinhalten ausgewählte Kennzahlen aus dem Stationärbereich, dem nicht-bettenführenden Bereich, dem LKF-Modell sowie einen Schwerpunkt beim wichtigsten Gut, das eine Krankenanstalt hat: dem Personal. Es wird besonderer Wert darauf gelegt, dass nicht nur die Kennzahldefinitionen bedeutend sind, sondern auch die Organisationsaufgabe, die Prozessgestaltung der Generierung der Kennzahlen bewältigt werden muss. Nur so können gleichartig ermittelte Kennzahlen auch für Zeitreihenanalysen herangezogen werden. Weiters ist zu bedenken, dass die Kennzahlen aus dem Stationärbereich, die direkt aus der Patientenadministration kommen, periodenrein sind und nicht mit den Kennzahlen aus dem LKF-Modell gleichgesetzt werden dürfen. Das LKF-Modell liefert Informationen über abgerechnete entlassene Fälle. Beim Personalbereich sind mit den Kennzahlen die Themenbereiche Personalbedarfs- und Einsatzplanung, Personalentwicklung sowie Steuerung der Personalkosten abzudecken. Auf validen Personaldaten wird aufgebaut, die Bezugsgrößen zu Leistungskennzahlen sind sorgfältig zu wählen.

Literatur

Bach, H. P., Reich, M. (1998): Controlling im Großkrankenhaus: Das Modell der Leistungsorientierten Krankenanstaltenfinanzierung (LKF) – ein Instrument zu internen Betriebssteuerung im Großkrankenhaus, in: ÖKZ 4/98, 39. Jahrgang, S. 44 ff.

BMG (2013), Handbuch zur Dokumentation von Kostendaten in landesgesundheitsfondsfinanzierten Krankenanstalten – www.bmg.at/cms/home/attachments/9/4/7/CH1241/CMS1290691839411/handbuch_zur_dokumentation_von_kostendaten_2015.pdf 17.8.2015

Krankenanstalten in Zahlen, geltende Fassung

KVF – Kostenstenrechnungsverordnung für landesfondsfinanzierte Krankenanstalten, geltende Fassung

LKF-Modell, geltende Fassung

Wabro, M.; Matousek, P., Aistleithner, R. (2010): Handbuch für die Personalplanung, Gesundheit Österreich GmbH / Geschäftsbereich BIQG, Im Auftrag der Bundesgesundheitsagentur (BGA), S. 11 ff.

15. Kennzahlen im Bildungsbereich am Beispiel der Fachhochschule Oberösterreich

Maria Viktoria Tahedl

Inhaltsverzeichnis

> Durch die Gründung der Fachhochschulen im österreichischen Hochschulsektor hat sich eine Sparte entwickelt, die durch ihre rechtliche Gestaltung zum unternehmerischen Handeln angehalten ist. Die rechtlichen Rahmenbedingungen des Fachhochschulstudiengesetzes und des Hochschul-Qualitätssicherungsgesetzes sowie die Rechtsformen der österreichischen Fachhochschulen haben die Bildungseinrichtungen aufgefordert, sich intensiv mit einem aussagekräftigen Berichtswesen und mit Kennzahlen auseinanderzusetzen. Der folgende Beitrag zeigt das anhand der Fachhochschule Oberösterreich.

15.1. Bildungsbranche

15.1.1. Hochschulsektor

Im Hochschulsektor sind die Universitäten und Universitäten der Künste, die Österreichische Akademie der Wissenschaften (ÖAW), die Fachhochschulen, die Privatuniversitäten, die Donau-Universität-Krems, die Versuchsanstalten an den Höheren Technischen Bundeslehranstalten sowie die Pädagogischen Hochschulen und sonstige Einheiten des Hochschulsektors enthalten.[100]

Der folgende Beitrag widmet sich dem Fachhochschulsektor.

---

100   Statistik Austria (2011).

Mit der Einführung von Fachhochschulstudiengängen in Fachhochschulen 1993 und dem dazugehörigen übersichtlich kurzen Gesetz – dem Fachhochschulstudiengesetz kurz FHStG – ist nicht nur ein bildungspolitischer Reformpunkt, sondern auch eine Neugestaltung vom Verhältnis Staat zu Hochschule gelungen. Dies lässt sich mit dem Ausdruck „New Public Management" im Fachhochschulsektor auf den Punkt bringen.[101]

Den heterogenen gesellschaftlichen und wirtschaftlichen Bedürfnissen wurde mit der Gründung von Fachhochschulen Genüge getan und dadurch das bildungspolitische Ziel einer praxisbezogenen Berufsausbildung auf Hochschulniveau umgesetzt.[102] Die leitenden Grundsätze von Fachhochschulstudiengängen sind die Vermittlung der Fähigkeit, Aufgaben des jeweiligen Berufsfeldes dem Stand der Wissenschaft und den Anforderungen der Praxis entsprechend zu lösen und die Förderung der Durchlässigkeit des Bildungssystems und der beruflichen Flexibilität der Absolventen.[103]

15.1.2. Markt

Der Fachhochschulsektor in Österreich[104] besteht aus 21 Erhaltern an 35 FH-Standorten. Diese bieten 231 Bachelor-Studiengänge und 199 Master-Studiengänge in Vollzeit oder berufsbegleitend oder in einer gemischt-organisierten Form an. Im Studienjahr 2014/2015 gab es 18.438 Anfängerstudienplätze in 430 Studiengängen. Insgesamt zählen die Fachhochschulen 45.660 Studierende, die sich in folgenden Studienrichtungen[105] aufteilen:

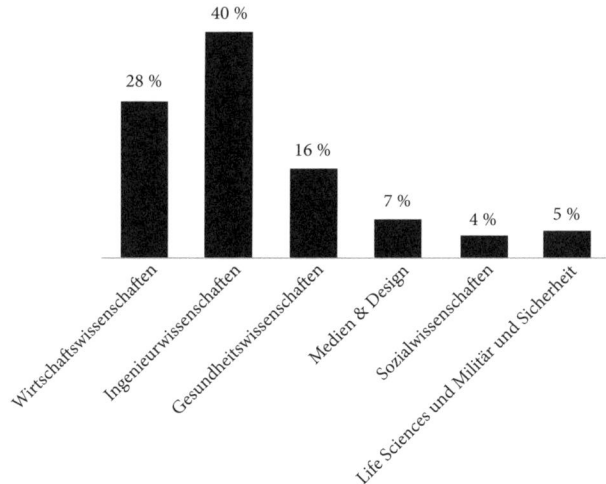

Abb 76: Aufteilung der Studierenden nach Studienrichtungen

---

101 Vgl *Raidl* (2006) 507 ff.
102 Vgl *Scholten* (2009) 25.
103 § 3 FHStG (1).
104 Vgl FHK (2015).
105 Vgl FHK (2015).

Die 21 Erhalter sind 16 Gesellschaften mit beschränkter Haftung, drei Vereine, eine Privatstiftung und eine vom Bundesministerium für Landesverteidigung und Sport unterhaltene Fachhochschule. Daher kann festgehalten werden, dass die überwiegende Mehrheit der Fachhochschulen in Österreich als Gesellschaftsform die Gesellschaft mit beschränkter Haftung gewählt hat.

Die Finanzierung der österreichischen Fachhochschulen basiert auf einer Studienplatzfinanzierung des Staates nach dem Normkostenmodell, welches die Förderung von Studienplätzen nach definierten Kostensätzen gewährleistet. Genau hier spiegelt sich die Neugestaltung Verhältnis Staat zu Hochschule wider. Die Fachhochschulen können sich qualitativ mit ihren budgetären Mitteln frei bewegen. Genau aufgrund dieser rechtlichen Rahmenbedingungen sind sie angehalten, wie Unternehmer zu denken und zu handeln.[106]

Eine wesentliche Rolle in der Kommunikation zwischen den Fachhochschulen stellt die Fachhochschulkonferenz dar. Dieses als Verein organisierte Sprachrohr aller Fachhochschulen in Österreich setzt sich aus Studiengangsleitern, Kollegiumsleitern, Rektoren und Geschäftsführern der Fachhochschulen zusammen. Ihre ureigenste Rolle ist es, die Schnittstelle von Fachhochschulen, Politik und Öffentlichkeit zu bilden. Sie trägt zur Weiterentwicklung des Sektors wesentlich bei, indem sie Grundlagen zu finanziellen, rechtlichen und auch forschungs- und bildungspolitische Themen schafft.[107]

Eine weitere Besonderheit am Markt des Hochschulsektors ist die Funktion der Agentur für Qualitätssicherung und Akkreditierung Austria (AQ Austria). Aufgrund einer gesetzlichen Änderung im Qualitätssicherungsgesetz im Jahr 2012 ist die AQ Austria (früher Fachhochschulrat) nicht mehr nur für die Qualitätssicherung für Fachhochschulen, sondern für den gesamten Hochschulbereich (mit Ausnahme der Pädagogischen Hochschulen) zuständig.[108]

15.1.3. Wettbewerb

Im konkreten werden wie folgt jene fünf Fachhochschulen näher betrachtet, die rund 50 % des Gesamtmarktes ausmachen. Abbildung 77 zeigt die relevanten Größen, wie zB die Anzahl der Studiengänge, Mitarbeiter und Studierende. Außerdem zeigt es die Summe der aquirierten F&E-Mittel pro Bildungseinrichtung. Bei den Studierenden wird nicht nur die Anzahl der Studierenden, sondern auch die Anzahl der Absolventen, der Erstsemestrigen, der Incoming- und der Outgoing-Studierenden betrachtet. Weiters ist die Geschlechterverteilung ersichtlich.

---

106 Vgl *Riegler* (2013) 76 ff.
107 Vgl FHK (2015).
108 Vgl AQ Austria (2015).

	FH OÖ		FH Joanneum		FH Technikum Wien		FH Campus Wien		FH Wiener Neustadt	
		% w		% w		% w		% w		% w
Studierende	4.778	36,5 %	3.830	46,3 %	3.709	16,0 %	4.248	54,1 %	3.307	50,3 %
AbsolventInnen	1.488	36,2 %	1.062	49,9 %	923	12,8 %	1.144	58,0 %	982	51,3 %
Erstsemestrige	2.019	37,9 %	1.431	46,1 %	1.693	16,1 %	1.742	53,0 %	1.344	47,6 %
Incoming	358	Köpfe	396	Köpfe	132	Köpfe	107	Köpfe	144	Köpfe
Outgoing	470	Köpfe	598	Köpfe	68	Köpfe	223	Köpfe	198	Köpfe
Wissenschaftliches Personal[109]	1.547	Köpfe	1.334	Köpfe	1.162	Köpfe	1.546	Köpfe	1.157	Köpfe
Anzahl Studiengänge	52		47		31		43		32	
		Zeitraum		Zeitraum		Zeitraum		Zeitraum		Zeitraum
F&E Umsatz in Mio €[110]	13,3	2013	4,8	2011/ 2012	3,3	2012/ 2013	1,7	2013/ 2014	2,6[111]	2014

Abb 77: Kennzahlen ausgewählter Fachhochschulen[112]

15.1.4. Erfolgsfaktoren und Bemerkenswertes

Wie einleitend bereits erwähnt, ist mit der Gründung der Fachhochschulen ein Durchbruch in der österreichischen Bildungslandschaft geglückt und sie sind heute aus dem Hochschulsektor nicht mehr wegzudenken. Als einer der wesentlichsten Faktoren für den Erfolg der Fachhochschulen in den letzten Jahrzehnten gilt die praxisbezogene Ausbildung auf Hochschulniveau. Dieses Erfolgsmodell spiegelt sich unter anderen in der Tatsache wider, dass beinahe 99 %[113] der Absolventen nach Abschluss ihrer Ausbildung sofort ins Berufsleben einsteigen. Als weiterer Indikator für die Qualität der Ausbildung seien die 745 Doktoranden[114] mit Fachhochschulabschluss erwähnt.

Das große Interesse an einer fachhochschulischen Ausbildung zeigt sich außerdem auch darin, dass es in manchen Studiengängen mehr als doppelt so viele Bewerber wie Studienplätze gibt.[115]

---

109 Vgl Unidata (2015).
110 Vgl *Kastner* (2014) 208.
111 Vgl *Pfeffer* (2014).
112 Vgl BMWFW (2014).
113 Vgl *Feucht/Friesl* (2014) 79.
114 Vgl BMWFW (2014) 53.
115 Vgl FHK (2014).

15.2. Unternehmensindividuelle Rahmenbedingungen

15.2.1. Unternehmensprofil

Die Fachhochschule Oberösterreich ist mit 5.362[116] Studierenden und rund 13.317[117] Absolventen die größte FH in Österreich. An den vier Fakultäten in Wels, Linz, Steyr und Hagenberg werden 54 Bachelor- und Masterstudiengänge als Vollzeitstudien und in berufsbegleitender Form angeboten. Im Studienjahr 2015/2016 werden es 57 Studiengänge und 2016/2017 sogar 60 Studiengänge sein. Das Angebot von englischsprachigen Studiengängen liegt bei 13 % und wird auf 17 % ausgebaut.

Die Unternehmensstruktur ist wie folgt aufgebaut:

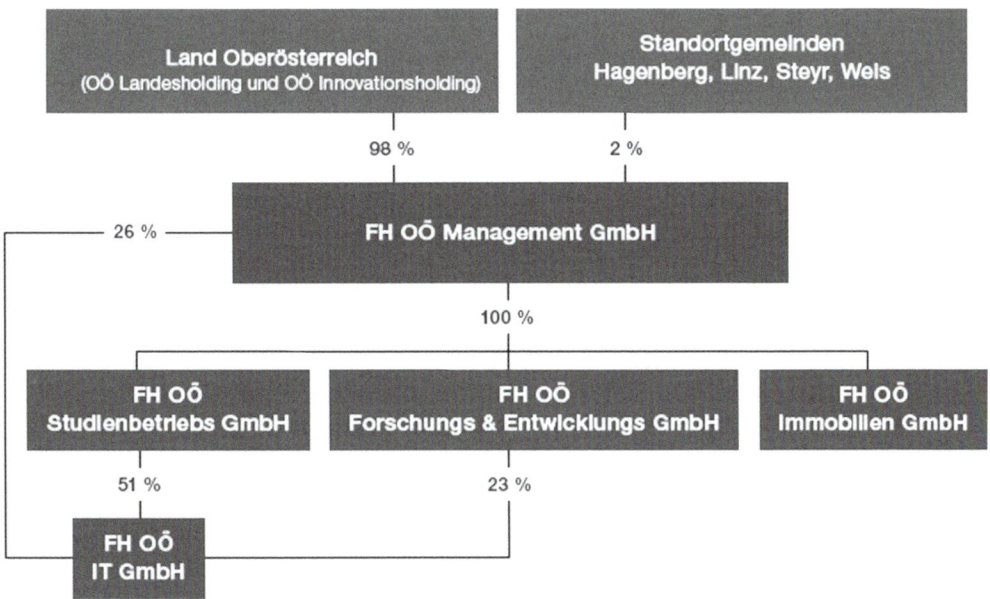

Abb 78: Unternehmensstruktur[118]

Für die F&E GmbH und die Studienbetriebs GmbH ist anzumerken, dass sie gemeinnützige Gesellschaften mit beschränkter Haftung sind und die Immobilien GmbH, die Management GmbH und die IT GmbH als Serviceorganisationen fungieren.

15.2.2. Geschäftsfelder

Das folgende Organigramm zeigt die Studien- und Forschungsschwerpunkte der vier Fakultäten der Fachhochschule Oberösterreich.

---

116   BIS-Meldung November 2014 inkl Studienberechtigungslehrgänge (2014).
117   BIS-Meldung inkl April 2015 (2015).
118   FH OÖ (2015).

555

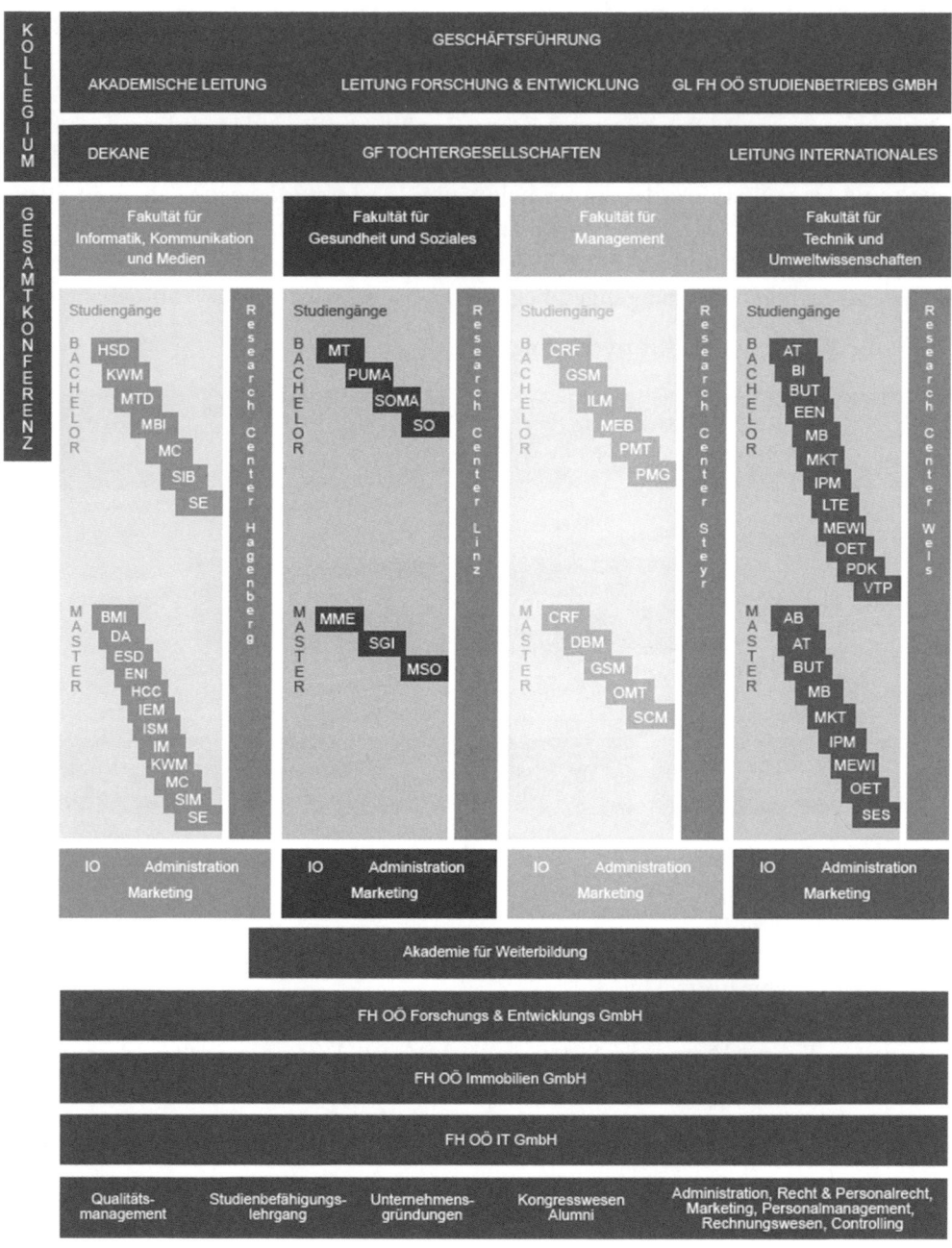

Abb 79: Organigramm der Fachhochschule Oberösterreich[119]

---

119   FH OÖ (2015).

15.3. Kennzahlen

15.3.1. Finanzwirtschaftliche und betriebswirtschaftliche Kennzahlen und Investitionen

Die Rechtsform aller Gesellschaften der Fachhochschule Oberösterreich ist wie unter 15.2.1. erwähnt die GmbH. Daraus abgeleitet umfasst die Rechnungslegung eine Bilanz, Gewinn- und Verlustrechnung und Cashflow-Rechnung.

Im Zuge der Quartals- und Jahresabschlussanalysen und bei Erstellung der Mittelfristplanungen werden folgende Kennzahlen regelmäßig vergangenheits- und zukunftsbezogen im Controlling konsolidiert für die FH OÖ Gruppe und für alle Gesellschaften berechnet, beobachtet und den Eigentümern (siehe Abb 79) zur Kenntnis gebracht. Folgende Zahlen werden nicht nur zur Überprüfung der finanziellen Stabilität und ihrer Struktur für jedes Unternehmen und für die FH OÖ Gruppe berechnet, sondern auch auf Reorganisationsbedarf hin überprüft.

$$\text{Eigenmittelquote} = \frac{\text{Eigenkapital zzgl unversteuerter Rücklagen}}{\text{(Gesamtkapital abzüglich Anzahlungen auf Vorräte}} \\ \text{abzüglich der Investitionszuschüsse)}$$

Als Besonderheit im öffentlichen Sektor ist zu erwähnen, dass bei der Berechnung der Eigenmittelquote beim Gesamtkapital die Investitionszuschüsse in Abzug gebracht werden dürfen, da nicht rückzahlbare Investitionszuschüsse der öffentlichen Hand in voller Höhe zu den Eigenmitteln im Sinne von § 23 URG zu zählen sind.[120]

$$\text{fiktive Schuldentilgungsdauer in Jahren} = \frac{\text{Nettoverbindlichkeiten}}{\text{Mittelüberschuss}}$$

Rückstellungen
+ Verbindlichkeiten
– Liquide Mittel

= Nettoverbindlichkeiten

Ergebnis der gewöhnlichen Geschäftstätigkeit
– Steuern auf das EGT
+ Abschreibungen
+ Verluste aus dem Abgang von Anlagen
– Zuschreibungen zum Anlagevermögen
– Gewinne aus dem Abgang von Anlagen
± Veränderungen von Rückstellungen

= Mittelüberschuss der gewöhnlichen Geschäftstätigkeit

$$\text{Eigenmittel in \% des Anlagevermögens} = \frac{\text{Eigenmittel}}{\text{Anlagevermögen}} \times 100$$

---

120   Vgl AFRAC (2008).

Die Fachhochschule Oberösterreich ist ein sehr personalintensives Unternehmen. Um die Personalkosten zu relativeren, wird der Personalaufwand den Erlösen gegenübergestellt.

$$\text{Personalkostenintensität} = \frac{\sum \text{Personalaufwand}}{\sum \text{Erlöse}} \times 100$$

Eine der wenigen Kennzahlen, die in absoluter Zahl regelmäßig pro Gesellschaft errechnet wird, um die Liquidität zu beobachten, ist der:

$$\text{Cashflow} = \text{Veränderung Finanzmittelbestand}$$

Anders als bei privatwirtschaftlich geführten Unternehmen steht nicht der operative Cashflow im Mittelpunkt der Betrachtung, sondern vielmehr die Veränderung des Cashflow und die Tatsache, dass die Höhe der liquiden Mittel im Verhältnis der Passiva in der Bilanz betrachtet werden. Höchstes Augenmerk liegt somit in der Aufrechterhaltung der liquiden Mittel.

15.3.2. Unternehmensspezifische Kennzahlen

Aufgrund der großen Anzahl der internen und externen Stakeholder ergibt sich eine Fülle von benötigten Kennzahlen, die sich in standardisierten Berichten wiederfinden.

Diese Kennzahlen werden, abhängig von welchem Stakeholder abgerufen, in den unterschiedlichsten Berichten verwendet. Die Notwendigkeit dieser Fülle von Kennzahlen ergibt sich nicht nur aus unserem Qualitätsanspruch, dem FHStG und dem HS-QSG, sondern vielmehr aus dem permanenten Wettbewerb innerhalb der eigenen Organisation und der Branche. Folgende Kennzahlen werden als Benchmark pro einzelnen Studiengang und pro Fakultät in aggregierter Form regelmäßig für die Vergangenheit erstellt. Im Zuge der Budget- und Mittelfristplanungen werden diese Kennzahlen (mit Ausnahme der Kennzahlen m² pro Studierenden und Frauenanteil bei inskribierten Studierenden) auf Firmen- über Fakultäts- bis auf Studiengangsebene für die Zukunft betrachtet.

15.3.2.1. Kennzahlen des Studienbetriebes[121]

$$\text{Inskribierte Studierende} = \sum_{\text{Status=Aktiv}} \text{Studierende}$$

$$\text{Frauenanteil bei inskribierten Studierenden} = \frac{\sum_{\substack{\text{Status=Aktiv} \\ \text{Geschlecht=W}}} \text{Studierende}}{\sum_{\text{Status=Aktiv}} \text{Studierende}}$$

$$\text{Erstsemestrige} = \sum_{\substack{\text{Status=Aktiv} \\ \text{Ausbildungssemester=1}}} \text{Studierende}$$

---

121 Es handelt sich dabei um die Studierendenzahlen der BIS-Meldung (Bereitstellung von Informationen über den Studienbetrieb).

$$\text{Absolventen} = \sum\nolimits_{\text{Status=Absolvent}} \text{Studierende}$$

$$\text{Incoming} = \sum\nolimits_{\text{GJ (SS+WS)}} \text{Incoming Aufenthalte}$$

$$\text{Outgoing} = \sum\nolimits_{\text{GJ (SS+WS)}} \text{Outgoing Aufenthalte}$$

$$\text{Ausgaben pro Studierenden} = \frac{\sum\nolimits_{\text{Produkt, Struktur, Invest}} \text{Ausgaben}}{\sum\nolimits_{\text{Status = Aktiv}} \text{Studierende}}$$

$$\text{m}^2 \text{ pro Studierenden} = \frac{\sum\nolimits_{\text{exkl. Parkflächen}} \text{m}^2}{\sum\nolimits_{\text{Status = Aktiv}} \text{Studierende}}$$

15.3.2.2. Kennzahlen der Forschung & Entwicklung

Die F&E GmbH erstellt jährlich einen Aktivitäten-Bericht, um ihre Performance im Nachhinein zu messen. Die beiden darin enthaltenen Kennzahlen werden bis auf Mitarbeiterebene ausgewertet und intern kommuniziert. Daraus werden außerdem aggregierte Werte auf Firmenebene zusammengestellt und auch den Eigentümern und der Öffentlichkeit mit der Information Umsatzerlöse zur Verfügung gestellt.

$$\sum \text{Anzahl F\&E Projekte}$$

$$\sum \text{Publikationen (Journalpapers, Bücher, Reports und Konferenzproceedings)}$$

Die Drittmittelquote wird jährlich ermittelt und an die Eigentümer gemeldet. Dieser Wert veranschaulicht den Selbstfinanzierungsgrad der F&E GmbH.

$$\text{Drittmittelquote} = \frac{\text{Gesamteinnahmen minus Basisfinanzierung Land OÖ}}{\text{Einnahmen Gesamt minus sonstige Einnahmen}}$$

Der Auftragsstand ist die Summe der Projektvolumen in Mio EUR, die zum Stichtag 31.12. noch nicht abgerechnet und nicht abgearbeitet ist. Er hat sich für die Geschäftsleitung als Indikator für die positive Auftragslage bewiesen und wird intern verwendet.

$$\text{Auftragsstand} = \sum \text{Projektvolumen in Mio EUR, das zum Stichtag nicht abgearbeitet ist}$$

15.3.3. Qualitative Kennzahlen

Folgende Kennzahlen sind eine Zusammenstellung bzw ein Auszug aus verschiedenen standardisierten Berichten für verschiedene Stakeholder. Diese Menge an Kennzahlen hat sich im Laufe der Jahre und aufgrund unterschiedlichster Anforderungen entwickelt und sie werden regelmäßig nach Ablauf eines Semesters erstellt.

Auch hier dient das Zahlenmaterial als Benchmark innerhalb der Organisation und des Fachhochschulsektors. Darüber hinaus fließen diese Informationen bei Personalentscheidungen oder organisatorischen Änderungen im Studiengang, wie zB Erhöhung oder Senkung der Lehrveranstaltungsstunden, ein. Für diesen Beitrag wurden die Zahlen in Qualitäts-Kategorien gegliedert.

15.3.3.1. Lehr- und Forschungspersonal

$$\text{Anzahl wissenschaftliche Mitarbeiter in FTE} = \sum\nolimits_{FTE} \text{wissenschaftliche Mitarbeiter}$$

$$\text{Anzahl wissenschaftliche Mitarbeiter inkl. Nebenberuflich Lehrende} = \sum\nolimits_{K\ddot{o}pfe,\ HBL+NBL} \text{habilitierte Mitarbeiter}$$

15.3.3.2. Qualität der Lehre

Die Fachhochschule Oberösterreich befasst sich regelmäßig mit der Evaluierung des Lehrbetriebes. Sichergestellt wird dies unter anderem durch die Lehrveranstaltungsevaluierung. Es zeigt die interne Entwicklung der Lehre, die auf Studiengangsebene erstellt und ausgehängt wird.

Im Konkreten bedeutet das, dass nach Ende einer Lehrveranstaltung der Studierende ein qualitatives Feedback über die Lehrveranstaltung (Schwierigkeit, Stoffumfang, Gesamteindruck) und den Lehrveranstaltungsleiter (Wissensvermittlung, Fachkompetenz, Engagement) abgibt. Darüber hinaus hat der Studierende auch die Möglichkeit, in einem Freitext dem Lehrveranstaltungsleiter Feedback zu geben.

Damit eine Lehrveranstaltung in die Studiengangsevaluierung einfließt, ist eine statistisch relevante Rücklaufquote definiert. Sollte bei dieser Bewertung ein Schwellenwert überschritten werden, startet ein Evaluierungsprozess, der unter anderem ein Gespräch zwischen Studiengangsleiter und Lehrveranstaltungsleiter umfasst. Die Lehrveranstaltungsbeurteilung wird über einen längeren Zeitraum beobachtet und die Ergebnisse fließen in die Vergabe der Lehraufträge und somit in die Stundenplanung ein.

15.3.3.3. Qualität der Betreuung der Studierenden

Als interne Steuerungskennzahlen haben sich die folgenden beiden Kenngrößen entwickelt. Jeder Professor (hauptberuflich Lehrende – HBL) kennt sie und weiß sie zu verwenden. Zu den angebotenen Lehrveranstaltungsstunden ist zu erwähnen, dass dies jene kritische Größe darstellt, auf die der Studiengangsleiter selbst Einfluss nehmen kann.

$$\text{Betreuungsrelation hauptberuflich Lehrende zu Studierende} = \frac{\sum_{\text{Status=Aktiv}} \text{Studierende}}{\sum_{\text{FTE}} \text{HBL}}$$

$$\text{Anzahl angebotener Lehrveranstaltungsstunden pro tatsächlich bezahlten Platz} = \frac{\sum \text{Angebotene Lehrveranstaltungsstunden}}{\sum_{\text{FÖBIS}} \text{bezahlte Plätze}}$$

Nachfolgende vier Kennzahlen haben sich als Performance-Indikatoren der Lehrenden durchgesetzt. Diese werden semesterweise beobachtet.

$$\text{Auslastung Hauptberuflich Lehrende} = \frac{\sum_{\text{IST}} \text{Lehrleistung}}{\sum_{\text{SOLL}} \text{Lehrverpflichtung}}$$

$$\text{Betreuungsquote} = \frac{\sum_{\text{IST}} \text{Lehrleistung} \times \text{Betreuungsfaktor}}{\sum_{\text{IST}} \text{Lehrleistung}}$$

$$\text{Betreuungsrelation bei Berufspraktika} = \frac{\sum_{\text{Semester (HBL}\vee\text{NBL)}} \text{Anzahl betreute Berufspraktika}}{\sum_{\text{Semester}} \text{Anzahl Berufspraktika}} \times 100$$

Die Kennzahl errechnet das Verhältnis der Betreuung durch HBL und NBL, zB: 60 % zu 40 %.

$$\text{Betreuungsrelation bei Abschlussarbeiten, -prüfungen,} = \frac{\sum_{\text{Semester (HBL}\vee\text{NBL)}} \text{Anzahl betreute Arbeiten}}{\sum_{\text{Semester}} \text{Anzahl Arbeiten}} \times 100$$

Um einen guten Überblick zu erlangen, mit welchen Gruppengrößen die Lehrveranstaltungen abgehalten werden, wird semesterweise folgende qualitative Kennzahl im Studienbetrieb betrachtet:

$$\text{Teilnehmeranzahl in Lehrveranstaltungen} = \frac{\sum_{\substack{\text{je Gruppengröße} \\ (< 5,6 \text{ bis } 10, 11 \text{ bis } 15,...)}} \text{LVA}}{\sum \text{LVA}} \times 100$$

15.3.3.4. Attraktivität für Studierende

Es folgen zwei weitere Kennzahlen, die über die Bewerbersituation und die Auslastung eines Studienganges informieren. Die Kennzahl zur Bewerbersituation wird nicht semesterweise erstellt, sondern in einem bestimmten Zeitfenster wöchentlich an die StudiengangsleiterInnen automatisiert versandt.

$$\text{Anzahl Bewerbungen je Anfängerplatzzahl} = \frac{\sum_{\text{Prio 1}} \text{Bewerbungen}}{\sum \text{Anfängerplätze}}$$

$$\text{Anzahl Studierende zur Gesamtplatzzahl} = \frac{\sum_{\text{Status=Aktiv}} \text{Studierende}}{\text{Gesamtplatzzahl gemäß AQ Austria}}$$

Nach Abschluss einer BIS-Meldung[122] werden die Studierendenkennzahlen abgerufen. Daraus wird unter anderem die Studienabschlussquote nach Vollzeit und nach berufsbegleitenden Studiengängen ausgewertet.

$$\begin{matrix}\text{Studienabschlussquote} \\ \text{bzw. Drop Out VZ – BB}\end{matrix} = 1 - \frac{\sum_{\text{Status=Dropout}} \text{Studierende WS + Studierende voriges SS}}{\sum_{\text{Status=Aktiv}} \text{Studierende voriges WS}}$$

Einmal jährlich werden zusätzlich zu den Studierendenkennzahlen auch noch die Arbeitsuchenden den AbsolventInnen pro Studiengang gegenübergestellt. Diese Information ergeht in einem Studierenden-Report an die Eigentümer, Dekanate und Studiengangsleiter.

$$\begin{matrix}\text{Arbeitssuchend gemeldete} \\ \text{AbsolventInnen pro Studiengang}\end{matrix} = \frac{\sum_{\substack{\text{lt. AMS} \\ \text{in OÖ gemeldet} \\ \text{mit FH OÖ Abschluss}}} \text{Arbeitssuchende}}{\sum_{\text{Status=Absolvent}} \text{Studierende}}$$

15.4. Zusammenfassung

Die beschriebenen Kennzahlen sind zum größten Teil in einem In-House-Business-Intelligence-System vollautomatisiert und auf Knopfdruck abrufbar. Sie können somit einfach, regelmäßig und auch visualisiert zur Verfügung gestellt werden. Sie werden von Studiengangsleitern, Dekanen und Geschäftsleitung geschätzt und verwendet. Außerdem dienen sie als Grundlage für die unterschiedlichsten Entscheidungen wie Personal- oder Investitionsentscheidungen oder werden auch für organisatorische Veränderungen zu Rate gezogen.

Gerade in Zeiten von Kosteneffizienz und Spar-Sinn ist es eine große Herausforderung, die Ausbaupläne und die kontinuierliche Steigerung des Ausbildungsniveaus

---

122   Bereitstellung von Informationen über den Studienbetrieb.

zu gewährleisten sowie den Studierenden immer die bestmögliche Ausstattung zur Verfügung zu stellen. Darum ist es umso wichtiger, in kurzer Zeit die wesentlichen Kennzahlen abrufen zu können, um auf deren Basis schnell und effizient Entscheidungen treffen zu können.

Literatur

AFRAC – Austrian Financial Reporting and Auditing Committee (2008): Stellungnahme „Bilanzierung von Zuschüssen bei Betrieben und sonstigen ausgegliederten Rechtsträgern im öffentlichen Sektor", Wien

AQ Austria – Agentur für Qualitätssicherung und Akkreditierung Austria (2015): Online unter www.aq.ac.at/de [29.05.2015]

BIS – Bereitstellung von Informationen über den Studienbetrieb (2015), internes Dokument

BMWFW – Bundesministerium für Wissenschaft, Forschung und Wirtschaft (2014): Statistisches Taschenbuch, Wien

Feucht, G., Friesl, C. (2014): Zukunft Bildung – wirtschaftliche und gesellschaftliche Perspektiven, In: Holzinger, H., Koleznik, K. (2014): 20 Jahre Fachhochschulen in Österreich – Rolle und Wirkung, Wien, S. 75–84

FH OÖ – Fachhochschule Oberösterreich (2015): Online unter: www.fh-ooe.at [29.05.2015]

FHR – Fachhochschulkonferenz (2015): Daten und Fakten, Online unter: www.fhk.ac.at [01.05.2015]

FHStG Fachhochschul-Studiengesetz (2015): BGBl. Nr. 340/1993 i.d.F. BGBl. I Nr. 45/2014

Kastner, J. (2014): Besonderheiten der Angewandten Forschung an Fachhochschulen, In: Holzinger, H., Koleznik, K. (2014), 20 Jahre Fachhochschulen in Österreich – Rolle und Wirkung. Wien, S. 203–216

Pfeffer, H. (2014): Jahresabschluss der Fachhochschule Wiener Neustadt für Wirtschaft und Technik GmbH und FOTEC Forschungs- und Technologietransfer GmbH, Wiener Neustadt

Raidl, C. (2007): Autonomie und Grenzen – ein Widerspruch, In: Koubek, A. u.a. (Hrsg.) (2007): Bene Meritus. Festschrift für Peter Schachner-Blazizek zum 65. Geburtstag, Graz, S. 501–518

Riegler, G. (2013): 20 Jahre FHStG – Hochschulen als erfolgsorientierte Bildungsunternehmen, In: Berka, W., Brünner, C., Hauser, W. (2013): 20 Jahre Fachhochschul-Recht, Graz, S. 75–80

Scholten, R. (2009): Das Fachhochschulstudiengesetz 1993 als Modell für nachfolgende österreichische Hochschulreformen, In: Mayr, J. (Hrsg.) (2009): Aufbruch im tertiären Bildungswesen. 15 Jahre Fachhochschul-Studiengänge in Oberösterreich, Linz, S. 24–27

Statistik Austria (2011): Erläuterungen zum österreichischen Forschungsstättenkatalog, Online unter: www.statistik.at/fse/pages/Fse_Erlaeuterungen.html [10.04.2015]

Unidata (2015): Personal an Fachhochschul-Studiengängen nach Erhalter; 2013/2014 [01.05.2015]

URG – Unternehmensreorganisationsgesetz (2010): BGBl. I Nr. 114/1997 i.d.F. BGBl. I Nr. 58/2010

Stichwortverzeichnis